纪念华罗庚先生诞辰100周年

《华罗庚文集》编委会

王　元　万哲先　陆启铿　杨　乐

李福安　贾朝华　尚在久　周向宇

国家出版基金资助项目

中国科学院华罗庚数学重点实验室丛书

华罗庚文集

数论卷 Ⅱ

华罗庚 著
贾朝华 审校

科学出版社
北京

内 容 简 介

全书共二十章,前六章是属于基础知识,内容包括:整数分解、同余式、二次剩余、多项式之性质、素数分布概况、数论函数等;后十四章是就解析数论、代数数论、超越数论、数的几何这几个数论主要分支的基础部分加以介绍,内容包括:三角和、数的分拆、素数定理、连分数、不定方程、二元二次型、模变换、整数矩阵、p-adic 数、代数数论导引、超越数、Waring 问题与 Prouhet-Tarry 问题、数的几何等. 书里引述了许多我国古代数学家在数论上的成就,也包含了许多近代数论中的重要成果,例如著者关于完整三角和及最小原根的结果、关于 Prouhet-Tarry 问题的结果、Виноградов 关于最小二次非剩余的结果、Selberg 关于素数定理的初等证明, Roth-Siegel 定理、А. О. Гельфонд 关于 Hilbert 第七问题的证明、Siegel 关于二元二次型类数的定理、Линник 关于 Waring 问题的证明、Шнирельман 关于 Гольдбах 问题的结果、Selberg 的筛法等等;书中也包括了著者许多未经发表的结果.

本书是以深入浅出、循序渐进的笔法写成的,读者可以通过它看出如何从一个简单的概念逐步走向深刻的研究,看出具体与抽象之间的联系.

图书在版编目(CIP)数据

华罗庚文集;数论卷Ⅱ/华罗庚 著;贾朝华审校. —北京:科学出版社,2010
(中国科学院华罗庚数学重点实验室丛书)
ISBN 978-7-03-027229-4

Ⅰ.①华… Ⅱ.①华… Ⅲ.①数学-文集 ②数论-文集 Ⅳ.①O1-53

中国版本图书馆 CIP 数据核字(2010)第 065980 号

责任编辑:张 扬/责任校对:陈玉凤
责任印制:吴兆东/封面设计:黄华斌

科学出版社 出版
北京东黄城根北街 16 号
邮政编码:100717
http://www.sciencep.com

三河市春园印刷有限公司印刷
科学出版社发行 各地新华书店经销

*

2010 年 5 月第 一 版 开本:B5(720×1000)
2025 年 1 月第六次印刷 印张:37
字数:708 000
定价:98.00元
(如有印装质量问题,我社负责调换)

《华罗庚文集》序言

2010年是著名数学家华罗庚先生诞辰100周年。值此机会，我们编辑出版《华罗庚文集》，作为对他的美好纪念。

华罗庚先生是他那个时代的国际领袖数学家之一，也是中国现代数学的主要奠基人和领导者。无论是在和平建设时期，还是在政治动荡甚至是战争年代，他都抱定了为国家和人民服务的宗旨，为中国数学的发展倾注了毕生精力，受到了中国人民的广泛尊敬。

华罗庚先生最初研究数论，后将研究兴趣拓展至代数和多复变等多个领域，取得了一系列国际一流的成果，引领了这些领域的学术发展，产生了广泛持久的影响。他从一名自学青年成长为著名数学家，其传奇经历激励了几代中国数学家投身于数学事业。

华罗庚先生为我们留下了丰富的精神遗产，包括大量的学术著作和研究论文。我们认为，认真研读这些著作和论文，是深刻把握华罗庚学术思想精髓的最佳途径。无论对于数学工作者还是青年学生，其中许多内容都是很有启发和裨益的。

华罗庚先生担任中国科学院数学研究所所长30余年，他言传身教，培养和影响了一批国际水平的数学家，他的学术思想和治学精神已经成为数学所文化的核心。自2008年起以中科院数学所为基础成立的中国科学院华罗庚数学重点实验室，旨在继承和弘扬华罗庚先生的学术思想和治学精神，积极推动中国数学的发展。为此，我们选择华罗庚先生的著作和论文作为实验室的首批出版物，今后还将陆续推出更多优秀的数学出版物。

在出版《华罗庚文集》的过程中，我们得到了各方面的关心和支持，包括国家出版基金的资助，在此我们表示深深的感谢。同时，对于有关人员在策划、翻译和审校等方面付出的辛勤劳动，对于科学出版社所做的大量工作，我们表示诚挚的谢意。

中国科学院华罗庚数学重点实验室
《华罗庚文集》编委会
2010年3月

序

  本书的序文已经写了不止一次,修改了也不止一次,原因是十多年来作者对数学的认识变化了,客观要求也不同了,而本书的内容也大大地随时代而发展了,因此旧的序文也就不适用于今日了!

  一切还是那么清晰地在记忆之中,那是 1940 年左右在昆明联大初次讲授数论的时候,就计划着要写这一本书.那时根据已有的札记和若干新作就写了八九万字的初稿,估计着再写两三万字,就可以出版了.但是何处可以出版? 因此也就上不起劲来完成这一工作了.在美国执教的时候,又补充了些,改写了些,但那时补充和改写都是为了教学而并没有考虑整个书的出版问题.

  真正积极认真地工作是解放以后的事.因为我国的参考书少,因此这一本把数论做一个全面介绍的书的写作工作就被提到日程上来.解放后工作更忙了,但是说也奇怪,在同志们的帮助下,工作进行得反而更快了! 篇幅大大地增加了,并且添了一半以上的新章节,采取了不少近年来的新成就——可以包括在本书范围之内的新成就.

  本书的目的除掉较全面地介绍数论上的若干基础知识以外,作者还试图通过本书体现出几点粗浅的看法:

  其一,希望能通过本书具体地说明一下数论和数学中其他部分的关系.在数学史上屡见不鲜地出现过数论中的问题、方法和概念曾经影响过数学的其他部分的发展,同时另一方面也屡见数学中其他部分的方法和结果帮助了数论解决其中的具体问题.但是在今天的数论入门书中往往不能看出这一关联性.并且有一些"自给自足"的数论入门书会给读者以不正确的印象:就是数论是数学中一个孤立的分支.作者试图在本书中就初等数论的范围尽可能地说明,数论和数学中的其他方面有联系.

  例如:素数定理与 Fourier 积分的关系(因为受本书性质的限制,我们不能把素数定理和整函数的关系在本书中叙出);整数之分拆问题,四平方和问题与模函数论的关系;二次型论,模变换与 Лобачевский 几何的关系等.

  其二,从具体到抽象是数学发展的一条重要大道,因此具体的例子往往是抽象概念的源泉,而所用的方法也往往是高深数学里所用的方法的依据.仅仅熟读了抽象的定义和方法而不知道他们具体来源的数学工作者是没有发展前途的,这样的人要搞深刻研究是可能会遇到无法克服的难关的.数学史上也屡见不鲜地刊载着实际中来的问题和方法促进了数学发展的事实.像力学、物理学都起过这样的作用.从数学本身来说,它研究的最基本的对象是"数"与"形",因此,"几何图形"所引出的几何直觉,和由"数"而引出的具体关系和概念,往往是数学中极丰富的源泉,因此在本书中也尽可能地提出了一些抽象概念的具体例子,作为将来读者进一步学习高深数学的感性知识.

例如本书第四、第十四章中提供了抽象代数中好些概念的具体例子,其中有限域的例子实质上说明了一般有限域的情况.

其三,在开始搞研究工作的时候,最难把握的是质的问题,也就是深度问题.有时作者孜孜不倦地搞了好久自以为十分深刻的工作,但专家却认为仍极肤浅.其原因有如下棋,初下者自以为想了不少步,但在棋手看来却极其平易,其主要原因在于棋手对局多,因之十分熟练;看谱多,因之棋谱上已有的若干艰难着子在他看来都在掌握之中.数学的研究工作亦然,必须勤做,必须多和"高手"下(换言之,把数学大家的结果试与改进),必须多揣摩成局(指已有的解决有名问题的证明).经此锻炼自然本领日进.因此本书中也试图在这一方面做些工作.虽然由于本书的性质并不能将数论上极深刻的结果包括进去,但是作者仍尽可能地把不同深度的方法予以介绍.例如在估计 $p(n)$ 之值时,先用最简单之代数方法以得出 $p(n)$ 最粗略的估值,再用略深的方法以得出 $\log p(n)$ 之无穷大之阶.本书并指出再深入用所谓 Tauberian 方法可以得 $p(n)$ 之无穷大之阶,更指出用高深之模函数论之结果及解析数论的方法可以求出 $p(n)$ 之展开式,在这逐步求精之方法中极易表示出各种不同方法的深度.

本书并不是为了大学教学而写的.它的内容大大地超过了一个数论课的范围.因之如果教者要使用本书就必须予以妥善的选择.一般说来,利用第一至第六章作为基础,另选一些——可以每年不同地选一些——本书的其余部分作为补充材料,是可以成为一个数论入门课的教材的.

基本上说来本书不假定读者有了很多的数学知识.大学二年级的同学就能看懂本书的绝大部分,有高等微积分知识的同学就可以除 §9.2,§12.14,§12.15,§17.9 各节外全部看懂,而那些例外的节仅需要极简单的复变函数论的知识.自修者也没有什么特殊的困难.

在本书完稿的时候,作者由衷地感谢以下的几位同志:越民义,王元,吴方,严士健,魏道政,许孔时和任建华.我从 1953 年开始讲授起他们就不断地提意见,有时还替我做了局部的改写工作.在印讲义和排版时的烦冗工作更不必说了!其中尤以越民义同志的帮助最多.在此稿用讲义形式油印寄发请提意见的时候,承蒙张远达教授提了宝贵的意见,在此一并致谢.

本书虽然经过了集体的努力,但是错误还可能是很多的.希望读者们多提意见,从排印的错误一直到内容的欠当.本书也包括了很多第一次写上教科书的结果,也有一些是没有发表过的研究札记,因此它们的表达方式还有很大的修改的可能性.关于这一点,我们殷切地期待着读者们宝贵的建议.

因为迁就原稿,本书还是用简单文言写的,如果读者感到不方便,请提意见,以便再版时修正.

华罗庚

1956年9月,北京

目 录

序
符号说明

第一章 整数之分解 ·· 1

§1 整除性 ··· 1
§2 素数及复合数 ··· 2
§3 素数 ··· 3
§4 整数之模 ·· 4
§5 唯一分解定理 ··· 5
§6 最大公因数及最小公倍数 ···································· 7
§7 逐步淘汰原则 ··· 8
§8 一次不定方程之解 ·· 10
§9 完全数 ·· 12
§10 Mersenne 数及 Fermat 数 ·································· 13
§11 连乘积中素因数之方次数 ··································· 14
§12 整值多项式 ··· 15
§13 多项式之分解 ··· 17

第二章 同余式 ··· 20

§1 定义 ··· 20
§2 同余式之基本性质 ·· 20
§3 缩剩余系 ·· 22
§4 p^2 可整除 $2^{p-1}-1$ 否？ ································ 23
§5 $\varphi(m)$ 之讨论 ·· 26
§6 同余方程 ·· 27
§7 孙子定理 ·· 29
§8 高次同余式 ··· 31
§9 素数乘方为模之高次同余方程 ······························ 32
§10 Wolstenholme 定理 ··· 33

第三章　二次剩余 …… 35

- §1　定义及 Euler 判别条件 …… 35
- §2　计算法则 …… 37
- §3　互逆定律 …… 39
- §4　实际算法 …… 43
- §5　二次同余式之根数 …… 45
- §6　Jacobi 符号 …… 46
- §7　二项同余式 …… 48
- §8　原根及指数 …… 50
- §9　缩系之构造 …… 51

第四章　多项式之性质 …… 61

- §1　多项式之整除性 …… 61
- §2　唯一分解定理 …… 62
- §3　同余式 …… 64
- §4　整系数多项式 …… 66
- §5　以素数为模之多项式 …… 67
- §6　若干关于分解之定理 …… 69
- §7　重模同余式 …… 71
- §8　Fermat 定理之推广 …… 72
- §9　对模 p 之不可化多项式 …… 74
- §10　原根 …… 75
- §11　总结 …… 76

第五章　素数分布之概况 …… 77

- §1　无穷大之阶 …… 77
- §2　对数函数 …… 78
- §3　引言 …… 79
- §4　素数之个数无限 …… 81
- §5　几乎全部整数皆非素数 …… 84
- §6　Чебышев 定理 …… 85
- §7　Bertrand 假设 …… 87
- §8　以积分来估计和之数值 …… 90
- §9　Чебышев 定理之推论 …… 93

§10　n 之素因子的个数 …… 97
§11　表素数之函数 …… 100
§12　等差级数中之素数问题 …… 101

第六章　数论函数 …… 104

§1　数论函数举例 …… 104
§2　积性函数之性质 …… 106
§3　Möbius 反转公式 …… 107
§4　Möbius 变换 …… 109
§5　除数函数 …… 112
§6　关于概率之二定理 …… 114
§7　表整数为二平方之和 …… 116
§8　分部求和法及分部积分法 …… 121
§9　圆内整点问题 …… 122
§10　Farey 贯及其应用 …… 125
§11　Виноградов 关于函数的分数部分和的估值定理 …… 129
§12　Виноградов 定理对整点问题之应用 …… 134
§13　Ω-结果 …… 137
§14　Dirichlet 级数 …… 141
§15　Lambert 级数 …… 144

第七章　三角和及特征 …… 146

§1　剩余系之表示法 …… 146
§2　特征函数 …… 148
§3　特征之分类 …… 153
§4　特征和 …… 155
§5　Gauss 和 …… 158
§6　特征和与三角和 …… 164
§7　由完整和到不完整和 …… 165
§8　特征和 $\sum\limits_{x=1}^{p}\left[\dfrac{x^2+ax+b}{p}\right]$ 之应用举例 …… 169
§9　原根之分布问题 …… 171
§10　含多项式之三角和 …… 174

第八章　与椭圆模函数有关的几个数论问题 …… 179

§1　引言 …… 179

§2　整数分拆 ……………………………………………… 180
　§3　Jacobi 等式 …………………………………………… 181
　§4　分式表示法 …………………………………………… 185
　§5　分拆之图解法 ………………………………………… 187
　§6　$p(n)$ 之估值 …………………………………………… 190
　§7　平方和问题 …………………………………………… 195
　§8　密率 …………………………………………………… 200
　§9　关于平方和问题之总结 ……………………………… 205

第九章　素数定理 …………………………………………… 207

　§1　引言 …………………………………………………… 207
　§2　Riemann ζ 函数 ……………………………………… 209
　§3　若干引理 ……………………………………………… 211
　§4　Tauber 型定理 ………………………………………… 214
　§5　素数定理 ……………………………………………… 218
　§6　Selberg 渐近公式 ……………………………………… 219
　§7　素数定理的初等证明 ………………………………… 221
　§8　Dirichlet 定理 ………………………………………… 228

第十章　渐近法与连分数 …………………………………… 233

　§1　简单连分数 …………………………………………… 233
　§2　连分数展开之唯一性 ………………………………… 237
　§3　最佳渐近分数 ………………………………………… 239
　§4　Hurwitz 定理 …………………………………………… 241
　§5　实数之相似 …………………………………………… 243
　§6　循环连分数 …………………………………………… 247
　§7　Legendre 之判断条件 ………………………………… 249
　§8　二次不定方程 ………………………………………… 251
　§9　Pell 氏方程 …………………………………………… 253
　§10　Чебышев 定理及 Хинчин 定理 ……………………… 255
　§11　一致分布及 $n\vartheta(\bmod 1)$ 之一致分布性 ………… 259
　§12　一致分布之判断条件 ………………………………… 261

第十一章　不定方程 ………………………………………… 266

　§1　引言 …………………………………………………… 266

§2 一次不定方程 …… 266
§3 二次不定方程 …… 268
§4 解 $ax^2+bxy+cy^2=k$ …… 269
§5 求解方法 …… 274
§6 商高定理之推广 …… 277
§7 Fermat 猜测 …… 281
§8 Марков 方程 …… 283
§9 解方程 $x^3+y^3+z^3+w^3=0$ …… 285
§10 三次曲面之有理点 …… 288

第十二章 二元二次型 …… 295

§1 二元二次型之分类 …… 295
§2 类数有限 …… 297
§3 Kronecker 符号 …… 299
§4 二次型表整数之表法数 …… 301
§5 二次型的 mod q 相似 …… 303
§6 二次型的特征系. 族 …… 307
§7 级数 $K(d)$ 之收敛性 …… 309
§8 双曲扇形及椭圆内的整点数 …… 311
§9 平均极限 …… 311
§10 类数的解析表示法 …… 314
§11 基本判别式 …… 315
§12 类数公式 …… 316
§13 Pell 氏方程的最小解 …… 318
§14 若干引理 …… 321
§15 Siegel 定理 …… 323

第十三章 模变换 …… 329

§1 复虚数平面 …… 329
§2 线性变换之性质 …… 330
§3 线性变换下之几何性质 …… 332
§4 实变换 …… 334
§5 模变换 …… 337
§6 基域 …… 339
§7 基域网 …… 342

§8　模群之构造 … 343
§9　二次定正型 … 344
§10　二次不定型 … 345
§11　二次不定型的极小值 … 348

第十四章　整数矩阵及其应用 … 352

§1　引言 … 352
§2　矩阵之积 … 357
§3　模方阵之演出元素 … 363
§4　左结合 … 368
§5　不变因子．初等因子 … 369
§6　应用 … 372
§7　因子分解．标准素方阵 … 374
§8　最大公约．最小公倍 … 378
§9　线性模 … 381

第十五章　p-adic 数 … 387

§1　引言 … 387
§2　赋值之定义 … 390
§3　赋值之分类 … 392
§4　亚几米得赋值 … 393
§5　非亚几米得赋值 … 394
§6　有理数之 ϕ-扩张 … 397
§7　扩张之完整性 … 400
§8　p-adic 数之表示法 … 402
§9　应用 … 405

第十六章　代数数论介绍 … 407

§1　代数数 … 407
§2　代数数域 … 408
§3　基底 … 411
§4　整底 … 414
§5　整除性 … 418
§6　理想数 … 421
§7　理想数的唯一分解定理 … 423

§8	理想数的基底	426
§9	同余关系	428
§10	素理想数	430
§11	单位数	434
§12	理想数类	435
§13	二次域与二次型	436
§14	族	441
§15	欧几里得域与单域	443
§16	判断 Mersenne 数是否素数之 Lucas 条件	445
§17	不定方程	447
§18	表	452

第十七章 代数数与超越数 … 469

§1	超越数之存在定理	469
§2	Liouville 定理及超越数例子	471
§3	代数数的有理逼近定理	473
§4	Roth 定理之应用	485
§5	Thue 定理之应用	487
§6	e 之超越性	490
§7	π 之超越性	492
§8	Hilbert 第七问题	495
§9	Гельфонд 之证明	496

第十八章 Waring 问题及 Prouhet-Tarry 问题 … 499

§1	引言	499
§2	$g(k)$ 及 $C(k)$ 之下限	499
§3	Cauchy 定理	501
§4	初等方法示例	504
§5	有正负号之较易问题	507
§6	等幂和问题	509
§7	Prouhet-Tarry 问题	510
§8	续	514

第十九章 Шнирельман 密率 … 516

| §1 | 密率之定义及其历史 | 516 |

§2　和集及其密率 …………………………………………………… 517
§3　Goldbach-Шнирелъман 定理 …………………………………… 519
§4　Selberg 不等式 …………………………………………………… 520
§5　Goldbach-Шнирельман 定理之证明 …………………………… 525
§6　Waring-Hilbert 定理 ……………………………………………… 528
§7　Waring-Hilbert 定理的证明 ……………………………………… 530

第二十章　数的几何 ……………………………………………………… 534
§1　二维空间之情况 ………………………………………………… 534
§2　Minkowski 之基本定理 ………………………………………… 536
§3　一次线性式 ……………………………………………………… 538
§4　二次定正型 ……………………………………………………… 539
§5　线性型之乘积 …………………………………………………… 541
§6　联立渐近法 ……………………………………………………… 543
§7　Minkowski 不等式 ……………………………………………… 544
§8　线性型之乘方平均值 …………………………………………… 549
§9　Чеботарев 定理 ………………………………………………… 551
§10　在代数数论上的应用 ………………………………………… 553
§11　$|\Delta|$ 的极小值 …………………………………………… 555

参考文献 ………………………………………………………………… 559

名词索引 ………………………………………………………………… 561

符 号 说 明

本书习用符号说明如下:

定理 5.3 表同一章中 §5 之定理 3, 余类推.

定理 2.5.3 表第二章 §5 之定理 3, 余类推.

$[\alpha]$ 表不超过 α 之最大整数, $\{\alpha\}$ 表 α 之分数部分; $\langle\alpha\rangle$ 表 α 和它最靠近之整数间之距离, 即 $\min(\alpha-[\alpha],[\alpha]+1-\alpha)$.

$(a,b,\cdots,c)$ 为诸数 $a,b,\cdots,c$ 之最大公约数; $[a,b,\cdots,c]$ 为其最小公倍数.

$a\mid b$ 表 a 除得尽 b; $a\nmid b$ 表 a 除不尽 b.

$p^u\parallel a$ 表 $p^u\mid a$ 但 $p^{u+1}\nmid a$.

$a\equiv b\pmod{m}$ 表 $a-b$ 为 m 之倍数; $a\not\equiv b\pmod{m}$ 表 $a-b$ 不为 m 之倍数.

$\prod_{v=1}^{n}a_v=a_1a_2\cdots a_n$, $\sum_{v=1}^{n}a_v=a_1+a_2+\cdots+a_n$; $\prod_{d\mid m}a_d$ 及 $\sum_{d\mid m}a_d$ 均表 d 过 m 之所有不同因子.

$\left[\dfrac{n}{p}\right]$ 为 Legendre 符号, 定义见第三章 §1; $\left[\dfrac{n}{m}\right]$ 为 Jacobi 符号, 定义见第三章 §6; 设 $d\equiv 0$ 或 $1\pmod 4$ 且非平方数, $m>0$, $\left[\dfrac{d}{m}\right]$ 表示 Kronecker 符号, 定义见第十二章 §3.

$\operatorname{ind} n$ 表 n 之指数, 定义见第三章 §8.

$\partial° f$ 表多项式 $f(x)$ 之次数.

符号 $\ll, O, o, \sim$ 之定义见第五章 §1.

$\omega(n)$ 表 n 之不同素因子的个数; $\Omega(n)$ 表 n 之全部素因子的个数.

$\max(a,b,\cdots,c)$ 表示 $a,b,\cdots,c$ 诸数中之最大者; $\min(a,b,\cdots,c)$ 则表其中之最小者.

$\Re s$ 表示复虚数 s 的实部, $\bar s$ 表 s 的共轭虚数.

γ 表示 Euler 常数.

$\{a,b,c\}$ 表示二次型 $ax^2+bxy+cy^2$, 见第十二章 §1.

(z_1,z_2,z_3,z_4) 表四点 z_1,z_2,z_3,z_4 的交比, 见第十三章 §3.

$A\overset{L}{=}B$ 表示二方阵 A,B 左结合.

$a\in A$ 表示 a 为集合 A 之元素; $B\subseteqq A$ 或 $A\supseteqq B$ 表示集合 B 为集合 A 之子集.

$N(\mathfrak{M})$ 表模 $\mathfrak{M}$ 之矩, 见第十四章 §9.

$\{a_n\}$ 表数贯 $a_1,a_2,\cdots$.

$\sim$ 表示相似,见第十二章 §1,第十三章 §6,第十四章 §5,第十六章 §12.

$[a_0, a_1, \cdots, a_N]$ 或 $a_0 + \cfrac{1}{a_1+} \cfrac{1}{a_2+} \cdots \cfrac{1}{+a_N}$ 表有限连分数;$\dfrac{p_n}{q_n} = [a_0, a_1, \cdots, a_n]$ 表其第 n 个渐近分数.

$S(\alpha) = \alpha^{(1)} + \alpha^{(2)} + \cdots + \alpha^{(n)}$ 表代数数 α 之迹,$N(\alpha) = \alpha^{(1)} \alpha^{(2)} \cdots \alpha^{(n)}$ 表 α 之矩.

$\Delta(\alpha_1, \cdots, \alpha_n)$ 表 $\alpha_1, \cdots, \alpha_n$ 之判别式;$\Delta = \Delta(R(\vartheta))$ 表代数数域 $R(\vartheta)$ 之整底之判别式,亦即基数,定义见第十六章 §3,§4.

$\varphi(m)$ 之定义见第二章 §3.

$\mathrm{li}\, x$ 之定义见第五章 §2.

$\pi(x)$ 之定义见第五章 §3.

$\mu(m)$ 之定义见第六章 §1.

$d(n)$ 之定义见第六章 §1.

$\sigma(n)$ 之定义见第六章 §1.

$\Lambda(n)$ 之定义见第六章 §1.

$\Lambda_1(n)$ 之定义见第六章 §1.

$\chi(n)$ 之定义见第七章 §2.

$p(n)$ 之定义见第八章 §2.

$\vartheta(x)$ 之定义见第九章 §1.

$\psi(x)$ 之定义见第九章 §1.

$g(k)$ 之定义见第十八章 §1.

$G(k)$ 之定义见第十八章 §1.

$v(k)$ 之定义见第十八章 §5.

$N(k)$ 之定义见第十八章 §6.

$M(k)$ 之定义见第十八章 §6.

$\zeta(s) = \sum\limits_{n=1}^{\infty} \dfrac{1}{n^s}$ 为 Riemann ζ 函数.

$e(f(x)) = e^{2\pi i f(x)}, e_q(f(x)) = e^{2\pi i f(x)/q}$.

$S(a, \chi) = \sum\limits_{n=1}^{m} \chi(n) e^{2\pi i a n/m}$ 为特征和,$\tau(\chi) = S(1, \chi)$.

$S(n, m) = \sum\limits_{x=0}^{m-1} e^{2\pi i n x^2/m}, (n, m) = 1$,为 Gauss 和.

$S(q, f(x)) = \sum\limits_{x=0}^{q-1} e_q(f(x))$.

本表所列符号若在其他意义下使用,在使用之前当有说明.

第一章 整数之分解

在本章中,如无特别声明,常以小写拉丁字母
$$a,b,\cdots,n,\cdots,p,\cdots,x,y,z$$
代表整数.本章之目的在证明唯一分解定理(定理 5.3),并旁及其应用.

§1. 整 除 性

自然数是指 $1,2,3,\cdots$ 之一而言;整数乃指
$$\cdots,-2,-1,0,1,2,\cdots$$
之一而言.故自然数即正整数.显然二整数之和、差、积仍为整数.此项性质可述为:
"诸整数所成之集,对加、减、乘三种运算自封".

命 α 为一实数.今后常以 $[\alpha]$ 表最大之整数不超过 α 者.例如
$$[3]=3,[\sqrt{2}]=1,[\pi]=3,[-\pi]=-4.$$
若 α 为正,易见 $[\alpha]$ 即为 α 之整数部分;显然有下之不等式:
$$[\alpha]\leqslant\alpha<[\alpha]+1.$$
今取 α 为有理数 $\dfrac{a}{b}$,$b>0$,则有
$$0\leqslant\frac{a}{b}-\left[\frac{a}{b}\right]<1,$$
即
$$0\leqslant a-b\left[\frac{a}{b}\right]<b.$$
立得
$$a=\left[\frac{a}{b}\right]b+r,\quad 0\leqslant r<b.$$

由此可得:

定理 1 任与二整数 a 及 $b(b>0)$,必有二整数 q 及 r 使
$$a=qb+r,\quad 0\leqslant r<b.$$
r 名为以 b 除 a 所得之最小正剩余.

定义 若最小剩余为 0,则 a 名为 b 之倍数.换言之,若有一整数 c,使得
$$a=bc,$$

则谓 b 可整除 a；a 称为 b 之倍数，b 称为 a 之因数，以
$$b \mid a$$
表之. 故显然有
$$1 \mid a, \quad b \mid 0.$$
对任一 $a \neq 0$ 有
$$a \mid a.$$
又以
$$b \nmid a$$
表示 b 不能整除 a.

若 $a = bc$，而 b 既非 a 又非 1，则 b 称为 a 之真因数.

关于整除性，显然有下列定理：

定理 2 若 $b \neq 0, c \neq 0$，则

1) 若 $b \mid a, c \mid b$，则 $c \mid a$；
2) 若 $b \mid a$，则 $bc \mid ac$；
3) 若 $c \mid d, c \mid e$，则对任意的 m, n，有
$$c \mid dm + en.$$

定理 3 若 b 是 a 的真因数，则
$$1 < \mid b \mid < \mid a \mid.$$

习题 1. 若 n 为正整数，则 $\left[\dfrac{[n\alpha]}{n}\right] = [\alpha]$.

习题 2. 若 n 为正整数，则
$$[\alpha] + \left[\alpha + \frac{1}{n}\right] + \cdots + \left[\alpha + \frac{n-1}{n}\right] = [n\alpha].$$

习题 3. 证明不等式
$$[2\alpha] + [2\beta] \geqslant [\alpha] + [\alpha + \beta] + [\beta].$$

§2. 素数及复合数

今将自然数分为三类：

(i) 1，只有自然数 1 为其因数；

(ii) p，恰有二自然数 1 及 p 为其因数. 换言之，p 乃大于 1 且无真因数之自然数；

(iii) n，有真因数之自然数. (此类之数，有两个以上的因数.)

第二类数名为素数 (prime)，第三类数名为复合数 (composite number). 吾人

常以 p 表素数.

2 所能整除之数谓之偶数；非偶数之整数名为奇数. 显然大于 2 之偶数皆非素数.

定理 1 非 1 之自然数皆可分解为素数之积.

证：若 n 为素数，自毋待言. 今设 n 非素数，而 q_1 为其最小真因数. 由定理 1.3，可知 q_1 为素数. 命

$$n = q_1 n_1, \quad 1 < n_1 < n.$$

若 n_1 已为素数，自毋待言；不然，则命 q_2 为 n_1 之最小素因数，而得

$$n = q_1 q_2 n_2, \quad 1 < n_2 < n_1 < n.$$

续行此法，得 $n > n_1 > n_2 > \cdots > 1$. 此项手续，不能超过 n 次，故最后必得

$$n = q_1 q_2 \cdots q_s,$$

其中 $q_1, \cdots, q_s$ 皆为素数. 定理已明.

例如：$10725 = 3^1 \cdot 5^2 \cdot 11^1 \cdot 13^1$.

将定理 1 中所得之素因数排成

$$n = p_1^{a_1} p_2^{a_2} \cdots p_k^{a_k}, \quad a_1 > 0, a_2 > 0, \cdots, a_k > 0,$$
$$p_1 < p_2 < \cdots < p_k.$$

此式名为 n 之标准分解式，或标准表示法.

标准分解式之唯一性，即所谓"算术基本定理"，将在 §5 中论证之.

§3. 素　　数

最初之若干素数为

$$2, 3, 5, 7, 11, 13, 17, 19, 23, 29, 31, 37, 41, 43, \cdots$$

若 N 并不太大，求小于 N 之诸素数，并非难事. 有所谓 Eratosthenes 氏筛法者. 若 $n \leqslant N$，而 n 非素数，则 n 必为一不大于 $\sqrt{N}$ 之素数所整除. 先列下所有不超过 N 之整数：

$$2, 3, 4, 5, 6, \cdots, N.$$

陆续除去：

(i) $4, 6, 8, 10, \cdots$ 即由 2^2 起之一切偶数；

(ii) $9, 15, 21, 27, \cdots$ 即由 3^2 起之一切 3 的倍数；

(iii) $25, 35, 55, 65, \cdots$ 即由 5^2 起之一切 5 的倍数；$\cdots$

继续行之，待不大于 $\sqrt{N}$ 之素数之倍数，概行除去以后，所余者即为不大于 N 之素数. 现在所做出之素数表，无一不由此法略加变化而得者.

素数表之最准确者为 Lehmer 氏表：List of prime numbers from 1 to 10,006,

721, Carnegie Institution, Washington 165 (1914).

Lehmer 还著有因数分解表：Factor table for the first ten millions, Carnegie Institution, Washington 105(1909).

我们已知一个 39 位的素数

$$2^{127}-1=1701,41183,46046,92317,31687,30371,58841,05727.$$

而

$$180(2^{127}-1)^2+1$$

则是一个 79 位的素数.

至目前为止，所知道的最大的素数为 $2^{2281}-1$，共 687 位.

$$2^{257}-1=231,58417,84746,32390,84714,19700,17375,81570,$$
$$65399,69331,28112,80789,15168,01582,62592,79871.$$

此乃最大之复合数，而未能觅出其分解式者. 证明时皆需机械帮助并用特殊方法. 本书中将叙述证明此诸事实之方法，但不涉及其冗长计算（见 §3.9 及 §16.15）. 兹将 5,000 以内之素数表附在第三章之末.

§4. 整 数 之 模

模(modulus)者乃对加减自封之一数集. 换言之，若 m 及 n 皆在一模中，则 $m\pm n$ 亦属此模. 只有 0 之模谓之零模. 又如全体整数成一模. 凡 k 之倍数也成一模.

今所讨论者乃仅有整数之模. 由定义易知：

定理 1

1) 任何模中必含有 0；
2) 若 a,b 在模中，则 $am+bn$ 亦然，m,n 为任何整数.

证：1) 模中任取一数 a，则 $0=a-a$ 在模中.

2) 若 a 在模中，则 $2a=a+a,3a=2a+a,\cdots,ma$ 皆在模中. 同样 nb 亦在模中. 故得定理.

定理 2 任与二整数 a 及 b，则所有形如 $am+bn$ 之整数成一模.

此定理至为明显，毋须证明.

定理 3 任一非零之模，必为一正整数之诸倍数所成之集合.

证：命 d 为此模中之最小正整数，则其他之数必为此 d 之倍数. 因若不然，设 n 在模中而非 d 之倍数，则由定理 1.1，有二整数 q 及 r 使

$$n=dq+r,\ 1\leqslant r<d.$$

由模之定义，可知 $r=n-dq$ 在此模中；此与 d 之原假定之性质相违背. 故模内其他各数必为 d 之倍数. 又若 d 在模中，则 d 之倍数亦在模中. 定理已明.

定义 命 a,b 为二整数. 于定理 3 中取形如 $am+bn$ 所成之模，则此定理证明中所得之 d 名为 a,b 之最大公因数，以 (a,b) 表之.

定理 4 (a,b) 有如下性质：

(i) 有整数 x,y，使 $(a,b)=ax+by$；

(ii) 对任二整数 x,y，必有 $(a,b)\mid ax+by$；

(iii) 若 $e\mid a, e\mid b$，则 $e\mid (a,b)$.

(由(iii)可知，最大公因数即最大的公共因数.)

证：(i) 及 (ii) 可由定理 4.3 立刻推得，(iii) 可由 (i) 直接推得.

定义 若 $(a,b)=1$，则 a,b 谓之互素.

附言：在定理 3 之证明中，实已提示一通常所熟知之求最大公因数法，即辗转相除法. 此亦名为 Euclid 计算法. 我国秦九韶于数学九章 (1247 年) 中亦论及之.

例. 取 $a=323, b=221$. 由 Euclid 算法可得
$$323 = 221 \cdot 1 + 102.$$
故 102 在形如 $ax+by$ 之整数模中. 又
$$221 = 102 \cdot 2 + 17,$$
故 17 亦在模中. 因
$$102 = 17 \cdot 6,$$
故 17 为该模之最小正整数，即 $17=(323,221)$. 用此法可求出定理 4(i) 中之 x 及 y. 因
$$17 = 221 - 2 \cdot 102$$
$$= 221 - 2(323 - 221)$$
$$= 3 \cdot 221 - 2 \cdot 323,$$
故 $x=-2, y=3$.

此法肇源极古，乃初等数论之主要支柱之一.

§5. 唯一分解定理

定理 1 若 p 为素数且 $p\mid ab$，则 $p\mid a$，或 $p\mid b$.

证：若 $p\nmid a$，则 $(a,p)=1$. 由定理 4.4，知有二整数 x,y，使
$$xa + yp = 1.$$
故
$$x \cdot ab + yb \cdot p = b.$$
但 $p\mid ab$，故 $p\mid b$.

定理 2 若 $c>0$，及 $(a,b)=d$，则 $(ac,bc)=dc$.

证:有 x 及 y 使
$$xa + yb = d,$$
或
$$xac + ybc = dc,$$
故 $(ac, bc) \mid dc$. 另一方面,由 $d \mid a$,可得 $cd \mid ca$;同样,$cd \mid cb$. 故 $dc \mid (ac, bc)$. 合此二结论立得定理.

定理 3 n 之标准分解式是唯一的. 换言之,若不计次序,则 n 仅能由唯一之方法表为素数之积.

证:由定理 1 显然可知,若
$$p \mid abc \cdots l,$$
则 p 必整除 $a, b, c, \cdots, l$ 中之一. 特如 $a, b, c, \cdots, l$ 皆为素数,则 p 必为 $a, b, c, \cdots, l$ 中之一.

假定
$$n = p_1^{a_1} p_2^{a_2} \cdots p_k^{a_k} = q_1^{b_1} q_2^{b_2} \cdots q_j^{b_j}$$
为 n 之二种标准分解式,则由上述原则,任一 p 必为 q 中之一,而任一 q 亦必为 p 中之一. 故 $k = j$. 且由
$$p_1 < p_2 < \cdots < p_k, q_1 < q_2 < \cdots < q_k,$$
可知
$$p_i = q_i, \quad 1 \leqslant i \leqslant k.$$
若 $a_i > b_i$,则以 $p_i^{b_i}$ 除之,可得
$$p_1^{a_1} \cdots p_i^{a_i - b_i} \cdots p_k^{a_k} = p_1^{b_1} \cdots p_{i-1}^{b_{i-1}} p_{i+1}^{b_{i+1}} \cdots p_k^{b_k}.$$
左边为 p_i 之倍数,而右边则否,此不可能. 同样 $a_i < b_i$ 也不可能. 故 $a_i = b_i$,而得定理.

此处顺带说明不视 1 为素数之道理. 因为如把 1 视为素数,则在 n 之标准分解式前,可乘以 1 之任何次幂,而唯一性被破坏矣.

习题 1. 证明以下各数非有理数(有理数者乃形如 $\frac{a}{b}$ 之数).
$$\log_{10} 2, \quad \sqrt{2}.$$

习题 2. 若已知
$$\log_{10} \frac{1025}{1024} = a, \log_{10} \frac{1024^2}{1023 \cdot 1025} = b, \log_{10} \frac{81^2}{80 \cdot 82} = c,$$
$$\log_{10} \frac{125^2}{124 \cdot 126} = d, \quad \log_{10} \frac{99^2}{98 \cdot 100} = e,$$
则

$$196\log_{10}2 = 59 + 5a + 8b - 3c - 8d + 4e.$$

并试用 a, b, c, d, e 表出 $\log_{10}3$ 及 $\log_{10}41$；再用此法以求 $\log_{10}2$ 至小数第十位，以说明此法在实际计算上有用处．(已知 $\log_e 10 = 2.3025850930$．)

§6. 最大公因数及最小公倍数

定理 1 命 a, b 为二正整数，$p_1, \cdots, p_s$ 为其素因数，书
$$a = p_1^{a_1} \cdots p_s^{a_s}, \quad a_v \geqslant 0,$$
$$b = p_1^{b_1} \cdots p_s^{b_s}, \quad b_v \geqslant 0, \quad p_1 < p_2 < \cdots < p_s,$$
则
$$(a, b) = p_1^{c_1} \cdots p_s^{c_s},$$
其中 $c_v = \min(a_v, b_v)$．此处及今后将以 $\min(x_1, \cdots, x_n)$ 表 n 个数 $x_1, \cdots, x_n$ 中之最小者．

此定理乃属显然．

定义 命 a, b 为二正整数，a, b 皆能整除之数，谓之 a, b 之公倍数；其中之最小正数名为最小公倍数．公倍数之存在，并无问题，因 ab 即为其一；故最小公倍数之存在，亦无问题．

定理 2 如定理 1 之假定，a, b 之最小公倍数为
$$e = p_1^{e_1} \cdots p_s^{e_s},$$
其中 $e_v = \max(a_v, b_v)$．此处及今后将以 $\max(x_1, \cdots, x_n)$ 表 n 个数 $x_1, \cdots, x_n$ 中之最大者．

证：显然 e 可为 a 及 b 所整除．反之，若
$$e' = p_1^{m_1} \cdots p_s^{m_s}$$
可为 a 所整除，则 $a_v \leqslant m_v$．故若 e' 可为 a 及 b 所整除，则 $a_v \leqslant m_v, b_v \leqslant m_v$，即 $\max(a_v, b_v) \leqslant m_v$．故 $e \mid e'$．即得定理．

显然可得：

定理 3 a, b 之任一公倍数必为其最小公倍数之倍数．

定理 4 以 $[a, b]$ 表 a, b 之最小公倍数，则
$$[a, b](a, b) = ab.$$

证：命
$$a = p_1^{a_1} \cdots p_s^{a_s}, b = p_1^{b_1} \cdots p_s^{b_s}, \quad p_1 < p_2 < \cdots < p_s.$$
则
$$ab = p_1^{a_1+b_1} \cdots p_s^{a_s+b_s}.$$
又

$$[a,b](a,b) = p_1^{\max(a_1,b_1)+\min(a_1,b_1)} \cdots p_s^{\max(a_s,b_s)+\min(a_s,b_s)}.$$

故只须证明
$$x + y = \max(x,y) + \min(x,y)$$
即是. 但此乃显然, 故得定理.

今用归纳法定义多个数之最大公因数及最小公倍数. $a_1, \cdots, a_n$ 之最大公因数为
$$(a_1, \cdots, a_n) = ((a_1, \cdots, a_{n-1}), a_n);$$
其最小公倍数为
$$[a_1, \cdots, a_n] = [[a_1, \cdots, a_{n-1}], a_n].$$

定理 5 命
$$a_1 = p_1^{e_{11}} \cdots p_s^{e_{1s}}, \cdots, a_n = p_1^{e_{n1}} \cdots p_s^{e_{ns}},$$
$$p_1 < p_2 < \cdots < p_s, e_{\mu\nu} \geq 0,$$
则
$$(a_1, \cdots, a_n) = p_1^{e_1} \cdots p_s^{e_s}, \quad e_\nu = \min(e_{1\nu}, \cdots, e_{n\nu}),$$
$$[a_1, \cdots, a_n] = p_1^{d_1} \cdots p_s^{d_s}, \quad d_\nu = \max(e_{1\nu}, \cdots, e_{n\nu}).$$

读者自证.

习题 1. 证明下列二等式:
$$(a_1, \cdots, a_n) = ((a_1, \cdots, a_s), (a_{s+1}, \cdots, a_n)),$$
$$[b_1, \cdots, b_n] = [[b_1, \cdots, b_s], [b_{s+1}, \cdots, b_n]].$$

习题 2. 证明下列二式:
$$(a_1, \cdots, a_n) = \frac{a_1 a_2 \cdots a_n}{[a_2 \cdots a_n, a_1 a_3 \cdots a_n, \cdots, a_1 \cdots a_{n-1}]},$$
$$[a_1, \cdots, a_n] = \frac{a_1 a_2 \cdots a_n}{(a_2 \cdots a_n, a_1 a_3 \cdots a_n, \cdots, a_1 \cdots a_{n-1})}.$$

习题 3. 命 $a_1, \cdots, a_n$ 为 n 个整数, 则 $(a_1, \cdots, a_n)$ 为形如 $a_1 x_1 + \cdots + a_n x_n$ 诸整数所成之模中之最小正整数.

习题 4. 求出一组 x, y, z 使
$$6x + 15y + 20z = 17.$$

习题 5. 今有散钱不知其数, 作七十七陌穿之, 欠五十凑穿, 若作七十八陌穿之, 不多不少. 问钱数若干. (答: 2106) 严恭, 通原算法 (1372).

§7. 逐步淘汰原则

定理 1 设有 N 件事物, 其中 N_α 件有性质 α, N_β 件有性质 β, $\cdots$, $N_{\alpha\beta}$ 件兼有性

质 α 及 β,⋯,$N_{αβγ}$ 件兼有性质 α,β 及 γ,⋯.则此事物中之既无性质 α,又无性质 β,又无性质 γ,⋯者之件数为

(A)
$$N - N_α - N_β - \cdots$$
$$+ N_{αβ} + \cdots$$
$$- N_{αβγ} - \cdots$$
$$+ \cdots - \cdots.$$

证:命 P 为一事物之兼有 k 种性质 α,β,⋯者.则 P 于 N 中出现一次;于 $N_α, N_β,$⋯ 中出现 k 次;于 $N_{αβ},\cdots$ 中出现 $\begin{bmatrix} k \\ 2 \end{bmatrix} = \frac{1}{2}k(k-1)$ 次;于 $N_{αβγ},\cdots$ 中出现 $\begin{bmatrix} k \\ 3 \end{bmatrix} = \frac{1}{6}k(k-1)(k-2)$ 次;⋯.若 $k \geqslant 1$,则于(A)中共出现

$$1 - \begin{bmatrix} k \\ 1 \end{bmatrix} + \begin{bmatrix} k \\ 2 \end{bmatrix} - \begin{bmatrix} k \\ 3 \end{bmatrix} \cdots = (1-1)^k = 0$$

次.但若 $k = 0$,则无 α,β,γ,⋯诸性质之 P 于(A)中出现之次数为 1.故得所云.

今应用此原则:"性质 α"视为"不大于 a",⋯,可得:

定理 2 若 $a, b, \cdots, k, l$ 为任意非负之数,则
$$\max(a, b, \cdots, k, l) = a + b + \cdots + k + l$$
$$- \min(a, b) \cdots - \min(k, l)$$
$$+ \min(a, b, c) + \cdots$$
$$- \cdots + \cdots$$
$$\pm \min(a, b, \cdots, k, l).$$

证:取最初 $N(> \max(a, b, \cdots, k, l))$ 个正整数.无性质 α,β,⋯之数之个数为 $N - \max(a, b, \cdots, k, l)$.此后应用定理 1 即得.

由定理 1 也可推得:

定理 3
$$[a_1, \cdots, a_n] = a_1 \cdots a_n (a_1, a_2)^{-1} \cdots (a_{n-1}, a_n)^{-1} (a_1, a_2, a_3) \cdots (a_1, \cdots, a_n)^{(-1)^{n+1}}.$$

读者可自证之.同样可得:

定理 4
$$(a_1, \cdots, a_n) = a_1 \cdots a_n [a_1, a_2]^{-1} \cdots [a_{n-1}, a_n]^{-1} [a_1, a_2, a_3] \cdots [a_1, \cdots, a_n]^{(-1)^{n+1}}.$$

附言:§6 之习题 1,2 及定理 7.3 及 7.4 建立一"对偶原则"(principle of duality)即 ( ) 与 [ ] 可以互换.

习题.命 $a, b, \cdots, k, l$ 为正整数,求 $1, 2, \cdots, n$ 中与 $a, b, \cdots, l$ 皆互素之整数之个数.

§8. 一次不定方程之解

由定理 4.4 可知:

定理 1　方程
$$ax + by = n$$
有整数解 x, y 的必要且充分之条件为 $(a, b) \mid n$.

定理 2　若 $(a, b) = 1$, 且 x_0, y_0 为
$$ax + by = n \tag{1}$$
之一解(此解之存在无问题), 则(1)式之解皆可表为
$$x = x_0 + bt, \quad y = y_0 - at.$$
且对任何整数 t, 此皆(1)式之解.

证: 由
$$ax + by = n$$
及
$$ax_0 + by_0 = n$$
可得
$$a(x - x_0) + b(y - y_0) = 0.$$
因 $(a, b) = 1$, 故 $a \mid y - y_0$. 命
$$y = y_0 - at,$$
则
$$x = x_0 + bt;$$
以此代入(1)式, 显然适合.

定理 3　设 $(a, b) = 1, a > 0, b > 0$. 凡大于 $ab - a - b$ 之数必可表为 $ax + by$ ($x \geq 0, y \geq 0$) 之形. 但 $ab - a - b$ 不能表成此形.

证: 由定理 2 可知
$$n = ax + by$$
之解必为
$$x = x_0 + bt, \quad y = y_0 - at$$
之形. 今求 t 使 x 及 y 都非负数. 可取 t 之值使
$$0 \leq y_0 - at < a,$$
即
$$0 \leq y_0 - at \leq a - 1.$$
由假定可知

$$(x_0+bt)a=n-(y_0-at)b>ab-a-b-(a-1)b=-a,$$

即
$$x_0+bt>-1,$$

故
$$x_0+bt\geqslant 0.$$

又若
$$ab-a-b=ax+by, \quad x\geqslant 0, \quad y\geqslant 0,$$

则
$$ab=(x+1)a+(y+1)b.$$

因 $(a,b)=1$,故
$$a\mid(y+1), \quad b\mid(x+1),$$

即
$$y+1\geqslant a, \quad x+1\geqslant b.$$

立得
$$ab=(x+1)a+(y+1)b\geqslant 2ab.$$

此不可能.

以上定理亦可述为:若 $a>0,b>0,(a,b)=1$,则 $ab-a-b$ 为最大之整数不能由 $ax+by(x\geqslant 0, y\geqslant 0)$ 表出者. 推广此问题至三个变数:命 a,b,c 为三正整数,且 $(a,b,c)=1$,求最大之整数不可由 $ax+by+cz(x\geqslant 0, y\geqslant 0, z\geqslant 0)$ 表出者. 此乃一未经解决之问题.

习题 1. 若 $a>0,b>0$,且 $(a,b)=1$,则方程
$$ax+by=n$$

之非负数解答之个数为 $\left[\dfrac{n}{ab}\right]$ 或 $\left[\dfrac{n}{ab}\right]+1$.

[提示:应用 $[\alpha]-[\beta]=[\alpha-\beta]$ 或 $[\alpha-\beta]+1$.]

习题 2. 设 a,b,c 为三正整数,且
$$(a,b)=(b,c)=(c,a)=1.$$

求最大之整数之不可由
$$bcx+cay+abz, \quad x\geqslant 0, y\geqslant 0, z\geqslant 0$$

表出者. (答:$2abc-ab-bc-ca$).

习题 3. 求出 $x+2y+3z=n, \quad x\geqslant 0, y\geqslant 0, z\geqslant 0$ 之解数.

[提示:此式之解答数为
$$\dfrac{1}{(1-x)(1-x^2)(1-x^3)}$$

之展开式中 x^n 之系数.用部分分式法可得所需.]

$$\left[答: \frac{(n+3)^2}{12} - \frac{7}{72} + \frac{(-1)^n}{8} + \frac{2}{9}\cos\frac{2n\pi}{3}. \right]$$

习题 4. 鸡翁一,值钱五;鸡母一,值钱三;鸡雏三,值钱一.百钱买鸡百只,问鸡翁、母、雏各几何？ (张丘建).

§9. 完全数(perfect number)

定理 1 命 $\sigma(n)$ 为 n 之诸因数之和.若 $n = p_1^{a_1}\cdots p_s^{a_s}$,则

$$\sigma(n) = \frac{p_1^{a_1+1}-1}{p_1-1}\cdots\frac{p_s^{a_s+1}-1}{p_s-1}.$$

证:显然

$$p_1^{x_1}\cdots p_s^{x_s}, \quad 0 \leqslant x_1 \leqslant a_1,\cdots,0 \leqslant x_s \leqslant a_s$$

为 n 之所有的因数,而无其他.故

$$\sigma(n) = \sum_{x_1=0}^{a_1}\cdots\sum_{x_s=0}^{a_s} p_1^{x_1}\cdots p_s^{x_s}$$

$$= \sum_{x_1=0}^{a_1} p_1^{x_1} \cdot \sum_{x_2=0}^{a_2} p_2^{x_2}\cdots\sum_{x_s=0}^{a_s} p_s^{x_s}$$

$$= \frac{p_1^{a_1+1}-1}{p_1-1}\cdots\frac{p_s^{a_s+1}-1}{p_s-1}.$$

显然立刻可得

定理 2 若 $(n,m) = 1$,则

$$\sigma(mn) = \sigma(m)\sigma(n).$$

附言:此种 $\sigma(n)$ 乃所谓数论函数之一种.数论函数之有定理 2 之性质者,谓之积性函数(multiplicative function).

定义 若 $\sigma(n) = 2n$,则 n 谓之完全数.例如:

$$\sigma = 1+2+3, 28 = 1+2+4+7+14.$$

定理 3 若 $p = 2^n - 1$ 为素数,则

$$\frac{1}{2}p(p+1) = 2^{n-1}(2^n - 1)$$

乃一完全数,且无其他偶完全数存在.

证:1) 由定理 1 知

$$\sigma\left[\frac{1}{2}p(p+1)\right] = \frac{2^n-1}{2-1}\cdot\frac{p^2-1}{p-1} = (2^n-1)(p+1) = p(p+1).$$

2) 若 a 为一偶完全数.命

$$a = 2^{n-1} u, \quad u > 1, 2 \nmid u,$$

则由定理 2,

$$2^n u = 2a = \sigma(a) = \frac{2^n - 1}{2 - 1} \sigma(u),$$

故

$$\sigma(u) = \frac{2^n u}{2^n - 1} = u + \frac{u}{2^n - 1}.$$

但 u 及 $\frac{u}{2^n - 1}$ 皆为 u 之因数. 而 $\sigma(u)$ 为 u 的所有因数之和. 故 u 只有两个因数, 即 u 为素数, 且

$$\frac{u}{2^n - 1} = 1.$$

定理于是证明.

习题 1. 阐明 $\sigma(m) = \sigma(n) = m + n$ 有次之三解答:

m	284	17296	9363584
n	220	18416	9437056

习题 2. 求证: 若一正整数为其诸因数(除其本身之外)之积, 则此数为一素数之立方, 或为二不同素数之积, 且无其他正整数具此性质.

§10. Mersenne 数及 Fermat 数

是否有奇完全数存在, 乃数论中著名难题之一. 由上节之结果可知, 偶完全数之问题一变而为求形如 $2^n - 1$ 之素数之问题. 此种素数乃所谓 Mersenne 数. 有一 Mersenne 数即有一偶完全数. 是否有无穷个 Mersenne 数存在, 亦为数论上之难题.

定理 1 若 $n > 1$, 且 $a^n - 1$ 为素数, 则 $a = 2$, 及 n 为素数.

证: 若 $a > 2$, 则 $(a - 1) \mid (a^n - 1)$. 故 $a^n - 1$ 非素数.

若 $a = 2$ 而 $n = kl$, 则 $(2^k - 1) \mid (2^n - 1)$.

故 $2^n - 1$ 为素数之问题, 今已化为 $2^p - 1$ 为素数之问题. 命

$$M_p = 2^p - 1.$$

迄今所已证明之结果为: 当

$$p = 2, 3, 5, 7, 13, 17, 19, 31, 61, 89, 107, 127, 521, 607, 1279, 2203, 2281$$

时 M_p 为素数, 即 Mersenne 数; 相应有 17 个偶完全数.

与 Mersenne 数有相似形式者, 有所谓 Fermat 数, 此对分圆问题, 甚有用处.

定理 2　若 2^m+1 为素数,则 $m=2^n$.

证:若 m 有一奇因子 q,命 $m=qr$,则
$$2^{qr}+1=(2^r)^q+1=(2^r+1)(2^{r(q-1)}-\cdots+1),$$
而 $1<2^r+1<2^m+1$.故 2^m+1 非素数.

命 $F_n=2^{2^n}+1$.此名为 Fermat 数.最前五个 Fermat 数是
$$F_0=3, F_1=5, F_2=17, F_3=257, F_4=65537;$$
都是素数.根据此种事实,Fermat 猜测凡 F_n 皆为素数.但 Euler 于 1732 年举出
$$F_5=2^{2^5}+1=641\times 6700417.$$
故 Fermat 之猜测并不真确.

附注:"$641\mid F_5$"可简证如次:命 $a=2^7, b=5$,则 $a-b^3=3, 1+ab-b^4=1+3b=2^4$.故
$$2^{2^5}+1=(2a)^4+1=(1+ab-b^4)a^4+1=(1+ab)a^4+1-a^4b^4.$$
此必为 $1+ab$ 所整除.而 $1+ab=2^4+5^4=641$.

近若干年来关于 Fermat 数之结果,总结如次:当
$$n=6,7,8,9,11,12,18,23,36,38,73,$$
F_n 皆非素数.故除了开始之五素数外,是否尚有 F_n 为素数之情形存在,实可怀疑.故 Fermat 此一推测实属不幸之至.今已有反推测"Fermat 数仅有有限个素数存在"者矣.

Gauss 曾证明:若 F_n 为素数,则正 F_n 角形可用圆规及直尺作出.故 Fermat 数之为素数之问题,在几何学上有其特殊的应用.

§11. 连乘积中素因数之方次数

定理 1　命 p 为一素数.于 $n!$ 中 p 之方次数等于
$$\left[\frac{n}{p}\right]+\left[\frac{n}{p^2}\right]+\left[\frac{n}{p^3}\right]+\cdots.$$
此级数中仅有有限项不等于零.

证:于
$$n!=1\cdot 2\cdots(p-1)\cdot$$
$$\cdot p\cdot(p+1)\cdots 2p\cdots(p-1)p\cdots\cdot$$
$$\cdot p^2\cdots\cdot$$
$$\cdots\cdots$$

中有 $\left[\dfrac{n}{p}\right]$ 个 p 之倍数,有 $\left[\dfrac{n}{p^2}\right]$ 个 p^2 之倍数,等等.故得定理.

定理 2 命
$$\begin{bmatrix} n \\ r \end{bmatrix} = \frac{n!}{r!(n-r)!}.$$
此为一整数.

证:今将利用下之公式
$$[\alpha]-[\beta]=[\alpha-\beta] \text{ 或 } [\alpha-\beta]+1. \tag{1}$$

其证明极易(且已于习题 8.1 中用及之).由定理 1,于 $\begin{bmatrix} n \\ r \end{bmatrix}$ 中 p 之方次数为

$$\sum \left[\left[\frac{n}{p^m}\right] - \left[\frac{r}{p^m}\right] - \left[\frac{n-r}{p^m}\right] \right].$$

由(1)可知此式 $\geqslant 0$.

例.若 $n=1000, p=3$,则
$$\left[\frac{1000}{3}\right]=333, \left[\frac{1000}{3^2}\right]=\left[\frac{333}{3}\right]=111, \left[\frac{1000}{3^3}\right]=37,$$
$$\left[\frac{1000}{3^4}\right]=12, \left[\frac{1000}{3^5}\right]=4, \left[\frac{1000}{3^6}\right]=1.$$

故 1000! 中 3 之方次数为
$$333+111+37+12+4+1=498.$$

习题 1.求 10000! 中 7 之方次数.

习题 2.求 $\begin{bmatrix} 1000 \\ 500 \end{bmatrix}$ 中 5 之方次数.

习题 3.若 $r+s+\cdots+t=n$,则
$$\frac{n!}{r!s!\cdots t!}$$
为整数.更证明若 n 为素数,而 $\max(r,s,\cdots,t)<n$,则此数为 n 之倍数.

§12.整值多项式

定义 当变数 x 为整数时,若一多项式 $f(x)$ 之值常为整数,则此种多项式谓之整值多项式.

例如:整系数之多项式为整值多项式.又如
$$\begin{bmatrix} x \\ r \end{bmatrix} = \frac{x(x-1)\cdots(x-r+1)}{r!}$$
亦为整值多项式.

以 $\Delta f(x)$ 表 $f(x+1)-f(x)$,则有

定理 1 $\Delta \begin{bmatrix} x \\ r \end{bmatrix} = \begin{bmatrix} x \\ r-1 \end{bmatrix}$.

证：$\Delta \begin{bmatrix} x \\ r \end{bmatrix} = \dfrac{(x+1)x\cdots(x-r+2)}{r!} - \dfrac{x(x-1)\cdots(x-r+1)}{r!}$

$= \dfrac{x\cdots(x-r+2)}{r!}[(x+1)-(x-r+1)] = \begin{bmatrix} x \\ r-1 \end{bmatrix}$.

定理 2 凡 k 次之整值多项式必可表成

$$a_k \begin{bmatrix} x \\ k \end{bmatrix} + a_{k-1} \begin{bmatrix} x \\ k-1 \end{bmatrix} + \cdots + a_1 \begin{bmatrix} x \\ 1 \end{bmatrix} + a_0;$$

式中 $a_k, \cdots, a_0$ 皆为整数．且对任何整数 $a_k, \cdots, a_0$, 此皆整值多项式．

证：1) 如此之多项式显然是整值多项式．

2) 任一 k 次多项式 $f(x)$ 必可写成

$$f(x) = \alpha_k \begin{bmatrix} x \\ k \end{bmatrix} + \alpha_{k-1} \begin{bmatrix} x \\ k-1 \end{bmatrix} + \cdots + \alpha_1 \begin{bmatrix} x \\ 1 \end{bmatrix} + \alpha_0.$$

显然

$$\Delta f(x) = \alpha_k \begin{bmatrix} x \\ k-1 \end{bmatrix} + \alpha_{k-1} \begin{bmatrix} x \\ k-2 \end{bmatrix} + \cdots + \alpha_1.$$

进而以 $\Delta^2 f(x)$ 表 $\Delta(\Delta f(x))$, 及 $\Delta^r f(x) = \Delta(\Delta^{r-1} f(x))$, 可立得

$$f(0) = \alpha_0, (\Delta f(x))_{x=0} = \alpha_1, \cdots, (\Delta^r f(x))_{x=0} = \alpha_r, \cdots.$$

若 $f(x)$ 为整值多项式，则 $\Delta f(x), \Delta^2 f(x), \cdots$ 亦然．故 $f(0), (\Delta f(x))_{x=0}, \cdots$, $(\Delta^r f(x))_{x=0}, \cdots$ 皆为整数，即 $\alpha_k, \cdots, \alpha_0$ 皆为整数．

定理 3 对任意整数 x, 一整值多项式 $f(x)$ 之值皆为 m 之倍数之必要且充分条件为

$$m \mid (a_k, \cdots, a_0);$$

此处 $a_k, \cdots, a_0$ 之意义如定理 2．

证法与定理 2 同．

定理 4 (Fermat). 命 p 为一素数，对任一整数 x, $x^p - x$ 必为 p 之倍数．

证：若 $p = 2$, 则由 $x^2 - x = x(x-1)$, 定理显然．故可设 $p > 2$.

命 $f(x) = x^p - x$. 显然 $f(0) = 0$ 及

$$\Delta f(x) = (x+1)^p - x^p - (x+1) + x$$

$$= \begin{bmatrix} p \\ 1 \end{bmatrix} x^{p-1} + \begin{bmatrix} p \\ 2 \end{bmatrix} x^{p-2} + \cdots + \begin{bmatrix} p \\ p-1 \end{bmatrix} x,$$

此式中之系数皆为 p 之倍数（习题 11.3）. 以 0 代入, $f(1)$ 为 p 之倍数；以 1 代入, $f(2)$ 为 p 之倍数；等等．故 $f(x)$ 之值常为 p 之倍数．若 x 为负整数，则由 $x^p - x = -[(-x)^p - (-x)]$, 定理显然成立．

习题 1. 推广定理 2 及 3 至多变数之情形.

习题 2. 证明 $n(n+1)(2n+1)$ 是 6 之倍数.

习题 3. 当 m 及 n 过诸正整数时,

$$m + \frac{1}{2}(m+n-1)(m+n-2)$$

亦过诸正整数,既无遗漏,也无重复.

习题 4. 若一 k 次多项式,对于连续 $k+1$ 个整数皆取整数值,则此多项式必为整值多项式.

习题 5. 若 $f(-x) = -f(x)$,则 $f(x)$ 名为奇多项式. 整值奇多项式之形式为

$$a_1 \begin{bmatrix} x \\ 1 \end{bmatrix} + a_2 \begin{bmatrix} x+1 \\ 3 \end{bmatrix} + \cdots + a_m \begin{bmatrix} x+m-1 \\ 2m-1 \end{bmatrix}.$$

此处 $a_1, \cdots, a_m$ 为整数.

习题 6. 若 $f(-x) = f(x)$,则 $f(x)$ 名为偶多项式. 整值偶多项式之形式为

$$a_0 + a_1 \frac{x}{1} \begin{bmatrix} x \\ 1 \end{bmatrix} + a_2 \frac{x}{2} \begin{bmatrix} x+1 \\ 3 \end{bmatrix} + \cdots + a_m \frac{x}{m} \begin{bmatrix} x+m-1 \\ 2m-1 \end{bmatrix}.$$

此处 $a_1, \cdots, a_m$ 为整数.

§13. 多项式之分解

定理 1 命 $g(x)$ 及 $h(x)$ 为二整系数多项式:

$$g(x) = a_l x^l + \cdots + a_0, \quad a_l \neq 0,$$
$$h(x) = b_m x^m + \cdots + b_0, \quad b_m \neq 0,$$

及

$$g(x)h(x) = c_{l+m} x^{l+m} + \cdots + c_0.$$

则

$$(a_l, \cdots, a_0)(b_m, \cdots, b_0) = (c_{l+m}, \cdots, c_0).$$

证:可假定 $(a_l, \cdots, a_0) = 1, (b_m, \cdots, b_0) = 1$ 而不失其普遍性.

设 $p \mid (c_{l+m}, \cdots, c_0)$ 及

$$p \mid (a_l, \cdots, a_{u+1}), \quad p \nmid a_u,$$
$$p \mid (b_m, \cdots, b_{v+1}), \quad p \nmid b_v.$$

由定义可得

$$c_{u+v} = \sum_{s+t=u+v} a_s b_t.$$

其中除 $a_u b_v$ 一项之外,皆为 p 之倍数. 因 $p \nmid a_u b_v$,故 $p \nmid c_{u+v}$,故 $p \nmid (c_{l+m}, \cdots, c_0)$. 此与假定相违背. 故任何素数皆不能整除 $(c_{l+m}, \cdots, c_0)$.

定义　命 $f(x)$ 为一有理系数多项式,若有二非常数之有理系数多项式 $g(x)$ 及 $h(x)$ 使
$$f(x) = g(x)h(x).$$
则 $f(x)$ 谓之可分解或可化（reducible）. 不然,则谓之不可分解或不可化（irreducible）.

例. $x^2 - 2$ 及 $x^2 + 1$ 皆为不可化;而 $3x^2 + 8x + 4$ 为可化,因其可分解为 $(3x+2)(x+2)$.

定理 2　(Gauss). 命 $f(x)$ 为一整系数多项式. 若
$$f(x) = g(x)h(x),$$
此处 $g(x), h(x)$ 为二有理系数多项式. 则有一有理数 γ 使
$$\gamma g(x), \frac{1}{\gamma}h(x)$$
皆有整系数.

证:可假定 $f(x)$ 之系数之最大公因数是 1. 有二整数 M 及 N 使
$$Mg(x) = a_l x^l + \cdots + a_0,\quad \text{诸 } a \text{ 为整数};$$
$$Nh(x) = b_m x^m + \cdots + b_0,\quad \text{诸 } b \text{ 为整数};$$
$$MNf(x) = c_{l+m} x^{l+m} + \cdots + c_0.$$
由假定及定理 1 可知
$$MN = (c_{l+m}, \cdots, c_0) = (a_l, \cdots, a_0)(b_m, \cdots, b_0).$$
命
$$\gamma = \frac{M}{(a_l, \cdots, a_0)} = \frac{(b_m, \cdots, b_0)}{N},$$
则 $\gamma g(x)$ 及 $\frac{1}{\gamma}h(x)$ 皆有整系数.

定理 3　(Eisenstein). 命
$$f(x) = c_n x^n + \cdots + c_0$$
为一整系数多项式. 若 $p \nmid c_n, p \mid c_i (0 \leqslant i < n)$, 且 $p^2 \nmid c_0$, 则 $f(x)$ 为不可化.

证:假定 $f(x)$ 为可化. 由定理 2 可知
$$f(x) = g(x)h(x),$$
$$g(x) = a_l x^l + \cdots + a_0,\quad h(x) = b_m x^m + \cdots + b_0,$$
$$l + m = n,\quad l > 0,\quad m > 0,$$
式中 a_j 及 b_k 皆为整数. 由 $c_0 = a_0 b_0$ 及 $p \mid c_0$, 可知 $p \mid a_0$ 或 $p \mid b_0$. 设 $p \mid a_0$, 则由 $p^2 \nmid a_0 b_0 = c_0$ 可得 $p \nmid b_0$.

又 $g(x)$ 之系数不能皆为 p 之倍数,因若不然,则 $p \mid c_n$. 故可假定
$$p \mid (a_0, \cdots, a_{r-1}),\quad p \nmid a_r,\quad 1 \leqslant r \leqslant l.$$

由
$$c_r = a_r b_0 + \cdots + a_0 b_r,$$
可知 $p \nmid c_r$. 因 $r \leqslant l < n$, 此与假定相违背.

由此定理, 立得以下诸结果:

定理 4 $x^m - p$ 为不可化. 故 $\sqrt[m]{p}$ 为无理数.

定理 5 $\dfrac{x^p - 1}{x - 1} = x^{p-1} + \cdots + x + 1$ 为不可化.

证: 命 $x = y + 1$, 则上式变为
$$\frac{1}{y}((y+1)^p - 1) = y^{p-1} + p y^{p-2} + \binom{p}{2} y^{p-3} + \cdots + p.$$
易见除第一系数外, 皆为 p 之倍数, 而常数项非 p^2 之倍数.

习题. 证明次之诸式皆不可化:
$$x^2 + 1, \quad x^4 + 1, \quad x^6 + x^3 + 1.$$

第二章 同余式

§1. 定 义

命 m 为一自然数,若 $a-b$ 为 m 之倍数,则谓之"a,b 对模 m 同余(congruent)". 以

$$a \equiv b \pmod{m}$$

表示之. 反之,以

$$a \not\equiv b \pmod{m}$$

表示 a 与 b 对模 m 不同余.

例如: $31 \equiv -9 \pmod{10}$.

对任二整数 a 及 b,常有

$$a \equiv b \pmod{1}.$$

同余之观念,在日常生活中,时常用及. 例如:"星期三上课一次",即有此观念,其所用之模为七. 又我国古时所创之干支纪年也属此类,即以 60 为模之纪年法也. 我国对此问题有极光荣之历史,如孙子算经有"物不知其数"一问,即为同余式研究之滥觞. 此问题之原文如次:

今有物不知其数,三三数之剩二,五五数之剩三,七七数之剩二,问物几何?

用以上所述之符号表之,即为求正整数 x 使

$$x \equiv 2 \pmod{3},$$
$$x \equiv 3 \pmod{5},$$
$$x \equiv 2 \pmod{7}.$$

故"物不知其数"问题,即为求若干个同余式之公解也.

§2. 同余式之基本性质

定理 1

(i) $a \equiv a \pmod{m}$(反身性);

(ii) 若 $a \equiv b \pmod{m}$,则

$b \equiv a \pmod{m}$(对称性);

第二章 同 余 式

(iii) 若 $a \equiv b, b \equiv c \pmod{m}$，则
$$a \equiv c \pmod{m} \text{（传递性）}.$$

此三性质之证明极易，不再赘述。由此三项性质可以分整数为若干类，同类之数皆同余，异类者皆不同余，此项之类，名为同余类(residue class)。显然，如以 m 为模，吾人有 m 个同余类：为 m 所整除之诸数成一类，以 m 除余 1 之数成一类，余 2 之数成一类，等等。

每类中各取一数为代表，此代表组名为一完全剩余系(complete residue system)。

定理 2 若
$$a \equiv b, \quad a_1 \equiv b_1 \pmod{m},$$
则
$$a + a_1 \equiv b + b_1, \quad a - a_1 \equiv b - b_1 \pmod{m},$$
及
$$a a_1 \equiv b b_1 \pmod{m}.$$

此定理之证明，亦不困难，今仅举最后一式之证明：
$$m \mid a_1(a - b) + b(a_1 - b_1) = a a_1 - b b_1.$$

定理 2 也可改述如次：任与二类 A, B，其中各取一代表 a 及 b，命 $a + b$（或 $a - b$，或 ab）所代表之类为 C。则 C 仅与 A, B 有关，而与其所取之代表无关。亦即 A, B 中各取一数，其和必在 C 中。故可定义类 C 为类 A 类 B 之和。以 $C = A + B$ 表之。同样，可以定义 $A - B$ 及 $A \cdot B$。由定理 2 也可推得"对模 m 之诸类，对加减乘自封"。但对除法不一定可能，例如 $3 \cdot 2 \equiv 1 \cdot 2, 2 \equiv 2 \pmod{4}$，但 $3 \not\equiv 1 \pmod{4}$。惟吾人有次之定理：

定理 3 若
$$ac \equiv bd \pmod{m}$$
$$c \equiv d \pmod{m}$$
及 $(c, m) = 1$，则
$$a \equiv b \pmod{m}.$$

证：由
$$(a - b)c + b(c - d) = ac - bd \equiv 0 \pmod{m}$$
可得
$$m \mid (a - b)c.$$
但 $(c, m) = 1$，故得
$$m \mid a - b.$$

以 O 表诸 m 之倍数所成之类。易知

$$A + O = A, \quad A \cdot O = O.$$

又以 I 表以 m 除余 1 诸数所成之类,易见

$$A \cdot I = A.$$

前例及定理 3 说明:由

$$A \cdot B = A \cdot C$$

不一定可得 $B = C$. 但 A 中之数与 m 为互素(注意:如 A 中有一数与 m 互素,则其他诸数也与 m 互素),则可得 $B = C$.

如取 m 为素数 p, 则除 O 之外, 其他之类皆与 m 互素. 故得"对素数 p, 所有的同余类对加减乘除自封, 但行除法时, 不能以 O 去除".

§3. 缩剩余系(reduced residue system)

前节已述及,若一类 A 中有一数与 m 互素,则 A 中所有数皆与 m 互素. 或迳述为类 A 与 m 互素. 若类 A 与 m 互素, 由定理 2.3, 吾人可定义 B/A. 特别以 A^{-1} 记 I/A. 例如:

A	0	1	2	3	4
A^{-1}	×	1	3	2	4

(mod 5)

A	0	1	2	3	4	5
A^{-1}	×	1	×	×	×	5

(mod 6)

A	0	1	2	3	4	5	6
A^{-1}	×	1	4	5	2	3	6

(mod 7)

表中"×"表示"无意义".

定义 命 $\varphi(m)$ 为与 m 互素之类之个数. 此 $\varphi(m)$ 名为 Euler 函数. 在与 m 互素之诸类中各取一代表

$$a_1, \cdots, a_{\varphi(m)},$$

此名为一缩剩余系或简称缩系. 例如:

$$\varphi(1) = 1, \varphi(2) = 1, \varphi(3) = 2, \varphi(4) = 2 \text{ 等等}.$$

此 $\varphi(m)$ 也可述为:不大于 m 且与 m 互素之正整数之个数. 若 $m = p$ 为素数, 则 $\varphi(p) = p - 1$.

定理 1 若
$$a_1, a_2, \cdots, a_{\varphi(m)}$$
为一缩系，及 $(k, m) = 1$，则
$$ka_1, ka_2, \cdots, ka_{\varphi(m)}$$
亦为一缩系．

证：显然有 $(ka_i, m) = 1$．故每一数代表一与 m 互素之类．若 $ka_i \equiv ka_j \pmod{m}$．因 $(k, m) = 1$，故得 $a_i \equiv a_j \pmod{m}$．故各数代表不同的类．即得定理．

定理 2 (Euler)．若 $(k, m) = 1$，则
$$k^{\varphi(m)} \equiv 1 \pmod{m}.$$

证：由定理 1 易知
$$\prod_{v=1}^{\varphi(m)} (ka_v) \equiv \prod_{v=1}^{\varphi(m)} a_v \pmod{m}.$$
因 $(m, a_v) = 1$，故得
$$k^{\varphi(m)} \equiv 1 \pmod{m}.$$

取 $m = p$，立得 Fermat 定理(定理 1.12.4)

定理 3 若 p 为素数，则对所有之整数 a 有次之同余式
$$a^p \equiv a \pmod{p}.$$

§4. p^2 可整除 $2^{p-1} - 1$ 否？

于 1828 年 Abel 曾问及有素数 p 及整数 a 使
$$a^{p-1} \equiv 1 \pmod{p^2}$$
否？Jacobi 谓：若 $p \leqslant 37$，适合此式之解答为
$$p = 11, \quad a = 3 \text{ 或 } 9.$$
$$p = 29, \quad a = 14$$
及
$$p = 37, \quad a = 18.$$

近来 Fermat 最后问题之研究，更刺激此方面之进展．关于 Fermat 最后问题，有次之定理．

命 p 为奇素数．若有整数 x, y, z 使
$$x^p + y^p + z^p = 0, \quad p \nmid xyz,$$
则
$$2^{p-1} \equiv 1 \pmod{p^2} \tag{1}$$

及①
$$3^{p-1} \equiv 1 \pmod{p^2}. \tag{2}$$
是否有能同时适合(1)及(2)之素数 p 存在,尚为一未曾解决之问题.

定义 若
$$a^{p-1} \equiv 1 \pmod{p^2},$$
则 a 名为 Fermat 解,不然谓之非 Fermat 解.

显然二 Fermat 解之积仍为一 Fermat 解.一 Fermat 解及一非 Fermat 解之积为一非 Fermat 解.若分解一非 Fermat 解为素因数积时,必有一素因数为非 Fermat 解.

定理 1 命 a 及 b 为 p 之二 Fermat 解,则决不能有 q 使
$$qp = a \pm b, \quad p \nmid q.$$

证:由定义已知
$$a^p \equiv a, \quad b^p \equiv b \pmod{p^2};$$
故
$$a^p \pm b^p \equiv a \pm b \pmod{p^2}. \tag{3}$$
若 $qp = a \pm b, p \nmid q$,则
$$a^p = (\mp b + qp)^p \equiv \mp b^p \pmod{p^2}.$$
即得
$$a^p \pm b^p \equiv 0 \pmod{p^2}.$$
以此代入(3),得出 $a \pm b = qp \equiv 0 \pmod{p^2}$.此乃一矛盾.

定理 2 3 为 11 之 Fermat 解.

证:
$$3^5 = 243 \equiv 1 \pmod{11^2}.$$
故
$$3^{10} \equiv 1 \pmod{11^2}.$$

定理 3 2 为 1093 之 Fermat 解.

证:命 $p = 1093$,则
$$3^7 = 2187 = 2p + 1,$$
故
$$3^{14} \equiv 4p + 1 \pmod{p^2}; \tag{4}$$
又

---

① 较近之研究,可于上结论中添入
$$n^{p-1} \equiv 1 \pmod{p^2}, n = 2, 3, \cdots, 47.$$

第二章　同　余　式

$$2^{14} = 16384 = 15p - 11,$$

故
$$2^{28} \equiv -330p + 121 \pmod{p^2},$$
$$3^2 \cdot 2^{28} \equiv -2970p + 1089 \pmod{p^2}$$
$$\equiv -2969p - 4$$
$$\equiv 310p - 4 \pmod{p^2},$$
$$3^2 \cdot 2^{28} \cdot 7 \equiv 2170p - 28$$
$$\equiv -16p - 28 \pmod{p^2}.$$

故
$$3^2 \cdot 2^{26} \cdot 7 \equiv -4p - 7 \pmod{p^2}.$$

用二项式定理得
$$3^{14} \cdot 2^{182} \cdot 7^7 \equiv (-4p - 7)^7 \equiv -7 \cdot 4p \cdot 7^6 - 7^7 \pmod{p^2},$$

故
$$3^{14} \cdot 2^{182} \equiv -4p - 1 \pmod{p^2} \tag{5}$$

由(4)及(5)得
$$3^{14} \cdot 2^{182} \equiv -3^{14}, \quad 2^{182} \equiv -1 \pmod{p^2},$$

故
$$2^{1092} \equiv 1 \pmod{p^2}.$$

定理 4　3 非 1093 之 Fermat 解.

证：若 3 为 Fermat 解，则 3^7 亦然．显然，-1 为一 Fermat 解．因
$$3^7 - 1 = 2p.$$
故由定理 1 即得所证．

定理 5　小于 100 之素数，无同时适合(1)及(2)者．

证：设 2 及 3 皆为 Fermat 解．则 $2^l, 3^m$ 及 $2^l \cdot 3^m$ 亦皆为 Fermat 解．当然 1 也是 Fermat 解．定理 5 可由定理 1 及以下之计算得之：

$2 = 3 - 1, \quad 3 = 2 + 1, \quad 5 = 2 + 3, \quad 7 = 2^2 + 3, \quad 11 = 2 + 3^2,$
$13 = 2^2 + 3^2, 17 = 2^3 + 3^2, 19 = 2^4 + 3, 23 = -2^2 + 3^3, 29 = 2 + 3^3,$
$31 = 2^2 + 3^3, 37 = 2^6 - 3^3, 41 = 2^5 + 3^2, 43 = 2^4 + 3^3, 47 = 2^4 \cdot 3 - 1,$
$53 = 2 \cdot 3^3 - 1, 59 = 2^5 + 3^3, 61 = 2^6 - 3, 67 = 2^6 + 3, 71 = 2^3 \cdot 3^2 - 1,$
$73 = 2^6 + 3^2, 79 = -2 + 3^4, 83 = 2 + 3^4, 89 = 2^3 + 3^4, 97 = 2^4 + 3^4.$

轵近 Lehmer 氏证明若 $p \leqslant 253,747,889$ 时，必有一不大于 47 之 m 使
$$m^{p-1} \not\equiv 1 \pmod{p^2}.$$
因之 Fermat 最后定理之一部分乃得证明．

§5. $\varphi(m)$ 之讨论

定理 1 若 $(m, m') = 1$, x 过 m 之一完全剩余系, x' 过 m' 之一完全剩余系, 则 $mx' + m'x$ 过 mm' 之一完全剩余系.

证: 于 mm' 个数 $mx' + m'x$ 中, 若
$$mx' + m'x \equiv my' + m'y \pmod{mm'},$$
则
$$mx' \equiv my' \pmod{m'},$$
$$m'x \equiv m'y \pmod{m}.$$
由 $(m, m') = 1$ 可得
$$x' \equiv y' \pmod{m'}, \quad x \equiv y \pmod{m}.$$
明所欲证.

定理 2 若 $(m, m') = 1$, x 过 m 之一缩剩余系, x' 过 m' 之一缩剩余系, 则 $mx' + m'x$ 过 mm' 之一缩剩余系.

证: 1) $mx' + m'x$ 与 mm' 互素. 不然, 必有一素数 p 使
$$p \mid (mm', mx' + m'x).$$
假定 $p \mid m$, 则 $p \mid m'x$. 因 $(m, m') = 1$, 故 $p \nmid m'$, 即 $p \mid x$. 即 $p \mid (m, x)$. 此不可能.

2) 凡与 mm' 互素之数 a 必与一形如
$$mx' + m'x, (x, m) = (x', m') = 1$$
之数同余 $\pmod{mm'}$.

由定理 1 有二整数 x 及 x' 使
$$a \equiv mx' + m'x \pmod{mm'}.$$
今往证 $(x, m) = (x', m') = 1$. 若 $(x, m) = d \neq 1$, 则
$$(a, m) = (mx' + m'x, m) = (m'x, m) = (x, m) = d \neq 1.$$
此与原假定相背. 同法可证明 $(x', m') = 1$.

3) 于定理 1 中已证明形如 $mx' + m'x$ 之数无同余者. 故得定理.

同时亦已证明:

定理 3 若 $(m, m') = 1$, 则
$$\varphi(mm') = \varphi(m)\varphi(m').$$
即 $\varphi(m)$ 为一积性函数.

积性函数有一特质, 只须知素数乘方之情形, 即可推得其余. 因若 m 之标准分解式为
$$m = p_1^{l_1} \cdots p_s^{l_s}, \quad p_1 < p_2 < \cdots < p_s.$$

则由定理 3 可知
$$\varphi(m) = \varphi(p_1^{l_1})\cdots\varphi(p_s^{l_s}).$$

定理 4
$$\varphi(p^l) = p^l\left[1 - \frac{1}{p}\right];$$
$$\varphi(m) = m\prod_{p\mid m}\left[1 - \frac{1}{p}\right],$$

此处 p 过 m 之不同素因子.

证：不大于 p^l 之 p^l 个正整数中，有 p^{l-1} 个为 p 之倍数，其他皆与 p 互素．故
$$\varphi(p^l) = p^l - p^{l-1} = p^l\left[1 - \frac{1}{p}\right].$$

由此及 φ 之积性，即得第二式.

例如：$\varphi(300) = \varphi(2^2\cdot 3\cdot 5^2) = 2^2\cdot 3\cdot 5^2\left[1-\frac{1}{2}\right]\left[1-\frac{1}{3}\right]\left[1-\frac{1}{5}\right] = 80.$

习题 1. 证明
$$\sum_{d\mid m}\varphi(d) = m,$$

式中 $\sum_{d\mid m}$ 表示一和，其中之变数 d 过 m 之诸因数.

习题 2. 命 P 为 (m,n) 中不同素因数之积，则
$$\frac{\varphi(mn)}{\varphi(m)\varphi(n)} = \frac{P}{\varphi(P)}.$$

习题 3. 应用定理 1.7.1 证明定理 4.

§6. 同 余 方 程

今往讨论形如
$$ax + b \equiv 0 \pmod{m} \tag{1}$$
之方程，何时可解？有几个同余类适合此方程？

解同余方程 (1)，即为求方程
$$ax + b = my$$
之整解．此种不定一次方程已于 §1.8 中讨论及之．今再复述并进一步讨论如次：

若 $(a, m) = 1$，则由定理 1.4.4，可得 x_0, y_0 使
$$ax_0 + my_0 = 1.$$

故 $x = -bx_0$ 即为 (1) 式之一解．今往证其唯一性．若
$$ax' + b \equiv 0 \pmod{m},$$

$$ax + b \equiv 0 \pmod{m},$$

则

$$a(x - x') \equiv 0 \pmod{m}.$$

由 $(a, m) = 1$，可得

$$x \equiv x' \pmod{m}.$$

故有唯一之同余类适合(1)式．换言之，(1)仅有一解 x 适合 $0 \leqslant x < m$．

若 $(a, m) = d > 1$，则 d 必整除 b，不然无解．如此得

$$\frac{a}{d} x + \frac{b}{d} \equiv 0 \left[\bmod \frac{m}{d}\right], \quad \left[\frac{a}{d}, \frac{m}{d}\right] = 1. \tag{2}$$

由上证已知(2)式必有一唯一解 x_1 适合

$$0 \leqslant x_1 < \frac{m}{d}.$$

而

$$x = x_1 + \frac{m}{d} t$$

皆为(2)之解，故对模 m，

$$x_1, \ x_1 + \frac{m}{d}, \ x_1 + 2\frac{m}{d}, \cdots, \ x_1 + (d-1)\frac{m}{d}$$

皆不同余，而均适合(1)式．故得：

定理 1 若 $(a, m) \mid b$，则(1)有 (a, m) 个互不同余之解，$\bmod m$．不然，则无解．

定理 2 同余方程

$$a_1 x_1 + \cdots + a_n x_n + b \equiv 0 \pmod{m}$$

有解 $(x_1, \cdots, x_n)$ 之必要且充分之条件为

$$(a_1, \cdots, a_n, m) \mid b.$$

若此条件适合，则其解数（对模 m 不同余者）为

$$m^{n-1} (a_1, \cdots, a_n, m).$$

证：由定理 1 知此对 $n = 1$ 为真．今用归纳法以证之．命

$$(a_1, \cdots, a_n, m) = d$$

及

$$(a_1, \cdots, a_{n-1}, m) = d_1,$$

则

$$(d_1, a_n) = d.$$

由定理 1 知

$$a_n x_n + b \equiv 0 \pmod{d_1}, \quad 0 \leqslant x_n < m$$

有 $d \cdot \frac{m}{d_1}$ 个解．对此式之一解 x_n，命

$$\frac{a_n x_n + b}{d_1} = b_1.$$

由归纳法假定,
$$a_1 x_1 + \cdots + a_{n-1} x_{n-1} + b_1 d_1 \equiv 0 \pmod{m}$$

之解数为
$$m^{n-2}(a_1, \cdots, a_{n-1}, m) = m^{n-2} d_1.$$

故总解数为
$$\frac{md}{d_1} \cdot m^{n-2} d_1 = m^{n-1} d.$$

明所欲证.

§7. 孙 子 定 理

定理 1 命 m 为 m_1 及 m_2 之最小公倍数. 同余式
$$x \equiv a_1 \pmod{m_1},$$
$$x \equiv a_2 \pmod{m_2},$$

有公解之条件为
$$(m_1, m_2) \mid (a_1 - a_2). \tag{1}$$

若(1)成立, 则对模 m 有唯一解.

证: 1) 命 $(m_1, m_2) = d$, 若同余式有公解, 则
$$x \equiv a_1 \pmod{d},$$
$$x \equiv a_2 \pmod{d}.$$

故 $d \mid (a_1 - a_2)$.

2) 若 $d \mid (a_1 - a_2)$, 则
$$x \equiv a_1 \pmod{m_1}$$

之诸解之形必为
$$x = a_1 + m_1 y.$$

以此代入第二式, 得
$$a_1 + m_1 y \equiv a_2 \pmod{m_2}.$$

由上节定理 1 之证明, 此式有唯一的解, $\mod \frac{m_2}{d}$. 故 x 有唯一的解, $\mod m$.

定理 2 若 $(m_i, m_j) = 1 (i \neq j)$, 则
$$x \equiv a_i \pmod{m_i}, \quad 1 \leqslant i \leqslant n$$

有唯一解, $\mod m_1 \cdots m_n$.

此可由定理 1 行归纳法证明之.

今述一我国古代对此问题之实际解法.于§1中已述及在孙子算经中有"物不知其数"一问.解该问题,有次之歌诀:

"三人同行七十稀,

五树梅花廿一枝,

七子团圆正半月,

除百零五便得知."

程大位　算法统宗(1593).

意为:以70乘用3除所得之余数,21乘用5除所得之余数,15乘用7除所得之余数,总加之,然后以105之倍数加减之.如第一节所列之问题之解式为

$$2\times 70+3\times 21+2\times 15=233,$$

减去105之二倍,得23.此乃所求之数.

此法较上述之理论易于布算.果何术而致之?70,21,15之来源又如何?兹答复如次:70乃5,7之倍数,而3除余1之数.21乃3,7之倍数,5除余1之数.15乃3,5之倍数,7除余1之数.故

$$70a+21b+15c$$

显然3除余a,5除余b,而7除余c.

进而论70,21,15之根源.即如何求出x使

$$x\equiv 0(\bmod m_1),x\equiv 0(\bmod m_2),x\equiv 1(\bmod m_3)$$

此处$(m_1,m_2)=(m_2,m_3)=(m_3,m_1)=1$?即如何求$x=m_1m_2y$之$y$使

$$m_1m_2y\equiv 1\quad(\bmod m_3).$$

由辗转相除法,易得y及z使

$$m_1m_2y-m_3z=1.$$

故m_1m_2y即为所求之数.

习题1.换3,5,7为3,7,11以求与70,21,15所对应之数.

习题2.七数剩一,八数剩二,九数剩三,问本数.

习题3.十一数余三,十二数余二,十三数余一,问本数.

习题4.二数余一,五数余二,七数余三,九数余四,问本数.

(以上三题见杨辉续古摘奇算法(1275)).

习题5.今有数不知总,以五累减之无剩,以七百十五累减之剩十,以二百四十七累减之剩一百四十,以三百九十一累减之剩二百四十五,以一百八十七累减之剩一百零九.问总数若干.

(答:1,0020)

黄宗宪求一术通解.

注:"物不知其数"又名"鬼谷算","秦王暗点兵","剪管术","隔墙算","神奇妙

算","大衍求一术"等等.

§8.高次同余式

m 为一固定之自然数. $f(x)$ 为一整系数多项式
$$f(x) = a_n x^n + \cdots + a_0.$$
兹论同余方程
$$f(x) \equiv 0 \pmod{m}. \tag{1}$$
若 x_0 为其一解,则 $x_0 + mt$ 均为其解.即若 x_0 适合此式,则 x_0 所代表之剩余类中之每一数皆适合此式.故此式之解数云者乃非同余之解之个数之义,即为不同剩余类适合(1)式之个数.

高次同余方程之解数,非常不规则,例如:

1.同余方程
$$x^3 - x = (x-1)x(x+1) \equiv 0 \pmod{6}$$
有六个解.

2.同余方程
$$x^2 + 1 \equiv 0 \pmod{3}$$
无解.

3.同余方程
$$(x-1)(x-p-1) \equiv 0 \pmod{p^2}$$
之解为 $1, p+1, 2p+1, \cdots, (p-1)p+1$.总共有 p 个.

故解法至为困难复杂,但有次之定理,不无相助处.

定理 1 若 $(m_1, m_2) = 1$,则同余方程
$$f(x) \equiv 0 \pmod{m_1 m_2} \tag{2}$$
之解数为二方程
$$f(x) \equiv 0 \pmod{m_1}, \tag{3}$$
$$f(x) \equiv 0 \pmod{m_2}, \tag{4}$$
之解数之积.命
$$m = m_1 m_2 = p_1^{l_1} \cdots p_s^{l_s} \quad (p_1 < p_2 < \cdots < p_s)$$
为 m 之标准分解式,用上之理立得(2)之解数为
$$f(x) \equiv 0 \pmod{p_i^{l_i}}, \quad 1 \leqslant i \leqslant s$$
之解数之积.

证:显然(2)之解答适合(3)及(4)两式.

反之,命 c_1 为(3)之解,c_2 为(4)之解.命 c 为

之解.由孙子定理,此 c 存在,且对模 m 唯一.此 c 适合(2)式,因由
$$m_1 \mid f(c), \quad m_2 \mid f(c)$$
而得 $m \mid f(c)$ 故也.

§9. 素数乘方为模之高次同余方程

定理1 假定 $p \nmid a_n$.命 p 为素数.同余方程
$$f(x) = a_n x^n + \cdots + a_0 \equiv 0 \pmod{p} \tag{1}$$
之解数 $\leqslant n$,重解计算在内.

证:若(1)无解,则定理为真.若 a 为其一解,则可书
$$f(x) = (x-a)f_1(x) + r_1.$$
以 a 代入此式,显见 $p \mid r_1$.故
$$f(x) \equiv (x-a)f_1(x) \pmod{p}.$$
若 a 又为 $f_1(x) \equiv 0 \pmod{p}$ 之解,则同样可得
$$f_1(x) \equiv (x-a)f_2(x) \pmod{p}.$$
此时我们称 a 为 $f(x) \equiv 0 \pmod{p}$ 之重解.若
$$f(x) \equiv (x-a)^h g_1(x) \pmod{p},$$
$g_1(a) \not\equiv 0 \pmod{p}$,则称 a 为 $f(x) \equiv 0 \pmod{p}$ 之 h 重解.由我们的证明容易看出 $g_1(x)$ 之次数是 $n-h$.

设另有一解 b,则
$$0 \equiv f(b) \equiv (b-a)^h g_1(b) \pmod{p}.$$
因为 $p \nmid (b-a)$,故
$$g_1(b) \equiv 0 \pmod{p}.$$
若 b 为 $g_1(x) \equiv 0 \pmod{p}$ 之 k 重解,则同样有
$$f(x) \equiv (x-a)^h (x-b)^k g_2(x) \pmod{p}.$$
如是继续进行,可得
$$f(x) \equiv (x-a)^h (x-b)^k \cdots (x-c)^l g(x) \pmod{p}.$$
$g(x)$ 之次数等于 $n-h-k-\cdots-l$,且
$$g(x) \equiv 0 \pmod{p}$$
不再有解.我们的定理即已证明.

因为同余方程
$$x^{p-1} \equiv 1 \pmod{p}$$
以 $1,2,\cdots,p-1$ 为解,故

$$x^{p-1} - 1 \equiv (x-1)(x-2)\cdots(x-(p-1)) \pmod{p}. \tag{2}$$

以 $x = 0$ 代入此式立得：

定理 2 （Wilson）.若 p 为素数，则
$$(p-1)! \equiv -1 \pmod{p}.$$

若 $p \neq 2$，则右边有 $p-1$ 个负号，而 $p-1$ 为偶数，故由(2)直接得出.若 $p = 2$，则定理 2 显然正确.

定理 3 命
$$f'(x) = na_n x^{n-1} + \cdots + 2a_2 x + a_1.$$

若 $f(x) \equiv 0, f'(x) \equiv 0 \pmod{p}$ 无公解，则
$$f(x) \equiv 0 \pmod{p^l}$$

之解数等于
$$f(x) \equiv 0 \pmod{p}$$

之解数.

证：此可由归纳法证之.当 $l = 1$ 自不必证.命 x_1 为
$$f(x) \equiv 0 \pmod{p^{l-1}}$$

之一解，则
$$f(x_1 + p^{l-1} y) \equiv f(x_1) + p^{l-1} y f'(x_1) \pmod{p^l}$$

(因 $(x + p^{l-1} y)^n \equiv x^n + n p^{l-1} y x^{n-1} \pmod{p^l}$ 故也).但 $p \nmid f'(x_1)$，故有唯一之 y，使
$$f(x_1 + p^{l-1} y) \equiv 0 \pmod{p^l}.$$

定理 4 同余方程
$$x^{p-1} \equiv 1 \pmod{p^l}$$

有 $p-1$ 个解.

此定理可由定理 3 直接得之.

§10. Wolstenholme 定理

定理 1 命 p 为素数 > 3. 以 $\frac{1}{s}$ 表一整数 s^* 使
$$s s^* \equiv 1 \pmod{p^2}$$

者，则
$$1 + \frac{1}{2} + \frac{1}{3} + \cdots + \frac{1}{p-1} \equiv 0 \pmod{p^2}.$$

证：命
$$(x-1)(x-2)\cdots(x-(p-1)) = x^{p-1} - s_1 x^{p-2} + \cdots + s_{p-1}, \tag{1}$$

则
$$s_{p-1} = (p-1)!$$
因
$$(x-1)(x-2)\cdots(x-(p-1)) \equiv x^{p-1} - 1 \pmod{p}, \tag{2}$$
故
$$p \mid (s_1, \cdots, s_{p-2}). \tag{3}$$
于(1)中命 $x = p$，则
$$(p-1)! = p^{p-1} - s_1 p^{p-2} + \cdots - s_{p-2} p + s_{p-1},$$
即
$$p^{p-2} - s_1 p^{p-3} + \cdots + s_{p-3} p - s_{p-2} = 0.$$
若 $p > 3$，则由(3)式得
$$s_{p-2} \equiv 0 \pmod{p^2},$$
即
$$p^2 \mid (p-1)!\left\{1 + \frac{1}{2} + \cdots + \frac{1}{p-1}\right\},$$
亦即
$$1^* + 2^* + \cdots + (p-1)^* \equiv 0 \pmod{p^2}.$$
明所欲证.

第三章 二次剩余

§1. 定义及 Euler 判别条件

定义 1 设 m 为大于 1 之整数. 假定 $(m,n)=1$, 若
$$x^2 \equiv n \pmod{m}$$
可解, 则 n 谓之对模 m 之二次剩余, 或二次剩余, mod m. 不然则谓之对模 m 之二次非剩余.

今将对 m 互素之整数分为二类: 一类为二次剩余, 一类为二次非剩余.

例. 1, 2, 4 为 7 之二次剩余; 3, 5, 6 为二次非剩余.

定义 2 (Legendre 符号). 设 p 为大于 2 之素数. $p \nmid n$. 命
$$\left[\frac{n}{p}\right] = \begin{cases} 1, & \text{若 } n \text{ 为二次剩余, mod } p, \\ -1, & \text{若 } n \text{ 为二次非剩余, mod } p. \end{cases}$$

此符号显然有次之性质: 若 $n \equiv n' \pmod{p}$ 及 $p \nmid n$, 则
$$\left[\frac{n}{p}\right] = \left[\frac{n'}{p}\right].$$

定理 1 命 $p > 2$. 于一缩系 (mod p) 中, 有 $\frac{1}{2}(p-1)$ 个二次剩余; 有 $\frac{1}{2}(p-1)$ 个二次非剩余, 且
$$1^2, \cdots, \left[\frac{1}{2}(p-1)\right]^2$$
即为其诸二次剩余, mod p.

证: 若
$$x^2 \equiv n \pmod{p} \tag{1}$$
有解, 则至多有二解. 由
$$(p-x)^2 \equiv (-x)^2 = x^2 \equiv n \pmod{p},$$
可知 (1) 式必有一根适合
$$1 \leqslant x \leqslant \frac{1}{2}(p-1). \tag{2}$$
即若 (1) 有解, 必有一解适合 (2).

又

$$1^2, 2^2, \cdots, \left[\frac{p-1}{2}\right]^2$$

间无同余者，因

$$a^2 - b^2 = (a-b)(a+b)$$

之二因子皆小于 p 而不能为 p 之倍数也．故得定理．

定理 2　（Euler 之判别条件）．设 p 是一奇素数，则

$$n^{\frac{p-1}{2}} \equiv \left[\frac{n}{p}\right] \pmod{p}.$$

证：1) 若

$$\left[\frac{n}{p}\right] = 1,$$

则有一 x 使

$$x^2 \equiv n \pmod{p},$$

即

$$n^{\frac{1}{2}(p-1)} \equiv x^{p-1} \equiv 1 \pmod{p}.$$

2) 由定理 2.9.1 已知

$$n^{\frac{1}{2}(p-1)} \equiv 1 \pmod{p}$$

之解数 $\leqslant \frac{1}{2}(p-1)$．与 1) 相结合，此式当有 $\frac{1}{2}(p-1)$ 个解，即为诸二次剩余，mod p，而无他．

3) 又有

$$p \mid (n^{p-1} - 1) = (n^{\frac{1}{2}(p-1)} - 1)(n^{\frac{1}{2}(p-1)} + 1).$$

故若 $p \nmid (n^{\frac{1}{2}(p-1)} - 1)$，则

$$n^{\frac{1}{2}(p-1)} + 1 \equiv 0 \pmod{p}.$$

定理于是证明．

由此定理立得：

定理 3　若 $p \nmid mn$，则

$$\left[\frac{m}{p}\right]\left[\frac{n}{p}\right] = \left[\frac{mn}{p}\right].$$

即 $\left[\frac{m}{p}\right]$ 为一积性函数．

由此立得：

定理 4　1) 二二次剩余之积仍为二次剩余，mod p；

2) 二二次非剩余之积为二次剩余，mod p；

3) 一二次剩余与一二次非剩余之积为一二次非剩余，mod p．

§2. 计 算 法 则

由定理 1.3 可知任一 Legendre 符号之算出,只有赖于

$$\left[\frac{-1}{p}\right], \left[\frac{2}{p}\right], \left[\frac{q}{p}\right] \quad (q\text{为一奇素数})$$

之值而已. 盖若任与一数

$$n = \pm 2^m \cdot q_1^{l_1} \cdots q_s^{l_s}, \quad 2 < q_1 < \cdots < q_s,$$

则

$$\left[\frac{n}{p}\right] = \left[\frac{\pm 1}{p}\right]\left[\frac{2}{p}\right]^m \left[\frac{q_1}{p}\right]^{l_1} \cdots \left[\frac{q_s}{p}\right]^{l_s}.$$

于定理 1.2 中取 $n=-1$,则得

$$\left[\frac{-1}{p}\right] \equiv (-1)^{\frac{p-1}{2}} \pmod{p}.$$

但两边之值皆只能为 ± 1,故得

定理 1 若 $p > 2$,则 $\left[\frac{-1}{p}\right] = (-1)^{\frac{1}{2}(p-1)}$.

换言之,若 $p \equiv 1 \pmod 4$,则 -1 为二次剩余,mod p,而若 $p \equiv 3 \pmod 4$,则 -1 非二次剩余,mod p.

由此可知 x^2+1 之奇素数因子必 $\equiv 1 \pmod 4$.

定理 2 (Gauss 引). 命 $p > 2, p \nmid n$. 设 $\frac{1}{2}(p-1)$ 个数

$$n, 2n, \cdots, \frac{1}{2}(p-1)n \pmod p$$

之最小正余数中有 m 个大于 $\frac{1}{2}p$,则

$$\left[\frac{n}{p}\right] = (-1)^m.$$

例 1. $p = 7, n = 10$,则

$$10, 20, 30 \equiv 3, 6, 2 \pmod 7,$$

其中有一个 $> \frac{7}{2}$. 故 $m = 1$,而得 $\left[\frac{10}{7}\right] = -1$.

例 2. $p = 11, n = 2$,则

$$2, 4, 6, 8, 10 \pmod{11}$$

中大于 $\frac{11}{2}$ 者有三个. 故 $\left[\frac{2}{11}\right] = -1$.

证: 以

$a_1, \cdots, a_l (l = \frac{1}{2}(p-1) - m)$ 表诸余数之小于 $\frac{1}{2}p$ 者;

$b_1, \cdots, b_m$ 表诸余数之大于 $\frac{1}{2}p$ 者,

则

$$\prod_{s=1}^{l} a_s \prod_{t=1}^{m} b_t \equiv \prod_{k=1}^{\frac{1}{2}(p-1)} kn = \left[\frac{p-1}{2}\right]! n^{\frac{p-1}{2}} \pmod{p}. \tag{1}$$

$p - b_t$ 亦在 1 及 $\frac{1}{2}(p-1)$ 之间, 故 a_s 及 $p - b_t$ 为在 1 及 $\frac{1}{2}(p-1)$ 之间的 $\frac{1}{2}(p-1)$ 个数. 今往证其各不相同, 只须证明

$$a_s \neq p - b_t$$

即足. 若 $a_s + b_t = p$, 则有 x 及 y 使

$$xn + yn \equiv 0 \pmod{p}, \quad 1 \leqslant x \leqslant \frac{1}{2}(p-1), \quad 1 \leqslant y \leqslant \frac{1}{2}(p-1),$$

即

$$x + y \equiv 0 \pmod{p}.$$

此不可能. 故

$$\prod_{s=1}^{l} a_s \prod_{t=1}^{m} (p - b_t) = \left[\frac{p-1}{2}\right]!.$$

而此式之左端 (由(1)式)

$$\equiv (-1)^m \prod_{s=1}^{l} a_s \prod_{t=1}^{m} b_t \equiv (-1)^m n^{\frac{1}{2}(p-1)} \left[\frac{p-1}{2}\right]! \pmod{p}.$$

故得

$$n^{\frac{1}{2}(p-1)} \equiv (-1)^m \pmod{p}.$$

由 Euler 判别条件可知

$$\left[\frac{n}{p}\right] \equiv (-1)^m \pmod{p}.$$

立得

$$\left[\frac{n}{p}\right] = (-1)^m.$$

于此定理 (定理 2) 中取 $n = 2$, 则

$$2, 2 \cdot 2, 2 \cdot 3, \cdots, \frac{1}{2}(p-1) \cdot 2$$

已在 0 与 p 之间. 今往算出适合

$$\frac{p}{2} < 2k < p \quad 即 \quad \frac{p}{4} < k < \frac{p}{2}$$

之 k 之个数.即得 $m = \left[\dfrac{p}{2}\right] - \left[\dfrac{p}{4}\right]$.

命 $p = 8a + r, r = 1,3,5,7$,则得
$$m = 2a + \left[\dfrac{r}{2}\right] - \left[\dfrac{r}{4}\right] \equiv 0,1,1,0 \pmod{2}.$$

故得：

定理 3　若 $p > 2$,则
$$\left[\dfrac{2}{p}\right] = (-1)^{\frac{1}{8}(p^2-1)}.$$

换言之,若 $p \equiv \pm 1, \pmod{8}$,则 2 为二次剩余,$\mathrm{mod}\ p$;若 $p \equiv \pm 3 \pmod{8}$ 则 2 为二次非剩余,$\mathrm{mod}\ p$.

立得 $x^2 - 2$ 之奇素数因子必 $\equiv \pm 1 \pmod{8}$.

习题.若 $n > 0, 4n+3, 8n+7$ 皆为素数,$2^{4n+3} - 1 = M_{4n+3}$ 非素数.由此证明以下的关于 Mersenne 数之性质：
$$23 \mid M_{11}, 47 \mid M_{23}, 167 \mid M_{83}, 263 \mid M_{131},$$
$$359 \mid M_{179}, 383 \mid M_{191}, 479 \mid M_{239}, 503 \mid M_{251}.$$

§3. 互 逆 定 律

定理 1　命 $p > 2, q > 2$ 为二素数,且 $p \neq q$,则
$$\left[\dfrac{p}{q}\right]\left[\dfrac{q}{p}\right] = (-1)^{\frac{1}{2}(p-1)\frac{1}{2}(q-1)}.$$

换言之,若 $p \equiv q \equiv 3 \pmod{4}$,则二同余式
$$x^2 \equiv p \pmod{q}, \quad x^2 \equiv q \pmod{p}$$
中一可解,一不可解.不然,则皆可解,或皆不可解.

此乃初等数论中最著名且重要之 Gauss 氏互逆定理(law of reciprocity). Gauss 称此为 Legendre 之互逆定理.但 Legendre 虽发现此定理而未能确切证明之. 此定理 Gauss 称之谓"数论之酵母".后来 Kummer, Eisenstein, Hilbert, 高木贞治, Artin, Furtwängler 等之代数数论之研究,证明此说,实深且切也.Gauss 氏之深湛研究,曾作原则方面大相迳庭之证明,由此而发生之研究实难于列举.

证：今暂不除外 $q = 2$ 之情形,只假定 $p \neq q$ 且皆为素数.当 $1 \leqslant k \leqslant \dfrac{1}{2}(p-1)$, 可书
$$kq = q_k p + r_k, \quad q_k = \left[\dfrac{kq}{p}\right], \quad 1 \leqslant r_k \leqslant p-1.$$

命

$$a = \sum_{s=1}^{l} a_s, \quad b = \sum_{t=1}^{m} b_t$$

(此处 a_s 及 b_t 之意义见上节).则得

$$\sum_{k=1}^{\frac{1}{2}(p-1)} r_k = a + b. \tag{1}$$

由上节定理之证明已知 $a_s, p - b_t$ 与 $1, 2, \cdots, \frac{1}{2}(p-1)$ 诸数相同.即得

$$\frac{p^2-1}{8} = 1 + 2 + \cdots + \frac{1}{2}(p-1) = a + mp - b. \tag{2}$$

又

$$\frac{p^2-1}{8} q = \sum_{k=1}^{\frac{1}{2}(p-1)} kq = p \sum_{k=1}^{\frac{1}{2}(p-1)} q_k + \sum_{k=1}^{\frac{1}{2}(p-1)} r_k = p \sum_{k=1}^{\frac{1}{2}(p-1)} q_k + a + b. \tag{3}$$

(3) 减 (2),立得

$$\frac{p^2-1}{8}(q-1) = p \sum_{k=1}^{\frac{1}{2}(p-1)} q_k - mp + 2b,$$

即

$$\frac{p^2-1}{8}(q-1) \equiv \sum_{k=1}^{\frac{1}{2}(p-1)} q_k - m \pmod{2}. \tag{4}$$

1)(定理 2.3 之另证).取 $q = 2$,则 q_k 皆为 0,故

$$\frac{p^2-1}{8} \equiv -m \pmod{2}.$$

2) 设 $q > 2$,则

$$m \equiv \sum_{k=1}^{\frac{1}{2}(p-1)} q_k \pmod{2}.$$

故

$$\left[\frac{q}{p}\right] = (-1)^m = (-1)^{\sum_{k=1}^{\frac{1}{2}(p-1)} q_k} = (-1)^{\sum_{k=1}^{\frac{1}{2}(p-1)} \left[\frac{kq}{p}\right]}.$$

同法

$$\left[\frac{p}{q}\right] = (-1)^{\sum_{l=1}^{\frac{1}{2}(q-1)} \left[\frac{lp}{q}\right]},$$

即得

$$\left[\frac{p}{q}\right]\left[\frac{q}{p}\right] = (-1)^{\sum_{k=1}^{\frac{1}{2}(p-1)} \left[\frac{kq}{p}\right] + \sum_{l=1}^{\frac{1}{2}(q-1)} \left[\frac{lp}{q}\right]}.$$

第三章 二次剩余

若能证明

$$\sum_{k=1}^{\frac{1}{2}(p-1)}\left[\frac{kq}{p}\right]+\sum_{l=1}^{\frac{1}{2}(q-1)}\left[\frac{lp}{q}\right]=\frac{p-1}{2}\frac{q-1}{2} \text{ 或} \equiv \frac{p-1}{2}\frac{q-1}{2}(\bmod 2),$$

则此定理已明. 此即下引:

引.

$$\sum_{k=1}^{\frac{1}{2}(p-1)}\left[\frac{kq}{p}\right]+\sum_{l=1}^{\frac{1}{2}(q-1)}\left[\frac{lp}{q}\right]=\frac{p-1}{2}\frac{q-1}{2}.$$

证:作长方形以

$$(0,0),\left[0,\frac{1}{2}q\right],\left[\frac{1}{2}p,0\right],\left[\frac{1}{2}p,\frac{1}{2}q\right]$$

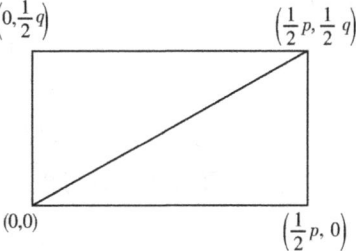

为顶点者,经原点之对角线上无整点(整点即为二坐标皆为整数之点). 因若此对角线上有整点(x,y),则

$$xq-yp=0.$$

即得 $p\mid x, q\mid y$. 而此种之点在长方形之外. 长方形中之整点总数为 $\frac{p-1}{2}\frac{q-1}{2}$. 对角线下之三角形中之整点数为

$$\sum_{k=1}^{\frac{1}{2}(p-1)}\left[\frac{kq}{p}\right],$$

而其上之三角形中之整点数为

$$\sum_{l=1}^{\frac{1}{2}(q-1)}\left[\frac{lp}{q}\right].$$

故得此引.

例1. 求以3为二次剩余之素数 $p(>3)$.

由互逆定理,

$$\left[\frac{3}{p}\right]=\left[\frac{p}{3}\right](-1)^{\frac{p-1}{2}}.$$

因

$$\left[\frac{p}{3}\right]=\begin{cases}\left[\frac{1}{3}\right]=1, & \text{若 } p\equiv 1 \pmod{3}, \\ \left[\frac{-1}{3}\right]=-1, & \text{若 } p\equiv 2 \pmod{3};\end{cases}$$

$$(-1)^{\frac{p-1}{2}}=\begin{cases}1, & \text{若 } p\equiv 1 \pmod{4}, \\ -1, & \text{若 } p\equiv -1 \pmod{4}.\end{cases}$$

故由孙子定理可以算出
$$\left[\frac{3}{p}\right] = \begin{cases} 1, & 若 p \equiv \pm 1 \pmod{12}, \\ -1, & 若 p \equiv \pm 5 \pmod{12}. \end{cases}$$

例 2. 求以 5 为二次剩余之素数 $p(\neq 5)$.

由互逆定理 $\left[\dfrac{5}{p}\right] = \left[\dfrac{p}{5}\right]$ 及

$$\left[\frac{1}{5}\right] = 1, \left[\frac{2}{5}\right] = (-1)^{\frac{5^2-1}{8}} = -1, \left[\frac{3}{5}\right] = \left[\frac{-2}{5}\right] = -1, \left[\frac{4}{5}\right] = 1,$$

可知
$$\left[\frac{5}{p}\right] = \begin{cases} 1, & 若 p \equiv \pm 1 \pmod{5}, \\ -1, & 若 p \equiv \pm 2 \pmod{5}. \end{cases}$$

例 3. 求以 10 为二次剩余之素数 p.

由例 2 及孙子定理可以算出:
$$\left[\frac{10}{p}\right] = \begin{cases} +1, & 若 p \equiv \pm 1, \pm 3, \pm 9, \pm 13 \pmod{40}, \\ -1, & 若 p \equiv \pm 7, \pm 11, \pm 17, \pm 19 \pmod{40}. \end{cases}$$

例 4. 同余式
$$x^2 \equiv -1457 \pmod{2389}$$
可解否? 此 2389 是素数, 以 p 表之.

因 $-1457 = -31 \times 47$, 故由
$$\left[\frac{-1}{p}\right] = 1, \left[\frac{31}{p}\right] = \left[\frac{p}{31}\right] = \left[\frac{2}{31}\right] = 1,$$
$$\left[\frac{47}{p}\right] = \left[\frac{p}{47}\right] = \left[\frac{3}{47}\right]\left[\frac{13}{47}\right] = -\left[\frac{47}{3}\right]\left[\frac{47}{13}\right]$$
$$= -\left[\frac{2}{3}\right]\left[\frac{8}{13}\right] = -\left[\frac{2}{3}\right]\left[\frac{2}{13}\right] = -1,$$

可知 $\left[\dfrac{-1457}{2389}\right] = -1$, 即该同余式不可解.

习题 1. 证 $\left[\dfrac{3}{73}\right] = 1, \left[\dfrac{17}{73}\right] = -1$.

习题 2. 证 $\left[\dfrac{195}{1901}\right] = -1, \left[\dfrac{74}{101}\right] = -1, \left[\dfrac{365}{1847}\right] = 1$.

习题 3. 若 $p \equiv \pm 1$ 或 $\pm 5 \pmod{24}$, 则 $\left[\dfrac{6}{p}\right] = 1$;

若 $p \equiv \pm 7$ 或 $\pm 11 \pmod{24}$, 则 $\left[\dfrac{6}{p}\right] = -1$.

§4. 实 际 算 法

以上之理论,简诚简矣,美诚美矣,但其实际效用仅在负方.何以言之?若由此种判别法,知该同余式不可解,则问题已解决,但若该式可解,进而问如何解出,则茫然无绪.切实言之,当 p 大时,实际算出
$$x^2 \equiv n \pmod{p}$$
之解,诚非易事.但若 $p \equiv 3 \pmod 4$ 或 $p \equiv 5 \pmod 8$,吾人有次之方法:

1) $p \equiv 3 \pmod 4$. 因 $\left[\dfrac{n}{p}\right]=1$,故
$$n^{\frac{1}{2}(p-1)} \equiv 1 \pmod{p},$$
即
$$(n^{\frac{1}{4}(p+1)})^2 \equiv n \pmod{p},$$
即 $n^{\frac{1}{4}(p+1)}$ 为所求之解答.

2) $p \equiv 5 \pmod 8$. 先求 $n=-1$ 时之解答. 由 Wilson 定理

$$-1 \equiv (p-1)! \equiv 1 \cdot 2 \cdots \left[\frac{p-1}{2}\right] \cdot \left[p-\left[\frac{p-1}{2}\right]\right] \cdots (p-2)(p-1) \pmod{p}$$
$$\equiv \left[1 \cdot 2 \cdots \frac{1}{2}(p-1)\right]^2 \equiv \left[\left[\frac{1}{2}(p-1)\right]!\right]^2 \pmod{p}. \tag{1}$$

故解出所需. 因 $\left[\dfrac{n}{p}\right]=1$,故
$$n^{\frac{1}{2}(p-1)} - 1 \equiv 0 \pmod{p}.$$
n 适合
$$n^{\frac{1}{4}(p-1)} \equiv 1 \pmod{p}$$
或
$$n^{\frac{1}{4}(p-1)} \equiv -1 \pmod{p}.$$
由前式可知
$$n^{\frac{1}{4}(p+3)} \equiv (n^{\frac{1}{8}(p+3)})^2 \equiv n \pmod{p}.$$
由后式,则
$$(n^{\frac{1}{8}(p+3)})^2 \equiv -n \pmod{p},$$
而
$$\left[n^{\frac{1}{8}(p+3)} \left[\frac{p-1}{2}\right]!\right]^2 \equiv n \pmod{p}.$$

3) $p \equiv 1 \pmod 8$. 此乃较难之情况.

当 p 不太大时，通常用间接法以解之，即用逐步舍弃之方法，解同余式
$$x^2 \equiv n \pmod{p}$$
与解不定方程
$$x^2 = n + py$$
相同．吾人可加一无关紧要之条件 $0 < n < p$．设 x 为正且 $< \frac{1}{2}p$，则 $x^2 < \frac{1}{4}p^2$．如此则 $0 < y < \frac{1}{4}p$．固已舍弃一大部分矣．取 e 与 p 互素，且 > 2．求其二次非剩余 $n_1, n_2, n_3, \cdots$ 等，且以 $v_1, v_2, \cdots$ 表
$$n + py \equiv n_1, n + py \equiv n_2, \cdots \pmod{e}$$
之解．若 $y \equiv v_i \pmod{e}$，则 $py + n$ 为 e 之二次非剩余，故非平方数．故能舍弃诸 $y \equiv v_i \pmod{e}$ 者，取不同之 e 逐步舍弃，待数目较小，计算不太麻烦时，直接代入试验得之．

例．解
$$x^2 \equiv 73 \pmod{127}.$$
今往解不定方程
$$x^2 = 127y + 73,$$
此 y 在 1 至 $31 \left[= \left[\frac{127}{4} \right] \right]$ 之间．

取 $e = 3, n_1 = 2$,
$$73 + 127y \equiv 2 \pmod{3},$$
则 $y \equiv 1 \pmod{3}$．兹遗留下：
$$2,3,5,6,8,9,11,12,14,15,17,18,20,21,23,24,26,27,29,30.$$
再取 $e = 5, n_1 = 2, n_2 = 3$，由同余式
$$127y + 73 \equiv 2,3 \pmod{5},$$
得出 $v_1 \equiv 2, v_2 \equiv 0 \pmod{5}$，今遗留下：
$$3,6,8,9,11,14,18,21,23,24,26,29.$$
再取 $e = 7, n_1 = 3, n_2 = 5, n_3 = 6$．由同余式
$$127y + 73 \equiv 3,5,6 \pmod{7},$$
即
$$y + 3 \equiv 3,5,6 \pmod{7},$$
$$y \equiv 0,2,3 \pmod{7}.$$
今只遗留
$$6,8,11,18,26,29$$
六数而已．代入试验，由

$$73 + 8 \times 127 = 1089 = 33^2,$$

故该式之解为

$$x \equiv \pm 33 \pmod{127}.$$

注意：于试验时，如已试 e 及 e'，则不必试 ee'。若已试奇数之 e，则 $2e$ 亦不必再试。

以上所述皆与 Gauss 有关，故此"数学王子"，不特"老谋"抑且"深算"也。

§5. 二次同余式之根数

定理 1 命 $l > 0, p \nmid n$。若 $p > 2$，则同余式

$$x^2 \equiv n \pmod{p^l}$$

之解数为 $1 + \left[\dfrac{n}{p}\right]$。

若 $p = 2$，则分三种情况论列之：

1) $l = 1$，则有一根；
2) $l = 2$，视 $n \equiv 1$ 或 $3 \pmod 4$，该式有二根或无根；
3) $l > 2$，视 $n \equiv 1$ 或 $\not\equiv 1 \pmod 8$，该式有四根或无根。

证：先讨论 $p = 2$ 之情况：

1) 此为显然；
2) $x^2 \equiv 3 \pmod 4$ 无解，$x^2 \equiv 1 \pmod 4$ 有二解 $\pm 1 \pmod 4$，故亦毋待详论；
3) 若该式可解，则 x 必为奇数，命之为 $2k+1$。因

$$(2k+1)^2 = 4k(k+1) + 1 = 8 \cdot \frac{k(k+1)}{2} + 1 \equiv 1 \pmod 8.$$

故若 $n \not\equiv 1 \pmod 8$，该式不能有解。

今设 $n \equiv 1 \pmod 8$，当 $l = 3$，显有四根：$1, 3, 5, 7$。当 $l > 3$，用归纳法证之：命 a 适合 $a^2 \equiv n \pmod{2^{l-1}}$，则

$$(a + 2^{l-2} b)^2 \equiv a^2 + 2^{l-1} b \pmod{2^l}.$$

取 $b = \dfrac{n - a^2}{2^{l-1}}$，则 $a + 2^{l-2} b$ 乃对模 2^l 之一解。故 $x^2 \equiv n \pmod{2^l}$ 必有解存在，设 x_1 为其一解，x_2 为任意解，则 $x_1^2 - x_2^2 \equiv (x_1 - x_2)(x_1 + x_2) \equiv 0 \pmod{2^l}$，因 $x_1 - x_2, x_1 + x_2$ 皆为偶数，故 $\dfrac{x_1 - x_2}{2} \cdot \dfrac{x_1 + x_2}{2} \equiv 0 \pmod{2^{l-2}}$，但 $\dfrac{x_1 - x_2}{2}, \dfrac{x_1 + x_2}{2}$ 不能同时为奇数，或同时为偶数，否则其和 x_1，不能为奇数，故必 $x_1 \equiv x_2 \pmod{2^{l-1}}$ 或 $x_1 \equiv -x_2 \pmod{2^{l-1}}$，即 $x_2 = \pm x_1 + k 2^{l-1} (k = 0$ 或 $1)$，即 $x^2 \equiv n \pmod{2^l}$ 至多有四解，但 $\pm x_1, \pm x_1 + 2^{l-1}$ 确为其不相同余之四解，故此方程恰有四解。

当 $p>2$,而 $l=1$,此结果显然,更由定理 2.9.3 得出本定理之全部.

由第二章之结果,吾人可以算出以任一整数 m 为模之二次同余式之解数.

§6. Jacobi 符号

本节中常设 m 为正奇数.

定义 命 m 之标准分解式为

$$m=\prod_{r=1}^{t}p_r,$$

其中 p_r 准许重复.若 $(n,m)=1$,则定义

$$\left[\frac{n}{m}\right]=\prod_{r=1}^{t}\left[\frac{n}{p_r}\right].$$

此乃 Jacobi 符号.

例如 $\left[\frac{1}{m}\right]=1$. 若 $(a,m)=1$,则 $\left[\frac{a^2}{m}\right]=1$.

请特别注意:若 $\left[\frac{n}{m}\right]=1$,并不说明同余式

$$x^2\equiv n\pmod{m}$$

为可解.

极易得出此项符号之运算法则:

定理 1(计算法则) 设 m 与 m' 为正奇数.

(i) 若 $\qquad n\equiv n'\pmod{m}$ 及 $(n,m)=1$,
则

$$\left[\frac{n}{m}\right]=\left[\frac{n'}{m}\right].$$

(ii) 若 $(n,m)=(n,m')=1$,则

$$\left[\frac{n}{m}\right]\left[\frac{n}{m'}\right]=\left[\frac{n}{mm'}\right].$$

(iii) 若 $(n,m)=(n',m)=1$,则

$$\left[\frac{n}{m}\right]\left[\frac{n'}{m}\right]=\left[\frac{nn'}{m}\right].$$

定理 2 $\left[\dfrac{-1}{m}\right]=(-1)^{\frac{m-1}{2}}$.

证:只须证明

$$\sum_{i=1}^{t}\frac{p_i-1}{2}\equiv\frac{\prod_{i=1}^{t}p_i-1}{2}\pmod{2}$$

即足.此当 $t=1$ 时显然无误.又对任二奇数 u 及 v 常有

$$\frac{u-1}{2}+\frac{v-1}{2} \equiv \frac{uv-1}{2} \pmod{2} \text{(即} (u-1)(v-1) \equiv 0 \pmod{4} \text{).} \tag{1}$$

故用归纳法

$$\sum_{i=1}^{t} \frac{p_i-1}{2} \equiv \sum_{i=1}^{t-1} \frac{p_i-1}{2}+\frac{p_t-1}{2}$$

$$\equiv \frac{\prod_{i=1}^{t-1} p_i - 1}{2}+\frac{p_t-1}{2} \equiv \frac{\prod_{i=1}^{t} p_i - 1}{2} \pmod{2}.$$

即得定理.

定理 3

$$\left[\frac{2}{m}\right]=(-1)^{\frac{1}{8}(m^2-1)}.$$

证:与上同法,唯将(1)换为

$$\frac{u^2 v^2-1}{8} \equiv \frac{u^2-1}{8}+\frac{v^2-1}{8} \pmod{2}$$

即得.

定理 4 若 m 与 n 为二正奇数,且 $(m,n)=1$,则

$$\left[\frac{m}{n}\right]\left[\frac{n}{m}\right]=(-1)^{\frac{n-1}{2}\frac{m-1}{2}}.$$

证:命 $m=\prod p, n=\prod q$,则

$$\left[\frac{m}{n}\right]\left[\frac{n}{m}\right]=\left[\prod_p\prod_q\left[\frac{p}{q}\right]\right]\left[\prod_p\prod_q\left[\frac{q}{p}\right]\right]=\prod_p\prod_q\left[\frac{p}{q}\right]\left[\frac{q}{p}\right]$$

$$=\prod_p\prod_q(-1)^{\frac{p-1}{2}\cdot\frac{q-1}{2}}=(-1)^{\frac{n-1}{2}\cdot\frac{m-1}{2}}.$$

(此处用(1)式).

Legendre 符号之运用必须时时注意其分母是否是素数,而 Jacobi 符号则否,故如用 Jacobi 符号可以免分解因子之劳.如:

$$\left[\frac{383}{443}\right]=-\left[\frac{443}{383}\right]=-\left[\frac{60}{383}\right]=-\left[\frac{2^2}{383}\right]\left[\frac{15}{383}\right]=-\left[\frac{15}{383}\right]$$

$$=\left[\frac{383}{15}\right]=\left[\frac{8}{15}\right]=\left[\frac{2}{15}\right]=1.$$

如于定理 4 中取消 m, m' 为正之条件,则有次之定理.

定理 5 设 m,n 为奇数,$(n,m)=1$.若 m,n 皆为负数,则

$$\left[\frac{n}{|m|}\right]\left[\frac{m}{|n|}\right]=-(-1)^{\frac{m-1}{2}\cdot\frac{n-1}{2}}.$$

不然其值为

$$(-1)^{\frac{m-1}{2}\cdot\frac{n-1}{2}}.$$

读者自证之.

例.同余式
$$x^2 \equiv -286 \pmod{4272943}$$
有解否?此处 4272943 为素数,以 p 表之.

今欲求
$$\left[\frac{-286}{p}\right]$$
之值.因 $\left[\frac{-1}{p}\right] = -1$, $\left[\frac{2}{p}\right] = 1$,故
$$\left[\frac{-286}{p}\right] = \left[\frac{-1}{p}\right]\left[\frac{2}{p}\right]\left[\frac{143}{p}\right] = -\left[\frac{143}{p}\right].$$

求 $\left[\frac{143}{p}\right]$ 之值可用下法:

$$\begin{aligned}
4272943 &= 29880 \times 143 + 103^* \\
143 &= 2 \times 103 - 63 \\
103 &= 2 \times 63 - 23 \\
63 &= 2 \times 23 + 17^* \\
23 &= 2 \times 17 - 11 \\
17 &= 2 \times 11 - 5^* \\
11 &= 2 \times 5 + 1
\end{aligned}$$

(凡有星号 * 之步骤表示变号一次),故
$$\left[\frac{143}{p}\right] = (-1)^3 = -1.$$

即 $\left[\frac{-286}{p}\right] = 1$.即该同余式可解.Gauss 实际算出,其根为 ± 1493445.

§7.二项同余式

设 p 为素数.今往讨论二项同余式
$$x^k \equiv n \pmod{p}.$$

定理 1 同余式
$$x^k \equiv 1 \pmod{p} \tag{1}$$
之根数等于 $(k, p-1)$.

证:1) 命 $d = (k, p-1)$,必有二整数 s 及 t 使
$$sk + t(p-1) = d.$$

如此,则 $x^d = (x^k)^s (x^{p-1})^t$. 故凡(1)之根,必为
$$x^d \equiv 1 \pmod{p} \tag{2}$$
之根.反之,显然.

2) 由1)可知如能证明(2)有 d 个根即足.由定理2.9.1已知(2)式之根数不超过 d. 又 $x^{p-1} \equiv 1 \pmod{p}$ 之根数为 $p-1$. 再由定理2.9.1,
$$\frac{x^{p-1}-1}{x^d-1} = (x^d)^{\frac{p-1}{d}-1} + \cdots + x^d + 1 \equiv 0 \pmod{p}$$
之根数不超过 $p-1-d$, 故(2)式之根数 $\geqslant d$. 故得定理.

定理 2 二项同余式
$$x^k \equiv n \pmod{p}, \quad p \nmid n$$
或无解,或有 $(k, p-1)$ 个不同的解.

证:若有一解 x_0,则
$$(x_0^{-1} x)^k \equiv x^k x_0^{-k} \equiv 1 \pmod{p}.$$
故由定理1得定理2.

定理 3 若 x 过模 p 之缩系,则 x^k 取 $(p-1)/(k, p-1)$ 个不同之值.

证:由定理2已知有 $(k, p-1)$ 个不同余之数,其 k 次方皆同余,$\mod p$. 故整个 $p-1$ 个不同余之数分为 $(p-1)/(k, p-1)$ 类. 每一类对应一数,$\mod p$,互不同余.

定义 设 h 为一整数,$(n, h)=1$,最小之正整数 l 使
$$h^l \equiv 1 \pmod{n}$$
者,名为 h 对模 n 之次数,或 h 之次数,$\mod n$.

定理 4 若 $h^m \equiv 1 \pmod{n}$,则 $l \mid m$.

证:不然必有二整数 q 及 r 使
$$m = ql + r \quad 0 < r < l,$$
而
$$h^r \equiv h^m (h^l)^{-q} \equiv 1 \pmod{n},$$
此与 l 之定义相违背.

定理 5 设 $l \mid p-1$,又设 $\varphi(l)$ 为次数为 l 的互不同余之整数的个数,则此 $\varphi(l)$ 即为 Euler 函数.

证:先证出 $\varphi(l)$ 之若干性质,再证明其为 Euler 函数.

1) 若 $(l_1, l_2) = 1$,则 $\varphi(l_1 l_2) = \varphi(l_1) \varphi(l_2)$. 命 h_1 及 h_2 之次数各为 l_1 及 l_2. 设 $h_1 h_2$ 之次数为 l. 由
$$1 \equiv (h_1 h_2)^{l l_2} \equiv h_1^{l l_2} \pmod{p},$$
由定理4可知 $l_1 \mid l l_2$. 因 $(l_1, l_2) = 1$, 故 $l_1 \mid l$. 同法, $l_2 \mid l$. 故 $l = l_1 l_2$. 即 $h_1 h_2$ 之次数为 $l_1 l_2$. 故如有一数 h_1 其次数是 l_1, 他一数 h_2 之次数是 l_2, 则可做出一数 $h_1 h_2$ 其

次数为 $l_1 l_2$,今证若非 $h_1 \equiv h_1' \pmod{p}, h_2 \equiv h_2' \pmod{p}$,则
$$h_1 h_2 \not\equiv h_1' h_2' \pmod{p},$$
盖若 $h_1 h_2 \equiv h_1' h_2' \pmod{p}$,则 $h_1 h_1'^{-1} \equiv h_2' h_2^{-1} \pmod{p}$. 但 $h_1 h_1'^{-1}$ 的次数 $| l_1$, $h_2' h_2^{-1}$ 的次数 $| l_2$,故必
$$h_1 h_1'^{-1} \equiv h_2' h_2^{-1} \equiv 1 \pmod{p},$$
而与假设相违背. 反之,若有一数 h,其次数是 $l_1 l_2, (l_1, l_2) = 1$. 则有 $h_1 = h^{l_2}, h_2 = h^{l_1}$,其次数各为 l_1, l_2. 故得 $\varphi(l_1) \varphi(l_2) = \varphi(l_1 l_2)$.

2) 设 $l = q^t, q$ 为素数,则
$$x^{q^t} - 1 \equiv 0 \pmod{p}$$
之根数为 q^t,若 x 适合此式而其次数非 q^t,则必适合
$$x^{q^{t-1}} - 1 \equiv 0 \pmod{p}.$$
此式之根数为 q^{t-1}. 故
$$\varphi(q^t) = q^t - q^{t-1}.$$

3) 合 1) 及 2) 二性质,可知 $\varphi(l)$ 即为 Euler 函数.

§8. 原根及指数

由定理 7.5 知有 $\varphi(p-1)$ 个不同余之数其次数是 $p-1, \bmod p$.

定义 1　次数为 $p-1$ 之数,谓之 p 之原根(Primitive root).

命 g 为 p 之一原根,则
$$g^0, g^1, \cdots, g^{p-2} \pmod{p}$$
必无两个互相同余.

定义 2　任一整数 $n(p \nmid n)$,必有一数 a 使
$$n \equiv g^a \pmod{p}, \quad 0 \leqslant a < p-1.$$
此 a 名为 n 之指数,$\bmod p$. 以 $a = \mathrm{ind}_g n$ 表之. (在不易引起混淆之处,常简写为 ind n.) 若 b 为任一数使
$$n \equiv g^b \pmod{p},$$
则
$$b \equiv \mathrm{ind}\ n \pmod{p-1}.$$

指数与通常之对数相仿,有次之性质:

1) ind $ab \equiv$ ind $a +$ ind $b, \pmod{p-1}, p \nmid ab$;

2) in $a^l \equiv l$ ind $a, \pmod{p-1}, p \nmid a$.

(注意:仅当 $p \nmid a$ 时,ind a 方有意义,此与不定义 $\log 0$ 同.)

定义 3　命 $p \nmid n$. 若

$$x^k \equiv n \pmod{p}, \tag{1}$$
有解,则 n 谓之 p 之 k 次剩余,不然则谓之 p 之 k 次非剩余.

定理 1 n 为 p 之 k 次剩余之必要且充分之条件为 $(k, p-1)$ 能整除 $\operatorname{ind} n$.

证:命 $\operatorname{ind} x = y$, $\operatorname{ind} n = a$,则 (1) 与 $ky \equiv a \pmod{p-1}$ 等价,而此式有解之充分且必要条件为 $(k, p-1)$ 能整除 a.故得定理.

"底数互换公式".此处之指数显然与所取之原根有关.命 g_1 为另一原根及 $g_1 \equiv g^b \pmod{p}$.如此则
$$n \equiv g_1^a \equiv (g^b)^a \pmod{p},$$
即
$$\operatorname{ind}_g n \equiv ab \equiv \operatorname{ind}_g g_1 \operatorname{ind}_{g_1} n \pmod{p-1}.$$
此与对数换底数之公式同.

兹将小于 5000 之素数之最小原根表附于本章末,以备参考.

§9. 缩系之构造

设 m 为一自然数.问题:能否有一数 g 存在,使
$$g^0, g^1, g^2, \cdots, g^{\varphi(m)-1} \pmod{m}$$
表出模 m 之缩系?若能存在,则如此之 g 名为对模 m 之原根.

定理 1 m 有原根存在之必要且充分之条件为 $m = 2, 4, p^l$ 及 $2p^l$ (此处 p 为奇素数).

证:1) 命 m 之标准分解式为
$$m = p_1^{l_1} p_2^{l_2} \cdots p_s^{l_s}, \quad p_1 < p_2 < \cdots < p_s.$$
由 Euler 定理,任一整数 $a, (a, p_i) = 1$,必适合
$$a^{\varphi(p_i^{l_i})} \equiv 1 \pmod{p_i^{l_i}}.$$
命 l 为 $\varphi(p_1^{l_1}), \cdots, \varphi(p_s^{l_s})$ 之最小公倍数,则 $a^l \equiv 1 \pmod{m}$.

故若 $l < \varphi(m)$,则无原根存在;若 $p > 2$,则 $\varphi(p^l)$ 为偶数.故 m 不能有两个不同之奇素因子.若 m 有原根,m 必为 $2^l, p^l$ 或 $2^c p^l$ 之一.若 $c \geq 2$,则 $\varphi(2^c) = 2^{c-1}$ 亦为偶数,而 $2^c p^l$ 亦不能有原根.故仅有 $m = 2^l, p^l, 2p^l$ 三种可能性而已.

2) $m = 2^l$.若 $l = 1, 1$ 即为原根;若 $l = 2, 3$ 即为原根;若 $l \geq 3$,则对诸奇数 a 有 $a^{2^{l-2}} \equiv 1 \pmod{2^l}$.今用归纳法证明此点:若
$$a^{2^{l-3}} = 1 + 2^{l-1} \lambda,$$
则
$$a^{2^{l-2}} \equiv (1 + 2^{l-1} \lambda)^2 \equiv 1 \pmod{2^l}.$$
故 $m = 2^l (l > 2)$ 无原根.

3) 命 $m = p^l$. 由 §8 已知此定理对 $l = 1$ 时为真. 命 g 为 p 之原根; 若 $g^{p-1} - 1 \not\equiv 0 \pmod{p^2}$, 即取 $r = g$; 若 $g^{p-1} - 1 \equiv 0 \pmod{p^2}$, 即取 $r = g + p$. 如此则

$$r^{p-1} - 1 \equiv (g+p)^{p-1} - 1 \equiv -g^{p-2} p \not\equiv 0 \pmod{p^2}.$$

故此 r 亦为 p^2 之原根. 命

$$r^{p-1} - 1 = kp, \quad p \nmid k.$$

因

$$(1 + kp)^{p^s} \equiv 1 + kp^{s+1} \pmod{p^{s+2}}, s \geq 0,$$

引用此理, 可证明

$$(r^{p-1})^{p^s} \equiv 1 + kp^{s+1} \pmod{p^{s+2}}.$$

即得

$$r^{p^{l-2}(p-1)} \equiv 1 + kp^{l-1} \pmod{p^l}, \quad l \geq 2. \tag{1}$$

若 r 之次数为 e, 则 $e \mid (p-1)p^{l-1} = \varphi(p^l)$. 因 r 为 p 之原根, 故 $(p-1) \mid e$. 故由 (1) 可知 $e = \varphi(p^l)$, 即 r 为 p^l 之原根.

4) $m = 2p^l$. 取 g 为 p^l 之原根. 若 g 为奇数, g 即为 $2p^l$ 之原根; 若 g 为偶数, $g + p^l$ 为 $2p^l$ 之原根.

定理 2 若 $l > 2$, 则 5 对模 2^l 之次数为 2^{l-2}.

证: 今先证: 当 $a \geq 3$,

$$5^{2^{a-3}} \equiv 1 + 2^{a-1} \pmod{2^a}.$$

当 $a = 3$ 此为显然. 再用归纳法,

$$5^{2^{a-2}} = (5^{2^{a-3}})^2 \equiv (1 + 2^{a-1} + k2^a)^2 \equiv 1 + 2^a \pmod{2^{a+1}}.$$

故 $5^{2^{l-3}} \not\equiv 1 \pmod{2^l}$ 而 $5^{2^{l-2}} \equiv 1 \pmod{2^l}$. 即 5 之次数为 2^{l-2}, mod 2^l.

定理 3 设 $l > 2$, 对任一奇数 a, 必有一 b 使

$$a \equiv (-1)^{\frac{a-1}{2}} 5^b \pmod{2^l}, \quad b \geq 0.$$

证: 若 $a \equiv 1 \pmod 4$, 由定理 2,

$$5^b, \quad 0 \leq b < 2^{l-2}$$

给与 2^{l-2} 个不同数, mod 2^l. 且皆 $\equiv 1 \pmod 4$. 故必有一 b 使 $a \equiv 5^b \pmod{2^l}$.

若 $a \equiv 3 \pmod 4$, 则 $-a \equiv 1 \pmod 4$, 故由上述立得所求.

定理 4 设 $m = 2^l \cdot p_1^{l_1} \cdots p_s^{l_s}$ (标准分解式). $l \geq 0, l_1 > 0, \cdots, l_s > 0$. 依 $l = 0, 1; l = 2;$ 或 $l > 2$ 以定义 $\delta = 0, 1$ 或 2. 则 m 之缩系, 可由 $s + \delta$ 个数之乘方之积表出之.

证: 1) 设 $m = m'm''$, $(m', m'') = 1$. 命

$$a_1, \cdots, a_{\varphi(m')}$$

为 m' 之缩系, 且 $a_i \equiv 1 \pmod{m''}$ (此常可能); 又命

$$b_1, \cdots, b_{\varphi(m'')}$$

为 m'' 之缩系，且 $b_i \equiv 1 \pmod{m'}$，则
$$a_i b_j$$
即表 $m'm''$ 之缩系. 其个数为 $\varphi(m'm'')$. 又若
$$a_i b_j \equiv a_s b_t \pmod{m'm''},$$
则立得
$$a_i \equiv a_s \pmod{m'}, \quad b_j \equiv b_t \pmod{m''}.$$

2) 由定理 1 及 3 可知：$m = p^l (p > 2)$ 之缩系可由一数之乘方得之；$m = 2^l$ (若 $l > 1$) 之缩系可由 δ 个数之乘方之积得之. 总此及 1)，可知定理真实.

此定理实质指出一重要原则，即群论中所谓之 Abel 群之基础定理也.

习题. 若 $k < p, n = kp^2 + 1$，且
$$2^k \not\equiv 1, 2^{n-1} \equiv 1 \pmod{n},$$
则 n 是一素数.

[提示：(i) 先证明 n 中有一素因子 $\equiv 1 \pmod{p}$. 命 d 为最小之正整数使 $2^d \equiv 1 \pmod{n}$. 推得 $d \nmid k, d \mid n-1$ 及 $p \mid d$. 再由 $p \mid d \mid \varphi(n)$ 而得出结论；(ii) 由 $n = kp^2 + 1 = (up+1)(vp+1)$ 而证明 n 不可能是复合数.]

注：取 $p = 2^{127} - 1, k = 180$. 有机械帮助 Miller 及 Wheeler 证明了 $180(2^{127}-1)^2 + 1$ 是素数. (*Nature* 168 (1951)，838 页).

素数之最小原根表(5000 之内者)
加 * 者表示 10 为其原根

p	$p-1$	g	p	$p-1$	g	p	$p-1$	g
3	2	2	137	$2^3 \cdot 17$	3	311	$2 \cdot 5 \cdot 31$	17
5	2^2	2	139	$2 \cdot 3 \cdot 23$	2	313*	$2^3 \cdot 3 \cdot 13$	10
7*	$2 \cdot 3$	3	149*	$2^2 \cdot 37$	2	317	$2^2 \cdot 79$	2
11	$2 \cdot 5$	2	151	$2 \cdot 3 \cdot 5^2$	6	331	$2 \cdot 3 \cdot 5 \cdot 11$	3
13	$2^2 \cdot 3$	2	157	$2^2 \cdot 3 \cdot 13$	5	337*	$2^4 \cdot 3 \cdot 7$	10
17*	2^4	3	163	$2 \cdot 3^4$	2	347	$2 \cdot 173$	2
19*	$2 \cdot 3^2$	2	167*	$2 \cdot 83$	5	349	$2^2 \cdot 3 \cdot 29$	2
23*	$2 \cdot 11$	5	173	$2^2 \cdot 43$	2	353	$2^5 \cdot 11$	3
29*	$2^2 \cdot 7$	2	179	$2 \cdot 89$	2	359	$2 \cdot 179$	7
31	$2 \cdot 3 \cdot 5$	3	181*	$2^2 \cdot 3^2 \cdot 5$	2	367*	$2 \cdot 3 \cdot 61$	6
37	$2^2 \cdot 3^2$	2	191	$2 \cdot 5 \cdot 19$	19	373	$2^2 \cdot 3 \cdot 31$	2
41	$2^3 \cdot 5$	6	193*	$2^6 \cdot 3$	5	379*	$2 \cdot 3^3 \cdot 7$	2
43	$2 \cdot 3 \cdot 7$	3	197	$2^2 \cdot 7^2$	2	383*	$2 \cdot 191$	5
47*	$2 \cdot 23$	5	199	$2 \cdot 3^2 \cdot 11$	3	389*	$2^2 \cdot 97$	2
53	$2^2 \cdot 13$	2	211	$2 \cdot 3 \cdot 5 \cdot 7$	2	397	$2^3 \cdot 3^2 \cdot 11$	5
59*	$2 \cdot 29$	2	223*	$2 \cdot 3 \cdot 37$	3	401	$2^4 \cdot 5^2$	3
61*	$2^2 \cdot 3 \cdot 5$	2	227	$2 \cdot 113$	2	409	$2^3 \cdot 3 \cdot 17$	21
67	$2 \cdot 3 \cdot 11$	2	229*	$2^2 \cdot 3 \cdot 19$	6	419*	$2 \cdot 11 \cdot 19$	2
71	$2 \cdot 5 \cdot 7$	7	233*	$2^3 \cdot 29$	3	421	$2^2 \cdot 3 \cdot 5 \cdot 7$	2
73	$2^3 \cdot 3^2$	5	239	$2 \cdot 7 \cdot 17$	7	431	$2 \cdot 5 \cdot 43$	7
79	$2 \cdot 3 \cdot 13$	3	241	$2^4 \cdot 3 \cdot 5$	7	433*	$2^4 \cdot 3^3$	5
83	$2 \cdot 41$	2	251	$2 \cdot 5^3$	6	439	$2 \cdot 3 \cdot 73$	15
89	$2^3 \cdot 11$	3	257	2^3	3	443	$2 \cdot 13 \cdot 17$	2
97*	$2^5 \cdot 3$	5	263*	$2 \cdot 131$	5	449	$2^6 \cdot 7$	3
101	$2^2 \cdot 5^2$	2	269	$2^2 \cdot 67$	2	457	$2^3 \cdot 3 \cdot 19$	13
103	$2 \cdot 3 \cdot 17$	5	271	$2 \cdot 3^3 \cdot 5$	6	461*	$2^2 \cdot 5 \cdot 23$	2
107	$2 \cdot 53$	2	277	$2^2 \cdot 3 \cdot 23$	5	463	$2 \cdot 3 \cdot 7 \cdot 11$	3
109*	$2^2 \cdot 3^3$	6	281	$2^3 \cdot 5 \cdot 7$	3	467	$2 \cdot 233$	2
113*	$2^4 \cdot 7$	3	283	$2 \cdot 3 \cdot 47$	3	479	$2 \cdot 239$	13
127	$2 \cdot 3^2 \cdot 7$	3	293	$2^2 \cdot 73$	2	487*	$2 \cdot 3^5$	3

第三章 二次剩余

p	$p-1$	g	p	$p-1$	g	p	$p-1$	g
131*	$2 \cdot 5 \cdot 13$	2	307	$2 \cdot 3^2 \cdot 17$	5	491*	$2 \cdot 5 \cdot 7^2$	2
499*	$2 \cdot 3 \cdot 83$	7	719	$2 \cdot 359$	11	947	$2 \cdot 11 \cdot 43$	2
503*	$2 \cdot 251$	5	727*	$2 \cdot 3 \cdot 11^2$	5	953*	$2^3 \cdot 7 \cdot 17$	3
509*	$2^2 \cdot 127$	2	733	$2^2 \cdot 3 \cdot 61$	6	967	$2 \cdot 3 \cdot 7 \cdot 23$	5
521	$2^3 \cdot 5 \cdot 13$	3	739	$2 \cdot 3^2 \cdot 41$	3	971*	$2 \cdot 5 \cdot 97$	6
523	$2 \cdot 3^2 \cdot 29$	2	743*	$2 \cdot 7 \cdot 53$	5	977*	$2^4 \cdot 61$	3
541*	$2^2 \cdot 3^3 \cdot 5$	2	751	$2 \cdot 3 \cdot 5^3$	3	983*	$2 \cdot 491$	5
547	$2 \cdot 3 \cdot 7 \cdot 13$	2	757	$2^2 \cdot 3^3 \cdot 7$	2	991	$2 \cdot 3^2 \cdot 5 \cdot 11$	6
557	$2^2 \cdot 139$	2	761	$2^2 \cdot 5 \cdot 19$	6	997	$2^2 \cdot 3 \cdot 83$	7
563	$2 \cdot 281$	2	769	$2^8 \cdot 3$	11	1009	$2^4 \cdot 3^2 \cdot 7$	11
569	$2^3 \cdot 71$	3	773	$2^2 \cdot 193$	2	1013	$2^2 \cdot 11 \cdot 23$	3
571*	$2 \cdot 3 \cdot 5 \cdot 19$	3	787	$2 \cdot 3 \cdot 131$	2	1019*	$2 \cdot 509$	2
577*	$2^6 \cdot 3^2$	5	797	$2^2 \cdot 199$	2	1021*	$2^2 \cdot 3 \cdot 5 \cdot 17$	10
587	$2 \cdot 293$	2	809	$2^3 \cdot 101$	3	1031	$2 \cdot 5 \cdot 103$	14
593*	$2^4 \cdot 37$	3	811*	$2 \cdot 3^4 \cdot 5$	3	1033*	$2^3 \cdot 3 \cdot 43$	5
599	$2 \cdot 13 \cdot 23$	7	821*	$2^2 \cdot 5 \cdot 41$	2	1039	$2 \cdot 3 \cdot 173$	3
601	$2^3 \cdot 3 \cdot 5^2$	7	823*	$2 \cdot 3 \cdot 137$	3	1049	$2^3 \cdot 131$	3
607	$2 \cdot 3 \cdot 101$	3	827	$2 \cdot 7 \cdot 59$	2	1051*	$2 \cdot 3 \cdot 5^2 \cdot 7$	7
613	$2^2 \cdot 3^2 \cdot 17$	2	829	$2^2 \cdot 3^2 \cdot 23$	2	1061	$2^2 \cdot 5 \cdot 53$	2
617	$2^2 \cdot 7 \cdot 11$	3	839	$2 \cdot 419$	11	1063*	$2 \cdot 3^2 \cdot 59$	3
619*	$2 \cdot 3 \cdot 103$	2	853	$2^2 \cdot 3 \cdot 71$	2	1069*	$2^2 \cdot 3 \cdot 89$	6
631	$2 \cdot 3^2 \cdot 5 \cdot 7$	3	857*	$2^3 \cdot 107$	3	1087	$2 \cdot 3 \cdot 181$	3
641	$2^7 \cdot 5$	3	859	$2 \cdot 3 \cdot 11 \cdot 13$	2	1091*	$2 \cdot 5 \cdot 109$	2
643	$2 \cdot 3 \cdot 107$	11	863*	$2 \cdot 431$	5	1093	$2^2 \cdot 3 \cdot 7 \cdot 13$	5
647*	$2 \cdot 17 \cdot 19$	5	877	$2^2 \cdot 3 \cdot 73$	2	1097*	$2^3 \cdot 137$	3
653	$2^2 \cdot 163$	2	881	$2^4 \cdot 5 \cdot 11$	3	1103	$2 \cdot 19 \cdot 29$	5
659*	$14 \cdot 47$	2	883	$2 \cdot 3^2 \cdot 7^2$	2	1109*	$2^2 \cdot 277$	2
661	$2^2 \cdot 3 \cdot 5 \cdot 11$	2	887*	$2 \cdot 443$	5	1117	$2^2 \cdot 3^2 \cdot 31$	2
673	$2^5 \cdot 3 \cdot 7$	5	907	$2 \cdot 3 \cdot 151$	2	1123	$2 \cdot 3 \cdot 11 \cdot 17$	2
677	$2^2 \cdot 13^2$	2	911	$2 \cdot 5 \cdot 7 \cdot 13$	17	1129	$2^3 \cdot 3 \cdot 47$	11
683	$2 \cdot 11 \cdot 31$	5	919	$2 \cdot 3^3 \cdot 17$	7	1151	$2 \cdot 5^2 \cdot 23$	17
691	$2 \cdot 3 \cdot 5 \cdot 23$	3	929	$2^5 \cdot 29$	3	1153*	$2^7 \cdot 3^2$	5
701*	$2^2 \cdot 5^2 \cdot 7$	2	937*	$2^3 \cdot 3^2 \cdot 13$	5	1163	$2 \cdot 7 \cdot 83$	5

p	$p-1$	g	p	$p-1$	g	p	$p-1$	g
709*	$2^2 \cdot 3 \cdot 59$	2	941*	$2^2 \cdot 5 \cdot 47$	2	1171*	$2 \cdot 3^2 \cdot 5 \cdot 13$	2
1181*	$2^2 \cdot 5 \cdot 59$	7	1433*	$2^3 \cdot 179$	3	1657	$2^3 \cdot 3^2 \cdot 23$	11
1187	$2 \cdot 593$	2	1439	$2 \cdot 719$	7	1663*	$2 \cdot 3 \cdot 277$	3
1193*	$2^2 \cdot 149$	3	1447*	$2 \cdot 3 \cdot 241$	3	1667	$2 \cdot 7^2 \cdot 17$	2
1201	$2^4 \cdot 3 \cdot 5^2$	11	1451	$2 \cdot 5^2 \cdot 29$	2	1669	$2^2 \cdot 3 \cdot 139$	2
1213*	$2^2 \cdot 3 \cdot 101$	2	1453	$2^2 \cdot 3 \cdot 11^2$	2	1693	$2^2 \cdot 3^2 \cdot 47$	2
1217*	$2^6 \cdot 19$	3	1459	$2 \cdot 3^6$	3	1697*	$2^5 \cdot 53$	3
1223*	$2 \cdot 13 \cdot 47$	5	1471	$2 \cdot 3 \cdot 5 \cdot 7^2$	6	1699	$2 \cdot 3 \cdot 283$	3
1229*	$2^2 \cdot 307$	2	1481	$2^3 \cdot 5 \cdot 37$	3	1709*	$2^2 \cdot 7 \cdot 61$	3
1231	$2 \cdot 3 \cdot 5 \cdot 41$	3	1483	$2 \cdot 3 \cdot 13 \cdot 19$	2	1721	$2^3 \cdot 5 \cdot 43$	3
1237	$2^2 \cdot 3 \cdot 103$	2	1487*	$2 \cdot 743$	5	1723	$2 \cdot 3 \cdot 7 \cdot 41$	3
1249	$2^5 \cdot 3 \cdot 13$	7	1489	$2^4 \cdot 3 \cdot 31$	14	1733	$2^2 \cdot 433$	2
1259*	$2 \cdot 17 \cdot 37$	2	1493	$2^2 \cdot 373$	2	1741*	$2^2 \cdot 3 \cdot 5 \cdot 29$	2
1277	$2^2 \cdot 11 \cdot 29$	2	1499	$2 \cdot 7 \cdot 107$	2	1747	$2 \cdot 3^2 \cdot 97$	2
1279	$2 \cdot 3^2 \cdot 71$	3	1511	$2 \cdot 5 \cdot 151$	11	1753	$2^2 \cdot 3 \cdot 73$	7
1283	$2 \cdot 641$	2	1523	$2 \cdot 761$	2	1759	$2 \cdot 3 \cdot 293$	6
1289	$2^3 \cdot 7 \cdot 23$	6	1531*	$2 \cdot 3^2 \cdot 5 \cdot 17$	2	1777*	$2^4 \cdot 3 \cdot 37$	5
1291*	$2 \cdot 3 \cdot 5 \cdot 43$	2	1543	$2 \cdot 3 \cdot 257$	5	1783*	$2 \cdot 3^4 \cdot 11$	10
1297*	$2^4 \cdot 3^4$	10	1549	$2^2 \cdot 3^2 \cdot 43$	2	1787	$2 \cdot 19 \cdot 47$	2
1301*	$2^2 \cdot 5^2 \cdot 13$	2	1553*	$2^4 \cdot 97$	3	1789*	$2^3 \cdot 3 \cdot 149$	6
1303*	$2 \cdot 3 \cdot 7 \cdot 31$	6	1559	$2 \cdot 19 \cdot 41$	19	1801	$2^3 \cdot 3^2 \cdot 5^2$	11
1307	$2 \cdot 653$	2	1567*	$2 \cdot 3^3 \cdot 29$	3	1811*	$2 \cdot 5 \cdot 181$	6
1319	$2 \cdot 659$	13	1571*	$2 \cdot 5 \cdot 157$	2	1823*	$2 \cdot 911$	5
1321	$2^3 \cdot 3 \cdot 5 \cdot 11$	13	1579	$2 \cdot 3 \cdot 263$	3	1831	$2 \cdot 3 \cdot 5 \cdot 61$	3
1327*	$2 \cdot 3 \cdot 13 \cdot 17$	3	1583*	$2 \cdot 7 \cdot 113$	5	1847*	$2 \cdot 13 \cdot 71$	5
1361	$2^4 \cdot 5 \cdot 17$	3	1597	$2^2 \cdot 3 \cdot 7 \cdot 19$	11	1861*	$2^2 \cdot 3 \cdot 5 \cdot 31$	2
1367*	$2 \cdot 683$	5	1601	$2^6 \cdot 5^2$	3	1867	$2 \cdot 3 \cdot 311$	2
1373	$2^2 \cdot 7^3$	2	1607	$2 \cdot 11 \cdot 73$	5	1871	$2 \cdot 5 \cdot 11 \cdot 17$	14
1381*	$2^2 \cdot 3 \cdot 5 \cdot 23$	2	1609	$2^3 \cdot 3 \cdot 67$	7	1873*	$2^4 \cdot 3^2 \cdot 13$	10
1399	$2 \cdot 3 \cdot 233$	13	1613	$2^2 \cdot 13 \cdot 31$	3	1877	$2^2 \cdot 7 \cdot 67$	2
1409	$2^7 \cdot 11$	3	1619*	$2 \cdot 809$	2	1879	$2 \cdot 3 \cdot 313$	6
1423	$2 \cdot 3^2 \cdot 79$	3	1621*	$2^2 \cdot 3^4 \cdot 5$	2	1889	$2^6 \cdot 59$	3
1427	$2 \cdot 23 \cdot 31$	2	1627	$2 \cdot 3 \cdot 271$	3	1901	$2^2 \cdot 3^2 \cdot 19$	2

第三章　二次剩余

p	$p-1$	g	p	$p-1$	g	p	$p-1$	g
1429*	$2^2 \cdot 3 \cdot 7 \cdot 17$	6	1637	$2^2 \cdot 409$	2	1907	$2 \cdot 953$	2
1913*	$2^3 \cdot 239$	3	2161	$2^4 \cdot 3^3 \cdot 5$	23	2417*	$2^4 \cdot 151$	3
1931	$2 \cdot 5 \cdot 193$	2	2179*	$2 \cdot 3^2 \cdot 11^2$	7	2423*	$2 \cdot 7 \cdot 173$	5
1933	$2^2 \cdot 3 \cdot 7 \cdot 23$	5	2203	$2 \cdot 3 \cdot 367$	5	2437*	$2^2 \cdot 3 \cdot 7 \cdot 29$	2
1949*	$2^2 \cdot 487$	2	2207*	$2 \cdot 1103$	5	2441	$2^3 \cdot 5 \cdot 61$	6
1951	$2 \cdot 3 \cdot 5^2 \cdot 13$	3	2213	$2^2 \cdot 7 \cdot 79$	2	2447*	$2 \cdot 1223$	5
1973	$2^2 \cdot 17 \cdot 29$	2	2221*	$2^2 \cdot 3 \cdot 5 \cdot 37$	2	2459*	$2 \cdot 1229$	2
1979*	$2 \cdot 23 \cdot 43$	2	2237	$2^2 \cdot 13 \cdot 43$	2	2467	$2 \cdot 3^2 \cdot 137$	2
1987	$2 \cdot 3 \cdot 331$	2	2239	$2 \cdot 3 \cdot 373$	3	2473*	$2^3 \cdot 3 \cdot 103$	5
1993*	$2^2 \cdot 3 \cdot 83$	5	2243	$2 \cdot 19 \cdot 59$	2	2477	$2^2 \cdot 619$	2
1997	$2^2 \cdot 499$	2	2251*	$2 \cdot 3^2 \cdot 5^3$	7	2503	$2 \cdot 3^2 \cdot 139$	3
1999	$2 \cdot 3^3 \cdot 37$	3	2267	$2 \cdot 11 \cdot 103$	2	2521	$2^3 \cdot 3^2 \cdot 5 \cdot 7$	17
2003	$2 \cdot 7 \cdot 11 \cdot 13$	5	2269*	$2^2 \cdot 3^4 \cdot 7$	2	2531	$2 \cdot 5 \cdot 11 \cdot 23$	2
2011	$2 \cdot 3 \cdot 5 \cdot 67$	3	2273*	$2^5 \cdot 71$	3	2539*	$2 \cdot 3^3 \cdot 47$	2
2017*	$2^5 \cdot 3^2 \cdot 7$	5	2281	$2^3 \cdot 3 \cdot 5 \cdot 19$	7	2543*	$2 \cdot 31 \cdot 41$	5
2027	$2 \cdot 1013$	2	2287	$2 \cdot 3^2 \cdot 127$	19	2549	$4 \cdot 7^2 \cdot 13$	2
2029*	$2^2 \cdot 3 \cdot 13^2$	2	2293	$2^2 \cdot 3 \cdot 191$	2	2551	$2 \cdot 3 \cdot 5^3 \cdot 17$	6
2039	$2 \cdot 1019$	7	2297*	$2^3 \cdot 7 \cdot 41$	5	2557	$2^2 \cdot 3^2 \cdot 71$	2
2053	$2^2 \cdot 3^3 \cdot 19$	2	2309	$2^2 \cdot 577$	2	2579*	$2 \cdot 1289$	2
2063*	$2 \cdot 1031$	5	2311	$2 \cdot 3 \cdot 5 \cdot 7 \cdot 11$	3	2591	$2 \cdot 5 \cdot 7 \cdot 37$	7
2069*	$2^2 \cdot 11 \cdot 47$	2	2333	$2^2 \cdot 11 \cdot 53$	2	2593*	$2^5 \cdot 3^4$	7
2081	$2^5 \cdot 5 \cdot 13$	3	2339*	$2 \cdot 7 \cdot 167$	2	2609	$2^4 \cdot 163$	3
2083	$2 \cdot 3 \cdot 347$	2	2341*	$2^2 \cdot 3^2 \cdot 5 \cdot 13$	7	2617*	$2^3 \cdot 3 \cdot 109$	5
2087	$2 \cdot 7 \cdot 149$	5	2347	$2 \cdot 3 \cdot 17 \cdot 23$	3	2621	$2^2 \cdot 5 \cdot 131$	2
2089	$2^3 \cdot 3^2 \cdot 29$	7	2351	$2 \cdot 5^2 \cdot 47$	13	2633	$2^3 \cdot 7 \cdot 47$	3
2099*	$2 \cdot 1049$	2	2357	$2^2 \cdot 19 \cdot 31$	2	2647	$2 \cdot 3^3 \cdot 7^2$	3
2111	$2 \cdot 5 \cdot 211$	7	2371*	$2 \cdot 3 \cdot 5 \cdot 79$	2	2657*	$2^5 \cdot 83$	3
2113*	$2^6 \cdot 3 \cdot 11$	5	2377	$2^3 \cdot 3^3 \cdot 11$	5	2659	$2 \cdot 3 \cdot 443$	2
2129	$2^4 \cdot 7 \cdot 19$	3	2381	$2^2 \cdot 5 \cdot 7 \cdot 17$	3	2663*	$2 \cdot 11^3$	5
2131	$2 \cdot 3 \cdot 5 \cdot 71$	2	2383*	$2 \cdot 3 \cdot 397$	5	2671	$2 \cdot 3 \cdot 5 \cdot 89$	7
2137*	$2^3 \cdot 3 \cdot 89$	10	2389*	$2^2 \cdot 3 \cdot 199$	2	2677	$2^2 \cdot 3 \cdot 223$	2
2141*	$2^2 \cdot 5 \cdot 107$	2	2393	$2^3 \cdot 13 \cdot 23$	3	2683	$2 \cdot 3^2 \cdot 149$	2
2143*	$2 \cdot 3^2 \cdot 7 \cdot 17$	3	2399	$2 \cdot 11 \cdot 109$	11	2687*	$2 \cdot 17 \cdot 79$	5

p	$p-1$	g	p	$p-1$	g	p	$p-1$	g
2153*	$2^3 \cdot 269$	3	2411*	$2 \cdot 5 \cdot 241$	6	2689	$2^7 \cdot 3 \cdot 7$	19
2693	$2^2 \cdot 673$	2	2953	$2^3 \cdot 3^2 \cdot 41$	13	3251*	$2 \cdot 5^3 \cdot 13$	6
2699*	$2 \cdot 19 \cdot 71$	2	2957	$2^2 \cdot 739$	2	3253	$2^2 \cdot 3 \cdot 271$	2
2707	$2 \cdot 3 \cdot 11 \cdot 41$	2	2963	$2 \cdot 1481$	2	3257*	$2^3 \cdot 11 \cdot 37$	3
2711	$2 \cdot 5 \cdot 271$	7	2969	$2^3 \cdot 7 \cdot 53$	3	3259*	$2 \cdot 3 \cdot 181$	3
2713*	$2^3 \cdot 3 \cdot 113$	5	2971*	$2 \cdot 3^3 \cdot 5 \cdot 11$	10	3271	$2 \cdot 3 \cdot 5 \cdot 109$	3
2719	$2 \cdot 3^2 \cdot 151$	3	2999	$2 \cdot 1499$	17	3299*	$2 \cdot 17 \cdot 97$	2
2729*	$2^3 \cdot 11 \cdot 31$	3	3001	$2^3 \cdot 3 \cdot 5^3$	14	3301*	$2^2 \cdot 3 \cdot 5^2 \cdot 11$	6
2731	$2 \cdot 3 \cdot 5 \cdot 7 \cdot 13$	3	3011	$2 \cdot 5 \cdot 7 \cdot 43$	2	3307	$2 \cdot 3 \cdot 19 \cdot 29$	2
2741*	$2^2 \cdot 5 \cdot 137$	2	3019*	$2 \cdot 3 \cdot 503$	2	3313*	$2^4 \cdot 3^2 \cdot 23$	10
2749	$2^2 \cdot 3 \cdot 229$	6	3023*	$2 \cdot 1511$	5	3319	$2 \cdot 3 \cdot 7 \cdot 79$	6
2753*	$2^6 \cdot 43$	3	3037	$2^2 \cdot 3 \cdot 11 \cdot 23$	2	3323	$2 \cdot 11 \cdot 151$	2
2767*	$2 \cdot 3 \cdot 461$	3	3041	$2^5 \cdot 5 \cdot 19$	3	3329	$2^8 \cdot 13$	3
2777*	$2^3 \cdot 347$	3	3049	$2^3 \cdot 3 \cdot 127$	11	3331*	$2 \cdot 3^2 \cdot 5 \cdot 37$	3
2789*	$2^2 \cdot 17 \cdot 41$	2	3061	$2^2 \cdot 3^2 \cdot 5 \cdot 17$	6	3343*	$2 \cdot 3 \cdot 557$	5
2791	$2 \cdot 3^2 \cdot 5 \cdot 31$	6	3067	$2 \cdot 3 \cdot 7 \cdot 73$	2	3347	$2 \cdot 7 \cdot 239$	2
2797	$2^2 \cdot 3 \cdot 233$	2	3079	$2 \cdot 3^4 \cdot 19$	6	3359	$2 \cdot 23 \cdot 73$	11
2801	$2^4 \cdot 5^2 \cdot 7$	3	3083	$2 \cdot 23 \cdot 67$	2	3361	$2^5 \cdot 3 \cdot 5 \cdot 7$	22
2803	$2 \cdot 3 \cdot 467$	2	3089	$2^4 \cdot 193$	3	3371*	$2 \cdot 5 \cdot 337$	2
2819*	$2 \cdot 1409$	2	3109	$2^2 \cdot 3 \cdot 7 \cdot 37$	6	3373	$2^2 \cdot 3 \cdot 281$	5
2833*	$2^4 \cdot 3 \cdot 59$	5	3119	$2 \cdot 1559$	7	3389*	$2^2 \cdot 7 \cdot 11^2$	3
2837	$2^2 \cdot 709$	2	3121	$2^4 \cdot 3 \cdot 5 \cdot 13$	7	3391	$2 \cdot 3 \cdot 5 \cdot 113$	3
2843	$2 \cdot 7^2 \cdot 29$	2	3137*	$2^6 \cdot 7^2$	3	3407*	$2 \cdot 13 \cdot 131$	5
2851*	$2 \cdot 3 \cdot 5^2 \cdot 19$	2	3163	$2 \cdot 3 \cdot 17 \cdot 31$	3	3413	$2^2 \cdot 853$	2
2857	$2^3 \cdot 3 \cdot 7 \cdot 17$	11	3167*	$2 \cdot 1583$	5	3433*	$2^3 \cdot 3 \cdot 11 \cdot 13$	5
2861*	$2^2 \cdot 5 \cdot 11 \cdot 13$	2	3169	$2^2 \cdot 3^2 \cdot 11$	7	3449	$2^3 \cdot 431$	3
2879	$2 \cdot 1439$	7	3181	$2^2 \cdot 3 \cdot 5 \cdot 53$	7	3457	$2^7 \cdot 3^3$	7
2887	$2 \cdot 3 \cdot 13 \cdot 37$	5	3187	$2 \cdot 3^3 \cdot 59$	2	3461*	$2^2 \cdot 5 \cdot 173$	2
2897*	$2^4 \cdot 181$	3	3191	$2 \cdot 5 \cdot 11 \cdot 29$	11	3463*	$2 \cdot 3 \cdot 577$	3
2903*	$2 \cdot 1451$	5	3203	$2 \cdot 1601$	2	3467	$2 \cdot 1733$	2
2909*	$2^2 \cdot 727$	2	3209	$2^3 \cdot 401$	3	3469*	$2^2 \cdot 3 \cdot 17^2$	2
2917	$2^2 \cdot 3^6$	5	3217	$2^4 \cdot 3 \cdot 67$	5	3491	$2 \cdot 5 \cdot 349$	2
2927*	$2 \cdot 7 \cdot 11 \cdot 19$	5	3221*	$2^2 \cdot 5 \cdot 7 \cdot 23$	10	3499	$2 \cdot 3 \cdot 11 \cdot 53$	2

第三章 二次剩余

p	$p-1$	g	p	$p-1$	g	p	$p-1$	g
2939*	$2 \cdot 13 \cdot 113$	2	3229	$2^2 \cdot 3 \cdot 269$	6	3511	$2 \cdot 3^3 \cdot 5 \cdot 13$	7
3517	$2^2 \cdot 3 \cdot 293$	2	3767	$2 \cdot 7 \cdot 269$	5	4027	$2 \cdot 3 \cdot 11 \cdot 61$	3
3527*	$2 \cdot 41 \cdot 43$	5	3769	$2^3 \cdot 3 \cdot 157$	7	4049	$2^4 \cdot 11 \cdot 23$	3
3529	$2^3 \cdot 3^2 \cdot 7^2$	17	3779*	$2 \cdot 1889$	2	4051*	$2 \cdot 3^4 \cdot 5^2$	10
3533	$2^2 \cdot 883$	2	3793	$2^4 \cdot 3 \cdot 79$	5	4057*	$2^3 \cdot 3 \cdot 13^2$	5
3539*	$2 \cdot 29 \cdot 61$	2	3797	$2^2 \cdot 13 \cdot 73$	2	4073*	$2^3 \cdot 509$	3
3541	$2^2 \cdot 3 \cdot 5 \cdot 59$	7	3803	$2 \cdot 1901$	2	4079	$2 \cdot 2039$	11
3547	$2 \cdot 3^2 \cdot 197$	2	3821*	$2^2 \cdot 5 \cdot 191$	3	4091*	$2 \cdot 5 \cdot 409$	2
3557	$2^2 \cdot 7 \cdot 127$	2	3823	$2 \cdot 3 \cdot 7^2 \cdot 13$	3	4093	$2^2 \cdot 3 \cdot 11 \cdot 31$	2
3559	$2 \cdot 3 \cdot 593$	3	3833*	$2^3 \cdot 479$	3	4099	$2 \cdot 3 \cdot 683$	2
3571*	$2 \cdot 3 \cdot 5 \cdot 7 \cdot 17$	2	3847*	$2 \cdot 3 \cdot 641$	5	4111	$2 \cdot 3 \cdot 5 \cdot 137$	12
3581*	$2^2 \cdot 5 \cdot 179$	2	3851*	$2 \cdot 5^2 \cdot 7 \cdot 11$	2	4127	$2 \cdot 2063$	5
3583	$2 \cdot 3^2 \cdot 199$	3	3853	$2^2 \cdot 3^2 \cdot 107$	2	4129	$2^5 \cdot 3 \cdot 43$	13
3593*	$2^3 \cdot 449$	3	3863*	$2 \cdot 1931$	5	4133	$2^2 \cdot 1033$	2
3607*	$2 \cdot 3 \cdot 601$	5	3877	$2^2 \cdot 3 \cdot 17 \cdot 19$	2	4139*	$2 \cdot 2069$	2
3613	$2^2 \cdot 3 \cdot 7 \cdot 43$	2	3881	$2^3 \cdot 5 \cdot 97$	13	4153*	$2^3 \cdot 3 \cdot 173$	5
3617	$2^5 \cdot 113$	3	3889	$2^4 \cdot 3^5$	11	4157	$2^2 \cdot 1039$	2
3623*	$2 \cdot 1811$	5	3907	$2 \cdot 3^2 \cdot 7 \cdot 31$	2	4159	$2 \cdot 3^3 \cdot 7 \cdot 11$	3
3631	$2 \cdot 3 \cdot 5 \cdot 11^2$	15	3911	$2 \cdot 5 \cdot 17 \cdot 23$	13	4177*	$2^4 \cdot 3^2 \cdot 29$	5
3637	$2^2 \cdot 3^2 \cdot 101$	2	3917	$2^2 \cdot 11 \cdot 89$	2	4201	$2^3 \cdot 3 \cdot 5^2 \cdot 7$	11
3643	$2 \cdot 3 \cdot 607$	2	3919	$2 \cdot 3 \cdot 653$	3	4211*	$2 \cdot 5 \cdot 421$	6
3659*	$2 \cdot 31 \cdot 59$	2	3923	$2 \cdot 37 \cdot 53$	2	4217	$2^3 \cdot 17 \cdot 31$	3
3671	$2 \cdot 5 \cdot 367$	13	3929	$2^3 \cdot 491$	3	4219	$2 \cdot 3 \cdot 19 \cdot 37$	2
3673*	$2^3 \cdot 3^3 \cdot 17$	5	3931	$2 \cdot 3 \cdot 5 \cdot 131$	2	4229*	$2^2 \cdot 7 \cdot 151$	2
3677	$2^2 \cdot 919$	2	3943*	$2 \cdot 3^3 \cdot 73$	3	4231	$2 \cdot 3^2 \cdot 5 \cdot 47$	3
3691	$2 \cdot 3^2 \cdot 5 \cdot 41$	2	3947	$2 \cdot 1973$	2	4241	$2^4 \cdot 5 \cdot 53$	3
3697	$2^4 \cdot 3 \cdot 7 \cdot 11$	5	3967*	$2 \cdot 3 \cdot 661$	6	4343	$2 \cdot 3 \cdot 7 \cdot 101$	2
3701*	$2^2 \cdot 5^2 \cdot 37$	2	3989	$2^2 \cdot 997$	2	4253	$2^2 \cdot 1063$	2
3709*	$2^2 \cdot 3^2 \cdot 103$	2	4001	$2^5 \cdot 5^3$	3	4259*	$2 \cdot 2129$	2
3719	$2 \cdot 11 \cdot 13^2$	7	4003	$2 \cdot 3 \cdot 23 \cdot 29$	2	4261*	$2^2 \cdot 3 \cdot 5 \cdot 71$	2
3727*	$2 \cdot 3^4 \cdot 23$	3	4007*	$2 \cdot 2003$	5	4271	$2 \cdot 5 \cdot 7 \cdot 61$	7
3733	$2^2 \cdot 3 \cdot 311$	2	4013	$2^2 \cdot 17 \cdot 59$	2	4273	$2^4 \cdot 3 \cdot 89$	5
3739	$2 \cdot 3 \cdot 7 \cdot 89$	7	4019*	$2 \cdot 7^2 \cdot 41$	2	4283	$2 \cdot 2141$	2

p	p−1	g	p	p−1	g	p	p−1	g
3761	$2^4 \cdot 5 \cdot 47$	3	4021	$2^2 \cdot 3 \cdot 5 \cdot 67$	2	4289	$2^6 \cdot 67$	3
4297	$2^3 \cdot 3 \cdot 179$	5	4549	$2^2 \cdot 3 \cdot 379$	6	4789	$2^2 \cdot 3^2 \cdot 7 \cdot 19$	2
4327*	$2 \cdot 3 \cdot 7 \cdot 103$	3	4561	$2^4 \cdot 3 \cdot 5 \cdot 19$	11	4793*	$2^3 \cdot 599$	3
4337*	$2^4 \cdot 271$	3	4567*	$2 \cdot 3 \cdot 761$	3	4799	$2 \cdot 2399$	7
4339*	$2 \cdot 3^2 \cdot 241$	10	4583*	$2 \cdot 29 \cdot 79$	5	4801	$2^6 \cdot 3 \cdot 5^2$	7
4349*	$2^2 \cdot 1087$	2	4591	$2 \cdot 3^3 \cdot 5 \cdot 17$	11	4813	$2^2 \cdot 3 \cdot 401$	2
4357	$2^2 \cdot 3^2 \cdot 11^2$	2	4597	$2^2 \cdot 3 \cdot 383$	5	4817*	$2^4 \cdot 7 \cdot 43$	3
4363	$2 \cdot 3 \cdot 727$	2	4603	$2 \cdot 3 \cdot 13 \cdot 59$	2	4831	$2 \cdot 3 \cdot 5 \cdot 7 \cdot 23$	3
4373	$2^2 \cdot 1093$	2	4621	$2^2 \cdot 3 \cdot 5 \cdot 7 \cdot 11$	2	4861	$2^2 \cdot 3^5 \cdot 5$	11
4391	$2 \cdot 5 \cdot 439$	14	4637	$2^2 \cdot 19 \cdot 61$	2	4871	$2 \cdot 5 \cdot 487$	11
4397	$2^2 \cdot 7 \cdot 157$	2	4639	$2 \cdot 3 \cdot 773$	3	4877	$2^2 \cdot 23 \cdot 53$	2
4409	$2^3 \cdot 19 \cdot 29$	3	4643	$2 \cdot 11 \cdot 211$	5	4889	$2^3 \cdot 13 \cdot 47$	3
4421*	$2^2 \cdot 5 \cdot 13 \cdot 17$	3	4649	$2^3 \cdot 7 \cdot 83$	3	4903	$2 \cdot 3 \cdot 19 \cdot 43$	3
4423*	$2 \cdot 3 \cdot 11 \cdot 67$	3	4651*	$2 \cdot 3 \cdot 5^2 \cdot 31$	3	4909	$2^2 \cdot 3 \cdot 409$	6
4441	$2^3 \cdot 3 \cdot 5 \cdot 37$	21	4657	$2^4 \cdot 3 \cdot 97$	15	4919	$2 \cdot 2459$	13
4447*	$2 \cdot 3^2 \cdot 13 \cdot 19$	3	4663	$2 \cdot 3^2 \cdot 7 \cdot 37$	3	4931*	$2 \cdot 5 \cdot 17 \cdot 29$	6
4451*	$2 \cdot 5^2 \cdot 89$	2	4673*	$2^6 \cdot 73$	3	4933	$2^2 \cdot 3^2 \cdot 137$	2
4457*	$2^3 \cdot 557$	3	4679	$2 \cdot 2339$	11	4937*	$2^3 \cdot 617$	3
4463*	$2 \cdot 23 \cdot 97$	5	4691*	$2 \cdot 5 \cdot 7 \cdot 67$	2	4943*	$2 \cdot 7 \cdot 353$	7
4481	$2^7 \cdot 5 \cdot 7$	3	4703*	$2 \cdot 2351$	5	4951	$2 \cdot 3^2 \cdot 5^2 \cdot 11$	6
4483	$2 \cdot 3^3 \cdot 83$	2	4721	$2^4 \cdot 5 \cdot 59$	6	4957	$2^2 \cdot 3 \cdot 7 \cdot 59$	2
4493	$2^2 \cdot 1123$	2	4723	$2 \cdot 3 \cdot 787$	2	4967*	$2 \cdot 13 \cdot 191$	5
4507	$2 \cdot 3 \cdot 751$	2	4729	$2^3 \cdot 3 \cdot 197$	17	4969	$2^3 \cdot 3^3 \cdot 23$	11
4513	$2^5 \cdot 3 \cdot 47$	7	4733	$2^2 \cdot 7 \cdot 13^2$	5	4973	$2^2 \cdot 11 \cdot 113$	2
4517	$2^2 \cdot 1129$	2	4751	$2 \cdot 5^3 \cdot 19$	19	4987	$2 \cdot 3^2 \cdot 277$	2
4519	$2 \cdot 3^2 \cdot 251$	3	4759	$2 \cdot 3 \cdot 13 \cdot 61$	3	4993	$2^7 \cdot 3 \cdot 13$	5
4523	$2 \cdot 7 \cdot 17 \cdot 19$	5	4783*	$2 \cdot 3 \cdot 797$	6	4999	$2 \cdot 3 \cdot 7^2 \cdot 17$	3
4547	$2 \cdot 2273$	2	4787	$2 \cdot 2393$	2			

第四章 多项式之性质

§1. 多项式之整除性

今往讨论以有理数为系数的多项式. 以 $\partial^\circ f$ 表多项式 $f(x)$ 之次数.

定义 1 命 $f(x)$ 及 $g(x)$ 为二多项式, $g(x)$ 不恒为零. 若有一多项式 $h(x)$ 使
$$f(x) = g(x)h(x),$$
则谓 $g(x)$ 可整除 $f(x)$. 以
$$g(x) \mid f(x) \text{ 或 } g \mid f$$
表之. 以 $g \nmid f$ 表 g 不能整除 f. 显然有

(i) $f \mid f$;

(ii) 若 $f \mid g$ 及 $g \mid f$, 则 f 与 g 仅相差一常数因子, 如此之二多项式谓之相结合的多项式;

(iii) 若 $f \mid g, g \mid h$ 则 $f \mid h$;

(iv) 若 $f \mid g$, 则
$$\partial^\circ f \leqslant \partial^\circ g.$$
若 $f \mid g$ 而 $g \nmid f$, 则 f 名为 g 之真因子, 显然有 $\partial^\circ f < \partial^\circ g$.

定理 1 任与二多项式 $f(x)$ 与 $g(x)$, $g(x)$ 不恒为零, 必有二多项式 $q(x)$ 及 $r(x)$ 使
$$f = q \cdot g + r,$$
此处 $r = 0$ 或 $\partial^\circ r < \partial^\circ g$.

证: 可以依照 f 之次数行归纳法. 若 $\partial^\circ f < \partial^\circ g$, 则取 $q = 0, r = f$, 自毋待证明.

若 $\partial^\circ f \geqslant \partial^\circ g$, 命
$$f = \alpha_n x^n + \cdots, \quad \partial^\circ f = n,$$
$$g = \beta_m x^m + \cdots, \quad \partial^\circ g = m,$$
则
$$\partial^\circ (f - \alpha_n \beta_m^{-1} x^{n-m} g) < \partial^\circ f,$$
则归纳法之假定, 有二多项式 $h(x)$ 及 $r(x)$ 存在使
$$f - \alpha_n \beta_m^{-1} x^{n-m} g = hg + r,$$
此处 $r = 0$ 或 $\partial^\circ r < \partial^\circ g$. 如此则

$$f = (h + \alpha_n \beta_m^{-1} x^{n-m})g + r.$$
$$(q(x) = h(x) + \alpha_n \beta_m^{-1} x^{n-m}.)$$

明所欲证.

定义 2 一多项式的集合 I,如适合以下之条件,名为一理想集合(ideal):

(i) 若 f, g 为 I 中之多项式,则 $f + g$ 亦在其中;

(ii) 若 f 为 I 中之多项式,h 为任一多项式,则 fh 亦在其中.

例. 一多项式 $f(x)$ 之诸倍式,成一理想集合.

定理 2 任一理想集合中可以觅出一多项式 f,使凡此集合中之多项式必为 f 之倍式,即该集合是 f 的诸倍式所组成的.

证:命 f 为此理想集合中之次数最低者.若 g 为此集合中之任一多项式而非 f 之倍式,则由定理1可知有二多项式 $q(x)$ 及 $r(x) (\neq 0)$ 使
$$g = q \cdot f + r, \quad \partial^\circ r < \partial^\circ f.$$
因 f 在此理想集合中,由(ii)可知 qf 亦在其中,更由(i) $g - qf$ 亦在其中,即 r 在此理想集合之中.但 r 之次数低于 f 之次数,此与假定相违背.故得定理.

定义 3 命 f 及 g 为二多项式.取形如 $mf + ng$ 之多项式所成的集合(此处 m 及 n 皆为多项式).由以上之定理可知此为一多项式 d 之倍式所成之集合.此式名为 f 及 g 之最大公约式,以 $(f, g) = d$ 表之.为使其唯一决定起见,取 (f, g) 之最高方之系数为 1.

定理 3 (f, g) 有次之性质:

(i) 有二多项式 m 及 n 使 $(f, g) = mf + ng$;

(ii) 对任二多项式 m 及 n 必有 $(f, g) \mid mf + ng$;

(iii) 若 $l \mid f, l \mid g$ 则 $l \mid (f, g)$.

证:(i)及(ii)可由定理2得之,(iii)可由(i)得之.

定义 4 若 $(f, g) = 1$,则 f 与 g 名为互素.

定理 4 若 p 为一不可化多项式,且 $p \mid fg$,则 $p \mid f$ 或 $p \mid g$.

证:若 $p \nmid f$,则 $(f, p) = 1$.故由定理3(i),有二多项式 m 及 n 使
$$mf + np = 1,$$
故
$$mfg + ngp = g,$$
因 $p \mid fg$,可知 $p \mid g$.故得定理.

§2. 唯一分解定理

定理 1 任一多项式皆可分解为不可化多项式之积.若互相结合的多项式算

作相同,并不计因子之次序,则此种分解法是唯一的.

证:1) 分解性.于 f 之次数上行归纳法.若 f 不可分解,则毋待证明.若 f 可分解,命
$$f = gh, \quad \partial^\circ g < \partial^\circ f; \quad \partial^\circ h < \partial^\circ f.$$
由归纳法之假定,已知 g 及 h 皆可分解为不可化多项式之积.

2) 唯一性.仍于 f 之次数上行归纳法.假定
$$f = c_1 p_1^{a_1} \cdots p_k^{a_k} = c_2 q_1^{b_1} \cdots q_l^{b_l},$$
此式中 p 及 q 皆为不可化多项式,其最高方之系数为 1,且 p_i 与 $p_j (i \neq j)$ 不同,q_i 与 $q_j (i \neq j)$ 不同.由定理 1.4,p_1 必与 $q_1, \cdots, q_l$ 中之一相结合,假定其即为 q_1,由于其最高方之系数为 1,故 $p_1 = q_1$.即得
$$\frac{f}{p_1} = c_1 p_1^{a_1-1} p_2^{a_2} \cdots p_k^{a_k} = c_2 q_1^{b_1-1} \cdots q_l^{b_l}.$$
因为 $\dfrac{f}{p_1}$ 之次数低于 f.故由归纳法得出定理.

定理 2　设 $f(x)$ 与 $g(x)$ 为二个有有理系数的多项式,且 $f(x)$ 为不可化,若 $f(x) = 0$ 与 $g(x) = 0$ 有公共根,则必
$$f(x) \mid g(x).$$

证:因 $f(x) = 0$ 与 $g(x) = 0$ 有公共根,故 $(f(x), g(x)) \neq 1$.命 $d(x)$ 为 $f(x)$,$g(x)$ 的最大公因式,则因 $f(x)$ 为不可化,故必 $d(x)$ 与 $f(x)$ 相结合.所以
$$f(x) \mid g(x).$$

由此定理立刻可得:若 $f(x)$ 为一 n 次不可化多项式.而以
$$\vartheta^{(1)}, \vartheta^{(2)}, \cdots, \vartheta^{(n)}$$
表示 $f(x) = 0$ 所有的根,则必 $\vartheta^{(i)} \neq \vartheta^{(j)} (i \neq j)$.且若某一 $\vartheta^{(i)}$ 适合另一有理系数方程式 $g(x) = 0$,则 $f(x) = 0$ 的其他 $n-1$ 个根亦必适合此方程式.

定理 3　命 f 及 g 皆为最高方之系数是 1 的多项式:
$$f = p_1^{a_1} \cdots p_s^{a_s}, \quad a_v \geq 0,$$
$$g = p_1^{b_1} \cdots p_s^{b_s}, \quad b_v \geq 0,$$
式中 p 是不相等的不可化多项式,且其最高方之系数等于 1,则
$$(f, g) = p_1^{c_1} \cdots p_s^{c_s},$$
此处 $c_v = \min(a_v, b_v)$.

此定理之证明极易,从略.

定义 1　命 f, g 为二多项式.f 及 g 皆能整除之多项式名为此二式之公倍式.其中次数最低者称为最小公倍式,以 $[f, g]$ 表其中最高方之系数为 1 者.

定理 4　一如定理 3 之假定,可得

$$[f,g] = p_1^{d_1} \cdots p_s^{d_s};$$

此处 $d_v = \max(a_v, b_v)$.

由此立得:

定理 5 二多项式之任一公倍式,必为此二多项式之最小公倍式所整除.

定理 6 若 f, g 为二多项式,其最高方之系数为 1,则

$$fg = [f,g](f,g).$$

习题 1. 由第一章之内容试拟若干习题.

习题 2. 试将理想集合的观念推广到含多个变量的多项式.并举例证明定理 1.2 并不真实.

提示:二多项式

$$f(x,y,z) = 0, \quad g(x,y,z) = 0$$

之轨迹代表一空间代数曲线.形如 $mf + ng$ 之多项式所成之理想集合 I,有次之性质;此代数曲线上之点使 I 中任一多项式等于 0.

§3. 同 余 式

命 $m(x)$ 为一多项式.若

$$m(x) \mid f(x) - g(x),$$

则谓 $f(x)$ 与 $g(x)$ 对模 $m(x)$ 同余,以

$$f(x) \equiv g(x) \pmod{m(x)}$$

表之.对任一模 $m(x)$ 显然有

(i) f 与其自己同余;

(ii) 若 f 与 g 同余,则 g 与 f 也同余;

(iii) 若 f 与 g 同余,g 与 h 同余,则 f 与 h 也同余;

(iv) 若

$$f \equiv g, \quad f_1 \equiv g_1 \pmod{m},$$

则

$$f \pm f_1 \equiv g \pm g_1 \pmod{m},$$
$$f f_1 \equiv g g_1 \pmod{m}.$$

此诸结果之证明从略(参考 §2.2).

对模 $m(x)$,可分多项式为剩余类;每一类中之多项式皆对模 $m(x)$ 同余,属于不同类中之一多项式必不同余. (iv) 建议诸类之间可定义加减及乘.显然,此诸类所成之集合对加减乘而言自封.以 0 表 $m(x)$ 所能整除的多项式所成的剩余类.

若 $m(x)$ 不可化,更可证明:剩余类所成之集合中也可定义除法(当然,除数非

0). 切实言之, 若 $f(x)$ 非 $m(x)$ 之倍数, 则有二多项式 $a(x)$ 及 $b(x)$ 使
$$a(x)f(x) + b(x)m(x) = 1.$$
即有多项式 $a(x)$ 使
$$a(x)f(x) \equiv 1 \pmod{m(x)}.$$
故得

定理1 若 $m(x)$ 为不可化, 凡非 0 之剩余类, 必有其唯一的逆类. 切实言之, 命 A 表一非 0 之剩余类, 必有一类 B 存在, 使 A,B 中各取一多项式 $f(x)$ 及 $g(x)$ 常有次之关系:
$$f(x)g(x) \equiv 1 \pmod{m(x)}.$$

今更举例以明本节之内容: 取 $m(x) = x^2 + 1$. 此乃一不可化多项式. 任一剩余类中必有一唯一的多项式:
$$ax + b.$$
换言之, $ax + b$ 可以表所有的剩余类. 类间的和差之定义如次:
$$ax + b \pm (a_1 x + b_1) = (a \pm a_1)x + (b \pm b_1).$$
其积
$$(ax + b)(a_1 x + b_1) = aa_1 x^2 + (ab_1 + a_1 b)x + bb_1$$
$$\equiv (ab_1 + a_1 b)x + bb_1 - aa_1 \pmod{x^2 + 1}.$$
因此, 如以有理数对 (a,b) 表一剩余类之包有 $ax + b$ 者, 则其间加减乘之关系如次:
$$(a,b) \pm (a_1, b_1) = (a \pm a_1, b \pm b_1),$$
$$(a,b)(a_1, b_1) = (ab_1 + ba_1, bb_1 - aa_1).$$
由于
$$(ax + b)(-ax + b) \equiv a^2 + b^2 \pmod{x^2 + 1},$$
所以 (a,b) 之逆类是 $\left[-\dfrac{a}{a^2 + b^2}, \dfrac{b}{a^2 + b^2}\right]$. 换言之, 与复数 $ai + b$ 之四则运算全同.

根据此处所建立之原则, 若 $m(x)$ 为一 n 次多项式, 其最高方的系数为 1, 则任一剩余类必包有一个多项式其次数小于 n, 并且仅有一个. 故所谓模 $m(x)$ 之诸剩余类之讨论可以看成为形如
$$\alpha_1 x^{n-1} + \alpha_2 x^{n-2} + \cdots + \alpha_{n-1} x + \alpha_n$$
之多项式之讨论. 二如此元素之和即为由其对应系数求和所得出之多项式, 其积即为由普通之求积法所得出之多项式以 $m(x)$ 除之所得出之最低次余式.

习题 1. 设 $\alpha_1, \alpha_2, \alpha_3$ 各不相同. 求一二次多项式 $f(x)$ 适合于
$$f(\alpha_1) = \beta_1, \quad f(\alpha_2) = \beta_2, \quad f(\alpha_3) = \beta_3.$$
并说明其与大衍求一术之关系.

解答:

$$f(x) = \beta_1 \frac{(x-\alpha_2)(x-\alpha_3)}{(\alpha_1-\alpha_2)(\alpha_1-\alpha_3)} + \beta_2 \frac{(x-\alpha_3)(x-\alpha_1)}{(\alpha_2-\alpha_3)(\alpha_2-\alpha_1)} + \beta_3 \frac{(x-\alpha_1)(x-\alpha_2)}{(\alpha_3-\alpha_1)(\alpha_3-\alpha_2)}.$$

此乃 Lagrange 插入公式.

习题 2. 设 $m_1(x)$ 与 $m_2(x)$ 为二不互相结合之不可化多项式. 命 $f_1(x)$ 及 $f_2(x)$ 为所与之多项式. 证明必有一多项式 $f(x)$ 使

$$f(x) \equiv f_1(x) \pmod{m_1(x)},$$
$$f(x) \equiv f_2(x) \pmod{m_2(x)}.$$

习题 3. 试推广以上二习题.

§4. 整系数多项式

显然所有的整系数多项式对加减乘自封.

一组整系数多项式适合以下条件时, 谓之成一理想集合:

(i) 若 f, g 在此集合之中, 则 $f+g$ 亦然;

(ii) 若 f 在此集合中, 而 g 为任一整系数多项式, 则 fg 亦在此集合中.

定理 1 (Hilbert). 在一理想集合 A 中必有有限个整系数多项式 $f_1, \cdots, f_n$ 具有次之性质: A 中任一多项式 f 必可表为

$$f = g_1 f_1 + g_2 f_2 + \cdots + g_n f_n.$$

此处 $g_1, \cdots, g_n$ 也是整系数多项式.

证: 1) 在 A 中诸多项式之最高方之系数成为一集合 B, 此集合为整数所成的模, 何则? 若 a, b 在此集合中, 其对应的多项式为

$$f(x) = ax^n + \cdots, \quad g(x) = bx^m + \cdots.$$

则由 (ii) 可知 $f(x)x^m, g(x)x^n$ 皆在 A 中, 即

$$f(x)x^m \pm g(x)x^n = (a \pm b)x^{m+n} + \cdots$$

也在 A 中, 而此式之最高方之系数为 $a \pm b$. 因此证明 B 是一模. 由定理 1.4.3, 可知 B 中有一正整数 d, 使凡 B 中之数皆为 d 之倍数. 命以此 d 为最高方之系数的多项式为

$$f_1 = dx^l + d_1 x^{l-1} + \cdots + d_{l-1} x + d_l.$$

2) 对 A 中之任一多项式 f, 必有二整系数之多项式 $q(x)$ 及 $r(x)$, 使

$$f(x) = q(x)f_1(x) + r(x),$$

此处 $\partial^\circ r < \partial^\circ f_1$ 或 $r = 0$. 何则? 若 $f(x)$ 之次数低于 $f_1(x)$ 之次数, 自毋待言. 若

$$f(x) = ax^n + a_1 x^{n-1} + \cdots + a_n, \quad n \geq l,$$

则由 1) 已知 $d \mid a$, 而

$$f(x) - \frac{a}{d} x^{n-l} f_1(x)$$

为一多项式,其次数 $\leqslant n-1$.若其次数仍大于 l,则其最高方之系数仍为 d 之倍数.故可续行此法以得2)之结论.

3) 若 A 中无低于 l 次之多项式,则定理已明.不然,命 d' 为 A 中所有低于 l 次之多项式之最高方之系数的最大公约数,又命

$$f_2 = d'x^{l'} + a'_1 x^{l'-1} + \cdots \quad (d \mid d')$$

为其对应之多项式.用上法可知,凡 A 中次数小于 l 而不小于 l' 之多项式 f 必可表为

$$f(x) = q(x)f_2(x) + r(x),$$

此处 $q(x), r(x)$ 皆是整系数多项式,且 $\partial^\circ r < \partial^\circ f_2$ 或 $r = 0$.

续行此法可得定理.

习题1.试将定理1推广到 n 个变数之情况.

习题2.试将定理1中之整系数多项式换为整值多项式而研究其正确性.

§5.以素数为模之多项式

本节所论之多项式皆有整系数.且设 p 是一固定素数.

定义1 若二多项式 $f(x)$ 及 $g(x)$ 之对应系数皆对模 p 同余,则此二式谓之对模 p 同余,以

$$f(x) \equiv g(x) \quad (\mathrm{mod}\ p)$$

表之.例如

$$7x^2 + 16x + 9 \equiv 2x + 2 \quad (\mathrm{mod}\ 7).$$

$f(x)$ 之最高方之系数非 p 之倍数者,名为此多项式对模 p 的次数,以 $\partial^\circ f$ 表之.例如,对模7,

$$\partial^\circ(7x^2 + 16x + 9) = 1,$$

但对模3,

$$\partial^\circ(7x^2 + 16x + 9) = 2.$$

如此所定义的同余关系显然有次之诸性质:

(i) $f(x) \equiv f(x) \quad (\mathrm{mod}\ p)$;

(ii) 若 $f \equiv g(\mathrm{mod}\ p)$,则 $g \equiv f(\mathrm{mod}\ p)$;

(iii) 若 $f \equiv g, g \equiv h(\mathrm{mod}\ p)$,则 $f \equiv h(\mathrm{mod}\ p)$;

(iv) 若 $f \equiv g, f_1 \equiv g_1(\mathrm{mod}\ p)$,则

$$f \pm f_1 \equiv g \pm g_1 \quad (\mathrm{mod}\ p)$$

及

$$ff_1 \equiv gg_1 \pmod{p}.$$

特别值得注意者为

$$(f(x))^p \equiv f(x^p) \pmod{p}.$$

定义 2 命 $f(x)$ 及 $g(x)$ 为二多项式，$g(x)$ 不恒为零，mod p. 若有一多项式 $h(x)$ 使

$$f(x) \equiv h(x)g(x) \pmod{p},$$

则谓 $g(x)$ 可整除 $f(x)$，mod p. 而称 $g(x)$ 为 $f(x)$ 之因式，mod p，以 $g(x) \mid f(x)$，mod p 表之.

例如：由于

$$x^5 + 3x^4 - 4x^3 + 2 \equiv (2x^2 - 3)(3x^3 - x^2 + 1) \pmod{5},$$

可知

$$2x^2 - 3 \mid x^5 + 3x^4 - 4x^3 + 2 \pmod{5}.$$

显然有

(i) $f(x) \mid f(x)$ mod p；

(ii) 若 $f(x) \mid g(x)$ mod p，及 $g(x) \mid f(x)$ mod p，则 $f(x)$ 与 $g(x)$ 仅相差一常数因子. 即有一整数 a 使

$$f(x) \equiv ag(x) \pmod{p}.$$

如是之二式名为互相结合，mod p. 显然任一多项式共有 $p-1$ 个多项式与之相结合，mod p，而其中有一个（且唯有一个）其最高方的系数为 1；

(iii) 若 $f \mid g$ mod p，$g \mid h$ mod p，则 $f \mid h$ mod p；

(iv) 任与二多项式 $f(x)$，$g(x)$，$g(x)$ 不恒为零，mod p，必有二多项式 $q(x)$ 与 $r(x)$ 使

$$f(x) \equiv q(x)g(x) + r(x) \pmod{p},$$

此处 $r(x) \equiv 0 \pmod{p}$ 或 $\partial^\circ r < \partial^\circ g$.

定义 3 若一 n 次多项式 $f(x)$ 不能分解为两个低于 n 次多项式之积，mod p，则此多项式称为对模 p 不可化多项式，或对模 p 素多项式.

例如：若取 $p = 3$，则不互相结合的一次式有 3：

$$x, \quad x+1, \quad x+2,$$

皆不可化. 不互相结合的二次式有 9：

$$x^2, \quad x^2 + x, \quad x^2 + 2x,$$
$$x^2 + 1, \quad x^2 + x + 1, \quad x^2 + 2x + 1,$$
$$x^2 + 2, \quad x^2 + x + 2, \quad x^2 + 2x + 2.$$

其中可化者有 $6(=(x+a)(x+b))$，而不可化者有 3：

$$x^2+1, \quad x^2+x+2, \quad x^2+2x+2.$$

注意：一多项式对模 p 不可化，则原来也必不可化，由此证出，x^2+2x+2 无有理根.

已与一 p，求出有多少个 n 次不可化多项式，mod p，乃一极有趣味的问题，将于 §9 中解决之.

定理 1　任一多项式可以分解为不可化多项式之积，mod p. 舍结合关系及次序外，此分解法是唯一的.

证明与定理 2.1 的证明同，故从略.

与 §1 同法，可定义最大公约式及最小公倍式. 以 (f, g) 表 f, g 之最大公约式之最高方系数为 1 者，并可证明

定理 2　有二多项式 $m(x)$ 及 $n(x)$ 使

$$m(x)f(x)+n(x)g(x) \equiv (f(x), g(x)) \pmod{p}.$$

§6. 若干关于分解之定理

定义 1　命

$$f(x) = a_n x^n + a_{n-1} x^{n-1} + \cdots$$

表一多项式. 多项式

$$n a_n x^{n-1} + (n-1) a_{n-1} x^{n-2} + \cdots$$

称为 $f(x)$ 的导数，以 $f'(x)$ 表之.

显然有

$$(f(x)+g(x))' = f'(x)+g'(x). \tag{1}$$

由于

$$\begin{aligned}
(x^m \cdot x^n)' &= (m+n) x^{n+m-1} \\
&= (m x^{m-1}) x^n + (n x^{n-1}) x^m \\
&= (x^m)' x^n + (x^n)' x^m,
\end{aligned} \tag{2}$$

可以证明

$$(f(x)g(x))' = f'(x)g(x) + g'(x)f(x). \tag{3}$$

盖如命

$$f(x) = \sum_{i=0}^{n} a_i x^i, \quad g(x) = \sum_{j=0}^{m} b_j x^j,$$

则由 (1) 可知

$$(f(x)g(x))' = \sum_{i=0}^{n} a_i (x^i g(x))' = \sum_{i=0}^{n} a_i \sum_{j=0}^{m} b_j (x^{i+j})'.$$

再由(2)及(1)可知

$$(f(x)g(x))' = \sum_{i=0}^{n} a_i \sum_{j=0}^{m} b_j((x^i)'x^j + (x^j)'x^i)$$
$$= \sum_{i=0}^{n} a_i(x^i)' \sum_{j=0}^{m} b_j x^j + \sum_{i=0}^{n} a_i x^i \left[\sum_{j=0}^{m} b_j x^j\right]'$$
$$= f'(x)g(x) + g'(x)f(x).$$

定义 2 若一多项式 $f(x)$ 能为另一非常数之多项式之平方所整除,mod p,则 $f(x)$ 名为有重因子,mod p.

例如: $x^5 + x^4 - x^3 - x^2 + x + 1$ 对模 3 有重因子 $(x^2+1)^2$.

定理 1 $f(x)$ 有重因子之必要且充分条件为 $(f(x), f'(x))$ 之次数 $\geqslant 1$.

证:1) 假定 $f(x)$ 有重因子,即

$$f(x) \equiv P^2(x)Q(x) \pmod{p},$$

其导数为

$$f'(x) \equiv 2P(x)P'(x)Q(x) + P^2(x)Q'(x) \pmod{p},$$

故 $f(x), f'(x)$ 有公因子 $P(x)$ mod p.

2) 假定 $P(x)$ 为 $(f(x), f'(x))$ 之不可化因子,mod p,且

$$f(x) \equiv P(x)Q(x) \pmod{p}, \quad P(x) \nmid Q(x) \pmod{p},$$

则

$$f'(x) \equiv P'(x)Q(x) + Q'(x)P(x) \pmod{p}.$$

由 $P(x) \mid f'(x)$ mod p,可知 $P(x) \mid P'(x)Q(x)$ mod p. 由于 $P(x) \nmid Q(x)$ mod p,可知

$$P(x) \mid P'(x) \pmod{p}.$$

由于 $P'(x)$ 之次数低于 $P(x)$ 之次数,故必 $P'(x) \equiv 0 \pmod{p}$,故 $P(x)$ 的形式一定是

$$P(x) = \sum_{l=0}^{m} a_l x^{pl}.$$

由于

$$P(x) \equiv \left[\sum_{l=0}^{m} a_l x^l\right]^p \pmod{p},$$

可知 $P(x)$ 并非不可化,这与假定相违背. 定理已经证明.

定理 2 若 $p \nmid n$,则 $x^n - 1$ 无重因子,mod p.

证:命 n' 是适合

$$nn' \equiv 1 \pmod{p}$$

之整数,则

$$(x^n-1, nx^{n-1}) = (x^n-1-n'nx^{n-1}x, nx^{n-1})$$
$$= (-1, nx^{n-1}) = 1.$$

由定理 1 推出本定理.

定理 3　命 $(m,n) = d$,则
$$(x^m-1, x^n-1) = x^d-1.$$

证:若 $m = n$,此定理显然真实.

命 $N = \max(m,n)$.今于 N 上施用归纳法.假定 $n > m$.由归纳法假定可知
$$(x^m-1, x^n-1) = (x^m-1, x^n-1-x^{n-m}(x^m-1))$$
$$= (x^m-1, x^{n-m}-1)$$
$$= (x^{d'}-1),$$

此处
$$d' = (m, n-m) = (m,n) = d.$$

定理 4　命 $(m,n) = d$,则
$$(x^{p^m-1}-1, x^{p^n-1}-1) = x^{p^d-1}-1.$$

证:命 $l = (p^m-1, p^n-1)$.由定理 3 可知
$$(x^{p^m-1}-1, x^{p^n-1}-1) = x^l-1.$$

再如定理 3 之证法,可知
$$l = (p^m-1, p^n-1) = p^d-1.$$

§7.重模同余式

定义 1　命 p 表一素数,$\varphi(x)$ 为一多项式.若 $f_1(x) - f_2(x)$ 为 $\varphi(x)$ 之倍式,$\mod p$,则谓之 f_1 及 f_2 对重模 $p, \varphi(x)$ 同余,记之如:
$$f_1(x) \equiv f_2(x) \quad (\operatorname{modd} p, \varphi(x)).$$

例如:
$$x^5 + 3x^4 + x^2 + 4x + 3 \equiv 0 \quad (\operatorname{modd} 5, 2x^2-3).$$

显然有次之诸性质:

1) $f(x) \equiv f(x) \quad (\operatorname{modd} p, \varphi(x))$;
2) 若 f 与 g 对重模 $p, \varphi(x)$ 同余,则 g 与 f 亦然;
3) 若 f 与 g 及 g 与 h 皆对重模 $p, \varphi(x)$ 同余,则 f 与 h 亦然;
4) 若
$$f(x) \equiv g(x), f_1(x) \equiv g_1(x) \quad (\operatorname{modd} p, \varphi(x)),$$
则

及
$$f(x) \pm f_1(x) \equiv g(x) \pm g_1(x) \pmod{p, \varphi(x)},$$
$$f(x) f_1(x) \equiv g(x) g_1(x) \pmod{p, \varphi(x)};$$

5) 设 $\varphi(x)$ 对 p 之次数为 n. 任一多项式必与下列多项式之一
$$a_1 + a_2 x + \cdots + a_n x^{n-1}, \quad 0 \leqslant a_i \leqslant p - 1 \tag{1}$$
同余. 显然 (1) 表 p^n 个多项式, 其中无二者对重模 $p, \varphi(x)$ 同余, 且任一多项式必与其中之一同余, $\mod p, \varphi(x)$.

定义 2 由 (1) 所表出的 p^n 个多项式称为重模 $p, \varphi(x)$ 之完全剩余系. 一完全剩余系中除去与 $\varphi(x)$ 非互素者称为重模 $p, \varphi(x)$ 之缩系.

定理 1 若 $f(x)$ 过重模 $p, \varphi(x)$ 之完全剩余系, 且 $(g(x), \varphi(x)) = 1$, 则 $g(x) f(x)$ 也过一完全剩余系. 若 $f(x)$ 过缩系, 则 $g(x) f(x)$ 也过一缩系.

证: 若
$$g(x) f_1(x) \equiv g(x) f_2(x) \pmod{p, \varphi(x)},$$
则由于 $(g(x), \varphi(x)) = 1$, 可知
$$f_1(x) \equiv f_2(x) \pmod{p, \varphi(x)}.$$
由此性质易于获得本定理之证明.

习题. 试推广 Euler 函数之定义. 进而求出其表示公式.

§8. Fermat 定理之推广

设 p 为一素数, $\varphi(x)$ 为 n 次不可化多项式, $\mod p$.

定理 1 对任一非 $\varphi(x)$ 之倍式之多项式 $f(x), \mod p$, 恒有
$$(f(x))^{p^n - 1} \equiv 1 \pmod{p, \varphi(x)}.$$
对任一多项式常有
$$(f(x))^{p^n} \equiv f(x) \pmod{p, \varphi(x)}. \tag{1}$$
特别有
$$x^{p^n} \equiv x \pmod{p, \varphi(x)}. \tag{2}$$

证: 命
$$f_1(x), \cdots, f_{p^n-1}(x), \pmod{p, \varphi(x)}$$
为一缩系, $\mod p, \varphi(x)$. 则
$$f f_1, \cdots, f f_{p^n-1}$$
亦为一缩系. 故

第四章 多项式之性质

$$\prod_{i=1}^{p^n-1} f_i(x) \equiv \prod_{i=1}^{p^n-1} (f(x)f_i(x)) \pmod{p, \varphi(x)},$$

即

$$((f(x))^{p^n-1} - 1) \prod_{i=1}^{p^n-1} f_i(x) \equiv 0 \pmod{p, \varphi(x)}.$$

故

$$(f(x))^{p^n-1} \equiv 1 \pmod{p, \varphi(x)}.$$

此乃第一章 Fermat 定理之推广.

注意:(2)固然是(1)之特例,但(2)也可直接推出(1)来;盖

$$(f(x))^{p^n} \equiv f(x^{p^n}) \equiv f(x) \pmod{p, \varphi(x)}$$

故也.

习题.试推广第二章中之 Euler 定理.

定理 2 任一 n 次不可化多项式一定整除 $x^{p^n-1} - 1$, mod p. 此定理可由定理 1 直接推出.

定理 3 重模方程

$$f(X) \equiv 0 \pmod{p, \varphi(x)}$$

之根之个数不超过 $f(X)$ 之次数.

证:若 $g(x)$ 是此式之一根,命

$$f(X) = a_n X^n + a_{n-1} X^{n-1} + \cdots,$$

则

$$f(X) - f(g(x)) = a_n(X^n - (g(x))^n) + a_{n-1}(X^{n-1} - (g(x))^{n-1}) + \cdots$$
$$= (X - g(x))h(X).$$

若 $g_1(x)$ 是另一根 $\neq g(x)$,则得

$$h(g_1(x)) \equiv 0 \pmod{p, \varphi(x)},$$

由此可证出本定理.

定理 4 $x^{p^n-1} - 1$ 不为一高于 n 次之不可化多项式所整除,mod p.

证:设 $\psi(x)$ 是一不可化多项式,mod p,其次数 $m > n$,且假定

$$x^{p^n} \equiv x \pmod{p, \psi(x)}.$$

对重模 $p, \psi(x)$ 有 p^m 个互不同余之多项式 $f(x)$. 因 $(f(x))^p \equiv f(x^p) \bmod p$, 故

$$(f(x))^{p^n} \equiv f(x^{p^n}) \equiv f(x) \pmod{p, \psi(x)}.$$

即 $X^{p^n} \equiv X \pmod{p, \psi(x)}$ 之根数为 p^m 而大于 p^n, 此不可能.

定理 5 若 $\psi(x)$ 为一 l 次不可化多项式,mod p,且

$$\psi(x) \mid x^{p^n} - x \pmod{p},$$

则 $l \mid n$.

证：由定理 2 及本定理之假定

$$\psi(x) \mid (x^{p^{n-1}} - 1, x^{p^l - 1} - 1) \pmod{p},$$

由定理 6.3

$$\psi(x) \mid x^{p^d - 1} - 1 \pmod{p}, d = (n, l).$$

更由定理 4，可知 $l \leqslant d = (n, l)$. 故 $l = d$，即 $l \mid n$.

习题. 设 $\psi(x)$ 及 $\varphi(x)$ 都是不可化多项式，$\mod p$，则

$$\psi(X) \equiv 0 \pmod{p, \varphi(x)}$$

可解之必要且充分条件为 $\partial°\psi \mid \partial°\varphi$. 并证若可解则可分解为一次因子之积.

§9. 对模 p 之不可化多项式

定理 1 所有的 n 次不可化多项式，$\mod p$，之积等于

$$\frac{x^{p^n} - x}{\prod_{q_1}(x^{p^{n/q_1}} - x)} \frac{\prod_{q_1, q_2}(x^{p^{n/q_1 q_2}} - x)}{\prod_{q_1, q_2, q_3}(x^{p^{n/q_1 q_2 q_3}} - x)} \cdots \pmod{p},$$

此处 $q_1, q_2, \cdots$ 过 n 之不同的素因子.

证：由定理 6.1，$x^{p^n} - x$ 无重因子，故可分解为若干个不同的不可化多项式

$$\psi(x) = x^d + a_1 x^{d-1} + \cdots$$

之积. 而 $\psi(x) \mid x^{p^d} - x, d \mid n$.

今用 §1.7 之逐步淘汰原则：已知 $x^{p^n} - x$ 为诸 $m (m \mid n)$ 次不可化多项式之积. 于其中除去所有的多项式之次数整除 $\frac{n}{q_1}$ 者，但以 $\frac{n}{q_1 q_2}$ 之因子为次数之多项式已除了两次，故又必需添上，等等.

定理 2 共有

$$\frac{1}{n}(p^n - \sum_{q_1} p^{n/q_1} + \sum_{q_1, q_2} p^{n/q_1 q_2} - \sum_{q_1, q_2, q_3} p^{n/q_1 q_2 q_3} + \cdots)$$

个 n 次不可化多项式，此处 $\sum_{q_1}$ 过 n 之所有的素因子，$\sum_{q_1, q_2}$ 过 n 的所有的不等的素因子对 $q_1 q_2$，等等.

证：定理 1 中之多项式之次数是

$$N = p^n - \sum_{q_1} p^{n/q_1} + \cdots, \tag{1}$$

其每一因子之次数为 n，故得定理.

第四章　多项式之性质

命
$$n = q_1^{l_1}\cdots q_s^{l_s},$$
此处 q_i 为 n 的各不相等之素因子.显然
$$N \equiv (-1)^s p^{n/q_1\cdots q_s} \pmod{p^{n/q_1\cdots q_s+1}}.$$
故 $N > 0$.是以

定理 3　必有一 n 次不可分解多项式存在.

习题. 无遗漏地补出下一节中所略去的证明.

§10. 原　　根

本节中所述与第三章 §8 所论者颇多相似,故将详细证明留诸读者.

设 $(f(x),\varphi(x)) = 1$,若有一多项式 $g(x)$ 存在,使
$$(g(x))^m \equiv f(x) \pmod{p,\varphi(x)},$$
则 $f(x)$ 名为 m 次剩余,$\mathrm{mod}\, p,\varphi(x)$.

$f(x)$ 是二次剩余之必要且充分之条件是
$$(f(x))^{\frac{1}{2}(p^n-1)} \equiv 1 \pmod{p,\varphi(x)},$$
不然
$$(f(x))^{\frac{1}{2}(p^n-1)} \equiv -1 \pmod{p,\varphi(x)}.$$

定义　最小之正整数 l 使
$$(f(x))^l \equiv 1 \pmod{p,\varphi(x)}$$
者名为 $f(x)$ 所属的次数.

如前可证 l 乃 p^n-1 之因子,并可证明属于次数 l 的多项式之个数等于 $\varphi(l)$.因此有 $\varphi(p^n-1)$ 个多项式属于次数 p^n-1.这种的多项式名为原根$(\mathrm{mod}\, p,\varphi(x))$.

若 $f(x)$ 是一原根,则
$$(f(x))^v, \quad v = 1,2,\cdots,p^n-1$$
表示所有非零的互不同余的多项式,$\mathrm{mod}\, p,\varphi(x)$.

不难证明连乘积
$$\prod_v (X - f_v(x))$$
(其中 f_v 过所有的原根)等于

$$\frac{X^{p^n-1}-1}{\prod_q (X^{(p^n-1)/q}-1)} \frac{\prod_{q,q_1}(X^{(p^n-1)/qq_1}-1)}{\prod_{q,q_1,q_2}(X^{(p^n-1)/qq_1q_2}-1)}\cdots, \tag{1}$$

此处 $\prod_q$ 过 p^n-1 的所有的素因子 q，$\prod_{q,q_1}$ 过 p^n-1 的所有的素因子对 $q,q_1,q\neq q_1$；等等．

习题．证明所有的非零的互不同余的多项式之乘积 $\equiv -1 (\mathrm{mod}\, p.\varphi(x))$．

§11. 总　　结

本章所讨论之各种对象可以归结起来，使其原则化，抽象化，因而建立起以下的各种概念．这些概念是近世代数（或称抽象代数）之基本对象．

一组元素称为一集合 R．元素的个数可以是有限个，或无穷个．

1. 如其间可以定义加减，且对加减自封（即二元素之和及差皆在此集合中），则此集合名为模．

例如：所有的偶数成一模，所有的偶数系数的多项式也成一模．

模有时也称为 Abel 群．

2. 如 R 中可以定义加减乘，且对加减乘自封，则此集合名为环．

例如：所有的整数，所有的整系数多项式都成一环．

3. 一环 R 中之一分集 E 如适合下列二条件，则名为理想集合：

i) 若 a,b 在 E 中，则 $a-b$ 亦在 E 中；

ii) 若 a 在 E 中而 r 在 R 中，则 ar 亦在 E 中．

例如：在所有的整数所成之环中，偶数所成之集合即为一理想集合．在整系数多项式之环中，形如

$$f(x)(x^2+1)+2g(x)x$$

之多项式亦成一理想集合．此处 f 及 g 过所有的整系数多项式．

4. 如 R 中可以定义加减乘除（除数非零），而对四则运算自封，则此集合名为域．

例如：所有的有理数成一域．

以一不可化多项式为模，所得出的剩余系成一域，此即近世代数上所谓的代数扩张．

又以素数 p 及对 p 不可化的 n 次多项式 $\varphi(x)$ 为重模，所得出的剩余系成一域，此域共有 p^n 个元素．

在将来学习近世代数时，如读者能把握了本章所涉的具体例子，将帮助读者易于捉摸其中若干概念的涵义．

第五章 素数分布之概况

本章仅将素数分布之情况,作一广泛的叙述,而不作任何精深的探讨.此可视为解析数论之导言.本章读者需略知微积分.

§1. 无穷大之阶

在讨论素数分布之情况时,诸无穷大之比较概况不得不知.而比较无穷大时常用次之符号:

$$\ll,\ O,\ o,\ \sim.$$

今往解释之如次:

设 n 过正整数趋向无穷(或 x 为一连续变数趋向无穷).设 $\varphi(n)$(或 $\varphi(x)$)为 n(或 x)之正值函数,$f(n)$(或 $f(x)$)为任一函数.若有一与 n(或 x)无关之数 A,使

$$|f| \leqslant A\varphi,$$

则吾人以

$$f \ll \varphi$$

表之.但如 $f - g \ll \varphi$,为方便起见,吾人记之如

$$f = g + O(\varphi).$$

又 $f = o(\varphi), f \sim \varphi$ 之意义各为

$$\lim_{n\to\infty}\frac{f(n)}{\varphi(n)} = 0 \text{ 或 } 1 (\text{或} \lim_{x\to\infty}\frac{f(x)}{\varphi(x)} = 0 \text{ 或 } 1).$$

是以有次之数例:

$$\sin x \ll 1,\ x+\frac{1}{x} \ll x \ll x+\frac{1}{x},\ x+\frac{1}{x} = o(x^2),$$

$$x + \sin x \sim x, \quad \text{或} \quad x + \sin x = x + O(1).$$

当然,"趋向无穷"一语可以换作"趋于限 l".例如当 $x \to 0$,则 $x^2 = O(x), \sin x \sim x, 1+x \sim 1$ 等等.但以后如无特别声明,则概指趋向无穷而言.

显然有次之诸性质:(i) $\varphi \ll \varphi$;(ii) 若 $f \ll \varphi, \varphi \ll \psi$,则 $f \ll \psi$;(iii) 若 $f \ll \varphi, g \ll \psi$,则 $f + g \ll \varphi + \psi$ 及 $fg \ll \varphi\psi$.如将 $\ll$ 换为 $o(\ )$,则(ii)(iii)亦真.

又(i) $\varphi \sim \varphi$;(ii) 若 $\psi \sim \varphi$,则 $\varphi \sim \psi$;(iii) $\varphi \sim \psi, \psi \sim \chi$,则 $\varphi \sim \chi$;(iv) 若 $\psi \sim \varphi, \psi_1 \sim \varphi_1$,则 $\psi\psi_1 \sim \varphi\varphi_1$.

§2. 对数函数(logarithmic function)

于素数分布之研究中,对数函数 $\log x$ 实不可少.今假定读者已知 $\log x$ 之定义,而重述其一二简单性质如次:因

$$e^x = 1 + x + \cdots + \frac{x^n}{n!} + \frac{x^{n+1}}{(n+1)!} + \cdots,$$

故当 $x \to \infty$ 时,

$$x^{-n} e^x > \frac{x}{(n+1)!},$$

而此趋向无穷.即 e^x 趋向无穷较 x 之任何方次为快,或谓 e^x 之无穷大之阶大于 x^n 之阶,或可书为 $x^n = o(e^x)$.若 α 为正数,则 $x^\alpha = O(x^{[\alpha]+1}) = o(e^x)$.

因 $\log x$ 乃 e^x 之逆函数,以 $\log y$ 代入上式之 x,则 $(\log y)^\alpha = o(y)$.即得

$$\log x = o(x^\delta) \quad (\delta > 0).$$

换言之, $\log x$ 之无穷大之阶较 x 之任何正数方次为小.易见 $\log \log x$ 更较 $\log x$ 为小.

定理 1

$$\sum_{n=1}^{x} \frac{1}{n} \sim \log x.$$

证:因

$$\log x = \int_1^x \frac{\mathrm{d}t}{t} \leqslant \sum_{n=1}^{x} \frac{1}{n} \leqslant 1 + \int_1^x \frac{\mathrm{d}t}{t} = 1 + \log x.$$

故得定理.

定理 2 命

$$\mathrm{li}\, x = \lim_{\eta \to 0} \left[\int_0^{1-\eta} + \int_{1+\eta}^{x} \right] \frac{\mathrm{d}t}{\log t},$$

则

$$\mathrm{li}\, x \sim \frac{x}{\log x}.$$

证:

$$\lim_{x \to \infty} \frac{\mathrm{li}\, x}{\frac{x}{\log x}} = \lim_{x \to \infty} \frac{(\mathrm{li}\, x)'}{\left[\frac{x}{\log x}\right]'}$$

$$= \lim_{x \to \infty} \frac{\frac{1}{\log x}}{\frac{1}{\log x} - \frac{1}{\log^2 x}}$$

$$= 1.$$

§3. 引　　言

素数之分布状况,乃数论中最有趣味之一分支.其中之推测及定理,类多先由经验得来.今先将若干问题,及古人对此问题所猜测之结果,及支持此种猜测之数例,漫述如下：

(i) 命 $\pi(x)$ 为不大于 x 之素数之个数,则有次表：

x	$\pi(x)$	$\dfrac{x}{\log x}$	$\text{li}\,x$	$\dfrac{\pi(x)}{\text{li}\,x}$	$\dfrac{\pi(x)}{x}$
1 000	168	145	178	0.94…	.1680
10 000	1 229	1 086	1 246	0.98…	.1229
50 000	5 133	4 621	5 167	0.993…	.1026
100 000	9 592	8 686	9 630	0.996…	.0959
500 000	41 538	38 103	41 606	0.9983…	.0830
1 000 000	78 498	72 382	78 628	0.9983…	.0785
2 000 000	148 933	137 848	149 055	0.9991…	.0745
5 000 000	348 513	324 149	348 638	0.9996…	.0697
10 000 000	664 579	620 417	664 918	0.9994…	.0665
20 000 000	1 270 607	1 189 676	1 270 905	0.9997…	.0635
90 000 000	5 216 954	4 913 897	5 217 810	0.99983…	.0580
100 000 000	5 761 455	5 428 613	5 762 209	0.99986…	.0576
1 000 000 000	50 847 478	48 254 630	50 849 235	0.99996…	.0508

此表提示吾人数点：

1) 素数之个数无穷,即 $\pi(x) \to \infty$.

2) 但与整个之正整数之个数相比较,则所少很多.即 $\dfrac{\pi(x)}{x} \to 0$.或可叙述为几乎所有的整数皆非素数.

3) 素数个数之无穷大之阶与 $\text{li}\,x$ 十分接近,即 $\pi(x) \sim \text{li}\,x \sim \dfrac{x}{\log x}$.当然3)包有1)及2).

4) $\text{li}\,x$ 当为 $\pi(x)$ 之最佳渐近式.

5) $\pi(x) < \text{li}\,x$.

于本章中最深之定理为 Чебышев 定理,即

$$\frac{x}{\log x} \ll \pi(x) \ll \frac{x}{\log x}.$$

此当然包有 1) 及 2). 而著名之素数定理 3) 将于第九章中论及之. 但 4) 之讨论十分精深, 不在本书范围之内(将于解析数论之专著中述之). 5) 并不真实, 此点已由 Littlewood 证明之矣.

(ii) 已知
$$5,13,17,29,\cdots,10\,006\,721$$
皆为四除余一之素数, 因之发生一问题, 即有此性质之素数是否无穷. 对此问题有 Dirichlet 更普遍之定理以答复之:

若 a,b 互素, 则形如 $an+b$ 之素数之个数无限.

本章仅论及此定理之若干特例. 此定理之证明见第九章.

(iii) 吾人有
$$6=3+3,8=3+5,10=5+5,12=5+7,14=7+7,16=3+13,$$
$$18=5+13,20=7+13,22=3+19,\cdots$$
由此提示: 凡大于 4 之偶数必为二奇素数之和, 此乃著名的 Goldbach 问题, 若此定理真实, 则吾人可以证明: 凡大于 7 之奇数必为三个奇素数之和. 因若 n 为大于 7 的奇数, 则 $n-3$ 乃大于 4 的偶数. 故 $n-3=p_1+p_2$, 即 $n=3+p_1+p_2$.

此问题之解答, 十分困难. И.М.Виноградов 证明: 充分大之奇数, 必为三奇素数之和. 而著者曾证明: "几乎全部" 偶数皆为二奇素数之和. V. Brun 证明: 充分大之偶数都可以表为两个各不超过 9 个素数的乘积之和.

(iv) 又
$$3,5;5,7;11,13;17,19;29,31;\cdots;101,103;\cdots;$$
$$10\,016\,957,10\,016\,959;\cdots;10^9+7,10^9+9;\cdots$$
皆为差为 2 之素数对. 更切实些, 已知小于 100 000 者有 1 224 对, 小于 1 000 000 者有 8 164 对. 目下所知最大素数对是
$$1\,000\,000\,009\,649,1\,000\,000\,009\,651.$$
此类数字资料建议: 差为 2 之素数对可能有无穷对. 此亦一未尝解决的问题. 切实言之, 在数论之研究中能建议之推测, 常较能解决者为多. 又如
$$5,7,11;11,13,17;17,19,23;\cdots;101,103,107;$$
$$\cdots;10\,014\,491,10\,014\,493,10\,014\,497;\cdots$$
皆为素数, 由此建议, 是否有无穷个素数 p 使 $p+2,p+6$ 皆为素数. 更进一步:

(v) 已知
$$n^2-n+17$$
当 $0\leqslant n\leqslant 16$ 时皆为素数, 又
$$n^2-n+41$$
当 $0\leqslant n\leqslant 40$ 时皆为素数.

此建立一极有趣味之问题：任与一数 N，可否求出一数 p，当 $0 \leqslant n \leqslant N$ 时，使
$$n^2 - n + p$$
常表素数．

此亦一未解决之问题．由著者观之，其困难较(iii) 及 (iv) 更甚．盖若此问题已经解决，则 (iv) 亦迎刃而解也．何则？多项式 $n^2 - n + p$ 最多只当 n 由 0 到 $p-1$ 时为素数．今往作一系列多项式 $n^2 - n + p_i$，具有次之性质：当 $0 \leqslant n \leqslant p_{i-1}$ 时，$n^2 - n + p_i$ 常表素数．故若问题 (v) 已解决，则此种作法实为可能．命 $n = 1$ 及 2，则 $p_i, p_i + 2$ 皆为素数．又命 $n = 1, 2, 3$，则 $p_i, p_i + 2, p_i + 6$ 皆为素数．是以本问题如能解决，则问题 (iv) 立刻解决．

(vi) 形如 $n^2 + 1$ 之素数之个数是否无限，此亦一未解决之难题．据一般推测，其个数似应无穷：盖已知
$$2, 5, 17, 37, \cdots, 65537, \cdots$$
等皆是也．

(vii) 命 p_n 为第 n 个素数，$p_n - p_{n-1}$ 之分布情况如何？由 (iv) 已知 $p_n - p_{n-1}$ 可能小至 2，但最大时如何？换言之，求 $\overline{\lim_{n \to \infty}}(p_n - p_{n-1})$ 之无穷大之阶．

(viii) 有所谓 Bertrand 假定者：必有一素数在 n 与 $2n$ 之间，此乃一较易之事实，将于 §7 中证明之．更精密之推测为"必有一素数在 n^2 与 $(n+1)^2$ 之间"，此乃一未能解决之难题．

§4. 素数之个数无限

定理 1 素数之个数无限，即 $\pi(x)$ 与 x 同趋向无穷．

证：命 $2, 3, \cdots, p$ 为不大于 p 之诸素数，又命
$$q = 2 \cdot 3 \cdots p + 1.$$
则 q 非 $2, 3, \cdots, p$ 之倍数，故此或为素数，或为 p 与 q 之间之素数所整除．故必有一大于 p 之素数存在．即得素数之个数无限．

此一方法可用之以证明更广泛的结果．

定理 2 命 $f(x)$ 为任一整系数多项式．在数列
$$f(1), f(2), f(3), \cdots$$
中包有无穷个不同的素因子．

证：命
$$f(x) = a_0 x^n + a_1 x^{n-1} + \cdots + a_n, \quad n \geqslant 1.$$
若 $a_n = 0$，则以上数列包有所有素数为其因子，今假定 $a_n \neq 0$．

若该数列中仅有有限个素因子 $p_1,\cdots,p_v$. 今考虑 $f(p_1\cdots p_v a_n y)$,此式所有的系数皆为 a_n 之倍数,令
$$f(p_1\cdots p_v a_n y) = a_n g(y),$$
而
$$g(y) = 1 + A_1 y + A_2 y^2 + \cdots + A_n y^n$$
是一整系数多项式,且 $p_1,\cdots,p_v$ 整除 $A_1,A_2,\cdots,A_n$. 若有一个整数 y_0 使 $g(y_0)\neq\pm 1$,则 $g(y_0)$ 中必有一素因子异于 $p_1,\cdots,p_v$. 即得定理. 由于 $g(y)=\pm 1$ 最多只能有 $2n$ 个解,故定理已完全证明矣.

对定理 1,Euler 有另一证法. 此证明方法开辟解析数论之门径. 其方法如下:

定理 3 级数 $\sum_p \dfrac{1}{p}$ 并不收敛,此处 p 过诸素数. 故素数之个数无限.

于证明此定理之前,先证

定理 4 (Euler 之恒等式). 假定 $f(n)$ 为一函数,对所有的正整数 $n,f(n)$ 之义确定,且并不常等于零. 若 $(n,n')=1$,则更设
$$f(nn') = f(n)f(n').$$
如此则可有等式
$$\sum_{n=1}^\infty f(n) = \prod_p (1+f(p)+f(p^2)+\cdots);$$
此等式成立之条件为

(i) 假定
$$\sum_{n=1}^\infty |f(n)|$$
收敛,或

(ii) 假定
$$\prod_p (1+|f(p)|+|f(p^2)|+\cdots)$$
收敛.

又设对诸 n 及 n' 常有 $f(nn')=f(n)f(n')$. 则在前之情况下,
$$\sum_{n=1}^\infty f(n) = \prod_p \frac{1}{1-f(p)}.$$

证:因对诸 n 皆有
$$f(1)f(n) = f(n),$$
且有一 n 使 $f(n)\neq 0$. 故立得 $f(1)=1$.

1) 假定
$$\sum_{n=1}^\infty |f(n)| \tag{1}$$

收敛,其和为 $\overline{S}$. 今论
$$P(x) = \prod_{p \leqslant x}(1+f(p)+f(p^2)+\cdots).$$

因对任一 p, $\sum_{n=1}^{\infty}|f(p^n)|$ 为(1)中之一部,故亦收敛. 即 $p(x)$ 为有限个绝对收敛级数之积. 故
$$P(x) = \sum{}' f(n)$$

为一和,其中 n 过诸整数其素因子皆 $\leqslant x$ 者. 命
$$S = \sum_{n=1}^{\infty} f(n),$$

则
$$|S - P(x)| \leqslant \sum_{n>x}|f(n)|.$$

当 x 趋向无穷,则 $|S - P(x)|$ 趋向于 0,故 $P(x) \to S$.

用此结果至函数 $|f(n)|$,则
$$\prod_p (1+|f(p)|+|f(p^2)|+\cdots)$$

收敛于 $\overline{S}$.

2) 假定
$$\prod_p (1+|f(p)|+|f(p^2)|+\cdots)$$

收敛于 $\overline{P}$. 则
$$\overline{P}(x) = \prod_{p \leqslant x}(1+|f(p)|+|f(p^2)|+\cdots)$$
$$= \sum{}' |f(n)| \geqslant \sum_{n \leqslant x}|f(n)|.$$

故
$$\sum_{n=1}^{\infty}|f(n)|$$

收敛. 由 1) 之结果,立得定理.

今往证明定理 2. 于上定理中取 $f(n) = \dfrac{1}{n}$. 若 $\sum \dfrac{1}{p}$ 收敛,则由连乘积定理可知
$$\prod \left[1-\frac{1}{p}\right] \quad 及 \quad \prod \left[1-\frac{1}{p}\right]^{-1}$$

收敛. 由上定理可得
$$\sum_{n=1}^{\infty} \frac{1}{n}$$

亦必收敛. 是不可能. 故得定理.

由 $0 < 1 - \frac{1}{p} < 1$,故得:

定理 5 $\prod\left(1-\frac{1}{p}\right)$ 发散于零.

习题 1. 证明形如 $6n-1$ 之素数无限.

习题 2. 证明形如 $4n-1$ 之素数无限.

习题 3. $\frac{\pi^2}{6} = \prod_p \frac{p^2}{p^2-1} \left(\text{注意} \sum_{n=1}^{\infty} \frac{1}{n^2} = \frac{\pi^2}{6}\right)$.

§5. 几乎全部整数皆非素数

定理 1
$$\lim_{n\to\infty} \frac{\pi(n)}{n} = 0.$$

即在 $1,2,\cdots,n$ 诸整数中,其素数之个数与 n 之比接近于零.即几乎全部整数皆为复合数.

证:今将证明稍为普遍之结果:当 x 过实数趋向无穷,
$$\lim_{x\to\infty} \frac{\pi(x)}{x} = 0.$$

在证明之前,先说明一有用但简单之事实:不大于 x 之整数可为 a 所整除者之个数为 $\left[\frac{x}{a}\right]$. 此 $[\xi]$ 表 ξ 之整数部分.

命 $\bar{\omega}(x,r)$ 表不大于 x 且不为前 r 个素数
$$2,3,5,\cdots,p_r$$
所整除之整数之个数,则由定理 1.7.1,可得
$$\bar{\omega}(x,r) = [x] - \sum_{1\leqslant i\leqslant r}\left[\frac{x}{p_i}\right] + \sum_{1\leqslant i<j\leqslant r}\left[\frac{x}{p_ip_j}\right] - \cdots$$
(此式之直接证明亦不太难).

显然
$$\pi(x) \leqslant \bar{\omega}(x,r) + r.$$
故
$$\pi(x) < x - \sum \frac{x}{p_i} + \sum \frac{x}{p_ip_j} - \cdots + r + 2^r$$
$$= x\prod_{i=1}^{r}\left(1-\frac{1}{p_i}\right) + r + 2^r$$
$$< x\prod_{i=1}^{r}\left(1-\frac{1}{p_i}\right) + 2^{r+1}.$$

由定理 4.5 已知当 $r \to \infty$,

$$\prod_{i=1}^{r}\left[1-\frac{1}{p_i}\right] \to 0.$$

故可取 $r = r(\varepsilon)$ 使

$$\pi(x) < \frac{1}{2}\varepsilon x + 2^{r+1}.$$

故当 x 适当大时

$$\pi(x) < \varepsilon x.$$

即得定理.

§6. Чебышев 定理

本节之定理,乃初等数论中之异常重要之定理,故其证法力求纯代数化.

定理 1 当 $n \geqslant 2$,则

$$\frac{1}{8} \leqslant \pi(n)\frac{H(n)}{n} < 6,$$

此处

$$H(n) = \sum_{v=2}^{n} \frac{1}{v}.$$

即 $\pi(n)$ 与 $\left[\frac{1}{2}, \frac{1}{3}, \frac{1}{4}, \cdots, \frac{1}{n}\right]$ 之平均值之倒数同阶.

于证此定理之前,先需下之二引:

引 1. 当 $k \geqslant 0$,

$$\pi(2^{k+1}) \leqslant 2^k.$$

证:当 $x > 9$,

$$\pi(x) \leqslant \frac{x}{2},$$

此可由奇、偶数之讨论知之. 又

$$\pi(2) = 1 = 2^0, \pi(4) = 2 = 2^1, \quad \pi(8) = 4 = 2^2.$$

引 2. 当 $l > 0$,

$$\frac{1}{2}l \leqslant H(2^l) \leqslant l.$$

证:

$$H(2^l) = \frac{1}{2} + \left[\frac{1}{3} + \frac{1}{4}\right] + \left[\frac{1}{5} + \frac{1}{6} + \frac{1}{7} + \frac{1}{8}\right]$$

$$+ \cdots + \left[\frac{1}{2^{l-1}+1} + \cdots + \frac{1}{2^l}\right] \geqslant \frac{1}{2} + \left[\frac{1}{4} + \frac{1}{4}\right] + \left[\frac{1}{8} + \frac{1}{8} + \frac{1}{8} + \frac{1}{8}\right]$$

$$+\cdots+\left[\frac{1}{2^l}+\cdots+\frac{1}{2^l}\right]=\frac{1}{2}l.$$

$$H(2^l)=\left[\frac{1}{2}+\frac{1}{3}\right]+\left[\frac{1}{4}+\frac{1}{5}+\frac{1}{6}+\frac{1}{7}\right]+\cdots+\frac{1}{2^l}\leqslant\left[\frac{1}{2}+\frac{1}{2}\right]$$

$$+\left[\frac{1}{4}+\frac{1}{4}+\frac{1}{4}+\frac{1}{4}\right]+\cdots+\left[\frac{1}{2^{l-1}}+\cdots+\frac{1}{2^{l-1}}\right]+\frac{1}{2^l}\leqslant l.$$

定理之证明　先证

$$\prod_{n<p\leqslant 2n}p\,\Big|\,\binom{2n}{n}=\frac{(2n)!}{n!n!}\,\Big|\,\prod_{p^r\leqslant 2n<p^{r+1}}p^r. \tag{1}$$

因(i) 在 n 与 $2n$ 间之素数整除 $(2n)!$,但不整除 $n!$,故有上式之左.(ii) $\binom{2n}{n}$ 中 p 之方次为

$$\sum_{m=1}^{r}\left[\left[\frac{2n}{p^m}\right]-2\left[\frac{n}{p^m}\right]\right]\leqslant r,$$

因其中之每一项皆 $\leqslant 1$.故得 (1) 式之右边.由 (1) 式可知

$$n^{\pi(2n)-\pi(n)}<\prod_{n<p\leqslant 2n}p\leqslant\binom{2n}{n}\leqslant\prod_{p^r\leqslant 2n<p^{r+1}}p^r\leqslant(2n)^{\pi(2n)},\quad n\geqslant 1. \tag{2}$$

又因

$$\binom{2n}{n}=\frac{2n(2n-1)\cdots(n+1)}{n(n-1)\cdots 1}$$

$$=2\left[2+\frac{1}{n-1}\right]\cdots\left[2+\frac{v}{n-v}\right]\cdots\left[2+\frac{n-1}{1}\right]\geqslant 2^n$$

及

$$\binom{2n}{n}\leqslant(1+1)^{2n}=2^{2n},$$

故由 (2) 可知

$$n^{\pi(2n)-\pi(n)}<2^{2n},\quad 2^n\leqslant(2n)^{\pi(2n)},\quad n\geqslant 1. \tag{3}$$

命 $n=2^k, k=0,1,2,\cdots$,可得

$$2^{k(\pi(2^{k+1})-\pi(2^k))}<2^{2^{k+1}},\quad 2^{2^k}\leqslant 2^{(k+1)\pi(2^{k+1})},\quad k\geqslant 0$$

即得

$$k(\pi(2^{k+1})-\pi(2^k))<2^{k+1},\quad 2^k\leqslant(k+1)\pi(2^{k+1}). \tag{4}$$

由引 1,

$$(k+1)\pi(2^{k+1})-k\pi(2^k)<2^{k+1}+\pi(2^{k+1})\leqslant 3\cdot 2^k,\quad k\geqslant 0,$$

令 $k=0,1,\cdots,k$,而将所得之诸式相加,得

$$(k+1)\pi(2^{k+1})<3(2^0+2^1+\cdots+2^k)<3\cdot 2^{k+1},\quad k\geqslant 0. \tag{5}$$

由 (4) 及 (5) 可知

$$\frac{1}{2}\frac{2^{k+1}}{k+1} \leqslant \pi(2^{k+1}) < 3\frac{2^{k+1}}{k+1}, \quad k \geqslant 0. \tag{6}$$

命 n 为 $\geqslant 2$ 之整数,取 k 使

$$2^{k+1} \leqslant n < 2^{k+2}, \quad k \geqslant 0.$$

由引 2,

$$\pi(n) \leqslant \pi(2^{k+2}) < 3\frac{2^{k+2}}{k+2} \leqslant 6\frac{2^{k+1}}{H(2^{k+1})} \leqslant 6\frac{n}{H(n)}, \tag{7}$$

及

$$\pi(n) \geqslant \pi(2^{k+1}) \geqslant \frac{1}{2}\frac{2^{k+1}}{k+1} = \frac{1}{8}\frac{2^{k+2}}{\frac{1}{2}(k+1)}$$

$$\geqslant \frac{1}{8}\frac{2^{k+2}}{H(2^{k+1})} \geqslant \frac{1}{8}\frac{n}{H(n)}. \tag{8}$$

此对 $n \geqslant 2$ 皆真. 故

$$\frac{1}{8} \leqslant \pi(n)\frac{H(n)}{n} < 6.$$

定理 2 当 $n \geqslant 2$,

$$\frac{1}{8} \leqslant \frac{\pi(n)}{\frac{n}{\log n}} \leqslant 12.$$

证:当 $n \geqslant 2$,

$$\log\frac{n}{2} = \int_2^n \frac{dt}{t} < \frac{1}{2} + \frac{1}{3} + \cdots + \frac{1}{n} < \int_1^n \frac{dt}{t} = \log n.$$

当 $n \geqslant 4$,

$$\log\frac{n}{2} \geqslant \frac{1}{2}\log n.$$

又

$$\frac{1}{2}\log 3 \leqslant \frac{1}{2} + \frac{1}{3},$$

$$\frac{1}{2}\log 2 \leqslant \frac{1}{2},$$

故得定理.

显然定理 4.1 及定理 5.1 都可由此定理推出.

§7. Bertrand 假设

Bertrand 假设之证明乃 Чебышев 所首先获得.

定理 1　对任一实数 $x \geqslant 1$,在 x 及 $2x$ 之间必有一素数.

证：1) 仍由二项式系数

$$\begin{bmatrix} 2n \\ n \end{bmatrix} = \frac{(2n)!}{n!n!}$$

出发.但需要更精密的估计：当 $n \geqslant 5$ 时,

$$\frac{1}{2n} 2^{2n} < \begin{bmatrix} 2n \\ n \end{bmatrix} < \frac{1}{4} 2^{2n}. \tag{1}$$

此式之左边之证明如次：

$$(2n)\begin{bmatrix} 2n \\ n \end{bmatrix} = \frac{2}{1} \cdot \frac{3}{1} \cdot \frac{4}{2} \cdot \frac{5}{2} \cdots \frac{2n-2}{n-1} \frac{2n-1}{n-1} \frac{2n}{n} \frac{2n}{n} > 2^{2n},$$

而右边则用归纳法.当 $n=5$ 时显然有

$$\begin{bmatrix} 2n \\ n \end{bmatrix} = 252 < 256 = \frac{1}{4} \cdot 2^{10}.$$

由于

$$\begin{bmatrix} 2(n+1) \\ n+1 \end{bmatrix} = \frac{(2n)!(2n+1)(2n+2)}{(n!)^2(n+1)(n+1)} < 4 \begin{bmatrix} 2n \\ n \end{bmatrix},$$

而得所需.

2) 命 $b \geqslant 10$.以 $\{\xi\}$ 表 $\geqslant \xi$ 之最小之整数,且命

$$a_1 = \left\{\frac{b}{2}\right\}, \quad a_2 = \left\{\frac{b}{2^2}\right\}, \cdots, a_k = \left\{\frac{b}{2^k}\right\}, \cdots.$$

如此则

$$a_1 \geqslant a_2 \geqslant \cdots \geqslant a_k \geqslant \cdots,$$

及

$$a_k < \frac{b}{2^k} + 1 = 2\frac{b}{2^{k+1}} + 1 \leqslant 2a_{k+1} + 1.$$

由于两边都是整数,故得

$$a_k \leqslant 2a_{k+1}. \tag{2}$$

命 m 为最大之整数使得 $a_m \geqslant 5$ 者.即 $a_{m+1} < 5$.又由(2)式,$a_m < 10$.因 $2a_1 \geqslant b$,故 m 个隔间

$$a_m < \eta \leqslant 2a_m, \quad a_{m-1} < \eta \leqslant 2a_{m-1}, \cdots, a_1 < \eta \leqslant 2a_1$$

整个地掩盖了隔间 $10 < \eta \leqslant b$.故

$$\prod_{10 < p \leqslant b} p \leqslant \prod_{a_1 < p \leqslant 2a_1} p \prod_{a_2 < p \leqslant 2a_2} p \cdots \prod_{a_m < p \leqslant 2a_m} p.$$

由于

$$\prod_{n < p \leqslant 2n} p < \begin{bmatrix} 2n \\ n \end{bmatrix} < 2^{2(n-1)},$$

可知
$$\prod_{10<p\leqslant b}p\leqslant 2^{2(a_1-1+a_2-1+\cdots+a_m-1)}$$
$$<2^{2\left[\frac{b}{2}+\frac{b}{2^2}+\cdots+\frac{b}{2^m}\right]}<2^{2b}. \tag{3}$$

3) 在上定理中已经证明：一素数 p 在 $\begin{bmatrix}2n\\n\end{bmatrix}$ 中之幂数不大于 r，此 r 乃最大之整数使 $p^r\leqslant 2n$ 者．由此可知素数 p 之大于 $\sqrt{2n}$ 者其平方必不能整除 $\begin{bmatrix}2n\\n\end{bmatrix}$．

尤可注意者，当 $n\geqslant 3$ 时，适合于 $\frac{2}{3}n<p\leqslant n$ 之素数 p 不能整除 $\begin{bmatrix}2n\\n\end{bmatrix}$．盖 $3p>2n$，故在 $(2n)!$ 之诸因子中仅有 p 及 $2p$ 出现，而无其他之 p 的倍数．而 $(n!)^2$ 中显然有因子 p^2．故如此之 p 不能整除 $\begin{bmatrix}2n\\n\end{bmatrix}$．（此乃本证明中最主要之点．）

总括以上所述，
$$\begin{bmatrix}2n\\n\end{bmatrix}\leqslant\prod_{p\leqslant\sqrt{2n}}p^r\prod_{\sqrt{2n}<p\leqslant\frac{2}{3}n}p\prod_{n<p\leqslant 2n}p$$
$$\leqslant\prod_{p\leqslant\sqrt{2n}}(2n)\prod_{\sqrt{2n}<p\leqslant\frac{2}{3}n}p\prod_{n<p\leqslant 2n}p.$$

由(1)及(3)可知，当 $n\geqslant 50$ 时（即 $\sqrt{2n}\geqslant 10$ 时），
$$2^{2n}<(2n)^{\sqrt{2n}+1}\prod_{\sqrt{2n}<p\leqslant\frac{2}{3}n}p\prod_{n<p\leqslant 2n}p$$
$$<(2n)^{\sqrt{2n}+1}2^{\frac{4}{3}n}\prod_{n<p\leqslant 2n}p. \tag{4}$$

若在 n 及 $2n$ 间并无素数，则得
$$2^{2n}<(2n)^{\sqrt{2n}+1}2^{\frac{4}{3}n},$$
即
$$2^{\frac{2}{3}n}<(2n)^{\sqrt{2n}+1}. \tag{5}$$

当 n 充分大时，此式显然不可能．今更具体地算出此式成立之确切范围．今用不等式 $n\leqslant 2^{n-1}$（此式可用归纳法证之），
$$2n=(\sqrt[6]{2n})^6<([\sqrt[6]{2n}]+1)^6\leqslant 2^{6[\sqrt[6]{2n}]}\leqslant 2^{6\sqrt[6]{2n}}, \tag{6}$$

由(5)可知（仍假定 $n\geqslant 50$）
$$2^{2n}<(2n)^{3(1+\sqrt{2n})}<2^{6\sqrt[6]{2n}(18+18\sqrt{2n})}<2^{6\sqrt[6]{2n}\times 20\sqrt{2n}}=2^{20(2n)^{\frac{2}{3}}},$$

即 $(2n)^{\frac{1}{3}}<20$，$n<\frac{1}{2}\cdot 20^3=4000$．即(5)式仅当 $n<4000$ 时可能成立．故当 $n\geqslant 4000$ 时必有一素数 p 适合于 $n<p\leqslant 2n$．

4) 当 $n < 4000$ 时可以证之如次:

$$2,3,5,7,13,23,43,83,163,317,631,1259,2503,4001 \tag{7}$$

乃一连串素数,后者小于前者之二倍,对任一 $n(1 \leqslant n < 4000)$ 可于(7)中取得一最小素数 p 而大于 n 者. 命 p' 为其前一项,则

$$p' \leqslant n < p \leqslant 2p' \leqslant 2n.$$

故得定理 1.

定理 2 当 $n \geqslant 1$,则有二正常数 α 及 β 使

$$\alpha \frac{n}{\log n} < \pi(2n) - \pi(n) < \beta \frac{n}{\log n}.$$

证: 此式之右边可由上节之定理立刻推得.

由(4)式可知(并利用(6)式),当 $n \geqslant 4000$ ($n < 4000$ 时,定理显然),

$$\prod_{n < p \leqslant 2n} p > 2^{2n - \frac{4}{3}n} (2n)^{-(1+\sqrt{2n})}$$

$$> 2^{\frac{1}{3}(2n - 6\sqrt[6]{2n}(18 + 18\sqrt{2n}))}$$

$$> 2^{\frac{1}{3}(2n - 19(2n)^{\frac{2}{3}})}$$

$$\geqslant 2^{\frac{2}{3}n(1 - 19/20)} = 2^{\frac{1}{30}n}.$$

由于

$$\prod_{n < p \leqslant 2n} p < (2n)^{\pi(2n) - \pi(n)},$$

可知

$$\pi(2n) - \pi(n) > \frac{\log 2}{30} \cdot \frac{n}{\log 2n},$$

故得定理.

附记: 按定理 1 之性质,就一方面而言,固已解决 Bertrand 所推测之难题. 但就另一方面言,此定理之精确性并不算好,盖有远较此定理更精确之结果存在,惟超出本书范畴不能叙述耳.

习题. 试用微积分方法计算(5)成立之界限.

§8. 以积分来估计和之数值

定理 1 若 $x \geqslant a$ 时,$f(x)$ 是一递增非负函数,则当 $\xi \geqslant a$ 时常有

$$\left| \sum_{a \leqslant n \leqslant \xi} f(n) - \int_a^\xi f(x) \mathrm{d}x \right| \leqslant f(\xi).$$

证: 取 $[\xi] = b$. 则

$$\int_a^b f(x) \mathrm{d}x = \sum_{i=a}^{b-1} \int_i^{i+1} f(x) \mathrm{d}x$$

$$\begin{cases} \geqslant \sum_{i=a}^{b-1} f(i) \\ \leqslant \sum_{i=a}^{b-1} f(i+1), \end{cases}$$

即
$$f(a)+\cdots+f(b-1)\leqslant \int_a^b f(x)\mathrm{d}x \leqslant f(a+1)+\cdots+f(b);$$
又
$$0\leqslant \int_b^\xi f(x)\mathrm{d}x \leqslant f(\xi),$$

并之可得定理.

例 1. 命 $\lambda\geqslant 0, f(x)=x^\lambda$,则得
$$\left| \sum_{a\leqslant n\leqslant \xi} n^\lambda - \frac{\xi^{\lambda+1}-a^{\lambda+1}}{\lambda+1} \right| \leqslant \xi^\lambda.$$

由例 1 可知,当 $\lambda \geqslant 0$ 时,
$$\sum_{1\leqslant n\leqslant \xi} n^\lambda = \frac{\xi^{\lambda+1}}{\lambda+1}+O(\xi^\lambda). \tag{1}$$

由此也可得出
$$\sum_{1\leqslant n\leqslant \xi} n^\lambda = O(\xi^{\lambda+1}).$$

例 2. 命 $f(x)=\log x, \xi\geqslant 1$ 及 $T(\xi)=\sum_{n\leqslant \xi}\log n$,则得
$$\left| T(\xi)-\int_1^\xi \log x\mathrm{d}x \right|\leqslant \log\xi,$$
即
$$|T(\xi)-\xi\log\xi+\xi-1|\leqslant \log\xi. \tag{2}$$

特别当 ξ 为整数 n 时,则
$$n\log n-n+1-\log n\leqslant \log n!\leqslant n\log n-n+1+\log n,$$
即
$$n^{n-1}e^{-n+1}\leqslant n!\leqslant n^{n+1}e^{-n+1}. \tag{3}$$

习题 1. 设 ξ 是整数,在 (1) 式中多求一项,即当 $\lambda\geqslant 1$ 时,定出 c 使
$$\sum_{1\leqslant n\leqslant \xi} n^\lambda = \frac{\xi^{\lambda+1}}{\lambda+1}+c\xi^\lambda+O(\xi^{\lambda-1}).$$

习题 2. 引用定理 1 以研究和
$$\sum_{3\leqslant n\leqslant \xi} \log\log n.$$

关于递减函数有以下结果:

定理 2 设 $x\geqslant a$ 时,$f(x)$ 是一非负的递减函数,则极限

$$\lim_{N\to\infty}\left[\sum_{n=a}^{N} f(n) - \int_{a}^{N} f(x)\mathrm{d}x\right] = \alpha \tag{4}$$

存在,且 $0 \leqslant \alpha \leqslant f(a)$. 更进一步言之,当 $x \to \infty$ 时,若 $f(x) \to 0$,则

$$\left|\sum_{a\leqslant n\leqslant \xi} f(n) - \int_{a}^{\xi} f(v)\mathrm{d}v - \alpha\right| \leqslant f(\xi-1), \quad (若\ \xi \geqslant a+1). \tag{5}$$

证:命

$$g(\xi) = \sum_{a\leqslant n\leqslant \xi} f(n) - \int_{a}^{\xi} f(x)\mathrm{d}x,$$

则

$$g(n) - g(n+1) = -f(n+1) + \int_{n}^{n+1} f(x)\mathrm{d}x$$
$$\geqslant -f(n+1) + f(n+1) = 0.$$

又

$$g(N) = \sum_{n=a}^{N-1}\left[f(n) - \int_{n}^{n+1} f(x)\mathrm{d}x\right] + f(N)$$
$$\geqslant \sum_{n=a}^{N-1}(f(n) - f(n)) + f(N) = f(N) \geqslant 0,$$

故 $g(n)$ 为一递减函数,且

$$0 \leqslant g(n) \leqslant g(a) = f(a).$$

故 $g(n)$ 之极限存在,命之为 α,且 $0 \leqslant \alpha \leqslant f(a)$.

今更假定当 $x \to \infty$ 时,$f(x) \to 0$,则

$$g(\xi) - \alpha = \sum_{a\leqslant n\leqslant \xi} f(n) - \int_{a}^{\xi} f(x)\mathrm{d}x - \lim_{N\to\infty}\left[\sum_{n=a}^{N} f(n) - \int_{a}^{N} f(x)\mathrm{d}x\right]$$
$$= \sum_{n=a}^{[\xi]} f(n) - \int_{a}^{[\xi]} f(x)\mathrm{d}x - \int_{[\xi]}^{\xi} f(x)\mathrm{d}x$$
$$\quad - \lim_{N\to\infty}\left[\sum_{n=a}^{N} f(n) - \int_{a}^{N} f(x)\mathrm{d}x\right]$$
$$= -\int_{[\xi]}^{\xi} f(x)\mathrm{d}x - \lim_{N\to\infty}\left[\sum_{n=[\xi]+1}^{N} f(n) - \int_{[\xi]}^{N} f(x)\mathrm{d}x\right]$$
$$= -\int_{[\xi]}^{\xi} f(x)\mathrm{d}x + \lim_{N\to\infty}\sum_{n=[\xi]+1}^{N}\int_{n-1}^{n}(f(x) - f(n))\mathrm{d}x$$

$$\begin{cases}\leqslant \lim_{N\to\infty}\sum_{n=[\xi]+1}^{N}\int_{n-1}^{n}(f(n-1) - f(n))\mathrm{d}x = f([\xi]) \leqslant f(\xi-1),\\ \geqslant -\int_{[\xi]}^{\xi} f(x)\mathrm{d}x \geqslant -(\xi-[\xi])f([\xi]) \geqslant -f(\xi-1).\end{cases}$$

故得定理.

例 3. 取 $a = 1, f(x) = \dfrac{1}{x}$. 此时 α 名为 Euler 常数以 γ 表之. 故得 $0 \leqslant \gamma \leqslant 1$,

且

$$\sum_{1\leqslant n\leqslant \xi}\frac{1}{n}=\log\xi+\gamma+O\left[\frac{1}{\xi}\right]. \tag{6}$$

例 4. 命 $0<\sigma\neq 1$. $f(x)=x^{-\sigma}$, 则有一常数 $\alpha=\alpha(a,\sigma)$ 依于 a 及 σ, 使当 $a\geqslant 1$ 时, 有

$$\left|\sum_{a\leqslant n\leqslant \xi}\frac{1}{n^{\sigma}}-\frac{\xi^{1-\sigma}-a^{1-\sigma}}{1-\sigma}-\alpha\right|\leqslant\frac{1}{(\xi-1)^{\sigma}}. \tag{7}$$

由此获得: 若 $\sigma>1$, 级数

$$\sum_{n=1}^{\infty}\frac{1}{n^{\sigma}}$$

收敛, 且当 $\xi\geqslant 1$ 时

$$\sum_{n\geqslant \xi}\frac{1}{n^{\sigma}}=\frac{1}{(\sigma-1)\xi^{\sigma-1}}+O\left[\frac{1}{\xi}\right]. \tag{8}$$

(1),(3),(6),(8) 四式经常用到, 读者最好加以熟记.

习题 1. 证明当 $\xi\geqslant 2$ 时

$$\sum_{1\leqslant n\leqslant \xi}\frac{\log n}{n}=\frac{1}{2}\log^2\xi+c_1+O\left[\frac{\log\xi}{\xi}\right].$$

习题 2. 证明当 $\xi\geqslant 2$ 时

$$\sum_{2\leqslant n\leqslant \xi}\frac{1}{n\log n}=\log\log\xi+c_2+O\left[\frac{1}{\xi\log\xi}\right].$$

§9. Чебышев 定理之推论

本节中所用之 $c_1, c_2, \cdots$ 皆绝对常数.

定理 1 当 $\xi\geqslant 1$ 时, 有一常数 c_1 使

$$\left|\sum_{p\leqslant \xi}\frac{\log p}{p}-\log\xi\right|<c_1.$$

此处 $\sum_{p\leqslant \xi}$ 表示和中之 p 过所有不大于 ξ 之素数.

证: 1) 先设 $\xi=x$ 为整数. 由定理 1.11.1,

$$T(x)=\log x!=\log\prod_{p\leqslant x}p^{\left[\frac{x}{p}\right]+\left[\frac{x}{p^2}\right]+\cdots}=\sum_{p\leqslant x}\left[\left[\frac{x}{p}\right]+\left[\frac{x}{p^2}\right]+\cdots\right]\log p.$$

由

$$\frac{x}{p}-1<\left[\frac{x}{p}\right]+\left[\frac{x}{p^2}\right]+\cdots\leqslant\frac{x}{p}+\frac{x}{p^2}+\cdots\leqslant\frac{x}{p}+\frac{x}{p(p-1)},$$

可得

$$\sum_{p\leqslant x}\frac{x\log p}{p}-\sum_{p\leqslant x}\log p<T(x)\leqslant x\left[\sum_{p\leqslant x}\frac{\log p}{p}+\sum_{p\leqslant x}\frac{\log p}{p(p-1)}\right]. \quad (1)$$

由定理 6.2,

$$\sum_{p\leqslant x}\log p\leqslant \log x\pi(x)\leqslant c_2 x$$

及

$$\sum_{p\leqslant x}\frac{\log p}{p(p-1)}\leqslant \sum_{2\leqslant n\leqslant x+1}\frac{\log n}{(n-1)^2}\leqslant \sum_{n=1}^{\infty}\frac{\log(n+1)}{n^2}=c_3,$$

代入(1)式得

$$\left|T(x)-x\sum_{p\leqslant x}\frac{\log p}{p}\right|\leqslant c_4 x.$$

由例 8.2 得

$$|T(x)-x\log x|<c_5 x.$$

但

$$\left|x\sum_{p\leqslant x}\frac{\log p}{p}-x\log x\right|\leqslant \left|T(x)-x\sum_{p\leqslant x}\frac{\log p}{p}\right|+|T(x)-x\log x|$$
$$<c_4 x+c_5 x=c_6 x,$$

故得

$$\left|\sum_{p\leqslant x}\frac{\log p}{p}-\log x\right|<c_6.$$

2) 设 ξ 为任意实数,则

$$\sum_{p\leqslant \xi}\frac{\log p}{p}=\sum_{p\leqslant [\xi]}\frac{\log p}{p}.$$

由适所证出之结果得

$$\left|\sum_{p\leqslant \xi}\frac{\log p}{p}-\log[\xi]\right|<c_6.$$

但

$$|\log[\xi]-\log\xi|=\int_{[\xi]}^{\xi}d(\log t)=\int_{[\xi]}^{\xi}\frac{dt}{t}\leqslant \int_{[\xi]}^{\xi}dt\leqslant 1,$$

故有

$$\left|\sum_{p\leqslant \xi}\frac{\log p}{p}-\log\xi\right|<c_6+1=c_1.$$

故定理完全证明.

定理 2 设 $\xi\geqslant 2$,有一常数 c 使

$$\sum_{p\leqslant \xi}\frac{1}{p}=\log\log\xi+c+O\left[\frac{1}{\log\xi}\right].$$

证: 命

第五章　素数分布之概况

$$S(n) = \sum_{p \leqslant n} \frac{\log p}{p}.$$

由定理 1,
$$S(n) = \log n + r_n, \quad r_n = O(1).$$

故
$$\sum_{p \leqslant \xi} \frac{1}{p} = \sum_{p \leqslant \xi} \frac{\log p}{p} \cdot \frac{1}{\log p} = \sum_{2 \leqslant n \leqslant \xi} \frac{S(n) - S(n-1)}{\log n}$$
$$= \sum_{2 \leqslant n \leqslant \xi} \frac{\log n - \log(n-1)}{\log n} + \sum_{2 \leqslant n \leqslant \xi} \frac{r_n - r_{n-1}}{\log n} = \sum\nolimits_1 + \sum\nolimits_2. \quad (2)$$

由于 $x \geqslant 2$ 时,$f(x) = -\dfrac{\log\left(1 - \dfrac{1}{x}\right)}{\log x}$ 是递减函数,且当 $x \to \infty$ 时,$f(x) \to 0$.

故由定理 8.2 得
$$\sum\nolimits_1 = -\sum_{2 \leqslant n \leqslant \xi} \frac{\log\left(1 - \dfrac{1}{n}\right)}{\log n} = -\int_2^\xi \frac{\log\left(1 - \dfrac{1}{x}\right)}{\log x} dx + c_9 + O(f(\xi)).$$

由于
$$f(x) = \frac{1}{x \log x} + O\left(\frac{1}{x^2 \log x}\right),$$

故积分
$$\int_2^\infty \frac{-\log\left(1 - \dfrac{1}{x}\right) - \dfrac{1}{x}}{\log x} dx$$

收敛,设其值为 c_9,则
$$\sum\nolimits_1 = \int_2^\xi \frac{dx}{x \log x} + c_9 + \int_2^\xi \frac{-\log\left(1 - \dfrac{1}{x}\right) - \dfrac{1}{x}}{\log x} dx + O\left(\frac{1}{\xi \log \xi}\right)$$
$$= \log\log \xi - \log\log 2 + c_9 + c_9 + \int_\xi^\infty \frac{\log\left(1 - \dfrac{1}{x}\right) + \dfrac{1}{x}}{\log x} dx$$
$$+ O\left(\frac{1}{\xi \log \xi}\right) = \log\log \xi + c_{10} + O\left(\frac{1}{\xi \log \xi}\right), \quad (3)$$

此处用到 $\int_\xi^\infty \dfrac{\log\left(1 - \dfrac{1}{x}\right) + \dfrac{1}{x}}{\log x} dx = O\left(\int_\xi^\infty \dfrac{dx}{x^2 \log x}\right) = O\left(\dfrac{1}{\log \xi} \int_\xi^\infty \dfrac{dx}{x^2}\right) = O\left(\dfrac{1}{\xi \log \xi}\right)$.

又由于 $r_n = O(1)$ 及 $\sum\limits_{n=2}^\infty \left(\dfrac{1}{\log n} - \dfrac{1}{\log(n+1)}\right)$ 为正项收敛级数,故级数

$$\sum_{n=2}^\infty r_n \left(\frac{1}{\log n} - \frac{1}{\log(n+1)}\right)$$

收敛,设其值为 c_1. 又

$$\sum_{n>\xi} r_n\left[\frac{1}{\log n}-\frac{1}{\log(n+1)}\right] = O\left(\sum_{n>\xi}\left|\frac{1}{\log n}-\frac{1}{\log(n+1)}\right|\right)$$
$$= O\left(\sum_{n>\xi}\frac{1}{n\log^2 n}\right) = O\left(\frac{1}{\log\xi}\right).$$

故

$$\sum\nolimits_2 = \sum_{2\leqslant n\leqslant \xi} r_n\left[\frac{1}{\log n}-\frac{1}{\log(n+1)}\right]+O\left(\frac{r_\xi}{\log\xi}\right)$$
$$= \sum_{n=2}^{\infty} r_n\left[\frac{1}{\log n}-\frac{1}{\log(n+1)}\right] - \sum_{n>\xi} r_n\left[\frac{1}{\log n}-\frac{1}{\log(n+1)}\right]$$
$$+ O\left(\frac{1}{\log\xi}\right) = c_1 + O\left(\frac{1}{\log\xi}\right). \tag{4}$$

由(2),(3),(4)得

$$\sum_{p\leqslant\xi}\frac{1}{p} = \log\log\xi + c_0 + c_1 + O\left(\frac{1}{\log\xi}\right)$$
$$= \log\log\xi + c' + O\left(\frac{1}{\log\xi}\right).$$

定理证完.

定理 3 设 $\xi\geqslant 2$. 有一常数 c_2 使

$$\prod_{p\leqslant\xi}\left(1-\frac{1}{p}\right) = \frac{c_2}{\log\xi} + O\left(\frac{1}{\log^2\xi}\right).$$

证:由于

$$\sum_{p\leqslant\xi}\left[\log\left(1-\frac{1}{p}\right)+\frac{1}{p}\right] = O\left(\sum_{p>\xi}\frac{1}{p^2}\right) = O\left(\sum_{n>\xi}\frac{1}{n^2}\right) = O\left(\frac{1}{\xi}\right),$$

故由适所证之定理得

$$\log\prod_{p\leqslant\xi}\left(1-\frac{1}{p}\right) = \sum_{p\leqslant\xi}\log\left(1-\frac{1}{p}\right) = -\sum_{p\leqslant\xi}\frac{1}{p} + \sum_{p\leqslant\xi}\left[\log\left(1-\frac{1}{p}\right)+\frac{1}{p}\right]$$
$$= -\log\log\xi - c' + O\left(\frac{1}{\log\xi}\right) + \sum_{p>2}\left[\log\left(1-\frac{1}{p}\right)+\frac{1}{p}\right]$$
$$- \sum_{p>\xi}\left[\log\left(1-\frac{1}{p}\right)+\frac{1}{p}\right] = -\log\log\xi + c_{13} + O\left(\frac{1}{\log\xi}\right),$$

此处

$$c_{13} = -c' + \sum_{p>2}\left[\log\left(1-\frac{1}{p}\right)+\frac{1}{p}\right].$$

故

$$\prod_{p\leqslant\xi}\left(1-\frac{1}{p}\right) = e^{-\log\log\xi+c_{13}+O\left(\frac{1}{\log\xi}\right)} = \frac{e^{c_{13}}}{\log\xi}\cdot c^{O\left(\frac{1}{\log\xi}\right)}$$

第五章　素数分布之概况

$$= \frac{c_{12}}{\log \xi}\left[1 + O\left(\frac{1}{\log \xi}\right)\right] \quad (c_{12} = e^{c_{13}}),$$

此处用到 $e^{O\left(\frac{1}{\log \xi}\right)} = 1 + O\left(\frac{1}{\log \xi}\right)$.

定理证完.

定理 2 及 3 较定理 4.3 及 4.5 为精密.

习题 1. 设 p_n 表示第 n 个素数,则存在正常数 c_1, c_2,使

$$c_1 n \log n < p_n < c_2 n \log n.$$

习题 2. 存在正常数 c,使

$$\varphi(n) > c \frac{n}{\log \log n} \quad (n \geqslant 3).$$

习题 3. 试证无穷级数

$$\sum_p \frac{1}{p (\log \log p)^h}$$

当 $h > 1$ 时收敛,当 $h \leqslant 1$ 时发散,此处 $\sum_p$ 表示通过所有的素数.

§10. n 之素因子的个数

命 n 为一正整数,$\omega(n)$ 表 n 之不同素因子的个数,$\Omega(n)$ 表 n 之全部素因子的个数.即若 $n = p_1^{a_1} \cdots p_s^{a_s}$,则

$$\omega(n) = s, \quad \Omega(n) = a_1 + \cdots + a_s. \tag{1}$$

当 n 为素数时,

$$\omega(n) = \Omega(n) = 1;$$

但当 n 通过 2 之乘方而趋于无穷时.

$$\Omega(n) = \frac{\log n}{\log 2} \to \infty;$$

当 n 通过素数之连乘积,$n = p_1 p_2 \cdots p_s$,而趋于无穷时,

$$\omega(n) = s \to \infty.$$

故 $\omega(n)$ 与 $\Omega(n)$ 之值是很不规律的,吾人不能获得其渐近公式.但吾人有下之定理:

定理 1

$$\sum_{n \leqslant x} \omega(n) = x \log \log x + c_1 x + o(x), \tag{2}$$

$$\sum_{n \leqslant x} \Omega(n) = x \log \log x + c_2 x + o(x), \tag{3}$$

此处 c_1, c_2 是正常数.

证:1) 吾人有
$$\sum_{n\leqslant x}\omega(n) = \sum_{n\leqslant x}\sum_{p\mid n}1 = \sum_{p\leqslant x}\left[\frac{x}{p}\right] = \sum_{p\leqslant x}\frac{x}{p} + O(\pi(x)).$$
由定理 9.2 及 6.2 即得(2) 式.

2) 又
$$\sum_{n\leqslant x}\Omega(n) = \sum_{n\leqslant x}\sum_{p^m\mid n}1 = \sum_{p^m\leqslant x}\left[\frac{x}{p^m}\right] = \sum_{p\leqslant x}\left[\frac{x}{p}\right] + \sum_{\substack{p^m\leqslant x\\ m\geqslant 2}}\left[\frac{x}{p^m}\right],$$
由定理 6.2,
$$\sum_{\substack{p^m\leqslant x\\ m\geqslant 2}}1 \leqslant \sum_{p^2\leqslant x}1 + \sum_{p^3\leqslant x}1 + \cdots + \sum_{p^{\left[\frac{\log x}{\log 2}\right]}\leqslant x}1 \leqslant \frac{\log x}{\log 2}\sum_{p^2\leqslant x}1 = \frac{\log x}{\log 2}\pi(\sqrt{x}) = o(x).$$
故
$$\sum_{n\leqslant x}\Omega(n) = \sum_{n\leqslant x}\omega(n) + \sum_{\substack{p^m\leqslant x\\ m\geqslant 2}}\frac{x}{p^m} + o(x).$$
但级数
$$\sum_{m=2}^{\infty}\sum_{p}\frac{1}{p^m} = \sum_{p}\left[\frac{1}{p^2} + \frac{1}{p^3} + \cdots\right] = \sum_{p}\frac{1}{p(p-1)} = c$$
是收敛的,故得
$$\sum_{n\leqslant x}\Omega(n) = \sum_{n\leqslant x}\omega(n) + x(c+o(1)) + o(x) = x\log\log x + c_2 x + o(x).$$

定理 2 (Hardy-Ramanujan).若以 $f(n)$ 表 $\omega(n)$ 或 $\Omega(n)$,则对任一 $\varepsilon > 0$,使
$$|f(n) - \log\log n| > (\log\log n)^{\frac{1}{2}+\varepsilon} \tag{4}$$
之不超过 x 的 n 的个数为 $o(x)$.

证(Turán):因当 $x^{\frac{1}{e}} < n \leqslant x$ 时
$$\log\log x - 1 < \log\log n \leqslant \log\log x,$$
而 $\leqslant x^{\frac{1}{e}}$ 的 n 的个数
$$[x^{\frac{1}{e}}] = o(x),$$
故只须证明使
$$|f(n) - \log\log x| > (\log\log x)^{\frac{1}{2}+\varepsilon} \tag{5}$$
之 $n(\leqslant x)$ 之个数为 $o(x)$ 即足.

又由于 $\Omega(n) \geqslant \omega(n)$;又由(2)及(3),
$$\sum_{n\leqslant x}(\Omega(n) - \omega(n)) = O(x),$$
因此使
$$\Omega(n) - \omega(n) > (\log\log x)^{\frac{1}{2}}$$
之 $n(\leqslant x)$ 之个数为

$$O\left[\frac{x}{(\log\log x)^{1/2}}\right] = o(x).$$

故只须就 $f(n) = \omega(n)$ 之情况证明之即足.

考虑 n 之不同素因子对 $p, q, (p \neq q, p, q$ 与 q, p 算作不同的两对$)$, p 可以取 $\omega(n)$ 个值,对每一固定之 p, q 可以取 $\omega(n) - 1$ 个值,故得

$$\omega(n)(\omega(n) - 1) = \sum_{\substack{pq \mid n \\ p \neq q}} 1 = \sum_{pq \mid n} 1 - \sum_{p^2 \mid n} 1.$$

就 $n = 1, 2, \cdots, [x]$ 加之,得

$$\sum_{n \leqslant x} \omega^2(n) - \sum_{n \leqslant x} \omega(n) = \sum_{n \leqslant x}\left[\sum_{pq \mid n} 1 - \sum_{p^2 \mid n} 1\right] = \sum_{pq \leqslant x}\left[\frac{x}{pq}\right] - \sum_{p^2 \leqslant x}\left[\frac{x}{p^2}\right]. \quad (6)$$

因

$$\sum_{p^2 \leqslant x}\left[\frac{x}{p^2}\right] \leqslant \sum_{p^2 \leqslant x} \frac{x}{p^2} \leqslant x \sum_p \frac{1}{p^2} = O(x)$$

及

$$\sum_{pq \leqslant x}\left[\frac{x}{pq}\right] = x \sum_{pq \leqslant x} \frac{1}{pq} + O(x),$$

故由(2)及(6)得

$$\sum_{n \leqslant x} \omega^2(n) = x \sum_{pq \leqslant x} \frac{1}{pq} + O(x \log\log x). \quad (7)$$

今

$$\left[\sum_{p \leqslant \sqrt{x}} \frac{1}{p}\right]^2 \leqslant \sum_{pq \leqslant x} \frac{1}{pq} \leqslant \left[\sum_{p \leqslant x} \frac{1}{p}\right]^2,$$

由于 $\sum_{p \leqslant \xi} \frac{1}{p} = \log\log \xi + O(1)$,故上式两端都等于

$$(\log\log x + O(1))^2 = (\log\log x)^2 + O(\log\log x).$$

故由(7)得

$$\sum_{n \leqslant x} \omega^2(n) = x(\log\log x)^2 + O(x \log\log x). \quad (8)$$

由是

$$\sum_{n \leqslant x} (\omega(n) - \log\log x)^2 = \sum_{n \leqslant x} \omega^2(n) - 2\log\log x \sum_{n \leqslant x} \omega(n) + [x](\log\log x)^2$$

$$= x(\log\log x)^2 + O(x\log\log x) - 2\log\log x(x\log\log x$$

$$+ O(x)) + (x + O(1))(\log\log x)^2 = O(x\log\log x). \quad (9)$$

对任一 $\delta > 0$,若有 δx 个不超过 x 之正整数使(5)式成立,则有

$$\sum_{n \leqslant x} (\omega(n) - \log\log x)^2 \geqslant \delta x (\log\log x)^{1+2\varepsilon}. \quad (10)$$

此与(9)式相矛盾.故使(5)式成立之 $n(\leqslant x)$ 的个数必为 $o(x)$.定理得证.

由此定理可知:对几乎所有的 n,常有

$$\omega(n) \sim \log\log n \quad \text{及} \quad \Omega(n) \sim \log\log n.$$

§11.表素数之函数

定理 1 (Miller).有一实数 α 存在,如命

$$\alpha = \alpha_0, \ 2^{\alpha_0} = \alpha_1, \cdots, 2^{\alpha_n} = \alpha_{n+1}, \cdots,$$

则

$$[\alpha_n]$$

常为一素数.

证:今用归纳法做一素数列 $\{p_n\}$:取 $p_1 = 3$,由定理 7.1 可知有一素数 p_{n+1} 适合于

$$2^{p_n} < p_{n+1} < p_{n+1} + 1 \leqslant 2^{p_n+1},$$

若 $p_{n+1} + 1 = 2^{p_n+1}$,则 $p_{n+1} = 2^{p_n+1} - 1$,此非素数(因其有因子 $2^{\frac{1}{2}(p_n+1)} - 1$),故

$$2^{p_n} < p_{n+1} < p_{n+1} + 1 < 2^{p_n+1}.$$

以 2 为底作对数,并定义

$$\log^{(n)} x = \log^{(n-1)} (\log x).$$

作数列

$$u_n = \log^{(n)} p_n, \quad v_n = \log^{(n)} (p_n + 1).$$

则由

$$p_n < \log p_{n+1} < \log(p_{n+1} + 1) < p_n + 1,$$

可知

$$u_n < u_{n+1} < v_{n+1} < v_n,$$

即 u_n 成一递增贯数,v_n 成一递降贯数,故有一实数 α 存在使

$$\lim_{n \to \infty} u_n = \alpha,$$

且

$$u_n < \alpha < v_n.$$

即得

$$p_n < \alpha_n < p_n + 1,$$

故

$$[\alpha_n] = p_n.$$

习题 1.证明并无一个非常数的整系数多项式 $f(x)$,能对任一整数 $n, f(n)$ 常为素数.

习题 2. 命 $P(x_1, x_2, \cdots, x_k)$ 表一整系数多项式. 命
$$f(n) = P(n, 2^n, 3^n, \cdots, k^n).$$
若当 $n \to \infty$ 时, $f(n) \to \infty$, 则 $f(n)$ 代表无穷个复合数.

§12. 等差级数中之素数问题

由 §5 之习题已知形如 $4n-1$ 及 $6n-1$ 之素数之个数无穷. 因之建议次之定理:

若 a,b 互素, 则形如 $an+b$ 之素数之个数无穷.

此乃著名之 Dirichlet 定理是也, 其证明见第九章. 今将证明若干特例:

可设 $a>0, b>0$. 若能证明有一形如 $an+b(n>0)$ 之素数存在, 则 Dirichlet 定理即已证明. 何则? 若有一 n 使
$$an+b = p_1 (>b)$$
为素数, 又有一 n 使
$$ap_1 n+b = p_2 (>p_1)$$
为素数, 等等. 则有无穷个形如 $an+b$ 之素数存在.

定理 1 命 $k>1$. 形如 $kn+1$ 之素数之个数无穷.

由前所述, 如能证明有一如此之素数即足.

方程式 $x^k = 1$ 之解答为
$$e^{2\pi ia/k}, \quad a = 0, 1, \cdots, k-1.$$
命
$$F_n(x) = \prod_{(a,n)=1} (x - e^{2\pi ia/n}),$$
此乘积中求积变数 a 过 n 之缩系.

显然
$$x^k - 1 = \prod_{n|k} F_n(x),$$
此乘积之 n 过 k 之诸因子. 盖等式左边之每根必在右边出现. 反之, 右边之每根又必在左边出现, 且无重复. 命
$$x^k - 1 = F_k(x) G_k(x),$$
此 $G_k(x)$ 乃诸多项式 $x^n - 1 (n | k, n < k)$ 之最小公倍式, 且其第一系数为 1. 故 $G_k(x)$ 乃一整系数之多项式. 由定理 1.13.2 可知 $F_k(x)$ 亦为整系数多项式.

若 x 为非 ± 1 之整数, 则
$$F_k(x) G_k(x) \neq 0,$$
即 $F_k(x)$ 及 $G_k(x)$ 为二异于零之整数.

引 1. 若 n 为 k 之真因子,则对非 ± 1 之整数 x,有次之结果:
$$\left[x^n-1, \frac{x^k-1}{x^n-1}\right] \mid k.$$

证:命 $x^n - 1 = y, k = nd$,则
$$\frac{x^k-1}{x^n-1} = \frac{(y+1)^d-1}{y} = y^{d-1} + \binom{d}{1}y^{d-2} + \cdots + \binom{d}{2}y + d$$
$$\equiv d(\mathrm{mod}\ y).$$

故得所云.

引 2. 若 x 为非 ± 1 之整数,则 $F_k(x)$ 及 $G_k(x)$ 之公共素因子必为 k 之因子.

证:假定素数 p 整除 $(F_k(x), G_k(x))$.由
$$p \mid G_k(x) = \prod_{\substack{n \mid k \\ n < k}} F_n(x)$$

可知,必有一 n 使
$$p \mid F_n(x) \quad (n \mid k, n < k),$$

故
$$p \mid x^n - 1.$$

再由 $p \mid F_k(x)$,可知
$$p \left| \frac{x^k-1}{x^n-1} \right..$$

即
$$p \left| \left[x^n-1, \frac{x^k-1}{x^n-1}\right] \right..$$

由引 1 即得所求.

定理 1 之证明　命 $x = ky$,则
$$F_k(x) G_k(x) = x^k - 1 \equiv -1(\mathrm{mod}\ k).$$
吾人可选择 y 使
$$F_k(x) \neq \pm 1,$$
因方程式 $F_k(x) = \pm 1$ 仅有有限个根,故此种选择必为可能.

$F_k(x)$ 中至少有一素因子 p,由引二,此必非 $G_k(x)$ 之因子.换言之,对任一 k 之真因子 n,
$$x^n \not\equiv 1(\mathrm{mod}\ p). \tag{1}$$
但
$$x^k \equiv 1(\mathrm{mod}\ p).$$
兹往证明 $k \mid p-1$.若不然,有二整数 s 及 t 使
$$(k, p-1) = sk + t(p-1).$$

即对 $n=(k,p-1)$ 有
$$x^n \equiv (x^k)^s(x^{p-1})^t \equiv 1(\text{mod } p).$$
此与(1)相矛盾.即 $p \equiv 1(\text{mod } k)$,即有一形如 $kn+1$ 之素数存在.故定理得证.

习题.有无穷个形如 $8n+5$ 之素数.

提示:讨论 $q = 3^2 \cdot 5^2 \cdot 7^2 \cdots p^2 + 2^2$,并证明凡 x^2+y^2 之素因子 p 必 $\equiv 1(\text{mod } 4)$.

第六章 数论函数

§1. 数论函数举例

定义 1 对任一正整数 n,有一定数值之函数 $f(n)$ 谓之数论函数.

例如:贯数 a_n 可视为数论函数.具体例子如:$n!,\sin n,d(n)=\sum_{d\mid n}1,n=x^2+y^2$ 之解数 $r(n)$ 等.

定义 2 一数论函数如具有次列性质,则谓之积性函数:若 $(a,b)=1$,则
$$f(ab)=f(a)f(b). \tag{1}$$
若不论有无 $(a,b)=1$ 之关系,常有上式,则该数论函数谓之完全积性函数.

由此可知,若 $f(n)$ 为积性函数,$p_1,\cdots,p_r$ 为不同的素数,则
$$f(p_1^{a_1}\cdots p_r^{a_r})=f(p_1^{a_1})\cdots f(p_r^{a_r}),$$
即若已知 $f(n)$ 当 n 为素数乘方时之数值,则 $f(n)$ 已完全决定.又若 $f(n)$ 是完全积性函数,则
$$f(p_1^{a_1}\cdots p_r^{a_r})=(f(p_1))^{a_1}\cdots(f(p_r))^{a_r},$$
可知若已知 $f(n)$ 当 n 为素数时之数值,则 $f(n)$ 已完全决定.

显然,二积性函数之积仍为积性函数,二完全积性函数之积仍为完全积性函数.

例 1. 函数
$$\Delta(n)=\begin{cases}1,& \text{若 }n=1,\\ 0,& \text{若 }n\neq 1\end{cases}$$
是一完全积性函数.

例 2. 函数
$$E_\lambda(n)=n^\lambda$$
是一完全积性函数.

例 3. Möbius 函数
$$\mu(n)=\begin{cases}1,& \text{若 }n=1,\\ (-1)^r,& \text{若 }n\text{ 为 }r\text{ 个不同素数之积},\\ 0,& \text{若 }n\text{ 为一素数之平方所整除}.\end{cases}$$

第六章　数论函数

极易算出
$$\mu(1)=1, \mu(2)=-1, \mu(3)=-1, \mu(4)=0, \mu(5)=-1, \mu(6)=1,$$
$$\mu(7)=-1, \mu(8)=0, \mu(9)=0, \mu(10)=1, \mu(11)=-1, \cdots$$

此为一积性函数,但非完全积性函数.

例 4. Euler 函数 $\varphi(n)$,即不大于 n 之整数而与 n 互素者之个数.此亦系积性函数,但非完全积性函数.

例 5. 除数函数
$$d(n) = \sum_{d|n} 1$$

也是一积性函数,但非完全积性函数.更普遍些,
$$\sigma_\lambda(n) = \sum_{d|n} d^\lambda$$

也是一积性函数.显然 $\sigma_0(n) = d(n)$.

例 6. von Mangoldt 函数 $\Lambda(n)$:
$$\Lambda(n) = \begin{cases} \log p, & \text{若 } n \text{ 乃素数 } p \text{ 之正乘方,} \\ 0, & \text{不然.} \end{cases}$$

即　$\Lambda(1)=0, \Lambda(2)=\log 2, \Lambda(3)=\log 3, \Lambda(4)=\log 2, \Lambda(5)=\log 5,$
$\Lambda(6)=0, \Lambda(7)=\log 7, \Lambda(8)=\log 2, \Lambda(9)=\log 3, \Lambda(10)=0, \cdots.$

此一函数是非积性的.

例 7. 函数
$$\Lambda_1(n) = \begin{cases} \dfrac{1}{m}, & \text{若 } n \text{ 是一素数之 } m(>0) \text{ 次乘方,} \\ 0, & \text{若不然.} \end{cases}$$

即 $\Lambda_1(1)=0, \Lambda_1(2)=1, \Lambda_1(3)=1, \Lambda_1(4)=\dfrac{1}{2}, \Lambda_1(5)=1, \Lambda_1(6)=0,$

$\Lambda_1(7)=1, \Lambda_1(8)=\dfrac{1}{3}, \Lambda_1(9)=\dfrac{1}{2}, \Lambda_1(10)=0, \cdots.$ 此一函数也非积性的.

例 8. 命 p 是一固定素数.若 $p^a \| n$,定义
$$V_p(n) = p^{-a}.$$

此函数也是完全积性函数.并不难证明
$$V_p(n+m) \leqslant \max(V_p(n), V_p(m)).$$

例 9. 命 $r(n)$ 表
$$n = x^2 + y^2$$

之解数.以后($\S 7$)将证明 $\dfrac{1}{4} r(n)$ 是一积性函数.但由于 $r(3)=0, r(9)=4$,可知其非完全积性函数.

§2. 积性函数之性质

定理1 一非恒等于 0 之积性函数 $f(n)$ 在 1 时之值为 1.

证：设 $f(a) \neq 0$,由
$$f(a) = f(a)f(1)$$
可知 $f(1) = 1$.

定理2 若 $g(n), h(n)$ 都是积性函数,则
$$f(n) = \sum_{d\mid n} g(d) h\left[\frac{n}{d}\right] = \sum_{d\mid n} g\left[\frac{n}{d}\right] h(d) \tag{1}$$
也是积性函数.

证：后之等式,可由代换 $d' = \frac{n}{d}$ 得之.

假定 $(a,b) = 1$,则
$$f(ab) = \sum_{d \mid ab} g(d) h\left[\frac{ab}{d}\right].$$
命 $u = (a,d), v = (b,d)$,则 $uv = d$,故
$$f(ab) = \sum_{u \mid a} \sum_{v \mid b} g(uv) h\left[\frac{ab}{uv}\right]$$
$$= \sum_{u \mid a} g(u) h\left[\frac{a}{u}\right] \sum_{v \mid b} g(v) h\left[\frac{b}{v}\right]$$
$$= f(a) f(b).$$

定理3 若 $f(n)$ 是一非恒等于零之积性函数,则
$$\sum_{d \mid n} \mu(d) f(d) = \prod_{p \mid n} (1 - f(p)), \tag{2}$$
此处 p 过 n 之不同的素因子.

证：于上定理中取 $g(n) = \mu(n) f(n), h(n) = 1$,可知(2)式之左边是积性的.其右边是积性的也一眼可知.所以仅须证明 $n = 1$ 及 $n = p^l$ 时之情况.此二种情况极易直接算出.

定理4 若 $f(n)$ 是积性的,则
$$f((m,n)) f([m,n]) = f(m) f(n),$$
此处 $[m,n]$ 代表 m, n 之最小公倍数.

证：命
$$m = p_1^{l_1} \cdots p_s^{l_s}, \quad l_v \geq 0,$$
$$n = p_1^{r_1} \cdots p_s^{r_s}, \quad r_v \geq 0,$$
则

第六章 数论函数

$$f(m) = f(p_1^{l_1})\cdots f(p_s^{l_s}),$$
$$f(n) = f(p_1^{r_1})\cdots f(p_s^{r_s}),$$
$$f((m,n)) = f(p_1^{\min(l_1,r_1)})\cdots f(p_s^{\min(l_s,r_s)}),$$
$$f\left[\frac{mn}{(m,n)}\right] = f(p_1^{\max(l_1,r_1)})\cdots f(p_s^{\max(l_s,r_s)}).$$

由于

$$f(p^l)f(p^r) = f(p^{\max(l,r)})f(p^{\min(l,r)}),$$

故得定理.

§3. Möbius 反转公式

定理 1 对任一 $n > 0$,常有

$$\sum_{d|n}\mu(d) = \sum_{d|n}\mu(n/d) = \Delta(n) = \begin{cases} 1, & \text{若 } n = 1, \\ 0, & \text{若 } n \neq 1. \end{cases}$$

此乃定理 2.3 之特例,于其中取 $f(d) = 1$ 即明.

定理 2 命 $0 < \eta \leq \eta_1$. 设 $h(k)$ 是一非恒等于零之完全积性函数. 若对所有适合于 $\eta \leq \eta \leq \eta_1$ 之 η 常有

$$g(\eta) = \sum_{1 \leq k \leq \eta_1/\eta} f(k\eta)h(k), \tag{1}$$

则对如此之 η 亦常有

$$f(\eta) = \sum_{1 \leq k \leq \eta_1/\eta} \mu(k)g(k\eta)h(k); \tag{2}$$

且其逆亦真实.

证:由(1)可知

$$\sum_{1 \leq k \leq \eta_1/\eta} \mu(k)g(k\eta)h(k) = \sum_{1 \leq k \leq \eta_1/\eta} \mu(k)h(k) \sum_{1 \leq m \leq \eta_1/k\eta} f(mk\eta)h(m).$$

命 $mk = r$,由定理 1 可知

$$\sum_{1 \leq k \leq \eta_1/\eta} \mu(k)g(k\eta)h(k) = \sum_{1 \leq r \leq \eta_1/\eta} \mu(k) \sum_{\substack{1 \leq r \leq \eta_1/\eta \\ k|r}} f(r\eta)h(k)h\left[\frac{r}{k}\right]$$

$$= \sum_{1 \leq r \leq \eta_1/\eta} f(r\eta)h(r) \sum_{\substack{1 \leq k \leq \eta_1/\eta \\ k|r}} \mu(k)$$

$$= \sum_{1 \leq r \leq \eta_1/\eta} f(r\eta)h(r) \sum_{k|r} \mu(k)$$

$$= \sum_{1 \leq r \leq \eta_1/\eta} f(r\eta)h(r)\Delta(r) = f(\eta)h(1) = f(\eta),$$

此即(2)式.

又设(2)式真实,则

$$\sum_{1\leqslant k\leqslant \eta_1/\eta} f(k\eta)h(k) = \sum_{1\leqslant k\leqslant \eta_1/\eta} h(k) \sum_{1\leqslant m\leqslant \eta_1/k\eta} \mu(m)g(mk\eta)h(m)$$

$$= \sum_{1\leqslant k\leqslant \eta_1/\eta} \sum_{\substack{1\leqslant r\leqslant \eta_1/\eta \\ k\mid r}} \mu(r/k)g(r\eta)h(k)h(r/k)$$

$$= \sum_{1\leqslant r\leqslant \eta_1/\eta} g(r\eta)h(r) \sum_{\substack{1\leqslant k\leqslant \eta_1/\eta \\ k\mid r}} \mu(r/k)$$

$$= \sum_{1\leqslant r\leqslant \eta_1/\eta} g(r\eta)h(r)\Delta(r) = g(\eta),$$

此即(1)式.

此定理之一推论如次:

定理3 命 $\xi \geqslant 1$. 设 $H(k)$ 是一非恒等于零之完全积性函数. 若对所有的适合 $1\leqslant \xi_1 \leqslant \xi$ 之 ξ_1 常有

$$G(\xi) = \sum_{1\leqslant k\leqslant \xi} F(\xi/k)H(k), \tag{3}$$

则对此 ξ 也有

$$F(\xi) = \sum_{1\leqslant k\leqslant \xi} \mu(k)G(\xi/k)H(k); \tag{4}$$

且其逆亦真.

证: 命 $f(\eta) = F(1/\eta)$ 及 $g(\eta) = G(1/\eta)$. 则由(3)及(4)有

$$g(\eta) = G(1/\eta) = \sum_{1\leqslant k\leqslant 1/\eta} F\left[\frac{1}{\eta k}\right] H(k) = \sum_{1\leqslant k\leqslant 1/\eta} f(\eta k)H(k),$$

$$f(\eta) = F(1/\eta) = \sum_{1\leqslant k\leqslant 1/\eta} \mu(k)G\left[\frac{1}{\eta k}\right] H(k) = \sum_{1\leqslant k\leqslant 1/\eta} \mu(k)g(\eta k)H(k).$$

而此乃(1),(2)之形式其中 $\eta_1 = 1 \geqslant 1/\xi = \eta$ 者.

今举一例以明其用.

定理4 当 $\xi \geqslant 1$ 时, 有

$$\left|\sum_{1\leqslant k\leqslant \xi} \frac{\mu(k)}{k}\right| \leqslant 1. \tag{5}$$

证: 在(3)式中取 $F(\xi) = H(k) = 1$, 如此则 $G(\xi) = [\xi]$. 由(4)式可知

$$1 = \sum_{1\leqslant k\leqslant \xi} \mu(k)\left[\frac{\xi}{k}\right]. \tag{6}$$

若 $1\leqslant \xi < 2$, 则(5)式显然成立. 今设 $\xi \geqslant 2$, 并取 $x = [\xi]$. 则

$$\left|x\sum_{k=1}^{x}\frac{\mu(k)}{k} - 1\right| = \left|\sum_{k=1}^{x}\mu(k)\left[\frac{x}{k} - \left[\frac{x}{k}\right]\right]\right|$$

$$= \left|\sum_{k=2}^{x}\mu(k)\left[\frac{x}{k} - \left[\frac{x}{k}\right]\right]\right| \leqslant \sum_{k=2}^{x}1 = x - 1.$$

故
$$x\left|\sum_{k=1}^{x}\frac{\mu(k)}{k}\right|\leqslant 1+(x-1)=x,$$
即得定理.

§4. Möbius 变换

定理 3.3 之另一推论如下：

定理 1 命 $h(k)$ 表一非恒等于 0 之完全积性函数，又 n_0 是一正整数．若对所有 $n\leqslant n_0$，常有
$$g(n)=\sum_{d\mid n}f(d)h\left[\frac{n}{d}\right], \tag{1}$$
则对此 n 也有
$$f(n)=\sum_{d\mid n}\mu(d)g\left[\frac{n}{d}\right]h(d); \tag{2}$$
反之亦然.

证：若 ξ 是一整数，则取 $F(\xi)=f(\xi)$，不然，则取 $F(\xi)=0$，$G(\xi)$ 与 $g(\xi)$ 之关系亦然．(1) 及 (2) 式可写为
$$G(n)=g(n)=\sum_{d\mid n}f(d)h\left[\frac{n}{d}\right]=\sum_{k\mid n}f\left[\frac{n}{k}\right]h(k)=\sum_{1\leqslant k\leqslant n}F\left[\frac{n}{k}\right]h(k)$$
及
$$F(n)=f(n)=\sum_{d\mid n}\mu(d)g\left[\frac{n}{d}\right]h(d)=\sum_{d\mid n}\mu(d)G\left[\frac{n}{d}\right]h(d)$$
$$=\sum_{1\leqslant d\leqslant n}\mu(d)G\left[\frac{n}{d}\right]h(d).$$
又由 $G(\xi)$ 及 $F(\xi)$ 之定义，此二等式亦可写为
$$G(\xi)=\sum_{1\leqslant k\leqslant \xi}F\left[\frac{\xi}{k}\right]h(k),$$
$$F(\xi)=\sum_{1\leqslant k\leqslant \xi}\mu(k)G\left[\frac{\xi}{k}\right]h(k).$$
此处 ξ 适合于 $1\leqslant \xi\leqslant n_0$．反之，由此亦可引出 (1) 及 (2) 式，应用定理 3.3（其中 $\xi=n_0$）即得定理.

定义 若
$$g(n)=\sum_{d\mid n}f(d)=\sum_{d\mid n}f\left[\frac{n}{d}\right],$$
则 $g(n)$ 称为 $f(n)$ 之 Möbius 变换．而 $f(n)$ 称为 $g(n)$ 之 Möbius 逆变换．
由定理 1 已知

$$f(n) = \sum_{d\mid n} \mu(d) g\left[\frac{n}{d}\right] = \sum_{d\mid n} \mu\left[\frac{n}{d}\right] g(d).$$

由定理 2.2 可知积性函数之 Möbius 变换及 Möbius 逆变换也是积性函数.

例1. 由定理 3.1 可知 $\Delta(n)$ 是 $\mu(n)$ 的 Möbius 变换.

例2. 由定义

$$\sigma_\lambda(n) = \sum_{d\mid n} d^\lambda.$$

$\sigma_\lambda(n)$ 乃积性函数 $E_\lambda(n) = n^\lambda$ 之 Möbius 变换. 因此 $\sigma_\lambda(n)$ 是积性函数. 由于

$$\sigma_\lambda(p^l) = \sum_{m=0}^{l} p^{m\lambda} = \frac{p^{\lambda(l+1)} - 1}{p^\lambda - 1} \quad (\lambda \neq 0),$$

可得出: 若 $n = \prod_v p_v^{l_v}$ 是 n 的标准分解式, 则

$$\sigma_\lambda(n) = \prod_v \frac{p_v^{\lambda(l_v+1)} - 1}{p_v^\lambda - 1}.$$

当 $\lambda = 0$, 则

$$d(n) = \sigma_0(n) = \prod_v (l_v + 1).$$

此乃吾人所习知者.

例3. 函数 $E_0(n) = 1$ 是 $\Delta(n)$ 之 Möbius 变换.

例4. 依 $d = (n, a)$ 将正整数 $1, 2, \cdots, a, \cdots, n$ 分类. 若 $d = (n, a)$, 则可书 $n = dk$, 而 $1 = \left[k, \frac{a}{d}\right]$. 故适合 $1 = \left[k, \frac{a}{d}\right]$ 之整数 a 之个数等于 $\varphi\left[\frac{n}{d}\right]$. 即得

$$n = \sum_{d\mid n} \varphi\left[\frac{n}{d}\right] = \sum_{d\mid n} \varphi(d).$$

即函数 $E_1(n) = n$ 乃 $\varphi(n)$ 之 Möbius 变换. 由此可以得出第二章 §5 之结果: (i) $\varphi(n)$ 是积性的, (ii) 由 Möbius 之反转公式可得:

定理 2

$$\varphi(n) = n \sum_{d\mid n} \frac{\mu(d)}{d}.$$

例5. 更广义些, 命 $\varphi_\lambda(n)$ 为 $E_\lambda(n)$ 之 Möbius 逆变换, 故 $\varphi_1(n) = \varphi(n)$. 则 $\varphi_\lambda(n)$ 是一积性函数. 且当 $n = \prod_v p_v^{l_v}$ 时, 有

$$\varphi_\lambda(n) = n^\lambda \sum_{d\mid n} \frac{\mu(d)}{d^\lambda} = n^\lambda \prod_{p\mid n} \left[1 - \frac{1}{p^\lambda}\right].$$

证明留给读者.

例6. 以素数 p 为模, 把多项式

$$x^{p^n} - x$$

分解为不可化多项式之积. 其因子之次数为 m, 且已知 $m \mid n$. 反之, 任一 m 次不可化

多项式一定是该式之因子.命 Φ_n 表对模 p, n 次不可化多项式之个数.则关于多项式之次数有次之等式

$$p^n = \sum_{m\mid n} m\Phi_m.$$

即函数 p^n 乃 $n\Phi_n$ 之 Möbius 变换.由反转公式可知

$$n\Phi_n = \sum_{m\mid n} \mu(m) p^{\frac{n}{m}}.$$

此又证明了定理 4.9.2.

例7.今往求 $\Lambda(n)$ 之 Möbius 变换.命 $n = p_1^{l_1} \cdots p_r^{l_r}$ 为 n 之标准分解式,则

$$\sum_{d\mid n} \Lambda(d) = \sum_{s_1=0}^{l_1} \cdots \sum_{s_r=0}^{l_r} \Lambda(p_1^{s_1} \cdots p_r^{s_r})$$

$$= \sum_{s_1=1}^{l_1} \Lambda(p_1^{s_1}) + \cdots + \sum_{s_r=1}^{l_r} \Lambda(p_r^{s_r})$$

$$= \sum_{s_1=1}^{l_1} \log p_1 + \cdots + \sum_{s_r=1}^{l_r} \log p_r$$

$$= l_1 \log p_1 + \cdots + l_r \log p_r$$

$$= \log n,$$

即 $\log n$ 是 $\Lambda(n)$ 之 Möbius 变换.

例8.因为 $\Lambda(n)$ 是 $\log n$ 之 Möbius 逆变换,故

$$\Lambda(n) = \sum_{d\mid n} \mu(d) \log n/d = \log n \sum_{d\mid n} \mu(d) - \sum_{d\mid n} \mu(d) \log d$$

$$= \Delta(n)\log n - \sum_{d\mid n} \mu(d) \log d.$$

由于 $\Delta(n)\log n$ 恒等于零,故 $\Lambda(n)$ 乃 $-\mu(n)\log n$ 之 Möbius 变换.

总括此诸结果可有次表,其中 $g(n)$ 代表 $f(n)$ 之 Möbius 变换:

$f(n)$	$\mu(n)$	$\Delta(n)$	$\varphi_\lambda(n)$	$E_\lambda(n)$	$-\mu(n)\log n$	$\Lambda(n)$
$g(n)$	$\Delta(n)$	$E_0(n)$	$E_\lambda(n)$	$\sigma_\lambda(n)$	$\Lambda(n)$	$\log n$

习题1.若 $g(n)$ 及 $g_1(n)$ 各为 $f(n)$ 及 $f_1(n)$ 之 Möbius 变换,试证明

$$\sum_{d\mid n} g(d) f_1\left[\frac{n}{d}\right] = \sum_{d\mid n} f(d) g_1\left[\frac{n}{d}\right].$$

习题2.求出 $g(n) g_1(n)$ 之 Möbius 逆变换.

习题3.$f(n)$ 之 Möbius 变换之 Möbius 变换等于

$$\sum_{d_1\mid n} f(d_1) d\left[\frac{n}{d_1}\right].$$

习题4.用证明例6之方法.证明 4.10(1) 式.

§5. 除 数 函 数

定理 1 常有
$$d(mn) \leq d(m)d(n).$$

证:若 p 为一素数,则
$$d(p^a \cdot p^b) = d(p^{a+b}) = a+b+1 \leq (a+1)(b+1) = d(p^a)d(p^b).$$
因为 $d(n)$ 是一积性函数,故得出定理.

定理 2 对任一 $\varepsilon > 0$,常有
$$d(n) = O(n^\varepsilon). \tag{1}$$
此 O 号所包含之常数依于 ε.

证:命 $n = \prod_{p|n} p^a$ 表 n 之标准分解式.今有
$$p^{a\varepsilon} \geq 2^{a\varepsilon} = e^{a\varepsilon \log 2} \geq a\varepsilon \log 2 \geq \frac{1}{2}(a+1)\varepsilon \log 2;$$
且若 $p^\varepsilon \geq 2$,则 $p^{a\varepsilon} \geq 2^a \geq a+1$.故
$$\frac{d(n)}{n^\varepsilon} = \prod_{p|n} \frac{a+1}{p^{a\varepsilon}} = \prod_{\substack{p|n \\ p^\varepsilon < 2}} \frac{a+1}{p^{a\varepsilon}} \prod_{\substack{p|n \\ p^\varepsilon \geq 2}} \frac{a+1}{p^{a\varepsilon}}$$
$$\leq \prod_{\substack{p|n \\ p^\varepsilon < 2}} \frac{a+1}{\frac{1}{2}(a+1)\varepsilon \log 2} \prod_{\substack{p|n \\ p^\varepsilon \geq 2}} \frac{a+1}{a+1} \leq \prod_{p^\varepsilon < 2} \frac{2}{\varepsilon \log 2},$$
此即定理.

定理 3 命 q 为一整数 ≥ 0, $\xi \geq 2$,则
$$\sum_{1 \leq n \leq \xi} (d(n))^q = O(\xi (\log \xi)^{2^q - 1}), \tag{2}$$
$$\sum_{1 \leq n \leq \xi} \frac{(d(n))^q}{n} = O((\log \xi)^{2^q}). \tag{3}$$

证:先证明第二式.于 q 上行归纳法,吾人已知 $q = 0$ 时,此式真实,并设其对 $q-1$ 时也真实.则
$$\sum_{1 \leq n \leq \xi} \frac{(d(n))^q}{n} = \sum_{1 \leq n \leq \xi} \frac{(d(n))^{q-1}}{n} \sum_{u|n} 1$$
$$= \sum_{1 \leq u \leq \xi} \sum_{\substack{1 \leq n \leq \xi \\ u|n}} \frac{(d(n))^{q-1}}{n}.$$

命 $n = uv$,并用 $d(uv) \leq d(u)d(v)$,可知
$$\sum_{1 \leq n \leq \xi} \frac{(d(n))^q}{n} \leq \sum_{1 \leq u \leq \xi} \frac{(d(u))^{q-1}}{u} \sum_{1 \leq v \leq \xi/u} \frac{(d(v))^{q-1}}{v}$$

第六章　数论函数

$$= O((\log \xi)^{2^q}).$$

再证(2)式：仍于 q 上行归纳法，

$$\sum_{1\leqslant n\leqslant \xi}(d(n))^q = \sum_{1\leqslant n\leqslant \xi}(d(n))^{q-1}\sum_{u|n}1$$

$$= \sum_{1\leqslant u\leqslant \xi}\sum_{1\leqslant n\leqslant \xi \atop u|n}(d(n))^{q-1}$$

$$\leqslant \sum_{1\leqslant u\leqslant \xi}(d(u))^{q-1}\sum_{1\leqslant v\leqslant \xi/u}(d(v))^{q-1}$$

$$\leqslant \xi\sum_{1\leqslant u\leqslant \xi}\frac{(d(u))^{q-1}}{u}O((\log \xi)^{2^{q-1}-1})$$

$$= O(\xi(\log \xi)^{2^q-1}).$$

此定理能更精密化，仅举一十分重要之特例来说明此点．

定理 4　若 $\xi\geqslant 1$，则

$$\sum_{1\leqslant n\leqslant \xi}d(n) = \xi\log \xi+(2\gamma-1)\xi+O(\sqrt{\xi}),$$

此处 γ 是 Euler 常数．

证：已知

$$\sum_{1\leqslant n\leqslant \xi}d(n) = \sum_{1\leqslant n\leqslant \xi}\sum_{u|n}1$$

$$= \sum_{1\leqslant uv\leqslant \xi}1.$$

换言之，$\sum\limits_{1\leqslant n\leqslant \xi}d(n)$ 乃等腰双曲线在第一象限中与二坐标轴间之整点数．（整点云者，乃指其二坐标都是整数之点）．

从 $(\sqrt{\xi},\sqrt{\xi})$ 引二垂直于坐标轴之直线，则该图形被分为三块，其中正方形之外之二块中之整点数相等，即

$$\sum_{1\leqslant uv\leqslant \xi}1 = [\sqrt{\xi}]^2+2\sum_{u=1}^{[\sqrt{\xi}]}\sum_{[\sqrt{\xi}]<v\leqslant \xi/u}1$$

$$= -[\sqrt{\xi}]^2+2\sum_{u=1}^{[\sqrt{\xi}]}\left[\frac{\xi}{u}\right]$$

$$= -\xi+O(\sqrt{\xi})+2\sum_{u=1}^{\sqrt{\xi}}\frac{\xi}{u}+O(\sqrt{\xi}).$$

因为

$$\sum_{u=1}^{\sqrt{\xi}}\frac{1}{u} = \frac{1}{2}\log \xi+\gamma+O\left(\frac{1}{\sqrt{\xi}}\right),$$

故可知

$$\sum_{1\leqslant n\leqslant \xi}d(n) = \xi\log \xi+(2\gamma-1)\xi+O(\sqrt{\xi}).$$

习题 1. 证明:当 $\xi \geqslant 2$ 时,

$$\sum_{1 \leqslant n \leqslant \xi} \frac{d(n)}{n} = \frac{1}{2}\log^2 \xi + 2\gamma \log \xi + c + O(\xi^{-\frac{1}{2}}\log \xi).$$

习题 2. 证明:对任一 ε,常有

$$\sigma(n) = O(n^{1+\varepsilon}).$$

习题 3. 证明:当 $\xi \geqslant 2$ 时,

$$\sum_{1 \leqslant n \leqslant \xi} \sigma(n) = \frac{1}{12}\pi^2 \xi^2 + O(\xi \log \xi).$$

[在证明中将用及 $\sum_{n=1}^{\infty} \frac{1}{n^2} = \frac{\pi^2}{6}$,此式将在习题 8.7.1 中证明.]

§6. 关于概率之二定理

定义 1 若有一正整数组,其中不大于 x 者之个数 $N(x)$ 适合于

$$\lim_{x \to \infty} \frac{N(x)}{x} = \alpha,$$

则此组之数之出现概率名之为 α.

例如:奇数出现概率是 $\frac{1}{2}$.平方数出现概率是零.

在本节中将用及以下之结果

$$\sum_{n=1}^{\infty} \frac{\mu(n)}{n^2} = \frac{6}{\pi^2}. \tag{1}$$

其证明在习题 8.7.1 中.

定义 2 一正整数如不能为素数之平方所整除,则谓之无平方因子数.

定理 1 不超过 x 之无平方因子数之个数以 $Q(x)$ 表之,则

$$Q(x) = \frac{6}{\pi^2} x + O(\sqrt{x}). \tag{2}$$

由此可知,无平方因子数之出现概率为 $\frac{6}{\pi^2}$.

证:将不大于 x 之正整数依其最大平方因子 q^2 分类,不大于 x 而有 q^2 为最大平方因子之正整数之个数为

$$Q\left[\frac{x}{q^2}\right],$$

故可知

$$[x] = \sum_{q=1}^{[\sqrt{x}]} Q\left[\frac{x}{q^2}\right].$$

命 $x = y^2$,则

第六章 数论函数

$$[y^2] = \sum_{q=1}^{[y]} Q\left(\left[\frac{y}{q}\right]^2\right).$$

由定理 3.3 可知

$$Q(y^2) = \sum_{1 \leqslant k \leqslant y} \mu(k)\left[\frac{y^2}{k^2}\right]$$

$$= y^2 \sum_{1 \leqslant k \leqslant y} \frac{\mu(k)}{k^2} + \sum_{1 \leqslant k \leqslant y} O(1)$$

$$= \frac{6}{\pi^2} y^2 + y^2 O\left(\sum_{k > y} \frac{1}{k^2}\right) + O(y)$$

$$= \frac{6}{\pi^2} y^2 + O(y),$$

此即所欲证.(证明时用了(5.8.8)式.)

定理 1 亦可改述为:

定理 2 若 $x \geqslant 1$,则

$$\sum_{n \leqslant x} |\mu(n)| = \frac{6}{\pi^2} x + O(\sqrt{x}). \tag{3}$$

定理 3 适合于

$$1 \leqslant x \leqslant y \leqslant n \tag{4}$$

之整数对 x, y 之对数等于

$$\frac{1}{2} n(n+1),$$

其中 $(x, y) = 1$ 之整数对之数目记之为 $\Phi(n)$. 今往证明

$$\lim_{n \to \infty} \frac{\Phi(n)}{\frac{1}{2} n(n+1)} = \frac{6}{\pi^2}.$$

也可以说成互素整数对出现的概率是 $\frac{6}{\pi^2}$.

今将证明一更精密的定理:

定理 4

$$\Phi(n) = \sum_{m \leqslant n} \varphi(m) = \frac{3n^2}{\pi^2} + O(n \log n).$$

证:

$$\Phi(n) = \sum_{m=1}^{n} m \sum_{d \mid m} \frac{\mu(d)}{d} = \sum_{dd' \leqslant n} d' \mu(d)$$

$$= \sum_{d=1}^{n} \mu(d) \sum_{d'=1}^{[n/d]} d' = \frac{1}{2} \sum_{d=1}^{n} \mu(d)\left\{\left[\frac{n}{d}\right]^2 + \left[\frac{n}{d}\right]\right\}$$

$$= \frac{1}{2} \sum_{d=1}^{n} \mu(d)\left[\frac{n^2}{d^2} + O\left(\frac{n}{d}\right)\right]$$

$$= \frac{1}{2}n^2 \sum_{d=1}^{n} \frac{\mu(d)}{d^2} + O\left(n\sum_{d=1}^{n}\frac{1}{d}\right)$$

$$= \frac{1}{2}n^2 \sum_{d=1}^{\infty} \frac{\mu(d)}{d^2} + O\left(n^2\sum_{n+1}^{\infty}\frac{1}{d^2}\right) + O(n\log n)$$

$$= \frac{3n^2}{\pi^2} + O(n) + O(n\log n)$$

$$= \frac{3n^2}{\pi^2} + O(n\log n).$$

明所欲证.

§7. 表整数为二平方之和

先引进一数论函数

$$\chi(n) = \begin{cases} 0 & \text{若 } 2 \mid n, \\ (-1)^{\frac{1}{2}(n-1)} & \text{若 } 2 \nmid n. \end{cases}$$

易证此函数是积性的. 此函数之 Möbius 变换以

$$\delta(n) = \sum_{d \mid n} \chi(d)$$

表之, 所以 $\delta(n)$ 也是积性的. 若命 $n = \prod_{p \mid n} p^l$ 表 n 之标准分解式, 则

$$\delta(n) = \prod_{p \mid n}(1 + \chi(p) + \chi(p^2) + \cdots + \chi(p^l)).$$

用函数 $\chi(n)$ 可以将定理 3.5.1 之结果重述如下:

定理 1 同余式

$$x^2 \equiv -1 \pmod{n}$$

之解数 $V(n)$ 等于

$$V(n) = \begin{cases} 0, & \text{若 } 4 \mid n; \\ \prod_{p \mid n}(1 + \chi(p)), & \text{若 } 4 \nmid n, \text{ 此处 } p \text{ 经过 } n \text{ 的所有不同的素因子}. \end{cases}$$

此定理不难由定理 3.5.1 及定理 2.8.1 推得之.

本节之主要目的在证明:

定理 2 命 $r(n)$ 表方程

$$x^2 + y^2 = n$$

之整数解 x, y 之组数, 则

$$r(n) = 4\delta(n).$$

在证明此定理时, 需几条预备定理:

定理 3 常有恒等式

第六章　数论函数　　　　　　　　　　　　　　　　　　　　　　　　• 117 •

$$(x_1^2 + y_1^2)(x_2^2 + y_2^2) = (x_1 x_2 + y_1 y_2)^2 + (x_1 y_2 - y_1 x_2)^2.$$

此式极易直接乘出,不再证明.

习题 1. 试证恒等式:

$$(x_1^2 + x_2^2 + x_3^2 + x_4^2)(y_1^2 + y_2^2 + y_3^2 + y_4^2)$$
$$= (x_1 y_1 + x_2 y_2 + x_3 y_3 + x_4 y_4)^2 + (x_1 y_2 - x_2 y_1 + x_3 y_4 - x_4 y_3)^2$$
$$+ (x_1 y_3 - x_3 y_1 + x_4 y_2 - x_2 y_4)^2 + (x_1 y_4 - x_4 y_1 + x_2 y_3 - x_3 y_2)^2.$$

习题 2. 试证恒等式:

$$(x_1^2 + x_2^2 + x_3^2 + x_4^2 + x_5^2 + x_6^2 + x_7^2 + x_8^2)$$
$$\times (y_1^2 + y_2^2 + y_3^2 + y_4^2 + y_5^2 + y_6^2 + y_7^2 + y_8^2)$$
$$= (x_1 y_1 + x_2 y_2 + x_3 y_3 + x_4 y_4 + x_5 y_5 + x_6 y_6 + x_7 y_7 + x_8 y_8)^2$$
$$+ (x_1 y_2 - x_2 y_1 - x_3 y_4 + x_4 y_3 - x_5 y_6 + x_6 y_5 - x_7 y_8 + x_8 y_7)^2$$
$$+ (x_1 y_3 + x_2 y_4 - x_3 y_1 - x_4 y_2 + x_5 y_7 - x_6 y_8 - x_7 y_5 + x_8 y_6)^2$$
$$+ (x_1 y_4 - x_2 y_3 + x_3 y_2 - x_4 y_1 - x_5 y_8 - x_6 y_7 + x_7 y_6 + x_8 y_5)^2$$
$$+ (x_1 y_5 + x_2 y_6 - x_3 y_7 + x_4 y_8 - x_5 y_1 - x_6 y_2 + x_7 y_3 - x_8 y_4)^2$$
$$+ (x_1 y_6 - x_2 y_5 + x_3 y_8 + x_4 y_7 + x_5 y_2 - x_6 y_1 - x_7 y_4 - x_8 y_3)^2$$
$$+ (x_1 y_7 + x_2 y_8 + x_3 y_5 - x_4 y_6 - x_5 y_3 + x_6 y_4 - x_7 y_1 - x_8 y_2)^2$$
$$+ (x_1 y_8 - x_2 y_7 - x_3 y_6 - x_4 y_5 + x_5 y_4 + x_6 y_3 + x_7 y_2 - x_8 y_1)^2.$$

定理 4　命 $n > 1$,对应于

$$l^2 \equiv -1 \pmod{n} \tag{1}$$

之一解,有一对且唯有一对整数 x, y 使

$$x^2 + y^2 = n, x > 0, y > 0, (x, y) = 1, y \equiv lx \pmod{n}. \tag{2}$$

证:显然,若(2)式有一解,则(1)式有一解.

(1)式有解之必要且充分之条件为 n 可表成

$$n = 2^a p_1^{l_1} \cdots p_s^{l_s}, \quad a = 0 \text{ 或 } 1,$$

而 $p_i (i = 1, 2, \cdots, s)$ 则是 $\equiv 1 \pmod{4}$ 之素数.今利用归纳法来证明本定理.

1) $n = p^\lambda$ 之情况:若 $\lambda = 1$,则由 $l^2 + 1 \equiv 0 \pmod{p}$,可知当 $(x, p) = 1$ 时有

$$x^2 l^2 + x^2 \equiv 0 \pmod{p}.$$

今决定 y 及 x 使

$$x^2 l^2 \equiv y^2 \pmod{p},$$

且 $x^2 < p, y^2 < p$.于差数 $xl - y$ 中,命 x, y 分别取 $0, 1, \cdots, [\sqrt{p}]$,共 $[\sqrt{p}] + 1$ 个值,则得 $([\sqrt{p}] + 1)^2 > p$ 个差数,故其必有两个关于 p 为同余.设

$$x_1 l - y_1 \equiv x_2 l - y_2 \pmod{p},$$

即

$$(x_1 - x_2)l \equiv y_1 - y_2 \pmod{p},$$

不妨假定 $x_1 - x_2 > 0$，则

$$x_1 - x_2 < \sqrt{p}, \quad |y_1 - y_2| < \sqrt{p}$$

即为所欲求之 x, y. 对此 x, y 有

$$x^2 + y^2 = tp,$$

易见 $t = 1, (x, y) = 1$.

同余式

$$y \equiv mx \pmod{p}$$

有解，由是 $x^2(1+m^2) \equiv 0 \pmod{p}$，故必 $m \equiv \pm l$，若 $m = l$，则 (x, y) 即为所求，若 $m = -l$，则 (y, x) 即为所求.

今设 $p \neq 2$，而定理对 p^λ 成立. 设 $(-l)^2 \equiv -1 \pmod{p^{\lambda+1}}$，故有 u, v 使 $p^\lambda = u^2 + v^2, u > 0, v > 0, (u, v) = 1, v \equiv -lu \pmod{p^\lambda}$.

则当 $n = p^{\lambda+1}$ 时，

$$p^{\lambda+1} = (xu + yv)^2 + (xv - yu)^2 = X^2 + Y^2 \quad (X > 0, Y > 0).$$

(i) $(X, Y) = 1$，盖若不然，则必 $p \mid (X, Y)$，但

$$X \equiv xu + yv \equiv xu - l^2 xu \equiv xu(1 - l^2) \not\equiv 0 \pmod{p},$$

此不可能.

(ii) 因为 $(X, p) = 1$，故同余式

$$Xm \equiv Y \pmod{p^{\lambda+1}}$$

有解. 由是得

$$X^2 + X^2 m^2 \equiv 0 \pmod{p^{\lambda+1}},$$

即

$$1 + m^2 \equiv 0 \pmod{p^{\lambda+1}}.$$

由定理 2.9.3，此同余式仅有二解，故

$$m = \pm l.$$

依照 $\lambda = 1$ 之情形进行讨论，即明所欲.

2) 设 $n = ab, a > 1, b > 1, (a, b) = 1$. 又设

$$l^2 \equiv -1 \pmod{n},$$
$$u^2 + v^2 = a, u > 0, v > 0, (u, v) = 1, v \equiv lu \pmod{a},$$
$$x^2 + y^2 = b, x > 0, y > 0, (x, y) = 1, y \equiv lx \pmod{b}.$$

由定理 3 得

$$n = ab = (xv + yu)^2 + (xu - yv)^2 = X^2 + Y^2.$$

(若 $xu - yv > 0$，则命 $xu - yv = Y$，否则，命 $xu - yv = -Y$.)

今证明：

(i) $(X,Y) = 1$. 设 $p > 1, p \mid (X,Y)$,则
$$xv + yu = ps,$$
$$xu - yv = pt,$$

即得
$$x(u^2 + v^2) = p(sv + tu),$$
$$y(u^2 + v^2) = p(su - tv).$$

因 $(x,y) = 1$,故必 $p \mid (u^2 + v^2)$,即 $p \mid a$.同理,$p \mid b$.此与 $(a,b) = 1$ 之假设不合.

(ii) $X \equiv lY \pmod{n}$. 由假设
$$xv + yu \equiv lxu - lyv \equiv l(xu - yv) \pmod{a},$$
$$xv + yu \equiv -lyv + lxu \equiv l(xu - yv) \pmod{b}.$$

因为 $(a,b) = 1$,故
$$X \equiv lY \pmod{n}.$$

3) 唯一性.设有两组 (X,Y), (X',Y') 同时适合所设条件,则
$$n^2 = (XX' + YY')^2 + (XY' - YX')^2.$$

但
$$XX' + YY' \equiv XX'(1 + l^2) \equiv 0 \pmod{n},$$

故必
$$XX' + YY' = n, \quad XY' - YX' = 0.$$

由 $XY' - YX' = 0$,有 $\dfrac{X}{X'} = \dfrac{Y}{Y'} = c, X^2 + Y^2 = c^2(X'^2 + Y'^2)$,故 $c = \pm 1$.又由 $X > 0, X' > 0$,知
$$c = 1.$$

吾人之定理即已完全证明.

定理 2 之证明　由定理 1 及定理 4 可知
$$x^2 + y^2 = n, \quad (x,y) = 1$$

之解数等于
$$4V(n).$$

今将
$$x^2 + y^2 = n$$

之解数依 $(x,y) = d$ 分组.$(x,y) = d$ 之解数之等于
$$\left[\frac{x}{d}\right]^2 + \left[\frac{y}{d}\right]^2 = \frac{n}{d^2},$$

之解数之个数,即 $4V\left[\dfrac{n}{d^2}\right]$.故得

$$r(n) = 4 \sum_{d^2 \mid n} V\left[\frac{n}{d^2}\right] = 4 \sum_{d \mid n} V\left[\frac{n}{d}\right] \lambda(d),$$

此处 $\lambda(d) = 1$ 或 0 视 d 为平方数与否而定. 因为 $V(n)$ 及 $\lambda(n)$ 都是积性的, 故 $\dfrac{r(n)}{4}$ 是积性的.

因 $\delta(n)$ 也是积性的, 故若能证明 $n = p^l$ 时,

$$\frac{r(n)}{4} = \delta(n),$$

则定理已明.

若 $2 \mid m$,

$$\frac{r(p^m)}{4} = V(p^m) + V(p^{m-2}) + \cdots + V(p^2) + V(1)$$

$$= \begin{cases} 0 + \cdots + 0 + 1 = 1, & \text{若 } p = 2, \\ 0 + \cdots + 0 + 1 = 1, & \text{若 } p \equiv 3 \pmod 4, \\ 2 + \cdots + 2 + 1 = \\ = \dfrac{m}{2} \cdot 2 + 1 = m + 1, & \text{若 } p \equiv 1 \pmod 4. \end{cases}$$

又若 $2 \nmid m$, 则

$$\frac{r(p^m)}{4} = V(p^m) + \cdots + V(p)$$

$$= \begin{cases} 1, & \text{若 } p = 2, \\ 0, & \text{若 } p \equiv 3 \pmod 4, \\ m + 1, & \text{若 } p \equiv 1 \pmod 4. \end{cases}$$

另一方面

$$\delta(p^m) = 1 + \chi(p) + \cdots + \chi(p^m)$$

$$= \begin{cases} 1 + 0 + 0 + \cdots + 0 = 1, & \text{若 } p = 2, \\ 1 - 1 + \cdots + 1 = 1, & \text{若 } p \equiv 3 \pmod 4, 2 \mid m, \\ 1 - 1 + \cdots - 1 = 0, & \text{若 } p \equiv 3 \pmod 4, 2 \nmid m, \\ 1 + 1 + \cdots + 1 = m + 1, & \text{若 } p \equiv 1 \pmod 4. \end{cases}$$

故得定理.

定理 5 把一整数 n 分为两个平方和之方法数之四分之一等于 n 之因子之 $\equiv 1 \pmod 4$ 者之个数减去 n 之因子之 $\equiv 3 \pmod 4$ 者之个数.

定理 6 对任一 $\varepsilon > 0$, 常有

$$r(n) = O(n^\varepsilon).$$

证: 因为 $r(n) \leqslant 4 d(n)$, 故得定理 (由定理 5.2).

§8. 分部求和法及分部积分法

定理 1（Abel） 命 $a \leqslant b$, n 是一变数, 在 $a \leqslant n \leqslant b$ 中变化, γ_n 及 ε_n 是复数. 命

$$s_n = \sum_{a \leqslant m \leqslant n} \gamma_m,$$

则

$$\left| \sum_{n=a}^{b} \gamma_n \varepsilon_n \right| \leqslant \max_{a \leqslant n \leqslant b} |s_n| \left[\sum_{a \leqslant m \leqslant b-1} |\varepsilon_m - \varepsilon_{m+1}| + |\varepsilon_b| \right]. \tag{1}$$

证: 命 $s_{a-1} = 0$, 则

$$\sum_{n=a}^{b} \gamma_n \varepsilon_n = \sum_{n=a}^{b} (s_n - s_{n-1}) \varepsilon_n$$

$$= \sum_{n=a}^{b} s_n \varepsilon_n - \sum_{n=a}^{b-1} s_n \varepsilon_{n+1}$$

$$= \sum_{n=a}^{b-1} s_n (\varepsilon_n - \varepsilon_{n+1}) + s_b \varepsilon_b,$$

故

$$\left| \sum_{n=a}^{b} \gamma_n \varepsilon_n \right| \leqslant \sum_{n=a}^{b-1} |s_n| |\varepsilon_n - \varepsilon_{n+1}| + |s_b| |\varepsilon_b|$$

$$\leqslant \max_{a \leqslant n \leqslant b} |s_n| \left[\sum_{a \leqslant n \leqslant b-1} |\varepsilon_n - \varepsilon_{n+1}| + |\varepsilon_b| \right].$$

定理 2 在上定理中, 如 ε_n 是正的递减的贯数, 则结论可改为

$$\left| \sum_{n=a}^{b} \gamma_n \varepsilon_n \right| \leqslant \max_{a \leqslant n \leqslant b} |s_n| \varepsilon_a. \tag{2}$$

今举其一应用如次:

定理 3 若 $s > 0$, 则

$$\left| \sum_{n \geqslant a} \frac{\chi(n)}{n^s} \right| \leqslant \frac{1}{a^s},$$

故当 $s > 0$ 时级数

$$\sum_{n=1}^{\infty} \frac{\chi(n)}{n^s}$$

收敛.

证: 已知

$$\chi(a) + \chi(a+1) + \chi(a+2) + \chi(a+3) = 0,$$

故可证明

$$\left| \sum_{a \leqslant m \leqslant b} \chi(m) \right| \leqslant 1.$$

由定理 2 可知

$$\left|\sum_{n=a}^{b}\frac{\chi(n)}{n^s}\right|\leqslant\frac{1}{a^s}.$$

其右边与 b 无关,故得定理.

附记:在下节中还将用到

$$\sum_{n=1}^{\infty}\frac{\chi(n)}{n}=1-\frac{1}{3}+\frac{1}{5}-\frac{1}{7}+\cdots=\frac{\pi}{4},$$

此可用普通微积分 $\tan^{-1}x$ 之展开式得之.

与定理 1,2 相仿,有次之定理:

定理 4　命 $\xi\leqslant\eta$,变数 x 在 $\xi\leqslant x\leqslant\eta$ 中变化.设 $f(x)$ 及 $g(x)$ 在此区间中连续,并设 $g(x)$ 可微分.命

$$f_1(x)=\int_{\xi}^{x}f(t)\mathrm{d}t.$$

则

$$\left|\int_{\xi}^{\eta}f(x)g(x)dx\right|\leqslant\max_{\xi\leqslant x\leqslant\eta}|f_1(x)|\left[\int_{\xi}^{\eta}|g'(x)|dx+|g(\eta)|\right].$$

又若 $g'(x)\leqslant 0,g(x)>0$,则

$$\left|\int_{\xi}^{\eta}f(x)g(x)dx\right|\leqslant g(\xi)\max_{\xi\leqslant x\leqslant\eta}|f_1(x)|.$$

证:由分部积分法可知

$$\int_{\xi}^{\eta}f(x)g(x)dx=\int_{\xi}^{\eta}g(x)df_1(x)$$

$$=g(\eta)f_1(\eta)-\int_{\xi}^{\eta}f_1(x)g'(x)dx,$$

故

$$\left|\int_{\xi}^{\eta}f(x)g(x)dx\right|\leqslant\max_{\xi\leqslant x\leqslant\eta}|f_1(x)|\left[|g(\eta)|+\int_{\xi}^{\eta}|g'(x)|dx\right].$$

证明之其他部分十分显然.

例.设 $a>0$,

$$\left|\int_{a}^{\infty}\cos x^2\,dx\right|=\left|\int_{a^2}^{\infty}\frac{\cos y\,dy}{2y^{1/2}}\right|\leqslant\frac{1}{2a}\max_{a^2\leqslant\eta}\left|\int_{a^2}^{\eta}\cos y\,dy\right|\leqslant\frac{\pi}{a}.$$

§9. 圆内整点问题

定理 1

$$\sum_{1\leqslant n\leqslant x}r(n)=\pi x+O(\sqrt{x}).$$

证：由定理 7.2 可知

$$\sum_{1\leqslant n\leqslant x} r(n) = 4 \sum_{1\leqslant n\leqslant x} \sum_{d\mid n} \chi(d)$$
$$= 4 \sum_{1\leqslant d\leqslant x} \chi(d) \sum_{\substack{1\leqslant n\leqslant x \\ d\mid n}} 1$$
$$= 4 \sum_{1\leqslant d\leqslant x} \chi(d) \left[\frac{x}{d}\right].$$

将此和分为两部，由定理 8.3

$$\sum_1 = 4 \sum_{1\leqslant d\leqslant \sqrt{x}} \chi(d) \left[\frac{x}{d}\right]$$
$$= 4x \sum_{1\leqslant d\leqslant \sqrt{x}} \frac{\chi(d)}{d} + O(\sqrt{x})$$
$$= 4x \sum_{d=1}^{\infty} \frac{\chi(d)}{d} + O(\sqrt{x})$$
$$= \pi x + O(\sqrt{x});$$

其他一部为

$$\sum_2 = 4 \sum_{\sqrt{x}\leqslant d\leqslant x} \chi(d) \left[\frac{x}{d}\right],$$

由定理 8.2 可知

$$\sum_2 = O(\sqrt{x}).$$

总之，得出本定理．

另一证明如下，显然 $\sum_{1\leqslant n\leqslant x} r(n)$ 是适合

$$u^2 + v^2 \leqslant x$$

之整数对 u, v 之对数．换言之，即为以 $\sqrt{x}$ 为半径以原点为中心所作圆中之整点的数目．此圆的面积为 πx．

在平面上，过整点作与 x 轴及 y 轴平行之直线，此诸直线将平面分为方格子．一圆内整点 (u, v) 对应一方格，其四顶点为 $(u, v), (u+1, v), (u, v+1), (u+1, v+1)$．如此所得之诸方格必在圆

$$u^2 + v^2 = (\sqrt{x} + \sqrt{2})^2$$

之中，但又包有圆

$$u^2 + v^2 = (\sqrt{x} - \sqrt{2})^2.$$

故

$$\pi(\sqrt{x} - \sqrt{2})^2 \leqslant \sum_{n\leqslant x} r(n) \leqslant \pi(\sqrt{x} + \sqrt{2})^2,$$

即得定理．

由此证明还偶然地证明了
$$1 - \frac{1}{3} + \frac{1}{5} - \frac{1}{7} + \cdots = \frac{\pi}{4}.$$

关于更一般的闭曲线内部的整点个数的问题,捷克数学家 M.V.Jarnlk 有次之定理:

定理 2 命 l 表示一有长的简单闭曲线的长度,而以 A 表示曲线所范围区域的面积,N 为曲线内部所含整点的个数,则若 $l \geq 1$,必有
$$|A - N| < l.$$

证(Steinhaus):先证明下面二个简单的引理:

引 1. 在边长为 1 的正方形中,任作一连续曲线 C,C 的两个端点在正方形的周界上,若 C 与正方形的二对角线相交,则曲线 C 的长 l 必不小于 1.

证:若 C 的二端点在正方形的一对对边上,则显然 $l \geq 1$.

若 C 的端点在正方形的二相邻边上,如右图,易见
$$l \geq \overline{ap_1} + \overline{p_1 q_1} + \overline{q_1 c} \geq \overline{\alpha a} + \overline{ab} + \overline{b\beta} = \overline{\alpha\beta} = 1.$$

至于 C 的二个端点在同一边上的情形,可用同法证之.

引 2. 在边长为 1 的正方形中,任作一不通过正方形中心的连续曲线 C,C 的两端点在正方形的周界上.曲线 C 将正方形分为二部分,命 Δ 为其中不包含正方形中心的一部分,则 Δ 的面积必小于 C 的长度.

证:今分别考虑以下各种情形:

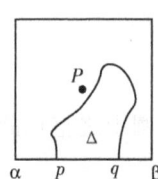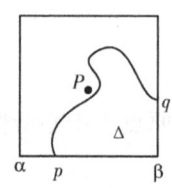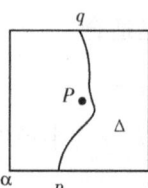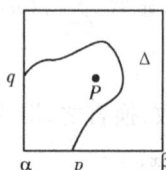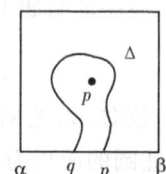

命 p,q 表示曲线 C 的端点,P 为正方形之中心,A,l 各表示 Δ 的面积及曲线 C 的长度.则在前二种情形中,易见从 C 上任何一点到直线 $\alpha\beta$ 的距离必不能大于 l,故 Δ 完全落在一个边长为 1 与 l 的矩形中,因此得到 $A < l$.在后三种情形中,由引 1 可知 $l \geq 1$,所以有 $A < 1 \leq l$.故引理证毕.

定理的证明:以 I 表示曲线所范围的区域,在平面上作网,以直线
$$x = m + \frac{1}{2}, y = n + \frac{1}{2} \quad (m, n = 0, \pm 1, \pm 2, \cdots)$$

为经纬,网眼为边长为 1 的正方形.以 $Q_1, Q_2, \cdots, Q_k$ 表示所有这些小正方形之含有 I 的一部分周界者,而以 C_i 表示有长曲线之在 Q_i 中的部分,以 Ω_i 表示 Q_i 与 I 的共通部分,而定义

$$N_i = \begin{cases} 1, & \text{若 } \Omega_i \text{ 中有整点}, \\ 0, & \text{若 } \Omega_i \text{ 中无整点}. \end{cases}$$

又以 A_i 表示 Ω_i 的面积,l_i 表示 C_i 的长度,于是若能证明
$$|A_i - N_i| < l_i,$$
便得定理.

首先我们考虑整个 I 都在某一 Q 中的情形,因为 $l \geqslant 1$,故易见定理成立.因此我们可以不失普遍性地假定 I 并不整个地处在某一 Q 中,此时 C_i 为若干段曲线之和,而这些曲线段又将 Q_i 分为若干个部分 $D_i^{(s)}$.

若整点不在任何 $D_i^{(s)}$ 中,亦即当整点在 C_i 上时,有 $N_i = 0, 0 < A_i < 1$,而 $l_i \geqslant 1$.故得所欲证.

若整点在某一 $D_i^{(s)}$ 中,以 $A_i^{(s)}$ 表示 $D_i^{(s)}$ 的面积,若 $D_i^{(s)}$ 不在 I 中,此时 $N_i = 0$,$A_i \leqslant 1 - A_i^{(s)}$;若 $D_i^{(s)}$ 在 I 中,则 $N_i = 1$,而 $1 - A_i \leqslant 1 - A_i^{(s)}$,而由引 2 即得
$$1 - A_i^{(s)} < l_i,$$
于是得到定理.

显然定理 2 也立刻可以导出定理 1.

习题 1.求出以原点为中心之椭圆中整点个数之渐近公式.

习题 2.证明球
$$u^2 + v^2 + w^2 \leqslant x$$
内整点数 $= \dfrac{4}{3}\pi x^{\frac{3}{2}} + O(x)$.

习题 3.试推广上题到 n 度空间之球.

习题 4.求出
$$\sum_{1 \leqslant n \leqslant x} r^2(n)$$
之无穷大之阶.

习题 5.圆内
$$u^2 + v^2 \leqslant x$$
之两坐标互素之整点数 $= \dfrac{6}{\pi} x + O(\sqrt{x}\log x)$.

§10. Farey 贯及其应用

Farey 贯乃百余年前之发现,但在近代数论中方显出其重要性.

定义 1 n 级 Farey 贯者,乃指 0 与 1 之间之诸既约分数,其分母 $\leqslant n$ 者.其次序依其大小排列,换言之,即依大小排列之形如

$$\frac{a}{b}, (a,b)=1, \quad 0 \leqslant a \leqslant b \leqslant n$$

之诸分数.

n 级 Farey 贯用 $\mathfrak{F}_n$ 表之.

例如: $\mathfrak{F}_7$ 为

$$\frac{0}{1}, \frac{1}{7}, \frac{1}{6}, \frac{1}{5}, \frac{1}{4}, \frac{2}{7}, \frac{1}{3}, \frac{2}{5}, \frac{3}{7}, \frac{1}{2},$$

$$\frac{4}{7}, \frac{3}{5}, \frac{2}{3}, \frac{5}{7}, \frac{3}{4}, \frac{4}{5}, \frac{5}{6}, \frac{6}{7}, \frac{1}{1}.$$

$\mathfrak{F}_n$ 中共有 $1+\sum_{m=1}^{n}\varphi(m)$ 个数. 此诸数将区间 $0 \leqslant x \leqslant 1$ 分为 $\sum_{m=1}^{n}\varphi(m)$ 份,显然 $\mathfrak{F}_{n+1}$ 乃由 $\mathfrak{F}_n$ 添加 $\varphi(n+1)$ 个数

$$\frac{a}{n+1}, \quad (a, n+1)=1, \quad 0<a \leqslant n$$

而得者.

定理 1 命 ξ 表一无理数, $0<\xi<1$. 取 n 级 Farey 贯,并设 $\frac{a_m}{b_m}, \frac{a'_m}{b'_m}$ 是二邻项,且适合于

$$\frac{a_m}{b_m}<\xi<\frac{a'_m}{b'_m},$$

则 (i) $\frac{a_m}{b_m}$ 是 n 之递增函数, $\frac{a'_m}{b'_m}$ 是 n 之递减函数,且

$$\lim_{n\to\infty}\frac{a_m}{b_m}=\xi=\lim_{n\to\infty}\frac{a'_m}{b'_m};$$

(ii) b_m 及 b'_m 是 n 之递增函数,且随 n 趋向无穷.

证: 注意每一有理数皆必为某一级 Farey 贯中之一数. 则由 Farey 贯之定义,定理立可得出.

定理 2 命 $\frac{a}{b}, \frac{a'}{b'}$ 为 $\mathfrak{F}_n$ 中相邻之二数. 则

$$b+b' \geqslant n+1.$$

若 $\frac{a}{b}<\frac{a'}{b'}$,则

$$ba'-ab'=1.$$

证: 因 $(a,b)=1$,故有整数 x, y,使

$$bx-ay=1, \quad n-b<y \leqslant n. \tag{1}$$

由此立得

$$y>0, \quad (x,y)=1, \quad \frac{x}{y}=\frac{a}{b}+\frac{1}{by}>\frac{a}{b}.$$

今只须证明

$$\frac{x}{y} = \frac{a'}{b'}.$$

因若能证明此式,则 $x = a', y = b', ba' - ab' = 1$,且 $b + b' > n$ 矣. 设此不真确,即 $\frac{x}{y} \neq \frac{a'}{b'}$,则

$$\frac{a}{b} < \frac{a'}{b'} < \frac{x}{y}.$$

由此立得

$$\frac{x}{y} - \frac{a}{b} = \frac{x}{y} - \frac{a'}{b'} + \frac{a'}{b'} - \frac{a}{b} \geq \frac{1}{b'y} + \frac{1}{b'b} = \frac{b+y}{ybb'} > \frac{n}{ybb'} \geq \frac{1}{by}.$$

但由(1)已知

$$\frac{x}{y} - \frac{a}{b} = \frac{1}{by},$$

此不能两立,故得定理.

定理 3 设 $\frac{a}{b} < \frac{a''}{b''} < \frac{a'}{b'}$ 为三邻项,则

$$\frac{a''}{b''} = \frac{a+a'}{b+b'}.$$

证:由定理 2,已知

$$a''b - b''a = 1,$$
$$a'b'' - b'a'' = 1,$$

相减,立得

$$a''(b+b') - b''(a+a') = 0.$$

此即证明定理.

定义 2 若 $\frac{a}{b}$ 及 $\frac{a'}{b'}$ 为二邻项,则

$$\frac{a+a'}{b+b'}$$

名为此二项之中项.

定理 4 中项在该二项之间,与 $\frac{a}{b}$ 及 $\frac{a'}{b'}$ 之距离各为

$$\frac{1}{b(b+b')}, \quad \frac{1}{b'(b+b')}.$$

证:可设 $\frac{a}{b} < \frac{a'}{b'}$. 则

$$\frac{a'}{b'} - \frac{a+a'}{b+b'} = \frac{ba' - ab'}{b'(b+b')} = \frac{1}{b'(b+b')} > 0,$$

$$\frac{a+a'}{b+b'}-\frac{a}{b}=\frac{a'b-ab'}{b(b+b')}=\frac{1}{b(b'+b)}>0.$$

定理 5　命 ξ 为一实数，则在 $\mathfrak{F}_n$ 中必有一数 $\dfrac{a}{b}$，使

$$\left|\xi-\frac{a}{b}\right|<\frac{1}{bn},\quad 0<b\leqslant n.$$

证：可设 $0<\xi<1$，于 $(0,1)$ 间置 $\mathfrak{F}_n$ 及其诸中项，而将 $(0,1)$ 分为若干分隔间. ξ 必在此诸分隔间之一内. 此分隔间一端为 $\mathfrak{F}_n$ 中之一数 $\dfrac{a}{b}$，他端为一中项 $\dfrac{a+a'}{b+b'}$. 故

$$\left|\xi-\frac{a}{b}\right|\leqslant\left|\frac{a+a'}{b+b'}-\frac{a}{b}\right|=\frac{1}{b(b+b')}\leqslant\frac{1}{b(n+1)}<\frac{1}{bn}.$$

故得定理. 由此定理立刻可以得出

定理 6　任与二实数 $\xi,\eta\geqslant 1$，必有有理数 $\dfrac{a}{b}$，使

$$\left|\xi-\frac{a}{b}\right|<\frac{1}{b\eta},\quad 0<b\leqslant\eta.$$

定理 7　任与一实数 ξ，吾人有有理数 $\dfrac{a}{b}$，使

$$\left|\xi-\frac{a}{b}\right|<\frac{1}{b^2}. \tag{2}$$

若 ξ 为无理数，则有无数个 $\dfrac{a}{b}$ 适合此式.

证：显然只须考虑 ξ 为无理数之情形. 设 $\dfrac{a_n}{b_n}$，$\dfrac{a'_n}{b'_n}$ 为 $\mathfrak{F}_n$ 中适合

$$\frac{a_n}{b_n}<\xi<\frac{a'_n}{b'_n}$$

之二邻项，则由定理 5 之证明，其中必有一适合 (2) 式. 由定理 1 即得出我们的定理.

定理 8　任与一无理数 ξ，必有无数个有理数 $\dfrac{a}{b}$ 存在，使

$$\left|\xi-\frac{a}{b}\right|<\frac{1}{\sqrt{5}\,b^2}. \tag{3}$$

证：不失其普遍性，我们可以假定 $0<\xi<1$，作 n 级 Farey 贯. 命 $\dfrac{a}{b}$ 及 $\dfrac{a'}{b'}$ 为二邻项，适合于

$$\frac{a}{b}<\xi<\frac{a'}{b'}$$

者. 命 $\omega=b'/b$. 今分两种情况论之：

1) 假定 $\omega>\dfrac{1}{2}(1+\sqrt{5})$ 或 $\omega<\dfrac{1}{2}(\sqrt{5}-1)$，则由定理 2，

$$\frac{a'}{b'} - \frac{a}{b} = \frac{1}{bb'} = \frac{1}{b^2 \omega}.$$

由于

$$\frac{1}{\omega} - \frac{1}{\sqrt{5}}\left[1 + \frac{1}{\omega^2}\right] = -\frac{1}{\sqrt{5}\,\omega^2}(\omega^2 - \sqrt{5}\,\omega + 1)$$

$$= -\frac{1}{\sqrt{5}\,\omega^2}\left[\omega - \frac{1}{2}(\sqrt{5}+1)\right]\left[\omega - \frac{1}{2}(\sqrt{5}-1)\right] < 0,$$

故

$$\frac{a'}{b'} - \frac{a}{b} < \frac{1}{\sqrt{5}\,b^2}\left[1 + \frac{1}{\omega^2}\right] = \frac{1}{\sqrt{5}}\left[\frac{1}{b^2} + \frac{1}{b'^2}\right],$$

即

$$\frac{a}{b} + \frac{1}{\sqrt{5}}\frac{1}{b^2} > \frac{a'}{b'} - \frac{1}{\sqrt{5}}\frac{1}{b'^2}.$$

故 $\left[\dfrac{a}{b}, \dfrac{a}{b} + \dfrac{1}{\sqrt{5}\,b^2}\right]$ 与 $\left[\dfrac{a'}{b'} - \dfrac{1}{\sqrt{5}\,b'^2}, \dfrac{a'}{b'}\right]$ 中有一部分相重合,因而必有一包有 ξ,即有

$$\left|\xi - \frac{a}{b}\right| < \frac{1}{\sqrt{5}\,b^2}, \quad \text{或} \quad \left|\xi - \frac{a'}{b'}\right| < \frac{1}{\sqrt{5}\,b'^2}; \tag{4}$$

2) 假定 $\dfrac{1}{2}(1+\sqrt{5}) > \omega > \dfrac{1}{2}(\sqrt{5}-1)$.则

$$b + b' > \frac{1}{2}(\sqrt{5}+1)b, \quad b + b' > \frac{1}{2}(\sqrt{5}+1)b'.$$

故对于隔间 $\left[\dfrac{a}{b}, \dfrac{a+a'}{b+b'}\right]$ 及 $\left[\dfrac{a+a'}{b+b'}, \dfrac{a'}{b'}\right]$ 皆可用 1) 之方法.因而得出三种可能性之一.即除(4)之两种情形外,还可能有

$$\left|\xi - \frac{a+a'}{b+b'}\right| < \frac{1}{\sqrt{5}(b+b')^2}.$$

由于对一固定之 n,必有一组 a, b 适合于(3),由于 ξ 为无理数,由定理1,b 及 b' 随 n 趋向无穷.故得定理.

习题.证明二邻项之分母不同.

§11. Виноградов 关于函数的分数部分和的估值定理

以 $\{\alpha\}$ 表示 α 之分数部分,即 $\{\alpha\} = \alpha - [\alpha]$.本节的目的在于研究形如

$$\sum_{A \leqslant x < B} \{f(x)\}$$

的和.其应用见下节.

定理 1 设 $m > 0, (a, m) = 1, h \geqslant 0, c$ 为实数.并假定当 $x = 0, \cdots, m$ 时,常有 $c \leqslant \psi(x) \leqslant c + h$.命

$$S = \sum_{x=0}^{m-1}\left\{\frac{ax+\psi(x)}{m}\right\}.$$

则

$$\left|S-\frac{1}{2}m\right| \leqslant h+\frac{1}{2}.$$

证:显然有

$$\left|S-\frac{1}{2}m\right| \leqslant \sum_{x=0}^{m-1}\left|\left\{\frac{ax+\psi(x)}{m}\right\}-\frac{1}{2}\right| \leqslant \frac{1}{2}m.$$

故当 $m \leqslant 2h+1$ 时,本定理显然真实.

今假定 $m > 2h+1$. 命 r 为 $ax+[c]$ 对模 m 的最小正剩余. 显然有

$$S = \sum_{r=0}^{m-1}\left\{\frac{r+\Phi(r)}{m}\right\}, \tag{1}$$

此处

$$\Phi(r) = \psi(x) - [c].$$

故得

$$\{c\} \leqslant \Phi(r) \leqslant \{c\}+h. \tag{2}$$

若 $0 \leqslant r < m-[h+\{c\}]$,则

$$0 \leqslant \{c\} \leqslant r+\Phi(r) \leqslant m-[h+\{c\}]-1+\{c\}+h < m,$$

即

$$0 \leqslant \frac{r+\Phi(r)}{m} < 1,$$

故

$$\left\{\frac{r+\Phi(r)}{m}\right\} = \frac{r+\Phi(r)}{m},$$

即得

$$\frac{r}{m}+\frac{\{c\}}{m} \leqslant \left\{\frac{r+\Phi(r)}{m}\right\} \leqslant \frac{r}{m}+\frac{\{c\}+h}{m}. \tag{3}$$

若 $m-[h+\{c\}] \leqslant r < m$,命 $r = m-s$,则 $s = 1,2,\cdots,[h+\{c\}]$. 故得

$$\left\{\frac{r+\Phi(r)}{m}\right\} = \left\{1+\frac{\Phi(r)-s}{m}\right\}.$$

当 $\Phi(r)-s \geqslant 0$,则由 $\Phi(r)-s \leqslant h+\{c\}-1 < m$,可知

$$\frac{\{c\}-s}{m} \leqslant \left\{\frac{r+\Phi(r)}{m}\right\} = \frac{\Phi(r)-s}{m} \leqslant \frac{h+\{c\}-s}{m}; \tag{4}$$

又若 $\Phi(r)-s < 0$,则由 $0 < m+\{c\}-s \leqslant r+\Phi(r) < m$,可知

$$\frac{r+\{c\}}{m} \leqslant \left\{\frac{r+\Phi(r)}{m}\right\} = \frac{r+\Phi(r)}{m} \leqslant \frac{r+h+\{c\}}{m}. \tag{5}$$

总括(4),(5)二式,可知

第六章　数论函数

$$-1+\frac{r}{m}+\frac{\{c\}}{m} \leqslant \left\{\frac{r+\Phi(r)}{m}\right\} \leqslant \frac{r}{m}+\frac{h+\{c\}}{m}. \tag{6}$$

综合(3)及(6)可知

$$\{c\}-(h+\{c\}) \leqslant S-\sum_{r=0}^{m-1}\frac{r}{m} \leqslant h+\{c\},$$

因此得出

$$-h \leqslant S-\frac{1}{2}(m-1) \leqslant h+1.$$

故得定理.

定理 2　设 m 为整数,$A>2, 1 \leqslant m \leqslant A^{\frac{1}{3}}, (a,m)=1, k \geqslant 1$.又设

$$S=\sum_{x=M}^{M+m-1}\{f(x)\},$$

此处 $f(x)$ 在 $M \leqslant x \leqslant M+m-1$ 中定义,并有二级连续导数,且满足于

$$f'(M)=\frac{a}{m}+\frac{\theta}{m^2}, \quad (a,m)=1, |\theta|<1,$$

$$\frac{1}{A} \leqslant |f''(x)| \leqslant \frac{k}{A},$$

则

$$\left|S-\frac{1}{2}m\right| \leqslant \frac{1}{2}(k+5).$$

证:由广义中值公式可知

$$f(M+y)=f(M)+yf'(M)+\frac{y^2}{2}f''(M+\theta'y), |\theta'|<1.$$

在定理 1 中取

$$\psi(y)=m\left[f(M)+\frac{\theta}{m^2}y+\frac{1}{2}y^2 f''(M+\theta'y)\right].$$

由于 $f''(x)$ 的连续性及 $|f''(x)|>\frac{1}{A}$,可知其不变号.不妨假定 $f''(x)>0$.
则

$$m\left[f(M)-\frac{m}{m^2}\right]<\psi(y)<m\left[f(M)+\frac{m}{m^2}+\frac{1}{2}\frac{m^2}{A}k\right].$$

即得

$$mf(M)-1<\psi(y)<mf(M)+1+\frac{1}{2}k.$$

即在定理 1 中可取 $c=mf(M)-1, h=2+\frac{1}{2}k.$

定理 3　设 $k \geqslant 1, f(x)$ 在区间 $M \leqslant x \leqslant M+m$ 内定义并有连续之二级导数,

且
$$\frac{1}{A} \leqslant |f''(x)| \leqslant \frac{k}{A}.$$
则
$$S = \sum_{x=M}^{M+m-1} \{f(x)\} = \frac{1}{2}m + O(\Delta),$$
此处
$$\Delta = (k^2 m \log A + kA) A^{-\frac{1}{3}}.$$

证：取 $\tau = A^{\frac{1}{3}}, M = M_1$，由定理 10.6 可知有 a_1, m_1, θ_1 存在,使

$$f'(M_1) = \frac{a_1}{m_1} + \frac{\theta_1}{m_1 \tau}, \quad 0 < m_1 \leqslant \tau, (a_1, m_1) = 1, |\theta_1| < 1. \tag{7}$$

由定理 2 可知

$$\sum_{x=M_1}^{M_1+m_1-1} \{f(x)\} = \frac{1}{2}m_1 + \frac{\theta'_1}{2}(k+5), \quad |\theta'_1| \leqslant 1.$$

取 $M_2 = M_1 + m_1$，再由定理 10.6 可知有 a_2, m_2, θ_2 存在,使

$$f'(M_2) = \frac{a_2}{m_2} + \frac{\theta_2}{m_2 \tau}, \quad 0 < m_2 \leqslant \tau, (a_2, m_2) = 1, |\theta_2| < 1,$$

且有

$$\sum_{x=M_2}^{M_2+m_2-1} \{f(x)\} = \frac{1}{2}m_2 + \frac{\theta'_2}{2}(k+5), \quad |\theta'_2| \leqslant 1.$$

继行此法,若 s 步后有

$$0 \leqslant M + m - 1 - M_{s+1} < \tau,$$

则得

$$\left| S - \frac{1}{2}(m_1 + \cdots + m_s) - \frac{1}{2}(M + m - M_{s+1}) \right|$$
$$\leqslant \frac{s}{2}(k+5) + \frac{1}{2}(M + m - M_{s+1}),$$

即(由于 $M_{s+1} = M + m_1 + \cdots + m_s$)

$$\left| S - \frac{1}{2}m \right| < \frac{1}{2}s(k+5) + \frac{1}{2}(\tau + 1). \tag{8}$$

今往估计 s．假定 $0 < q < \tau, (p, q) = 1$．若 p, q 已固定,今往估计 $m_1, \cdots, m_s$ 中有多少个等于 q．由于 $f''(x)$ 的连续性及 $|f''(x)| > \frac{1}{A}$，可知在所讨论之范围内 $f''(x)$ 不变号．x 之适合于

$$\frac{p}{q} - \frac{1}{q\tau} \leqslant f'(x) \leqslant \frac{p}{q} + \frac{1}{q\tau} \tag{9}$$

第六章　数论函数

者成一区间.其中之任两点 x_1, x_2 常有

$$-\frac{2}{q\tau} < f'(x_1) - f'(x_2) < \frac{2}{q\tau}.$$

即得

$$\left|\int_{x_1}^{x_2} f''(t)\,dt\right| < \frac{2}{q\tau}.$$

即得

$$\frac{1}{A}|x_2 - x_1| < \frac{2}{q\tau}.$$

故适合(9)式的 x 所成的区间的长度 $\leqslant \frac{2A}{q\tau}$.故等于 q 的 m_i 的个数 $\leqslant \frac{2A}{q^2\tau}+1$.

其次,若 q 固定,今往求适合(9)之 p 的个数.假定 $p_1 > p_2$,及

$$\frac{p_1}{q} - \frac{1}{q\tau} \leqslant f'(x_1) \leqslant \frac{p_1}{q} + \frac{1}{q\tau},$$

$$\frac{p_2}{q} - \frac{1}{q\tau} \leqslant f'(x_2) \leqslant \frac{p_2}{q} + \frac{1}{q\tau},$$

则得

$$\left|\int_{x_2}^{x_1} f''(t)\,dt\right| = |f'(x_1) - f'(x_2)| \geqslant \frac{p_1 - p_2}{q} - \frac{2}{q\tau}.$$

即得

$$\frac{mk}{A} \geqslant |x_1 - x_2| \cdot \frac{k}{A} \geqslant \frac{p_1 - p_2}{q} - \frac{2}{q\tau}.$$

即得

$$p_1 - p_2 + 1 \leqslant \frac{kmq}{A} + \frac{2}{\tau} + 1.$$

即 p 的个数 $\leqslant \frac{kmq}{A} + \frac{2}{\tau} + 1$.

总之,将诸 $f'(M_i)$ 写成(7)之形式,诸分数 $\frac{u_i}{m_i}$ 中,其分母 m_i 为 q 者的个数

$$\leqslant \left[\frac{2A}{q^2\tau}+1\right]\left[\frac{kmq}{A}+\frac{2}{\tau}+1\right]$$

$$= \frac{km}{\tau}\left[\frac{2}{q}+\frac{q}{\tau^2}\right]+\left[\frac{2A}{q^2\tau}+1\right]\left[1+\frac{2}{\tau}\right].$$

将 $q = 1, 2, \cdots, [\tau]$ 相加,可知

$$s \leqslant \frac{km}{\tau}\left[2\log\tau + 2 + \frac{\tau^2+\tau}{2\tau^2}\right] + O\left[\frac{A}{\tau}\right]$$

$$= O\left[\frac{km}{\tau}\log A + \frac{A}{\tau}\right].$$

代入(8)式可得定理.

§12. Виноградов 定理对整点问题之应用

在定理 9.1 中已经证明:圆
$$u^2 + v^2 \leqslant x$$
中的整点数为
$$R(x) = \pi x + O(\sqrt{x}).$$
本节之目的在于证明一更精密的定理:

定理 1(Sierpinski)　设 $x \geqslant 2$,则
$$R(x) = \pi x + O(x^{\frac{1}{3}} \log x).$$

此结果并非关于此问题的最好纪录,运用较复杂的分析工具,著者在 1942 年证明 $R(x) = \pi x + O(x^{\frac{13}{40}+\varepsilon})$.但一般的推测为 $R(x) = \pi x + O(x^{\frac{1}{4}+\varepsilon})$.此乃数论上的一个著名难题.在证明定理 1 之前需要次之引理:

定理 2　设 $f(x)$ 在区间 $Q \leqslant x \leqslant R$ 内具有二次连续导数,又设
$$\sigma(x) = \int_0^x \left[\frac{1}{2} - \{t\} \right] dt.$$
则
$$\sum_{Q < x \leqslant R} f(x) = \int_Q^R f(x) dx + \left[\frac{1}{2} - \{R\} \right] f(R) - \left[\frac{1}{2} - \{Q\} \right] f(Q) - \sigma(R) f'(R)$$
$$+ \sigma(Q) f'(Q) + \int_Q^R \sigma(x) f''(x) dx.$$

证:设 x_1 为整数,$Q \leqslant \alpha < \beta \leqslant R$,$x_1 < \alpha < \beta < x_1 + 1$,则由部分积分,我们有
$$-\int_\alpha^\beta f(x) dx = \int_\alpha^\beta f(x) \frac{d}{dx}\left[\frac{1}{2} - \{x\} \right] dx$$
$$= \left[\frac{1}{2} - \{\beta\} \right] f(\beta) - \left[\frac{1}{2} - \{\alpha\} \right] f(\alpha) - \sigma(\beta) f'(\beta) + \sigma(\alpha) f'(\alpha)$$
$$+ \int_\alpha^\beta \sigma(x) f''(x) dx. \tag{1}$$

命 $\alpha \to x_1$,$\beta \to x_1 + 1$,则得
$$-\int_{x_1}^{x_1+1} f(x) dx = -\frac{1}{2} f(x_1+1) - \frac{1}{2} f(x_1) + \int_{x_1}^{x_1+1} \sigma(x) f''(x) dx.$$

由是即得
$$-\int_{[Q]+1}^{[R]} f(x) dx = -\sum_{[Q]+1 \leqslant x \leqslant [R]} f(x) + \frac{1}{2} f([Q]+1) + \frac{1}{2} f([R])$$
$$+ \int_{[Q]+1}^{[R]} \sigma(x) f''(x) dx. \tag{2}$$

若在(1)中,命 $\alpha = Q, \beta = [Q]+1$,则得

$$-\int_Q^{[Q]+1} f(x)\,dx = \frac{-1}{2} f([Q]+1) - \left[\frac{1}{2} - \{Q\}\right] f(Q) + \sigma(Q) f'(Q)$$
$$+ \int_Q^{[Q]+1} \sigma(x) f''(x)\,dx. \tag{3}$$

同理,有

$$-\int_{[R]}^R f(x)\,dx = \left[\frac{1}{2} - \{R\}\right] f(R) - \frac{1}{2} f([R]) - \sigma(R) f'(R)$$
$$+ \int_{[R]}^R \sigma(x) f''(x)\,dx. \tag{4}$$

将(2),(3)及(4)相加,即得所求之公式.

定理 1 之证明　由圆之图像,显然可以看出

$$R(x) = 1 + 4[\sqrt{x}] + 8 \sum_{0 < u \le \sqrt{\frac{x}{2}}} [\sqrt{x-u^2}] - 4\left[\sqrt{\frac{x}{2}}\right]^2. \tag{5}$$

显然有

$$\sum_{0 < u \le \sqrt{\frac{x}{2}}} [\sqrt{x-u^2}] = \sum_{0 < u \le \sqrt{\frac{x}{2}}} \sqrt{x-u^2} - \sum_{0 < u \le \sqrt{\frac{x}{2}}} \{\sqrt{x-u^2}\}$$
$$= \sum\nolimits_1 - \sum\nolimits_2.$$

我们来估计 $\sum_1$. 取 $f(u) = \sqrt{x-u^2}$,则由定理 2,即得

$$\sum\nolimits_1 = \int_0^{\sqrt{\frac{x}{2}}} \sqrt{x-u^2}\,du + \left[\frac{1}{2} - \left\{\sqrt{\frac{x}{2}}\right\}\right]\sqrt{\frac{x}{2}} - \frac{1}{2}\sqrt{x} + \sigma\left(\sqrt{\frac{x}{2}}\right)$$
$$- x\int_0^{\sqrt{\frac{x}{2}}} \frac{\sigma(u)\,du}{(x-u^2)^{3/2}} = \frac{\pi}{8} x + \frac{\pi}{4} + \left[\frac{1}{2} - \left\{\sqrt{\frac{x}{2}}\right\}\right]\sqrt{\frac{x}{2}} - \frac{1}{2}\sqrt{x} + O(1).$$

由上节定理 3,我们有

$$\sum\nolimits_2 = \frac{1}{2} \sqrt{\frac{x}{2}} + O(x^{\frac{1}{3}} \log x).$$

将此结果代入(5),立得我们的定理.

与圆内整点问题相仿有 Dirichlet 除数问题.前已证明

$$\sum_{1 \le n \le \xi} d(n) = \xi\log\xi + (2\gamma-1)\xi + O(\xi^{\frac{1}{2}+\varepsilon}).$$

(定理 5.4).今往证:

定理 3(Вороной)　若 $\xi \ge 2$,则

$$\sum_{1 \le n \le \xi} d(n) = \xi\log\xi + (2\gamma-1)\xi + O(\xi^{\frac{1}{3}}\log^2\xi).$$

关于此方面最好纪录是迟宗陶君用闵嗣鹤先生建议的方法而获得的,以

$O(\xi^{\frac{15}{16}+\varepsilon})$ 代替以上的 $O(\xi^{\frac{1}{3}}\log^2\xi)$. 一般猜测最佳之结果应当为 $O(\xi^{\frac{1}{4}+\varepsilon})$.

证：由定理 5.4 之证明，我们有

$$\sum_{1\leqslant n\leqslant \xi}d(n)=2\sum_{1\leqslant u\leqslant \sqrt{\xi}}\left[\frac{\xi}{u}\right]-[\sqrt{\xi}]^2. \tag{6}$$

取 $f(u)=\dfrac{1}{u}$，则由定理 2 即得

$$\sum_{1\leqslant u\leqslant \sqrt{\xi}}\frac{1}{u}=\lim_{\varepsilon\to 0}\sum_{1-\varepsilon<u\leqslant \sqrt{\xi}}\frac{1}{u}=\int_1^{\sqrt{\xi}}\frac{du}{u}+\left[\frac{1}{2}-\{\sqrt{\xi}\}\right]\xi^{-\frac{1}{2}}$$
$$+\frac{1}{2}+\sigma(\sqrt{\xi})\xi^{-1}+2\int_1^{\sqrt{\xi}}\sigma(x)x^{-3}dx.$$

注意

$$\int_1^{\infty}\sigma(x)x^{-3}dx=\frac{1}{2}\int_1^{\infty}\left[\frac{1}{2}-\{x\}\right]x^{-2}dx$$
$$=\frac{1}{4}-\frac{1}{2}\sum_{n=1}^{\infty}\int_0^1\frac{x}{(n+x)^2}dx$$
$$=\frac{1}{4}-\frac{1}{2}\sum_{n=1}^{\infty}\left\{\log(n+1)-\log n-\frac{1}{n+1}\right\}$$
$$=-\frac{1}{4}+\frac{1}{2}\gamma,$$

则得

$$2\sum_{1\leqslant u\leqslant \sqrt{\xi}}\frac{\xi}{u}=\xi\log\xi+2\left[\frac{1}{2}-\{\sqrt{\xi}\}\right]\xi^{\frac{1}{2}}+2\gamma\xi+O(1). \tag{7}$$

我们现来估计

$$S=\sum_{1\leqslant u\leqslant \sqrt{\xi}}\left\{\frac{\xi}{u}\right\}.$$

取 t_0，使 $[\sqrt{\xi}]2^{-t_0}\geqslant 2\xi^{\frac{1}{3}}\geqslant [\sqrt{\xi}]2^{-t_0-1}$，则显然有

$$S=\sum_{t=0}^{t_0}\sum_{[\sqrt{\xi}]2^{-t-1}<u\leqslant [\sqrt{\xi}]2^{-t}}\left\{\frac{\xi}{u}\right\}+O(\xi^{\frac{1}{3}}).$$

由上节定理 3，即得（以 $[\sqrt{\xi}]2^{-t-1}$ 代 m，以 $[\sqrt{\xi}]^3\xi^{-1}2^{-(3t+1)}$ 代 A），

$$\sum_{[\sqrt{\xi}]2^{-t-1}<u\leqslant [\sqrt{\xi}]2^{-t}}\left\{\frac{\xi}{u}\right\}=\frac{1}{2^{t+2}}[\sqrt{\xi}]+O(\xi^{\frac{1}{3}}\log\xi).$$

故

$$S=\frac{1}{2}[\sqrt{\xi}]+O(\xi^{\frac{1}{3}}\log^2\xi). \tag{8}$$

注意 $[\sqrt{\xi}]^2=\xi-2\{\sqrt{\xi}\}\xi^{\frac{1}{2}}+O(1)$，则由 (6)，(7) 及 (8)，即得定理.

§13. Ω-结果

数论中不少著名问题皆在于估计某一表达式之精确度,即在于将误差项之无穷大之阶尽可能地降低.此类结果通常称之为 O-结果.上节定理 1 及定理 3 皆其例也.另一方面,吾人也常从事误差不能再好的估计.即其无穷大之阶不能好过如何情况之研究,此类结果称为 Ω-结果.

上节中曾提及定理 12.1 之 O-项一般推测最好的结果是 $O(x^{\frac{1}{4}+\epsilon})$.本节之目的在于证明.对任一正数 $\epsilon > 0$,不可能有以下之式子
$$R(x) = \pi x + O(x^{\frac{1}{4}-\epsilon}).$$
但以下之结果较此略为广泛.

本节中之 K, K_1, K_2, K_3 皆表绝对常数.可表示之数值可能因地而异,即同一符号不一定就代表同一数值,但这绝不会因此而发生误解.

定理 1(Erdös-Fuchs) 设 $c > 0, a_1, a_2, \cdots$ 表一整数列,适合于
$$0 \leqslant a_1 \leqslant a_2 \leqslant \cdots.$$
以 $f(n)$ 表 $a_i + a_j = n$ 之解答数. $r(x) = \sum_{n \leqslant x} f(n)$ 表适合于 $a_i + a_j \leqslant x$ 的 a_i, a_j 之数对的数目.如是则
$$r(x) = cx + o(x^{\frac{1}{4}} \log^{-\frac{1}{2}} x) \tag{1}$$
决不能成立.

在证明本定理之前,先引进以下各引理:

定理 2(Erdös-Fuchs) 设 a_n 为实数,
$$\psi(\theta) = \sum_{n=-\infty}^{\infty} a_n e^{in\theta}$$
一致收敛,且 $\sum_{n=-\infty}^{\infty} a_n^2$ 收敛,则
$$\frac{1}{2\pi} \int_{-\pi}^{\pi} |\psi(\theta)|^2 d\theta = \sum_{n=-\infty}^{\infty} a_n^2.$$

证:显然有
$$|\psi(\theta)|^2 = \sum_{n=-\infty}^{\infty} \sum_{m=-\infty}^{\infty} a_n a_m e^{i(n-m)\theta}.$$
由 $-\pi$ 到 π 逐项求积分即得所求.

定理 3 设 $b_n \geqslant 0, \varphi(z) = \sum_{n=1}^{\infty} b_n z^n$ 当 $|z| < 1$ 时收敛,则对 $0 < \alpha < \pi, z = re^{i\theta}(0 < r < 1)$ 时,有次之不等式

$$\frac{1}{2\alpha}\int_{-\alpha}^{\alpha}\mid\varphi(z)\mid^{2}d\theta\geqslant\frac{1}{6\pi}\int_{-\pi}^{\pi}\mid\varphi(z)\mid^{2}d\theta.$$

证:引进一个函数

$$q(\theta)=\begin{cases}1-\left|\dfrac{\theta}{\alpha}\right|, & \text{当}\mid\theta\mid\leqslant\alpha,\\ 0, & \text{当}\alpha<\mid\theta\mid\leqslant\pi.\end{cases}$$

如是则

$$\int_{-\alpha}^{\alpha}\mid\varphi(z)\mid^{2}d\theta\geqslant\int_{-\pi}^{\pi}\mid q(\theta)\mid^{2}\mid\varphi(z)\mid^{2}d\theta$$
$$=\sum_{m,n=1}^{\infty}b_{n}b_{m}r^{n+m}\int_{-\pi}^{\pi}\mid q(\theta)\mid^{2}e^{i(n-m)\theta}d\theta.$$

当 $m\neq n$ 时,

$$\int_{-\pi}^{\pi}\mid q(\theta)\mid^{2}e^{i(n-m)\theta}d\theta=2\int_{0}^{\alpha}\left(1-\frac{\theta}{\alpha}\right)^{2}\cos(n-m)\theta d\theta$$
$$=\frac{4}{\alpha(n-m)^{2}}\left[1-\frac{\sin(n-m)\alpha}{\alpha(n-m)}\right]\geqslant 0,$$

而 $m=n$ 时,

$$\int_{-\pi}^{\pi}\mid q(\theta)\mid^{2}d\theta=\frac{2\alpha}{3},$$

故得出

$$\int_{-\alpha}^{\alpha}\mid\varphi(z)\mid^{2}d\theta\geqslant\frac{2\alpha}{3}\sum_{n=1}^{\infty}b_{n}^{2}r^{2n}=\frac{\alpha}{3\pi}\int_{-\pi}^{\pi}\mid\varphi(z)\mid^{2}d\theta.$$

定理 4 设 $\mid z\mid<1$.命

$$(1-z)^{-r}=\sum_{n=0}^{\infty}\gamma_{n}z^{n},$$

则有常数 c,C 存在,使

$$0<c<\frac{\gamma_{n}}{n^{r-1}}<C<\infty.$$

证:由二项式定理立得

$$\gamma_{n}=\frac{r(r+1)\cdots(r+n-1)}{1\cdot 2\cdot\cdots\cdot n}.$$

由于

$$\int_{\nu-\frac{1}{2}}^{\nu+\frac{1}{2}}\log t\, dt=\int_{0}^{\frac{1}{2}}\{\log(\nu+t)+\log(\nu-t)\}dt$$
$$=\int_{0}^{\frac{1}{2}}\left\{\log\nu^{2}+\log\left(1-\frac{t^{2}}{\nu^{2}}\right)\right\}dt$$
$$=\log\nu+O\left(\frac{1}{\nu^{2}}\right),$$

第六章　数论函数

故得
$$\sum_{l=1}^{n}\log(r+l-1) = \sum_{l=1}^{n}\int_{r+l-\frac{3}{2}}^{r+l-\frac{1}{2}}\log t\, dt + O\left[\sum_{l=1}^{n}\frac{1}{(r+l-1)^2}\right]$$
$$= \int_{r-\frac{1}{2}}^{r-\frac{1}{2}+n}\log t\, dt + O(1)$$
$$= \left[r-\frac{1}{2}+n\right]\log\left[r-\frac{1}{2}+n\right] - \left[r-\frac{1}{2}+n\right] + O(1)$$
$$= \left[r-\frac{1}{2}+n\right]\log n - n + O(1)$$

及
$$\log n! = \sum_{l=1}^{n}\log l = \left[\frac{1}{2}+n\right]\log n - n + O(1).$$

因此
$$\log \gamma_n = (r-1)\log n + O(1),$$

故得定理.

定理 5　若 $b_n = o(n^{1/2}\log^{-1}n)$，则当 $0 < r < 1$ 时，
$$\sum_{n=0}^{\infty} b_n r^n = o\left[(1-r)^{-\frac{3}{2}}\log^{-1}\frac{1}{1-r}\right].$$

证：由假定可知
$$\sum_{n=0}^{\infty} b_n r^n \leqslant K \sum_{n \leqslant (1-r)^{-\frac{1}{2}}} n^{\frac{1}{2}} r^n + \mathfrak{e}(r)\log^{-1}\frac{1}{1-r}\sum_{n > (1-r)^{-\frac{1}{2}}} n^{\frac{1}{2}} r^n,$$

此处当 $r \to 1$ 时 $\mathfrak{e}(r) \to 0$. 第一分和的项数 $\leqslant (1-r)^{-1/2}$，每一项皆 $\leqslant (1-r)^{-1/4}$，故此分和 $\leqslant (1-r)^{-3/4}$. 由定理 4，第二分和
$$\leqslant \mathfrak{e}(r)\log^{-1}\frac{1}{1-r}\sum_{n=1}^{\infty} n^{\frac{1}{2}} r^n$$
$$\leqslant \varepsilon(r)\log^{-1}\frac{1}{1-r}(1-r)^{-\frac{3}{2}}.$$

总之可得
$$\sum_{n=0}^{\infty} b_n r^n \leqslant K(1-r)^{-\frac{3}{4}} + \varepsilon(r)\log^{-1}\frac{1}{1-r}(1-r)^{-\frac{3}{2}}$$
$$= o\left[\log^{-1}\frac{1}{1-r}(1-r)^{-\frac{3}{2}}\right].$$

定理 6　假定 $f(x), g(x)$ 为 (a,b) 间定义的实连续函数，则
$$\left|\int_a^b f(x)g(x)\,dx\right| \leqslant \left[\int_a^b f^2(x)\,dx \int_a^b g^2(x)\,dx\right]^{\frac{1}{2}}.$$

证：设 λ 为任一实数，因
$$\lambda^2 \int_a^b f^2(x)\,dx + 2\lambda \int_a^b f(x)g(x)\,dx + \int_a^b g^2(x)\,dx$$

$$= \int_a^b (\lambda f(x) + g(x))^2 \, dx \geq 0.$$

故上式右边 λ 之二次式之判别式 ≤ 0，即得定理.

定理 1 之证明　设 $\frac{1}{2} < r < 1, z = re^{i\theta}, 1 - r < \alpha < \frac{\pi}{2}$. 命

$$g(z) = \sum_{k=1}^{\infty} z^{a_k},$$

由此立得

$$g^2(z) = \sum_{n=0}^{\infty} f(n) z^n$$

及

$$(1-z)^{-1} g^2(z) = \sum_{n=0}^{\infty} r(n) z^n.$$

若 (1) 式成立，则

$$\begin{aligned}(1-z)^{-1} g^2(z) &= c \sum_{n=0}^{\infty} n z^n + h(z) \\ &= cz(1-z)^{-2} + h(z),\end{aligned} \quad (2)$$

此处

$$h(z) = \sum_{n=0}^{\infty} v_n z^n, \quad v_n = o(n^{\frac{1}{4}} \log^{-\frac{1}{2}} n).$$

今往导出矛盾.

由 (2) 可知

$$\int_{-\alpha}^{\alpha} |g(z)|^2 \, d\theta = \int_{-\alpha}^{\alpha} |cz(1-z)^{-1} + (1-z) h(z)| \, d\theta$$
$$\leq c \int_{-\pi}^{\pi} |1-z|^{-1} \, d\theta + \int_{-\alpha}^{\alpha} |1-z| |h(z)| \, d\theta, \quad (3)$$

由定理 2 及定理 4 可知

$$\int_{-\pi}^{\pi} |1-z|^{-1} \, d\theta = \int_{-\pi}^{\pi} |(1-z)^{-\frac{1}{2}}|^2 \, d\theta$$
$$< K \sum_{n=1}^{\infty} \frac{r^{2n}}{n} < K \log \frac{1}{1-r}.$$

又由定理 6, 5 可知

$$\int_{-\alpha}^{\alpha} |1-z| |h(z)| \, d\theta \leq \sqrt{\int_{-\alpha}^{\alpha} |1-z|^2 \, d\theta \int_{-\alpha}^{\alpha} |h(z)|^2 \, d\theta}$$
$$\leq \sqrt{(2\alpha(1+r^2) - 4r \sin \alpha) \int_{-\pi}^{\pi} |h(z)|^2 \, d\theta}$$
$$\leq \left\{ (2\alpha(1-r)^2 + 4r(\alpha - \sin \alpha)) \varepsilon(r) (1-r)^{-\frac{3}{2}} \log^{-1} \frac{1}{1-r} \right\}^{\frac{1}{2}}$$

$$\leqslant \varepsilon(r)\alpha^{\frac{3}{2}}(1-r)^{-\frac{3}{4}}\log^{-\frac{1}{2}}\frac{1}{1-r},$$

此处当 $r \to 1$ 时 $\varepsilon(r) \to 0$. 故由(3)得

$$\int_{-\alpha}^{\alpha} |g(z)|^2 d\theta \leqslant K_1 \log\frac{1}{1-r} + \varepsilon(r)\alpha^{\frac{3}{2}}(1-r)^{-\frac{3}{4}}\log^{-\frac{1}{2}}\frac{1}{1-r}. \tag{4}$$

另一方面,由定理 3 可知

$$\int_{-\alpha}^{\alpha} |g(z)|^2 d\theta > \frac{\alpha}{3\pi}\int_{-\pi}^{\pi} |g(z)|^2 d\theta = \frac{\alpha}{3\pi}\sum_{k=1}^{\infty} r^{2a_k}$$

$$= \frac{\alpha}{3\pi}g(r^2).$$

由(2)及定理 4 可知

$$g^2(r^2) = cr^2(1-r^2)^{-1} + (1-r^2)h(r^2)$$

$$= cr^2(1-r^2)^{-1} + (1-r^2)O(\sum n^{-\frac{1}{4}}r^{2n})$$

$$> K(1-r)^{-1} - O((1-r)^{1-\frac{5}{4}})$$

$$> K(1-r)^{-1}.$$

故得

$$\int_{-\alpha}^{\alpha} |g(z)|^2 d\theta > K_2\alpha(1-r)^{-\frac{1}{2}}. \tag{5}$$

取 $K_2\varepsilon^{-2/3} > 1 + K_1$,又命 $\alpha = \varepsilon^{-2/3}(1-r)^{1/2}\log\frac{1}{1-r}$,则由(4)与(5)可得

$$K_2\varepsilon^{-2/3} < K_1 + 1$$

此乃一矛盾.故定理已证明.

§14. Dirichlet 级数

Dirichlet 级数乃是形如

$$F(s) = \sum_{n=1}^{\infty} \frac{f(n)}{n^s}$$

之级数,此 $F(s)$ 称为 $f(n)$ 的演成函数.

本书并不讨论 Dirichlet 级数的基本性质,而仅讨论其若干形式上之变化而已.甚且不说明级数之收敛范围.

若 $f(n)$ 是一积性函数,则

$$F(s) = \prod_p \left[1 + \frac{f(p)}{p^s} + \frac{f(p^2)}{p^{2s}} + \cdots\right],$$

此处 p 过所有的素数.又若 $f(n)$ 是一完全积性函数,则

$$F(s) = \prod_p \left[1 - \frac{f(p)}{p^s}\right]^{-1}.$$

若

$$G(s) = \sum_{n=1}^{\infty} \frac{g(n)}{n^s},$$

则

$$F(s)G(s) = \sum_{l=1}^{\infty} \frac{f(l)}{l^s} \sum_{m=1}^{\infty} \frac{g(m)}{m^s}$$
$$= \sum_{n=1}^{\infty} \frac{1}{n^s} \sum_{d \mid n} f(d) g\left[\frac{n}{d}\right].$$

故 $F(s)G(s)$ 乃

$$\sum_{d \mid n} f(d) g\left[\frac{n}{d}\right]$$

之演成函数. 由此可以说明定理 4.2.

命

$$\zeta(s) = \sum_{n=1}^{\infty} \frac{1}{n^s}.$$

此乃解析数论中著名的 Riemann ζ 函数,有乘积式

$$\zeta(s) = \prod_p \left[1 - \frac{1}{p^s}\right]^{-1}. \tag{1}$$

故

$$\frac{1}{\zeta(s)} = \prod_p \left[1 - \frac{1}{p^s}\right] = \prod_p \left[1 + \frac{\mu(p)}{p^s} + \frac{\mu(p^2)}{p^{2s}} + \cdots\right]$$
$$= \sum_{n=1}^{\infty} \frac{\mu(n)}{n^s}. \tag{2}$$

若 $g(n)$ 是 $f(n)$ 之 Möbius 变换,则其演成函数 $G(s)$ 及 $F(s)$ 有次之关系

$$G(s) = \zeta(s) F(s).$$

Möbius 反转定理实对应于

$$F(s) = \frac{1}{\zeta(s)} G(s).$$

又可知

$$\sum_{n=1}^{\infty} \frac{d(n)}{n^s} = \zeta^2(s). \tag{3}$$

更有

$$\sum_{n=1}^{\infty} \frac{|\mu(n)|}{n^s} = \prod_p \left[1 + \frac{1}{p^s}\right] = \frac{\prod_p \left[1 - \frac{1}{p^{2s}}\right]}{\prod_p \left[1 - \frac{1}{p^s}\right]} = \frac{\zeta(s)}{\zeta(2s)}. \tag{4}$$

取(1)式之对数且微分之,则得

$$\frac{\zeta'(s)}{\zeta(s)} = -\sum_p \frac{\log p}{p^s}\left[1-\frac{1}{p^s}\right]^{-1}$$

$$= -\sum_p \log p \sum_{m=1}^{\infty} \frac{1}{p^{ms}}$$

$$= -\sum_{n=2}^{\infty} \frac{\Lambda(n)}{n^s}. \tag{5}$$

因为

$$\zeta'(s) = -\sum_{n=2}^{\infty} \frac{\log n}{n^s}, \tag{6}$$

此二式重新建立了 $\log n$ 与 $\Lambda(n)$ 之 Möbius 变换关系.

$$\log \zeta(s) = -\sum_p \log\left[1-\frac{1}{p^s}\right]$$

$$= \sum_p \sum_{m=1}^{\infty} \frac{1}{mp^{sm}} = \sum_{n=1}^{\infty} \frac{\Lambda_1(n)}{n^s}. \tag{7}$$

又

$$\zeta'(s) = \sum_{n=1}^{\infty} \frac{\log^2 n}{n^s}.$$

由于

$$\sum_{n=1}^{\infty} \frac{\Lambda(n)\log n}{n^s} = \left[\frac{\zeta'(s)}{\zeta(s)}\right]'$$

及

$$\sum_{n=1}^{\infty} \frac{1}{n^s}\left[\sum_{d\mid n} \Lambda(d)\Lambda\left[\frac{n}{d}\right]\right] = \left[\frac{\zeta'(s)}{\zeta(s)}\right]^2,$$

由

$$\frac{\zeta''(s)}{\zeta(s)} = \frac{d}{ds}\frac{\zeta'(s)}{\zeta(s)} + \left[\frac{\zeta'(s)}{\zeta(s)}\right]^2 \tag{8}$$

而得出

$$\sum_{d\mid n} \mu(d)\log^2 \frac{n}{d} = \sum_{d\mid n} \Lambda(d)\Lambda\left[\frac{n}{d}\right] + \Lambda(n)\log n.$$

又 §8 中之结果也可叙述为:命

$$L(s) = \sum_{n=1}^{\infty} \frac{\chi(n)}{n^s},$$

则

$$\sum_{n=1}^{\infty} \frac{r(n)}{n^s} = 4L(s)\zeta(s). \tag{9}$$

解析数论之研究乃从 $F(s)$ 之解析性质入手,因而研究出数论函数 $f(n)$ 之性质.

习题 1. 讨论 (1)—(9) 成立之范围.

习题 2. 建立:

$$\frac{\zeta^3(s)}{\zeta(2s)} = \sum_{n=1}^{\infty} \frac{d(n^2)}{n^s}, \qquad (s>1).$$

$$\frac{\zeta^4(s)}{\zeta(2s)} = \sum_{n=1}^{\infty} \frac{(d(n))^2}{n^s}, \qquad (s>1).$$

$$\frac{\zeta(s-1)}{\zeta(s)} = \sum_{n=1}^{\infty} \frac{\varphi(n)}{n^s}, \qquad (s>2).$$

$$\zeta(s)\zeta(s-a) = \sum_{n=1}^{\infty} \frac{\sigma_a(n)}{n^s}, \qquad s>\max(1,a+1).$$

$$\frac{\zeta(s)\zeta(s-a)\zeta(s-b)\zeta(s-a-b)}{\zeta(2s-a-b)} = \sum_{n=1}^{\infty} \frac{\sigma_a(n)\sigma_b(n)}{n^s},$$
$$s>\max(1,a+1,b+1,a+b+1).$$

§15. Lambert 级数

定义

$$F(x) = \sum_{n=1}^{\infty} f(n) \frac{x^n}{1-x^n} \tag{1}$$

称为 Lambert 级数, $F(x)$ 称为 $f(n)$ 之演成函数.

把 (1) 展开成幂级数, 则

$$F(x) = \sum_{n=1}^{\infty} f(n) \sum_{m=1}^{\infty} x^{mn}$$
$$= \sum_{n=1}^{\infty} g(n) x^n,$$

此处

$$g(n) = \sum_{d|n} f(d).$$

故若 $g(n)$ 是 $f(n)$ 之 Möbius 变换, 则以 $g(n)$ 为系数之幂级数可以变为 $f(n)$ 的 Lambert 演成函数.

今取 $g(n) = \Delta(n)$, 则有

$$x = \sum_{n=1}^{\infty} \frac{\mu(n) x^n}{1-x^n}. \tag{1}$$

又取 $g(n) = n$, 则由

$$\sum_{n=1}^{\infty} n x^n = \frac{x}{(1-x)^2},$$

可知
$$\sum_{n=1}^{\infty}\frac{\varphi(n)x^n}{1-x^n}=\frac{x}{(1-x)^2}. \tag{2}$$

同法
$$\sum_{n=1}^{\infty}d(n)x^n=\frac{x}{1-x}+\frac{x^2}{1-x^2}+\frac{x^3}{1-x^3}+\cdots. \tag{3}$$

$$\sum_{n=1}^{\infty}r(n)x^n=4\left[\frac{x}{1-x}-\frac{x^3}{1-x^3}+\frac{x^5}{1-x^5}-\cdots\right]. \tag{4}$$

第七章 三角和及特征

§1. 剩余系之表示法

设 m 是一正整数,由前已知依模 m 可将整数分为 m 个剩余类:
$$A_0, A_1, \cdots, A_{m-1}$$
(其中 A_s 包括所有的 $\equiv s(\text{mod } m)$ 之整数). 此诸剩余类之间可以定义加法, 即
$$A_s + A_t = A_u, \quad u = \begin{cases} s+t & \text{若 } s+t < m, \\ s+t-m & \text{若 } s+t \geq m. \end{cases}$$
此乃所谓"群"之性质. 在群论中有所谓表示论(representation theory)者, 乃将一较抽象之对象表成具体的事物, 此种方法极为有用(如量子力学). 在本节中将讨论剩余类之加法群之表示法.

对应于较抽象之概念类 A_u, 吾人有一复数 ξ_u, 使其间保持有相似之关系; 即如
$$A_u + A_v = A_w, \tag{1}$$
则
$$\xi_u \xi_v = \xi_w. \tag{2}$$
在吾人眼前即有一表示法:
$$\xi_u = e^{2\pi i u/m}.$$
此表示法之优点在于: (i) 同一类之数对应于一数, 即若 $u = v + km$, 则
$$\xi_u = e^{2\pi i(v+km)/m} = e^{2\pi i v/m} = \xi_v;$$
(ii) 若 $u + v \equiv w(\text{mod } m)$, 则
$$\xi_u \xi_v = \xi_w.$$
经此种方法表示后, 类之加法之抽象概念一变而为具体的复数之乘法矣. 因此可以体会出同余式方面之结果有可能从三角和之结果得出. 此即三角和之研究在数论中占重要地位之由来.

命 a 为任一整数, 则
$$\xi_u^a = e^{2\pi i a u/m}$$
也有(i)及(ii)之性质. 所以共有 m 个不同之表示法.

今往证明舍此而外并无其他: 若 η_u 是任一复数有以上之性质者, 则由 $mu \equiv$

$0(\bmod m)$，可知
$$\eta_u^m = \eta_0.$$
但
$$\eta_0^2 = \eta_0,$$
故若 $\eta_0 \neq 0$，则 $\eta_0 = 1$。由是 η_u 为 1 之 m 次根。如命
$$\eta_1 = e^{2\pi i a/m},$$
则
$$\eta_u = \eta_1^u = e^{2\pi i a u/m}.$$
若 $\eta_0 = 0$，则 $\eta_u = 0$，即恒等于零之表示法，不在讨论之列。

定理 1 依 m 整除 n 与否，可知
$$\frac{1}{m}\sum_{a=0}^{m-1}\xi_n^a = 1 \text{ 或 } 0,$$
即
$$\frac{1}{m}\sum_{a=0}^{m-1} e^{2\pi i a n/m} = 1 \text{ 或 } 0.$$

证：若 $m \mid n$，则定理显然。若 $m \nmid n$，则
$$\sum_{a=0}^{m-1}\xi_n^a = \frac{1-\xi_n^m}{1-\xi_n} = 0.$$

由此定理可知，同余式
$$f(x_1, \cdots, x_n) \equiv N(\bmod m), \quad 0 \leqslant x_v \leqslant m-1$$
之解答数可以表成
$$\frac{1}{m}\sum_{x_1=0}^{m-1}\cdots\sum_{x_n=0}^{m-1}\sum_{a=0}^{m-1} e^{2\pi i a(f(x_1,\cdots,x_n)-N)/m}.$$

经此法表达后，同余式之问题获得了解析形式。

对整数系统则有次之结果：

定理 2 依 n 为 0 与否，可知
$$\int_0^1 e^{2\pi i n x} dx = 1 \text{ 或 } 0.$$

由此可以推出，方程
$$f(x_1,\cdots,x_n) = N, \quad a_v \leqslant x_v \leqslant b_v$$
之整数解答之组数等于
$$\sum_{a_1 \leqslant x_1 \leqslant b_1}\cdots\sum_{a_n \leqslant x_n \leqslant b_n}\int_0^1 e^{2\pi i(f(x_1,\cdots,x_n)-N)\alpha} d\alpha.$$

例 1. Fermat 问题在证明：当 $k \geqslant 3$ 时，
$$\int_0^1 \Big[\sum_{x=1}^N e^{2\pi i x^k \alpha}\Big]^2 \Big[\sum_{x=1}^N e^{-2\pi i x^k \alpha}\Big] d\alpha = 0.$$

例 2. Гольдбах 问题在证明

$$\int_0^1 \Bigl[\sum_{p \leqslant 2N} e^{2\pi i p\alpha}\Bigr]^2 e^{-4\pi i N\alpha} d\alpha > 0.$$

此二例子实质上并未给与我们对此二问题之解答以任何帮助.

习题 1. 设 $(n, m) = 1$,

$$S = \sum_{x=0}^{m-1} \sum_{y=0}^{m-1} \xi(x)\eta(y) e^{2\pi i x y n/m},$$

$$\sum_{x=0}^{m-1} |\xi(x)|^2 = X_0, \quad \sum_{y=0}^{m-1} |\eta(y)|^2 = Y_0,$$

则

$$|S| \leqslant \sqrt{X_0 Y_0 m}.$$

§2. 特 征 函 数

吾人已知一缩系对乘法也自封. 即命

$$A_{a_1}, A_{a_2}, \cdots, A_{a_{\varphi(m)}}$$

表模 m 之剩余类之适合于

$$(a_u, m) = 1$$

者. 则

$$A_{a_u} A_{a_v}$$

亦为其中之一员. 今问其是否亦有表示法?

定义 对模 m 之一特征 $\chi(n)$ 是一仅当 $(n, m) = 1$ 时方有定义的函数, 且 $\chi(n)$ 适合于:

1) $\chi(1) \neq 0$;
2) 若 $a \equiv b \pmod{m}$, 则 $\chi(a) = \chi(b)$;
3) $\chi(ab) = \chi(a)\chi(b)$.

有时为方便计, 也加上: 若 $(n, m) > 1$, 则

$$\chi(n) = 0.$$

例. $\chi(n) = 1$ 显然是一特征, 此名为主特征, 以 χ_0 表之.

由定义可推得 $\chi(1) = 1$.

二特征之积显然为一特征, $\overline{\chi}(n)$ 也是一特征.

先以 $m = p$ 为一素数时为例: 取 g 为模 p 之一原根, 则函数

$$\chi_a(n) = e^{2\pi i a \operatorname{ind} n/(p-1)}$$

即为一种表示法, 盖其具有次之性质:

1) $\chi_a(1) = 1 \neq 0$;

2) 若 $n \equiv n' \pmod{p}$, 则
$$\operatorname{ind} n \equiv \operatorname{ind} n' \pmod{p-1},$$
故
$$\chi_a(n) = \chi_a(n');$$

3) $\chi_a(n\, n') = e^{2\pi i a \operatorname{ind}(nn')/(p-1)}$
$$= e^{2\pi i a (\operatorname{ind} n + \operatorname{ind} n')/(p-1)}$$
$$= \chi_a(n)\chi_a(n').$$

更具体些, 当 p 为奇素数时, 取 $a = \frac{1}{2}(p-1)$, 则
$$\chi_{\frac{1}{2}(p-1)}(n) = e^{\pi i \operatorname{ind} n} = \left[\frac{n}{p}\right].$$

是以二次剩余之 Legendre 符号即为特征之一. 由上可知关于模 p 共有 $p-1$ 个特征. 不难证明也仅有 $p-1$ 个不同的特征.

将此论据推广到一般之情况:

1) $m = p^l$, p 是奇素数.

由定理 3.9.1, 对模 p^l 有原根存在, 因之若 $p \nmid n$, 也可以定义 $\operatorname{ind} n$, 即
$$n \equiv g^{\operatorname{ind} n} \pmod{p^l}.$$

如此可以获得 $\varphi(p^l)$ 个特征:
$$\chi_a(n) = e^{2\pi i a \operatorname{ind} n/\varphi(p^l)}, \quad 1 \leqslant a \leqslant \varphi(p^l).$$

显然有 $\chi_a(1) = 1$. 又有一特征
$$\chi_1(n) = e^{2\pi i \operatorname{ind} n/\varphi(p^l)}$$

具次之性质: 若 $n \not\equiv 1 \pmod{p^l}$, 则
$$\chi_1(n) \neq 1.$$

2) $m = 2^l$.

2.1) $l = 1$, 仅有一主特征.

2.2) $l = 2$, 舍主特征外, 还有一特征
$$\chi(1) = 1, \quad \chi(3) = -1.$$

2.3) $l > 2$. 由定理 3.9.3, 当 n 为一奇素数时, 吾人有一整数 b 使
$$n \equiv (-1)^{\frac{1}{2}(n-1)} 5^b \pmod{2^l}, \quad b \geqslant 0.$$

吾人定义
$$\chi_{a,c}(n) = (-1)^{\frac{1}{2}(n-1)a} e^{2\pi i c b/2^{l-2}}.$$

这里 a 有二不同值, $\operatorname{mod} 2$, c 有 2^{l-2} 个不同值 $\operatorname{mod} 2^{l-2}$, 故也给出了 $\varphi(2^l) = 2^{l-1}$ 个特征. 而

$$\chi_{1,1}(n) = (-1)^{\frac{1}{2}(n-1)} e^{2\pi i b/2^{l-2}}$$

有次之性质:若
$$\chi_{1,1}(n) = 1,$$
则 $n \equiv 1 (\mathrm{mod}\ 2^l)$ 或 $n \equiv -5^{2^{l-3}} (\mathrm{mod}\ 2^l)$。当 $n \equiv -5^{2^{l-3}} (\mathrm{mod}\ 2^l)$ 时,
$$\chi_{0,1}(n) = -1 \neq 1.$$
即若 $n \not\equiv 1 (\mathrm{mod}\ 2^l)$,则可取一 $\chi_{a,c}$ 使
$$\chi_{a,c}(n) \neq 1.$$

3) 一般情况:命
$$m = p_1^{l_1} \cdots p_s^{l_s}, \quad l_v > 0,$$
是 m 的标准分解式.

对模 $p_v^{l_v}$ 之一特征命为
$$\chi^{(v)}(n),$$
则
$$\chi(n) = \prod_{v=1}^{s} \chi^{(v)}(n) \tag{1}$$
为模 m 之一特征. 由此可得 $\varphi(m)$ 个以 m 为模之特征.

反之,若特征 $\chi(n)$ 之模为
$$k = k_1 \cdots k_v,$$
此处 k_i 两两互素. 则存在以 $k_i (i=1,\cdots,v)$ 为模之特征 $\chi_i(n)$ 使
$$\chi(n) = \chi_1(n) \cdots \chi_v(n).$$
欲明此理,只需证明 $v=2$ 之情形即可.

由孙子定理,对任一 n,吾人可定出 n_1 及 n_2 使
$$n_1 \equiv n (\mathrm{mod}\ k_1), \quad n_1 \equiv 1 (\mathrm{mod}\ k_2),$$
$$n_2 \equiv 1 (\mathrm{mod}\ k_1), \quad n_2 \equiv n (\mathrm{mod}\ k_2),$$
定义
$$\chi_1(n) = \chi(n_1), \quad \chi_2(n) = \chi(n_2),$$
不难证明 $\chi_1(n)$ 是一以 k_1 为模之特征, $\chi_2(n)$ 是一以 k_2 为模之特征. 由 n_1, n_2 之定义,可知
$$n_1 n_2 \equiv n (\mathrm{mod}\ k_1), \quad n_1 n_2 \equiv n (\mathrm{mod}\ k_2),$$
故
$$n_1 n_2 \equiv n (\mathrm{mod}\ k).$$
由是即得
$$\chi(n) = \chi(n_1 n_2) = \chi(n_1) \chi(n_2) = \chi_1(n) \chi_2(n).$$

定理 1 所造出的 $\varphi(m)$ 个特征各不相同.

第七章 三角和及特征

证：若
$$\prod_{v=1}^{s} \chi^{(v)}(n) = \prod_{v=1}^{s} \chi_0^{(v)}(n).$$
由于 $\chi^{(v)}(n)/\chi_0^{(v)}(n)$ 也是对模 $p_v^{l_v}$ 之一特征，故仅需证明：若
$$\prod_{v=1}^{s} \chi^{(v)}(n)$$
是主特征，则 $\chi^{(v)}(n)$ 乃对模 $p_v^{l_v}$ 之主特征．

取
$$n \equiv 1 (\bmod\ p_v^{l_v}), \quad 1 \leqslant v \leqslant s-1,$$
$$n \equiv a (\bmod\ p_s^{l_s}),$$
则得出对所有的 $a(p_s \nmid a)$ 常有
$$\chi^{(s)}(a) = 1,$$
即 $\chi^{(s)}$ 是一主特征，$\bmod\ p_s^{l_s}$．故得出定理．

定理 2 若 $n \not\equiv 1 (\bmod\ m)$，则在此 $\varphi(m)$ 个特征中可以选择一 $\chi(n)$ 使
$$\chi(n) \neq 1.$$

证：由假定必有一素数 p_v 使 $n \not\equiv 1(\bmod\ p_v^{l_v})$．由前已知有一
$$\chi^{(v)}(n) \neq 1.$$
若 $\mu \neq v$，取 $\chi^{(\mu)}(n)$ 为主特征，则
$$\chi(n) = \prod_{v=1}^{s} \chi^{(v)}(n)$$
即合所需．

定理 3
$$\sum_n \chi(n) = \begin{cases} \varphi(m), & \text{若 } \chi = \chi_0, \\ 0, & \text{若 } \chi \neq \chi_0, \end{cases}$$
此和号过一完全剩余系，$\bmod\ m$．

证：当 $\chi = \chi_0$ 时此定理显然正确．

当 $\chi \neq \chi_0$ 时，必有一整数 a 使 $(a, m) = 1$ 且 $\chi(a) \neq 1$．由
$$\chi(a) \sum_n \chi(n) = \sum_n \chi(an) = \sum_n \chi(n),$$
即
$$(\chi(a) - 1) \sum_n \chi(n) = 0,$$
故得定理．

定理 4 命 c 表所有的特征之总数，则
$$\sum_\chi \chi(n) = \begin{cases} c, & \text{若 } n \equiv 1(\bmod\ m), \\ 0, & \text{若 } n \not\equiv 1(\bmod\ m), \end{cases}$$

此和号过所有的特征.

证：因为 $n^{\varphi(m)} \equiv 1(\bmod\ m)$，故
$$(\chi(n))^{\varphi(m)} = 1.$$
故特征之数有限，可以 c 表之.

若 $n \equiv 1(\bmod\ m)$，定理显然正确，不必证明. 若 $n \not\equiv 1(\bmod\ m)$，由定理 2 有一特征 $X(a)$ 使
$$X(n) \neq 1.$$
由
$$X(n)\sum_{\chi}\chi(n) = \sum_{\chi}X(n)\chi(n) = \sum_{\chi}\chi(n),$$
故
$$(X(n)-1)\sum_{\chi}\chi(n) = 0.$$
即得定理.

定理 5　特征总数等于 $\varphi(m)$.

换言之，上述之方法已将模 m 之所有特征尽数列出，一个不少.

证：由定理 3 及 4 可知
$$\sum_{n,\chi}\chi(n) = \begin{cases}\sum_{n}\sum_{\chi}\chi(n) = c, \\ \sum_{\chi}\sum_{n}\chi(n) = \varphi(m).\end{cases}$$

定义　(1) 式称为一特征之标准分解式.

更肯定些，吾人命
$$\chi_1(n,2^l) = (-1)^{(n-1)/2}, \quad \chi_2(n,2^l) = e^{2\pi ib/2^{l-2}} \quad (b \text{ 之意义见定理 } 3.9.3),$$
$$\chi(n,p^l) = e^{2\pi i\,\text{ind}\,n/\varphi(p^l)}.$$

命 $m = 2^a\prod_{p_v} p_v^{l_v}$ 为 m 之标准分解式，则任一特征 $\chi(n)$，$\bmod\ m$，有次之分解式：
$$\chi(n) = \begin{cases} \prod_{p_v}(\chi(n,p_v^{l_v}))^{c_v}, & \text{若 } a = 0,1, \\ (\chi_1(n,2^l))^{c_0}\prod_{p_v}(\chi(n,p_v^{l_v}))^{c_v}, & \text{若 } a = 2, \\ (\chi_1(n,2^l))^{c_0}(\chi_2(n,2^l))^{c'_0}\prod_{p_v}(\chi(n,p_v^{l_v}))^{c_v}, & \text{若 } a \geqslant 3, \end{cases}$$
$$[c_0 = 0,1,\ 0 \leqslant c'_0 < 2^{l-2},\ 0 \leqslant c_v < \varphi(p_v^{l_v})].$$

习题 1. 若 $\chi \neq \chi_0$，则对任意的正整数 u 和 $v(v \geqslant u)$，有
$$\left|\sum_{n=u}^{v}\chi(n)\right| \leqslant \frac{\varphi(m)}{2}.$$

习题 2. 若 $(l,m) = 1$，则

$$\sum_{\chi} \frac{\chi(n)}{\chi(l)} = \begin{cases} \varphi(m), & \text{当} \quad n \equiv l \pmod{m}, \\ 0, & \text{当} \quad n \not\equiv l \pmod{m}. \end{cases}$$

§3. 特征之分类

定义 $\chi(n)$ 名为非原(improper)特征, mod m, 如有 m 之因子 $M, M \neq m$, 具有次之性质: 当

$$n \equiv n' \pmod{M}, \quad (n, m) = 1, \quad (n', m) = 1$$

时,

$$\chi(n) = \chi(n').$$

无此性质之特征谓之原(primitive)特征.

例 1. 凡主特征一定是非原特征, 因为 $M = 1$ 即适合定义之要求.

例 2. 若 $m = p$ 为素数, 则凡非主特征皆为原特征.

例 3. 若 $m = p^l (l > 1)$ 为奇素数之乘方, 则特征

$$\chi_a(n) = e^{2\pi i a \operatorname{ind} n / \varphi(m)}$$

为非原特征之必要且充分之条件为 $p \mid a$. 故一非原特征, mod p^l, 引出一特征, mod p^{l-1}.

例 4. 若 $m = 2^l$.

$l = 1$ 时仅有主特征. $l = 2$ 时, 非主特征

$$\chi(1) = 1, \quad \chi(3) = -1$$

是原特征.

当 $l \geq 3$ 时, 若

$$\chi_{a,c}(n) = (-1)^{(n-1)a/2} e^{2\pi i c b / 2^{l-2}}$$

是非原特征, 则

$$\chi_{a,c}(n) = \chi_{a,c}(n + 2^{l-1})$$

(且反之亦真). 即

$$(-1)^{\frac{n-1}{2}a} e^{2\pi i c b / 2^{l-2}} = (-1)^{\frac{1}{2}a(n-1+2^{l-1})} e^{2\pi i c b' / 2^{l-2}}$$

$$= (-1)^{\frac{1}{2}a(n-1)} e^{2\pi i c b' / 2^{l-2}},$$

即

$$c(b - b') \equiv 0 \pmod{2^{l-2}},$$

此处 b' 之定义是

$$n + 2^{l-1} \equiv (-1)^{\frac{n-1}{2}} 5^{b'} \pmod{2^l}.$$

由于
$$n+2^{l-1} \equiv n+n2^{l-1} \pmod{2^l}$$
$$\equiv n(1+2^{l-1}) \pmod{2^l}$$
$$\equiv n5^{2^{l-3}} \pmod{2^l},$$
故
$$b' \equiv b+2^{l-3} \pmod{2^{l-2}}.$$
即 $\chi_{a,c}(n)$ 是原特征之必要且充分条件为 $2 \nmid c$.

具体例子: $l=3$ 时
$$\chi_{a,c}(n)=(-1)^{\frac{n-1}{2}a+cb},$$
其中 $n=1,3,5,7$ 时 $b=0,1,1,0$. $c=1$ 时,
$$\chi_{a,1}(1)=1, \qquad \chi_{a,1}(3)=-(-1)^a,$$
$$\chi_{a,1}(5)=-1, \qquad \chi_{a,1}(7)=(-1)^a$$
是原特征. 可以简写为 $\chi_{0,1}(n)=\left[\dfrac{2}{n}\right]$ 及 $\chi_{1,1}(n)=\left[\dfrac{-2}{n}\right]$. 而 $c=0, a=1$ 时,
$$\chi_{1,0}(1)=1, \qquad \chi_{1,0}(3)=-1,$$
$$\chi_{1,0}(5)=1, \qquad \chi_{1,0}(7)=-1$$
是一非原特征, 即 $\chi_{1,0}(n)=\left[\dfrac{-1}{n}\right]$.

在 §2 之表示法中, 有
$$\chi(n)=\prod_v \chi^{(v)}(n).$$
若 $\chi^{(v)}(n)$ 中有一为非原特征, 则 $\chi(n)$ 亦为非原特征. 反之, 若 $\chi(n)$ 是非原特征, 则诸 $\chi^{(v)}(n)$ 中至少有一个是非原特征.

再研究在何种情况时有实值的原特征: 如一特征是实特征, 则其每一因子特征也是实的. 当 p 是奇素数时,
$$(\chi(n,p^l))^{c_v}=e^{2\pi i c \operatorname{ind} n/\varphi(p^l)}$$
中之 c_v 必须为
$$\frac{1}{2}\varphi(p^l)$$
之倍数. 若该特征又是原特征, 则由例 3, l 必须等于 1.

设
$$(\chi_2(n,2^l))^{c'_0}=e^{2\pi i c'_0 b/2^{l-2}}$$
为一实特征, 则必
$$2^{l-3} \mid c'_0.$$

若该特征又是原特征,则由例4,必须$l\leq 3$.故$l>3$时不能有实的原特征.$l=1$时,亦不能有原特征,因若$m=2m', 2\nmid m'$,则由
$$n\equiv n'(\bmod m'),\quad (n,m)=1,\quad (n',m)=1$$
得出
$$n\equiv n'(\bmod m),$$
即得$\chi(n)=\chi(n')$,故$\chi(n)$非原特征.切实言之,能有实的原特征的情况是
$$m=2^a p_1 p_2 \cdots p_s,$$
此诸p乃不同之奇素数,$a=0,2,3$.又既为原特征,就必须$c_v=\frac{1}{2}\varphi(p)$,即
$$(\chi(n,p))^{\frac{1}{2}(p-1)} = e^{\pi i\,\mathrm{ind}\,n} = \left[\frac{n}{p}\right].$$
故若$a=0$,其实原特征即为Jacobi符号
$$\left[\frac{n}{m}\right],\quad (n,m)=1.$$
若$a=2$,则实原特征就是
$$(-1)^{\frac{n-1}{2}}\left[\frac{n}{m/4}\right],\quad (n,m)=1.$$
若$a=3$,则有两种实原特征:
$$(-1)^{\frac{1}{8}(n^2-1)}\left[\frac{n}{m/8}\right],\quad (n,m)=1,$$
及
$$(-1)^{\frac{n-1}{2}+\frac{n^2-1}{8}}\left[\frac{n}{m/8}\right] = (-1)^{\frac{1}{8}((n-2)^2-9)}\left[\frac{n}{m/8}\right],\quad (n,m)=1.$$

§4. 特 征 和

命
$$S(a,\chi) = \sum_{n=1}^{m} \chi(n) e^{2\pi i a n/m}.$$

定理 1 若$(m_1,m_2)=1$,并把χ分解为
$$\chi(n)=\chi_1(n)\chi_2(n),$$
此处$\chi_1(n)$是$\bmod\ m_1$,$\chi_2(n)$是$\bmod\ m_2$之特征.则
$$S(a,\chi)=\chi_1(m_2)\chi_2(m_1)S(a,\chi_1)S(a,\chi_2).$$

证:命$n=m_1 n_2 + m_2 n_1$.则当n_1, n_2各过$\bmod\ m_1, \bmod\ m_2$之完全剩余系时,n也过$\bmod\ m_1 m_2$之完全剩余系.故

$$S(a,\chi) = \chi_1(m_2)\chi_2(m_1)\sum_{n_1=1}^{m_1}\sum_{n_2=1}^{m_2}\chi_1(n_1)\chi_2(n_2)e^{2\pi i a(m_1 n_2 + m_2 n_1)/m_1 m_2}$$

$$= \chi_1(m_2)\chi_2(m_1)S(a,\chi_1)S(a,\chi_2).$$

故对模 m 特征和之研究一变而为对以素数乘方为模之特征和之研究.

定理 2 命 $m = p^l$. 若 $p \mid a$ 及 χ 是原特征, 或若 $p \nmid a$ 及 χ 是非原特征 (但若 $l = 1$, 则 $\chi = \chi_0$ 之情况应除外), 则

$$S(a,\chi) = 0.$$

证: 换变数, 命

$$n = x(1 + p^{l-1}y),$$

则当 $1 \le x \le p^{l-1}, p \nmid x$ 及 $1 \le y \le p$ 时, n 过 $\bmod p^l$ 之缩系; 反之亦真. 故得

$$S(a,\chi) = \sum_{\substack{x=1 \\ p \nmid x}}^{p^{l-1}}\chi(x)e^{2\pi i a x/p^l}\sum_{y=1}^{p}\chi(1+p^{l-1}y)e^{2\pi i a x y/p}.$$

若 $\chi(n)$ 非原特征, 则 $\chi(1+p^{l-1}y) = 1$, 故得

$$S(a,\chi) = \begin{cases} 0, & \text{若 } p \nmid a, \\ p\sum_{x=1}^{p^{l-1}}\chi(x)e^{2\pi i a x/p^l}, & \text{若 } p \mid a. \end{cases}$$

若 $\chi(n)$ 是原特征, 则必有一 u 使 $\chi(1+p^{l-1}u) \ne 1$; 而 $p \mid a$, 则由于

$$\chi(1+p^{l-1}u)\sum_{y=1}^{p}\chi(1+p^{l-1}y) = \sum_{y=1}^{p}\chi(1+p^{l-1}(y+u))$$

$$= \sum_{y=1}^{p}\chi(1+p^{l-1}y).$$

即得

$$\sum_{y=1}^{p}\chi(1+p^{l-1}y) = 0,$$

也即 $S(a,\chi) = 0$.

此结果可以推广成为更普遍的形式:

定理 3 若 $(m,a) = 1, m = p_1^{l_1}\cdots p_r^{l_r}, \chi = \chi_1\cdots\chi_r$, 其中 $\chi_i \bmod p_i^{l_i}$, 只要 χ_i 中有一个非原特征 (但 $l_i = 1, \chi_i = \chi_0$ 除外) 或 $(m,a) > 1$, 而 $\chi(n)$ 是原特征, 则 $S(a,\chi) = 0$.

命

$$\tau(\chi) = S(1,\chi).$$

若 $(a,m) = 1$, 则

$$\chi(a) S(a,\chi) = \sum_{n=1}^{m} \chi(an) e^{2\pi i a n/m} = S(1,\chi).$$

定理 4 命

$$C_q(n) = \sum_{(a,q)=1} e^{2\pi i a n/q},$$

此处 a 过模 q 之一缩系，则

1) $C_q(n)$ 对 q 是积性函数，即若 $(q_1,q_2)=1$，则

$$C_{q_1}(n) C_{q_2}(n) = C_{q_1 q_2}(n);$$

2)

$$C_{p^l}(n) = \begin{cases} p^l - p^{l-1}, & \text{若} \quad p^l \mid n, \\ -p^{l-1}, & \text{若} \quad p^l \nmid n, \quad p^{l-1} \mid n, \\ 0, & \text{若} \quad p^{l-1} \nmid n; \end{cases}$$

3) $\quad C_q(1) = \mu(q).$

证：1) 之证明可由代换 $a = q_1 a_2 + q_2 a_1$，并用前已熟知之方法得之．

由

$$C_{p^l}(n) = \sum_{a=1}^{p^l} e^{2\pi i a n/p^l} - \sum_{a=1}^{p^{l-1}} e^{2\pi i a n/p^{l-1}}$$

可得 2) 之证明．

3) 乃 1) 及 2) 之推理．

定理 5 若 $\chi(n)$ 是原特征，则

$$|\tau(\chi)|^2 = m.$$

证：今先讨论 $m = p^l$ 之情况．易见

$$|\tau(\chi)|^2 = \tau(\chi)\overline{\tau(\chi)}$$

$$= \sum_{n=1}^{p^l} \chi(n) e^{2\pi i n/p^l} \sum_{q=1}^{p^l} \overline{\chi}(q) e^{-2\pi i q/p^l}$$

$$= \sum_{n=1}^{p^l} \chi(n) e^{2\pi i n/p^l} \sum_{q=1}^{p^l} \chi(nq) e^{-2\pi i n q/p^l}$$

$$= \sum_{q=1}^{p^l} \overline{\chi}(q) \sum_{\substack{n=1 \\ p \nmid n}}^{p^l} e^{2\pi i (1-q) n/p^l}.$$

若 $p^{l-1} \nmid (q-1)$，则由定理 4，上式右边内和等于 0．故只需讨论 $p^{l-1} \mid (q-1)$ 之情况，即 $q = 1 + p^{l-1} u, 0 \leqslant u \leqslant p-1$ 之情况，此时易见

$$|\tau(\chi)|^2 = p^l - p^{l-1} - \sum_{u=1}^{p-1} \overline{\chi}(1 + p^{l-1} u) p^{l-1}$$

$$= p^l - p^{l-1} \sum_{u=1}^{p} \overline{\chi}(1 + p^{l-1} u),$$

但因为 $\chi(n)$ 是原特征,故必有一 v 存在,使 $\chi(1+p^{l-1}v) \neq 0,1$. 故 $\bar\chi(1+p^{l-1}v) \neq 0,1$. 由

$$\bar\chi(1+p^{l-1}v)\sum_{u=1}^{p}\bar\chi(1+p^{l-1}u) = \sum_{u=1}^{p}\bar\chi(1+p^{l-1}(u+v)) = \sum_{u=1}^{p}\bar\chi(1+p^{l-1}u),$$

即得

$$\sum_{u=1}^{p}\bar\chi(1+p^{l-1}u) = 0.$$

故定理对于 $m = p^l$ 之情况已经证明. 对于一般的情况,由定理 1 立可得出.

一般言之,

$$\tau(\chi) = \varepsilon\sqrt{m}, \quad |\varepsilon| = 1.$$

但如何定出 ε 实非易事.

下节中将就 χ 是实原特征之情况定出 ε.

关于实原特征,吾人所知可略多:

定理 6 若 χ 是实原特征,则对奇数 m 有

$$\tau(\chi) = \begin{cases} \pm\sqrt{m}, & \text{若} \quad m \equiv 1 \pmod 4, \\ \pm i\sqrt{m}, & \text{若} \quad m \equiv 3 \pmod 4. \end{cases}$$

证:如定理 5 之证明;若 $m = p$,则

$$(\tau(\chi))^2 = \sum_{q=1}^{p}\chi(q)\sum_{n=1}^{p-1}e^{2\pi i(1+q)n/p} = \chi(-1)p.$$

已知

$$\chi(-1) = \left[\frac{-1}{p}\right] = (-1)^{\frac{p-1}{2}},$$

故得定理.

§5. Gauss 和

三角和

$$S(n,m) = \sum_{x=0}^{m-1}e^{2\pi i x^2 n/m}, \quad (n,m) = 1$$

乃著名之 Gauss 和. 上式之和号中 x 过任一完全剩余系,$\mod m$,皆可.

定理 1 若 $(m,m') = 1$,则

$$S(n,mm') = S(nm',m)S(nm,m').$$

证:命 $x = my + m'z$,则

$$S(n,mm') = \sum_{x=1}^{mm'}e^{2\pi i x^2 n/mm'}$$

第七章 三角和及特征

$$= \sum_{y=1}^{m'} \sum_{z=1}^{m} e^{2\pi i n (my+m'z)^2/mm'}$$

$$= \sum_{y=1}^{m'} e^{2\pi i m n y^2/m'} \sum_{z=1}^{m} e^{2\pi i m' n z^2/m},$$

故得定理.

故 Gauss 和之计算只要对 $m = p^l$ 是素数乘方之情况计算之即可.

定理 2 命

$$\delta = \begin{cases} 1, & \text{当 } p \text{ 为奇素数}, \\ 2, & \text{当 } p = 2. \end{cases}$$

则当 $l \geqslant 2\delta$ 时

$$S(n, p^l) = p S(n, p^{l-2}).$$

证: 命

$$x = y + p^{l-\delta} z,$$

则由于 $2(l-\delta) \geqslant l$,

$$S(n, p^l) = \sum_{y=1}^{p^{l-\delta}} \sum_{z=1}^{p^{\delta}} e^{2\pi i (y + p^{l-\delta} z)^2 n / p^l}$$

$$= \sum_{y=1}^{p^{l-\delta}} e^{2\pi i y^2 n / p^l} \cdot \sum_{z=1}^{p^{\delta}} e^{4\pi i y z n / p^{\delta}}$$

$$= p^{\delta} \sum_{\substack{y=1 \\ p \mid y}}^{p^{l-\delta}} e^{2\pi i y^2 n / p^l}$$

$$= p^{\delta} \sum_{x=1}^{p^{l-\delta-1}} e^{2\pi i x^2 n / p^{l-2}}.$$

当 $p > 2$ 时, 此即所求. 当 $p = 2$ 时, 由于

$$p \sum_{x=1}^{p^{l-3}} e^{2\pi i x^2 n / p^{l-2}} = \sum_{x=1}^{p^{l-2}} e^{2\pi i x^2 n / p^{l-2}},$$

故亦得所需.

由此定理可知 Gauss 和之计算重点落在计算

$$S(n, 2), \quad S(n, 4), \quad S(n, 8)$$

及

$$S(n, p), \quad p \text{ 是奇素数}.$$

定理 3 若 $2 \nmid n$, 则

$$S(n, 2) = 0,$$
$$S(n, 4) = 2(1 + i^n),$$
$$S(n, 8) = 4 e^{\frac{\pi i}{4} n}.$$

证: 显然有

$$S(n,2) = 1 + e^{\frac{2\pi i}{2}n} = 1 - 1 = 0,$$

$$S(n,4) = 1 + e^{\frac{2\pi i}{4}n} + e^{\frac{2\pi i 4}{4}n} + e^{\frac{2\pi i 9}{4}n}$$
$$= 1 + i^n + 1 + i^n = 2(1 + i^n),$$

$$S(n,8) = 2\left[1 + e^{\frac{2\pi i}{8}n} + e^{\frac{2\pi i 4}{8}n} + e^{\frac{2\pi i 9}{8}n}\right]$$
$$= 4 e^{\frac{\pi i}{4}n}.$$

定理 4 若 p 是奇素数,则

$$S(n,p) = \left[\frac{n}{p}\right] S(1,p) = \left[\frac{n}{p}\right] \tau(\chi).$$

此处

$$\chi(a) = \left[\frac{a}{p}\right].$$

证:由于

$$x^2 \equiv u \pmod{p}$$

之解数等于

$$1 + \left[\frac{u}{p}\right],$$

故

$$\sum_{x=1}^{p} e^{2\pi i x^2 n/p} = \sum_{u=1}^{p}\left[1 + \left[\frac{u}{p}\right]\right] e^{2\pi i u n/p} = \sum_{u=1}^{p}\left[\frac{u}{p}\right] e^{2\pi i u n/p}$$
$$= \left[\frac{n}{p}\right] \sum_{v=1}^{p} \left[\frac{v}{p}\right] e^{2\pi i v/p}.$$

此即定理之结论.

定理 5

$$S(1,p) = \begin{cases} \sqrt{p}, & 若 \ p \equiv 1 \pmod{4}, \\ i\sqrt{p}, & 若 \ p \equiv 3 \pmod{4}. \end{cases}$$

证:由上定理及定理 4.6,有

$$S(1,p) = \begin{cases} \pm\sqrt{p}, & 若 \ p \equiv 1 \pmod{4}, \\ \pm i\sqrt{p}, & 若 \ p \equiv 3 \pmod{4}, \end{cases}$$

合为一式,为

$$\frac{1}{2}(1 + i^p)(1 - i) S(1,p) = \pm\sqrt{p}.$$

如能证明

$$\Re\left\{\frac{1}{2}(1 + i^p)(1 - i) S(1,p)\right\} > -\sqrt{p},$$

则定理已明,此处 $\Re x$ 表 x 之实数部分.

易见
$$S(1,p)-1 = \sum_{x=1}^{p-1} e^{2\pi i x^2/p} = \sum_{x=1}^{\frac{1}{2}(p-1)} (e^{2\pi i x^2/p} + e^{2\pi i (p-x)^2/p})$$
$$= 2 \sum_{x=1}^{\frac{1}{2}(p-1)} e^{2\pi i x^2/p}. \tag{1}$$

命 $f(x)$ 为任一函数,则
$$\sum_{x=1}^{\frac{1}{2}(p-1)} f(x) + \sum_{x=1}^{\frac{1}{2}(p-1)} f\left(\frac{p}{2}-x\right) = \sum_{x=1}^{p-1} f\left(\frac{x}{2}\right).$$

此式显然真实,因为左边第一项乃右边 x 等于偶数的各项之和,而第二项乃右边 x 等于奇数的各项之和.

取 $f(x) = e^{2\pi i x^2/p}$,并注意 $f\left(\frac{p}{2}-x\right) = i^p e^{2\pi i x^2/p}$. 则由(1)可知
$$\frac{1}{2}(1+i^p)(S(1,p)-1) = \sum_{x=1}^{p-1} e^{2\pi i x^2/4p} = W + Z, \tag{2}$$
$$W = \sum_{x \leq \sqrt{p}} e^{2\pi i x^2/4p}, \quad Z = \sum_{\sqrt{p} < x \leq p-1} e^{2\pi i x^2/4p}. \tag{3}$$

由(2)式,
$$\frac{1}{2}(1+i^p)(1-i)S(1,p) - \frac{1}{2}(1+i^p)(1-i) = (1-i)(W+Z).$$

因为 $\Re\left\{\frac{1}{2}(1+i^p)(1-i)\right\} = 1$ 或 0,故

$$\Re\left\{\frac{1}{2}(1+i^p)(1-i)S(1,p)\right\} \geq \Re\{(1-i)(W+Z)\} \geq \Re\{(1-i)W\} - \sqrt{2}\,|Z|. \tag{4}$$

由于当 $0 \leq x \leq \frac{\pi}{2}$ 时 $\cos x + \sin x \geq 1$,故得
$$\Re\{(1-i)W\} = \sum_{x \leq \sqrt{p}} \left[\cos\frac{\pi x^2}{2p} + \sin\frac{\pi x^2}{2p}\right] \geq [\sqrt{p}] \geq \frac{1}{2}\sqrt{p}. \tag{5}$$

另一方面,在 Z 中,书
$$v_x = e^{2\pi i x(x+1)/4p}, \quad w_x = \operatorname{cosec}\frac{\pi x}{2p}, \quad q = [\sqrt{p}],$$

则
$$(v_x - v_{x-1})w_x = 2i e^{2\pi i x^2/4p}. \tag{6}$$

故由(3)及(6)可见

$$2iZ = \sum_{x=q+1}^{p-1} (v_x - v_{x-1}) w_x,$$

$$2|Z| = \Big| \sum_{x=q+1}^{p-1} v_x (w_x - w_{x+1}) + v_{p-1} w_p - v_q w_{q+1} \Big|$$

$$\leqslant \sum_{x=q+1}^{p-1} (w_x - w_{x+1}) + w_p + w_{q+1} = 2w_{q+1}$$

$$\leqslant \frac{2p}{q+1} \leqslant 2\sqrt{p} \tag{7}$$

(由于 w_x 之递减性). 由 (4), (5), (7) 可知

$$\Re\Big\{ \frac{1}{2}(1+i^p)(1-i) S(1,p) \Big\} \geqslant \Big[\frac{1}{2} - \sqrt{2}\Big] \sqrt{p} > -\sqrt{p}.$$

故得定理.

总结之, 可得以下之结果:

定理 6 若 m 是奇数, 则

$$S(n, m) = \begin{cases} \Big[\dfrac{n}{m}\Big] \sqrt{m}, & \text{若 } m \equiv 1 \pmod 4, \\ i \Big[\dfrac{n}{m}\Big] \sqrt{m}, & \text{若 } m \equiv 3 \pmod 4. \end{cases}$$

证: 于 m 之不同素因子之个数上行归纳法. 当 $m = p^l$ 时由定理 2 及 4 可知

$$S(n, p^l) = \begin{cases} p^{\frac{l}{2}}, & \text{若 } 2 \mid l, \\ p^{\frac{1}{2}(l-1)} S(n, p) = \Big[\dfrac{n}{p}\Big] p^{\frac{1}{2}(l-1)} S(1, p) \end{cases}$$

$$= \begin{cases} \Big[\dfrac{n}{p}\Big] p^{\frac{l}{2}}, & \text{若 } 2 \nmid l,\ p \equiv 1 \pmod 4, \\ i \Big[\dfrac{n}{p}\Big] p^{\frac{l}{2}}, & \text{若 } 2 \nmid l,\ p \equiv 3 \pmod 4. \end{cases}$$

又由定理 1 及归纳法之假定可知

$$S(n, mm') = S(nm', m) S(nm, m')$$

$$= \Big[\frac{nm'}{m}\Big] \Big[\frac{nm}{m'}\Big] i^{\left(\frac{m-1}{2}\right)^2} \sqrt{m} \cdot i^{\left(\frac{m'-1}{2}\right)^2} \sqrt{m'}$$

$$= \Big[\frac{n}{mm'}\Big] \Big[\frac{m'}{m}\Big] \Big[\frac{m}{m'}\Big] i^{\left(\frac{m-1}{2}\right)^2 + \left(\frac{m'-1}{2}\right)^2} \sqrt{mm'}$$

$$= \Big[\frac{n}{mm'}\Big] (-1)^{\frac{m-1}{2} \cdot \frac{m'-1}{2}} i^{\left(\frac{m-1}{2}\right)^2 + \left(\frac{m'-1}{2}\right)^2} \sqrt{mm'}$$

$$= \Big[\frac{n}{mm'}\Big] \sqrt{mm'} \, i^{\left(\frac{m+m'}{2} - 1\right)^2}$$

$$= \begin{cases} \left[\dfrac{n}{mm'}\right]\sqrt{mm'}, & 若\ mm' \equiv 1 \pmod 4, \\ i\left[\dfrac{n}{mm'}\right]\sqrt{mm'}, & 若\ mm' \equiv 3 \pmod 4. \end{cases}$$

(此处用了互逆定理.)

定理 7
$$S(n,2^l) = \begin{cases} 0, & 若\ l=1, \\ (1+i^n)2^{\frac{l}{2}}, & 若\ l\ 是偶数, \\ 2^{\frac{l+1}{2}} e^{\frac{\pi i}{4}n}, & 若\ l\ 是大于\ 1\ 的奇数. \end{cases}$$

证：由定理 3,此结果对 $l=1,2,3$ 已真实.对 $l>3$,则由定理 2 及 3 立得证明.

定理 8 若 $\chi(n)$ 是实原特征,mod m,则

$$\tau(\chi) = \begin{cases} \sqrt{m}, & 若\ \chi(-1)=1, \\ i\sqrt{m}, & 若\ \chi(-1)=-1. \end{cases}$$

证：由 §3 已知 m 可书为

$$m = 2^a m',$$

此处 $a = 0,2,3$,m' 是互不相同的奇素数的乘积;且

1) 若 $a=0$,则
$$\chi(n) = \left[\frac{n}{m}\right], \quad (n,m)=1;$$

2) 若 $a=2$,则
$$\chi(n) = (-1)^{\frac{n-1}{2}} \left[\frac{n}{m'}\right], \quad (n,m)=1;$$

3) 若 $a=3$,则
$$\chi(n) = (-1)^{\frac{1}{8}(n^2-1)} \left[\frac{n}{m'}\right] \text{ 或 } (-1)^{\frac{1}{2}(n-1)+\frac{1}{8}(n^2-1)} \left[\frac{n}{m'}\right], \quad (n,m)=1.$$

此处 $\left[\dfrac{n}{m}\right]$ 及 $\left[\dfrac{n}{m'}\right]$ 是 Jacobi 符号.今就此三种情况分别讨论之.

1) $a=0$.于 $m = p_1 \cdots p_s$ 之素因子之个数上行归纳法.当 $s=1$ 时,由定理 5.4 及 5.5 知本定理真实.当 $s>1$ 时,命 $m = p_1 m'$,则由定理 4.1 可知

$$\tau(\chi) = \chi_1(m')\chi_2(p_1)\tau(\chi_1)\tau(\chi_2),$$

此处 χ_1, χ_2 分别以 p_1, m' 为模,且 $\chi(n) = \chi_1(n)\chi_2(n)$.于是由定理 3.6.4 及归纳法之假设得

$$\tau(\chi) = \left[\frac{m'}{p_1}\right]\left[\frac{p_1}{m'}\right] \cdot \begin{Bmatrix} \sqrt{p_1} \\ i\sqrt{p_1} \end{Bmatrix} \cdot \begin{Bmatrix} \sqrt{m'} \\ i\sqrt{m'} \end{Bmatrix}$$

$$= (-1)^{\frac{p_1-1}{2}\cdot\frac{m'-1}{2}}\cdot\left\{\begin{matrix}\sqrt{p_1}\\i\sqrt{p_1}\end{matrix}\right\}\cdot\left\{\begin{matrix}\sqrt{m'}\\i\sqrt{m'}\end{matrix}\right\}$$

$$=\begin{cases}\sqrt{p_1 m'}=\sqrt{m},&\text{若 }m\equiv 1(\mathrm{mod}\ 4)\text{ 或 }\chi(-1)=1,\\ i\sqrt{p_1 m'}=i\sqrt{m},&\text{若 }m\equiv 3(\mathrm{mod}\ 4)\text{ 或 }\chi(-1)=-1.\end{cases}$$

2) $a=2$,即 $m=2^2 m'$. 若 $m'=1$,则 $\chi(1)=1,\chi(3)=-1$. 于是

$$\tau(\chi)=\sum_{n=1}^{4}\chi(n)e^{2\pi in/4}=e^{2\pi i/4}-e^{6\pi i/4}=2i.$$

若 $m'>1$,则由定理 4.1 及 1)

$$\tau(\chi)=(-1)^{\frac{m'-1}{2}}\left[\frac{4}{m'}\right]2i\cdot\begin{cases}\sqrt{m'}=i\sqrt{m},\text{若 }m'\equiv 1(\mathrm{mod}\ 4)\text{ 或 }\chi(-1)=-1,\\ i\sqrt{m'}=\sqrt{m},\text{若 }m'\equiv 3(\mathrm{mod}\ 4)\text{ 或 }\chi(-1)=1.\end{cases}$$

3) $a=3$,即 $m=2^3 m'$. 当 $m'=1$ 时,有

$$\tau(\chi)=\sum_{n=1}^{8}\chi(n)e^{2\pi in/8}=\begin{cases}e^{2\pi i/8}-e^{6\pi i/8}-e^{10\pi i/8}+e^{14\pi i/8}=\sqrt{8},&\text{若 }\chi(-1)=1.\\ e^{2\pi i/8}+e^{6\pi i/8}-e^{10\pi i/8}-e^{14\pi i/8}=i\sqrt{8},&\text{若 }\chi(-1)=-1.\end{cases}$$

当 $m'>1$ 时,若 $\chi(n)=(-1)^{\frac{1}{8}(n^2-1)}\left[\dfrac{n}{m'}\right]$,则

$$\tau(\chi)=(-1)^{\frac{1}{8}(m'^2-1)}\left[\frac{8}{m'}\right]\sqrt{8}\cdot\begin{cases}\sqrt{m'}=\sqrt{m},&\text{若 }m'\equiv 1(\mathrm{mod}\ 4)\text{ 或 }\chi(-1)=1,\\ i\sqrt{m'}=i\sqrt{m},&\text{若 }m'\equiv 3(\mathrm{mod}\ 4)\text{ 或 }\chi(-1)=-1.\end{cases}$$

若 $\chi(n)=(-1)^{\frac{1}{2}(n-1)+\frac{1}{8}(n^2-1)}\left[\dfrac{n}{m'}\right]$,则

$$\tau(\chi)=(-1)^{\frac{1}{2}(m'-1)+\frac{1}{8}(m'^2-1)}\left[\frac{8}{m'}\right]i\sqrt{8}$$

$$\cdot\begin{cases}\sqrt{m'}=i\sqrt{m},&\text{若 }m'\equiv 1(\mathrm{mod}\ 4)\text{ 或 }\chi(-1)=-1,\\ i\sqrt{m'}=\sqrt{m},&\text{若 }m'\equiv 3(\mathrm{mod}\ 4)\text{ 或 }\chi(-1)=1.\end{cases}$$

合 1),2),3) 即得定理.

§6. 特征和与三角和

由上节已知 Gauss 和与特征和之关系. 今更进一步建立某些三角和与特征和之关系.

定理 1 设 p 为一素数,$d\mid p-1$. 一整数 x 为 d 次非剩余,$\mathrm{mod}\ p$,之必要且充分条件为

$$\frac{1}{d}\sum_{a=1}^{d}e^{2\pi i a\,\mathrm{ind}\,x/d}=0;$$

不然,则此式等于 1.

证:由定理 3.8.1, x 是 d 次剩余与否视 $d \mid \mathrm{ind}\, x$ 或 $d \nmid \mathrm{ind}\, x$ 而定.用三角和,此即表示

$$\frac{1}{d}\sum_{a=1}^{d}e^{2\pi i a \mathrm{ind}\, x/d} = \begin{cases} 1, & \text{若 } x \text{ 是 } d \text{ 次剩余}, \mod p, \\ 0, & \text{若 } x \text{ 是 } d \text{ 次非剩余}, \mod p. \end{cases}$$

定理 2　命 p 为一素数,$p \nmid a$,$(p-1,k)=d$,则

$$\sum_{x=1}^{p}e^{2\pi i a x^{k}/p} = \sum_{b=1}^{d-1}S(a,\chi^{b}),$$

此处

$$\chi(u) = e^{2\pi i \mathrm{ind}\, u/d}.$$

证:因 $x^{k} \equiv u(\mod p)$ 或无根,或有 $d=(p-1,k)$ 个根,故由定理 1 得

$$\sum_{x=1}^{p}e^{2\pi i a x^{k}/p} = 1 + \sum_{u=1}^{p-1}e^{2\pi i a u/p}\sum_{b=1}^{d}e^{2\pi i b \mathrm{ind}\, u/d}$$

$$= 1 + \sum_{b=1}^{d}\sum_{u=1}^{p-1}e^{2\pi i a u/p}\chi^{b}(u)$$

$$= 1 + \sum_{u=1}^{p-1}e^{2\pi i a u/p} + \sum_{b=1}^{d-1}\sum_{u=1}^{p-1}e^{2\pi i a u/p}\chi^{b}(u)$$

$$= \sum_{b=1}^{d-1}S(a,\chi^{b}).$$

由定理 4.3 及 4.5 已知 $|S(a,\chi^{b})| \leqslant \sqrt{p}$,故得:

定理 3　命 $d=(k,p-1)$,则

$$\left|\sum_{x=1}^{p}e^{2\pi i a x^{k}/p}\right| \leqslant (d-1)\sqrt{p}.$$

习题.仿定理 5.1 及 5.2 以研究三角和

$$\sum_{x=0}^{m-1}e^{2\pi i x^{k}n/m}, \quad (n,m)=1.$$

§7. 由完整和到不完整和

定理 1　$g(x)$ 表一周期为 q 的函数,且

$$g(x) = \begin{cases} 1, & \text{当 } 0 \leqslant x < m, \\ 0, & \text{当 } m \leqslant x < q. \end{cases}$$

则 $g(x)$ 可表为

$$g(x) = \frac{m}{q} + \frac{1}{q}\sum_{n=1}^{q-1}e^{2\pi i n x/q}(1-e^{-2\pi i n m/q})/(1-e^{-2\pi i n/q}).$$

证：显然
$$g(x) = \frac{1}{q}\sum_{n=0}^{q-1} e^{2\pi inx/q} \sum_{t=0}^{m-1} e^{-2\pi int/q}$$
$$= \frac{m}{q} + \frac{1}{q}\sum_{n=1}^{q-1} e^{2\pi inx/q} \frac{1-e^{-2\pi inm/q}}{1-e^{-2\pi in/q}}.$$

定理 2　命 α 为实数及
$$S = \sum_{q'<n\leqslant q''} e^{2\pi in\alpha},$$
则
$$|S| \leqslant \min\left[q''-q', \frac{1}{2\langle\alpha\rangle}\right],$$
此处 $\langle\alpha\rangle = \min(\alpha-[\alpha], [\alpha]+1-\alpha)$.

证：显然有不等式
$$|S| \leqslant q''-q'.$$
若 $\alpha \neq [\alpha]$，命 $Q = q''-q'$，则有
$$|S| = \left|\sum_{n=0}^{Q-1} e^{2\pi in\alpha}\right| = \left|\frac{1-e^{2\pi iQ\alpha}}{1-e^{2\pi i\alpha}}\right|$$
$$\leqslant \frac{2}{|1-e^{2\pi i\alpha}|} = \frac{1}{|\sin\pi\alpha|}$$
$$\leqslant \frac{1}{2\langle\alpha\rangle}$$
$\left[\text{当 } 0 \leqslant \xi \leqslant \frac{1}{2} \text{ 时}, \sin\pi\xi \geqslant 2\xi, \text{所以有 } |\sin\pi\xi| \geqslant 2\langle\xi\rangle\right]$.

定理 3　若 $2 \nmid q$，则
$$\left|\sum_{x=0}^{m-1} e^{2\pi ix^2/q} - \frac{m}{q}\sum_{x=0}^{q-1} e^{2\pi ix^2/q}\right| \leqslant \sqrt{q}\log q.$$

证：显然可以假定 $m \leqslant q$. 由定理 1 可知
$$\sum_{x=0}^{m-1} e^{2\pi ix^2/q} = \sum_{x=0}^{q-1} e^{2\pi ix^2/q} g(x)$$
$$= \frac{m}{q}\sum_{x=0}^{q-1} e^{2\pi ix^2/q} + \frac{1}{q}\sum_{n=1}^{q-1}\sum_{x=0}^{q-1} e^{2\pi i(x^2+nx)/q} \frac{1-e^{-2\pi inm/q}}{1-e^{-2\pi in/q}}.$$

由 Gauss 和之公式可知
$$\left|\sum_{x=0}^{q-1} e^{2\pi i(x^2+nx)/q}\right| = \left|\sum_{x=0}^{q-1} e^{2\pi i\left(x+\frac{1}{2}n\right)^2/q}\right|^{①} \leqslant \sqrt{q},$$

---

① 此处之 $\frac{1}{2}$ 乃表示同余式
$$2x \equiv 1 \pmod{q}$$
之解，以下准此.

故得

$$\left|\sum_{x=0}^{q-1}e^{2\pi ix^2/q}-\frac{m}{q}\sum_{x=0}^{q-1}e^{2\pi ix^2/q}\right|\leqslant\frac{1}{\sqrt{q}}\sum_{n=1}^{q-1}\frac{1}{2\langle\frac{n}{q}\rangle}$$

$$\leqslant\frac{1}{\sqrt{q}}\sum_{n=1}^{\frac{1}{2}(q-1)}\frac{q}{n}=\sqrt{q}\sum_{n=1}^{\frac{1}{2}(q-1)}\frac{1}{n}$$

$$<\sqrt{q}\sum_{n=1}^{\frac{1}{2}(q-1)}\left[-\log\left(1-\frac{1}{2n}\right)+\log\left(1+\frac{1}{2n}\right)\right]$$

$$=\sqrt{q}\sum_{n=1}^{\frac{1}{2}(q-1)}(-\log(2n-1)+\log(2n+1))$$

$$=\sqrt{q}\log q.$$

定理 4(Pólya) 命 p 为一奇素数,$1\leqslant m\leqslant p$,χ 非主特征,$\mod p$,则

$$\left|\sum_{x=0}^{m-1}\chi(x)\right|<\sqrt{p}\log p.$$

证:由定理 1 可知

$$\sum_{x=0}^{m-1}\chi(x)=\sum_{x=0}^{p-1}\chi(x)g(x)$$

$$=\frac{m}{p}\sum_{x=0}^{p-1}\chi(x)+\frac{1}{p}\sum_{x=0}^{p-1}\chi(x)\sum_{n=1}^{p-1}e^{2\pi inx/p}\frac{1-e^{-2\pi inm/p}}{1-e^{-2\pi in/p}}.$$

由定理 2.3,定理 4.5 及定理 2 可知

$$\left|\sum_{x=0}^{m-1}\chi(x)\right|\leqslant\frac{1}{p}\sum_{n=1}^{p-1}\left|\frac{1-e^{-2\pi inm/p}}{1-e^{-2\pi in/p}}\right|\left|\sum_{x=0}^{p-1}\chi(x)e^{2\pi inx/p}\right|$$

$$\leqslant\frac{1}{\sqrt{p}}\sum_{n=1}^{p-1}\frac{1}{2\langle\frac{n}{p}\rangle}<\sqrt{p}\log p.$$

此定理有以下之应用:

定理 5 命 p 为奇素数,$d\mid(p-1)$,则对模 p 必有一小于 $\sqrt{p}\log p$ 之 d 次非剩余.

证:命 R 表不大于 m 之 d 次剩余数,则

$$R=\sum_{x=1}^{m}\frac{1}{d}\sum_{a=1}^{d}e^{2\pi ia\,\mathrm{ind}\,x/d}=\frac{1}{d}\sum_{a=1}^{d}\sum_{x=1}^{m}e^{2\pi ia\,\mathrm{ind}\,x/d}$$

$$=\frac{m}{d}+\frac{1}{d}\sum_{a=1}^{d-1}\sum_{x=1}^{m}(\chi(x))^a,$$

此处 $\chi(x)=e^{2\pi i\,\mathrm{ind}\,x/d}$.由定理 4 可知

$$\left|R-\frac{m}{d}\right|<\frac{d-1}{d}\sqrt{p}\log p. \tag{1}$$

即

$$R<\frac{m}{d}+\frac{d-1}{d}\sqrt{p}\log p.$$

当 $m=\sqrt{p}\log p$ 时,

$$R<\frac{m}{d}+\frac{d-1}{d}m=m,$$

故有小于 $\sqrt{p}\log p$ 的 d 次非剩余存在.

特别必有二次非剩余 $<\sqrt{p}\log p$. 求最小之方次 δ 使最小二次非剩余 $=O(p^{\delta})$ 是一有名难题. Виноградов 之结果为

定理 6 若 p 充分大,则关于模 p 之最小二次非剩余 $\leqslant p^{\frac{1}{2\sqrt{e}}}(\log p)^2 [=O(p^{\frac{1}{3.2}})]$.

证:命

$$T=[p^{\frac{1}{2\sqrt{e}}}(\log p)^2], \quad m=\sqrt{p}(\log p)^2.$$

设 $1,2,\cdots,T$ 皆为二次剩余.因每一二次非剩余必有一素因子亦为二次非剩余,故每一不大于 m 之二次非剩余必有一素因子 q,使 $T<q\leqslant m$.故如命 N 表不大于 m 之二次非剩余数,则有

$$N\leqslant\sum_{T<q\leqslant m}\left[\frac{m}{q}\right]<m\sum_{T<q\leqslant m}\frac{1}{q}.$$

由定理 5.9.2,

$$N<m\log\frac{\log m}{\log T}+O\left(\frac{m}{\log T}\right)$$

$$=m\left[\frac{1}{2}+\log\frac{1+\frac{4\log\log p}{\log p}}{1+\frac{4\sqrt{e}\log\log p}{\log p}}\right]+O\left(\frac{m}{\log T}\right)$$

$$=m\left[\frac{1}{2}-\frac{4(\sqrt{e}-1)\log\log p}{\log p}\right]+O\left(\frac{m}{\log T}\right).$$

由(1)可知 $N=\frac{m}{2}+O(\sqrt{p}\log p)=\frac{m}{2}+O\left(\frac{m}{\log p}\right)$,故得

$$\frac{m}{2}+O\left(\frac{m}{\log p}\right)<m\left[\frac{1}{2}-\frac{4(\sqrt{e}-1)\log\log p}{\log p}\right]+O\left(\frac{m}{\log p}\right).$$

即

$$\log\log p=O(1),$$

当 p 充分大时,此为不可能.故定理得证.

§8. 特征和 $\sum\limits_{x=1}^{p}\left(\dfrac{x^2+ax+b}{p}\right)$ 之应用举例

定理 1 共有
$$\frac{1}{4}\left[p-4-\left[\frac{-1}{p}\right]\right]$$
个数 a,使 a 及 $a+1$ 皆为二次剩余,$\bmod p$.

在证明此定理之前,先得算出一和之值.

定理 2 设 $p>2, a^2-4b \not\equiv 0 \pmod{p}$,则
$$\sum_{x=1}^{p}\left[\frac{x^2+ax+b}{p}\right]=-1,$$
式中遇及 $p \mid x^2+ax+b$ 之项,则该项以 0 代之.

证:可假定 $a=0$,若不然则以 $y=x+\dfrac{1}{2}a$ 代之.

今设 $a=0, p \nmid b$.由 Euler 判别定理,
$$\sum_{x=1}^{p}\left[\frac{x^2+b}{p}\right] \equiv \sum_{x=1}^{p}(x^2+b)^{\frac{1}{2}(p-1)} \pmod{p}. \tag{1}$$

命 g 为 p 之原根.若 $0<c<p-1$,则
$$\sum_{x=1}^{p}x^c \equiv \sum_{v=0}^{p-2}g^{cv} = \frac{1-g^{c(p-1)}}{1-g^c} \equiv 0 \pmod{p}.$$

以此代入(1)式,即得
$$\sum_{x=1}^{p}\left[\frac{x^2+b}{p}\right] \equiv \sum_{x=1}^{p}x^{p-1} \equiv \sum_{x=1}^{p-1}1$$
$$\equiv -1 \pmod{p}.$$

显然
$$\left|\sum_{x=1}^{p}\left[\frac{x^2+b}{p}\right]\right| \leq p,$$
故
$$\sum_{x=1}^{p}\left[\frac{x^2+b}{p}\right] = -1 \text{ 或 } p-1.$$

又因为
$$\sum_{x=1}^{p}\left[\frac{x^2+b}{p}\right] = \left[\frac{b}{p}\right] + 2\sum_{x=1}^{\frac{1}{2}(p-1)}\left[\frac{x^2+b}{p}\right]$$
$$\equiv 1 \pmod{2},$$
故

$$\sum_{x=1}^{p}\left[\frac{x^2+b}{p}\right]=-1.$$

定理 1 之证明　具有定理中之性质之 a 之个数可以表为

$$\frac{1}{4}\sum_{a=1}^{p-2}\left[1+\left[\frac{a}{p}\right]\right]\left[1+\left[\frac{a+1}{p}\right]\right]$$

$$=\frac{1}{4}\sum_{a=1}^{p-2}\left[1+\left[\frac{a}{p}\right]+\left[\frac{a+1}{p}\right]+\left[\frac{a(a+1)}{p}\right]\right]$$

$$=\frac{1}{4}\left[p-2-\left[\frac{-1}{p}\right]-\left[\frac{1}{p}\right]-1\right]$$

$$=\frac{1}{4}\left[p-4-\left[\frac{-1}{p}\right]\right]$$

$\left[因\sum_{a=1}^{p}\left[\frac{a}{p}\right]=0\right]$.

由定理 1 立得：

定理 3　若 $p\geqslant 7$，则必有二连续之数皆为二次剩余．

同法可证：

定理 4　共有 $\frac{1}{4}\left[p-2+\left[\frac{-1}{p}\right]\right]$ 个数 a，使 a 及 $a+1$ 皆为二次非剩余．故若 $p\geqslant 5$，必有二连续之数皆为二次非剩余．

定理 5　共有 $\frac{1}{2}(p-1)$ 个 a，使 a 及 $a+1$ 不同时为二次剩余或二次非剩余．

证：由 $\sum_{a=1}^{p-2}\left[1-\left[\frac{a}{p}\right]\left[\frac{a+1}{p}\right]\right]=p-1$ 立得定理．

附记：若问及连续三数同为二次剩余，则必须研究特征和

$$\sum_{x=1}^{p}\left[\frac{x(x+1)(x+2)}{p}\right].$$

此乃一超出本书范围之问题．但对三次多项式之特征和有次之应用．

定理 6（Горшков）　命 p 为一素数 $\equiv 1(\bmod 4)$，则

$$p=x^2+y^2$$

之整数解之一可以表成为 $x=t\frac{1}{2}S(r), y=t\frac{1}{2}S(u)$，此处 $\left[\frac{r}{p}\right]=1, \left[\frac{u}{p}\right]=-1$，且

$$S(k)=\sum_{x=1}^{p-1}\left[\frac{x(x^2+k)}{p}\right].$$

证：由于

$$S(k)=\sum_{x=1}^{\frac{1}{2}(p-1)}\left[\frac{x(x^2+k)}{p}\right]+\sum_{x=1}^{\frac{1}{2}(p-1)}\left[\frac{(p-y)((p-y)^2+k)}{p}\right]$$

$$= 2 \sum_{x=1}^{\frac{1}{2}(p-1)} \left[\frac{x(x^2+k)}{p} \right],$$

故 x 及 y 是整数. 又当 $p \nmid t$ 时,

$$\left[\frac{t}{p}\right]^3 S(k) = \sum_{x=1}^{p-1} \left[\frac{tx((tx)^2+t^2 k)}{p} \right] = \sum_{x=1}^{p-1} \left[\frac{x(x^2+t^2 k)}{p} \right] = S(t^2 k).$$

今讨论

$$\frac{p-1}{2}((S(r))^2 + (S(u))^2) = \sum_{t=1}^{\frac{1}{2}(p-1)} (S(rt^2))^2 + \sum_{t=1}^{\frac{1}{2}(p-1)} (S(ut^2))^2$$

$$= \sum_{k=1}^{p-1} (S(k))^2 = \sum_{x=1}^{p-1} \sum_{y=1}^{p-1} \sum_{k=1}^{p-1} \left[\frac{xy(x^2+k)(y^2+k)}{p} \right].$$

由定理 2 可知上式之内和

$$= \begin{cases} -2 \left[\dfrac{xy}{p} \right], & \text{若 } x \not\equiv \pm y \pmod{p}, \\ p-2, & \text{若 } x \equiv \pm y \pmod{p}. \end{cases}$$

故

$$\sum_{k=1}^{p-1} (S(k))^2 = 2(p-1)(p-2) - 2 \sum_{\substack{x \not\equiv \pm y \\ (\bmod \ p)}} \sum \left[\frac{xy}{p} \right]$$

$$= 2p(p-1) - 2 \sum_{x=1}^{p-1} \sum_{y=1}^{p-1} \left[\frac{xy}{p} \right] = 2p(p-1).$$

总之, 得出

$$(S(r))^2 + (S(u))^2 = 4p.$$

§9. 原根之分布问题

定理 1　命 p 为一奇素数及 $p \nmid n$. 若 n 非原根, mod p, 则

$$\sum_{k \mid p-1} \frac{\mu(k)}{\varphi(k)} \sum_{\substack{a=1 \\ (a,k)=1}}^{k} e^{2\pi i a \operatorname{ind} n / k} = 0. \tag{1}$$

证: 由于

$$\sum_{\substack{a=1 \\ (a,k)=1}}^{k} e^{2\pi i a \operatorname{ind} n / k}$$

为 k 之积性函数, 及 $\mu(k)$ 与 $\varphi(k)$ 也是积性函数, 故 (1) 式之左边等于

$$\prod_{q \mid p-1} \left[1 + \frac{\mu(q)}{\varphi(q)} \sum_{\substack{a=1 \\ (a,q)=1}}^{q} e^{2\pi i a \operatorname{ind} n / q} \right],$$

此处 q 过 $p-1$ 不同的素因子.

若 n 非原根,则有 $(\text{ind}\, n, p-1) > 1$,即有一 $p-1$ 之素因子 q 整除 $\text{ind}\, n$. 而对这一素数

$$1 + \frac{\mu(q)}{\varphi(q)} \sum_{\substack{a=1 \\ (a,q)=1}}^{q} e^{2\pi i a\, \text{ind}\, n / q}$$

$$= 1 + \frac{-1}{q-1} \cdot (q-1) = 0.$$

故得定理.

定理 2 命 p 为一奇素数,$1 \leqslant A < p$. 若 $\chi(n)$ 非主特征,$\text{mod}\, p$,则

$$\frac{1}{A+1}\left|\sum_{a=0}^{A}\sum_{n=-a}^{a}\chi(n)\right| \leqslant p^{\frac{1}{2}} - \frac{A+1}{p^{\frac{1}{2}}}. \tag{2}$$

证:已知

$$|\tau(\chi)| = \left|\sum_{h=1}^{p-1} \chi(h) e^{2\pi i h/p}\right| = p^{\frac{1}{2}}.$$

若 $p \nmid n$,则

$$\chi(n)\tau(\bar{\chi}) = \chi(n)\sum_{h=1}^{p-1} \bar{\chi}(h) e^{2\pi i h/p}$$

$$= \chi(n)\sum_{h=1}^{p-1} \bar{\chi}(nh) e^{2\pi i n h/p}$$

$$= \sum_{h=1}^{p-1} \bar{\chi}(h) e^{2\pi i n h/p}.$$

(2) 式左边乘以 $\tau(\bar{\chi})$,则得

$$\frac{\sqrt{p}}{A+1}\left|\sum_{a=0}^{A}\sum_{n=-a}^{a}\chi(n)\right| = \frac{1}{A+1}\left|\sum_{a=0}^{A}\sum_{n=-a}^{a}\chi(n)\tau(\bar{\chi})\right|$$

$$= \frac{1}{A+1}\left|\sum_{a=0}^{A}\sum_{n=-a}^{a}\sum_{h=1}^{p-1} \bar{\chi}(h) e^{2\pi i n h/p}\right|$$

$$= \frac{1}{A+1}\left|\sum_{h=1}^{p-1} \bar{\chi}(h)\left[\frac{\sin(A+1)\pi h/p}{\sin \pi h/p}\right]^2\right|, \tag{3}$$

此处用了公式

$$\sum_{a=0}^{A}\sum_{n=-a}^{a} e^{2\pi i n h/p} = \left[\frac{\sin(A+1)\pi h/p}{\sin \pi h/p}\right]^2, \tag{4}$$

此式不难直接算出.

由 (3) 及 (4) 即得

$$\frac{\sqrt{p}}{A+1}\left|\sum_{a=0}^{A}\sum_{n=-a}^{a}\chi(n)\right| \leqslant \frac{1}{A+1}\sum_{h=1}^{p-1}\left[\frac{\sin(A+1)\pi h/p}{\sin \pi h/p}\right]^2$$

$$= \frac{1}{A+1}\sum_{h=1}^{p-1}\sum_{a=0}^{A}\sum_{n=-a}^{a} e^{2\pi i n h/p}$$

第七章　三角和及特征

$$= \frac{1}{A+1}\sum_{a=0}^{A}\sum_{n=-a}^{a}\Big[\sum_{h=1}^{p}e^{2\pi i n h/p}-1\Big]$$
$$= p-(A+1).$$

定理 3　命 $h(p)$ 代表绝对值最小的原根，$\mathrm{mod}\ p$. 则

$$|h(p)|<2^m p^{\frac{1}{2}},$$

此处 m 乃 $p-1$ 之不同素因子之个数.

证：命 $p>2$. 由定理 1，可知

$$0=\sum_{k\mid p-1}\frac{\mu(k)}{\varphi(k)}\sum_{\substack{u=1\\(u,k)=1}}^{k}\sum_{a=0}^{|h(p)|-1}\sum_{n=-a}^{a}{}'e^{2\pi i u \operatorname{ind} n/k},$$

此处 $\sum'$ 表示除去 $n=0$ 的一项. 此式之右边当 $k=1$ 之一项等于

$$\sum_{a=0}^{|h(p)|-1}\sum_{n=-a}^{a}{}'1=\sum_{a=0}^{|h(p)|-1}2a=|h(p)|^2-|h(p)|.$$

对于 $k\neq 1$ 之各项用定理 2，取 $A=|h(p)|-1$，则

$$\Big|\sum_{a=0}^{|h(p)|-1}\sum_{n=-a}^{a}{}'\chi(n)\Big|\leqslant |h(p)|p^{\frac{1}{2}}-\frac{|h(p)|^2}{p^{\frac{1}{2}}},$$

此处

$$\chi(n)=e^{2\pi i u \operatorname{ind} n/k}.$$

故得

$$|h(p)|^2-|h(p)|\leqslant\Big[|h(p)|p^{\frac{1}{2}}-\frac{|h(p)|^2}{p^{\frac{1}{2}}}\Big]\sum_{k\mid p-1}\frac{|\mu(k)|}{\varphi(k)}\varphi(k)$$
$$=2^m\Big[|h(p)|p^{\frac{1}{2}}-\frac{|h(p)|^2}{p^{\frac{1}{2}}}\Big].$$

即

$$|h(p)|\leqslant\frac{2^m p^{\frac{1}{2}}+1}{1+2^m/p^{\frac{1}{2}}}<2^m p^{\frac{1}{2}}.$$

由定理 3 立刻可推得：

定理 4　若 $p\equiv 1\pmod 4$，则原根

$$g(p)=|h(p)|<2^m p^{\frac{1}{2}}.$$

证：今须证明 $|h(p)|$ 是一原根. 假定不然，则 $-|h(p)|$ 为一原根. 但

$$|h(p)|^l\equiv 1\pmod p,\quad l<p-1.$$

故

$$(h(p))^{2l}\equiv 1\pmod p.$$

由于 $-|h(p)|$ 是原根，可知 $2l=p-1$. 故

$$|h(p)|^{\frac{p-1}{2}} \equiv 1 \pmod{p}.$$

即 $|h(p)|$ 为二次剩余。因 -1 也是二次剩余，故 $-|h(p)|$ 也是二次剩余。此与 $-|h(p)|$ 是原根的假定相违背。

定理 5 模 p 之最小正原根 $g(p)$ 适合于
$$g(p) < 2^{m+1} p^{\frac{1}{2}}.$$

证：取 $A = [(g(p)-1)/2]$，则
$$0 = \sum_{k | p-1} \frac{\mu(k)}{\varphi(k)} \sum_{\substack{u=1 \\ (u,k)=1}}^{k} \sum_{a=0}^{A} \sum_{n=A+1-a}^{A+1+a} e^{2\pi i u \operatorname{ind} n/k},$$

上式右边 $k=1$ 之一项等于
$$\sum_{a=0}^{A} \sum_{n=A+1-a}^{A+1+a} 1 = \sum_{a=0}^{A} (2a+1) = (A+1)^2;$$

其 $k \neq 1$ 之项，如定理 2 可以证明
$$\left| \sum_{a=0}^{A} \sum_{n=A+1-a}^{A+1+a} e^{2\pi i u \operatorname{ind} n/k} \right| \leqslant (A+1) p^{\frac{1}{2}} - \frac{1}{p^{\frac{1}{2}}} (A+1)^2.$$

故如定理 4 可得
$$(A+1)^2 \leqslant 2^m \left[(A+1) p^{\frac{1}{2}} - \frac{1}{p^{\frac{1}{2}}} (A+1)^2 \right],$$

$$\frac{1}{2}(g(p)-1) < A+1 \leqslant \frac{2^m p^{\frac{1}{2}}}{1 + 2^m / p^{\frac{1}{2}}},$$

即
$$g(p) \leqslant \frac{2^{m+1} p^{\frac{1}{2}}}{1 + 2^m / p^{\frac{1}{2}}} + 1 < 2^{m+1} p^{\frac{1}{2}}.$$

§10. 含多项式之三角和

本节之主要目的在证明：

定理 1 命 $f(x)$ 表一整系数多项式
$$f(x) = a_k x^k + \cdots + a_1 x + a_0.$$

若 $(a_k, \cdots, a_0, q) = 1$，则
$$S(q, f(x)) = \sum_{x=1}^{q} e^{2\pi i f(x)/q} = O\left(q^{1-\frac{1}{k}+\varepsilon}\right),$$

此处 ε 为任与之正数，O 中所包含之常数仅与 k 及 ε 有关。

因为
$$|e^{2\pi i a_0/q}| = 1,$$

故常可假定 $f(0)=0$,而不失其普遍性.今分几个步骤来证明本定理.

定理 2　若 $(q_1,q_2)=1$,则
$$S(q_1q_2,f(x))=S(q_1,f(q_2x)/q_2)S(q_2,f(q_1x)/q_1).$$

证:命 $x=q_1y+q_2z$,当 y 及 z 各过以 q_2 及 q_1 为模之完全剩余系时,x 过以 q_1q_2 为模之完全剩余系.显然有
$$e^{2\pi if(q_1y+q_2z)/q_1q_2}=e^{2\pi if(q_1y)/q_1q_2}\cdot e^{2\pi if(q_2z)/q_1q_2},$$

故
$$\begin{aligned}S(q_1q_2,f(x))&=\sum_{x=1}^{q_1q_2}e^{2\pi if(x)/q_1q_2}\\&=\sum_{y=1}^{q_2}\sum_{z=1}^{q_1}e^{2\pi if(q_1y)/q_1q_2}\cdot e^{2\pi if(q_2z)/q_1q_2}\\&=S(q_1,f(q_2x)/q_2)S(q_2,f(q_1x)/q_1).\end{aligned}$$

由此定理可知主要在研究 $q=p^l$ 之情况.

引 1　设 $f(x)$ 是一整系数多项式,$\bmod p$,α 是
$$f(x)\equiv 0\pmod{p}$$
之 m 重根.$p^u\parallel f(px+\alpha)$[①].命 $g(x)=p^{-u}f(px+\alpha)$,则
$$g(x)\equiv 0\pmod{p}$$
至多有 m 个根.

证:并不失其普遍性,可以假定 $\alpha=0$.如是则
$$f(x)=x^mf_1(x)+pf_2(x),$$
此处 $f_1(0)\not\equiv 0\pmod{p}$,$f_2(x)$ 之次数 $<m$.$f_1(x)$ 及 $f_2(x)$ 都是整系数多项式.由是得
$$f(px)=p^mx^mf_1(px)+pf_2(px).$$
因 p^{m+1} 除不尽 x^m 之系数 $p^mf_1(0)$,故 $u\leqslant m$.又因 $p^{-u}f(px)$ 之次数 $\leqslant m\pmod{p}$,故得本引理.

引 2　设 $f(x)=a_kx^k+\cdots+a_1x$ 是整系数多项式,$p\nmid(a_k,\cdots,a_1)$,$p^t\parallel(ka_k,\cdots,2a_2,a_1)$.设 μ 为
$$f'(x)\equiv 0\pmod{p^{t+1}},\quad 0\leqslant x<p$$
之一根.又设 $p^\sigma\parallel(f(\mu+px)-f(\mu))$,则
$$1\leqslant\sigma\leqslant k.$$

证:设 $\sigma\geqslant k+1$,则由假定
$$p^\sigma\left|\frac{p^h}{h!}f^{(h)}(\mu),\quad 1\leqslant h\leqslant k.\right.$$

---

① 我们用符号 $p^u\parallel a$ 表示 $p^u\mid a$ 而 $p^{u+1}\nmid a$.用 $p^u\parallel S(x)$ 表示 p^u 整除 $S(x)$ 之所有系数,而 p^{u+1} 则否.

即对任一 $h(1\leqslant h\leqslant k)$ 常有

$$p^{k+1}\left|\frac{p^h}{h!}f^{(h)}(\mu)\right.,$$

由此得出

$$p\left|\frac{1}{h!}f^{(h)}(\mu)\right..$$

因而得出 $p\mid a_k, p\mid a_{k-1},\cdots,p\mid a_1$. 此与假定 $p\nmid(a_k,\cdots,a_1)$ 相违背.

基本引理 若 $p\nmid(a_k,\cdots,a_1)$，则

$$\mid S(p^l,f(x))\mid < C(k)p^{l(1-\frac{1}{k})}.$$

证：我们用归纳法来证明本引理.

今先证明 $l=1$ 之情况（Mordell）. 显然我们可以假定 $p>k$.

命 N 表示同余方程组

$$x_1^h+\cdots+x_k^h\equiv y_1^h+\cdots+y_k^h(\bmod p),\quad 1\leqslant x,y\leqslant p,\quad h=1,2,\cdots,k \quad (1)$$

之解答数. 简书 $\sum_{x=1}^{p}$ 为 $\sum_{x}$，$e^{2\pi if(x)/p}$ 为 $e_p(f(x))$，则由定理1.1可得

$$\sum_{a_k}\cdots\sum_{a_1}\left|\sum_{x}e_p(a_kx^k+\cdots+a_1x)\right|^{2k}$$

$$=\sum_{x_1}\cdots\sum_{x_k}\sum_{y_1}\cdots\sum_{y_k}\sum_{a_k}\cdots\sum_{a_1}e_p(a_k(x_1^k+\cdots+x_k^k-y_1^k-\cdots-y_k^k)+\cdots+a_1(x_1+\cdots+x_k-y_1-\cdots-y_k))=p^kN.$$

利用对称函数中习知的定理，由(1)可得

$$(x-x_1)\cdots(x-x_k)\equiv(x-y_1)\cdots(x-y_k)\quad(\bmod p).$$

故 $x_1,\cdots,x_k$ 与 $y_1,\cdots,y_k$ 实仅有次序之差异，$\bmod p$. 所以

$$N\leqslant k!p^k.$$

即

$$\sum_{a_k}\cdots\sum_{a_1}\left|\sum_{x}e_p(a_kx^k+\cdots+a_1x)\right|^{2k}\leqslant k!p^{2k}. \quad (2)$$

对于任一 $\lambda(\not\equiv 0(\bmod p))$ 及任一 μ，显然有

$$\mid S(p,f(x))\mid=\mid S(p,f(\lambda x+\mu)-f(\mu))\mid.$$

所有这种形式的和皆在(2)之左边出现. 今将系数各各同余，$\bmod p$，之二多项式算为全同，$\bmod p$. 我们来求多项式 $f(\lambda x+\mu)-f(\mu)(\lambda=1,\cdots,p-1,\mu=0,1,\cdots,p-1)$ 中互不相同之多项式的数目，不失其普遍性，我们可以假定 $p\nmid a_k$. 若 $f(\lambda x+\mu)-f(\mu)$ 与 $f(x)$ 全同，$\bmod p$，则

$$a_k\lambda^k\equiv a_k,\quad ka_k\lambda^{k-1}\mu+a_{k-1}\lambda^{k-1}\equiv a_{k-1}\quad(\bmod p).$$

由定理2.9.1，$\lambda^k\equiv 1(\bmod p)$ 之根数至多为 k，对于固定之 λ，即唯一的决定 μ. 故形如 $f(\lambda x+\mu)-f(\mu)$ 之多项式至多有 k 个与 $f(x)$ 全同，$\bmod p$. 也就是说，至少

第七章 三角和及特征

有 $p(p-1)/k$ 个互不相同的多项式 $f(\lambda x+\mu)-f(\mu)$,故得

$$\frac{p(p-1)}{k}\mid S(p,f(x))\mid^{2k}\leqslant k!p^{2k},$$

即

$$\mid S(p,f(x))\mid\leqslant\left[\frac{k\cdot k!}{p(p-1)}\right]^{\frac{1}{2k}}p\leqslant (2k\cdot k!)^{\frac{1}{2k}}p^{1-\frac{1}{k}}.$$

设 $l>1, p^t\|(ka_k,\cdots,2a_2,a_1)$. 又设 $\mu_1,\cdots,\mu_r$ 为

$$f'(x)\equiv 0\pmod{p^{t+1}},\quad 0\leqslant x<p$$

之相异的根,其重数分别为 $m_1,\cdots,m_r$. 命 $m_1+\cdots+m_r=m$,易见 $m\leqslant k-1$. 今证明

$$\mid S(p^l,f(x))\mid\leqslant k^2\max(1,m)p^{\left(1-\frac{1}{k}\right)l}.$$

由假定 $p\nmid(a_k,\cdots,a_1),p^t\mid(ka_k,\cdots,2a_2,a_1)$,故必 $p^t\leqslant k$.

1) $l<2(t+1)$. 因 $l>1$,故 $t\geqslant 1$. 即得

$$\mid S(p^l,f(x))\mid\leqslant p^l\leqslant p^{l\left(1-\frac{1}{k}\right)}\cdot p^{(2t+1)\frac{1}{k}}\leqslant p^{l\left(1-\frac{1}{k}\right)}k^{\left(2+\frac{1}{t}\right)\frac{1}{k}}\leqslant k^2 p^{l\left(1-\frac{1}{k}\right)},$$

故此时定理成立.

2) $l\geqslant 2(t+1)$. 写

$$S(p^l,f(x))=\sum_{v=1}^{p}\sum_{\substack{0\leqslant x\leqslant p^l-1\\ x\equiv v\pmod{p}}}e_{p^l}(f(x))=\sum_{v=1}^{p}S_v.$$

若 v 非 μ_i 之一,则命

$$x=y+p^{l-t-1}z,\quad 0\leqslant y<p^{l-t-1},\quad 0\leqslant z<p^{t+1}.$$

由 $f'(y)\not\equiv 0\pmod{p^{t+1}}$ 及定理1.1,即得

$$S_v=\sum_{\substack{0\leqslant x<p^l\\ x\equiv v\pmod p}}e_{p^l}(f(x))=\sum_{\substack{0\leqslant y<p^{l-t-1}\\ y\equiv v\pmod p}}\sum_{0\leqslant z<p^{t+1}}e_{p^l}(f(y)-p^{l-t-1}f'(y)z)$$

$$=\sum_{\substack{0\leqslant y<p^{l-t-1}\\ y\equiv v\pmod p}}e_{p^l}(f(y))\sum_{0\leqslant z<p^{t+1}}e_{p^{t+1}}(zf'(y))=0. \tag{3}$$

若 $v=\mu_i$,则依引2定义 σ_i,即得

$$S_{\mu_i}=\sum_{\substack{x=1\\ x\equiv\mu_i\pmod p}}^{p^l}e_{p^l}(f(x))=\sum_{y=1}^{p^{l-1}}e_{p^l}(f(\mu_i+py))$$

$$=e_{p^l}(f(\mu_i))\sum_{y=1}^{p^{l-1}}e_{p^{l-\sigma_i}}(p^{-\sigma_i}(f(\mu_i+py)-f(\mu_i))).$$

令 $g_i=p^{-\sigma_i}(f(\mu_i+py)-f(\mu_i))$. 由引2,

$$\mid S_{\mu_i}\mid=p^{\sigma_i-1}\mid S(p^{l-\sigma_i},g_i(x))\mid\leqslant p^{\sigma_i\left(1-\frac{1}{k}\right)}\mid S(p^{l-\sigma_i},g_i(x))\mid. \tag{4}$$

由(3)及(4)得

$$|S(p^l, f(x))| \leqslant \sum_{i=1}^{r} p^{\sigma_i\left(1-\frac{1}{k}\right)} |S(p^{l-\sigma_i}, g_i(x))|.$$

若 $l \geqslant \max(\sigma_1, \cdots, \sigma_r)$,则由归纳法之假定及引 1,由上式即得

$$|S(p^l, f(x))| \leqslant \sum_{i=1}^{r} m_i p^{\sigma_i\left(1-\frac{1}{k}\right)} k^2 p^{(l-\sigma_i)\left(1-\frac{1}{k}\right)} < mk^2 p^{l\left(1-\frac{1}{k}\right)}.$$

若 $l < \max(\sigma_1, \cdots, \sigma_r)$,则 $l < k$,

$$|S(p^l, f(x))| \leqslant \sum_{i=1}^{r} p^{\sigma_i - 1} p^{l-\sigma_i} \leqslant k p^{l\left(1-\frac{1}{k}\right)}.$$

基本定理证毕.

定理 1 之证明 设 $q = p_1^{l_1} \cdots p_s^{l_s}$, $p_1, \cdots, p_s$ 是相异的素数.由定理 2,

$$S(q, f(x)) = \prod_{p^l \| q} S\left[p^l, \frac{f(qx/p^l)}{q/p^l}\right],$$

由基本引理,

$$|S(q, f(x))| \leqslant C_1^s q^{1-\frac{1}{k}}.$$

由定理 6.5.2(我们可设 $C_1 > 1$)

$$C_1^s = (2^s)^{\log C_1/\log 2} \leqslant C_2(k, \varepsilon) q^\varepsilon.$$

定理得证.

第八章 与椭圆模函数有关的几个数论问题

§1. 引 言

在椭圆模函数论中常论及以下的四个重要函数:

$$q_0 = \prod_{n=1}^{\infty}(1-q^{2n}),$$

$$q_1 = \prod_{n=1}^{\infty}(1+q^{2n}),$$

$$q_2 = \prod_{n=1}^{\infty}(1+q^{2n-1}),$$

$$q_3 = \prod_{n=1}^{\infty}(1-q^{2n-1}).$$

此处为尊重椭圆模函数论中之习惯,以 q 表变数,可能是实数也可能是复数,$|q|<1$. 此时这四个无穷乘积显然收敛.

本章之目的并不深入讨论椭圆模函数之性质,甚且并无椭圆模函数之定义,而仅围绕数论上之具体问题:整数之分拆问题,四平方和问题,而讨论与 q_0, q_1, q_2, q_3 有关之幂级数变化. 又本章中所涉及之收敛问题,皆极浅显,凡熟悉高等微积分之读者都能易于补足[①],因此,在本节中略去所有关于收敛性之讨论.

q_1, q_2, q_3 之间有次之简单关系.

定理 1 若 $|q|<1$,则

$$q_1 q_2 q_3 = 1.$$

证:已知

$$q_2 q_3 = \prod_{n=1}^{\infty}(1-q^{2(2n-1)}).$$

在 q_1 中依 $2n$ 中所包有 2 之乘方之次数重新排列,得

$$q_1 = \prod_{n=1}^{\infty}(1+q^{2(2n-1)})\prod_{n=1}^{\infty}(1+q^{4(2n-1)})\prod_{n=1}^{\infty}(1+q^{8(2n-1)})\cdots.$$

由此可见

---

① 在 §8 中还用到了高等微积分中关于 n 重积分的计算.

$$q_1 q_2 q_3 = \prod_{n=1}^{\infty}(1-q^{2(2n-1)})\prod_{n=1}^{\infty}(1+q^{2(2n-1)})\prod_{n=1}^{\infty}(1+q^{4(2n-1)})\prod_{n=1}^{\infty}(1+q^{8(2n-1)})\cdots$$

$$= \prod_{n=1}^{\infty}(1-q^{4(2n-1)})\prod_{n=1}^{\infty}(1+q^{4(2n-1)})\prod_{n=1}^{\infty}(1+q^{8(2n-1)})\cdots$$

$$= \prod_{n=1}^{\infty}(1-q^{8(2n-1)})\prod_{n=1}^{\infty}(1+q^{8(2n-1)})\cdots = \cdots = 1$$

定理还可由下面的等式得出：

$$q_0 q_1 q_2 q_3 = \prod_{n=1}^{\infty}(1-q^n)\prod_{n=1}^{\infty}(1+q^n) = \prod_{n=1}^{\infty}(1-q^{2n}) = q_0.$$

§2. 整 数 分 拆

命 n 是一正整数. 把 n 分成若干个正整数之和之一法名为 n 之一种分拆. 例如:

$$5 = 4+1 = 3+2 = 3+1+1 = 2+2+1$$
$$= 2+1+1+1 = 1+1+1+1+1,$$

故 5 之分拆有 7.

以 $p(n)$ 表 n 之分拆之种数，则上例说明 $p(5) = 7$.

若限定分拆中每一部分不超过 r，则此类之分拆数以 $p_r(n)$ 表之. 例如 $p_3(5) = 5$.

定理 1 若 $|q| < 1$，则

$$1 + \sum_{n=1}^{\infty} p_r(n) q^n = \frac{1}{(1-q)(1-q^2)\cdots(1-q^r)}.$$

证：上式之右边等于

$$(1 + q + q^2 + q^3 + \cdots + q^{x_1} + \cdots)$$
$$\times (1 + q^2 + (q^2)^2 + (q^2)^3 + \cdots + (q^2)^{x_2} + \cdots)$$
$$\times (1 + q^3 + (q^3)^2 + (q^3)^3 + \cdots + (q^3)^{x_3} + \cdots)$$
$$\times \cdots\cdots\cdots\cdots\cdots\cdots\cdots\cdots\cdots$$
$$\times (1 + q^r + (q^r)^2 + (q^r)^3 + \cdots + (q^r)^{x_r} + \cdots),$$

其中 q^n 之系数乃

$$x_1 + 2x_2 + 3x_3 + \cdots + rx_r = n$$

之非负整数解答数，也就是 $p_r(n)$.

用与此相同之原则，吾人可证:

定理 2 若 $|q| < 1$，则

$$\frac{1}{q_0 q_3} = \frac{1}{(1-q)(1-q^2)(1-q^3)\cdots}$$

$$= 1 + \sum_{n=1}^{\infty} p(n) q^n.$$

定理 3 命 $q(n)$ 表示把 n 分为若干个奇数之和之分拆之种数,则

$$\frac{1}{q_3} = \frac{1}{(1-q)(1-q^3)(1-q^5)\cdots} = 1 + \sum_{n=1}^{\infty} q(n) q^n.$$

定理 4 $q_1 q_2$ 展开式中 q^n 之系数等于把 n 分为不相等部分之分拆之种数.

此三定理之证明读者不难补出. 由定理 1.1 并结合定理 3,4 之结果,可得

定理 5 把 n 分为不等数之和之分拆数等于把 n 分为奇数之和之分拆数.

§3. Jacobi 等式

定理 1 若 $|q| < 1, z \neq 0$,则有

$$\prod_{n=1}^{\infty} ((1-q^{2n})(1+q^{2n-1}z)(1+q^{2n-1}z^{-1})) = 1 + \sum_{n=1}^{\infty} q^{n^2}(z^n + z^{-n})$$
$$= \sum_{n=-\infty}^{\infty} q^{n^2} z^n. \tag{1}$$

证:此二级数显然相等.

命

$$\varphi_m(z) = \prod_{n=1}^{m} \{(1+q^{2n-1}z)(1+q^{2n-1}z^{-1})\}$$
$$= X_0 + X_1(z+z^{-1}) + X_2(z^2+z^{-2}) + \cdots + X_m(z^m+z^{-m}), \tag{2}$$

此处 $X_0, X_1, \cdots, X_m$ 与 z 无关.

z^m 之系数显然等于

$$X_m = q^{1+3+\cdots+(2m-1)} = q^{m^2}. \tag{3}$$

又

$$\varphi_m(q^2 z) = \prod_{n=1}^{m} \{(1+q^{2n+1}z)(1+q^{2n-3}z^{-1})\}$$
$$= \frac{1+q^{-1}z^{-1}}{1+qz} \cdot \frac{1+q^{2m+1}z}{1+q^{2m-1}z^{-1}} \varphi_m(z)$$
$$= \frac{1+q^{2m+1}z}{qz+q^{2m}} \varphi_m(z),$$

即

$$(qz + q^{2m})\varphi_m(q^2 z) = (1+q^{2m+1}z)\varphi_m(z).$$

将(2)式代入,而比较 z^{1-n} 之系数可知

$$X_n = \frac{q^{2n-1}(1-q^{2m-2n+2})}{1-q^{2m+2n}} X_{n-1},$$

亦即
$$X_n = q^{n^2} \frac{(1-q^{2m-2n+2})(1-q^{2m-2n+4})\cdots(1-q^{2m})}{(1-q^{2m+2n})(1-q^{2m+2n-2})\cdots(1-q^{2m+2})} X_0.$$

由(3)可知
$$X_0 = \frac{(1-q^{4m})(1-q^{4m-2})\cdots(1-q^{2m+2})}{(1-q^2)(1-q^4)\cdots(1-q^{2m})},$$

故当 $0 \leqslant n \leqslant m-1$ 时,
$$X_n = \frac{q^{n^2}}{(1-q^2)(1-q^4)\cdots(1-q^{2m})} X_n',$$

此处
$$\begin{aligned}X_n' &= \frac{(1-q^{2m-2n+2})(1-q^{2m-2n+4})\cdots(1-q^{2m})}{(1-q^{2m+2n})(1-q^{2m+2n-2})\cdots(1-q^{2m+2})}(1-q^{2m+2})\cdots(1-q^{4m})\\
&= (1-q^{2m-2n+2})\cdots(1-q^{2m})(1-q^{2m+2n+2})\cdots(1-q^{4m}).\end{aligned} \tag{4}$$

因此(2)式可以写成
$$(1-q^2)(1-q^4)\cdots(1-q^{2m})\varphi_m(z) = X_0' + \sum_{n=1}^{m} q^{n^2}(z^n + z^{-n}) X_n'. \tag{5}$$

当 $m \to \infty$,则 $X_n' \to 1$,故形式上已得出定理中之等式,但对于逐项取限之可能性还须加以证明.

命
$$u_{0,m} = X_0,$$
$$u_{n,m} \begin{cases} = \dfrac{q^{n^2}}{(1-q^2)(1-q^4)\cdots(1-q^{2m})} X_n'(z^n + z^{-n}), & \text{若 } 1 \leqslant n \leqslant m,\\ = 0, & \text{若 } n > m, \end{cases}$$

则
$$\varphi_m(z) = \sum_{n=0}^{\infty} u_{n,m}. \tag{6}$$

当 $m \to \infty$ 时,其公项
$$u_{n,m} \to u_n,$$

此处
$$u_0 = \frac{1}{(1-q^2)(1-q^4)\cdots}, \quad u_n = \frac{q^{n^2}(z^n + z^{-n})}{(1-q^2)(1-q^4)\cdots} \quad (n > 0).$$

今有
$$|X_n'| < \prod_{k=1}^{\infty}(1+|q|^{2k}) = K_1 \text{(定义)}$$

及

$$\left|\frac{1}{(1-q^2)(1-q^4)\cdots(1-q^{2m})}\right| < \prod_{k=1}^{\infty}\frac{1}{1-|q|^{2k}} = K_2 \text{(定义)},$$

故

$$|u_{n,m}| \leqslant K_1 K_2 |q|^2 (|z|^n + |z|^{-n}) = v_n.$$

v_n 与 m 无关,且由于当 $n \to \infty$ 时,

$$\frac{v_{n+1}}{v_n} = |q|^{2n+1} \left[\frac{|z|^{n+1} + |z|^{-(n+1)}}{|z|^n + |z|^{-n}}\right]$$

$$< |q|^{2n+1}(|z| + |z|^{-1}) \to 0,$$

故 $\sum v_n$ 是收敛的. 即级数(6)对 m 是一致收敛的. 因此

$$\varphi_m(z) \to \sum_0^{\infty} u_n.$$

此补足了可能逐项求限的证明.

定理 1 包有不少有趣的特例:

分别取 $z = \pm 1$ 及 $z = q$, 则得:

定理 2 当 $|q| < 1$ 时

$$\varphi_0 \varphi_2^2 = \sum_{n=-\infty}^{\infty} q^{n^2}$$

及

$$\varphi_0 \varphi_3^2 = \sum_{n=-\infty}^{\infty} (-1)^n q^{n^2},$$

$$\varphi_0 \varphi_1^2 = \sum_{n=0}^{\infty} q^{n^2+n}.$$

以 $-q^{3/2}$ 代 q 及取 $z = q^{\frac{1}{2}}$, 则得

$$\prod_{n=1}^{\infty}((1-q^{3n})(1-q^{3n-1})(1-q^{3n-2}))$$

$$= \sum_{n=-\infty}^{\infty}(-q^{\frac{3}{2}})^{n^2}(q^{\frac{n}{2}})$$

$$= \sum_{n=-\infty}^{\infty}(-1)^n q^{\frac{1}{2}(3n^2+n)},$$

即得 Euler 公式:

定理 3 若 $|q| < 1$, 则

$$\varphi_0 \varphi_3 = (1-q)(1-q^2)(1-q^3)\cdots$$

$$= \sum_{n=-\infty}^{\infty}(-1)^n q^{\frac{1}{2}n(3n+1)} = 1 + \sum_{n=1}^{\infty}(-1)^n(q^{\frac{1}{2}n(3n-1)} + q^{\frac{1}{2}n(3n+1)})$$

$$= 1 - q - q^2 + q^5 + q^7 - q^{12} - q^{15} + \cdots.$$

再取 $q^{\frac{1}{2}}$ 代 q, $q^{\frac{1}{2}}$ 代 z,则得
$$\prod_{n=1}^{\infty}(1-q^n)(1+q^n)(1+q^{n-1}) = \sum_{n=-\infty}^{\infty} q^{\frac{1}{2}(n^2+n)},$$
即得：

定理 4　若 $|q|<1$,则
$$\varphi_0 \varphi_1 \varphi_2 = \sum_{n=0}^{\infty} q^{\frac{1}{2}n(n+1)}.$$

注意:指数 $\frac{1}{2}n(n+1)$ 乃普通所谓之三角数.由定理 1.1,定理 4 也可重述为：

定理 5　若 $|q|<1$,则
$$\frac{\varphi_0}{\varphi_3} = \frac{(1-q^2)(1-q^4)\cdots}{(1-q)(1-q^3)\cdots} = \sum_{n=0}^{\infty} q^{\frac{1}{2}n(n+1)}.$$

今往证明：

定理 6　若 $|q|<1$,则
$$(\varphi_0 \varphi_3)^3 = ((1-q)(1-q^2)(1-q^3)\cdots)^3$$
$$= \sum_{n=-\infty}^{\infty}(-1)^n n q^{\frac{1}{2}n(n+1)}$$
$$= 1 - 3q + 5q^3 - 7q^6 + \cdots.$$

证：在定理 1 中以 $q^{\frac{1}{2}}$ 代 q,以 $q^{\frac{1}{2}}\zeta$ 代 z,则得
$$\prod_{n=1}^{\infty}((1-q^n)(1+q^n\zeta)(1+q^{n-1}\zeta^{-1})) = \sum_{n=-\infty}^{\infty} q^{\frac{1}{2}n(n+1)}\zeta^n,$$
即
$$\frac{\zeta+1}{\zeta}\prod_{n=1}^{\infty}((1-q^n)(1+q^n\zeta)(1+q^n\zeta^{-1})) = \sum_{n=-\infty}^{\infty} q^{\frac{1}{2}n(n+1)}\zeta^n.$$

今往讨论 $\zeta \to -1$ 时之情况.显然有
$$\lim_{\zeta \to -1}\prod_{n=1}^{\infty}((1-q^n)(1+q^n\zeta)(1+q^n\zeta^{-1})) = \left[\prod_{n=1}^{\infty}(1-q^n)\right]^3.$$

由于
$$\sum_{n=-\infty}^{\infty}(-1)^n q^{\frac{1}{2}n(n+1)} = \sum_{n=0}^{\infty}(-1)^n q^{\frac{1}{2}n(n+1)} + \sum_{n=-\infty}^{-1}(-1)^n q^{\frac{1}{2}n(n+1)}$$
$$= \sum_{n=0}^{\infty}(-1)^n q^{\frac{1}{2}n(n+1)} + \sum_{m=0}^{\infty}(-1)^{m+1} q^{\frac{1}{2}m(m+1)} = 0,$$

可知

第八章　与椭圆模函数有关的几个数论问题

$$\frac{\zeta}{\zeta+1}\sum_{n=-\infty}^{\infty} q^{\frac{1}{2}n(n+1)}\zeta^n$$

$$=\frac{\zeta}{\zeta+1}\sum_{n=-\infty}^{\infty} q^{\frac{1}{2}n(n+1)}(\zeta^n-(-1)^n)$$

$$=\sum_{n=-\infty}^{\infty} q^{\frac{1}{2}n(n+1)}\frac{\zeta(\zeta^n-(-1)^n)}{\zeta+1}.$$

因为

$$\lim_{\zeta\to -1}\frac{(\zeta^n-(-1)^n)}{\zeta+1}=n(-1)^{n-1},$$

可知

$$\lim_{\zeta\to -1}\frac{\zeta}{\zeta+1}\sum_{n=-\infty}^{\infty} q^{\frac{1}{2}n(n+1)}\zeta^n=\sum_{n=-\infty}^{\infty}(-1)^n n q^{\frac{1}{2}n(n+1)}.$$

故得定理.(其中用及两次逐项求限法,皆可用一致收敛性证实之.)

习题 1.求证当 $|q|<1$ 时,

$$\prod_{n=0}^{\infty}((1-q^{5n+1})(1-q^{5n+4})(1-q^{5n+5}))=\sum_{n=-\infty}^{\infty}(-1)^n q^{\frac{1}{2}n(5n+3)},$$

$$\prod_{n=0}^{\infty}((1-q^{5n+2})(1-q^{5n+3})(1-q^{5n+5}))=\sum_{n=-\infty}^{\infty}(-1)^n q^{\frac{1}{2}n(5n+1)}.$$

习题 2.证明

$$q(1-q^{24})(1-q^{2\cdot24})(1-q^{3\cdot24})\cdots=q^{1^2}-q^{5^2}-q^{7^2}+q^{11^2}+q^{13^2}-q^{17^2}-\cdots,$$

$$q((1-q^8)(1-q^{2\cdot8})(1-q^{3\cdot8})\cdots)^3=q^{1^2}-3q^{3^2}+5q^{5^2}-7q^{7^2}+\cdots.$$

§4.分式表示法

定理 1　若 $|q|<1$,则

$$(1+aq)(1+aq^3)(1+aq^5)\cdots = 1+\frac{aq}{1-q^2}+\frac{a^2 q^4}{(1-q^2)(1-q^4)}$$

$$+\cdots+\frac{a^m q^{m^2}}{(1-q^2)\cdots(1-q^{2m})}+\cdots.$$

证:命 $F(a)$ 代表上式之左端,且命

$$F(a)=1+c_1 a+c_2 a^2+\cdots.$$

由于

$$(1+aq)F(aq^2)=(1+aq)(1+aq^3)(1+aq^5)\cdots$$
$$=F(a),$$

比较此式中 a^n 之系数可知

$$c_1=q+c_1 q^2,\quad c_2=c_1 q^3+c_2 q^4,\cdots$$

故
$$c_m = c_{m-1} q^{2m-1} + c_m q^{2m}, \cdots$$

$$c_m = \frac{q^{2m-1}}{1-q^{2m}} c_{m-1} = \frac{q^{1+3+\cdots+(2m-1)}}{(1-q^2)(1-q^4)\cdots(1-q^{2m})}$$
$$= \frac{q^{m^2}}{(1-q^2)(1-q^4)\cdots(1-q^{2m})}.$$

此即定理.

在定理中各取 $a=1$ 及 $a=q$，可得以下之二定理：

定理 2 当 $|q|<1$，则
$$q = (1+q)(1+q^3)(1+q^5)\cdots$$
$$= 1 + \frac{q}{1-q^2} + \frac{q^4}{(1-q^2)(1-q^4)} + \cdots + \frac{q^{m^2}}{(1-q^2)(1-q^4)\cdots(1-q^{2m})} + \cdots.$$

定理 3 当 $|q|<1$，则
$$q = (1+q^2)(1+q^4)(1+q^6)\cdots$$
$$= 1 + \frac{q^2}{1-q^2} + \frac{q^6}{(1-q^2)(1-q^4)} + \cdots + \frac{q^{m^2+m}}{(1-q^2)(1-q^4)\cdots(1-q^{2m})} + \cdots.$$

或以 $q^{\frac{1}{2}}$ 代 q，以 $q^{\frac{1}{2}}$ 代 a，即得：

定理 4 当 $|q|<1$，则
$$(1+q)(1+q^2)(1+q^3)\cdots$$
$$= 1 + \frac{q}{1-q} + \frac{q^3}{(1-q)(1-q^2)} + \cdots + \frac{q^{\frac{1}{2}m(m+1)}}{(1-q)(1-q^2)\cdots(1-q^m)} + \cdots.$$

定理 5 当 $|q|<1$ 时，
$$\frac{1}{(1-aq)(1-aq^2)(1-aq^3)\cdots}$$
$$= 1 + \frac{aq}{1-q} + \frac{a^2 q^2}{(1-q)(1-q^2)} + \frac{a^3 q^3}{(1-q)(1-q^2)(1-q^3)} + \cdots.$$

证：命上式之左端为 $F(a)$，则
$$F(aq) = \frac{1}{(1-aq^2)(1-aq^3)\cdots}$$
$$= (1-aq) F(a).$$

以展开式
$$F(a) = 1 + \sum_{m=1}^{\infty} c_m a^m$$

代入上式，则得
$$c_m q^m = c_m - c_{m-1} q,$$

即

第八章 与椭圆模函数有关的几个数论问题

$$c_m = \frac{q}{1-q^m} c_{m-1}.$$

故得

$$c_m = \frac{q^m}{(1-q)(1-q^2)\cdots(1-q^m)}.$$

此定理之特例为：

定理 6 当 $|q|<1$，则

$$\frac{1}{\varphi q^3} = 1 + \frac{q}{1-q} + \frac{q^2}{(1-q)(1-q^2)} + \frac{q^3}{(1-q)(1-q^2)(1-q^3)} + \cdots.$$

在定理 5 中以 q^2 代 q，以 q^{-1} 代 a，则得

定理 7 当 $|q|<1$ 时，

$$\frac{1}{q^3} = 1 + \frac{q}{1-q^2} + \frac{q^2}{(1-q^2)(1-q^4)} + \frac{q^3}{(1-q^2)(1-q^4)(1-q^6)} + \cdots.$$

§5. 分拆之图解法

设有一 n 分拆

$$n = a_1 + a_2 + a_3 + \cdots + a_s,$$

其中之 a_i 按由大而小之次序排列，即

$$a_1 \geq a_2 \geq a_3 \geq \cdots \geq a_s.$$

我们作一图形，其第一行有 a_1 个点，第二行有 a_2 个点，…，每行之排头看齐，以后等距，如此之点图称为此分拆之图解. 例如：

$$\begin{array}{ccccccc}
\bullet & \bullet & \bullet & \bullet & \bullet & \bullet & \bullet \\
\bullet & \bullet & \bullet & \bullet & & & \\
\bullet & \bullet & \bullet & & & & \\
\bullet & \bullet & \bullet & & & & \\
\bullet & & & & & & \\
\end{array}$$

就是分拆

$$18 = 7+4+3+3+1$$

之图解. 以上之图解固然可以逐行读出，但也可以逐列读出. 如此得另一分拆. 此分拆谓之原分拆之共轭分拆. 上图之共轭分拆为

$$18 = 5+4+4+2+1+1+1.$$

横看竖看，可有次之定理：

定理 1 把 n 分为每份不超过 m 之分拆数等于把 n 分为不超过 m 份之分拆数.

分拆图表法还能证明更复杂之定理. 例如：

定理 4.2 之另证：

显然
$$(1+q)(1+q^3)(1+q^5)\cdots$$
之展开式中 q^n 之系数等于把 n 分为不等的奇数之和之分拆数 $r(n)$. 例如：
$$15 = 11+3+1 = 9+5+1 = 7+5+3.$$
今将 $15 = 11+3+1$ 之图表重新排列如下图：

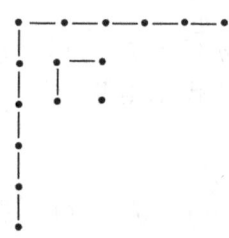

由于每份是奇数且各不相等，故列出之后该图仍为一分拆图. 但此图有一特别性质，横看纵看都是一样. 此种图形谓之自共轭图形，所对应之分拆谓之自共轭分拆. 故有一不等的奇数之和的分拆一定有一自共轭分拆，且反之亦真.

故 $r(n)$ 乃 n 之自共轭分拆数. 任一自共轭图形所包有之极大的正方块其边长设为 t（上图中 $t=3$）. 则对一固定 t 之自共轭分拆之种数等于
$$\frac{n-t^2}{2}$$
之不超过 t 份之分拆数. 这就是
$$\frac{q^{t^2}}{(1-q^2)(1-q^4)\cdots(1-q^{2t})}$$
之展开式中 q^n 之系数. 因此得
$$(1+q)(1+q^3)(1+q^5)\cdots$$
$$= \sum_{t=0}^{\infty} \frac{q^{t^2}}{(1-q^2)(1-q^4)\cdots(1-q^{2t})},$$
式中对应于 $t=0$ 之项为 1. 此即定理 4.2.

习题 1. 证明
$$\frac{1}{(1-q)(1-q^2)(1-q^3)\cdots} = 1 + \frac{q}{(1-q)^2} + \frac{q^4}{(1-q)^2(1-q^2)^2}$$
$$+ \frac{q^9}{(1-q)^2(1-q^2)^2(1-q^3)^2} + \cdots.$$

习题 2. 用图表法证明定理 4.4.

提示：把一分成不等部分之分拆每行缩一格排列，例如

$$19 = 7+5+4+2+1$$

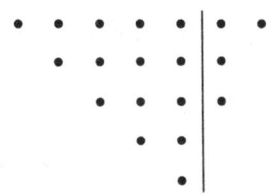

再看直线右边之分拆.

分拆图表法之另一应用在证明定理3.3.此定理显然可以改述为:

定理2 命 $E(n)$ 代表把 n 分为偶数个不等数之和(偶分拆)之分拆数,$U(n)$ 代表把 n 分为奇数个不等数之和(奇分拆)之分拆数,则

$$E(n) - U(n) = \begin{cases} 0, & \text{若 } n \neq \frac{1}{2}k(3k\pm 1), \\ (-1)^k, & \text{若 } n = \frac{1}{2}k(3k\pm 1). \end{cases}$$

证(Franklin):我们在 n 之一分拆之图解中,于其右上角之终点向左下角引一45°之斜线,此线之终点为其与图形相遇之终点,此线以 σ 记之.我们又用线连接图形之最下一行,此线以 β 记之.

我们可以将 β 移于图形之右上角,置于 σ 之右面而与 σ 平行(这种手续以 O 记之),也可以将 σ 移置于 β 之下而与 β 平行(这种手续以 Ω 记之).对于一移动 O 或 Ω,我们可以得一分拆,但也可能得到一个图形,它不能表示一分拆(这里用来表示分拆的图形皆是由大至小排列).如上图1,经 O 我们得图2,经 Ω 我们得图3,在我们的规定下,图2是一分拆的图解,而图3则否,

图1

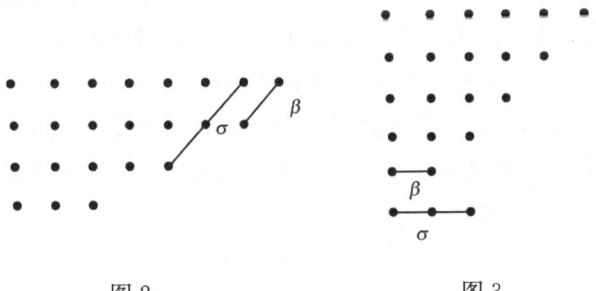

图2 　　　　　　　图3

现分三种情形论之:

1) $\beta < \sigma$. 由图 1 可以看出 O 常为可能，而 Ω 则不可能.

2) $\beta > \sigma$. 此时 O 常为不可能. 又除 β 与 σ 相遇且 $\beta = \sigma + 1$ 之情形外（图 4），Ω 常为可能. 对除外之情形，所得者有二部分相同，非我们所需.

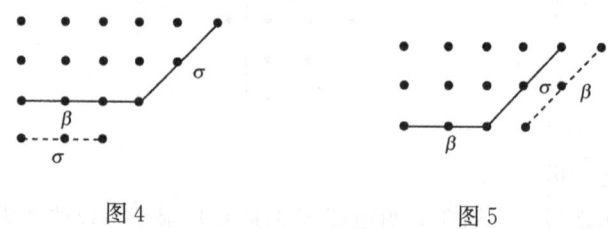

图 4　　　　　　　　图 5

3) $\beta = \sigma$. 此时除 β 与 σ 相遇之情形（图 5）外，O 常为可能. 对除外之情形，O 显然不可能. Ω 则常不可能.

由是可以看出，若对于一种分拆，O 与 Ω 有一可能，有一不可能，则我们即能由一偶（或奇）分拆得到一奇（或偶）分拆，即在此种情形，偶分拆与奇分拆之间即建立 (1,1) 对应，但对于图 4 与图 5 之情形，此种对应即不可能. 对于前一种情形，n 必为

$$n = (k+1) + (k+2) + \cdots + 2k = \frac{1}{2}(3k^2 + k),$$

对于后一种情形，

$$n = k + (k+1) + \cdots + (2k-1) = \frac{1}{2}(3k^2 - k),$$

无论是前一种情形或后一种情形，皆显然有 $E(n) - U(n) = (-1)^k$.

§6. $p(n)$ 之估值

在本节中将先用最简单之代数方法以得出 $p(n)$ 最粗略之估值，再用略精深之方法以得出 $\log p(n)$ 之无穷大之阶，但再深入用所谓 Tauber 型方法以得出 $p(n)$ 无穷大之阶，以及更深入用模函数论之结果及解析数论之方法以求出 $p(n)$ 之展开式则不在本书范围之内. 在这逐步求精之方法中极易体会出各种方法之深入度.

定理 1　当 $n > 1$ 时，
$$2^{[\sqrt{n}]} \leq p(n) < n^{3[\sqrt{n}]}.$$

证：1) 先证左式. 在
$$1, 2, \cdots, [\sqrt{n}]$$
中任取 r 个 $a_1, \cdots, a_r$，而作一分拆

$$n = a_1 + \cdots + a_r + (n - a_1 - \cdots - a_r). \tag{1}$$

由于
$$a_1 + \cdots + a_r \leqslant 1 + 2 + \cdots + [\sqrt{n}]$$
$$\leqslant [\sqrt{n}]^2 \leqslant n,$$

故(1)式是一分拆. 总共有

$$1 + \binom{[\sqrt{n}]}{1} + \binom{[\sqrt{n}]}{2} + \cdots + \binom{[\sqrt{n}]}{r} + \cdots = (1+1)^{[\sqrt{n}]} = 2^{[\sqrt{n}]}$$

种取法, 故得定理中之左式.

2) 后证右式. 今讨论 n 之分拆图解

图中左上角最大正方形之边长为 r. 图中右上角之 r 列对应于一个不大于 $n-r^2$ 之整数之分拆, 左下角亦然. 故如 r 固定, 右上角之可能性 $\leqslant n^r$, 左下角亦然. 故得(显然 $r \leqslant [\sqrt{n}]$)

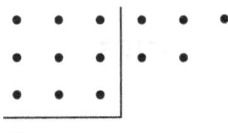

$$p(n) \leqslant \sum_{r=1}^{[\sqrt{n}]} n^{2r} < \sqrt{n} \, n^{2[\sqrt{n}]} < n^{3[\sqrt{n}]}.$$

定理 2
$$\lim_{n \to \infty} \frac{\log p(n)}{n^{1/2}} = \pi \sqrt{\frac{2}{3}}.$$

证此定理需要以下诸预备定理.

定理 3
$$np(n) = \sum_{lk \leqslant n} lp(n-lk).$$

证: 设 $|q| < 1$, 命

$$f(q) = \frac{1}{(1-q)(1-q^2)(1-q^3)\cdots}$$
$$= 1 + \sum_{l=1}^{\infty} p(l) q^l.$$

用乘积式求 $f(q)$ 之对数之导数, 则得

$$\frac{f'(q)}{f(q)} = \sum_{l=1}^{\infty} \frac{lq^{l-1}}{1-q^l}$$
$$= \frac{1}{q} \sum_{l=1}^{\infty} l(q^l + q^{2l} + q^{3l} + \cdots)$$
$$= \frac{1}{q} \sum_{l=1}^{\infty} \sum_{k=1}^{\infty} lq^{lk}.$$

又用 $f(q)$ 之幂级数展开式求微分可知

$$\sum_{n=1}^{\infty} np(n) q^n = qf'(q) = f(q) \sum_{l=1}^{\infty} \sum_{k=1}^{\infty} lq^{lk}$$

$$= \left[1+\sum_{\nu=1}^{\infty}p(\nu)q^{\nu}\right]\sum_{l=1}^{\infty}\sum_{k=1}^{\infty}lq^{lk}.$$

比较系数,即得定理.

定理 4 若 $n>\nu>0$,则

$$\frac{1}{2}\frac{\nu}{\sqrt{n}}<n^{\frac{1}{2}}-(n-\nu)^{\frac{1}{2}}<\frac{1}{2}\frac{\nu}{\sqrt{n}}+\frac{\nu^2}{2n^{3/2}}.$$

证:此可由下列不等式

$$1-\frac{x}{2}-\frac{x^2}{2}<(1-x)^{\frac{1}{2}}<1-\frac{x}{2},\quad 0<x<1$$

得之.而此不等式可由平方上式各项以证之.$\left[\text{但须注意}\ 1-\frac{x}{2}-\frac{x^2}{2}>0.\right]$

定理 5 若 $0<x<1$,则

$$\frac{1}{x^2}-c_1<\frac{e^{-x}}{(1-e^{-x})^2}<\frac{1}{x^2},$$

此处 c_1(及今后 $c_2,c_3,\cdots$)皆表正常数.

证:由

$$e^{\frac{1}{2}x}-e^{-\frac{1}{2}x}=x+\frac{2}{3!}\left[\frac{1}{2}x\right]^3+\frac{2}{5!}\left[\frac{1}{2}x\right]^5+\cdots>x$$

故得右边之不等式.因为

$$\frac{1}{e^{\frac{1}{2}x}-e^{-\frac{1}{2}x}}=\frac{1}{x}(1+O(x^2)),$$

故得

$$\frac{1}{x^2}=\frac{e^{-x}}{(1-e^{-x})^2}+O(1).$$

此即定理中之左边不等式.

定理 6 命 α 表一正数,则

$$\frac{\pi^2 n}{6\alpha^2}-c_2\sqrt{n}<\sum_{k=1}^{\infty}\sum_{l=1}^{\infty}le^{-\alpha kn^{-\frac{1}{2}}}<\frac{\pi^2 n}{6\alpha^2}.$$

正确地说,此 c_2 与 α 有关.

证:由于 $\sum_{l=1}^{\infty}lx^l=\dfrac{x}{(1-x)^2}$,故此重和等于

$$\sum_{k=1}^{\infty}\frac{e^{-\alpha kn^{-\frac{1}{2}}}}{\left[1-e^{-\alpha kn^{-\frac{1}{2}}}\right]^2}. \tag{2}$$

由定理 5 之右边不等式可知此和

$$<\sum_{k=1}^{\infty}\frac{1}{(\alpha kn^{-\frac{1}{2}})^2}=\frac{n}{\alpha^2}\sum_{k=1}^{\infty}\frac{1}{k^2}=\frac{\pi^2 n}{6\alpha^2}.$$

第八章　与椭圆模函数有关的几个数论问题

把(2)式分成二分和

$$\sum_{k=1}^{[\sqrt{n}]} + \sum_{k=[\sqrt{n}]+1}^{\infty} = \sum_1 + \sum_2,$$

用定理 5 之左边不等式,则得

$$\sum_1 > \sum_{k=1}^{[\sqrt{n}]} \frac{1}{(\alpha k n^{-\frac{1}{2}})^2} + O(\sqrt{n})$$

$$= \frac{n}{\alpha^2} \sum_{k=1}^{[\sqrt{n}]} \frac{1}{k^2} + O(\sqrt{n})$$

$$= \frac{\pi^2 n}{6\alpha^2} + O\left(n \sum_{k>\sqrt{n}} \frac{1}{k^2}\right) + O(\sqrt{n})$$

$$= \frac{\pi^2 n}{6\alpha^2} + O(\sqrt{n}).$$

用定理 5 之右边不等式,则

$$\sum_2 = O\left(n \sum_{k>\sqrt{n}} \frac{1}{k^2}\right) = O(\sqrt{n}).$$

合之可得本定理.

定理 2 之证明　命 $c = \pi\sqrt{\frac{2}{3}}$.

1) 先证

$$p(n) < e^{cn^{\frac{1}{2}}}. \tag{3}$$

当 $n = 1$ 时(3)式显然成立.今往用归纳法.由定理 3 及归纳法之假定可知

$$np(n) < \sum_{lk \leq n} l e^{c(n-lk)^{\frac{1}{2}}}$$

$$< \sum_{lk \leq n} l e^{cn^{\frac{1}{2}} - \frac{c}{2} lk n^{-\frac{1}{2}}} \qquad \text{(用定理 4)}$$

$$< e^{cn^{\frac{1}{2}}} \sum_{k=1}^{\infty} \sum_{l=1}^{\infty} l e^{-clk/(2n^{\frac{1}{2}})}$$

$$< e^{cn^{\frac{1}{2}}} \frac{\pi^2 n}{6(c/2)^2} = n e^{cn^{\frac{1}{2}}}. \qquad \text{(用定理 6)}$$

即得(3)式.

2) 再证:任与一正数 ε,必有一正数 $A(=A(\varepsilon))$ 存在使

$$p(n) > \frac{1}{A} e^{(c-\varepsilon)n^{\frac{1}{2}}}.$$

仍用归纳法,但 A 之选择稍后自明.由定理 3 与 4 及归纳法之假定,可知

$$np(n) > \frac{1}{A} e^{(c-\varepsilon)n^{\frac{1}{2}}} \sum_{lk \leq n} l e^{-\frac{1}{2}(c-\varepsilon)(lkn^{-\frac{1}{2}} + l^2 k^2 n^{-\frac{3}{2}})}. \tag{4}$$

因为 $e^{-x} > 1-x$,所以此二重和

$$\geq \sum_{lk\leq n} le^{-\frac{1}{2}(c-\varepsilon)lkn^{-\frac{1}{2}}}\left[1-\frac{1}{2}(c-\varepsilon)\frac{l^2k^2}{n^{3/2}}\right]$$

$$=\sum_{lk\leq n} le^{-\frac{1}{2}(c-\varepsilon)lkn^{-\frac{1}{2}}} - \frac{(c-\varepsilon)}{2n^{3/2}}\sum_{lk\leq n} k^2 l^3 e^{-\frac{1}{2}(c-\varepsilon)lkn^{-\frac{1}{2}}}$$

$$=\sum_1 - \frac{c-\varepsilon}{2n^{3/2}}\sum_2 \quad (定义). \tag{5}$$

因为对任一正数 t,常有 $e^{-x} = O\left[\frac{1}{x^t}\right]$,所以

$$\sum_{lk>n} le^{-\frac{1}{2}(c-\varepsilon)lkn^{-\frac{1}{2}}} = O\left[n^{\frac{t}{2}}\sum_{lk>n}l^{1-t}k^{-\frac{1}{4}t}(lk)^{-\frac{3}{4}t}\right]$$

$$= O\left[n^{-\frac{1}{4}t}\sum_{l=1}^{\infty}\sum_{k=1}^{\infty} l^{1-\frac{1}{4}t}k^{-\frac{1}{4}t}\right]$$

$$= O(n^{-\frac{1}{4}t}), \quad 若 t>8. \tag{6}$$

由此式及定理 6 可知

$$\sum_1 > \frac{2\pi^2 n}{3(c-\varepsilon)^2} - c_3\sqrt{n}$$

$$= \frac{2\pi^2 n}{3c^2} + \frac{2\pi^2 n}{3}\left[\frac{1}{(c-\varepsilon)^2}-\frac{1}{c^2}\right] - c_3\sqrt{n}$$

$$> (1+2\varepsilon c^{-1})n - c_3\sqrt{n}. \tag{7}$$

$\left[此处用了 \dfrac{1}{(c-\varepsilon)^2} - \dfrac{1}{c^2} = 2\displaystyle\int_{c-\varepsilon}^{c} x^{-3}dx > 2\varepsilon c^{-3}.\right]$

另一方面,由二项式定理及定理 5,

$$\sum_2 = \sum_{lk\leq n} k^2 l^3 e^{-\frac{1}{2}(c-\varepsilon)lkn^{-\frac{1}{2}}}$$

$$\leq \sum_{k=1}^n k^2 \sum_{l=1}^{\infty} l^3 e^{-\frac{1}{2}(c-\varepsilon)lkn^{-\frac{1}{2}}}$$

$$\leq 12\sum_{k=1}^n k^2 \frac{e^{-\frac{1}{2}(c-\varepsilon)kn^{-\frac{1}{2}}}}{\left[1-e^{-\frac{1}{2}(c-\varepsilon)kn^{-\frac{1}{2}}}\right]^4}$$

$$= O\left[n\sum_{k=1}^n \frac{1}{\left[1-e^{-\frac{1}{2}(c-\varepsilon)kn^{-\frac{1}{2}}}\right]^2}\right]. \tag{8}$$

分括弧中之和为二部:

$$\sum_{k=1}^n = \sum_{k\leq \sqrt{n}} + \sum_{\sqrt{n}<k\leq n}.$$

在第一部分中,$\frac{1}{2}(c-\varepsilon)kn^{-\frac{1}{2}} < \frac{1}{2}c$,又当 $x<\frac{1}{2}c$ 时,

$$1-e^{-x}=\int_0^x e^{-t}dt > e^{-\frac{1}{2}c}x,$$

即得

$$\sum_{k\leqslant\sqrt{n}}\frac{1}{(1-e^{-\frac{1}{2}(c-\varepsilon)kn^{-\frac{1}{2}}})^2}=O\left(n\sum_{k\leqslant\sqrt{n}}\frac{1}{k^2}\right)=O(n).$$

在第二部分中,$\frac{1}{2}(c-\varepsilon)kn^{-\frac{1}{2}}\geqslant\frac{1}{2}(c-\varepsilon)$,而

$$1-e^{-\frac{1}{2}(c-\varepsilon)kn^{-\frac{1}{2}}}>1-e^{-\frac{1}{2}(c-\varepsilon)},$$

故得

$$\sum_{\sqrt{n}<k\leqslant n}\frac{1}{(1-e^{-\frac{1}{2}(c-\varepsilon)kn^{-\frac{1}{2}}})^2}=O\left(\sum_{k\leqslant n}1\right)=O(n).$$

由此及(8)可知

$$\sum_2 = O(n^2). \tag{9}$$

总结(4),(5),(7),(9),可得

$$np(n) > \frac{1}{A}e^{(c-\varepsilon)n^{\frac{1}{2}}}((1+2\varepsilon c^{-1})n - c_1\sqrt{n}).$$

当

$$n > \left[\frac{c_1}{2\varepsilon c^{-1}}\right]^2$$

时,

$$p(n) > \frac{1}{A}e^{(c-\varepsilon)n^{\frac{1}{2}}}. \tag{10}$$

当 $n \leqslant c_1^2(2\varepsilon c^{-1})^{-2}$ 时,则取 A 相当大,使(10)式亦成立.故得定理.

§7.平方和问题

命 $r_s(n)$ 代表

$$x_1^2 + \cdots + x_s^2 = n$$

之整数解答 $(x_1,\cdots,x_s)$ 之组数.由定理6.7.5已知

$$r_2(n) = 4\sum_{u|n}(-1)^{\frac{1}{2}(u-1)},$$

此处 u 过 n 之奇因子.此定理显然与以下定理等价:

定理1 若 $|q|<1$,则

$$q_0^2 q_2^4 = \left[\sum_{n=-\infty}^{\infty} q^{n^2}\right]^2$$

$$= 1 + 4\left[\frac{q}{1-q} - \frac{q^3}{1-q^3} + \frac{q^5}{1-q^5} - \cdots\right]. \tag{1}$$

今往证明：

定理 2 若 $|q|<1$，则

$$\varphi^4 \varphi_2^8 = \left[\sum_{n=-\infty}^{\infty} q^{n^2}\right]^4 = 1 + 8 \sum{}' \frac{mq^m}{1-q^m},$$

此处和号 $\sum'$ 过所有的非 4 之倍数之整数. 换言之,

$$r_4(n) = 8 \sum_{m \mid n}{}' m,$$

此处 m 乃 n 之因子但非 4 之倍数者.

在证明此定理时需要几条预备定理.

命

$$u_r = \frac{q^r}{1-q^r},$$

则

$$\frac{q^r}{(1-q^r)^2} = u_r(1+u_r). \tag{2}$$

定理 3

$$\sum_{m=1}^{\infty} u_m(1+u_m) = \sum_{n=1}^{\infty} n u_n.$$

证：由 (2) 式可知

$$\sum_{m=1}^{\infty} u_m(1+u_m) = \sum_{m=1}^{\infty} \frac{q^m}{(1-q^m)^2} = \sum_{m=1}^{\infty}\sum_{n=1}^{\infty} n q^{mn} = \sum_{n=1}^{\infty} n u_n.$$

定理 4

$$\sum_{m=1}^{\infty} (-1)^{m-1} u_{2m}(1+u_{2m}) = \sum_{n=1}^{\infty} (2n-1) u_{4n-2}.$$

证：由 (2) 式可知

$$\sum_{m=1}^{\infty} (-1)^{m-1} u_{2m}(1+u_{2m}) = \sum_{m=1}^{\infty} (-1)^{m-1} \frac{q^{2m}}{(1-q^{2m})^2}$$

$$= \sum_{m=1}^{\infty} (-1)^{m-1} \sum_{r=1}^{\infty} r q^{2mr}$$

$$= \sum_{r=1}^{\infty} r \sum_{m=1}^{\infty} (-1)^{m-1} q^{2mr} = \sum_{r=1}^{\infty} \frac{r q^{2r}}{1+q^{2r}}$$

$$= \sum_{r=1}^{\infty}\left[\frac{r q^{2r}}{1-q^{2r}} - \frac{2 r q^{4r}}{1-q^{4r}}\right] = \sum_{n=1}^{\infty} \frac{(2n-1) q^{4n-2}}{1-q^{4n-2}}.$$

定理 5 若 θ 是一实数而非 π 之偶数倍，则

第八章 与椭圆模函数有关的几个数论问题

$$\left[\frac{1}{4}\cot\frac{1}{2}\theta + u_1\sin\theta + u_2\sin 2\theta + \cdots\right]^2$$
$$= \left[\frac{1}{4}\cot\frac{1}{2}\theta\right]^2 + C_0 + \sum_{k=1}^{\infty} C_k \cos k\theta, \tag{3}$$

此处

$$C_0 = \frac{1}{2}\sum_{n=1}^{\infty} n u_n,$$

$$C_k = u_k\left[1 + u_k - \frac{1}{2}k\right], \qquad k \geq 1.$$

证:(3) 式之左边等于

$$\left[\frac{1}{4}\cot\frac{1}{2}\theta\right]^2 + \frac{1}{2}\sum_{n=1}^{\infty} u_n \cot\frac{1}{2}\theta \sin n\theta + \sum_{m=1}^{\infty}\sum_{n=1}^{\infty} u_m u_n \sin m\theta \sin n\theta.$$

由

$$\frac{1}{2}\cot\frac{1}{2}\theta \sin n\theta = \frac{1}{2} + \cos\theta + \cdots + \cos(n-1)\theta + \frac{1}{2}\cos n\theta,$$

$$2\sin m\theta \sin n\theta = \cos(m-n)\theta - \cos(m+n)\theta,$$

可知该式等于

$$\left[\frac{1}{4}\cot\frac{1}{2}\theta\right]^2 + \sum_{n=1}^{\infty} u_n\left[\frac{1}{2} + \cos\theta + \cdots + \cos(n-1)\theta + \frac{1}{2}\cos n\theta\right]$$
$$+ \frac{1}{2}\sum_{m=1}^{\infty}\sum_{n=1}^{\infty} u_m u_n (\cos(m-n)\theta - \cos(m+n)\theta).$$

由此得出

$$C_0 = \frac{1}{2}\sum_{n=1}^{\infty}(u_n + u_n^2),$$

$$C_k = \frac{1}{2}u_k + \sum_{n=k+1}^{\infty} u_n$$
$$+ \frac{1}{2}\sum_{m-n=k} u_m u_n + \frac{1}{2}\sum_{n-m=k} u_m u_n - \frac{1}{2}\sum_{n+m=k} u_m u_n,$$

此处 $m \geq 1, n \geq 1$.

由定理 3 可知

$$C_0 = \frac{1}{2}\sum_{n=1}^{\infty} n u_n.$$

又

$$C_k = \frac{1}{2}u_k + \sum_{l=1}^{\infty} u_{k+l} + \sum_{l=1}^{\infty} u_l u_{k+l} - \frac{1}{2}\sum_{l=1}^{k-1} u_l u_{k-l}.$$

因为

$$u_l u_{k-l} = u_k(1 + u_l + u_{k-l})$$

及
$$u_{k+l} + u_l u_{k+l} = u_k(u_l - u_{k+l}),$$
所以
$$C_k = u_k\left[\frac{1}{2} + \sum_{l=1}^{\infty}(u_l - u_{k+l}) - \frac{1}{2}\sum_{l=1}^{k-1}(1 + u_l + u_{k-l})\right]$$
$$= u_k\left[\frac{1}{2} + u_1 + \cdots + u_k - \frac{1}{2}(k-1) - (u_1 + \cdots + u_{k-1})\right]$$
$$= u_k\left[1 + u_k - \frac{1}{2}k\right].$$

定理 6
$$\left[\frac{1}{4} + \sum_{n=0}^{\infty}u_{4n+1} - \sum_{n=0}^{\infty}u_{4n+3}\right]^2 = \frac{1}{16} + \frac{1}{2}\sum_{\substack{m=1\\4\nmid m}}^{\infty}m u_m.$$

证：在定理 5 中取 $\theta = \frac{1}{2}\pi$，则得

$$\left[\frac{1}{4} + \sum_{n=0}^{\infty}u_{4n+1} - \sum_{n=0}^{\infty}u_{4n+3}\right]^2$$
$$= \frac{1}{16} + \frac{1}{2}\sum_{n=1}^{\infty}nu_n + \sum_{m=1}^{\infty}(-1)^m C_{2m}$$
$$= \frac{1}{16} + \frac{1}{2}\sum_{n=1}^{\infty}nu_n + \sum_{m=1}^{\infty}(-1)^m u_{2m}(1 + u_{2m} - m)$$
$$= \frac{1}{16} + \frac{1}{2}\sum_{m=1}^{\infty}(2m-1)u_{2m-1} + \sum_{m=1}^{\infty}(-1)^m u_{2m}(1 + u_{2m})$$
$$\quad + 2\sum_{m=1}^{\infty}(2m-1)u_{4m-2}$$
$$= \frac{1}{16} + \frac{1}{2}\sum_{m=1}^{\infty}(2m-1)u_{2m-1} + \sum_{m=1}^{\infty}(2m-1)u_{4m-2} \quad (\text{由定理 4})$$
$$= \frac{1}{16} + \frac{1}{2}\sum_{\substack{n=1\\4\nmid n}}^{\infty}nu_n.$$

定理 2 极易由定理 1 及定理 6 推得.

由定理 2 立刻可推得：

定理 7 $\frac{r_4(n)}{8}$ 是一积性函数.

定理 8(Lagrange) 任一正整数可以表为四个平方数之和.

此外还有以下之应用：

定理 9(Jacobi) 有等式
$$q_2^8 - q_3^8 = 16 q q_1^8.$$

如以 §1 之表示代入，则得

第八章 与椭圆模函数有关的几个数论问题

$$\left[\prod_{n=1}^{\infty}(1+q^{2n-1})\right]^8 - \left[\prod_{n=1}^{\infty}(1-q^{2n-1})\right]^8 = 16q\left[\prod_{n=1}^{\infty}(1+q^{2n})\right]^8.$$

〔此结果 Jacobi 称之为 Aequatro identica ratis abstrura.〕

证:此式之两边同以 q^4 乘之,则由

$$(\varphi_0 q_2^2)^4 = \left[\sum_{n=-\infty}^{\infty} q^{n^2}\right]^4 = \sum_{n=0}^{\infty} r_4(n) q^n,$$

$$(\varphi_0 q_3^2)^4 = \sum_{n=0}^{\infty} r_4(n)(-1)^n q^n$$

及

$$(2\varphi_0 q_1^2)^4 = \left[\sum_{n=-\infty}^{\infty} q^{n(n+1)}\right]^4,$$

可知所求证之式与

$$q\left[\sum_{n=-\infty}^{\infty} q^{n(n+1)}\right]^4 = 2\sum_{\substack{n=0 \\ 2\nmid n}}^{\infty} r_4(n) q^n$$

等价.

命 $s_4(n)$ 表

$$x_1(x_1+1)+\cdots+x_4(x_4+1)+1 = n \tag{4}$$

之解数,此 n 必为奇数.故本定理有其数论上之意义;即若 n 是一奇数,则 $s_4(n)$ 等于 $2r_4(n)$.

(4)式乘 4,并凑成平方,则得

$$(2x_1+1)^2+\cdots+(2x_4+1)^2 = 4n.$$

不定方程

$$y_1^2+y_2^2+y_3^2+y_4^2 = 4n$$

之 $r_4(4n)$ 个解只有二种:(i) y_1,y_2,y_3,y_4 全为奇数,(ii) y_1,y_2,y_3,y_4 全为偶数,由此可见

$$s_4(n) = r_4(4n) - r_4(n).$$

由定理 2,可知

$$r_4(4n) = 8\sum_{m\mid 2n} m = 8\sum_{m\mid n}(m+2m) = 3\left[8\sum_{m\mid n} m\right] = 3r_4(n),$$

即

$$s_4(n) = 2r_4(n).$$

故得定理.

习题 1.经由以下之办法算出

$$1+\frac{1}{2^2}+\frac{1}{3^2}+\frac{1}{4^2}+\cdots = \frac{\pi^2}{6}.$$

由四维空间球
$$u^2 + v^2 + w^2 + z^2 \leqslant x$$
中之整点数 $A(x)$ 之渐近公式
$$A(x) = \frac{\pi^2}{2} x^2 + O(x^{\frac{3}{2}}),$$
并用定理 2 以求出另一表法. 比较之而得习题中所求.

附注：由本习题及 (6.13.2) 立刻得到 $\sum_{n=1}^{\infty} \frac{\mu(n)}{n^2} = \frac{6}{\pi^2}$.

习题 2. 算出
$$\left[\frac{1}{6} + \frac{x}{1-x} - \frac{x^2}{1-x^2} + \frac{x^4}{1-x^4} - \frac{x^5}{1-x^5} + \cdots \right]^2$$
$$= \frac{1}{36} + \frac{1}{3} \left[\frac{x}{1-x} + \frac{2x^2}{1-x^2} + \frac{4x^4}{1-x^4} + \frac{5x^5}{1-x^5} + \cdots \right].$$

习题 3. 利用
$$(1 - \cos n\theta) \cot^2 \frac{1}{2} \theta = (2n-1) + 4(n-1)\cos\theta + 4(n-2)\cos 2\theta + \cdots$$
$$+ 4\cos(n-1)\theta + \cos n\theta$$

以证明
$$\left\{ \frac{1}{8} \cot^2 \frac{1}{2} \theta + \frac{1}{12} + \frac{x}{1-x}(1-\cos\theta) + \frac{2x^2}{1-x^2}(1-\cos 2\theta) \right.$$
$$\left. + \frac{3x^3}{1-x^3}(1-\cos 3\theta) + \cdots \right\}^2 = \left[\frac{1}{8} \cot^2 \frac{1}{2} \theta + \frac{1}{12} \right]^2$$
$$+ \frac{1}{12} \left\{ \frac{1^3 x}{1-x}(5+\cos\theta) + \frac{2^3 x^2}{1-x^2}(5+\cos 2\theta) \right.$$
$$\left. + \frac{3^3 x^3}{1-x^3}(5+\cos 3\theta) + \cdots \right\}.$$

§8. 密　　率

命 $r_s(n, q)$ 表
$$x_1^2 + \cdots + x_s^2 \equiv n \pmod{q} \tag{1}$$
之解数. 如将
$$x_1^2 + \cdots + x_s^2 = y$$
看成一变换，则左边有 q^s 个值，而右边有 q 个值. 即对一个 y 之值，平均有 q^{s-1} 个解. 今讨论个别解数与平均解数之比值
$$\Delta_q(n) = \frac{r_s(n, q)}{q^{s-1}}.$$

又命
$$\partial_p(n) = \lim_{l \to \infty} \Delta_{p^l}(n),$$
此称为不定方程(1)之 p 密率.

又定义
$$\partial_0(n) = \lim_{\delta \to 0} \frac{1}{2\delta} \int \cdots \int_{n-\delta \leqslant x_1^2 + \cdots + x_s^2 \leqslant n+\delta} dx_1 \cdots dx_s,$$
此称为(1)式之实密率.

今先往算出诸密率之值.

定理 1 当 s 是偶数时,实密率等于
$$\frac{\pi^{s/2}}{\left[\frac{s}{2} - 1\right]!} n^{\frac{s}{2}-1}. \tag{2}$$

证:用极坐标可得积分
$$\iint_{1-x^2-y^2>0} (1-x^2-y^2)^{a-1} dx\,dy = \int_0^{2\pi} d\theta \int_0^1 (1-\rho^2)^{a-1} \rho\,d\rho = \frac{\pi}{a}.$$

今往用归纳法证明:
$$V_s = \int \cdots \int_{1-x_1^2-\cdots-x_s^2>0} dx_1 \cdots dx_s = \frac{\pi^{s/2}}{\left[\frac{s}{2}\right]!}.$$

命
$$x_v = y_{v-2} \sqrt{1-x_1^2-x_2^2}, \quad (v=3,\cdots,s).$$

则得
$$V_s = \iint_{1-x_1^2-x_2^2>0} (1-x_1^2-x_2^2)^{\frac{s-2}{2}} dx_1 dx_2 \int \cdots \int_{1-y_1^2-\cdots-y_{s-2}^2>0} dy_1 \cdots dy_{s-2}$$
$$= \frac{\pi}{\frac{s}{2}} V_{s-2} = \frac{\pi^{s/2}}{\left[\frac{s}{2}\right]!},$$

由此得到
$$\partial_0(n) = \lim_{\delta \to 0} \frac{1}{2\delta} \left[\int \cdots \int_{x_1^2+\cdots+x_s^2 \leqslant n+\delta} dx_1 \cdots dx_s - \int \cdots \int_{x_1^2+\cdots+x_s^2 \leqslant n-\delta} dx_1 \cdots dx_s \right]$$
$$= \frac{\pi^{s/2}}{\left[\frac{s}{2}\right]!} \lim_{\delta \to 0} \frac{(n+\delta)^{s/2} - (n-\delta)^{s/2}}{2\delta} = \frac{\pi^{s/2}}{\left[\frac{s}{2}-1\right]!} n^{\frac{s}{2}-1}.$$

要求出 p 密率,我们需要以下诸预备定理.

命

$$A_{p^l}(n) = \sum_{\substack{a=1 \\ p \nmid a}}^{p^l} \frac{1}{p^{sl}} \Big[\sum_{x=1}^{p^l} e^{2\pi i a x^2/p^l} \Big]^s e^{-2\pi i a n/p^l}.$$

定理 2

$$\sum_{m=0}^{l} A_{p^m}(n) = \Delta_{p^l}(n).$$

证：

$$\sum_{m=0}^{l} A_{p^m}(n) = \sum_{m=0}^{l} \sum_{\substack{a=1 \\ p \nmid a}}^{p^m} \frac{1}{p^{sm}} \Big[\sum_{x=1}^{p^m} e^{2\pi i a x^2/p^m} \Big]^s e^{-2\pi i a n/p^m}$$

$$= \sum_{m=0}^{l} \sum_{\substack{a=1 \\ p^{l-m} \| a}}^{p^l} \frac{1}{p^{sl}} \Big[\sum_{x=1}^{p^l} e^{2\pi i a x^2/p^l} \Big]^s e^{-2\pi i a n/p^l}$$

$$= \sum_{a=1}^{p^l} \frac{1}{p^{sl}} \Big[\sum_{x=1}^{p^l} e^{2\pi i a x^2/p^l} \Big]^s e^{-2\pi i a n/p^l}$$

$$= \frac{1}{p^{(s-1)l}} \cdot \frac{1}{p^l} \sum_{a=1}^{p^l} \Big[\sum_{x=1}^{p^l} e^{2\pi i a x^2/p^l} \Big]^s e^{-2\pi i a n/p^l}$$

$$= \frac{r_s(n, p^l)}{p^{(s-1)l}} = \Delta_{p^l}(n).$$

定理 3 设 s 是 4 之倍数 $= 4r$. 若 p 是奇素数,则

$$A_{p^l}(n) = p^{-2rl} C_{p^l}(n).$$

证：由定理 7.5.6 可知若 $p \nmid a$,则

$$\Big[\sum_{x=1}^{p^l} e^{2\pi i a x^2/p^l} \Big]^{4r} = p^{2rl},$$

故

$$A_{p^l}(n) = p^{-2rl} \sum_{\substack{a=1 \\ p \nmid a}}^{p^l} e^{-2\pi i a n/p^l}.$$

将 a 换为 $-a$ 即得定理.

定理 4 设 s 是 4 之倍数 $= 4r$.则

$$A_2(n) = 0,$$
$$A_{2^l}(n) = (-1)^r 2^{-2r(l-1)} C_{2^l}(n).$$

证：由定理 7.5.3 可知

$$A_2(n) = 0.$$

又由定理 7.5.7 可知,当 $2 \nmid a$ 时有

$$\sum_{x=1}^{2^l} e^{2\pi i a x^2/2^l} = \begin{cases} 2^{\frac{1}{2}l}(1+i^a), & \text{若 } 2 \mid l, \\ 2^{\frac{1}{2}(l+1)} e^{\frac{\pi i}{4}a}, & \text{若 } 2 \nmid l. \end{cases}$$

第八章　与椭圆模函数有关的几个数论问题

由于 $(1+i^a)^4 = -4$ 及 $\left[e^{\frac{\pi i a}{4}}\right]^4 = -1$，故

$$\left[\sum_{x=1}^{2^l} e^{2\pi i a x^2/2^l}\right]^{4r} = (-1)^r 2^{2r(l+1)},$$

由此得出定理 4.

定理 5　设 $s = 4r, p \neq 2, p^\tau \| n$，则

$$\partial_p(n) = (1-p^{-2r}) \sum_{l=0}^{\tau} p^{-(2r-1)l} = (1-p^{-2r})(p^\tau)^{-(2r-1)} \sigma_{r-1}(p^\tau).$$

此处

$$\sigma_t(n) = \sum_{d \mid n} d^t.$$

证：由定理 3 及 7.4.4 可知

$$\partial_p(n) = \sum_{l=0}^{\infty} A_{p^l}(n) = 1 + \sum_{l=1}^{\infty} p^{-2rl} C_{p^l}(n)$$

$$= 1 + \sum_{l=1}^{\tau} p^{-2rl}(p^l - p^{l-1}) - p^{-2r(\tau+1)} p^\tau$$

$$= \sum_{l=0}^{\tau} p^{-2rl+l} - \sum_{l=1}^{\tau+1} p^{-2rl+l-1}$$

$$= \sum_{l=0}^{\tau} p^{-(2r-1)l}(1-p^{-2r}).$$

定理 6　设 $s = 4r$，命 $2^\tau \| n$，则

$$\partial_2(n) = \begin{cases} 1, & \text{若 } \tau = 0, \\ (1 - 2^{2-2r} + 2^{(1-2r)(\tau+1)}(2^{2r}-1))(1-2^{1-2r})^{-1}, & \text{若 } \tau > 0, 2 \nmid r, \\ (1 - 2^{(1-2r)(\tau+1)}(2^{2r}-1))(1-2^{1-2r})^{-1}, & \text{若 } \tau > 0, 2 \mid r. \end{cases}$$

证明与定理 5 相仿，读者自补足之.

定义　命

$$\mathfrak{S}_s(n) = \prod_p \partial_p(n)$$

及

$$\delta_s(n) = \partial_0(n) \mathfrak{S}_s(n) = \partial_0(n) \prod_p \partial_p(n).$$

定理 7　若 $s = 4$，则

$$\delta_4(n) = r_4(n) = 8 \sum_{\substack{d \mid n \\ 4 \nmid d}} d.$$

证：命 $n = 2^\tau n', 2 \nmid n'$，则由 $\dfrac{1}{\zeta(s)} = \prod_p (1-p^{-s})$ 及定理 5 可知

$$\prod_{p>2} \partial_p(n) = \frac{4}{3} \frac{1}{\zeta(2)} n'^{-1} \sigma(n') = \frac{8}{\pi^2} n'^{-1} \sigma(n').$$

又由定理 1 可知
$$\partial_0(n) = \pi^2 n,$$
故
$$\partial_0(n) \prod_{p>2} \partial_p(n) = 2^{\tau+3} \sigma(n').$$

若 n 是奇数,则已得定理.若 n 是偶数,由定理 6 可知
$$\partial_2(n) = 3 \cdot 2^{-\tau}.$$
故得定理.

定理 8　若 $s = 8$,则
$$\delta_8(n) = 16(-1)^n \sum_{d \mid n} (-1)^d d^3.$$

证:命 $n = 2^\tau n', 2 \nmid n'$,则得
$$\prod_{p>2} \partial_p(n) = \frac{16}{15} \frac{1}{\zeta(4)} n'^{-3} \sigma_3(n')$$
$$= \frac{96}{\pi^4} n'^{-3} \sigma_3(n').$$

又由定理 1,
$$\partial_0(n) = \frac{\pi^4}{6} n^3,$$
故得
$$\partial_0(n) \prod_{p>2} \partial_p(n) = 16 \cdot 2^{3\tau} \sigma_3(n').$$
又
$$\partial_2(n) = (1 - 2^{-3(\tau+1)} \cdot 15) \left[1 - \frac{1}{8}\right]^{-1},$$
故
$$\delta_8(n) = 16 \cdot \frac{8}{7} \left[2^{3\tau} - \frac{15}{8}\right] \sigma_3(n').$$

当 n 是偶数时
$$\sum_{d \mid n} (-1)^d d^3 = -\sigma_3(n') + 2^3 \sigma_3(n') + 2^{3 \cdot 2} \sigma_3(n') + \cdots + 2^{3 \cdot \tau} \sigma_3(n')$$
$$= -2\sigma_3(n') + \frac{2^{3(\tau+1)} - 1}{2^3 - 1} \sigma_3(n')$$
$$= \left[-2 + \frac{2^{3(\tau+1)} - 1}{2^3 - 1}\right] \sigma_3(n')$$
$$= \frac{8}{7} \left[2^{3\tau} - \frac{15}{8}\right] \sigma_3(n').$$

故得定理.

习题 1. 命 $s = 2r$. 若 r 是偶数, 则

$(1-2^{-r})\zeta(r)\mathfrak{S}_s(2^\tau n')$

$= \begin{cases} n'^{1-r}\sigma_{r-1}(n'), & 若 \tau = 0, \\ (1-2^{2-r}+2^{(1-r)(\tau+1)}(2^r-1))(1-2^{1-r})^{-1}n'^{1-r}\sigma_{r-1}(n'), & 若 \tau > 0, 2 \parallel r, \\ (1-2^{(1-r)(\tau+1)}(2^r-1))(1-2^{1-r})^{-1}n'^{1-r}\sigma_{r-1}(n'), & 若 \tau > 0, 4 \mid r. \end{cases}$

若 r 是奇数, 则

$$L(r)\mathfrak{S}_s(2^\tau n') = \left[\left[\frac{-1}{n}\right] + \left[\frac{-1}{r}\right]2^{(1-r)(\tau+1)}\right]n'^{1-r}\rho_{r-1}(n'),$$

此处

$$L(r) = \sum_{n=1}^{\infty}\frac{\chi(n)}{n^r},$$

而 $\chi(n) = 0, 1, 0, -1,$ 当 $n \equiv 0, 1, 2, 3 \pmod 4$. 又

$$\rho_t(n) = \sum_{q \mid n}\left[\frac{-1}{q}\right]q^t.$$

习题 2. 证明

$$\delta_2(n) = 2r_2(n).$$

习题 3. 证明

$$\delta_6(n) = 16\sum_{d \mid n}\chi\left[\frac{n}{d}\right]d^2 - 4\sum_{d \mid n}\chi(d)d^2.$$

§9. 关于平方和问题之总结

上节已证明 $r_4(n) = \delta_4(n)$, 此是否是一偶然之巧合? 事实上, 吾人可证明当 $3 \leqslant s \leqslant 8$ 时, 常有

$$r_s(n) = \delta_s(n).$$

但当 $s > 8$ 时, 此推测不再真实.

迄今为止, 当 $s \leqslant 24$ 时, $r_s(n)$ 之公式皆已具体得出. 例如:

$$r_3(n) = \frac{16}{\pi}n^{\frac{1}{2}}\chi_2(n)K(-4n)\prod_{p^2 \mid n}\left[1 + \frac{1}{p} + \cdots + \frac{1}{p^{\tau-1}}\right.$$
$$\left. + \frac{1}{p^\tau}\left[1 - \left[\frac{-p^{-2\tau}n}{p}\right]\frac{1}{p}\right]^{-1}\right],$$

此处 τ 之定义是 $p^{2\tau} \mid n, p^{2(\tau+1)} \nmid n$,

$$K(-4n) = \sum_{m=1}^{\infty}\left[\frac{-4n}{m}\right]\frac{1}{m},$$

又

$$\chi_2(n) = \begin{cases} 0, & \text{若 } 4^{-a}n \equiv 7 \pmod{8}, \\ 2^{-a}, & \text{若 } 4^{-a}n \equiv 3 \pmod{8}, \\ 3 \cdot 2^{-1-a}, & \text{若 } 4^{-a}n \equiv 1,2,5,6 \pmod{8}, \end{cases}$$

其中 a 之定义是 $4^a \mid n, 4^{a+1} \nmid n$.

$$r_{24}(n) = \frac{16}{691}\sigma_{11}^*(n) + \frac{128}{691}\left[(-1)^{n-1}259\tau(n) - 512\tau\left(\frac{1}{2}n\right)\right],$$

此处

$$\sigma_{11}^*(n) = \sum_{d \mid n}(-1)^d d^{11},$$

而 $\tau(n)$ 是以下的幂级数

$$q((1-q)(1-q^2)\cdots)^{24} = \sum_{n=1}^{\infty}\tau(n)q^n$$

之系数, 又若 $\frac{1}{2}n$ 非整数, 则命 $\tau\left(\frac{1}{2}n\right) = 0$.

由定理 3.6 可知

$$((1-q)(1-q^2)(1-q^3)\cdots)^3 = \sum_{n=0}^{\infty}(-1)^n(2n+1)q^{\frac{1}{2}n(n+1)},$$

故

$$\tau(n) = \sum_{\frac{1}{2}x_1(x_1+1)+\cdots+\frac{1}{2}x_8(x_8+1)=n-1}((-1)^{x_1}(2x_1+1)+\cdots+(-1)^{x_8}(2x_8+1))$$

$$= \sum_{\substack{y_1^2+\cdots+y_8^2=8n \\ 2\nmid y_1\cdots y_8}}\sum_{i=1}^{8}(-1)^{\frac{1}{2}(y_i-1)}y_i.$$

具体算出者人名如下表:

s	$r_s(n)$ 之求出者
2,4,6,8	Jacobi, 1828
3	Dirichlet
5,7	Eisenstein, Smith, Minkowski
10,12	Liouville, 1864, 1866
14,16,18	Glaisher, 1907
20,22,24	Ramanujan, 1916
9,11,13	
15,17,19	Ломадзе, 1949
21,23	

第九章 素数定理

§1. 引 言

本章之主要目的在于证明下式

$$\pi(x) \sim \frac{x}{\log x}, \tag{1}$$

此处 $\pi(x)$ 代表不大于 x 的素数的个数.(1)式即为著名的素数定理.本章将给出两个证明;其一应用了比较高深的分析知识(读者需具有一定程度的高等微积分及复变数函数论的知识),但比较直觉一些,其基本思路是 N.Wiener 所首创者.另一证明虽然并不用到很多分析学上的知识,可以认为是一个初等证明,但却比较难懂.此一证明是 Erdös 及 Selberg 所发明的.关于寻求素数定理之"初等证明",乃素数论中历时很久的难题之一,此证明之获得乃 1949 年之事也.

在以下各节中,我们并不直接去证明(1)式,而证明另外二个与(1)式貌异实同的定理.

设 $x > 0$. 令

$$\vartheta(x) = \sum_{p \leqslant x} \log p, \tag{2}$$

$$\psi(x) = \sum_{n \leqslant x} \Lambda(n) = \sum_{p^m \leqslant x} \log p. \tag{3}$$

(3)式中的 $\Lambda(n)$ 即为 §6.1 例 6 中的 Von Mangoldt 函数.$\vartheta(x), \psi(x)$ 称为 Чебышев 函数.容易得到

$$\psi(x) = \vartheta(x) + \vartheta(x^{1/2}) + \vartheta(x^{1/3}) + \cdots \tag{4}$$

及

$$\psi(x) = \sum_{p \leqslant x} \left[\frac{\log x}{\log p} \right] \log p, \tag{5}$$

式中 $\left[\dfrac{\log x}{\log p} \right]$ 表示 $\dfrac{\log x}{\log p}$ 的整数部分.

定理 1 我们有

$$\varlimsup_{x \to \infty} \frac{\pi(x)}{x(\log x)^{-1}} = \varlimsup_{x \to \infty} \frac{\vartheta(x)}{x} = \varlimsup_{x \to \infty} \frac{\psi(x)}{x} \tag{6}$$

及

$$\lim_{x\to\infty}\frac{\pi(x)}{x(\log x)^{-1}}=\lim_{x\to\infty}\frac{\vartheta(x)}{x}=\lim_{x\to\infty}\frac{\psi(x)}{x}. \tag{7}$$

证：由(4)及(5)易得

$$\vartheta(x)\leqslant\psi(x)\leqslant\sum_{p\leqslant x}\frac{\log x}{\log p}\log p=\pi(x)\log x,$$

故

$$\varlimsup_{x\to\infty}\frac{\vartheta(x)}{x}\leqslant\varlimsup_{x\to\infty}\frac{\psi(x)}{x}\leqslant\varlimsup_{x\to\infty}\frac{\pi(x)}{x(\log)^{-1}}.$$

又设 $0<\alpha<1, x>1$，则

$$\vartheta(x)\geqslant\sum_{x^\alpha<p\leqslant x}\log p\geqslant\{\pi(x)-\pi(x^\alpha)\}\log x^\alpha$$
$$\geqslant\alpha\{\pi(x)-x^\alpha\}\log x.$$

因为 $\lim_{x\to\infty}\frac{\log x}{x^{1-\alpha}}=0$，故

$$\varliminf_{x\to\infty}\frac{\vartheta(x)}{x}\geqslant\alpha\varliminf_{x\to\infty}\frac{\pi(x)}{x(\log x)^{-1}}$$

对于任何小于 1 的正数 α 成立．故得

$$\varliminf_{x\to\infty}\frac{\vartheta(x)}{x}\geqslant\varliminf_{x\to\infty}\frac{\pi(x)}{x(\log x)^{-1}}.$$

联合前面已得到的结果，故

$$\varliminf_{x\to\infty}\frac{\pi(x)}{x(\log x)^{-1}}=\varliminf_{x\to\infty}\frac{\vartheta(x)}{x}=\varliminf_{x\to\infty}\frac{\psi(x)}{x}.$$

至于(7)式，亦可以同样证明之．

由定理 1 及定理 5.6.2 立得

定理 2 设 $x\geqslant 2$，则存在常数 $c_i>0(i=1,2,3,4)$，使

$$c_1 x\leqslant\vartheta(x)\leqslant c_2 x, \tag{8}$$

及

$$c_3 x\leqslant\psi(x)\leqslant c_4 x \tag{9}$$

成立．

又由定理 1 立刻看到，若欲证明(1)式，只需证明

$$\psi(x)\sim x \tag{10}$$

或

$$\vartheta(x)\sim x. \tag{11}$$

在证明(10)式之前，先来叙述若干必要的预备知识．

§2. Riemann ζ 函数

今后常用 $s = \sigma + it$ 表一复数, σ 及 t 为实数, 级数

$$\zeta(s) = \sum_{n=1}^{\infty} \frac{1}{n^s} \quad (\sigma > 1) \tag{1}$$

称为 Riemann ζ 函数.

给一 $a > 1$, 当 $\sigma \geq a$ 时, 因为

$$\left| \sum_{n=N}^{\infty} \frac{1}{n^s} \right| \leq \sum_{n=N}^{\infty} \frac{1}{n^\sigma} \leq \sum_{n=N}^{\infty} \frac{1}{n^a},$$

故 $\zeta(s)$ 当 $\sigma \geq a > 1$ 时是一致收敛的. 由于 a 是大于 1 的任意正数, 故 $\zeta(s)$ 在 $\sigma > 1$ 的半平面上是一个正则函数.

定理 1 命

$$h(s) = \zeta(s) - \frac{1}{s-1}.$$

在半平面 $\sigma > 0$ 上, $h(s)$ 是正则函数, 且

$$|h(s)| \leq \frac{|s|}{\sigma} (\sigma > 0).$$

证: 命

$$f_n(s) = n^{-s} - \int_n^{n+1} u^{-s} du,$$

则

$$\zeta(s) = \sum_{n=1}^{\infty} n^{-s} = \sum_{n=1}^{\infty} f_n(s) + \int_1^{\infty} u^{-s} du = \sum_{n=1}^{\infty} f_n(s) + \frac{1}{s-1} (\sigma > 1). \tag{2}$$

因

$$|n^{-s} - u^{-s}| = \left| \int_n^u s v^{-s-1} dv \right| \leq |s| \int_n^{n+1} v^{-\sigma-1} dv \quad (n \leq u \leq n+1),$$

故

$$|f_n(s)| = \left| \int_n^{n+1} (n^{-s} - u^{-s}) du \right| \leq |s| \int_n^{n+1} v^{-\sigma-1} dv.$$

设 $0 < a \leq \sigma \leq b, -T \leq t \leq T$, 则

$$\left| \sum_{n=N}^{\infty} f_n(s) \right| \leq \sum_{n=N}^{\infty} |f_n(s)| \leq |s| \int_N^{\infty} v^{-\sigma-1} dv = \frac{|s|}{\sigma} N^{-\sigma}$$

$$\leq \frac{\sqrt{b^2 + T^2}}{a} N^{-a},$$

故级数 $\sum_{n=1}^{\infty} f_n(s)$ 在 $0 < a \leq \sigma \leq b, -T \leq t \leq T$ 内一致收敛. 由于 a 可以任意接近

于 0,而 b, T 可以任意大,故 $h(s) = \sum_{n=1}^{\infty} f_n(s)$ 在 $\sigma > 0$ 之半平面上是正则函数.因此 (2) 式可以看作 $\zeta(s)$ 在半平面 $\sigma > 0$ 上的解析开拓,而 $s = 1$ 为其仅有的一次极,且留数为 1.

由 (2) 式即得
$$\left| \zeta(s) - \frac{1}{s-1} \right| = \left| \sum_{n=1}^{\infty} f_n(s) \right| \leq |s| \int_1^{\infty} v^{-\sigma-1} dv = \frac{|s|}{\sigma} \quad (\sigma > 0).$$

定理证完.

定理 2 在半平面 $\sigma \geq 1$ 上, $\zeta(s) \neq 0$.

证:当 $\sigma > 1$ 时, $\sum_{n=1}^{\infty} \frac{1}{n^s}$ 绝对收敛,故由定理 5.4.4 得到
$$\zeta(s) = \sum_{n=1}^{\infty} \frac{1}{n^s} = \prod_p (1 - p^{-s})^{-1}, \tag{3}$$
此处连乘积过所有的素数 p. 由于每一因子皆非零,而乘积又绝对收敛,故当 $\sigma > 1$ 时, $\zeta(s) \neq 0$.

在 $s = 1$ 时, $\zeta(s)$ 有一次极,今需证明者为:当 $t \neq 0$ 时,
$$\zeta(1 + it) \neq 0.$$

今研究函数
$$\varphi(t) = |\zeta(1+\varepsilon)|^3 |\zeta(1+\varepsilon+it)|^4 |\zeta(1+\varepsilon+2it)|$$
$(\varepsilon > 0, t \neq 0)$. 由 (3) 可知
$$\varphi(t) = \prod_p a_p,$$
此处
$$a_p = \left| 1 - \frac{1}{p^{1+\varepsilon}} \right|^{-3} \cdot \left| 1 - \frac{1}{p^{1+\varepsilon+it}} \right|^{-4} \cdot \left| 1 - \frac{1}{p^{1+\varepsilon+2it}} \right|^{-1},$$
故
$$\log a_p = -3\log\left(1 - \frac{1}{p^{1+\varepsilon}} \right) - 4 R\log\left(1 - \frac{1}{p^{1+\varepsilon+it}} \right) - R\log\left(1 - \frac{1}{p^{1+\varepsilon+2it}} \right)$$
$$= \sum_{m=1}^{\infty} \frac{1}{m} p^{-(1+\varepsilon)m} (3 + 4\cos(mt\log p) + \cos(2mt\log p)).$$

由于 $3 + 4\cos\theta + \cos2\theta = 2(1+\cos\theta)^2 \geq 0$,故得
$$\log a_p \geq 0,$$
即
$$|\varphi(t)| \geq 1. \tag{4}$$

若 $\zeta(1 + it) = 0$,则
$$\zeta(1 + \varepsilon + it) = \int_1^{1+\varepsilon} \zeta'(\sigma + it) d\sigma = O(\varepsilon).$$

由定理 1 已知
$$\varepsilon\zeta(1+\varepsilon) = O(1),$$
故可得,对任意小的 ε,常有
$$\varphi(t) = O(\varepsilon),$$
此与(4)式相矛盾.

定理 3 命
$$\frac{\zeta'(s)}{\zeta(s)} + \frac{1}{s-1} = g(s).$$
当 $\sigma \geqslant 1, g(s)$ 有一级连续导数.

证:微分定理 1 中之 $h(s)$,可得
$$\zeta'(s) = -\frac{1}{(s-1)^2} + h'(s),$$
此处 $h'(s)$ 是在半平面 $\sigma > 0$ 上有处处连续导数的函数.再则,由定理 2 可知
$$\frac{1}{\zeta(s)} = \frac{s-1}{1+(s-1)h(s)}$$
在 $\sigma \geqslant 1$ 的半平面上正则,故在此半平面上 $1+(s-1)h(s) \neq 0$.

因此,
$$\frac{\zeta'(s)}{\zeta(s)} = \frac{-\left[\frac{1}{(s-1)^2} - h'(s)\right](s-1)}{1+(s-1)h(s)}$$
$$= -\frac{1}{s-1} + g(s),$$
此 $g(s)$ 适合定理中所要求的性质.

§3. 若 干 引 理

定理 1 若 $f(x)$ 有一级连续导数,则
$$\int_a^b f(x)e^{ixt}\mathrm{d}x = O\left[\frac{1}{t}\right]. \tag{1}$$
证:用分部积分法可知
$$\int_a^b f(x)e^{ixt}\mathrm{d}x = \frac{1}{it}\left\{[f(x)e^{ixt}]_a^b - \int_a^b f'(x)e^{ixt}\mathrm{d}x\right\} = O\left[\frac{1}{t}\right].$$

定理 2
$$\int_{-\infty}^{\infty} \frac{\sin x}{x}\mathrm{d}x = \pi. \tag{2}$$
证:命

$$J = \int_0^\infty e^{-kx} \frac{\sin \alpha x}{x} dx \quad (1 \leqslant \alpha \leqslant 2, \quad 0 \leqslant k \leqslant 1).$$

固定 $k > 0$,被积分函数是 α 及 x 的连续函数,其关于 α 之偏导数为 $e^{-kx} \cos \alpha x$,亦为 x 及 α 之连续函数.由于

$$\int_0^\infty e^{-kx} dx$$

存在,故积分

$$\int_0^\infty e^{-kx} \cos \alpha x \, dx$$

关于 $1 \leqslant \alpha \leqslant 2$ 一致收敛.因此关于 J 可以在积分号下求微分,即

$$\frac{dJ}{d\alpha} = \int_0^\infty e^{-kx} \cos \alpha x \, dx = \frac{k}{\alpha^2 + k^2}.$$

此等式之右边连用二次分部积分即得.再积分上式得

$$J = \tan^{-1} \frac{\alpha}{k} \quad (1 \leqslant \alpha \leqslant 2, \quad 0 < k \leqslant 1).$$

固定 α,当 $0 \leqslant k \leqslant 1$ 时,J 是一致收敛的,故 J 当 $0 \leqslant k \leqslant 1$ 连续.因此

$$\lim_{k \to 0+} J = \int_0^\infty \frac{\sin \alpha x}{x} dx = \lim_{k \to 0+} \tan^{-1} \frac{\alpha}{k} = \frac{\pi}{2}.$$

特别当 $\alpha = 1$ 时,

$$\int_{-\infty}^\infty \frac{\sin x}{x} dx = 2 \int_0^\infty \frac{\sin x}{x} dx = \pi.$$

定理 3 命 $a < 0 < b$.若 $f(x)$ 有二级连续导数,则

$$\lim_{\omega \to \infty} \frac{1}{\pi} \int_a^b f(x) \frac{\sin \omega x}{x} dx = f(0). \tag{3}$$

证:今研究

$$\int_a^b (f(x) - f(0)) \frac{\sin \omega x}{x} dx.$$

在 0 点 $\frac{1}{x}(f(x) - f(0))$ 有一级连续导数,故由定理 1 可知

$$\lim_{\omega \to \infty} \int_a^b (f(x) - f(0)) \frac{\sin \omega x}{x} dx = 0,$$

即

$$\lim_{\omega \to \infty} \frac{1}{\pi} \int_a^b f(x) \frac{\sin \omega x}{x} dx = f(0) \lim_{\omega \to \infty} \frac{1}{\pi} \int_a^b \frac{\sin \omega x}{x} dx$$

$$= f(0) \frac{1}{\pi} \lim_{\omega \to \infty} \int_{a\omega}^{b\omega} \frac{\sin x}{x} dx = f(0) \frac{1}{\pi} \int_{-\infty}^\infty \frac{\sin x}{x} dx.$$

由定理 2 即得定理.

定理 4 命 $\lambda > 0$ 及

第九章 素数定理

$$K_\lambda(x) = \begin{cases} 1 - \dfrac{|x|}{2\lambda}, & \text{若 } |x| \leqslant 2\lambda, \\ 0, & \text{若 } |x| > 2\lambda. \end{cases}$$

则得

$$\frac{1}{\sqrt{2\pi}}\int_{-\infty}^{\infty} K_\lambda(t) e^{ixt}\,dt = k_\lambda(x), \tag{4}$$

此处

$$k_\lambda(x) = \begin{cases} \dfrac{2\lambda}{\sqrt{2\pi}}\left[\dfrac{\sin\lambda x}{\lambda x}\right]^2, & \text{若 } x \neq 0, \\ \dfrac{2\lambda}{\sqrt{2\pi}}, & \text{若 } x = 0. \end{cases}$$

证：易见

$$k_\lambda(x) = \frac{2}{\sqrt{2\pi}}\int_0^{2\lambda}\left[1 - \frac{t}{2\lambda}\right] \cos xt\,dt. \tag{5}$$

若 $x = 0$，显见

$$k_\lambda(x) = \frac{1}{\sqrt{2\pi}} 2\lambda.$$

若 $x \neq 0$，用分部积分法即得所求.

定理 5

$$K_\lambda(x) = \frac{1}{\sqrt{2\pi}}\int_{-\infty}^{\infty} k_\lambda(t) e^{ixt}\,dt. \tag{6}$$

特别取 $\lambda = 1, x = 0$，可得

$$\frac{1}{\pi}\int_{-\infty}^{\infty} \frac{\sin^2 x}{x^2}\,dx = 1. \tag{7}$$

证：先研究积分

$$I(\omega) = \frac{1}{\sqrt{2\pi}}\int_{-\omega}^{\omega} k_\lambda(t) e^{ixt}\,dt = \frac{2}{\sqrt{2\pi}}\int_0^{\omega} k_\lambda(t)\cos xt\,dt.$$

由 (5) 可知

$$\begin{aligned} I(\omega) &= \frac{2}{\pi}\int_0^{\omega}\int_0^{2\lambda}\left[1 - \frac{u}{2\lambda}\right]\cos ut \cos xt\,du\,dt \\ &= \frac{1}{\pi}\int_0^{2\lambda}\left[1 - \frac{u}{2\lambda}\right]du\int_0^{\omega}(\cos(u+x)t + \cos(u-x)t)\,dt \\ &= \frac{1}{\pi}\int_0^{2\lambda}\left[1 - \frac{u}{2\lambda}\right]\left[\frac{\sin(u+x)\omega}{u+x} + \frac{\sin(u-x)\omega}{u-x}\right]du. \end{aligned}$$

若 $x > 2\lambda$，由定理 1 可知 $\lim\limits_{\omega\to\infty} I(\omega) = 0$；若 $0 < x < 2\lambda$，则由定理 1 及定理 3 可知上式第一项之极限为 0，第二项之极限为 $1 - \dfrac{x}{2\lambda}$. 由于积分 (6) 为 x 之连续函数，可知

$K_\lambda(2\lambda) = 0$, $K_\lambda(0) = 1$. 故得定理.

定理 6 若 $f(t) \geqslant 0 (0 \leqslant t \leqslant \infty)$,且对任一 $T > 0$,区间 $0 \leqslant t \leqslant T$ 可以分为有限段,每一段中 $f(t)$ 都是连续的. 又设对任一 $\varepsilon > 0$,积分

$$\int_0^\infty e^{-\varepsilon t} f(t) dt$$

收敛,则

$$\lim_{\varepsilon \to 0} \int_0^\infty e^{-\varepsilon t} f(t) dt = \int_0^\infty f(t) \, dt. \tag{8}$$

证:因 $f(t) \geqslant 0$,故 $\int_0^T f(t) dt$ 随 T 之增加而增加,因之

$$\int_0^\infty f(t) \, dt$$

或为一有限数,或为 ∞.

因

$$\int_0^\infty e^{-\varepsilon t} f(t) dt \leqslant \int_0^\infty f(t) dt,$$

故

$$\varlimsup_{\varepsilon \to 0} \int_0^\infty e^{-\varepsilon t} f(t) dt \leqslant \int_0^\infty f(t) dt.$$

但另一方面

$$\int_0^\infty e^{-\varepsilon t} f(t) dt \geqslant \int_0^T e^{-\varepsilon t} f(t) dt \geqslant e^{-\varepsilon T} \int_0^T f(t) dt,$$

故

$$\varliminf_{\varepsilon \to 0} \int_0^\infty e^{-\varepsilon t} f(t) dt \geqslant \int_0^T f(t) dt.$$

命 $T \to \infty$,立得

$$\varliminf_{\varepsilon \to 0} \int_0^\infty e^{-\varepsilon t} f(t) dt \geqslant \int_0^\infty f(t) dt.$$

故得定理.

§4. Tauber 型定理

定义 若 $f(x)$ 在 $-\infty < x < \infty$ 中有定义,且适合

$$\lim_{\substack{y - x \to 0 \\ x \to \infty}} \{f(y) - f(x)\} \geqslant 0 \quad (y > x), \tag{1}$$

则 $f(x)$ 称为慢递减函数.

定理 1 设 $f(x)$ 是慢递减函数,且满足 $|f(x)| < M (-\infty < x < \infty)$. 若对于所有的 $\lambda > 0$ 皆有

第九章　素数定理

$$\lim_{x\to\infty} \frac{1}{\sqrt{2\pi}} \int_{-\infty}^{\infty} k_\lambda(x-t)f(t)\mathrm{d}t = l,$$

则 $f(x) \to l(x \to \infty)$.

证：由定理 3.5 可知

$$\frac{1}{\sqrt{2\pi}} \int_{-\infty}^{\infty} k_\lambda(x-t)\mathrm{d}t = \frac{1}{\pi}\int_{-\infty}^{\infty} \frac{\sin^2 u}{u^2}\mathrm{d}u = 1,$$

故不失一般性，我们可以假定 $l = 0$.

若 $f(x) \not\to 0$，则必存在 $\delta > 0$ 及一数列 $\{x_n\}(x_n \to \infty)$，使 $f(x_n) < -\delta(n=1, 2, \cdots)$ 或 $f(x_n) > \delta$ 成立. 不失一般性，吾人假定 $f(x_n) > \delta(n=1,2,\cdots)$. ($f(x_n) < -\delta(n=1,2,\cdots)$ 之情况同样证之.)

因 $f(x)$ 为慢递减函数，故存在 $x_0 = x_0(\delta)$ 及 $\eta = \eta(\delta)$，使

$$f(y) - f(x) \geqslant -\frac{\delta}{2} \quad (x \geqslant x_0, \ 0 \leqslant y - x \leqslant 2\eta)$$

成立. 特别取 $x \in \{x_n\}$，则得

$$f(y) > \frac{\delta}{2} \quad (x_0 \leqslant x \leqslant y \leqslant x + 2\eta, x \in \{x_n\}). \tag{2}$$

由(2)，当 $x \geqslant x_0$ 及 $x \in \{x_n\}$ 时，

$$\frac{1}{\sqrt{2\pi}} \int_{-\infty}^{\infty} k_\lambda(x+\eta-t)f(t)\,\mathrm{d}t$$

$$\geqslant \frac{\delta}{2} \frac{1}{\sqrt{2\pi}} \int_{x}^{x+2\eta} k_\lambda(x+\eta-t)\mathrm{d}t - \frac{M}{\sqrt{2\pi}}\int_{-\infty}^{x} k_\lambda(x+\eta-t)\mathrm{d}t$$

$$- \frac{M}{\sqrt{2\pi}} \int_{x+2\eta}^{\infty} k_\lambda(x+\eta-t)\mathrm{d}t$$

$$= \frac{\delta}{2} \frac{1}{\sqrt{2\pi}} \int_{x-\eta}^{x+\eta} k_\lambda(x-u)\mathrm{d}u - \frac{M}{\sqrt{2\pi}} \int_{-\infty}^{x-\eta} k_\lambda(x-u)\mathrm{d}u$$

$$- \frac{M}{\sqrt{2\pi}} \int_{x+\eta}^{\infty} k_\lambda(x-u)\mathrm{d}u$$

$$= \frac{\delta}{\sqrt{2\pi}} \int_{0}^{\eta} k_\lambda(v)\mathrm{d}v - \frac{2M}{\sqrt{2\pi}} \int_{\eta}^{\infty} k_\lambda(v)\mathrm{d}v$$

$$= \frac{\delta}{\pi}\int_0^{\lambda\eta} \frac{\sin^2 w}{w^2}\mathrm{d}w - \frac{2M}{\pi}\int_{\lambda\eta}^{\infty} \frac{\sin^2 w}{w^2}\mathrm{d}w$$

$$\to \frac{\delta}{2}(\lambda \to \infty),$$

故存在 λ 适当大，使

$$\frac{1}{\sqrt{2\pi}}\int_{-\infty}^{\infty} k_\lambda(x+\eta-t)f(t)\mathrm{d}t > \frac{\delta}{4} \quad (x \geqslant x_0, x \in \{x_n\}).$$

命 x 按 $\{x_n\}$ 趋于无穷,则
$$\varlimsup_{\substack{x\to\infty\\x\in\{x_n\}}}\frac{1}{\sqrt{2\pi}}\int_{-\infty}^{\infty}k_{\lambda_0}(x+\eta-t)f(t)\mathrm{d}t\geqslant\frac{\delta}{4},$$
与假设相矛盾. 故必须 $f(x)\to 0$. 定理证完.

定理 2(池原止戈夫) 设 $h(t)$ 是区间 $0\leqslant t<\infty$ 上的非负递增函数,且对有限数 T,在区间 $0\leqslant t\leqslant T$ 中,$h(t)$ 只有有限个不连续点;又若积分
$$f(s)=\int_0^{\infty}e^{-st}h(t)\mathrm{d}t\quad(\sigma>1)\tag{3}$$
收敛,且对任何有限数 a,有固定的常数 A,使
$$\lim_{\sigma\to 1}\left[f(s)-\frac{A}{s-1}\right]=g(t)\tag{4}$$
在区间 $|t|\leqslant a$ 中一致成立,而 $g(t)$ 有一级连续导数,则
$$\lim_{t\to\infty}e^{-t}h(t)=A.\tag{5}$$

证:命
$$a(t)=\begin{cases}e^{-t}h(t) & (t\geqslant 0),\\ 0 & (t<0);\end{cases}\quad A(t)=\begin{cases}A & (t\geqslant 0),\\ 0 & (t<0).\end{cases}$$

今往证明以下诸事:1) 对任何 $\lambda>0$,积分
$$I_{\lambda}(x)=\frac{1}{\sqrt{2\pi}}\int_{-\infty}^{\infty}k_{\lambda}(x-t)(a(t)-A(t))\mathrm{d}t\tag{6}$$
存在;2)
$$\lim_{x\to\infty}I_{\lambda}(x)=0\tag{7}$$
及 3) $a(t)-A(t)$ 是有界慢递减函数. 若此三点证明,则由定理 1 可得出本定理.

考虑积分
$$I_{\lambda,\varepsilon}(x)=\frac{1}{\sqrt{2\pi}}\int_{-\infty}^{\infty}k_{\lambda}(x-t)(a(t)-A(t))e^{-\varepsilon t}\mathrm{d}t.$$
由假定可知此积分对任意 $\varepsilon>0,\lambda>0$ 皆存在. 由定理 3.4 及因积分
$$\int_{-\infty}^{\infty}(a(t)-A(t))e^{-(\varepsilon+iy)t}\mathrm{d}t$$
关于 $|y|\leqslant 2\lambda$ 是一致收敛的,故
$$\begin{aligned}I_{\lambda,\varepsilon}(x)&=\frac{1}{2\pi}\int_{-\infty}^{\infty}(a(t)-A(t))e^{-\varepsilon t}\mathrm{d}t\int_{-2\lambda}^{2\lambda}K_{\lambda}(y)e^{i(x-t)y}\mathrm{d}y\\ &=\frac{1}{2\pi}\int_{-2\lambda}^{2\lambda}K_{\lambda}(y)e^{ixy}\mathrm{d}y\int_{-\infty}^{\infty}(a(t)-A(t))e^{-(\varepsilon+iy)t}\mathrm{d}t\\ &=\frac{1}{2\pi}\int_{-2\lambda}^{2\lambda}K_{\lambda}(y)e^{ixy}\left[f(1+\varepsilon+iy)-\frac{A}{\varepsilon+iy}\right]\mathrm{d}y.\end{aligned}$$

由(4)可知

第九章 素数定理

$$\lim_{\epsilon \to 0} I_{\lambda,\epsilon}(x) = \frac{1}{2\pi} \int_{-2\lambda}^{2\lambda} g(y) K_\lambda(y) e^{ixy} dy. \tag{8}$$

再由定理 3.1 可知

$$\lim_{x \to \infty} \lim_{\epsilon \to 0} I_{\lambda,\epsilon}(x) = 0. \tag{9}$$

但另一方面,由定理 3.6,

$$\lim_{\epsilon \to 0} I_{\lambda,\epsilon}(x) = \lim_{\epsilon \to 0} \frac{1}{\sqrt{2\pi}} \left[\int_0^\infty k_\lambda(x-t) a(t) e^{-\epsilon t} dt - A \int_0^\infty k_\lambda(x-t) e^{-\epsilon t} dt \right]$$

$$= \frac{1}{\sqrt{2\pi}} \int_0^\infty k_\lambda(x-t) a(t) dt - \frac{A}{\sqrt{2\pi}} \int_0^\infty k_\lambda(x-t) dt$$

$$= \frac{1}{\sqrt{2\pi}} \int_{-\infty}^\infty k_\lambda(x-t) (a(t) - A(t)) dt = I_\lambda(x),$$

故由(8)式可知 $I_\lambda(x)$ 是存在的,即得性质 1).再由(9)式得性质 2).

今往证明性质 3).由 $A(t)$ 之定义,可知只需证明 $a(t)$ 是有界慢递减函数即可.由(7)式,

$$\lim_{x \to \infty} \frac{1}{\sqrt{2\pi}} \int_{-\infty}^\infty k_\lambda(x-t) a(t) dt = \lim_{x \to \infty} \frac{1}{\sqrt{2\pi}} \int_{-\infty}^\infty k_\lambda(x-t) A(t) dt$$

$$= \frac{A}{\sqrt{2\pi}} \lim_{x \to \infty} \int_{-\infty}^{\lambda x} \sqrt{\frac{2}{\pi}} \left[\frac{\sin u}{u} \right]^2 du$$

$$= \frac{A}{\pi} \int_{-\infty}^\infty \left[\frac{\sin u}{u} \right]^2 du = A,$$

故存在 x_0,当 $x \geq x_0$ 时,

$$\frac{1}{\sqrt{2\pi}} \int_{-\infty}^\infty k_\lambda(x-t) a(t) dt < A + 1,$$

即

$$\int_{-\infty}^\infty \left[\frac{\sin t}{t} \right]^2 a\left(x - \frac{t}{\lambda}\right) dt < \pi(A+1) \quad (x \geq x_0).$$

由于被积函数是非负的,并以 $x + \frac{2}{\sqrt{\lambda}}$ 代替 x,可得

$$\int_{-\sqrt{\lambda}}^{\sqrt{\lambda}} \left[\frac{\sin t}{t} \right]^2 a\left(x + \frac{2}{\sqrt{\lambda}} - \frac{t}{\lambda}\right) dt < \pi(A+1) \quad (x \geq x_0).$$

又由假定可知 $e^t a(t)$ 乃 t 之递增函数,故

$$a(x) e^{-\frac{3}{\sqrt{\lambda}}} \int_{-\sqrt{\lambda}}^{\sqrt{\lambda}} \left[\frac{\sin t}{t} \right]^2 dt < \pi(A+1) \quad (x \geq x_0).$$

命 $\lambda \to \infty$,即得

$$a(x) \leq A + 1 \quad (x \geq x_0).$$

当 $x < x_0$ 时,$h(x)$ 有界,故 $a(x)$ 亦然,此证明了 $a(x)$ 在 $-\infty < x < \infty$ 中是一有

界函数.

又对任一 $\delta > 0$,有
$$a(x+\delta) - a(x) = e^{-x}\{e^{-\delta}h(x+\delta) - h(x)\}$$
$$\geqslant e^{-x}h(x)(e^{-\delta} - 1),$$

故
$$\lim_{\substack{x \to \infty \\ \delta \to 0}}\{a(x+\delta) - a(x)\} \geqslant 0,$$

即 $a(x)$ 是一慢递减函数. 定理证完.

§5. 素 数 定 理

本节将应用池原止戈夫定理来证明素数定理. 吾人并不直接证明素数定理, 而去证明下面与素数定理貌异实同的定理(参看 §1).

定理 1 $\psi(x) \sim x$.

证: 由于 $\psi(x)$ 的定义可知 $\psi(x)$ 是 x 的非负递增函数, 且对任意 T, 在区间 $0 \leqslant t \leqslant T$ 中只有有限个不连续点.

当 $\sigma > 1$ 时, 由定理 1.2, 及 (6.14.5) 式得

$$\int_0^\infty e^{-st}\psi(e^t)dt = \int_1^\infty u^{-(1+s)}\psi(u)du$$
$$= \sum_{n=1}^\infty \int_n^{n+1} u^{-(1+s)}\psi(u)du = \sum_{n=1}^\infty \sum_{m \leqslant n} \Lambda(m) \int_n^{n+1} u^{-(s+1)}du$$
$$= \frac{1}{s}\sum_{n=1}^\infty (n^{-s} - (n+1)^{-s})\sum_{m \leqslant n}\Lambda(m) = \frac{1}{s}\lim_{N \to \infty}\sum_{n=1}^N (n^{-s} - (n+1)^{-s})\sum_{m \leqslant n}\Lambda(m)$$
$$= \frac{1}{s}\lim_{N \to \infty}\left\{\sum_{n=1}^N \Lambda(n)n^{-s} - \left[\sum_{m \leqslant N}\Lambda(m)\right](N+1)^{-s}\right\}$$
$$= \frac{1}{s}\sum_{n=1}^\infty \frac{\Lambda(n)}{n^s} = -\frac{1}{s}\cdot\frac{\zeta'(s)}{\zeta(s)} \quad (\sigma > 1).$$

由定理 2.3, 知函数
$$-\frac{1}{s}\frac{\zeta'(s)}{\zeta(s)} - \frac{1}{s-1} = -\frac{1}{s}\left[\frac{\zeta'(s)}{\zeta(s)} + \frac{1}{s-1}\right] - \frac{1}{s}$$

在 $\sigma \geqslant 1$ 时有一级连续导数, 故对任意 $a > 0$, 在 $1 \leqslant \sigma \leqslant 2$, $|t| \leqslant a$ 内一致连续, 故有有一级连续导数之函数 $g(t)$, 使
$$\lim_{\sigma \to 1}\left[-\frac{1}{s}\frac{\zeta'(s)}{\zeta(s)} - \frac{1}{s-1}\right] = g(t)$$

在 $|t| \leqslant a$ 中一致成立. 由定理 2 可知
$$\lim_{t \to \infty} e^{-t}\psi(e^t) = 1.$$

命 $e^t = x$,则
$$\lim_{x\to\infty} \frac{\psi(x)}{x} = 1.$$

定理得证.

习题 1. 设 p_n 表示第 n 个素数.试用素数定理证明
$$\lim_{n\to\infty} \frac{p_n}{n\log n} = 1.$$

反之,由此也可以推出素数定理.

习题 2. 试由素数定理推出
$$M(x) = \sum_{n\leqslant x} \mu(n) = o(x).$$

习题 3. 试由素数定理推出
$$\sum_{n=1}^{\infty} \frac{\mu(n)}{n} = 0.$$

习题 4. 设 $n = p_1^{a_1}\cdots p_k^{a_k}$,定义
$$\omega(n) = k, \quad \Omega(n) = a_1 + a_2 + \cdots + a_k.$$

命
$$\pi_k(x) = \sum_{\substack{n\leqslant x \\ \omega(n)=\Omega(n)=k}} 1, \quad \tau_k(x) = \sum_{\substack{n\leqslant x \\ \Omega(n)=k}} 1,$$

$$\vartheta_k(x) = \sum_{p_1\cdots p_k\leqslant x} \log(p_1\cdots p_k), \quad \prod_k(x) = \sum_{p_1\cdots p_k\leqslant x} 1.$$

(注意:此处之求和号表示过素数 $p_1,\cdots,p_k$,而具有性质 $p_1\cdots p_k \leqslant x$ 者;同一组 p_1,$\cdots, p_k$ 若次序不同亦算作不同.)

试证:
$$\prod_k(x) \sim \frac{kx(\log\log x)^{k-1}}{\log x} \quad (k\geqslant 2),$$

$$\vartheta_k(x) \sim kx(\log\log x)^{k-1} \quad (k\geqslant 2),$$

$$\pi_k(x) \sim \tau_k(x) \sim \frac{x(\log\log x)^{k-1}}{(k-1)!\log x} \quad (k\geqslant 2).$$

§6. Selberg 渐近公式

§6—8 中之 q,r 均表素数,不再一一声明.

定理 1(Selberg) 设 $x\geqslant 1$,则
$$\vartheta(x)\log x + \sum_{p\leqslant x} \vartheta\left[\frac{x}{p}\right]\log p = 2x\log x + O(x), \tag{1}$$

$$\sum_{p\leqslant x}\log^2 p + \sum_{pq\leqslant x}\log p \log q = 2x\log x + O(x). \qquad (2)$$

在证明之前先证次引：

引. 若 $F(x), G(x)$ 为二当 $x \geqslant 1$ 时定义的函数，且

$$G(x) = \sum_{1\leqslant n\leqslant x} F\left[\frac{x}{n}\right]\log x,$$

则

$$\sum_{n\leqslant x} \mu(n) G\left[\frac{x}{n}\right] = F(x)\log x + \sum_{n\leqslant x} F\left[\frac{x}{n}\right]\Lambda(n).$$

证： 在 §6.4 中已知 $\Lambda(n) = \sum_{d\mid n} \mu(d)\log\frac{n}{d}$，故

$$\sum_{n\leqslant x}\mu(n) G\left[\frac{x}{n}\right] = \sum_{n\leqslant x}\mu(n)\sum_{m\leqslant\frac{x}{n}} F\left[\frac{x}{mn}\right]\log\frac{x}{n}$$

$$= \sum_{l\leqslant x} F\left[\frac{x}{l}\right]\sum_{n\mid l}\mu(n)\left[\log\frac{x}{l} + \log\frac{l}{n}\right]$$

$$= \sum_{l\leqslant x} F\left[\frac{x}{l}\right]\log\frac{x}{l}\cdot\sum_{n\mid l}\mu(n) + \sum_{l\leqslant x} F\left[\frac{x}{l}\right]\Lambda(l)$$

$$= F(x)\log x + \sum_{l\leqslant x} F\left[\frac{x}{l}\right]\Lambda(l).$$

定理 1 的证明 命 γ 表示 Euler 常数，在 §5.8 中已知

$$\sum_{n\leqslant x}\frac{1}{n} = \log x + \gamma + O\left[\frac{1}{x}\right].$$

又

$$\sum_{n\leqslant x}\psi\left[\frac{x}{n}\right] = \sum_{mn\leqslant x}\Lambda(m) = \sum_{n\leqslant x}\sum_{d\mid n}\Lambda(d)$$

$$= \sum_{n\leqslant x}\log n = \int_1^x \log t\, dt + O(\log x) = x\log x - x + O(\log x).$$

在引内取

$$F(x) = \psi(x) - x + \gamma + 1, \qquad (3)$$

故

$$G(x) = \log x\sum_{1\leqslant n\leqslant x}\psi\left[\frac{x}{n}\right] - x\log x\sum_{n\leqslant x}\frac{1}{n} + (\gamma+1)x\log x + O(\log x)$$

$$= O(\log^2 x) = O(\sqrt{x}).$$

由引即得

$$F(x)\log x + \sum_{n\leqslant x} F\left[\frac{x}{n}\right]\Lambda(n) = O\left[\sum_{n\leqslant x}\sqrt{\frac{x}{n}}\right] = O(x). \qquad (4)$$

由于定理 5.9.1 可知

$$\sum_{n\leqslant x}\frac{\Lambda(n)}{n}=\log x+O(1). \tag{5}$$

故由(3),(4),(5)及定理 1.2 可知

$$\psi(x)\log x+\sum_{n\leqslant x}\psi\left[\frac{x}{n}\right]\Lambda(n)$$

$$=x\log x+x\sum_{n\leqslant x}\frac{\Lambda(n)}{n}-(\gamma+1)\log x-(\gamma+1)\sum_{n\leqslant x}\Lambda(n)+O(x)$$

$$=2x\log x+O(x). \tag{6}$$

由定理 1.2 可知

$$\sum_{n\leqslant x}\psi\left[\frac{x}{n}\right]\Lambda(n)-\sum_{p\leqslant x}\vartheta\left[\frac{x}{p}\right]\log p=\sum_{mn\leqslant x}\Lambda(m)\Lambda(n)-\sum_{pq\leqslant x}\log p\log q$$

$$=O\left(\sum_{\substack{p^\alpha q^\beta\leqslant x\\\alpha\geqslant 2,\beta\geqslant 1}}\log p\log q\right)=O\left(\sum_{\substack{p^\alpha\leqslant x\\\alpha\geqslant 2}}\log p\sum_{\substack{q^\beta\leqslant x/p^\alpha\\\beta\geqslant 1}}\log q\right)$$

$$=O\left(\sum_{\substack{p^\alpha\leqslant x\\\alpha\geqslant 2}}\log p\,\psi\left[\frac{x}{p^\alpha}\right]\right)=O\left(x\sum_{p\leqslant\sqrt{x}}\sum_{\alpha\geqslant 2}\frac{\log p}{p^\alpha}\right)$$

$$=O\left(x\sum_{p\leqslant\sqrt{x}}\frac{\log p}{p(p-1)}\right)=O(x) \tag{7}$$

及

$$\psi(x)=\vartheta(x)+\vartheta(x^{1/2})+\cdots+\vartheta(x^{\left[\frac{\log 2}{\log x}\right]})=\vartheta(x)+O(\log x\cdot\vartheta(x^{1/2}))$$

$$=\vartheta(x)+O(x^{1/2}\log x). \tag{8}$$

由(6),(7),(8)即得(1)式.

又由于

$$\vartheta(x)\log x-\sum_{p\leqslant x}\log^2 p=\sum_{p\leqslant x}\log p\log\frac{x}{p}=\sum_{p\leqslant x}\log p\left[\sum_{n\leqslant\frac{x}{p}}\frac{1}{n}+O(1)\right]$$

$$=\sum_{n\leqslant x}\frac{1}{n}\sum_{p\leqslant\frac{x}{n}}\log p+O(\vartheta(x))$$

$$=O\left(x\sum_{n\leqslant x}\frac{1}{n^2}\right)+O(x)=O(x),$$

即得(2)式.

§7. 素数定理的初等证明

命

$$R(x)=\vartheta(x)-x. \tag{1}$$

由定理 1.1 可知素数定理与

$$\lim_{x \to \infty} \frac{R(x)}{x} = 0 \tag{2}$$

等价. 在证明(2)式之前, 先证以下数引:

引 1 若 $x \geqslant 3$, 则

$$\sum_{pq \leqslant x} \frac{\log p \, \log q}{pq} = \frac{1}{2} \log^2 x + O(\log x),$$

$$\sum_{pq \leqslant x} \frac{\log p \, \log q}{pq \, \log pq} = \log x + O(\log \log x),$$

$$\sum_{p \leqslant x} \frac{\log p}{p \log \dfrac{2x}{p}} = O(\log \log x).$$

证: 命 $A(n) = \sum_{p \leqslant n} \dfrac{\log p}{p}$, 由定理 5.9.1 可知 $A(n) = \log n + r_n$, 而 $r_n = O(1)$.

故

$$\sum_{pq \leqslant x} \frac{\log p \, \log q}{pq} = \sum_{p \leqslant x} \frac{\log p}{p} \sum_{q \leqslant \frac{x}{p}} \frac{\log q}{q} = \sum_{p \leqslant x} \frac{\log p}{p} \log \frac{x}{p} + O(\log x)$$

$$= \sum_{n \leqslant x} (A(n) - A(n-1)) \log \frac{x}{n} + O(\log x)$$

$$= \sum_{n \leqslant x-1} A(n) \left\{ \log \frac{x}{n} - \log \frac{x}{n+1} \right\} + O(\log x)$$

$$= \sum_{n \leqslant x} \log n \cdot \log \left(1 + \frac{1}{n} \right) + O\left(\sum_{n \leqslant x} \log \left(1 + \frac{1}{n} \right) \right) + O(\log x)$$

$$= \frac{1}{2} \log^2 x + O(\log x).$$

同法, 利用上式及分部求和法可知

$$\sum_{pq \leqslant x} \frac{\log p \, \log q}{pq \, \log pq} = \log x + O(\log \log x).$$

又由于

$$\sum_{n \leqslant x} \frac{1}{n \log \dfrac{2x}{n}} = \frac{1}{\log x} \sum_{n \leqslant x} \frac{1}{n} + \sum_{n \leqslant x} \frac{1}{n} \left[\frac{1}{\log \dfrac{2x}{n}} - \frac{1}{\log x} \right]$$

$$= \sum_{n \leqslant x} \frac{1}{n} \int_{\frac{2x}{n}}^{x} \frac{\mathrm{d}u}{u \log^2 u} + O(1)$$

$$= \int_{2}^{x} \frac{\sum\limits_{\frac{2x}{u} \leqslant n \leqslant x} \dfrac{1}{n}}{u \log^2 u} \mathrm{d}u + O(1) = \int_{2}^{x} \frac{\mathrm{d}u}{u \log u} + O(1) = O(\log \log x),$$

故

第九章 素数定理

$$\sum_{p\leqslant x}\frac{\log p}{p\log\dfrac{2x}{p}} = \sum_{n\leqslant x}(A(n)-A(n-1))\frac{1}{\log\dfrac{2x}{n}}$$

$$= \sum_{n\leqslant x}\{\log n - \log(n-1)\}\frac{1}{\log\dfrac{2x}{n}} + O\left(\sum_{n\leqslant x}r_n\left|\frac{1}{\log\dfrac{2x}{n}} - \frac{1}{\log\dfrac{2x}{n+1}}\right|\right)$$

$$= O\left(\sum_{n\leqslant x}\frac{1}{n\log\dfrac{2x}{n}}\right) = O(\log\log x).$$

引理证完.

引 2 $\vartheta(x) + \sum_{pq\leqslant x}\dfrac{\log p\log q}{\log pq} = 2x + O\left(\dfrac{x}{\log x}\right)$ ($x\geqslant 2$).

证:命 $B(n) = \sum_{pq\leqslant n}\log p\log q$, $C(n) = \sum_{p\leqslant n}\log^2 p$, 则

$$\vartheta(x) + \sum_{pq\leqslant x}\frac{\log p\log q}{\log pq} = \sum_{n\leqslant x}\frac{C(n)-C(n-1)}{\log n} + \sum_{n\leqslant x}\frac{B(n)-B(n-1)}{\log n}$$

$$= \frac{C([x])}{\log[x]} + \frac{B([x])}{\log[x]} + \sum_{n\leqslant x-1}\{C(n)+B(n)\}\left\{\frac{1}{\log n} - \frac{1}{\log(n+1)}\right\}$$

$$= 2x + O\left(\frac{x}{\log x}\right) + \sum_{n\leqslant x-1}[2n\log n + O(n)]\frac{\log\left[1+\dfrac{1}{n}\right]}{\log n\log(n+1)}$$

$$= 2x + O\left(\frac{x}{\log x}\right).$$

引理证毕.

引 3 $R(x)\log x = \sum_{pq\leqslant x}\dfrac{\log p\log q}{\log pq}R\left(\dfrac{x}{pq}\right) + O(x\log\log x)$ ($x\geqslant 3$).

证:由引 1 及引 2 得

$$\sum_{p\leqslant x}\vartheta\left(\frac{x}{p}\right)\log p = 2x\sum_{p\leqslant x}\frac{\log p}{p} - \sum_{p\leqslant x}\log p\sum_{qr\leqslant\frac{x}{p}}\frac{\log q\log r}{\log qr}$$

$$+ O\left(x\sum_{p\leqslant x}\frac{\log p}{p\log\dfrac{2x}{p}}\right)$$

$$= 2x\log x - \sum_{qr\leqslant x}\frac{\log q\log r}{\log qr}\vartheta\left(\frac{x}{qr}\right) + O(x\log\log x).$$

将此式代入 Selberg 公式(即(6.1)式),得

$$\vartheta(x)\log x = \sum_{pq\leqslant x}\frac{\log p\log q}{\log pq}\vartheta\left(\frac{x}{pq}\right) + O(x\log\log x).$$

将(1)式代入上式,由引 1 即得本引理.

引 4 $|R(x)| \leqslant \dfrac{1}{\log x} \sum_{n \leqslant x} \left| R\left(\dfrac{x}{n}\right) \right| + O\left(\dfrac{x \log \log x}{\log x}\right) \quad (x \geqslant 3).$

证：将(1)式代入(6.1)式得

$$R(x)\log x = -\sum_{p \leqslant x} R\left(\dfrac{x}{p}\right) \log p + O(x),$$

故由引 3 可知

$$2|R(x)|\log x \leqslant \sum_{p \leqslant x} \left| R\left(\dfrac{x}{p}\right) \right| \log p + \sum_{pq \leqslant x} \dfrac{\log p \log q}{\log pq} \left| R\left(\dfrac{x}{pq}\right) \right|$$
$$+ O(x \log \log x).$$

由引 2 及分部求和法，并注意$||a|-|b|| \leqslant |a-b|$，故

$$2|R(x)|\log x \leqslant \sum_{n \leqslant x-1} \left[\sum_{p \leqslant n} \log p + \sum_{pq \leqslant n} \dfrac{\log p \log q}{\log pq} \right] \left[\left| R\left(\dfrac{x}{n}\right) \right| - \left| R\left(\dfrac{x}{n+1}\right) \right| \right]$$
$$+ O\left(\sum_{p \leqslant x} \log p + \sum_{pq \leqslant x} \dfrac{\log p \log q}{\log pq} \right) + O(x \log \log x)$$
$$\leqslant 2 \sum_{n \leqslant x-1} n \left[\left| R\left(\dfrac{x}{n}\right) \right| - \left| R\left(\dfrac{x}{n+1}\right) \right| \right]$$
$$+ O\left(\sum_{n \leqslant x-1} \dfrac{n}{\log 2n} \left[\left| R\left(\dfrac{x}{n}\right) \right| - \left| R\left(\dfrac{x}{n+1}\right) \right| \right] \right)$$
$$+ O(x \log \log x)$$
$$\leqslant 2 \sum_{n \leqslant x} \left| R\left(\dfrac{x}{n}\right) \right| + O\left(\sum_{n \leqslant x-1} \dfrac{n}{\log 2n} \left[\vartheta\left(\dfrac{x}{n}\right) - \vartheta\left(\dfrac{x}{n+1}\right) \right] \right)$$
$$+ O\left(x \sum_{n \leqslant x-1} \dfrac{n}{\log 2n} \left[\dfrac{1}{n} - \dfrac{1}{n+1} \right] \right) + O(x \log \log x).$$

由定理 1.2 可知

$$\sum_{n \leqslant x-1} \dfrac{n}{\log 2n} \left[\vartheta\left(\dfrac{x}{n}\right) - \vartheta\left(\dfrac{x}{n+1}\right) \right]$$
$$= \sum_{2 \leqslant n \leqslant x-1} \vartheta\left(\dfrac{x}{n}\right) \left[\dfrac{n}{\log 2n} - \dfrac{n-1}{\log 2(n-1)} \right] + O(x)$$
$$= O\left(x \sum_{n \leqslant x} \dfrac{1}{n \log n} \right) = O(x \log \log x),$$

故

$$2|R(x)|\log x \leqslant 2 \sum_{n \leqslant x} \left| R\left(\dfrac{x}{n}\right) \right| + O(x \log \log x).$$

即所欲证.

引 5 若 $x > 1$，则

$$\sum_{n \leqslant x} \dfrac{\vartheta(n)}{n^2} = \log x + O(1),$$

第九章 素数定理

$$\sum_{n\leqslant x}\vartheta\left(\frac{x}{n}\right) = x\log x + O(x).$$

证:因

$$\sum_{p\leqslant n\leqslant x}\frac{1}{n^2} = \sum_{n\geqslant p}\frac{1}{n^2} - \sum_{n>x}\frac{1}{n^2} = \frac{1}{p} + O\left(\frac{1}{p^2}\right) + O\left(\frac{1}{x}\right),$$

故

$$\sum_{n\leqslant x}\frac{\vartheta(n)}{n^2} = \sum_{n\leqslant x}\frac{1}{n^2}\sum_{p\leqslant n}\log p = \sum_{p\leqslant x}\log p\sum_{p\leqslant n\leqslant x}\frac{1}{n^2}$$

$$= \sum_{p\leqslant x}\log p\left[\frac{1}{p} + O\left(\frac{1}{p^2}\right) + O\left(\frac{1}{x}\right)\right] = \log x + O(1).$$

又

$$\sum_{n\leqslant x}\vartheta\left(\frac{x}{n}\right) = \sum_{n\leqslant x}\sum_{p\leqslant \frac{x}{n}}\log p = \sum_{p\leqslant x}\log p\sum_{n\leqslant \frac{x}{p}}1$$

$$= \sum_{p\leqslant x}\log p\cdot\left[\frac{x}{p} + O(1)\right] = x\log x + O(x).$$

引 6 $\sum_{n\leqslant x}\frac{\log n}{n}R(n) = -\sum_{n\leqslant x}\frac{1}{n}R(n)R\left(\frac{x}{n}\right) + O(x).$

证:由 Selberg 公式(即(6.2)式)及分部求和法可知

$$\sum_{p\leqslant x}\log^2 p\log\frac{x}{p} + \sum_{pq\leqslant x}\log p\log q\log\frac{x}{pq} = 2x\log x + O(x).$$

由于

$$\log\frac{x}{p} = \sum_{p\leqslant n\leqslant x}\frac{1}{n} + O\left(\frac{1}{p}\right), \quad \log\frac{x}{pq} = \sum_{p\leqslant n\leqslant \frac{x}{q}}\frac{1}{n} + O\left(\frac{1}{p}\right),$$

代入上式并交换和号,可知

$$\sum_{n\leqslant x}\frac{1}{n}\sum_{p\leqslant n}\log^2 p + \sum_{n\leqslant x}\frac{1}{n}\sum_{p\leqslant n}\log p\sum_{q\leqslant \frac{x}{n}}\log q = 2x\log x + O(x),$$

即得

$$\sum_{n\leqslant x}\frac{\log n}{n}\vartheta(n) + \sum_{n\leqslant x}\frac{1}{n}\vartheta(n)\vartheta\left(\frac{x}{n}\right) = 2x\log x + O(x).$$

将(1)式代入上式,并利用引5,即得引理.

引 7 若 $0 < \sigma < 1$,且存在 x_0,当 $x > x_0$ 时有

$$|R(x)| < \sigma x, \tag{3}$$

则存在 x_0,当 $x > x_0$ 时,区间 $((1-\sigma)^{16}x, x)$ 皆包含一个子区间 $(y, e^{\delta}y)$,当 $y\leqslant z \leqslant e^{\delta}y$ 时

$$\left|\frac{R(z)}{z}\right| < \frac{\sigma + \sigma^2}{2},$$

此处 $\delta = \dfrac{\sigma(1-\sigma)}{32}$.

证：由引 6 可知

$$\left|\sum_{n\leqslant x}\frac{\log n}{n}R(n)\right| \leqslant \left|\sum_{x_0\leqslant n\leqslant \frac{x}{x_0}}\frac{1}{n}R(n)R\left[\frac{x}{n}\right]\right|$$

$$+\left|\sum_{n<x_0}\frac{1}{n}R(n)R\left[\frac{x}{n}\right]\right|+\left|\sum_{\frac{x}{x_0}<n\leqslant x}\frac{1}{n}R(n)R\left[\frac{x}{n}\right]\right|+O(x)$$

$$\leqslant \sigma^2 x\sum_{x_0\leqslant n\leqslant \frac{x}{x_0}}\frac{1}{n}+O(x)=\sigma^2 x\log x+O(x),$$

故当 $x > x_1$ 时，

$$\left|\sum_{x'\leqslant n\leqslant x}\frac{\log n}{n}R(n)\right|<\sigma^2(x+x')\log x+O(x),$$

此处 $x' = (1-\sigma)^{16}x$.

倘若 $R(n)$ 在 (x', x) 内不变号，则必有 $y(x'\leqslant y\leqslant x)$，使

$$\left|\frac{R(y)}{y}\right|\sum_{x'\leqslant n\leqslant x}\log n<\sigma^2(x+x')\log x+O(x).$$

由于 $(1-\sigma)^{16} < \dfrac{1-\sigma}{1+15\sigma}$，故

$$\left|\frac{R(y)}{y}\right| < \sigma^2\frac{x+x'}{x-x'}+O\left[\frac{1}{\log x}\right] < \frac{\sigma(1+7\sigma)}{8}+O\left[\frac{1}{\log x}\right]$$

$$< \frac{\sigma(1+3\sigma)}{4} \quad (x>x_1). \tag{4}$$

但若 $R(n)$ 在 (x', x) 内变号，则显然有 $y(x'\leqslant y\leqslant x)$ 使 $|R(y)|=O(\log y)$，故 (4) 式仍成立．

当 $1<y<y'$ 时，由引 2 可知

$$\sum_{y<p\leqslant y'}\log p \leqslant 2(y'-y)+O\left[\frac{y'}{\log y'}\right].$$

由 (1) 式即得

$$|R(y')-R(y)|<(y'-y)+O\left[\frac{y'}{\log y'}\right]. \tag{5}$$

命 $x'\leqslant y_1, y_2\leqslant x, y_1$ 适合 (4) 式及 $e^{-\delta}\leqslant \dfrac{y_2}{y_1}\leqslant e^{\delta}$．由 (4), (5) 可知

$$\left|\frac{R(y_2)}{y_2}\right| < \left|\frac{R(y_1)}{y_1}\right|\cdot\frac{y_1}{y_2}+\left|1-\frac{y_1}{y_2}\right|+O\left[\frac{1}{\log x}\right]$$

$$< \frac{\sigma(1+3\sigma)}{4}\cdot e^{\delta}+(e^{\delta}-1)+O\left[\frac{1}{\log x}\right].$$

第九章 素数定理

由于 $e^\delta < \frac{1}{1-\delta}(0<\delta<1)$,故

$$\left|\frac{R(y_2)}{y_2}\right| < \frac{\sigma(1+3\sigma)}{4}\cdot\frac{1}{1-\delta} + \left[\frac{1}{1-\delta}-1\right] + O\left[\frac{1}{\log x}\right]$$

$$< \frac{\sigma(3+5\sigma)}{8} + O\left[\frac{1}{\log x}\right] < \frac{\sigma+\sigma^2}{4} \quad (x>x_\sigma).$$

当 $y_1 \leqslant \frac{1+7\sigma}{1+15\sigma}x$ 时,可知 $e^\delta y_1 < x$,故取 $y=y_1$ 即合所需. 当 $y_1 > \frac{1+7\sigma}{1+15\sigma}x$ 时,则 $e^{-\delta}y_1 > \frac{1-\sigma}{1+15\sigma}x > x'$,故取 $y=e^{-\delta}y_1$ 即合所需.

引理证毕.

素数定理的证明 已知存在 $c>0$ 及 x'_0,当 $x>x'_0$ 时有

$$\vartheta(x) > cx \tag{6}$$

(此即定理 1.2). 由 Selberg 公式可得

$$\vartheta(x) = 2x - \frac{1}{\log x}\sum_{p\leqslant x}\vartheta\left[\frac{x}{p}\right]\log p + O\left[\frac{x}{\log x}\right]$$

$$= 2x - \frac{1}{\log x}\sum_{p\leqslant \frac{x}{x'_0}}\vartheta\left[\frac{x}{p}\right]\log p - \frac{1}{\log x}\sum_{\frac{x}{x'_0}<p\leqslant x}\vartheta\left[\frac{x}{p}\right]\log p + O\left[\frac{x}{\log x}\right]$$

$$\leqslant 2x - \frac{cx\log x}{\log x} + O\left[\frac{1}{\log x}\sum_{\frac{x}{x'_0}<p\leqslant x}\log p\right] + O\left[\frac{x}{\log x}\right]$$

$$= (2-c)x + O\left[\frac{x}{\log x}\right] < \left[2-\frac{c}{2}\right]x \quad (x>x_0, c>0).$$

由(1)式即得

$$|R(x)| < \sigma_0 x \quad (x>x_0, \quad \sigma_0 = \left|1-\frac{c}{2}\right|, \quad 0<\sigma_0<1).$$

命

$$\zeta = (1-\sigma_0)^{-10}, \quad \delta = \frac{\sigma_0(1-\sigma_0)}{32}.$$

由引 7 得知存在 $x_{\sigma_0} > x_0$,当 $x > x_{\sigma_0}$ 时,任何区间 (ζ^{v-1}, ζ^v) $\left[\zeta \leqslant \zeta^v \leqslant \frac{x}{x_{\sigma_0}}\right]$ 都包有子区间 $(y_v, e^\delta y_v)$,当 $y_v \leqslant n \leqslant e^\delta y_v$ 时,

$$\left|\frac{n}{x}R\left[\frac{x}{n}\right]\right| < \frac{\sigma_0+\sigma_0^2}{2}.$$

由引 4 可知

$$|R(x)| < \frac{1}{\log x}\sum_{n\leqslant\frac{x}{x_{\sigma_0}}}\left|R\left[\frac{x}{n}\right]\right| + \frac{1}{\log x}\sum_{\frac{x}{x_{\sigma_0}}<n\leqslant x}\left|R\left[\frac{x}{n}\right]\right| + O\left[\frac{x}{\sqrt{\log x}}\right]$$

$$< \frac{\sigma_0 x}{\log x} \sum_{\substack{1 \le n \le \frac{x}{x_{\sigma_0}} \\ n \notin (y_\nu, e^\delta y_\nu)}} \frac{1}{n} + \frac{\sigma_0 + \sigma_0^2}{2} \cdot \frac{x}{\log x} \sum_{\zeta^\nu \le \frac{x}{x_{\sigma_0}}} \sum_{y_\nu \le n \le e^\delta y_\nu} \frac{1}{n} + O\left(\frac{x}{\sqrt{\log x}}\right)$$

$$< \frac{\sigma_0 x}{\log x} \sum_{n \le \frac{x}{x_{\sigma_0}}} \frac{1}{n} - \frac{(\sigma_0 - \sigma_0^2)}{2} \cdot \frac{x}{\log x} \sum_{\zeta^\nu \le \frac{x}{x_{\sigma_0}}} \sum_{y_\nu \le n \le e^\delta y_\nu} \frac{1}{n} + O\left(\frac{x}{\sqrt{\log x}}\right)$$

$$< \sigma_0 x - \frac{(\sigma_0 - \sigma_0^2)}{2} \cdot \frac{x}{\log x} \sum_{\zeta^\nu \le \frac{x}{x_{\sigma_0}}} \left[\delta + O\left(\frac{1}{\zeta^\nu}\right)\right] + O\left(\frac{x}{\sqrt{\log x}}\right)$$

$$< \sigma_0 x - \frac{(\sigma_0 - \sigma_0^2)}{2} \cdot \frac{x}{\log x} \cdot \frac{\delta \log x}{\log \zeta} + O\left(\frac{x}{\sqrt{\log x}}\right)$$

$$< \sigma_0 \left[1 - \frac{(1-\sigma_0)^2 \sigma_0}{1024 \log \frac{1}{1-\sigma_0}}\right] x + O\left(\frac{x}{\sqrt{\log x}}\right)$$

$$< \sigma_0 \left[1 - \frac{(1-\sigma_0)^3}{1024}\right] x + O\left(\frac{x}{\sqrt{\log x}}\right)$$

$$< \sigma_0 \left[1 - \frac{(1-\sigma_0)^3}{2000}\right] x = \sigma_1 x \quad (x > x_{\sigma_1} > x_{\sigma_0}),$$

此处 $\sigma_1 < \sigma_0$. 不断用上面的手续得到

$$|R(x)| < \sigma_n x \quad (x > x_{\sigma_n}),$$

此处 $\sigma_n = \sigma_{n-1}\left[1 - \frac{(1-\sigma_{n-1})^3}{2000}\right] \le \sigma_{n-1}\left[1 - \frac{(1-\sigma_0)^3}{2000}\right] \le \cdots$

$$\le \sigma_0 \left[1 - \frac{(1-\sigma_0)^3}{2000}\right]^n, 故 \quad \lim_{n \to \infty} \sigma_n = 0.$$

明所欲证.

§8. Dirichlet 定理

定理 1 （*Dirichlet*）若 $k > 0, l > 0, (k, l) = 1$, 则形如 $kn + l$ 之素数之个数无穷.

本节将证明下面较定理 1 强的定理：

定理 2 若 $k > 0, l > 0, (k, l) = 1$, 则

$$\sum_{\substack{p \le x \\ p \equiv l(\bmod k)}} \frac{\log p}{p} = \frac{1}{\varphi(k)} \log x + O(1),$$

此处 $\sum_{\substack{p \le x \\ p \equiv l(\bmod k)}}$ 表示就所有不超过 x 的形如 $kn + l$ 的素数求和. 与 O 有关之常数仅与 k 有关.

第九章　素数定理

证明定理 2 之前需要下面数引：

若 χ 为非主特征，命

$$L(\chi) = \sum_{n=1}^{\infty} \frac{\chi(n)}{n}, \quad L_1(\chi) = \sum_{n=1}^{\infty} \frac{\chi(n)\log n}{n}. \tag{1}$$

引 1　设 χ 是非主特征之实特征，则 $L(\chi) \neq 0$.

证：命

$$F(n) = \sum_{d \mid n} \chi(d).$$

由于

$$F(p^l) = \begin{cases} 1+1+\cdots+1 = l+1, & \text{若 } \chi(p) = 1, \\ 1-1+\cdots+1 = 1, & \text{若 } \chi(p) = -1, l\text{ 为偶数}, \\ 1-1+\cdots-1 = 0, & \text{若 } \chi(p) = -1, l\text{ 为奇数}. \end{cases}$$

而 $F(n)$ 又是积性函数，故

$$F(n) \geq \begin{cases} 1, & \text{若 } n \text{ 为完全平方}, \\ 0, & \text{其他情形}, \end{cases}$$

故

$$G(x) = \sum_{n \leq x} \frac{F(n)}{n^{1/2}} \geq \sum_{1 \leq m \leq \sqrt{x}} \frac{1}{m} \to \infty.$$

但另一方面，由于当 χ 非主特征时，有

$$\sum_{x \leq n \leq y} \frac{\chi(n)}{n^\delta} = O(x^{-\delta}), \quad \sum_{x \leq n \leq y} \frac{\chi(n)\log n}{n^\delta} = O\left(\frac{\log x}{x^\delta}\right) \quad (\delta > 0, x > 1). \tag{2}$$

(此可由习题 7.2.1 及定理 6.8.2 得之.) 故由例 5.8.4 得

$$G(x) = \sum_{n \leq x} \frac{1}{n^{1/2}} \sum_{d \mid n} \chi(d) = \sum_{dd' \leq x} \frac{\chi(d)}{d^{1/2} d'^{1/2}}$$

$$= \sum_{d \leq \sqrt{x}} \frac{1}{d'^{1/2}} \sum_{\sqrt{x} < d \leq \frac{x}{d'}} \frac{\chi(d)}{d^{1/2}} + \sum_{d \leq \sqrt{x}} \frac{\chi(d)}{d^{1/2}} \sum_{d' \leq \frac{x}{d}} \frac{1}{d'^{1/2}}$$

$$= \sum_{d' \leq \sqrt{x}} \frac{1}{d'^{1/2}} \{O(x^{-\frac{1}{4}})\} + \sum_{d \leq \sqrt{x}} \frac{\chi(d)}{d^{1/2}} \left\{ 2\sqrt{\frac{x}{d}} + c_1 + O\left(\sqrt{\frac{d}{x}}\right) \right\}$$

$$= 2\sqrt{x} \sum_{d \leq \sqrt{x}} \frac{\chi(d)}{d} + O(1)$$

$$= 2\sqrt{x} L(\chi) + O(1).$$

若 $L(\chi) = 0$，则 $G(x) = O(1)$.此不可能，故得引理.

引 2　$L_1(\chi) \sum_{n \leq x} \dfrac{\mu(n)\chi(n)}{n} = \begin{cases} O(1), & \text{若 } L(\chi) \neq 0, \\ -\log x + O(1), & \text{若 } L(\chi) = 0. \end{cases}$

证：在定理 6.3.3 内命 $H(n) = \chi(n), F(n) = n$，则由

$$G(x) = \sum_{1 \leqslant n \leqslant x} F\left[\frac{x}{n}\right] H(n) = x \sum_{1 \leqslant n \leqslant x} \frac{\chi(n)}{n} = xL(\chi) + O(1),$$

故

$$x = F(x) = \sum_{1 \leqslant n \leqslant x} \mu(n) G\left[\frac{x}{n}\right] H(n) = xL(\chi) \sum_{1 \leqslant n \leqslant x} \frac{\chi(n)\mu(n)}{n} + O(x),$$

即得

$$L(\chi) \sum_{n \leqslant x} \frac{\mu(n)\chi(n)}{n} = O(1).$$

若 $L(\chi) \neq 0$，则 $\sum_{n \leqslant x} \frac{\mu(n)\chi(n)}{n} = O(1)$，即得定理. 但若 $L(\chi) = 0$，则在定理 6.3.3 内命 $F(x) = x\log x, H(n) = \chi(n)$，故

$$G(x) = \sum_{n \leqslant x} F\left[\frac{x}{n}\right] H(n) = x \sum_{n \leqslant x} \frac{\chi(n)}{n} \log \frac{x}{n}$$
$$= L(\chi) x\log x - L_1(\chi) x + O(\log x)$$
$$= -L_1(\chi) x + O(\log x).$$

由于例 5.8.2 可知 $\sum_{n \leqslant x} \log \frac{x}{n} = O(x)$，故

$$x\log x = \sum_{1 \leqslant n \leqslant x} \mu(n) G\left[\frac{x}{n}\right] H(n) = \sum_{n \leqslant x} \mu(n)\chi(n) \left\{-L_1(\chi) \frac{x}{n}\right.$$
$$\left. + O\left(\log \frac{x}{n}\right)\right\} = -L_1(\chi) x \sum_{n \leqslant x} \frac{\mu(n)\chi(n)}{n} + O(x).$$

引理证毕.

引 3 $\sum_{p \leqslant x} \frac{\chi(p)\log p}{p} = \begin{cases} O(1), & \text{若 } L(\chi) \neq 0, \\ -\log x + O(1), & \text{若 } L(\chi) = 0. \end{cases}$

证：$\sum_{p \leqslant x} \frac{\chi(p)\log p}{p} = \sum_{n \leqslant x} \frac{\chi(n)\Lambda(n)}{n} + O(1)$

$$= \sum_{n \leqslant x} \frac{\chi(n)}{n} \sum_{d|n} \mu(d) \log \frac{n}{d} + O(1)$$

$$= \sum_{dd' \leqslant x} \frac{\chi(d)\chi(d')}{dd'} \mu(d) \log d' + O(1)$$

$$= \sum_{d \leqslant x} \frac{\mu(d)\chi(d)}{d} \sum_{d' \leqslant \frac{x}{d}} \frac{\chi(d')\log d'}{d'} + O(1)$$

$$= \sum_{d \leqslant x} \frac{\mu(d)\chi(d)}{d} \left\{ L_1(\chi) + O\left(\frac{\log \frac{x}{d}}{x/d}\right) \right\} + O(1)$$

$$= L_1(\chi)\sum_{d\leqslant x}\frac{\mu(d)\chi(d)}{d}+O(1).$$

故由引 2 即得所欲.

引 4 设 χ 为非主特征,则 $L(\chi)\neq 0$.

证:设 N 为 $\mathrm{mod}\ k$ 之非主特征之中,使 $L(\chi)=0$ 者之个数.又以 $\sum_{(\chi)}$ 表示过 $\mathrm{mod}\ k$ 所有的特征.则由引 3 及定理 7.2.4 与定理 7.2.5 得

$$\varphi(k)\sum_{\substack{p\leqslant x\\p\equiv 1(\mathrm{mod}\ k)}}\frac{\log p}{p}=\sum_{(\chi)}\sum_{p\leqslant x}\frac{\chi(p)\log p}{p}=\sum_{\substack{p\leqslant x\\p\nmid k}}\frac{\log p}{p}+\sum_{(\chi)\neq\chi_0}\sum_{p\leqslant x}\frac{\chi(p)\log p}{p}$$
$$=(1-N)\log x+O(1).$$

但因 $\varphi(k)\sum_{\substack{p\leqslant x\\p\equiv 1(\mathrm{mod}\ k)}}\frac{\log p}{p}\geqslant 0$,故必 $0\leqslant N\leqslant 1$.又倘若 χ 是复特征,则必 $L(\chi)\neq 0$; 否则亦得 $L(\bar\chi)=0$,则 $N\geqslant 2$ 矣.而当 χ 是实特征时,由引 1 知 $L(\chi)\neq 0$,故 $N=0$.引理得证.

定理 2 的证明 由引 3 及引 4 得

$$\sum_{p\leqslant x}\frac{\chi(p)\log p}{p}=O(1),$$

故由习题 7.2.2 得

$$\varphi(k)\sum_{\substack{p\leqslant x\\p\equiv l(\mathrm{mod}\ k)}}\frac{\log p}{p}=\sum_{(\chi)}\bar\chi(l)\sum_{p\leqslant x}\frac{\chi(p)\log p}{p}$$
$$=\sum_{\substack{p\leqslant x\\p\nmid k}}\frac{\log p}{p}+\sum_{\substack{(\chi)\\\chi\neq\chi_0}}\bar\chi(l)\sum_{p\leqslant x}\frac{\chi(p)\log p}{p}=\log x+O(1).$$

明所欲证.

习题. 若 $(k,l)=1, l\leqslant k$.试证

$$\lim_{x\to\infty}\frac{\pi(x;k,l)}{\frac{x}{\varphi(k)\log x}}=1.$$

提示:1) 命

$$\vartheta_l(x)=\sum_{\substack{p\leqslant x\\p\equiv l(\mathrm{mod}\ k)}}\log p,\quad \psi_l(x)=\sum_{\substack{n\leqslant x\\n\equiv l(\mathrm{mod}\ k)}}\Lambda(n),$$

则

$$\varlimsup_{x\to\infty}\frac{\pi(x;k,l)}{\frac{x}{\varphi(k)\log x}}=\varlimsup_{x\to\infty}\frac{\vartheta_l(x)}{\frac{x}{\varphi(k)}}=\varlimsup_{x\to\infty}\frac{\psi_l(x)}{\frac{x}{\varphi(k)}};$$

$$\lim_{x\to\infty}\frac{\pi(x;k,l)}{\frac{x}{\varphi(k)\log x}} = \lim_{x\to\infty}\frac{\vartheta_l(x)}{\frac{x}{\varphi(k)}} = \lim_{x\to\infty}\frac{\psi_l(x)}{\frac{x}{\varphi(k)}}.$$

2) 证明：$\sum_{d\mid n}\mu(d)\log^2\frac{n}{d} = \Lambda(n)\log n + \sum_{d\mid n}\Lambda(d)\Lambda\left[\frac{n}{d}\right]$.

将上式两边关于 n 求和, 求和的范围为: $1\leqslant n\leqslant x, n\equiv l\pmod{k}$, 则得

$$\sum_{\substack{p\leqslant x\\ p\equiv l(\bmod k)}}\log^2 p + \sum_{\substack{pq\leqslant x\\ pq\equiv l(\bmod k)}}\log p\log q = \frac{2}{\varphi(k)}x\log x + O(x)$$

及

$$\vartheta_l(x)\log x + \sum_{p\leqslant x}\log p\,\vartheta_{l\bar p}\left[\frac{x}{p}\right] = \frac{2}{\varphi(k)}x\log x + O(x),$$

此处 $\bar p$ 为同余式 $p\bar p\equiv 1\pmod{k}$ 的解.

3) 命

$$\vartheta_l(x) = \frac{x}{\varphi(k)} + R_l(x),$$

则

$$R_l(x)\log x = \sum_{pq\leqslant x}\frac{\log p\log q}{\log pq}R_{l\bar{pq}}\left[\frac{x}{pq}\right] + O(x\log\log x).$$

4) $|R_l(x)| \leqslant \dfrac{1}{\varphi(k)\log x}\sum_{\substack{1\leqslant a\leqslant k\\ (a,k)=1}}\sum_{n\leqslant x}\left|R_a\left[\frac{x}{n}\right]\right| + O\left[\frac{x\log\log x}{\log x}\right]$.

5) $\sum_{n\leqslant x}\dfrac{\log n}{n}R_l(n) = -\sum_{n\leqslant x}\dfrac{1}{n}\sum_{\alpha\beta\equiv l(\bmod k)}R_\alpha(n)R_\beta\left[\frac{x}{n}\right] + O(x)$.

6) 若 $0<\sigma<1$, 且存在 x_0, 当 $x>x_0$ 时, $|R_l(x)|<\dfrac{\sigma x}{\varphi(k)}$, 则必存在 x_σ, 当 $x>x_\sigma$ 时, 区间 $((1-\sigma)^{16}x,x)$ 皆包含一个子区间 $(y,e^\delta y)$ $\left[\delta=\dfrac{\sigma(1-\sigma)}{32}\right]$, 当 $y\leqslant z\leqslant e^\delta y$ 时,

$$\left|\frac{R_l(z)}{z}\right| < \frac{1}{\varphi(k)}\cdot\frac{\sigma+\sigma^2}{2}.$$

7) 试先由定理 2 导出存在 σ_0 及 x_0, 而 $0<\sigma_0<1$, 当 $x>x_0$ 时,

$$|R_l(x)| < \frac{\sigma_0}{\varphi(k)}x.$$

再由此并利用 4), 6) 即可证明

$$\lim_{x\to\infty}\frac{R_l(x)}{x} = 0.$$

第十章 渐近法与连分数

§1. 简单连分数

分数

$$a_0 + \cfrac{1}{a_1 + \cfrac{1}{a_2 + \cfrac{1}{a_3 + \cfrac{\cdots}{\cdots + \cfrac{1}{a_N}}}}}$$

谓之有限连分数(finite continued fraction).若 $N=\infty$,则简称连分数,此时之连分数之确实代表一数,将于以后证明.上之写法颇占篇幅.故通常以符号:

$$a_0 + \frac{1}{a_1} + \frac{1}{a_2} + \cdots + \frac{1}{a_N}$$

或

$$[a_0, a_1, a_2, \cdots, a_N]$$

来表示.由计算易得

$$[a_0] = \frac{a_0}{1}, \quad [a_0, a_1] = \frac{a_0 a_1 + 1}{a_1}, \quad [a_0, a_1, a_2] = \frac{a_2 a_1 a_0 + a_2 + a_0}{a_2 a_1 + 1}.$$

普通写

$$[a_0, a_1, \cdots, a_n] = \frac{p_n}{q_n}, \quad 0 \leqslant n \leqslant N,$$

其中 p_n 及 q_n 为 $a_0, a_1, \cdots, a_n$ 之多项式.对任一 a 皆为一次式.其分母 q_n 与 a_0 无关. $\frac{p_n}{q_n}$ 名为 $[a_0, \cdots, a_N]$ 之第 n 个渐近值或渐近分数(n-th convergent).

定理 1 诸渐近值间有次之关系:

$$p_0 = a_0, \quad p_1 = a_1 a_0 + 1, \quad p_n = a_n p_{n-1} + p_{n-2} \quad (2 \leqslant n \leqslant N),$$

$$q_0 = 1, \quad q_1 = a_1, \quad q_n = a_n q_{n-1} + q_{n-2} \quad (2 \leqslant n \leqslant N).$$

证：$n=0,1$ 及 2 时，可以直接从运算得之，设 $m < N$，且假定

$$[a_0, \cdots, a_m] = \frac{p_m}{q_m} = \frac{a_m p_{m-1} + p_{m-2}}{a_m q_{m-1} + q_{m-2}},$$

此处 $p_{m-1}, q_{m-1}, p_{m-2}, q_{m-2}$ 皆只与 $a_0, \cdots, a_{m-1}$ 有关．进而用归纳法以证明定理．因

$$\frac{p_{m+1}}{q_{m+1}} = [a_0, \cdots, a_m, a_{m+1}] = \left[a_0, \cdots, a_{m-1}, a_m + \frac{1}{a_{m+1}}\right]$$

$$= \frac{\left(a_m + \dfrac{1}{a_{m+1}}\right) p_{m-1} + p_{m-2}}{\left(a_m + \dfrac{1}{a_{m+1}}\right) q_{m-1} + q_{m-2}} = \frac{a_{m+1}(a_m p_{m-1} + p_{m-2}) + p_{m-1}}{a_{m+1}(a_m q_{m-1} + q_{m-2}) + q_{m-1}}$$

$$= \frac{a_{m+1} p_m + p_{m-1}}{a_{m+1} q_m + q_{m-1}}.$$

故得定理．

定理 2 p_n 及 q_n 适合下列诸式：

$$p_n q_{n-1} - p_{n-1} q_n = (-1)^{n-1} \quad (n \geq 1), \tag{1}$$

即

$$\frac{p_n}{q_n} - \frac{p_{n-1}}{q_{n-1}} = \frac{(-1)^{n-1}}{q_n q_{n-1}}$$

及

$$p_n q_{n-2} - p_{n-2} q_n = (-1)^n a_n \quad (n \geq 2). \tag{2}$$

证：(1) 对 $n=1$ 时显然成立．用归纳法及定理 1，

$$p_n q_{n-1} - p_{n-1} q_n = (a_n p_{n-1} + p_{n-2}) q_{n-1} - p_{n-1}(a_n q_{n-1} + q_{n-2}) = (-1)^{n-1}.$$

又由定理 1 及 (1) 式可得

$$p_n q_{n-2} - p_{n-2} q_n = (a_n p_{n-1} + p_{n-2}) q_{n-2} - p_{n-2}(a_n q_{n-1} + q_{n-2})$$

$$= a_n(p_{n-1} q_{n-2} - p_{n-2} q_{n-1}) = (-1)^n a_n.$$

定义 若 a_0 为整数，$a_1, a_2, \cdots$ 皆为正整数．则

$$a_0 + \frac{1}{a_1 +} \frac{1}{a_2 +} \cdots$$

谓之简单连分数，本章所论仅限于简单连分数．

由定理 1 及 2 可立得次之诸简单结论：

定理 3 (i) 当 $n > 1$，则 $q_n \geq q_{n-1} + 1$，故 $q_n \geq n$．

(ii) $\dfrac{p_{2n+1}}{q_{2n+1}} < \dfrac{p_{2n-1}}{q_{2n-1}}$，$\dfrac{p_{2n}}{q_{2n}} > \dfrac{p_{2n-2}}{q_{2n-2}}$．

(iii) 凡简单连分数之渐近分数，皆为既约分数．

命 α 为一实数．取 $a_0 = [\alpha]$，命

$$\alpha_1' = \frac{1}{\alpha - [\alpha]}, \quad 取 \ a_1 = [\alpha_1'].$$

第十章 渐近法与连分数

再命

$$\alpha_2' = \frac{1}{\alpha_1' - [\alpha_1']}, \quad 取 \quad a_2 = [\alpha_2'].$$

续行此法.命

$$\frac{1}{\alpha_{n-1}' - [\alpha_{n-1}']} = \alpha_n', \quad 取 \quad a_n = [\alpha_n']$$

等等.显然,若只能做有限步,则 α 必为有理数.反之,若 α 为有理数 $\frac{p}{q}$, $(p,q)=1$,则 $a_0 = \left[\frac{p}{q}\right]$,而

$$\frac{1}{\alpha_1'} = \frac{p}{q} - \left[\frac{p}{q}\right], \quad 0 \leqslant \frac{1}{\alpha_1'} < 1,$$

即

$$p - \left[\frac{p}{q}\right]q = \frac{q}{\alpha_1}(=r_1), \quad 0 \leqslant r_1 < q.$$

又同法

$$q - r_1\left[\frac{q}{r_1}\right] = \frac{r_1}{\alpha_2}(=r_2), \quad 0 \leqslant r_2 < r_1.$$

故若 α 为有理数,则连分数之计算与 Euclid 计算法(辗转相除法)有貌异实同之妙.且屡次所得之商即为 $a_0, a_1, a_2, \cdots$,故得次之定理:

定理 4 凡有理数必可表为有限连分数.

刻下立即发生次之问题,即表法为唯一否?由显然例证:

$$a + \frac{1}{1} = a + 1$$

可见表法非一,换言之,若 $a_n > 1$,则

$$[a_0, \cdots, a_n] = [a_0, \cdots, a_{n-1}, a_n - 1, 1];$$

若 $a_n = 1$,则有

$$[a_0, \cdots, a_n] = [a_0, \cdots, a_{n-1} + 1].$$

故一有理数必有二种表法,一之 n 为奇,他之 n 为偶.若 α 非有理数,则上法得出一数列

$$a_0, a_1, a_2, \cdots, a_n, \cdots.$$

如

$$\pi = [3, 7, 15, 1, 292, 1, 1, 1, 21, 31, 14, 2, 1, 2, 2, 2,$$
$$1, 84, 2, 1, 1, 15, 3, 13, 1, 4, 2, 6, 6, 1, \cdots].$$

定理 5 命

$$\alpha_n = [a_0, a_1, \cdots, a_n],$$

则 α_n 之极限存在.

证:因 $\alpha_n = p_n/q_n$, 由定理 3(ii) 已知

$$\alpha_{2n+1} < \alpha_{2n-1}, \quad \alpha_{2n} > \alpha_{2n-2}.$$

故 α_{2n+1} 成一递减之数列, 而 α_{2n} 为一递增之数列. 又由定理 2(1) 可知

$$\alpha_1 \geq \alpha_{2n+1} \geq \alpha_{2n} \geq \alpha_2.$$

故 α_{2n} 之限存在, α_{2n+1} 之限亦存在. 更由定理 2 及定理 3(i) 可知当 $n \to \infty$ 时

$$|\alpha_{2n} - \alpha_{2n-1}| = \frac{1}{q_{2n}q_{2n-1}} \leq \frac{1}{2n(2n-1)} \to 0.$$

故

$$\lim_{n\to\infty} \alpha_{2n} = \lim_{n\to\infty} \alpha_{2n-1}.$$

习题 1. 求证

$$p_n = \begin{vmatrix} a_0 & -1 & 0 & 0 & \cdots & 0 & 0 & 0 \\ 1 & a_1 & -1 & 0 & \cdots & 0 & 0 & 0 \\ 0 & 1 & a_2 & -1 & \cdots & 0 & 0 & 0 \\ 0 & 0 & 0 & 0 & \cdots & 1 & a_{n-1} & -1 \\ 0 & 0 & 0 & 0 & \cdots & 0 & 1 & a_n \end{vmatrix},$$

并证明 q_n 为由上行列式中除去第一行第一列后之行列式之数值.

习题 2. 贯 $\{u_n\}$:

$$1, 1, 2, 3, 5, 8, 13, 21, \cdots$$

($u_1 = u_2 = 1, u_{i+1} = u_{i-1} + u_i (i > 1)$) 称之为 Fibonacci 贯. 试证明

(i) $\frac{1}{2}(1 + \sqrt{5})$ 之第 n 个渐近分数为 $\frac{u_{n+2}}{u_{n+1}}$;

(ii) 若连分数 $[a_0, a_1, \cdots, a_n, \cdots]$ 之诸 a_n 中除 $a_i = 2(i > 0)$ 外, 所有之 $a_n(i \neq n)$ 皆等于 1, 则当 $m > i$ 时有

$$\frac{p_m}{q_m} = \frac{u_{i+1}u_{m-i+3} + u_i u_{m-i+1}}{u_i u_{m-i+3} + u_{i-1} u_{m-i+1}}.$$

习题 3. 吾人知道, 朔望月就是从太阳上来看月球绕地球一周所需的时间, 也就是相同的月面位相间相隔的时间, 它等于 29.5306 日. 交点月, 就是月球在它轨道上从"交点"开始绕地球一周再回到这个"交点"所需的时间(所谓"交点"就月球绕地球轨道跟地球绕太阳轨道的交点), 等于 27.2123 日. 试证日, 月蚀之周期为 18 年又 10 天.

习题 4. 火星最亮和离地球最近的一年, 叫做火星的大冲. 吾人知道地球公转一周的周期是 $365\frac{1}{4}$ 日, 火星是 687 日. 试证火星的大冲每隔 15 年一次.

§2. 连分数展开之唯一性

定义 $\alpha'_n = [a_n, a_{n+1}, \cdots]$ 称为连分数 $[a_0, a_1, \cdots, a_n, \cdots]$ 之第 $n+1$ 个完全商(complete quotient).

定理 1 $\alpha = \alpha'_0, \alpha = \dfrac{\alpha'_1 a_0 + 1}{\alpha'_1}, \alpha = \dfrac{\alpha'_n p_{n-1} + p_{n-2}}{\alpha'_n q_{n-1} + q_{n-2}}, n \geq 2.$

若 α 为有理数,此式之真实性止于 N.

证:当 $n = 2$,此式显然.当 $n > 2$,因

$$\alpha'_{n-1} = [a_{n-1}, \alpha'_n], \quad 即 \quad \alpha'_{n-1} = a_{n-1} + \frac{1}{\alpha'_n}.$$

故由归纳法之假定,

$$\alpha = \frac{\alpha'_{n-1} p_{n-2} + p_{n-3}}{\alpha'_{n-1} q_{n-2} + q_{n-3}} = \frac{\left(a_{n-1} + \dfrac{1}{\alpha'_n}\right) p_{n-2} + p_{n-3}}{\left(a_{n-1} + \dfrac{1}{\alpha'_n}\right) q_{n-2} + q_{n-3}} =$$

$$= \frac{(a_{n-1} p_{n-2} + p_{n-3})\alpha'_n + p_{n-2}}{(a_{n-1} q_{n-2} + q_{n-3})\alpha'_n + q_{n-2}} = \frac{p_{n-1} \alpha'_n + p_{n-2}}{q_{n-1} \alpha'_n + q_{n-2}}.$$

定理 2 常有

$$a_n = [\alpha'_n].$$

但若 α 为有理数时,则有一例外,即当 $a_N = 1$ 时,$a_{N-1} = [\alpha'_{N-1}] - 1$.由此可见表有理数为简单连分数之法唯有两种.

证:吾人有次式:

$$\alpha'_n = a_n + \frac{1}{\alpha'_{n+1}}.$$

若 α 非有理数,或 α 为有理数而 $n \neq N-1$,则 $\alpha'_{n+1} > 1$,即

$$a_n < \alpha'_n < a_n + 1.$$

故得所证.若 α 为有理数而 $n = N-1$,且 $\alpha'_{n+1} = 1$,则

$$a_n = [\alpha'_n] - 1.$$

定理 3 用简单连分数表无理数[①]之法唯一.

证:假定

$$\alpha = [a_0, a_1, a_2, \cdots] = [b_0, b_1, b_2, \cdots].$$

显然可得 $a_0 = [\alpha] = b_0$,同理可证 $a_1 = b_1$,今设 $a_0 = b_0, a_1 = b_1, \cdots, a_{n-1} = b_{n-1}$ 而往证 $a_n = b_n$.由

[①] 本章中所谓无理数乃指实数之非有理数者.

可得
$$\alpha = [a_0, \cdots, a_{n-1}, \alpha'_n] = [a_0, \cdots, a_{n-1}, \beta'_n],$$

即
$$\alpha = \frac{\alpha'_n p_{n-1} + p_{n-2}}{\alpha'_n q_{n-1} + q_{n-2}} = \frac{\beta'_n p_{n-1} + p_{n-2}}{\beta'_n q_{n-1} + q_{n-2}},$$

$$(\alpha'_n - \beta'_n)(p_{n-1} q_{n-2} - p_{n-2} q_{n-1}) = 0.$$

由定理 1.2 可得
$$\alpha'_n = \beta'_n.$$

故
$$a_n = [\alpha'_n] = [\beta'_n] = b_n.$$

定理 4 吾人有
$$q_n \alpha - p_n = \frac{(-1)^n \delta_n}{q_{n+1}}, \quad 0 < \delta_n < 1.$$

(若 α 为有理数,此式只当 $1 \leqslant n \leqslant N - 2$ 时为真,而 $\delta_{N-1} = 1$),且 δ_n / q_{n+1} 为一递减函数.

证: 已知
$$\alpha = \frac{\alpha'_{n+1} p_n + p_{n-1}}{\alpha'_{n+1} q_n + q_{n-1}},$$

故
$$\alpha - \frac{p_n}{q_n} = \frac{\alpha'_{n+1} p_n + p_{n-1}}{\alpha'_{n+1} q_n + q_{n-1}} - \frac{p_n}{q_n}$$
$$= \frac{-(p_n q_{n-1} - q_n p_{n-1})}{q_n(\alpha'_{n+1} q_n + q_{n-1})} = \frac{(-1)^n}{q_n(\alpha'_{n+1} q_n + q_{n-1})},$$

故
$$\delta_n = \frac{q_{n+1}}{\alpha'_{n+1} q_n + q_{n-1}} = \frac{a_{n+1} q_n + q_{n-1}}{\alpha'_{n+1} q_n + q_{n-1}}.$$

由此可见,舍 $a_{n+1} = \alpha'_{n+1}$ 之情况外,
$$0 < \delta_n < 1.$$

又因 $\alpha'_n = a_n + 1/\alpha'_{n+1}$,可知
$$\frac{\delta_n}{q_{n+1}} = \frac{1}{\alpha'_{n+1} q_n + q_{n-1}} \geqslant \frac{1}{(a_{n+1} + 1) q_n + q_{n-1}} = \frac{1}{q_{n+1} + q_n}$$
$$\geqslant \frac{1}{a_{n+2} q_{n+1} + q_n} = \frac{1}{q_{n+2}} \geqslant \frac{\delta_{n+1}}{q_{n+2}}.$$

最后一不等式中,等号仅当 $a_{n+1} = \alpha'_{n+1}$,即 α 为有理数,$n = N - 1$ 时成立. 故得定理.

由此定理立可推出:

第十章　渐近法与连分数

定理 5　若 α 为无理数,则
$$\lim_{n\to\infty}\frac{p_n}{q_n}=\alpha.$$

定理 6　$\left|\alpha-\dfrac{p_n}{q_n}\right|\leqslant\dfrac{1}{q_nq_{n+1}}<\dfrac{1}{q_n^2}.$

只当 α 为有理数及 $n=N-1$ 时,取等号.

§3. 最佳渐近分数

在分母不大于 N 之诸有理数中,孰与 α 最为接近?最接近之分数名为 α 之最佳渐近分数.今往证 p_n/q_n 即为 α 之最佳渐近分数.

定理 1　设 $n\geqslant 1,0<q\leqslant q_n$,且 $p/q\neq p_n/q_n$,则
$$\left|\frac{p_n}{q_n}-\alpha\right|<\left|\frac{p}{q}-\alpha\right|.$$
故在分母不大于 q_n 之诸分数中,以 p_n/q_n 与 α 最接近.

证：若能证明
$$|p_n-q_n\alpha|<|p-q\alpha|,$$
则定理已明.

(i) 设 $\alpha=[\alpha]+\dfrac{1}{2}$.此时 $\dfrac{p_1}{q_1}=\alpha$,故结论显然成立.

(ii) $\alpha<[\alpha]+\dfrac{1}{2}$,此结论对 $n=0$ 时,显然真确；$\alpha>[\alpha]+\dfrac{1}{2}$,此结论对 $n=1$ 真确；今假定此结论对 $n-1$ 真确,而用归纳法证明此结论.

若 $q\leqslant q_{n-1}$,则由归纳法假定
$$|p_{n-1}-q_{n-1}\alpha|<|p-q\alpha|,$$
故可假定 $q_n\geqslant q>q_{n-1}$.

若 $q=q_n$,则
$$\left|\frac{p_n}{q_n}-\frac{p}{q}\right|\geqslant\frac{1}{q_n},\quad p\neq p_n.$$
又
$$\left|\frac{p_n}{q_n}-\alpha\right|\leqslant\frac{1}{q_nq_{n+1}}\leqslant\frac{1}{2q_n}.$$

若 $q_{n+1}=2$,则必 $n=1$.此时 $a_1=a_2=1$,
$$\alpha=a_0+\frac{1}{1}+\frac{1}{1}+\frac{1}{a_3}+\cdots,$$
故必 $a_0+\dfrac{1}{2}<\alpha<a_0+1$.我们的结论显然真实,故可假定 $q_{n+1}>2$.即

$$\left|\frac{p_n}{q_n}-\alpha\right|\leqslant\frac{1}{q_nq_{n+1}}<\frac{1}{2q_n}.$$

由是得

$$\left|\frac{p}{q}-\alpha\right|\geqslant\left|\frac{p}{q}-\frac{p_n}{q_n}\right|-\left|\frac{p_n}{q_n}-\alpha\right|\geqslant\frac{1}{qq_n}-\left|\frac{p_n}{q_n}-\alpha\right|>\left|\frac{p_n}{q_n}-\alpha\right|.$$

故今可假定 $q_n>q>q_{n-1}$. 我们写

$$up_n+vp_{n-1}=p,\quad uq_n+vq_{n-1}=q,$$

则

$$u(p_nq_{n-1}-p_{n-1}q_n)=pq_{n-1}-qp_{n-1}.$$

由定理 1.2 得

$$u=\pm(pq_{n-1}-qp_{n-1}),$$

同法

$$v=\pm(pq_n-qp_n),$$

此 u 及 v 皆非为零, 因

$$q_n>q=uq_n+vq_{n-1}.$$

故 u 及 v 一正一负. 又由定理 2.4,

$$p_n-q_n\alpha,\quad p_{n-1}-q_{n-1}\alpha$$

异号. 故

$$u(p_n-q_n\alpha),\quad v(p_{n-1}-q_{n-1}\alpha)$$

同号. 由

$$p-q\alpha=u(p_n-q_n\alpha)+v(p_{n-1}-q_{n-1}\alpha)$$

可知

$$|p-q\alpha|>|p_{n-1}-q_{n-1}\alpha|>|p_n-q_n\alpha|.$$

例. 作 $\pi=[3,7,15,1,292,1,1,\cdots]$ 之渐近分数得

$$\frac{3}{1},\frac{22}{7},\frac{333}{106},\frac{355}{113},\frac{103993}{33102},\frac{104348}{33215},\cdots.$$

径一周三, 见诸古籍. 于纪元 500 年顷, 祖冲之作疏率 $\frac{22}{7}$ 及密率 $\frac{355}{113}$ (此率较西洋最早之 Otto 纪录早千年之谱). 最有趣味者, 祖氏二率皆属于最佳渐近分数之列, 换言之: 分母不超过 113 之分数, 无数比 $\frac{355}{113}$ 更接近于 π 者.

又由定理 2.6 可知

$$\left|\pi-\frac{355}{113}\right|<\frac{1}{113\times33102}<\frac{1}{10^6}.$$

故 $\frac{355}{113}$ 准至第六位小数, 此与实际计算之结果 $\frac{355}{113}=3.1415929$ 相吻合.

§4. Hurwitz 定理

定理 1 于 α 之二连续渐近分数中至少有一适合
$$\left|\alpha - \frac{p}{q}\right| < \frac{1}{2q^2}.$$

证：由定理 2.4 可知：$\frac{p_{n+1}}{q_{n+1}}$ 及 $\frac{p_n}{q_n}$ 中一较 α 为大，一较 α 为小．故
$$\left|\frac{p_{n+1}}{q_{n+1}} - \frac{p_n}{q_n}\right| = \left|\frac{p_n}{q_n} - \alpha\right| + \left|\frac{p_{n+1}}{q_{n+1}} - \alpha\right|.$$

若定理不真实，则有
$$\frac{1}{q_n q_{n+1}} = \left|\frac{p_{n+1}}{q_{n+1}} - \frac{p_n}{q_n}\right| \geqslant \frac{1}{2q_n^2} + \frac{1}{2q_{n+1}^2},$$

即
$$(q_{n+1} - q_n)^2 \leqslant 0,$$

此不可能(若 $n > 0$)．故得定理．

由此定理可得：若 α 为无理数，必有无穷个 p/q 使
$$\left|\alpha - \frac{p}{q}\right| < \frac{1}{2q^2}.$$

定理 2(Hurwitz) 于 α 之三个连续渐近值中必有一适合
$$\left|\alpha - \frac{p}{q}\right| < \frac{1}{\sqrt{5} q^2}.$$

证：命 $\frac{q_{n-1}}{q_n} = \beta_{n+1}$，则由定理 2.1
$$\left|\frac{p_n}{q_n} - \alpha\right| = \frac{1}{q_n(\alpha'_{n+1} q_n + q_{n-1})} = \frac{1}{q_n^2(\alpha'_{n+1} + \beta_{n+1})}.$$

今往证明，不能有三个连续数 $i = n-1, n, n+1$ 使
$$\alpha'_i + \beta_i \leqslant \sqrt{5}, \tag{1}$$

今假定(1)式当 $i = n-1$ 及 $i = n$ 为真实，由
$$\alpha'_{n-1} = a_{n-1} + \frac{1}{\alpha'_n}, \tag{2}$$

及
$$\frac{1}{\beta_n} = \frac{q_{n-1}}{q_{n-2}} = \frac{a_{n-1} q_{n-2} + q_{n-3}}{q_{n-2}} = a_{n-1} + \beta_{n-1},$$

故
$$\frac{1}{\alpha'_n} + \frac{1}{\beta_n} = \alpha'_{n-1} + \beta_{n-1} \leqslant \sqrt{5},$$

立得
$$1 = \frac{1}{\alpha_n'}\alpha_n' \leq \left[\sqrt{5} - \frac{1}{\beta_n}\right](\sqrt{5} - \beta_n),$$
即
$$\beta_n + \frac{1}{\beta_n} \leq \sqrt{5}. \tag{3}$$

因 β_n 为有理数，故不能取等号。即得
$$\beta_n^2 - \sqrt{5}\beta_n + 1 < 0,$$
即
$$\left[\beta_n - \frac{\sqrt{5}}{2}\right]^2 < \frac{1}{4}.$$

因 $\beta_n < 1$，故
$$\beta_n > \frac{1}{2}(\sqrt{5} - 1). \tag{4}$$

同法：若(1)式对 $i = n, i = n+1$ 为真，则有
$$\beta_{n+1} > \frac{1}{2}(\sqrt{5} - 1). \tag{5}$$

由(3),(4),(5)各式可知
$$a_n = \frac{1}{\beta_{n+1}} - \beta_n < \sqrt{5} - \beta_{n+1} - \beta_n < \sqrt{5} - (\sqrt{5} - 1) = 1,$$
此不可能，故得定理。

由此定理，可立即推得：

定理 3　任一无理数 α 有无穷个渐近分数使
$$\left|\frac{p}{q} - \alpha\right| < \frac{1}{\sqrt{5}q^2}.$$

定理 4　$\sqrt{5}$ 乃一至佳之数。换言之，若 $A > \sqrt{5}$，则必有一实数 α 使
$$\left|\alpha - \frac{p}{q}\right| < \frac{1}{Aq^2}$$
不能有无穷个解。

证：$\alpha = \frac{1}{2}(\sqrt{5} - 1)$ 即其例也。若不然，设
$$\frac{1}{2}(\sqrt{5} - 1) = \frac{p}{q} + \frac{\delta}{q^2}, \quad |\delta| < \frac{1}{A} < \frac{1}{\sqrt{5}},$$
则
$$\frac{\delta}{q} - \frac{1}{2}\sqrt{5}q = -\frac{1}{2}q - p.$$

平方此式可得
$$\frac{\delta^2}{q^2} - \sqrt{5}\delta = \left(\frac{1}{2}q + p\right)^2 - \frac{5}{4}q^2 = pq - q^2 + p^2.$$

当 q 充分大,则
$$\left|\frac{\delta^2}{q^2} - \sqrt{5}\delta\right| < 1.$$

故整数
$$pq - q^2 + p^2 = 0,$$

即
$$(2p+q)^2 = 5q^2.$$

此乃不可能者.

§5. 实数之相似

定义 1 若 ξ 与 η 为二实数,且
$$\xi = \frac{a\eta + b}{c\eta + d}, \quad ad - bc = \pm 1, \quad a,b,c,d \text{ 为整数}, \tag{1}$$
则 ξ 与 η 谓之相似. 此种由 η 而 ξ 之关系,谓之模变形.

例 1. $\xi = a + \eta, \eta = \dfrac{1}{\xi}$ 皆为模变形.

例 2. $\xi = [a, \zeta] = a + \dfrac{1}{\zeta}$ 亦为模变形.

例 3. $\alpha = [a_0, a_1, \cdots, a_{n-1}, a_n']$ 可以看成为例二所述之模变形之 n 次连续运用. 而得出之模变形为
$$\alpha = \frac{p_{n-1}\alpha_n' + p_{n-2}}{q_{n-1}\alpha_n' + q_{n-2}}.$$

关于相似性有次之诸性质:

(i) 一数必与其自身相似. 盖 $\xi = \eta$ 是一模变形 ($a = d = 1, b = c = 0$) 也.

(ii) 若 ξ 与 η 相似,则 η 与 ξ 亦相似. 盖由 (1) 式,可得 $\eta = (d\xi - b)/(-c\xi + a)$,而此亦一模变形也.

(iii) 若 ξ 与 η 相似,η 与 ζ 相似,则 ξ 与 ζ 相似. 盖若 $\xi = (a\eta + b)/(c\eta + d)$, $\eta = (a_1\zeta + b_1)/(c_1\zeta + d_1)$,则
$$\xi = \{(aa_1 + bc_1)\zeta + (ab_1 + bd_1)\}/\{(ca_1 + dc_1)\zeta + (cb_1 + dd_1)\},$$
此处
$$(aa_1 + bc_1)(cb_1 + dd_1) - (ab_1 + bd_1)(ca_1 + dc_1) = (ad - bc)(a_1d_1 - b_1c_1) = \pm 1.$$

定义 2. (iii) 中最后得出之模变形称为前二模变形之积.

定理 1. 凡有理数必相似.

证：设 $p/q, (p,q)=1$ 为一有理数,则有 p' 及 q' 使
$$pq' - qp' = 1.$$
故
$$\frac{p}{q} = \frac{p' \cdot 0 + p}{q' \cdot 0 + q} = \frac{a \cdot 0 + b}{c \cdot 0 + d}, \qquad ad - bc = -1.$$
即有理数都相似于 0,故得定理.

定理 2. 模变形(1)可以表成为连分数之形式
$$\xi = [a_0, a_1, \cdots, a_{k-1}, \eta], \qquad k \geqslant 2 \tag{2}$$
的必要且充分之条件为有二整数 c 与 d,满足
$$c > d > 0. \tag{3}$$

证：1) 由(2)可得
$$\xi = (p_{k-1}\eta + p_{k-2})/(q_{k-1}\eta + q_{k-2}),$$
此显然适合条件(3).

2) 今对 d 行归纳法以证明定理之逆部分.

当 $d = 1$,则 $a = bc \pm 1$,即
$$\xi = ((bc \pm 1)\eta + b)/(c\eta + 1).$$
若取正号,则
$$\xi = b + \frac{\eta}{c\eta + 1} = [b, c, \eta].$$
若取负号,则
$$\xi = b - 1 + \frac{(c-1)\eta + 1}{c\eta + 1} = [b-1, 1, c-1, \eta].$$
由于
$$\xi = (b\zeta + a - bq)/(d\zeta + c - dq) \tag{4}$$
与
$$\zeta = [q, \eta] = q + \frac{1}{\eta}$$
之积等于(1)式.如取 q 使 $0 < c - dq < d$(因 $d > 1, (c,d) = 1$),则(4)式中对应于 d 之元素小于 d,故得定理.

定理 3. 二无理数相似之必要且充分之条件为
$$\xi = [a_0, a_1, \cdots, a_m, c_0, c_1, \cdots],$$
$$\eta = [b_0, b_1, \cdots, b_n, c_0, c_1, \cdots].$$
换言之,其连分数之展开式中,自若干项之后完全相同.

证：1) 命 $\omega = [c_0, c_1, \cdots]$,则

第十章 渐近法与连分数

$$\xi = [a_0, a_1, \cdots, a_m, \omega] = \frac{\omega p_m + p_{m-1}}{\omega q_m + q_{m-1}}, p_m q_{m-1} - q_m p_{m-1} = \pm 1.$$

故 ω 与 ξ 相似. 同法 ω 与 η 相似, 故 ξ 与 η 相似.

2) 若 ξ 与 η 相似, 则

$$\eta = (a\xi + b)(c\xi + d)^{-1}, ad - bc = \pm 1.$$

可以假定 $c\xi + d > 0$. 展开 ξ 为连分数:

$$\xi = [a_0, \cdots, a_k, a_{k+1}, \cdots] = [a_0, \cdots, a_{k-1}, a_k'] =$$
$$= (a_k' p_{k-1} + p_{k-2})(a_k' q_{k-1} + q_{k-2})^{-1}.$$

相并可得

$$\eta = (Pa_k' + R)(Qa_k' + S)^{-1},$$

此处 $P = ap_{k-1} + bq_{k-1}, R = ap_{k-2} + bq_{k-2}, Q = cp_{k-1} + dq_{k-1}, S = cp_{k-2} + dq_{k-2}, P, Q, R, S$ 皆为整数, 且适合 $PS - QR = \pm 1$.

由定理 2.4 可知

$$p_{k-1} = \xi q_{k-1} + \frac{\delta}{q_{k-1}}, p_{k-2} = \xi q_{k-2} + \frac{\delta'}{q_{k-2}}, |\delta| < 1, |\delta'| < 1,$$

故

$$Q = (c\xi + d)q_{k-1} + \frac{c\delta}{q_{k-1}}, S = (c\xi + d)q_{k-2} + \frac{c\delta'}{q_{k-2}}.$$

由 $c\xi + d > 0$, 及 $q_{k-2} \geqslant k - 2$. $q_{k-1} \geqslant q_{k-2} + 1$(定理 1.3), 可知当 k 充分大时,

$$Q > S > 0.$$

由定理 2, 可知

$$\eta = [b_0, \cdots, b_n, a_k'].$$

故条件之必要性获证.

命 $M(\alpha)$ 为最大之数, 使得对任何 $\varepsilon > 0$, 不等式

$$\left| \alpha - \frac{p_i}{q_i} \right| \leqslant \frac{1}{(M(\alpha) - \varepsilon) q_i^2}$$

有无穷个解答者. 例如: $M\left[\frac{1}{2}(\sqrt{5} - 1)\right] = \sqrt{5}$. 命

$$\alpha - \frac{p_i}{q_i} = \frac{1}{\lambda_i q_i^2},$$

则

$$\lambda_i = (-1)^i \left[a_{i+1}' + \frac{q_{i-1}}{q_i} \right], \quad a_{i+1}' = [a_{i+1}, a_{i+2}, \cdots].$$

又

$$\frac{q_{i-1}}{q_i} = \frac{1}{q_i/q_{i-1}} = \frac{1}{a_i + \frac{q_{i-2}}{q_{i-1}}} = \frac{1}{a_i + \frac{1}{a_{i-1} + \frac{q_{i-3}}{q_{i-2}}}} = \cdots$$

$$= [0, a_i, a_{i-1}, \cdots, a_2, a_1].$$

故
$$M(\alpha) = \varlimsup_{i \to \infty} \lambda_i = \varlimsup_{i \to \infty} ([a_{i+1}, a_{i+2}, \cdots]$$
$$+ [0, a_i, a_{i-1}, \cdots, a_2, a_1]).$$

若 α 与 β 相似,则当 i 充分大时 $a_i = b_i$ 故可得:

定理 4 若 α 与 β 相似,则
$$M(\alpha) = M(\beta).$$

由此可得:若 α 与 $\frac{1}{2}(\sqrt{5}-1)$ 相似,则适合
$$\left|\frac{p}{q} - \alpha\right| < \frac{1}{Aq^2}, \quad A > \sqrt{5}$$

之解数有限. 进言之,若 α 不与 $\frac{1}{2}(\sqrt{5}-1)$ 相似,则 $M(\alpha)$ 之情况何如? 吾人有次之结果:

若 α 不与 $\frac{1}{2}(\sqrt{5}-1)$ 相似,则 $M(\alpha) \geqslant \sqrt{8}$. 切实言之,对此种之 α
$$\left|\frac{p}{q} - \alpha\right| < \frac{1}{\sqrt{8}q^2}$$

有无穷个解.

又若 α 与 $1 + \sqrt{2}$ 相似,则 $M(\alpha) = \sqrt{8}$. 普遍言之,可有次之结果:

定义 u 为一自然数,如
$$u^2 + v^2 + w^2 = 3uvw$$

有整数解 (v, w) 则此 u 名为 Марков 数. 最初之十个 Марков 数为
$$1, 2, 5, 13, 29, 34, 89, 169, 194, 233, 433, \cdots$$
(Марков 数之个数无穷,将于次章证明之).

若 α 与
$$\frac{1}{2u}\left[\sqrt{9u^2 - 4} + u + \frac{2v}{w}\right] = \alpha_u$$

相似,则 $M(\alpha_u) = \frac{\sqrt{9u^2 - 4}}{u}$,此处之 u 为 Марков 数,v 及 w 为对应之解,且若 α 不与 $\alpha_u (1 \leqslant u \leqslant v)$ 相似,则
$$\left|\alpha - \frac{p}{q}\right| < \frac{1}{M(\alpha_v)q^2}$$

有无穷个解.

由此可见,若 α 非具有理系数之二次方程之根,则对任一 u 常有

第十章 渐近法与连分数

$$M(\alpha) \geqslant \frac{\sqrt{9u^2-4}}{u}.$$

当此 u 趋向无穷，则

$$M(\alpha) \geqslant 3.$$

又若 $0 < m_1 < m_2 < \cdots$，则

$$\alpha = [2,2,\underbrace{1,1,\cdots,1}_{m_1},2,2,\underbrace{1,\cdots,1}_{m_2},2,2,\underbrace{1,1,\cdots,1}_{m_3},\cdots]$$

乃适合 $M(\alpha) = 3$ 之数，以上所述之结果之证明不在此书范围之内。

§6. 循环连分数.

定义 当 $l \geqslant L$ 时，若 $a_l = a_{l+k}$，则此连分数谓之循环连分数，或谓以 k 为周期之循环连分数，书作

$$[a_0,\cdots,a_{L-1},\dot{a}_L,\cdots,\dot{a}_{L+k-1}].$$

先举数例：

$$\sqrt{2} = 1+(\sqrt{2}-1) = 1+\frac{1}{\sqrt{2}+1} = 1+\frac{1}{2+(\sqrt{2}-1)}$$

$$= 1+\frac{1}{2}+\frac{1}{2}+\cdots = [1,\dot{2}].$$

$$\sqrt{3} = 1+\frac{1}{1}+\frac{1}{2}+\frac{1}{1}+\frac{1}{2}+\cdots = [1,\dot{1},\dot{2}].$$

$$\sqrt{5} = [2,\dot{4}], \qquad \sqrt{7} = [2,\dot{1},1,1,\dot{4}].$$

此建议：

定理 1 一连分数为循环连分数之必要且充分条件为此数为一有有理系数之二次不可化方程式之根。

证. 1) 命

$$\alpha'_L = [\dot{a}_L,\cdots,\dot{a}_{L+k-1}] = [a_L,\cdots,a_{L+k-1},\alpha'_L],$$

即得

$$\alpha'_L = \frac{p'\alpha'_L + p''}{q'\alpha'_L + q''},$$

故 α'_L 适合

$$q'\alpha'^2_L + (q''-p')\alpha'_L - p'' = 0.$$

(式中 p''/q''，p'/q' 为 $[a_L,\cdots,a_{L+k-1}]$ 之最后二渐近分数)，又

$$\alpha = (p_{L-1}\alpha'_L + p_{L-2})/(q_{L-1}\alpha'_L + q_{L-2}).$$

故知 α 适合

$$a\alpha^2 + b\alpha + c = 0.$$

因 α 为无理数,故 $b^2 - 4ac$ 非一完全平方.

2) 设 α 适合
$$a\alpha^2 + b\alpha + c = 0.$$

命
$$\alpha = [a_0, a_1, \cdots, a_n, \cdots],$$

则
$$\alpha = (p_{n-1}\alpha'_n + p_{n-2})/(q_{n-1}\alpha'_n + q_{n-2}).$$

以此代入上式,则得
$$A_n\alpha'^2_n + B_n\alpha'_n + C_n = 0,$$

式中
$$A_n = ap^2_{n-1} + bp_{n-1}q_{n-1} + cq^2_{n-1},$$
$$B_n = 2ap_{n-1}p_{n-2} + b(p_{n-1}q_{n-2} + p_{n-2}q_{n-1}) + 2cq_{n-1}q_{n-2},$$
$$C_n = ap^2_{n-2} + bp_{n-2}q_{n-2} + cq^2_{n-2}.$$

若 $A_n = 0$,则 $a\alpha^2 + b\alpha + c = 0$ 有有理根,是不可能,故 $A_n \neq 0$,且
$$A_n y^2 + B_n y + C_n = 0$$

之一根为 α'_n. 直接计算可得
$$B^2_n - 4A_n C_n = (b^2 - 4ac)(p_{n-1}q_{n-2} - p_{n-2}q_{n-1})^2 = (b^2 - 4ac).$$

由定理 2.4,
$$p_{n-1} = \alpha q_{n-1} + \frac{\delta_{n-1}}{q_{n-1}}, \quad |\delta_{n-1}| < 1.$$

故
$$A_n = a\left[\alpha q_{n-1} + \frac{\delta_{n-1}}{q_{n-1}}\right]^2 + bq_{n-1}\left[\alpha q_{n-1} + \frac{\delta_{n-1}}{q_{n-1}}\right] + cq^2_{n-1}$$
$$= (a\alpha^2 + b\alpha + c)q^2_{n-1} + 2a\alpha\delta_{n-1} + a\frac{\delta^2_{n-1}}{q^2_{n-1}} + b\delta_{n-1} =$$
$$= 2a\alpha\delta_{n-1} + a\frac{\delta^2_{n-1}}{q^2_{n-1}} + b\delta_{n-1}.$$

由此立得
$$|A_n| < 2|a\alpha| + |a| + |b|.$$

因 $C_n = A_{n-1}$,故
$$|C_n| < 2|a\alpha| + |a| + |b|.$$

再由
$$B^2_n \leq 4|A_n C_n| + |b^2 - 4ac| < 4(2|a\alpha| + |a| + |b|)^2 + |b^2 - 4ac|.$$

故 A_n, B_n, C_n 之绝对值小于与 n 无关之数,即只有有限组 (A_n, B_n, C_n). 故至少有同

第十章 渐近法与连分数

一 (A_n, B_n, C_n) 出现三次. 设 $n = n_1, n_2, n_3$ 对应同一组 (A_n, B_n, C_n), 则 $\alpha'_{n_1}, \alpha'_{n_2}, \alpha'_{n_3}$ 为

$$A_n y^2 + B_n y + C_n = 0$$

之根. 故至少有二者相等. 设 $\alpha'_{n_1} = \alpha'_{n_2}$ 则

$$a_{n_1} = a_{n_2}, a_{n_1+1} = a_{n_2+1}, \cdots,$$

故连分数是循环的.

§7. Legendre 之判断条件

由前已知, 若 $\dfrac{p}{q}$ 是 α 的一个渐近值, 则

$$\left| \alpha - \frac{p}{q} \right| < \frac{1}{q^2}.$$

但此并不保证 $\dfrac{p}{q}$ 为 α 之渐近值, 今往求一保证 $\dfrac{p}{q}$ 为 α 之一渐近分数之必要且充分之条件. 命

$$\alpha - \frac{p}{q} = \frac{\varepsilon \vartheta}{q^2}, \quad \varepsilon = \pm 1, \quad 0 < \vartheta < 1.$$

命

$$\frac{p}{q} = [a_0, \cdots, a_{n-1}] = \frac{p_{n-1}}{q_{n-1}}.$$

当可取 n 使 $(-1)^{n-1} = \varepsilon$. 原式可写做

$$\alpha - \frac{p_{n-1}}{q_{n-1}} = \frac{\varepsilon \vartheta}{q_{n-1}^2}.$$

由次式以定义 β:

$$\alpha = \frac{p_{n-1}\beta + p_{n-2}}{q_{n-1}\beta + q_{n-2}},$$

如是则

$$\frac{\varepsilon \vartheta}{q_{n-1}^2} = \frac{p_{n-1}\beta + p_{n-2}}{q_{n-1}\beta + q_{n-2}} - \frac{p_{n-1}}{q_{n-1}} = \frac{(-1)^{n-1}}{q_{n-1}(q_{n-1}\beta + q_{n-2})}.$$

故

$$\vartheta = \frac{q_{n-1}}{q_{n-1}\beta + q_{n-2}}.$$

解此式可得

$$\beta = (q_{n-1} - \vartheta q_{n-2})/(\vartheta q_{n-1})$$

因 $0 < \vartheta < 1$, 故 $\beta > 0$.

(1) 式即谓

$$\alpha = [a_0, \cdots, a_{n-1}, \beta].$$

若 $\beta \geq 1$，则

$$\beta = \alpha_n' (= [a_n, a_{n+1}, \cdots]).$$

即 $p/q = p_{n-1}/q_{n-1}$ 为 α 之渐近值。

若 $\beta < 1$，因 $\beta > 0$，可知

$$\left[a_{n-1} + \frac{1}{\beta}\right] = a_{n-1} + c, \quad c > 0.$$

即

$$\alpha = [a_0, \cdots, a_{n-2}, a_{n-1} + c, \cdots].$$

即 $[a_0, \cdots, a_{n-1}]$ 非 α 之渐近值。是以 $\beta \geq 1$ 为必要且充分之条件，换言之：

定理 1（Legendre） 命

$$\vartheta = q^2 \alpha - pq, \quad \varepsilon = \pm 1, \quad 0 < \vartheta < 1.$$

展开

$$\frac{p}{q} = [a_0, \cdots, a_{n-1}], \quad (-1)^{n-1} = \varepsilon,$$

则 $\frac{p}{q}$ 为 α 之渐近值之必要且充分之条件为

$$\vartheta \leq \frac{q_{n-1}}{q_{n-1} + q_{n-2}}$$

（此即 $\beta \geq 1$ 之改书也）。

因

$$\frac{q_{n-1}}{q_{n-1} + q_{n-2}} > \frac{1}{2},$$

故立得：

定理 2 若有一有理数 p/q 适合

$$\left|\alpha - \frac{p}{q}\right| < \frac{1}{2q^2},$$

则 p/q 必为 α 之一渐近值。

定理 3 若 $p > 0, q > 0$，且

$$|p^2 - \alpha^2 q^2| < \alpha,$$

则 p/q 必为 α 之一渐近值。

证：命

$$\alpha^2 q^2 - p^2 = \varepsilon \delta \alpha, \quad \varepsilon = \pm 1, \quad 0 \leq \delta < 1,$$

则

$$\alpha q - p = \frac{\varepsilon \delta \alpha}{\alpha q + p},$$

故
$$\vartheta = \varepsilon q(\alpha q - p) = \frac{\delta \alpha q}{\alpha q + p} = \frac{\delta \alpha q_{n-1}}{\alpha q_{n-1} + p_{n-1}}, \quad (-1)^{n-1} = \varepsilon.$$
由定理 1 可知只须证明
$$\frac{\delta \alpha q_{n-1}}{\alpha q_{n-1} + p_{n-1}} < \frac{q_{n-1}}{q_{n-1} + q_{n-2}},$$
亦即求证
$$\delta \alpha (q_{n-1} + q_{n-2}) < \alpha q_{n-1} + p_{n-1}$$
(当 $n = 2$, 此式显然真确, 盖 $\delta < 1, \delta \alpha q_0 = \delta \alpha < \alpha < p_1$ 故也). 如能证明下式, 当已足够:
$$\alpha q_{n-1} - p_{n-1} < \alpha(q_{n-1} - q_{n-2}), \quad n > 2,$$
因
$$\alpha q_{n-1} - p_{n-1} = \frac{\varepsilon \delta \alpha}{\alpha q_{n-1} + p_{n-1}},$$
故如能证明
$$\frac{\varepsilon \delta}{\alpha q_{n-1} + p_{n-1}} < q_{n-1} - q_{n-2}$$
即足, 亦即如能证明
$$\frac{1}{\alpha q_{n-1} + p_{n-1}} < q_{n-1} - q_{n-2}$$
即足, 而此式无疑真实, 盖由定理 1.3 已知
$$q_{n-1} - q_{n-2} \geqslant 1 > \frac{1}{\alpha q_{n-1} + p_{n-1}}$$
故也.

§8. 二次不定方程

兹讨论整未知数 x, y 的方程
$$x^2 - dy^2 = l, \quad 0 < |l| < \sqrt{d}.$$
在本节及下节中我们假定 d 为正整数, 但非整数的平方.

定理 1 于 $\sqrt{d}$ 之展开式中 α'_n 之形式必为
$$\frac{\sqrt{d} + P_n}{Q_n}, \quad P_n^2 \equiv d \pmod{Q_n},$$
此处 P_n 及 Q_n 皆为整数.

证: 今用归纳法; 显然

$$\sqrt{d} - [\sqrt{d}] = \frac{1}{\alpha_1'}, \quad 即 \quad \alpha_1' = \frac{\sqrt{d} + [\sqrt{d}]}{d - [\sqrt{d}]^2}.$$

即 $P_1 = [\sqrt{d}], Q_1 = d - [\sqrt{d}]^2$. 今假定 $\alpha_n' = \frac{\sqrt{d} + P_n}{Q_n}$. 因

$$\alpha_n' = a_n + \frac{1}{\alpha_{n+1}'},$$

故所待证者为: 有二整数 P_{n+1} 及 Q_{n+1} 使

$$\frac{\sqrt{d} + P_n}{Q_n} = a_n + \frac{Q_{n+1}}{\sqrt{d} + P_{n+1}},$$

及

$$d - P_{n+1}^2 \equiv 0 \pmod{Q_{n+1}}. \tag{1}$$

亦即需证明: 有二整数 P_{n+1} 及 Q_{n+1} 使

$$d + P_n P_{n+1} = a_n Q_n P_{n+1} + Q_n Q_{n+1}, \tag{2}$$

$$P_n + P_{n+1} = a_n Q_n \tag{3}$$

及(1)式. 从(2)式减去(3)之 P_{n+1} 倍, 可得

$$d - P_{n+1}^2 = Q_n Q_{n+1}. \tag{4}$$

苟适合(4), 必适合(1), 又由(3),(4)可得(2)式. 故今只须证明有二整数 P_{n+1} 及 Q_{n+1} 适合(3)及(4).

由(3)式可解得 P_{n+1} 之值. 由 $P_n^2 \equiv P_{n+1}^2 \pmod{Q_n}$, 可知

$$d - P_{n+1}^2 \equiv 0 \pmod{Q_n},$$

故有 Q_{n+1} 存在适合(4)式. 故定理业已证明.

定理 2 二次不定方程

$$x^2 - dy^2 = (-1)^n Q_n$$

常有解. 若 $l \neq (-1)^n Q_n$, 且 $|l| < \sqrt{d}$ 则

$$x^2 - dy^2 = l$$

不可解.

证: 已知

$$\sqrt{d} = \frac{p_{n-1} \alpha_n' + p_{n-2}}{q_{n-1} \alpha_n' + q_{n-2}} = \frac{p_{n-1}(\sqrt{d} + P_n) + p_{n-2} Q_n}{q_{n-1}(\sqrt{d} + P_n) + q_{n-2} Q_n},$$

由 $\sqrt{d}$ 为无理数, 故清理分数可得

$$p_{n-1} = q_{n-1} P_n + q_{n-2} Q_n;$$

$$d q_{n-1} = p_{n-1} P_n + p_{n-2} Q_n.$$

以 p_{n-1} 乘第一式减去以 q_{n-1} 乘第二式, 可得

$$p_{n-1}^2 - d q_{n-1}^2 = (p_{n-1} q_{n-2} - p_{n-2} q_{n-1}) Q_n = (-1)^n Q_n$$

第十章 渐近法与连分数

定理之其他一半,可由定理 7.3 得之.

定理 3 若 k 为 $\sqrt{d}$ 之连分数之周期(即循环节之长),且 $n > L$ 及
$$p_{n-1}^2 - dq_{n-1}^2 = (-1)^n Q_n,$$
则
$$p_{n-1+lk}^2 - dq_{n-1+lk}^2 = (-1)^{n+lk} Q_n.$$

证:若 k 为 $\sqrt{d}$ 之周期,则
$$\frac{\sqrt{d}+P_n}{Q_n} = \frac{\sqrt{d}+P_{n+lk}}{Q_{n+lk}}.$$
故得定理.

§9. Pell 氏方程

今往解 Pell 氏方程
$$x^2 - dy^2 = \pm 1. \tag{1}$$
由定理 8.3 已知必有一 Q 使
$$x^2 - dy^2 = Q$$
有无穷个解答.今依 mod $|Q|$ 分此式之诸解为 Q^2 类.必有一类其中至少有二解.换言之,必有整数 x_1, y_1 及 x_2, y_2 使
$$x_1^2 - dy_1^2 = x_2^2 - dy_2^2 = Q, \quad x_1 > 0, y_1 > 0, x_2 > 0, y_2 > 0.$$
且
$$x_1 \equiv x_2 \pmod{|Q|}, \quad y_1 \equiv y_2 \pmod{|Q|}, \quad x_1 \neq x_2.$$
今往证
$$x = \frac{x_1 x_2 - dy_1 y_2}{Q}, \quad y = \frac{x_1 y_2 - x_2 y_1}{Q}$$
即为 Pell 氏方程(1)之解:

1) x 及 y 皆为整数.因为
$$x_1 x_2 - dy_1 y_2 \equiv x_1^2 - dy_1^2 = Q \equiv 0 \pmod{|Q|},$$
$$x_1 y_2 - x_2 y_1 \equiv x_1 y_1 - x_1 y_1 \equiv 0 \pmod{|Q|}.$$

2) x, y 适合 Pell 氏方程.因为
$$Q^2(x^2 - dy^2) = (x_1 x_2 - dy_1 y_2)^2 - d(x_1 y_2 - x_2 y_1)^2$$
$$= (x_1^2 - dy_1^2)(x_2^2 - dy_2^2) = Q^2.$$

3) (x, y) 非显然解 $(\pm 1, 0)$,即 $y \neq 0$.若不然,
$$x_1 y_2 - x_2 y_1 = 0.$$
由 $(x_1, y_1) = (x_2, y_2) = 1$,故 $x_1 = x_2, y_1 = y_2$ 此与假定相违背.

故可知：

定理 1 Pell 氏方程
$$x^2 - dy^2 = 1$$
有一解 (x,y)，$y \neq 0$.

由定理 7.3 得出 $\dfrac{x}{y} = \dfrac{p_{n-1}}{q_{n-1}}$ 是 $\sqrt{d}$ 之渐近分数，故由定理 8.2 得知有一 n 使 $(-1)^n Q_n = 1$.

定理 2 命 n 为使 $(-1)^n Q_n = 1$ 之最小正整数，则
$$x^2 - dy^2 = 1$$
之诸根，皆由次式得之
$$x + \sqrt{d}\,y = \pm(p_{n-1} + \sqrt{d}\,q_{n-1})^l, \quad l \gtreqless 0.$$

证：命
$$\varepsilon = p_{n-1} + \sqrt{d}\,q_{n-1}.$$
显然可见 $\varepsilon > 1$，因
$$\pm \frac{1}{x + \sqrt{d}\,y} = \pm(x - \sqrt{d}\,y),$$
故只须证明：凡
$$x^2 - dy^2 = 1 \quad x > 0, y > 0$$
之根 (x,y) 皆可表为 $x + y\sqrt{d} = \varepsilon^m \, (m > 0)$.

命 (x,y) 为如此之一根，则
$$x + y\sqrt{d} > 1.$$
必有一整数 $m \geq 0$ 使
$$\varepsilon^m \leq x + y\sqrt{d} < \varepsilon^{m+1}.$$
即
$$1 \leq \varepsilon^{-m}(x + y\sqrt{d}) < \varepsilon.$$
命
$$\varepsilon^{-m}(x + y\sqrt{d}) = (x_0 - y_0\sqrt{d})(x + y\sqrt{d}) = X + Y\sqrt{d}.$$
因 $\sqrt{d}$ 为无理数，故
$$(x_0 + y_0\sqrt{d})(x - y\sqrt{d}) = X - Y\sqrt{d}.$$
相乘得
$$X^2 - dY^2 = 1.$$
今设
$$1 < X + \sqrt{d}\,Y < \varepsilon.$$

故
$$0 < \varepsilon^{-1} < (X+\sqrt{d}Y)^{-1} = X - \sqrt{d}Y < 1.$$
相加相减得
$$2X = (X+\sqrt{d}Y) + (X-\sqrt{d}Y) > 1 + \varepsilon^{-1} > 0,$$
$$2\sqrt{d}Y = (X+\sqrt{d}Y) - (X-\sqrt{d}Y) > 1 - 1 = 0.$$
由此可知
$$X^2 - dY^2 = 1, \quad X > 0, \quad Y > 0.$$
且
$$1 < X + \sqrt{d}Y < p_{n-1} + \sqrt{d}q_{n-1},$$
因 $x = \sqrt{1+dy^2}$ 随 y 之增大而增大，故 $x + \sqrt{d}y$ 亦随 y 之增大而增大；故由上式可得 $Y < q_{n-1}$，且 $X < p_{n-1}$。即 $\frac{X}{Y}$ 为一分母小于 q_{n-1} 之渐近分数，此不可能，故得 $X + Y\sqrt{d} = 1$.

以前所述可知 $x^2 - dy^2 = 1$ 常可解，但
$$x^2 - dy^2 = -1,$$
则不一定常可解。例如 $x^2 - 3y^2 = -1$ 不可解。因 $x^2 \equiv 0,1 \pmod 4$，$x^2 - 3y^2 \equiv x^2 + y^2 \equiv 0,1,2 \pmod 4$，而 $\not\equiv -1 \pmod 4$ 故也。此例显示若 $d \equiv 3 \pmod 4$，$x^2 - dy^2 = -1$ 常不可解。

但若有 x_0, y_0 使
$$x_0^2 - dy_0^2 = -1,$$
则由
$$x_1 + \sqrt{d}y_1 = (x_0 + \sqrt{d}y_0)^2$$
所定义之 x_1, y_1 适合
$$x_1^2 - dy_1^2 = 1.$$
易证：若 $x^2 - dy^2 = -1$ 有解，则 $x^2 - dy^2 = \pm 1$ 所有的根可由
$$\pm (p_{n-1} + \sqrt{d}q_{n-1})^l$$
表出之，而 n 是使 $(-1)^n Q_n = -1$ 成立的最小正整数.

§10. Чебышев 定理及 Хинчин 定理

设 ϑ 为一无理实数，定理 4.1 已说明有无穷多对整数 x, y 使
$$|x\vartheta - y| < \frac{1}{x}, \quad (x,y) = 1. \tag{1}$$

由此结果,吾人可以立刻引伸出下面的结论:

任与一 $\varepsilon > 0$,必有一整数 x 存在,使 $x\vartheta$ 与某一整数之差小于 ε,换言之,点集
$$x\vartheta - [x\vartheta], \quad x = 1,2,3,\cdots \tag{2}$$
以 0 为其一极限点.

这里自然就会发生求点集(2)的所有极限点的问题. 关于这一问题,Чебышев 曾证明:(0,1) 之间的任一点皆为点集(2)之一极限点,或更精密些,他证明了

定理 1 设 ϑ 为一无理实数,β 为任一实数,则有无穷对整数 x, y,使
$$|\vartheta x - y - \beta| < \frac{3}{x}. \tag{3}$$

证: 由定理 4.1 有无限多对整数 $p, q > 0$ 使
$$\vartheta = \frac{p}{q} + \frac{\delta}{q^2}, \quad |\delta| < 1, \quad (p, q) = 1. \tag{4}$$

对于固定的 q 及 β,常可求得整数 t,使
$$|q\beta - t| \leqslant \frac{1}{2}.$$

由是
$$\beta = \frac{t}{q} + \frac{\delta'}{2q} \quad (|\delta'| \leqslant 1). \tag{5}$$

因 $(p, q) = 1$,故存在整数对 x, y,使
$$\frac{q}{2} \leqslant x < \frac{3}{2}q, \quad px - qy = t. \tag{6}$$

由(4)及(5),有
$$|\vartheta x - y - \beta| = \left| \frac{xp}{q} + \frac{x\delta}{q^2} - y - \frac{t}{q} - \frac{\delta'}{2q} \right|$$
$$= \left| \frac{x\delta}{q^2} - \frac{\delta'}{2q} \right| < \frac{x}{q^2} + \frac{1}{2q}.$$

因 $q > \frac{2}{3}x$,故得
$$|\vartheta x - y - \beta| < \frac{9}{4x} + \frac{3}{4x} = \frac{3}{x}.$$

因 q 可任意大,而由(6),$x \geqslant \frac{q}{2}$. 故吾人之定理即已证明.

定理 1 说明了对于任一无理实数 ϑ 及任一实数 β,存在常数 c,使不等式
$$|\vartheta x - y - \beta| < \frac{c}{x} \tag{7}$$
有无穷对整数解 $x > 0, y$. 该定理且证明 $c = 3$,将此常数 c 予以改善,乃一自然发生的问题. 由定理 4.4,我们可以看出 c 必须 $\geqslant \frac{1}{\sqrt{5}}$. Хинчин 曾证明了下面的结果:

第十章 渐近法与连分数

定理 2 设 ϑ 为一无理实数，β 为实数，$\varepsilon>0$，则不等式

$$|x\vartheta - y - \beta| < \frac{1+\varepsilon}{\sqrt{5}\,x} \tag{8}$$

有无穷对整数解 $x>0, y$.

证：由定理 4.3，吾人有无穷对整数 $p, q, (p, q)=1$ 使 $\vartheta = \frac{p}{q} + \frac{\delta}{q^2}, 0<|\delta|<\frac{1}{\sqrt{5}}$. 不妨假定 $\delta>0$，否则只须以 $(-\vartheta, -\beta)$ 代 (ϑ, β) 即可. 吾人已知，若 ξ_1, ξ_2 为任意二实数（ξ_1, ξ_2 将在后面决定），$\xi_2 - \xi_1 \geq 1$，则常可求得整数对 x, y 使

$$px - qy = [q\beta], \quad \xi_1 q \leq x < \xi_2 q. \tag{9}$$

由是

$$\begin{aligned}
|x\vartheta - y - \beta| &= \left|\frac{p}{q}x + \frac{\delta x}{q^2} - y - \frac{[q\beta]}{q} - \frac{\tau}{q}\right| \\
&= \frac{1}{q}\left|\frac{x\delta}{q} - \tau\right| = \frac{1}{x} \cdot \frac{x}{q}\left|\frac{x\delta}{q} - \tau\right|,
\end{aligned} \tag{10}$$

于此 $\tau = q\beta - [q\beta]$.

1) 如欲

$$-\frac{1}{\sqrt{5}} \leq \frac{x}{q}\left(\frac{x\delta}{q} - \tau\right) < \frac{1}{\sqrt{5}},$$

则必

$$\frac{\tau^2}{4\delta} - \frac{1}{\sqrt{5}} \leq \frac{x^2\delta}{q^2} - \frac{x\tau}{q} + \frac{\tau^2}{4\delta} < \frac{\tau^2}{4\delta} + \frac{1}{\sqrt{5}}.$$

若假定

$$\tau^2 \geq \frac{4\delta}{\sqrt{5}}, \tag{11}$$

则由上式立得

$$\sqrt{\frac{\tau^2}{4\delta} - \frac{1}{\sqrt{5}}} \leq \frac{x\sqrt{\delta}}{q} - \frac{\tau}{2\sqrt{\delta}} < \sqrt{\frac{\tau^2}{4\delta} + \frac{1}{\sqrt{5}}}.$$

即

$$\frac{1}{\sqrt{\delta}}\left\{\frac{\tau}{2\sqrt{\delta}} + \sqrt{\frac{\tau^2}{4\delta} - \frac{1}{\sqrt{5}}}\right\} \leq \frac{x}{q} < \frac{1}{\sqrt{\delta}}\left\{\frac{\tau}{2\sqrt{\delta}} + \sqrt{\frac{\tau^2}{4\delta} + \frac{1}{\sqrt{5}}}\right\}.$$

令

$$\xi_1 = \frac{1}{\sqrt{\delta}}\left\{\frac{\tau}{2\sqrt{\delta}} + \sqrt{\frac{\tau^2}{4\delta} - \frac{1}{\sqrt{5}}}\right\};$$

$$\xi_2 = \frac{1}{\sqrt{\delta}}\left\{\frac{\tau}{2\sqrt{\delta}} + \sqrt{\frac{\tau^2}{4\delta} + \frac{1}{\sqrt{5}}}\right\}.$$

我们来研究如何才能使 $\xi_2 - \xi_1 \geq 1$. 将不等式

$$\frac{1}{\sqrt{\delta}}\left[\sqrt{\frac{\tau^2}{4\delta} + \frac{1}{\sqrt{5}}} - \sqrt{\frac{\tau^2}{4\delta} - \frac{1}{\sqrt{5}}}\right] > 1$$

加以简化（上式左边即 $\xi_2 - \xi_1$），即得

$$\tau^2 < \frac{4}{5} + \delta^2. \tag{12}$$

因在化简过程中，不等式两边皆为正数，故吾人已经证明：若(11)及(12)成立，即 $2\sqrt{\frac{\delta}{\sqrt{5}}} \leq \tau < \sqrt{\frac{4}{5} + \delta^2}$，则定理已经成立.

现留待考虑者为 $\tau^2 < \frac{4\delta}{\sqrt{5}}$ 及 $\sqrt{\frac{4}{5} + \delta^2} \leq \tau < 1$ 两种情形.

2) 设 $\tau^2 < \frac{4\delta}{\sqrt{5}}$. 因 $\tau > 0$，故

$$\xi = \frac{1}{\sqrt{\delta}}\left[\frac{\tau}{2\sqrt{\delta}} + \sqrt{\frac{\tau^2}{4\delta} + \frac{1}{\sqrt{5}}}\right] > \frac{1}{\sqrt{\delta}}\sqrt{\frac{1}{\sqrt{5}}} > 1.$$

任与一 $\eta > 0$，取 $\xi_1 = \eta, \xi_2 = \eta + \xi$，显然有 $\xi_2 - \xi_1 = \xi > 1$. 故(9)中之 x 存在，由假定可知

$$\frac{x}{q}\left[\frac{x\delta}{q} - \tau\right] = \left(\frac{x\sqrt{\delta}}{q} - \frac{\tau}{2\sqrt{\delta}}\right)^2 - \frac{\tau^2}{4\delta} > -\frac{1}{\sqrt{5}}.$$

另一方面，命 $y = ax + b$，则当 x 在一区间内变化时，y^2 在两端点之一取其极大值，故

$$\frac{x}{q}\left[\frac{x\delta}{q} - \tau\right] = \left(\frac{x\sqrt{\delta}}{q} - \frac{\tau}{2\sqrt{\delta}}\right)^2 - \frac{\tau^2}{4\delta}$$

$$\leq \max\left\{\left(\eta\sqrt{\delta} - \frac{\tau}{2\sqrt{\delta}}\right)^2 - \frac{\tau^2}{4\delta}, \left((\eta+\xi)\sqrt{\delta} - \frac{\tau}{2\sqrt{\delta}}\right)^2 - \frac{\tau^2}{4\delta}\right\}$$

$$= \max\left\{\eta^2\delta - \eta\tau, \left(\sqrt{\frac{\tau^2}{4\delta} + \frac{1}{\sqrt{5}}} + \eta\sqrt{\delta}\right)^2 - \frac{\tau^2}{4\delta}\right\}$$

$$= \frac{1}{\sqrt{5}} + O(\eta).$$

因 η 可以任意小，故此时定理已经成立.

3) 设 $\sqrt{\frac{4}{5} + \delta^2} \leq \tau < 1$，因 $\delta < \frac{1}{\sqrt{5}}$，故

$$\tau \geq \sqrt{\frac{4}{5} + \delta^2} > \sqrt{\left(1 - \frac{1}{\sqrt{5}}\right)^2 + 2\delta\left(1 - \frac{1}{\sqrt{5}}\right) + \delta^2}$$

$$= 1 - \frac{1}{\sqrt{5}} + \delta.$$

即

$$1 - \tau < \frac{1}{\sqrt{5}} - \delta.$$

对任一 $\eta > 0$,可以决定整数对 x, y,使

$$px - qy = [q\beta] + 1, \qquad \eta q \leqslant x < (1+\eta)q,$$

则如(10),我们有

$$|x\vartheta - y - \beta| = \left| \frac{x\delta}{q^2} + \frac{1-\tau}{q} \right| = \frac{1}{q}\left[\frac{x\delta}{q} + (1-\tau) \right]$$

$$< \frac{1}{q}\left\{ (1+\eta)\delta + \frac{1}{\sqrt{5}} - \delta \right\} \leqslant \frac{1}{q}(1+\eta)\frac{1}{\sqrt{5}} < \frac{(1+\eta)^2}{x\sqrt{5}}.$$

因 η 可以任意小,故定理已完全证明.

习题. 试证明,若 ϑ 为一无理数,其对任一 $\varepsilon > 0$ 常有整数 x 及 y,使

$$|x\vartheta - y| < \frac{\varepsilon}{x}.$$

则对任一 $\delta > 0$ 及任一实数 β,常有整数 $x > 0$ 及 y,使

$$|x\vartheta - y - \beta| < \frac{1+\delta}{3x}.$$

§11. 一致分布及 $n\vartheta (\mathrm{mod}\, 1)$ 之一致分布性

上节中之 Чебышев 定理说明了 $(0,1)$ 之间的每一点皆为点集

$$\{x\vartheta\} = x\vartheta - [x\vartheta] \qquad x = 1, 2, 3, \cdots \tag{1}$$

之一极限点.但此点集在 $(0,1)$ 间之分布状况如何,是否为一致分布,换言之,若 (a, b) 为属于 $(0,1)$ 中之小区间,则当 $x = 1, 2, \cdots, n$ 时,(a, b) 中是否包含此 n 点中其应得之一份,此定理并未给与任何回答.本题之目的,即在答复此项问题,我们先将应得之一份予以确切的定义.

定义 若 $P_i (i = 1, 2, 3, \cdots)$ 为 $(0,1)$ 中之一点集,若对任一自然数 n 及任二正数 $a, b, 0 \leqslant a < b \leqslant 1, P_1, \cdots, P_n, n$ 个点中,其落入区间 (a, b) 中者的数目 $N_n(a, b)$ 常满足关系

$$\lim_{n \to \infty} \frac{N_n(a, b)}{n} = b - a,$$

则称点集 $P_i (i = 1, 2, 3, \cdots)$ 在 $(0, 1)$ 内一致分布.

我们现来证明下之定理:

定理 若 ϑ 为一无理数,则点集
$$\{x\vartheta\} = x\vartheta - [x\vartheta] \quad x = 1,2,3,\cdots$$
在 $(0,1)$ 中一致分布.

证:设 (a,b) 为 $(0,1)$ 内之任一小区间.由定理 4.1 我们有无穷对整数 $q>0, p$ 使
$$\vartheta = \frac{p}{q} + \frac{\delta}{q^2}, \quad |\delta|<1, \quad (p,q)=1.$$
命 u,v 为二整数,使
$$\frac{u-1}{q} < a \leqslant \frac{u}{q} < \frac{v}{q} \leqslant b < \frac{v+1}{q},$$
又设 $n=rq+s, 0\leqslant s<q, j$ 为一整数. $0\leqslant j<r$,我们现来看一完全系 $(\bmod q) jq$, $jq+1,\cdots, jq+q-1$. 显而易见,
$$\{(jq+k)\vartheta\} = \left\{\frac{kp}{q} + \frac{j\delta}{q} + \frac{k\delta}{q^2}\right\} = \left\{\frac{kp+[j\delta]}{q} + \frac{\delta'}{q}\right\},$$
$$|\delta'|<2.$$
因 $[j\delta]$ 与 k 无关,故当 $k=0,1,\cdots,q-1$ 时, $pk+[j\delta]$ 亦跑过一完全剩余系 $(\bmod q)$,故 q 个数 $\{(jq+k)\vartheta\}$ 中,其落入 (a,b) 中者多于 $v-u-4$ 个而少于 $v-u+6$ 个,因之, $\{x\vartheta\}(x=1,2,\cdots,n)$ 中,其落入 (a,b) 中者,多于
$$r(v-u-4) = \frac{n}{q}(v-u-4) - \frac{s}{q}(v-u-4)$$
$$\geqslant n(b-a) - \frac{6}{q}n - \frac{v-u-4}{n}n$$
个,而少于
$$(r+1)(v-u+6) \leqslant n\left[\frac{v-u}{q}+\frac{6}{q}\right]+v-u+6 \leqslant n(b-a)$$
$$+\frac{6}{q}n+\frac{v-u+6}{n}n$$
个.设 $\varepsilon>0$ 为任意给定之数,取 q 甚大,使 $\frac{6}{q}<\frac{\varepsilon}{2}$,再取 n 使 $\frac{q+6}{n}<\frac{\varepsilon}{2}$,则得
$$n(b-a) - n\varepsilon \leqslant N_n(a,b) \leqslant n(b-a) + n\varepsilon.$$
即
$$\lim_{n\to\infty} \frac{N_n(a,b)}{n} = b-a.$$

§12. 一致分布之判断条件

定理 1(Weyl) 一数贯

$$x_1,\cdots,x_m,\cdots \qquad 0\leqslant x_m\leqslant 1 \tag{1}$$

是一致分布之必要且充分条件为对任一 $(0,1)$ 间 Riemann 可积函数 $f(x)$ 常有

$$\lim_{n\to\infty}\frac{f(x_1)+\cdots+f(x_n)}{n}=\int_0^1 f(x)dx. \tag{2}$$

证：先证明若(1)是一致分布,则(2)式成立.

1) 命
$$f(x)=\begin{cases} c, & \text{若 } a\leqslant x\leqslant b,\\ 0, & \text{不在此隔间内}.\end{cases}$$

如此则
$$\lim_{n\to\infty}\frac{f(x_1)+\cdots+f(x_n)}{n}=c\lim_{n\to\infty}\frac{N_n(a,b)}{n}=c(b-a).$$

而另一方面
$$\int_0^1 f(x)dx=c(b-a),$$

故定理对此函数为真实.

2) (2)式是一线性关系,即若对 $f_1,\cdots,f_k$ 能成立,则对线性关联 $c_1 f_1+\cdots+c_k f_k$ 亦成立,由 1) 可知当 f 为阶梯函数时也真实.

3) 习知:若 f 是一 Riemann 可积函数,则任与 $\varepsilon>0$ 能有二阶梯函数 $\varphi_\varepsilon(x)$, $\Phi_\varepsilon(x)$ 使

$$\varphi_\varepsilon(x)\leqslant f(x)\leqslant \Phi_\varepsilon(x),\qquad 0\leqslant x\leqslant 1, \tag{3}$$

且使

$$\int_0^1(\Phi_\varepsilon(t)-\varphi_\varepsilon(t))dt<\varepsilon. \tag{4}$$

由 2) 已知本定理对 $\Phi_\varepsilon(x)$ 及 $\varphi_\varepsilon(x)$ 真实,故

$$\int_0^1\varphi_\varepsilon(t)dt=\lim_{n\to\infty}\frac{1}{n}(\varphi_\varepsilon(x_1)+\cdots+\varphi_\varepsilon(x_n))$$
$$\leqslant\lim_{n\to\infty}\frac{1}{n}(f(x_1)+\cdots+f(x_n))$$
$$\leqslant\lim_{n\to\infty}\frac{1}{n}(\Phi_\varepsilon(x_1)+\cdots+\Phi_\varepsilon(x_n))=\int_0^1\Phi_\varepsilon(t)dt.$$

又由(3)可知
$$\int_0^1\varphi_\varepsilon(t)dt\leqslant\int_0^1 f(x)dx\leqslant\int_0^1\Phi_\varepsilon(x)dx.$$

故得

$$\left| \lim_{n \to \infty} \frac{f(x_1) + \cdots + f(x_n)}{n} - \int_0^1 f(x) \, dx \right| < \varepsilon.$$

此证明了本定理之必要部分.

定理之充分部分极易证明:仅取

$$f(x) = \begin{cases} 1, & \text{若 } a \leqslant x \leqslant b, \\ 0, & \text{若不然}. \end{cases}$$

(2)式即变为

$$\lim_{n \to \infty} \frac{N_n(a, b)}{n} = b - a.$$

附注:在应用时本定理十分困难,盖须要对所有的 Riemann 可积函数进行研究才能证明一致分布性也.但以上证明中指出一点:用所有的阶梯函数即已足够,实际上说明:如一函数组能够以其线性式接近所有的 Riemann 可积函数,即合所求.此乃以下定理之所由来.

定理 2(Weyl) 在定理 1 之假定下,另一必要且充分之条件为(2)式对 $f(x) = e^{2\pi i m x}$($m = \pm 1, \pm 2, \cdots$)真实.

换言之,贯(1)为一致分布之必要且充分之条件为对任一整数 $m \neq 0$,常有

$$\lim_{n \to \infty} \frac{1}{n} \left| \sum_{v=1}^n e^{2\pi i m x_v} \right| = 0.$$

证:必要性毋待证明,今往证其充分性,定义

$$g(x) = \begin{cases} 1, & \text{若 } 0 \leqslant x < a, \\ 0, & \text{若 } a \leqslant x < 1. \end{cases}$$

则

$$\lim_{n \to \infty} \frac{g(x_1) + \cdots + g(x_n)}{n} = \lim_{n \to \infty} \frac{N_n(0, a)}{n}.$$

故若能证明

$$\lim_{n \to \infty} \frac{g(x_1) + \cdots + g(x_n)}{n} = a,$$

则定理已明.今往做出以 1 为周期之一连续函数 $g_{\eta, \delta}(x)$ 来接近 $g(x)$.定义

$$g_{\eta, \delta}(x) = \begin{cases} (x - \eta + \delta)/\delta, & \text{若 } \eta - \delta \leqslant x \leqslant \eta, \\ 1, & \text{若 } \eta \leqslant x \leqslant a - \eta, \\ -(x - a + \eta - \delta)/\delta, & \text{若 } a - \eta \leqslant x \leqslant a - \eta + \delta, \\ 0, & \text{若 } a - \eta + \delta \leqslant x \leqslant \eta - \delta + 1. \end{cases}$$

此处 $0 < \delta \leqslant \frac{1}{2} \min(a, 1 - a), 0 \leqslant \eta \leqslant \delta$.显然

第十章　渐近法与连分数

$$g_{\delta,\delta}(x) \leqslant g(x) \leqslant g_{0,\delta}(x).$$

由于 $g_{\eta,\delta}(x)$ 是一连续函数，故

$$g_{\eta,\delta}(x) = \sum_{n=-\infty}^{\infty} C_n e^{2\pi i n x},$$

此处

$$C_0 = \int_{\eta-\delta}^{\eta-\delta+1} g_{\eta,\delta}(x) dx = a + \delta - 2\eta;$$

且当 $n \neq 0$，

$$C_n = \int_{\eta-\delta}^{\eta-\delta+1} e^{-2\pi i n x} g_{\eta,\delta}(x) dx$$
$$= \frac{e^{-n\pi i a}}{\delta(n\pi)^2} \sin n\pi(a+\delta-2\eta) \sin n\pi\delta.$$

故可见

$$|C_n| \leqslant \frac{1}{\delta(n\pi)^2}.$$

故得

$$S_{\eta,\delta}(x) = \frac{g_{\eta,\delta}(x_1) + \cdots + g_{\eta,\delta}(x_k)}{k}$$
$$= \frac{1}{k} \sum_{j=1}^{k} \sum_{n=-\infty}^{\infty} C_n e^{2\pi i n x_j}$$
$$= \frac{1}{k} \sum_{n=-\infty}^{\infty} C_n \sum_{j=1}^{k} e^{2\pi i n x_j}.$$

如此则

$$S_{\eta,\delta}(x) = C_0 + \sum_{\substack{n=-N \\ n \neq 0}}^{N} C_n \frac{1}{k} \sum_{j=1}^{k} e^{2\pi i n x_j}$$
$$+ \sum_{|n|>N} C_n \frac{1}{k} \sum_{j=1}^{k} e^{2\pi i n x_j}.$$

今有

$$\left| \sum_{|n|>N} C_n \frac{1}{k} \sum_{j=1}^{k} e^{2\pi i n x_j} \right| \leqslant \frac{2}{\delta\pi^2} \sum_{n>N} \frac{1}{n^2}.$$

当 N 充分大时，可使此不等式之右边 $< \varepsilon$。固定此 N，由于

$$\lim_{k \to \infty} \frac{1}{k} \sum_{j=1}^{k} e^{2\pi i n x_j} = 0,$$

故可取 k 充分大使

$$\left| \sum_{\substack{n=-N \\ n \neq 0}}^{N} C_n \frac{1}{k} \sum_{j=1}^{k} e^{2\pi i n x_j} \right| < \varepsilon.$$

即对任一对固定的 η, δ 常有

即
$$|S_{\eta,\delta}(x) - (a+\delta-2\eta)| < 2\varepsilon,$$
$$\lim_{k\to\infty} S_{\eta,\delta}(x) = a + \delta - 2\eta.$$

命
$$S(x) = \frac{g(x_1) + \cdots + g(x_k)}{k}.$$

由于
$$S_{\delta,\delta}(x) \leqslant S(x) \leqslant S_{0,\delta}(x),$$

故对任一 δ 常有
$$a - \delta \leqslant \varliminf_{k\to\infty} S \leqslant \varlimsup_{k\to\infty} S \leqslant a + \delta.$$

即得
$$\lim_{k\to\infty} S = a.$$

此证明了本定理.

附记:为了更清楚地说明一致分布性,最好利用单位圆来代表单位区间.命
$$\xi_n = e^{2\pi i x_n}, \qquad n = 1, 2, \cdots,$$
如此则将贯(1)变为单位圆周上之一贯.此种表法优点之一是在将区间(0,1)之二端点 0, 1 之特殊性予以销除.在圆上任取一弧段,其长为 $2\pi\alpha(\alpha<1)$,则一致分布之点贯落在此弧中之个数占全点贯之 α 倍.由于对任一整数 d 常有
$$e^{2\pi i x_n} = e^{2\pi i (x_n + d)},$$
故可以不一定假定贯(1)在(0,1)之中.即可以定义:若一函数 $f(x)$ 之分数部分在 (0,1) 中一致分布,则谓 $f(x)$ 一致分布, mod 1.而其必要且充分条件为:对任一整数 $m(\neq 0)$,有
$$\lim_{n\to\infty} \frac{1}{n} \sum_{x=1}^{n} e^{2\pi i m f(x)} = 0.$$
此式之意义谓:对任一 $m \neq 0$,点列
$$e^{2\pi i m f(x)}, \qquad x = 1, 2, \cdots$$
之重心为圆心.显然可见,如果 $f(x)$ 一致分布, mod 1,则对任一非零之整数 m, $mf(x)$ 也一致分布, mod 1.

在一致分布问题之研究中,最有趣而尚未解决之问题为 e^x 是否一致分布, mod 1.

定理 3 函数 $f(x)$ 为一致分布, mod 1 的充分且必要之条件为对任何 $0 \leqslant a \leqslant 1$,皆有
$$\lim_{n\to\infty} \frac{1}{n} \sum_{x=1}^{n} \{f(x) + a\} = \frac{1}{2}.$$

证:必要性:若 $f(x)$ 为一致分布,mod 1,则 $f(x)+a$ 亦为一致分布,mod 1.故只须就 $a=0$ 来证明条件为必要即可.令 $x_m=\{f(m)\}$,则因定理 1 即得

$$\lim_{n\to\infty}\frac{1}{n}\sum_{x=1}^{n}\{f(x)\}=\int_0^1 xdx=\frac{1}{2}.$$

充分性:设 $0\leqslant b\leqslant 1$,则

$$\frac{1}{n}\sum_{x=1}^{n}\{f(x)+1-b\}=\frac{1}{n}\sum\nolimits_1(\{f(x)\}+1-b)$$
$$+\frac{1}{n}\sum\nolimits_2(\{f(x)\}-b),$$

此处 $\sum_1$ 中之 x 跑过 $1,2,\cdots,n$ 中使 $\{f(x)\}<b$ 的各数,$\sum_2$ 中之 x 则跑过 $1,2,\cdots,n$ 中使 $\{f(x)\}\geqslant b$ 的各数,由是即得

$$\frac{1}{n}\sum_{x=1}^{n}\{f(x)+1-b\}=n^{-1}\sum_{x=1}^{n}\{f(x)\}+n^{-1}N_n(0,b)-b.$$

命 $n\to\infty$ 并注意定理之假定,即得

$$\lim_{n\to\infty}\frac{1}{n}N_n(0,b)=b.$$

明所欲证.

第十一章 不 定 方 程

§1. 引　　言

所谓不定方程乃指变数之数多于方程之个数，且未知数须受某种限制（如整数，正整数或有理数等）之方程而言．舍一次，二次外，不定方程之讨论，异常琐碎．Dickson 于其所著之数论史之第二册中专论此项方程，共占八百余页，其繁碎性及复杂性，概可想见．此类方程肇源颇古，三世纪初有 Diophantus 者，曾建议若干此类问题．故今仍有沿用 Diophantus 氏方程之名者．我国周髀算经之商高定理

"句三股四而弦五"

亦为此类问题之滥觞，考其时期远在 Diophantus 之前．由商高定理立即联想到：求直角三角形之各边皆为整数者，换言之，求整数 x, y, z 使

$$x^2 + y^2 = z^2.$$

此将于 §6 中解决之．

§2. 一次不定方程

由定理 2.6.2 已知不定方程

$$a_1 x_1 + a_2 x_2 + \cdots + a_n x_n = N$$

可解之必要且充分之条件为

$$(a_1, \cdots, a_n) \mid N.$$

今设 $a_1 > 0, a_2 > 0, \cdots, a_n > 0, (a_1, \cdots, a_n) = 1$，问当 $N \to \infty$ 时，

$$a_1 x_1 + a_2 x_2 + \cdots + a_n x_n = N, \quad x_\nu \geq 0 \quad (\nu = 1, 2, \cdots, n) \tag{1}$$

之解答数之无穷大之阶若何？（未读微积分之读者可以略去本节之其余部分．）

定理 1　设 $(a_1, \cdots, a_n) = 1$．命 $A(N)$ 表 (1) 式之解数，则

$$\lim_{N \to \infty} \frac{A(N)}{N^{n-1}} = \frac{1}{a_1 a_2 \cdots a_n (n-1)!}.$$

证：1) 因 $(a_1, \cdots, a_n) = 1$，故 $A(N)$ 为

$$f(x) = \frac{1}{1 - x^{a_1}} \cdot \frac{1}{1 - x^{a_2}} \cdot \cdots \cdot \frac{1}{1 - x^{a_n}}$$

第十一章 不定方程

之 x^N 之系数. 命

$$1, \zeta_1, \zeta_2, \cdots, \zeta_t$$

为 $(1-x^{a_1})(1-x^{a_2})\cdots(1-x^{a_n})=0$ 之诸根. 其重数各为

$$n, l_1, \cdots, l_t.$$

因 $(a_1, a_2, \cdots, a_n) = 1$, 故 $l_i \leqslant n-1 (i=1,2,\cdots,t)$.

用部分分式法得

$$f(x) = \frac{A_n}{(1-x)^n} + \cdots + \frac{A_1}{1-x} +$$

$$+ \frac{B_{l_1}}{(\zeta_1 - x)^{l_1}} + \cdots + \frac{B_1}{\zeta_1 - x} +$$

$$+ \cdots +$$

$$+ \frac{P_{l_t}}{(\zeta_t - x)^{l_t}} + \cdots + \frac{P_1}{\zeta_t - x}, \tag{2}$$

此处 $A, B, \cdots, P$ 皆为常数.

2) 命

$$\frac{A}{(\alpha - x)^l} = A\alpha^{-l} \left[1 - \frac{x}{\alpha}\right]^{-l}$$

之展开式中 x^N 之系数为 $\psi(N)$, 则由二项式展开定理, 可得

$$\psi(N) = A\alpha^{-l} \frac{(-l)(-l-1)\cdots(-l-N+1)}{N!} \left[-\frac{1}{\alpha}\right]^N =$$

$$= A\alpha^{-l} \frac{(N+l-1)(N+l-2)\cdots(N+1)}{(l-1)!} \left[\frac{1}{\alpha}\right]^N.$$

于是

$$\lim_{N \to \infty} \frac{\psi(N) \cdot \alpha^{l+N}}{N^{l-1}} = \frac{A}{(l-1)!}. \tag{3}$$

依法展开 (2) 式中之各项, 其 x^N 之系数 $A(N)$ 必适合

$$\lim_{N \to \infty} \frac{A(N)}{N^{n-1}} = \frac{A_n}{(n-1)!},$$

因 $l_i \leqslant n-1$ 故也.

3) 由 (2) 可得

$$A_n = \lim_{x \to 1} \frac{(1-x)^n}{(1-x^{a_1})\cdots(1-x^{a_n})} =$$

$$= \frac{1}{a_1 \cdots a_n}.$$

定理 2 当 N 充分大时, (1) 式必可解. 所谓充分大云者, 乃谓有一正数 C 存在, 凡大于 C 之整数 N, (1) 式常有解答之意.

习题. 若 $(a,b)=1, a>0, b>0$,则
$$ax+by=N, \quad x \geqslant 0, \quad y \geqslant 0$$
之解数为
$$\frac{N-(bl+am)}{ab}+1,$$
此处之 l 为 $bl \equiv N(\bmod a)$ 之最小非负解答,又 m 为 $am \equiv N(\bmod b)$ 之最小非负解答.

§3. 二次不定方程

今往解不定方程
$$ax^2+bxy+cy^2+dx+ey+f=0. \tag{1}$$
命 $D=b^2-4ac$. 若 $D=0$,则以 $4a$ 乘(1)式得
$$(2ax+by)^2+4adx+4aey+4af=0.$$
此类不定方程之解法不难. 命 $2ax+by=t$,则
$$t^2+2(2ae-bd)y+4af=-2dt,$$
$$(t+d)^2=2(bd-2ae)y+d^2-4af.$$
先由同余式
$$(t+d)^2 \equiv d^2-4af \pmod{2(bd-2ae)}$$
求 t,再由是求出 y 及 x.

今设 $D \neq 0$. 以 D^2 乘(1)式,则
$$aD^2x^2+bD^2xy+cD^2y^2+dD^2x+eD^2y+fD^2=0. \tag{2}$$
命
$$Dx=x'+2cd-be, \quad Dy=y'+2ae-bd.$$
代入(2)式
$$a(x'+2cd-be)^2+b(x'+2cd-be)(y'+2ae-bd)+c(y'+2ae-bd)^2+$$
$$+dD(x'+2cd-be)+eD(y'+2ae-bd)+fD^2=0,$$
即
$$ax'^2+bx'y'+cy'^2=k, \tag{3}$$
此处
$$-k=a(2cd-be)^2+b(2cd-be)(2ae-bd)+c(2ae-bd)^2+$$
$$+dD(2cd-be)+eD(2ae-bd)+fD^2.$$
故(1)式是否可解,实依赖于(3)式能否有适合
$$x' \equiv be-2cd, \quad y' \equiv bd-2ae \pmod{D}$$

之解答.故解不定方程(3)乃一先决问题.

§4. 解 $ax^2 + bxy + cy^2 = k$

今往解
$$ax^2 + bxy + cy^2 = k. \tag{1}$$
命 $d = b^2 - 4ac$.今假定 d 非平方数及 $(a,b,c) = 1$. 且只须求解之适合 $(x,y) = 1$ 者,如此之解谓之既约解(proper solution).

定理1 若 x, y 为一既约解,则可唯一定出二整数 s 及 r 使
$$xs - yr = 1 \tag{2}$$
及
$$l = (2ax + by)r + (bx + 2cy)s$$
适合
$$l^2 \equiv d \pmod{4k}, \quad 0 \leqslant l < 2k. \tag{3}$$

证:命 r_0, s_0 为(2)之一解,则(2)之诸解为
$$r = r_0 + hx, \quad s = s_0 + hy,$$
此处 h 为一任意之整数.由是
$$l = (2ax + by)r_0 + (bx + 2cy)s_0 + 2h(ax^2 + bxy + cy^2) =$$
$$= l_0 + 2hk.$$
故可取唯一的 h 使 $0 \leqslant l < 2k$.又
$$l^2 = [(2ax + by)r + (bx + 2cy)s]^2 =$$
$$= 4(ar^2 + brs + cs^2)(ax^2 + bxy + cy^2) + (b^2 - 4ac)(xs - yr)^2 \equiv$$
$$\equiv d \pmod{4k}.$$

定理2 若 (x_1, y_1) 与 (x_2, y_2) 为对应于同一 l 之二既约解,则其间有次之关系
$$2ax_1 + (b + \sqrt{d})y_1 = (2ax_2 + (b + \sqrt{d})y_2)\left[\frac{t + u\sqrt{d}}{2}\right], \tag{4}$$
此处之 t 及 u 为
$$t^2 - du^2 = 4 \tag{5}$$
之整数解.反之,若 x_2, y_2 是一既约解,则由(4)所定义之 x_1, y_1 亦为一既约解,且有相同之 l.

证:1) 今先往证明
$$\left. \begin{array}{l} t = ((2ax_1 + by_1)(2ax_2 + by_2) - dy_1 y_2)/2ak \\ u = -(x_1 y_2 - x_2 y_1)/k \end{array} \right\} \tag{6}$$
即合所求.今所需证者为 t 及 u 均为整数,且适合(5)式.因

$$\frac{t \mp u\sqrt{d}}{2} = \frac{(2ax_1 + by_1)(2ax_2 + by_2) - dy_1 y_2 \pm 2a(x_1 y_2 - x_2 y_1)\sqrt{d}}{4ak}$$

$$= \frac{(2ax_1 + by_1 \mp \sqrt{d} y_1)(2ax_2 + by_2 \pm \sqrt{d} y_2)}{(2ax_1 + by_1 + \sqrt{d} y_1)(2ax_1 + by_1 - \sqrt{d} y_1)}$$

$$= \frac{(2ax_1 + by_1 \mp \sqrt{d} y_1)(2ax_2 + by_2 \pm \sqrt{d} y_2)}{(2ax_2 + by_2 + \sqrt{d} y_2)(2ax_2 + by_2 - \sqrt{d} y_2)},$$

故(4)式成立. 又因

$$\frac{t^2 - du^2}{4} = \frac{t + \sqrt{d} u}{2} \cdot \frac{t - \sqrt{d} u}{2} = 1,$$

即 t 及 u 适合(5)式. 又

$$2ax_1 + by_1 = (2ax_1 + by_1)(s_1 x_1 - r_1 y_1) =$$
$$= (2ax_1 + by_1)s_1 x_1 - ly_1 + (bx_1 + 2cy_1)s_1 y_1 \equiv$$
$$\equiv -ly_1 \pmod{2k}. \tag{7}$$

同法

$$2ax_2 + by_2 \equiv -ly_2 \pmod{2k}.$$

故

$$2a(x_1 y_2 - x_2 y_1) \equiv 0 \pmod{2k},$$
$$(b + l)(x_1 y_2 - x_2 y_1) \equiv 0 \pmod{2k}.$$

同法

$$2c(x_1 y_2 - x_2 y_1) \equiv 0 \pmod{2k},$$
$$(b - l)(x_1 y_2 - x_2 y_1) \equiv 0 \pmod{2k}.$$

但

$$(2a, b+l, b-l, 2c) = (2a, 2b, 2c, b+l) \leqslant 2,$$

故

$$x_1 y_2 - x_2 y_1 \equiv 0 \pmod{k}.$$

即 u 为整数. 故 t^2 亦为整数. 但已知 t 为有理数, 故 t 亦为整数.

2) 设

$$2ax_1 + (b + \sqrt{d})y_1 = (2ax_2 + (b + \sqrt{d})y_2)\left[\frac{t + u\sqrt{d}}{2}\right],$$

且 $t^2 - du^2 = 4$, 则

$$x_1 = \frac{t - bu}{2} x_2 - cu y_2, \quad y_1 = au x_2 + \frac{t + bu}{2} y_2.$$

设 r_1, s_1 对应于解 x_1, y_1, 则

$$r_2 = \frac{t + bu}{2} r_1 + cu s_1, \quad s_2 = -au r_1 + \frac{t - bu}{2} s_1$$

第十一章 不定方程

对应于解 x_2, y_2. 盖

$$1 = x_1 s_1 - y_1 r_1 = \left[\frac{t-bu}{2}x_2 - cuy_2\right]s_1 - \left[aux_2 + \frac{t+bu}{2}y_2\right]r_1 =$$

$$= x_2\left[\frac{t-bu}{2}s_1 - aur_1\right] - y_2\left[cus_1 + \frac{t+bu}{2}r_1\right] =$$

$$= x_2 s_2 - y_2 r_2.$$

又命 l_1, l_2 各对应于 (x_1, y_1) 及 (x_2, y_2). 则

$$l_1 = 2ax_1 r_1 + b(x_1 s_1 + y_1 r_1) + 2cy_1 s_1 =$$

$$= (2ar_1 + bs_1)\left[\frac{t-bu}{2}x_2 - cuy_2\right] + (br_1 + 2cs_1)\left[aux_2 + \frac{t+bu}{2}y_2\right] =$$

$$= \left\{2a\left[r_1\frac{t-bu}{2} + s_1 cu\right] + b\left[s_1\frac{t-bu}{2} + r_1 au\right]\right\}x_2 +$$

$$+ \left\{b\left[r_1\frac{t+bu}{2} - s_1 cu\right] + 2c\left[s_1\frac{t+bu}{2} - r_1 au\right]\right\}y_2 =$$

$$= 2ax_2 r_2 + b(x_2 s_2 + y_2 r_2) + 2cy_2 s_2 = l_2.$$

故得所言.

今分 $d>0$ 及 $d<0$ 两种情形论之.

定理 3 设 $d<0$. 命

$$w = \begin{cases} 2 & \text{若 } d<-4, \\ 4 & \text{若 } d=-4, \\ 6 & \text{若 } d=-3. \end{cases}$$

则 (1) 式有 w 个既约解对应于同一 l.

证: 由定理 2, 我们只须证明对应于所与之 d, 方程

$$t^2 - du^2 = 4$$

之解数为 w 即可.

若 $d<-4$, 显然只有 $t=\pm 2, u=0$ 二解. 故 $w=2$.

若 $d=-4$, 则

$$t^2 + 4u^2 = 4,$$

此式只有 $t=\pm 2, u=0$ 及 $t=0, u=\pm 1$ 四解.

若 $d=-3$, 则

$$t^2 + 3u^2 = 4.$$

此式有且仅有次之六解:

$$t=\pm 1, u=\pm 1; t=\pm 2, u=0.$$

定理 4 若 $d>0$, 则

$$x^2 - dy^2 = 4$$

之诸解,可由次法得之:

命 x_0, y_0 为上式之解中使 $x_0 + y_0\sqrt{d}$ 最小者($x_0 > 0, y_0 > 0$).则此式之所有的解 x, y 可由

$$\frac{x + y\sqrt{d}}{2} = \pm \left[\frac{x_0 + y_0\sqrt{d}}{2}\right]^n, \quad n \gtreqless 0$$

得出之.

此定理之证明与定理 10.9.2 同,盖已知此式必有解答也(因 $x^2 - dy^2 = 1$ 必有解).

命

$$\varepsilon = \frac{x_0 + y_0\sqrt{d}}{2}, \quad \bar{\varepsilon} = \frac{x_0 - y_0\sqrt{d}}{2}.$$

定义 设 $d > 0$,(1) 式之解之适合

$$2ax + (b - \sqrt{d})y > 0, \quad 1 \leq \left|\frac{2ax + (b + \sqrt{d})y}{2ax + (b - \sqrt{d})y}\right| < \varepsilon^2$$

者名为原解(primary solution).

若书

$$L = 2ax + (b + \sqrt{d})y, \quad \bar{L} = 2ax + (b - \sqrt{d})y,$$

则上之条件变为

$$\bar{L} > 0, \quad 1 \leq \left|\frac{L}{\bar{L}}\right| < \varepsilon^2.$$

定理 5 若 $d > 0$,对应于同一 l,(1) 式如有既约原解,则只有唯一既约原解.

证:由定理 2 已知,若 x_0, y_0 为 (1) 式之一既约原解,命 L_0 为其对应之 L,则凡 (1) 式中对应于同一 l 之既约解皆可表为

$$L = \pm L_0 \varepsilon^n$$

之形.已知

$$\left|\frac{L}{\bar{L}}\right| = \left|\frac{L_0 \varepsilon^n}{\bar{L}_0 \bar{\varepsilon}^n}\right| = \left|\frac{L_0}{\bar{L}_0}\right| \varepsilon^{2n}.$$

只有当 $n = 0$ 时有

$$1 \leq \left|\frac{L}{\bar{L}}\right| < \varepsilon^2.$$

此时

$$\bar{L} = \bar{L}_0 > 0.$$

故得定理.

若 $d > 0$,命 $w = 1$.

第十一章　不定方程

今推广原解之定义:当 $d>0$ 时,原解定义如前;而若 $d<0$,则凡既约解皆名为原解.于是定理 3 及 5 可合并为:

定理 6　对应于同一 l,(1) 式如有既约原解,则只有 w 个既约原解.

定理 5 建议吾人求

$$ax^2 + bxy + cy^2 = k$$

之解时,不必在整个的双曲线上摸索.原解仅在一有限的双曲线上.获得原解后,可由公式 $L = \pm L_0 \varepsilon^n$ 以求出所有的解.即若 ε 已知,仅须经有限手续即可获得所有的解.切实言之,从

$$L_0 \overline{L_0} = 4ak, \quad \overline{L_0} > 0, \quad 1 \leq \left|\frac{L_0}{\overline{L_0}}\right| < \varepsilon^2,$$

可知

$$|\overline{L_0}| \leq |L_0| = \sqrt{\left|\frac{L_0 \overline{L_0}}{\overline{L_0}}\right|^2} = 2\sqrt{|ak|}\sqrt{\left|\frac{L_0}{\overline{L_0}}\right|} < 2\sqrt{|ak|}\varepsilon,$$

即

$$|2\sqrt{d}y| = |L_0 - \overline{L_0}| \leq |L_0| + |\overline{L_0}| <$$
$$< 4\sqrt{|ak|}\varepsilon,$$

即

$$|y| \leq 2\varepsilon\sqrt{|ak|/d}.$$

仅须寻求适合 $0 < y \leq 2\varepsilon\sqrt{|ak|/d}$ 之解,其余可由公式 $L = \pm L_0 \varepsilon^n$ 得之.

当 $a>0, k>0$ 时,由 $\overline{L} > 0$ 及 $L\overline{L} > 0$,可知 $L > 0$.因之,结合 $\overline{L} < L$,可得

$$0 < 2\sqrt{d}y = L - \overline{L} \leq L = \sqrt{L\overline{L}\frac{L}{\overline{L}}} \leq$$
$$\leq \varepsilon\sqrt{4ak}.$$

故得

$$0 < y \leq \varepsilon\sqrt{ak/d}.$$

此结果在实际计算时,略佳于以前所给之限.

习题 1. 如上述之假定,证明

$$0 < y \leq \left[\varepsilon - \frac{1}{\varepsilon}\right]\sqrt{ak/d}.$$

习题 2. 证明

$$x_1 = \frac{t - bu}{2}x - cuy, \quad y_1 = aux + \frac{t + bu}{2}y$$

变 $ax^2 + bxy + cy^2$ 为 $ax_1^2 + bx_1y_1 + cy_1^2$.

§5. 求解方法

由前已知,吾人须求出
$$ax^2 + bxy + cy^2 = k$$
之诸解. 今就 $d>0$ 且非平方数之情况讨论之. 此式可写为
$$(2ax+by)^2 - dy^2 = 4ak.$$
故解次之二次式
$$x^2 - dy^2 = \delta k, \quad k>0, \quad \delta = \pm 1 \tag{1}$$
乃第一要事. 若 $k < \sqrt{d}$, 则由定理 10.8.3 可知: 所有 (1) 之解可从 $\sqrt{d}$ 之渐近分数中逐一试出 (因周期性, 故此项手续有限).

今再说明, 若 $k > \sqrt{d}$, 则亦可以化成 $k < \sqrt{d}$ 之情形讨论之.

设 x, y 为 (1) 之既约解, 则有 x_1 及 y_1 使
$$xy_1 - yx_1 = \delta. \tag{2}$$
以 $x_1^2 - dy_1^2$ 乘 (1) 式之两边. 可得
$$(xx_1 - dyy_1)^2 - d(xy_1 - x_1y)^2 = \delta k(x_1^2 - dy_1^2),$$
即
$$(xx_1 - dyy_1)^2 - d = \delta k(x_1^2 - dy_1^2).$$
命 x_0, y_0 为 (2) 之一解. 则 (2) 之诸解为
$$x_1 = x_0 + tx, \quad y_1 = y_0 + ty.$$
故
$$xx_1 - dyy_1 = xx_0 - dyy_0 + (x^2 - dy^2)t =$$
$$= xx_0 - dyy_0 + \delta tk.$$
故可取 t 之值使
$$|xx_1 - dyy_1| \leq \frac{k}{2}.$$
命 $|xx_1 - dyy_1| = l$, 即得
$$x_1^2 - dy_1^2 = \frac{l^2 - d}{\delta k} = \eta h, \quad \eta = \pm 1, \quad h > 0.$$
则
$$h \leq \frac{\max(d, l^2)}{k} < \frac{k^2}{k} = k.$$

由此可见, 由 (1) 式之一解, 可以得出一同样之方程, 其 k 较前为小者. 若仍比 $\sqrt{d}$ 为大, 则可续行此法. 此种讨论建议次之方法.

第十一章　不定方程

先求诸 l,使
$$l^2 \equiv d \pmod{k}, \quad 0 \leqslant l \leqslant \frac{k}{2}$$
者,命之为
$$l_1, \cdots, l_t.$$
命 $(l_i^2 - d)/\delta k = \eta_i h_i, \eta_i = \pm 1, h_i > 0$.解方程
$$x_1^2 - dy_1^2 = \eta_i h_1,$$
$$\cdots\cdots\cdots\cdots$$
$$x_t^2 - dy_t^2 = \eta_i h_t.$$

假定 $h_i < \sqrt{d}$,则由连分数的方法解此方程.命 x_i, y_i 为其一解.
则
$$x = \frac{-\delta d y_i \pm l_i x_i}{\eta_i h_i}, \quad y = \frac{-\delta x_i \pm l_i y_i}{\eta_i h_i} \tag{3}$$
为(1)式之解,盖由
$$\eta_i h_i (x + \sqrt{d} y) = (x_i + \sqrt{d} y_i)(-\delta\sqrt{d} \pm l_i)$$
即得
$$x^2 - dy^2 = \delta k.$$
又若(3)式中的 x, y 为整数,则此对 x, y 即为所求.

若仍有 $h_i > \sqrt{d}$,则如法进行,可得
$$x_i^2 - dy_i^2 = \eta_i h_i$$
之一切解.因而得到(1)之所有解.今举一例以明之:

例.求解
$$x^2 - 15y^2 = 61. \tag{4}$$
先求适合
$$l^2 \equiv 15 \pmod{61}, \quad 0 \leqslant l \leqslant \frac{61}{2}$$
之诸解.即于
$$l^2 = 15 + 61h, \quad l^2 \leqslant 900$$
中求 h 使 $15+61h$ 成平方数者.令 h 经过 $0 \leqslant h \leqslant \left[\frac{900}{61}\right] = 14$,逐一代入后,知只当 $h = 10$ 时为然,其时
$$l = 25, \quad h = 10.$$
故今须求
$$x_1^2 - 15 y_1^2 = 10 \tag{5}$$

之解.但 10 仍大于 $\sqrt{15}$,故再求

$$l^2 = 15 + 10h, \qquad l \leqslant \frac{10}{2} = 5$$

之解.此只当 $l = 5$, $h = 1$ 为然,故须求解

$$x_2^2 - 15 y_2^2 = 1. \tag{6}$$

由连分数法,知(6)之解答为

$$x_2 + \sqrt{15} y_2 = \pm (4 + \sqrt{15})^n.$$

故

$$x_1 + \sqrt{15} y_1 = \pm (4 + \sqrt{15})^n (5 \pm \sqrt{15}),$$

而

$$x + \sqrt{15} y = \pm (4 + \sqrt{15})^n (5 \pm \sqrt{15})(25 \pm \sqrt{15})/10.$$

此处之三个 ± 号各不相关.故得

$$x + \sqrt{15} y = \pm (4 + \sqrt{15})^n (14 \pm 3 \sqrt{15})$$

$$或 = \pm (4 + \sqrt{15})^n (11 \pm 2 \sqrt{15}).$$

另一方法,可由§4之末所列之不等式算出之,即 $0 < y \leqslant \varepsilon \sqrt{ak/d}$.在本例中得出 $0 < y \leqslant 7$.作次表

y	1	2	3	4	5	6	7
$15(2y-1)$	15	45	75	105	135	165	195
$15 y^2$	15	60	135	240	375	540	735
$15 y^2 + 61$	76	121	196	301	436	601	796

此表之造法如次:第一行无待解释.第二行中之每一项乃由前一项加 30 而得者.第三行中之第 i 项乃由第 $i-1$ 项加第二行中第 i 项而得者.第四行乃由第三行加 61 得之,更毋待言.

习题1.求下列诸不定方程之诸解

(a) $3x^2 - 8xy + 7y^2 - 4x + 2y = 109$,

(b) $3xy + 2y^2 - 4x - 3y = 12$,

(c) $9x^2 - 12xy + 4y^2 + 3x + 2y = 12$,

(d) $x^2 - 8xy - 17y^2 + 72y - 75 = 0$.

习题2.设 $k < \sqrt{d}$.求证

$$ax^2 + bxy + cy^2 = k$$

之解,可由

$$ax^2 + bx + c = 0$$

之根之渐近分数得之.试推广本节之结果.

第十一章　不定方程

§6. 商高定理之推广

求
$$x^2 + y^2 = z^2$$
之诸整数解.

若$(x,y) = d > 1$,则d亦为z之因数.故讨论此方程式之解时,可设$(x,y) = 1$.其他之解悉可由此类之解乘以一数而得之.又显然只须求解之适合$x > 0, y > 0$及$z > 0$者.

x及y中必有一为偶数.不然,则
$$x^2 \equiv y^2 \equiv 1 \pmod{4},$$
即
$$x^2 + y^2 \equiv 2 \pmod{4}.$$
亦即z^2为2之倍数,而非4之倍数,此不可能.故可设欲求之解中,x为偶数.

定理1　不定方程
$$x^2 + y^2 = z^2 \tag{1}$$
之解适合
$$x > 0, y > 0, z > 0, (x,y) = 1, 2 \mid x \tag{2}$$
者,必可表为
$$x = 2ab, y = a^2 - b^2, z = a^2 + b^2, \tag{3}$$
$$(a,b) = 1, a > b > 0, a, b \text{中一奇一偶}. \tag{4}$$
如此之(x,y,z)与(a,b)成一一对应,即不同之(a,b),对应于不同之(x,y,z),且反之亦然.

证:1) 由(1),(2)以求(3),(4).因y及z皆为奇数,故$\dfrac{z-y}{2}, \dfrac{z+y}{2}$皆为整数,又
$$\left[\dfrac{z-y}{2}, \dfrac{z+y}{2}\right] = (z,y) = 1.$$
由(1)立得
$$\left[\dfrac{x}{2}\right]^2 = \dfrac{z+y}{2} \cdot \dfrac{z-y}{2},$$
故
$$\dfrac{z+y}{2} = a^2, \quad \dfrac{z-y}{2} = b^2,$$
此处$a > 0, b > 0$且$a > b, (a,b) = 1$.

又
$$a+b \equiv a^2+b^2 \equiv z \equiv 1 \pmod{2},$$
故 a, b 中一奇一偶. 而得(3)及(4).

2) 由(3),(4) 所定之 x, y 适合(1),(2).
$x^2+y^2=(2ab)^2+(a^2-b^2)^2=(a^2+b^2)^2=z^2, x>0, y>0, z>0, 2\mid x.$
若$(x, y)=d$, 则
$$d\mid y=a^2-b^2, \quad d\mid z=a^2+b^2.$$
故 $d\mid 2(a^2, b^2)$. 因$(a, b)=1$, 故 $d=1$ 或 2. 但 a 及 b 中一奇一偶, 故 y 为奇数, 即 $d\neq 2$, 所以 $d=1$.

3) 若 a_1, b_1 及 a, b 表同一解, 则
$$\frac{z+y}{2}=a_1^2=a^2, \quad \frac{z-y}{2}=b_1^2=b^2.$$
故 $a_1=a, b_1=b$ (因 a_1, b_1 皆为正数), 而得唯一性.

如以 z^2 除(1)式, 并命 $\xi=\dfrac{x}{z}, \eta=\dfrac{y}{z}$, 则本节所讨论之问题, 一变而为: 求圆周
$$\xi^2+\eta^2=1$$
上之有理点 (所谓有理点者乃指其坐标皆为有理数). 换言之, 本节证得, 单位圆上有有理点
$$\xi=\frac{2ab}{a^2+b^2}, \quad \eta=\frac{a^2-b^2}{a^2+b^2};$$
其数无穷. 今推广此问题. 即问任一二次曲线上有无穷个有理点否? 此说并不真实. 例如: 双曲线
$$\xi^2-3\eta^2=2$$
上并无有理点. 盖若命 $\xi=\dfrac{x}{z}, \eta=\dfrac{y}{z}, (x, y, z)=1$, 则一变而为求
$$x^2-3y^2=2z^2$$
之整数解的问题. 取 3 为模, 则
$$x^2 \equiv 2z^2 \pmod{3}.$$
由此可得 $3\mid x, 3\mid z$. 更由前式 $3\mid y$, 此与 $(x, y, z)=1$ 相违背. 但吾人有次之定理:

定理 2 在非直线的有有理系数的二次曲线上如有一有理点, 则有无穷个有理点.

证: 可以假定所经过之有理点即为原点 (不然, 用平行移动 $\xi'=\xi+\xi_0, \eta'=\eta+\eta_0$, 即得所需). 此二次曲线可以写成
$$S_2(\xi, \eta)+S_1(\xi, \eta)=0,$$
此处 $S_i(\xi, \eta)$ 为 ξ 及 η 之 i 次齐次式. 若 $S_1(\xi, \eta)$ 恒等于 0, 则原二次曲线为两条直

第十一章　不定方程

线.若 $S_2(\xi,\eta)$ 恒等于 0,则原曲线为一直线,故 $S_1(\xi,\eta),S_2(\xi,\eta)$ 均不能恒等于 0.

今命 $\eta=\zeta\xi$,则
$$\xi S_2(1,\zeta)+S_1(1,\zeta)=0.$$

而得
$$\xi=-S_1(1,\zeta)/S_2(1,\zeta),\quad \eta=-\zeta S_1(1,\zeta)/S_2(1,\zeta).$$

故有无穷个有理点.

定理 3　设 A,B,C 为不全为零之有理数.若 B^2-4AC 为一平方数,则二次曲线
$$A\xi^2+B\xi\eta+C\eta^2+D\xi+E\eta+F=0 \tag{5}$$
上有无穷个有理点.换言之,若一双曲线之渐近线之方程有有理系数,则此双曲线上有无穷个有理点;又一抛物线上也有无穷个有理点.

证:命 $B^2-4AC=L^2$,则
$$A\xi^2+B\xi\eta+C\eta^2=A\left[\left(\xi+\frac{B}{2A}\eta\right)^2+\left(\frac{C}{A}-\frac{B^2}{4A^2}\right)\eta^2\right]=$$
$$=A\left(\xi+\frac{B}{2A}\eta-\frac{L}{2A}\eta\right)\left(\xi+\frac{B}{2A}\eta+\frac{L}{2A}\eta\right).$$

若 $L\neq 0$,命
$$\xi'=\xi+\frac{B+L}{2A}\eta,\quad \eta'=\xi-\frac{-B+L}{2A}\eta,$$

解出 ξ 及 η 代入(5)式可得
$$A\xi'\eta'+D'\xi'+E'\eta'+F'=0.$$

解出 ξ' 得
$$\xi'=-(E'\eta'+F')/(A\eta'+D').$$

故显然(5)有无穷个有理解.

若 $L=0$,命 $\xi'=\xi+\frac{B}{2A}\eta,\eta'=-\eta$,则得
$$A\xi'^2+D'\xi'+E'\eta'+F'=0.$$

若 $E'\neq 0$,则 $\eta'=-(A\xi'^2+D'\xi'+F')/E'$.故有无穷个有理点.

若 $E'=0$,则原曲线并非二次曲线.

附注:由定理 2 及 3,推出下列的问题.命
$$f(x_1,x_2,x_3,\cdots,x_n)=0 \tag{6}$$
为一 $x_1,\cdots,x_n$ 之整系数二次齐次式(不能分解为一次式之积).今问有无穷个整点适合此式之条件?由定理 2 可知当 $n\geqslant 3$,则如其上有一非原点之整点,其上即有无穷个整点.但何时其上可有一整点?例如:
$$x_1^2+x_2^2+x_3^2+\cdots+x_n^2=0$$

其上决无原点以外之整点. 故建议吾人必须假定 $f(\xi_1,\cdots,\xi_n)=0$ 有实数轨迹. 吾人可证明如合此条件, 且 $n\geqslant 5$, 则 (6) 上有一整点. 亦即有无穷个整点 (此乃 Mayer 之定理本书不论证之). 但当 $n=4$, 此定理不能成立. 盖若

$$x_1^2+x_2^2+x_3^2-7x_4^2=0,$$

则可假定 $(x_1,x_2,x_3,x_4)=1$. 又得

$$x_1^2+x_2^2+x_3^2+x_4^2\equiv 0 \pmod 8,$$

而 $x^2\equiv 0,1,4 \pmod 8$. 由此式可知 $2\mid (x_1,x_2,x_3,x_4)$. 此与假定相违背.

习题 1. 解不定方程

$$x^2+y^2=z^4,$$

并证明其解能适合

$$x>0, y>0, z>0, (x,y)=1, 2\mid x$$

者, 由次式与之:

$$x=4ab(a^2-b^2), y=\mid a^4+b^4-6a^2b^2\mid, z=a^2+b^2,$$
$$a>0, b>0, (a,b)=1, a+b\equiv 1 \pmod 2.$$

习题 2. 证明

$$x^4+y^2=z^2, 2\mid x, y>0, z>0, (x,y)=1$$

之解答为

$$x=2ab, y=\mid 4a^4-b^4\mid, z=4a^4+b^4,$$
$$(a,b)=1, a>0, b>0, 2\nmid b.$$

习题 3. 证明不定方程 $x^2+(x+1)^2=y^2$ 之解为

$$x=\frac{1}{4}((1+\sqrt{2})^{2n+1}+(1-\sqrt{2})^{2n+1}-2),$$

$$y=\frac{1}{2\sqrt{2}}((1+\sqrt{2})^{2n+1}-(1-\sqrt{2})^{2n+1}),$$

且无其他解.

习题 4. 关于商高定理 $3^2+4^2=5^2$ 有次之推广: $10^2+11^2+12^2=13^2+14^2$. 一般言之, 证明

$$(2n^2+n)^2+(2n^2+n+1)^2+\cdots+(2n^2+2n)^2=$$
$$=(2n^2+2n+1)^2+\cdots+(2n^2+3n)^2.$$

习题 5. 求证下列诸曲线上有无穷个有理点:

(a) $\eta^2(d-\xi)=\xi^3,$

(b) $\eta(\xi^2+\eta^2)=d(\eta^2-\xi^2),$

(c) $\xi^3+\eta^3-3d\xi\eta=0,$

(d) $(\xi^2-d^2)^2-a\eta^2(2\eta+3d)=0.$

第十一章 不定方程

习题 6. 定出所有的三角形,其边及面积皆为有理数者.

习题 7. 研究不定方程 $x^2 + y^2 + z^2 = w^2$ 之解.

习题 8. 设整数 a, b, c 不同号,$abc \neq 0$,且 abc 无平方因子,则不定方程
$$ax^2 + by^2 + cz^2 = 0$$
有不全为零的整数解的充要条件是:$-bc$ 是 a 的二次剩余,$-ac$ 是 b 的二次剩余,$-ab$ 是 c 的二次剩余.

§7. Fermat 猜测

Fermat 曾推测当 $n \geqslant 3$ 时
$$x^n + y^n = z^n, x > 0, y > 0, z > 0$$
无整数解.此定理是否真实,至今仍为疑案.所可言者,只于 $2 < n < 619$ 时,此定理已经证明.即此甚微之结果,亦已耗却颇多数学家之脑汁矣.

欲证此定理,仅需证明此定理当 $n = 4$ 及 n 为奇素数时真实即已足够.盖若 n 有一奇素数因子 p,则有
$$(x^{n/p})^p + (y^{n/p})^p = (z^{n/p})^p.$$
若 n 无奇素数因子,则 $n = 2^k, k \geqslant 2$,则有
$$(x^{n/4})^4 + (y^{n/4})^4 = (z^{n/4})^4.$$
是以吾人如能证明 $n = 4$ 时之结论,则整个问题之解决,将归于 n 为奇素数时之情况矣.

定理 1 无整数能适合
$$x^4 + y^4 = z^2, x > 0, y > 0.$$

证:设 u 为最小之整数,使不定方程
$$x^4 + y^4 = u^2, \quad x > 0, \quad y > 0$$
为可解者.则 $(x, y) = 1$.若不然,则 $\dfrac{u}{(x,y)^2}$ 将小于 u,且具同一性质.

同于 §6 之讨论,x 及 y 必为一奇一偶.设 x 为偶,则由定理 6.1,
$$x^2 = 2ab, y^2 = a^2 - b^2, u = a^2 + b^2,$$
$$a > 0, b > 0, (a, b) = 1, a + b \equiv 1 \pmod{2}.$$
若 a 偶 b 奇,则 $y^2 \equiv -1 \pmod{4}$,此不可能.故 b 偶 a 奇.命 $b = 2c$,则
$$\left[\frac{1}{2}x\right]^2 = ac, \quad (a, c) = 1.$$
因之
$$a = d^2, c = f^2, d > 0, f > 0, (d, f) = 1, 2 \nmid d.$$

故
$$y^2 = a^2 - b^2 = d^4 - 4f^4.$$
即
$$(2f^2)^2 + y^2 = (d^2)^2$$
且 $(2f^2, y, d^2) = 1$.

再由定理 6.1,得
$$2f^2 = 2lm, d^2 = l^2 + m^2, l > 0, m > 0, (l, m) = 1.$$
由
$$f^2 = lm, \quad (l, m) = 1$$
可立得
$$l = r^2, m = s^2, (r > 0, s > 0)$$
故
$$d^2 = r^4 + s^4.$$
但
$$d \leqslant d^2 = a \leqslant a^2 < a^2 + b^2 = u.$$
d 较 u 更小,与假定相违背.故得定理.

此法乃 Fermat 所创之无穷递降法(Méthode d'infinite decent).其证法之逻辑步骤如次:

(1) 若一命题 $P(n)$ 对若干正整数 n 为真,则在此诸 n 中,必有一最小者.

(2) 若 $P(n)$ 为真,则有一正整数 $n' < n$,使 $P(n')$ 亦真.

若此二步已证,则命题 $P(n)$ 决不真实.

习题 1. 证明次诸不定方程无解:

(a) $x^4 + 4y^4 = z^2, \quad x > 0, \quad y > 0,$

(b) $x^4 - y^4 = z^2, \quad y > 0, \quad z > 0,$

(提示: $z^4 + 4(xy)^4 = (x^4 + y^4)^2$.)

(c) $x^4 - y^4 = 2z^2, \quad y > 0, \quad z > 0,$

(d) $x^4 - y^4 = pz^2, \quad z > 0,$

此处 p 为素数, $p \equiv 3 \pmod 8$.

习题 2. 证明不定方程
$$x^4 - 2^y z^4 = 1$$
无正整数解.

习题 3. 证明不定方程组
$$x^2 + y^2 = z^2$$
$$y^2 + z^2 = t^2$$

第十一章　不定方程

无不全为 0 的整数解.

习题 4. 利用上题证明：三边皆为有理整数的直角三角形之面积不可能是一完全平方数.

习题 5. 证明对任一正整数 $n > 2$，不定方程
$$y_n^n = y_{n-1}^{n-1} + y_{n-2}^{n-2} + \cdots + y_2^2$$
有无穷多组正整数解.
(提示：$2^6 = 2^5 + 1^4 + 3^3 + 2^2$.)

习题 6. 求出不定方程
$$2x^n = z^{n-1}$$
的全部正整数解.

习题 7. 设 l, m, n 为正整数，$(lm, n) = (ln, m) = (mn, l) = 1$，则不定方程
$$x^l + y^m = z^n$$
有无穷多组正整数解.
(见数学通报 1955 年 8 月号，同祁，方程 $a^p + b^q = c^r$ 之整数解.)

习题 8. 若 $x^n + y^n = z^n$ 无整数解，则
$$x^{2n} + y^{2n} = z^2$$
也无整数解.

§8. Марков 方程

在 §10.5 中，吾人曾定义不定方程
$$x^2 + y^2 + z^2 = 3xyz \tag{1}$$
之解为 Марков 数，并述及 Марков 数与连分数之关系. 今往讨论此不定方程.

定理 1　若 x_0, y_0, z_0 为(1)式之解，则
$$x_0, y_0, 3x_0 y_0 - z_0 \tag{2}$$
亦为(1)式之解.

证：
$$x_0^2 + y_0^2 + (3x_0 y_0 - z_0)^2$$
$$= x_0^2 + y_0^2 + z_0^2 - 6x_0 y_0 z_0 + 9x_0^2 y_0^2$$
$$= -3x_0 y_0 z_0 + 9x_0^2 y_0^2 = 3x_0 y_0 (3x_0 y_0 - z_0).$$

定理 2　凡(1)式之解，可由定理 1 中之方法，由 $x = y = z = 1$ 一解以得出之.

证：1) 若 $x = y = z$，则显然 $x = y = z = 1$.

2) 若 $x = y \ne z$，则
$$2x^2 + z^2 = 3x^2 z.$$
由此显然 $x^2 \mid z^2$，即 $x \mid z$. 命 $z = wx$，则得

$$2 + w^2 = 3wx, \quad (w > 0).$$

即 $w \mid 2$. 故 $w = 1$ 或 2. 但 $x \ne z$, 故 $w \ne 1$. 若 $w = 2$, 则

$$x = 1, y = 1, z = 2 (= 3 \cdot 1 \cdot 1 - 1).$$

此解显然由 $(1,1,1)$ 经定理 1 得之.

3) 今可假定

$$x < y < z.$$

如能由此证明 $3xy - z < z$, 则吾人可使 $x + y + z$ 之值逐步变小, 经有限步后, 必至 x, y, z 中之二者(或三者)相等之步骤, 即归入 1) 或 2) 矣. 今往证明此点.

由

$$z^2 - 3xyz + x^2 + y^2 = 0,$$

可知

$$2z = 3xy \pm \sqrt{9x^2y^2 - 4(x^2 + y^2)}.$$

若

$$2z = 3xy - \sqrt{9x^2y^2 - 4(x^2 + y^2)},$$

则由 $8x^2y^2 - 4x^2 - 4y^2 = 4x^2(y^2 - 1) + 4y^2(x^2 - 1) > 0$ 可知

$$2z < 3xy - xy = 2xy.$$

即

$$z < xy.$$

但

$$3xyz = x^2 + y^2 + z^2 < 3z^2,$$

即 $xy < z$, 此与前者相矛盾, 故只能

$$2z = 3xy + \sqrt{9x^2y^2 - 4(x^2 + y^2)}.$$

是以

$$2z > 3xy.$$

即合所需.

例. 应用定理 1 于 $1,1,1$ 可得

$$1,1,2.$$

再应用定理 1 得

$$1,2,5; \quad 1,5,13; \quad 2,5,29.$$

继行此法得下表 ($x \leqslant y \leqslant z < 1000$):

z	1	2	5	13	29	34	89	169	194	233	433	610	985
y	1	1	2	5	5	13	34	29	13	89	295	233	169
x	1	1	1	1	2	1	1	2	5	1	5^2	1	2

第十一章　不定方程

注意：此亦一递降法也．幸有一解 $x=y=z=1$，无法再降．故 Fermat 之"无穷递降法"有两种用法：一可用以证明无解，一可用以证明有无穷个解也．

习题 1．推广上法以讨论不定方程
$$x_1^2+x_2^2+\cdots+x_n^2=nx_1\cdots x_n.$$

习题 2．求出
$$x_1^2+x_2^2+x_3^2+x_4^2=4x_1x_2x_3x_4,\quad x_1\leqslant x_2\leqslant x_3\leqslant x_4\leqslant 100$$
之诸解．

习题 3．
$$2x^4-y^4=z^2$$
有无穷多解．

§9. 解方程 $x^3+y^3+z^3+w^3=0$

在论述本节之前，先述一具体例子：1729 乃最小之正整数，可以两种方法表为二立方之和者．即
$$1729=10^3+9^3=12^3+1^3.$$
但天地间能用二法表为二立方和者，不止此例．如：
$$2^3+34^3=15^3+33^3,\ 9^3+15^3=2^3+16^3$$
皆然，且更有进于此者
$$70^3+560^3=98^3+552^3=315^3+525^3,$$
$$121170^3+969360^3=545275^3+908775^3$$
$$=342738^3+955512^3=336455^3+956305^3.$$
又有
$$3^3+4^3+5^3=6^3,\ 1^3+6^3+8^3=9^3.$$
故解不定方程
$$x^3+y^3+z^3+w^3=0$$
乃一有趣味之问题．惜者吾人迄未能得其诸整数解答之公式．但 Euler-Binet 有下之方法以表出其所有的有理数解．

定理 1 $W^3+3W(X^2+Y^2+Z^2)+6XYZ=0$ 之有理数解答为
$$W=-6\rho abc,\ X=\rho a(a^2+3b^2+3c^2),$$
$$Y=\rho b(a^2+3b^2+9c^2),\ Z=3\rho c(a^2+b^2+3c^2).$$
此处 $(a,b,c)=1$，且 ρ 为有理数．

证：用行列式可将该式写成

$$\begin{vmatrix} W & 3Z & -3Y \\ -Z & W & 3X \\ Y & -X & W \end{vmatrix} = 0.$$

故必有整数 a, b, c 不全为 0，且 $(a, b, c) = 1$，使

$$Wa + 3Zb - 3Yc = 0,$$
$$-Za + Wb + 3Xc = 0,$$
$$Ya - Xb + Wc = 0.$$

由此联立方程解出 X, Y, Z, W，立得

$$W = -6\rho abc$$

等，如题所云.

命

$$\left.\begin{array}{l} W = \dfrac{1}{2}(\alpha + \beta + \gamma + \delta), \quad X = \dfrac{1}{2}(\alpha + \beta - \gamma - \delta), \\[2mm] Y = \dfrac{1}{2}(\alpha - \beta + \gamma - \delta), \quad Z = \dfrac{1}{2}(\alpha - \beta - \gamma + \delta), \end{array}\right\} \quad (1)$$

则得

$$(\alpha + \beta + \gamma + \delta)^3 + 3(\alpha + \beta + \gamma + \delta)[(\alpha + \beta - \gamma - \delta)^2 + (\alpha - \beta + \gamma - \delta)^2$$
$$+ (\alpha - \beta - \gamma + \delta)^2] + 6(\alpha + \beta - \gamma - \delta)(\alpha - \beta + \gamma - \delta)(\alpha - \beta - \gamma + \delta) = 0,$$

即

$$\alpha^3 + \beta^3 + \gamma^3 + \delta^3 = 0. \quad (2)$$

解 (1)，可得

$$\alpha = \frac{1}{2}(W + X + Y + Z), \quad \beta = \frac{1}{2}(W + X - Y - Z),$$
$$\gamma = \frac{1}{2}(W - X + Y - Z), \quad \delta = \frac{1}{2}(W - X - Y + Z),$$

由定理 1 可得 (2) 式之诸解.

定理 2 任与一正整数 r，必有一数 N 存在，可以用 r 种方法表为二立方之和.

证：设 ξ, η 为给定的二有理数，令

$$X = \frac{\xi(\xi^3 + 2\eta^3)}{\xi^3 - \eta^3}, \quad Y = \frac{\eta(2\xi^3 + \eta^3)}{\xi^3 - \eta^3},$$

$$\xi_1 = \frac{X(X^3 - 2Y^3)}{X^3 + Y^3}, \quad \eta_1 = \frac{Y(2X^3 - Y^3)}{X^3 + Y^3},$$

则得

$$X^3 - Y^3 = \xi^3 + \eta^3, \quad \xi_1^3 + \eta_1^3 = X^3 - Y^3. \quad (3)$$

由是得

$$\xi_1^3 + \eta_1^3 = \xi^3 + \eta^3,$$

第十一章 不定方程

$$\frac{X}{Y} = \frac{\xi}{2\eta}\left[1 + 2\left(\frac{\eta}{\xi}\right)^3\right]\left[1 + \frac{1}{2}\left(\frac{\eta}{\xi}\right)^3\right]^{-1},$$

$$\frac{\xi}{\eta} = \frac{X}{2Y}\left[1 - 2\left(\frac{Y}{X}\right)^3\right]\left[1 - \frac{1}{2}\left(\frac{Y}{X}\right)^3\right]^{-1}.$$

设 $0 < \frac{\eta}{\xi} < \varepsilon < \frac{1}{4}$,则

$$0 < \frac{X}{Y} - \frac{\xi}{2\eta} = \frac{\frac{3}{4}\left(\frac{\eta}{\xi}\right)^2}{1 + \frac{1}{2}\left(\frac{\eta}{\xi}\right)^3} < \frac{3}{4}\left(\frac{\eta}{\xi}\right)^2 < \frac{3}{4}\varepsilon^2.$$

于是 $\frac{X}{Y} > \frac{\xi}{2\eta} > \frac{1}{2\varepsilon}$,亦即 $\frac{Y}{X} < 2\varepsilon$. 又

$$\left|\frac{\xi}{\eta} - \frac{X}{2Y}\right| = \frac{\frac{3}{4}\left(\frac{Y}{X}\right)^2}{1 - \frac{1}{2}\left(\frac{Y}{X}\right)^3} < \frac{3}{4}\left(\frac{Y}{X}\right) < \frac{3}{2}\varepsilon.$$

所以

$$\left|\frac{\xi_2}{\eta_2} - \frac{\xi}{4\eta}\right| \le \left|\frac{\xi_2}{\eta_2} - \frac{X}{2Y}\right| + \frac{1}{2}\left|\frac{X}{Y} - \frac{\xi}{2\eta}\right| < 2\varepsilon.$$

而

$$\frac{\xi_2}{\eta_2} > \frac{\xi}{4\eta} - 2\varepsilon > \frac{1}{8\varepsilon}, \quad \frac{\eta_2}{\xi_2} < 8\varepsilon.$$

依上法进行,可得

$$\left|\frac{\xi_3}{\eta_3} - \frac{\xi_2}{4\eta_2}\right| < 2^4\varepsilon, \left|\frac{\xi_4}{\eta_4} - \frac{\xi_3}{4\eta_3}\right| < 2^7\varepsilon, \cdots,$$

$$\left|\frac{\xi_{s+1}}{\eta_{s+1}} - \frac{\xi_s}{4\eta_s}\right| < 2^{1+3(s-1)}\varepsilon,$$

只须 $2^{3(s-1)}\varepsilon < \frac{1}{4}$.

故若取 $\frac{\eta}{\xi}$ 很小,可得一列数对 $(\xi, \eta), \cdots, (\xi_r, \eta_r)$ 使

$$\xi^3 + \eta^3 = \xi_2^3 + \eta_2^3 = \cdots = \xi_r^3 + \eta_r^3,$$

且比值

$$\frac{\xi}{\eta}, \quad 4\frac{\xi_2}{\eta_2}, \quad \cdots, \quad 4^{r-1}\frac{\xi_r}{\eta_r}$$

之比大致相等. 故 ξ_s/η_s 各各不等. 以公分母乘之,即得所求.

习题 1. $\alpha^3 + \beta^3 + \gamma^3 + \delta^3 = 0$ 之有理解可由

$$\alpha = \sigma(-(\xi-3\eta)(\xi^2+3\eta^2)+1), \beta = \sigma((\xi+3\eta)(\xi^2+3\eta^2)-1),$$

$$\gamma = \sigma((\xi^2+3\eta^2)^2 - (\xi+3\eta)), \quad \delta = \sigma((\xi^2+3\eta^2)^2 - (\xi-3\eta))$$

表之,此处 ξ,η 为有理数.

若 $\sigma=1,\xi$ 及 η 为整数,可得出 $x^3+y^3+z^3+w^3=0$ 之无穷个整数解,但此并不包括所有的整数解.试证

$$\alpha=1, \beta=12, \gamma=-10, \delta=-9$$

即其一例.

习题 2. 证恒等式

$$y^{12} = (9x^4)^3 + (3xy^3-9x^4)^3 + (y^4-9x^3y)^3.$$

因之得

$$5^{12} = 9^3 + 366^3 + 580^3 = 144^3 + 606^3 + 265^3.$$

习题 3. 由上习题,证明有 n 存在,使

$$n = x^3+y^3+z^3, x\geqslant 0, y\geqslant 0, z\geqslant 0$$

之解数 $> \dfrac{1}{3}n^{\frac{1}{12}}$.

习题 4. 证明

$$(3a^2+5ab-5b^2)^3+(4a^2-4ab+6b^2)^3+(5a^2-5ab-3b^2)^3 = (6a^2-4ab+4b^2)^3.$$

§10. 三次曲面之有理点

本节所讨论的三次曲面非锥面与柱面.

以 δ 除上节之 (2) 式,再命 $\xi=-\alpha/\delta, \eta=-\beta/\delta, \zeta=-\gamma/\delta$,则得

$$\xi^3+\eta^3+\zeta^3 = 1. \tag{1}$$

换言之,由 §9 之结果可以推出:三次曲面 (1) 上有无穷个有理点.本节将讨论最普遍的三次曲面.

为了介绍一比较困难之方法,特先做若干特例:

定理 1 若 $C\neq 0$,则三次曲面

$$\zeta^2 = \xi^3+A\xi+B+C\eta^2 \tag{2}$$

上有无穷个有理点,此处 A,B,C 皆为有理数.

证:以

$$\xi = \eta^2+T\eta, \quad \zeta = \eta^3+\lambda\eta^2+\mu\eta+\nu \tag{3}$$

代入 (2) 式,则得

$$(\eta^3+\lambda\eta^2+\mu\eta+\nu)^2 = (\eta^2+T\eta)^3+A(\eta^2+T\eta)+B+C\eta^2. \tag{4}$$

比较 $\eta^6, \eta^5, \eta^4, \eta^3$ 之系数,得

$$2\lambda = 3T, \quad \lambda^2+2\mu = 3T^2, \quad 2(\nu+\lambda\mu) = T^3.$$

解得
$$\lambda = \frac{3}{2}T, \quad \mu = \frac{3}{8}T^2, \quad \nu = -\frac{1}{16}T^3.$$

以此代入(4)式,得出一 η 之二次式
$$L\eta^2 + M\eta + N = 0, \tag{5}$$

此处
$$L = A + C - \mu^2 - 2\lambda\nu = A + C + \frac{3}{64}T^4,$$
$$M = AT - 2\mu\nu = AT + \frac{3}{64}T^5,$$
$$N = B - \nu^2 = B - \frac{1}{256}T^6.$$

(5) 之判别式
$$\Delta = M^2 - 4LN = \left[\left(\frac{3}{64}\right)^2 + \frac{3}{64} \cdot \frac{1}{64}\right]T^{10} + \cdots$$
$$= \frac{3}{1024}T^{10} + \cdots,$$

故 Δ 决非一有理系数多项式之平方. 故(5)式之解可表为
$$\eta = \beta_1 \pm \beta_2 \sqrt{\Delta}, \quad \beta_1 = -\frac{M}{2L}, \quad \beta_2 = \frac{1}{2L}.$$

代入(3)式可得
$$\xi = \alpha_1 \pm \alpha_2 \sqrt{\Delta}, \quad \zeta = \gamma_1 \pm \gamma_2 \sqrt{\Delta},$$

此处
$$\alpha_2 = (2\beta_1 + T)\beta_2 = \frac{LT - M}{2L^2} = \frac{CT}{2L^2} \neq 0.$$

命
$$\frac{\xi - \alpha_1}{\alpha_2} = \frac{\eta - \beta_1}{\beta_2} = \frac{\zeta - \gamma_1}{\gamma_2} = \sigma. \tag{6}$$

以此代入(2)式,得一 σ 之三次方程,其各项系数皆为 T 之有理函数,而其首项系数 α_2^3 不等于零. 又已知 $\pm\sqrt{\Delta}$ 为此式之二根,故另一根 σ 必为 T 之有理函数. 以此代入(6)式,可将 ξ, η, ζ 表为 T 之有理函数. 但最后尚须证明: 由此所得之 ξ, η, ζ 不能均为常数,否则,吾人并未得出无穷个有理点也. 若 η 是不等于零的常数,则 $\xi = \eta^2 + T\eta$ 非常数,盖若 $\eta = 0$,则由(3),得 $\xi = 0$ 及 $\zeta = \nu = -\frac{1}{16}T^3$,又由(2)知此乃不可能之事. 故由此可见,如以 σ 代入(6)式,则 ξ, η, ζ 均为 T 之有理函数,而不能同时均为常数. 定理得证.

定理 2 设 $f(\xi,\eta)$ 为一有有理系数之三次多项式,但不能用一一次变形变为仅有一个变数之多项式,则三次曲面

$$\zeta^2 = f(\xi,\eta) \tag{7}$$

上有无穷个有理点.

证:命 $f_3(\xi,\eta)$ 为 $f(\xi,\eta)$ 中之三次齐次部分.

1) 若 $f_3(\xi,1) = 0$ 有一有理根 a(同法可以讨论 $f_3(1,\eta)$ 有有理根之情况),则 $f(\xi+a\eta,\eta) = g(\xi,\eta)$ 中无 η^3 之项.故经变换 $\xi \to \xi+a\eta, \eta \to \eta, \zeta \to \zeta$ 之后,(7) 式可以写成:

$$\zeta^2 = L_1(\xi)\eta^2 + L_2(\xi)\eta + L_3(\xi). \tag{8}$$

此处 L_1,L_2,L_3 为 ξ 之一,二,三次多项式.命

$$L_1(\xi) = \alpha\xi + \beta.$$

若 $\alpha \neq 0$,则可取 ξ 使 $\alpha\xi + \beta = \delta^2 \neq 0$,如此,则由定理 6.3 可得定理.

若 $\alpha = 0$ 及 $\beta = 0$,(8) 乃 η 之一次式.解出 η,即得定理.今假定 $\alpha = 0, \beta \neq 0$,则 (8) 式可以写成

$$\zeta^2 = \alpha_1\xi^3 + \alpha_2\xi^2\eta + \beta_1\xi^2 + \beta_2\xi\eta + \beta\eta^2 + \cdots. \tag{9}$$

此处 $\cdots$ 代表 ξ 及 η 之一次式.

设 $\alpha_2 \neq 0$.命 $\alpha_1\xi + \alpha_2\eta = \lambda$,则得

$$\zeta^2 = \lambda\xi^2 + \beta_1\xi^2 + \beta_2\xi\left[\frac{\lambda-\alpha_1\xi}{\alpha_2}\right] + \beta\left[\frac{\lambda-\alpha_1\xi}{\alpha_2}\right]^2 + \cdots$$

$$= (\lambda + \beta_1 - \beta_2\alpha_1/\alpha_2 + \beta\alpha_1^2/\alpha_2^2)\xi^2 + \cdots.$$

取 $\lambda = 1 - \beta_1 + \beta_2\alpha_1/\alpha_2 - \beta\alpha_1^2/\alpha_2^2$,则得

$$\zeta^2 - \xi^2 = (\zeta-\xi)(\zeta+\xi) = A\xi + B.$$

由定理 6.3 此曲线上有无穷个有理点.

故未能解决者为 $\alpha_2 = 0$ 之情况,此时 $\alpha_1 \neq 0$,否则 $\zeta^2 = f(\xi,\eta)$ 非三次曲面.于是

$$\zeta^2 = \alpha_1\xi^3 + \beta_1\xi^2 + \beta_2\xi\eta + \beta\eta^2 + \cdots$$
$$= \beta\eta^2 + (\beta_2\xi + \gamma)\eta + f(\xi)$$
$$= \beta\left[\eta + \frac{\beta_2}{2\beta}\xi + \frac{\gamma}{2\beta}\right]^2 + g(\xi).$$

此处 $g(\xi)$ 为 ξ 之三次多项式其首项系数为 α_1. 换 $\eta + \frac{\beta_2}{2\beta}\xi + \frac{\gamma}{2\beta}$ 为 η,则得

$$\zeta^2 = \beta\eta^2 + g(\xi).$$

两边各以 α_1^2 乘之,再用一简单的变换 $\xi' = \alpha_1\xi + A, \zeta' = \alpha_1\zeta$ 可将此式化为 (2) 式.由定理 1 故得定理.

2) 假定 $f_3(\xi,\eta)$ 无一次有理因子,(7) 式可以写成

$$\zeta^2 = \alpha\xi^3 + f_1(\eta)\xi^2 + f_2(\eta)\xi + f_3(\eta),$$

此处 f_1, f_2, f_3 是 η 之一，二，三次多项式. 以 $\xi - \dfrac{f_1(\eta)}{3\alpha}$ 代 ξ，得一新式

$$\zeta^2 = \alpha\xi^3 + g_2(\eta)\xi + g_3(\eta).$$

两边以 α^2 乘之，再换 $\alpha\zeta, \alpha\xi$ 为 ζ 及 ξ，则得

$$\zeta^2 = \xi^3 + (A\eta^2 + B\eta + C)\xi + D\eta^3 + E\eta^2 + F\eta + G. \tag{10}$$

同定理 1 法，以

$$\xi = \eta^2 + T\eta, \quad \zeta = \eta^3 + \lambda\eta^2 + \mu\eta + \nu \tag{11}$$

代入 (10) 式，得

$$(\eta^3 + \lambda\eta^2 + \mu\eta + \nu)^2 = (\eta^2 + T\eta)^3 + (A\eta^2 + B\eta + C)(\eta^2 + T\eta)$$
$$+ D\eta^3 + E\eta^2 + F\eta + G. \tag{12}$$

定 λ, μ, ν 之值使 (12) 式中 η^5, η^4, η^3 之系数为零. 如此则得一 η 之二次方程式

$$L\eta^2 + M\eta + N = 0,$$

此处 L 并非为零 (读者自证). 解此方程得

$$\eta = \beta_1 \pm \beta_2 \sqrt{\Delta},$$

此处 β_1, β_2 及 Δ 为 T 之有理函数. 以此代入 (11) 则

$$\xi = \alpha_1 \pm \alpha_2 \sqrt{\Delta}, \quad \zeta = \gamma_1 \pm \gamma_2 \sqrt{\Delta}.$$

若 $\Delta = 0$ 则已得所求. 若 $\Delta \neq 0$，命

$$\frac{\xi - \alpha_1}{\alpha_2} = \frac{\eta - \beta_1}{\beta_2} = \frac{\zeta - \gamma_1}{\gamma_2} = \sigma.$$

以此代入 (10) 式得一 σ 之三次方程式，其 σ^3 之系数为

$$\alpha_2^3 + A\beta_2^2\alpha_2 + D\beta_2^3 (= f_3(\alpha_2, \beta_2)),$$

此非为零. 此三次方程式之二根已知其为 $\pm\sqrt{\Delta}$，故其第三根 σ_0 为 T 之有理函数，即

$$\xi = \alpha_1 + \alpha_2\sigma_0, \eta = \beta_1 + \beta_2\sigma_0, \zeta = \gamma_1 + \gamma_2\sigma_0$$

在三次曲面 (10) 上，并可证明 ξ, η, ζ 不能均为常数，其证明一如定理 1. 于是定理得到证明.

定理 3 命 $S_2(\xi, \eta, \zeta)$ 及 $T_2(\xi, \eta, \zeta)$ 为 ξ, η, ζ 之二次齐次式，则三次曲面

$$\zeta S_2(\xi, \eta, \zeta) + T_2(\xi, \eta, \zeta) + \zeta = 0 \tag{13}$$

上有无穷个有理点.

证：以 $f(\xi, \eta, \zeta)$ 表 (13) 之左边，则

$$f(\xi, \eta, \zeta) = (\alpha_1 + \alpha_2\zeta)\xi^2 + (\beta_1 + \beta_2\zeta)\xi\eta + (\gamma_1 + \gamma_2\zeta)\eta^2 + g(\xi, \eta, \zeta), \tag{14}$$

此处 $g(\xi, \eta, \zeta)$ 乃 ξ 及 η 之一次式. 于定理 6.3 中取 $A = \alpha_1 + \alpha_2\zeta, B = \beta_1 + \beta_2\zeta, C = \gamma_1 + \gamma_2\zeta$，则

$$B^2 - 4AC = (\beta_1 + \beta_2\zeta)^2 - 4(\alpha_1 + \alpha_2\zeta)(\gamma_1 + \gamma_2\zeta).$$

若 $\alpha_2 \neq 0$(或 $\gamma_2 \neq 0$),则取 $\zeta = -\dfrac{\alpha_1}{\alpha_2}$ 或 $\zeta = -\dfrac{\gamma_1}{\gamma_2}$,故 $B^2 - 4AC$ 为一平方数. 若 $\alpha_2 = \gamma_2 = 0$, 而 $\beta_2 \neq 0$, 则 $\delta^2 = (\beta_1 + \beta_2 \zeta)^2 - 4\alpha_1 \gamma_1$ 亦有有理解(再用定理 6.3). 但有一情况必须注意, 即若以 $\zeta = -\dfrac{\alpha_1}{\alpha_2}$ 代入 (14) 后, 所有的 $\xi^2, \xi\eta, \eta^2$ 之系数皆等于零. 此时若 ξ 及 η 之系数不皆为零, 则可将 ξ (或 η) 表为 $\eta, -\dfrac{\alpha_1}{\alpha_2}$ 或 $\xi, -\dfrac{\alpha_1}{\alpha_2}$ 之有理函数, 定理依然成立. 若 ξ 及 η 之系数亦全为零, 则

$$f(\xi, \eta, \zeta) = (\alpha_1 + \alpha_2 \zeta)(\xi^2 + A\xi\eta + B\eta^2 + (C + D\zeta)\xi$$
$$+ (E + F\zeta)\eta + G + H\zeta + J\zeta^2) + K.$$

于 (13) 式中如命 $\zeta = 0$, 得 $f(\xi, \eta, 0)$ 为 ξ 及 η 之二次齐次式, 故在上式中 $C = E = 0, \alpha_1 G + K = 0$, 即

$$f(\xi, \eta, \zeta) = (\alpha_1 + \alpha_2 \zeta)(\xi^2 + A\xi\eta + B\eta^2 + D\xi\zeta + F\eta\zeta) + P(\zeta), P(0) = 0. \tag{15}$$

注意

$$(\xi + \lambda\zeta)^2 + A(\xi + \lambda\zeta)(\eta + \mu\zeta) + B(\eta + \mu\zeta)^2 + D(\xi + \lambda\zeta)\zeta + F(\eta + \mu\zeta)\zeta$$
$$= \xi^2 + A\xi\eta + B\eta^2 + (2\lambda + A\mu + D)\xi\zeta + (A\lambda + 2B\mu + F)\eta\zeta + \cdots.$$

若 $A^2 \neq 4B$, 则可取 λ 及 μ 使 $2\lambda + A\mu + D = 0, A\lambda + 2B\mu + F = 0$. 故可假定

$$f(\xi, \eta, \zeta) = (\alpha_1 + \alpha_2 \zeta)(\xi^2 + A\xi\eta + B\eta^2) + g(\zeta), g(0) = 0.$$

命

$$\zeta = \frac{1}{Z}, \quad \xi = \frac{X}{Z^2(\alpha_1 + \alpha_2 \zeta)}, \quad \eta = \frac{Y}{Z^2(\alpha_1 + \alpha_2 \zeta)}.$$

则得

$$X^2 + AXY + BY^2 + Z^4\left(\alpha_1 + \frac{\alpha_2}{Z}\right)g\left(\frac{1}{Z}\right) = 0.$$

因 $g(0) = 0$, 故 $Z^4\left(\alpha_1 + \dfrac{\alpha_2}{Z}\right)g\left(\dfrac{1}{Z}\right)$ 为 Z 之三次式, 此易化为定理 2 之形式.

故得定理.

若 $A^2 = 4B$, 则 (15) 中代入 $\xi + \dfrac{A}{2}\eta = \xi', \eta = \eta'$, 则 $f(\xi, \eta, \zeta)$ 为 η' 之一次式, 故亦得定理.

若 $\alpha_2 = \beta_2 = \gamma_2 = 0$, 而 $\beta_1^2 \neq 4\alpha_1\gamma_1$, 则经过变形 $\xi \to \xi + \lambda_1\zeta + \lambda_2\zeta^2, \eta \to \eta + \mu_1\zeta + \mu_2\zeta^2$, 可使 (14) 式变成

$$\alpha_1\xi^2 + \beta_1\xi\eta + \gamma_1\eta^2 + f(\zeta) = 0,$$

此处 $f(\zeta) = A\zeta^4 + B\zeta^3 + C\zeta^2 + D\zeta$. 再作变换 $\xi = \dfrac{X}{Z^2}, \eta = \dfrac{Y}{Z^2}, \zeta = \dfrac{1}{Z}$, 可得

第十一章　不定方程

$$\alpha_2 X^2 + \beta_2 XY + \gamma_2 Y^2 + A + BZ + CZ^2 + DZ^3 = 0.$$

再经过一次变换,可使其化为定理 2 的情形,故得定理.

若 $\alpha_2 = \beta_2 = \gamma_2 = 0$,且 $\beta_1^2 = 4\alpha_1\gamma_1$,则经过一次变换 $\xi' = \alpha_1\xi + \frac{\beta_1}{2}\eta, \eta' = \eta, \zeta' = \zeta$ 可使(14)式的左边变为 η' 的一次式.于是定理亦得证.

定理 4　若非锥面及柱面的三次曲面上有一有理点,则有无穷个有理点.

证:可假定原点即为此有理点.如此则此曲面可以写成

$$S_3(\xi,\eta,\zeta) + S_2(\xi,\eta,\zeta) + S_1(\xi,\eta,\zeta) = 0, \qquad (16)$$

此处 $S_i(\xi,\eta,\zeta)$ 为 ξ,η,ζ 之 i 次齐次式.

1) 若 $S_1(\xi,\eta,\zeta)$ 恒等于 0,即

$$S_3(\xi,\eta,\zeta) + S_2(\xi,\eta,\zeta) = 0,$$

可得

$$\zeta S_3\left[\frac{\xi}{\zeta},\frac{\eta}{\zeta},1\right] + S_2\left[\frac{\xi}{\zeta},\frac{\eta}{\zeta},1\right] = 0,$$

即

$$\zeta = -S_2(\alpha,\beta,1)/S_3(\alpha,\beta,1).$$

故得定理.但须注意二事:(1) $S_3(\alpha,\beta,1)$ 恒等于 0,如此则原曲面非三次者.(2) $S_2(\alpha,\beta,1)$ 恒等于 0,则原曲面为一三次曲线及原点所演成之锥面.

2) 若 $S_1(\xi,\eta,\zeta)$ 非恒等于零,则用变形 $S_1(\xi,\eta,\zeta) \to \zeta$,可以得出

$$S_3(\xi,\eta,\zeta) + S_2(\xi,\eta,\zeta) + \zeta = 0.$$

若 $S_3(\xi,\eta,0)$ 及 $S_2(\xi,\eta,0)$ 均不恒等于 0,命 $\zeta = 0$,则得

$$S_3(\xi,\eta,0) + S_2(\xi,\eta,0) = 0, \eta = -S_2(\xi/\eta,1,0)/S_3(\xi/\eta,1,0).$$

若 $S_2(\xi,\eta,0)$ 恒等于 0,则 $S_2(\xi,\eta,\zeta) = \zeta L_1(\xi,\eta,\zeta)$.命 $\frac{1}{\zeta} = Z, \frac{\xi}{\zeta} = X, \frac{\eta}{\zeta} = Y$,则得

$$S_3(X,Y,1) + ZL_1(X,Y,1) + Z^2 = 0.$$

即

$$\left[Z + \frac{1}{2}L_1(X,Y,1)\right]^2 = \frac{1}{4}L_1^2(X,Y,1) - S_3(X,Y,1).$$

此乃定理 2 中所讨论者.故得定理.

若 $S_3(\xi,\eta,0)$ 恒等于 0,命 $S_3(\xi,\eta,\zeta) = \zeta T_2(\xi,\eta,\zeta)$,此即定理 3 所讨论之情况.故定理已完全证明.

习题 1.[①] 求出下列不定方程的全部正整数解:

[①] 此诸习题之解法,并非固定用某一节之方法,故附于本章之末.

1) $2^x - 3^y = 1$,

2) $3^x - 2^y = 1$.

习题 2. 证明不定方程
$$5^x = 2^y + 3^z$$
只有三组整数解：$x = y = z = 1; x = 1, y = 2, z = 0; x = 2, y = 4, z = 2$.

习题 3. 求出不定方程
$$x^y = y^x$$
的全部有理数解.

习题 4. 证明不定方程
$$x^y = y^x + 1$$
只有二组正整数解：$x = 2, y = 1; x = 3, y = 2$.

习题 5. 求出不定方程
$$(x+1)^y = x^{y+1} + 1$$
的全部正整数解.

习题 6. 证明 $x = 7, y = 20$ 是不定方程
$$1 + x + x^2 + x^3 = y^2$$
唯一的解使 x 为素数者.

习题 7. 证明不定方程
$$m \tan^{-1} \frac{1}{x} + n \tan^{-1} \frac{1}{y} = k \frac{\pi}{4}$$
只有四组整数解 $k, m, n, x, y = 1, 1, 1, 2, 3; 1, 2, -1, 2, 7; 1, 2, 1, 3, 7; 1, 4, -1, 5, 239$. 试利用最后一解以计算 π 之值准确至十万分之一.

第十二章 二元二次型

§1. 二元二次型之分类

定义 对固定之整数 a,b,c,二次齐次多项式
$$F = F(x,y) = ax^2 + bxy + cy^2$$
称为二元二次型,或简称为型,以 $\{a,b,c\}$ 表示之.整数
$$d = b^2 - 4ac$$
称为此型之判别式.

由此显然可见
$$d \equiv 0 \text{ 或 } 1 \pmod{4}.$$

定理 1 F 可分解为二整系数一次式之积之必要且充分条件为 d 为一平方数.

证:1) 若 d 为一平方数及 $a \neq 0$,则
$$ax^2 + bx + c = a\left[\left(x + \frac{b}{2a}\right)^2 - \frac{d}{4a^2}\right] = 0$$
有有理根,由定理 1.13.2,可知此式可以分解为二整系数一次式之积.若 $a = 0$,显然有 $F(x,y) = (bx + cy)y$.

2) 若
$$ax^2 + bxy + cy^2 = (rx + sy)(tx + uy),$$
则
$$d = b^2 - 4ac = (st + ru)^2 - 4rt \cdot su$$
$$= (st - ru)^2.$$

故得定理.

今后常设 d 非平方数.

若 $d < 0, a > 0$,则
$$4aF = (2ax + by)^2 + (4ac - b^2)y^2$$
$$= (2ax + by)^2 - dy^2.$$

显然对任意 x,y 常有 $F(x,y) \geqslant 0$.若 $F(x,y) = 0$,则得 $x = y = 0$.此种型称为定正型.又若 $d < 0, a < 0$,则对任意 x,y 常有 $F \leqslant 0$,此型称为定负型.以 -1 乘定负型,即得定正型.故今后常论定正型,并简称为定型.

若 $d>0$,则
$$F(1,0) = a, \quad F(b,-2a) = ab^2 - b\cdot b\cdot 2a + c\cdot 4a^2 = -da.$$
若 $a\neq 0$,则此二值一正一负.若 $c\neq 0$,同法可得二值一正一负.若 $a = c = 0$,则
$$F(1,1) = b, \quad F(1,-1) = -b,$$
也是一正一负.故当 $d>0$ 时,型 $F(x,y)$ 能取正值也能取负值.因此此型名为不定型.

定义 若有一整系数变换
$$x = rX + sY, \quad y = tX + uY, \quad ru - st = 1.$$
变 $F(x,y)$ 为 $G(X,Y)$,则谓 F 与 G 相似,以
$$F \sim G$$
表之.或谓 F 经 $\begin{bmatrix} r & s \\ t & u \end{bmatrix}$ 而变为 G.

更具体些,如命 $F = \{a,b,c\}, G = \{a_1,b_1,c_1\}$,则得
$$a_1 = ar^2 + brt + ct^2, \tag{1}$$
$$b_1 = 2ars + b(ru + st) + 2ctu$$
$$= 2ars + b(1 + 2st) + 2ctu, \tag{2}$$
$$c_1 = as^2 + bsu + cu^2. \tag{3}$$
由此立得
$$b_1^2 - 4a_1c_1 = (2ars + b(ru + st) + 2ctu)^2$$
$$- 4(ar^2 + brt + ct^2)(as^2 + bsu + cu^2)$$
$$= (b^2 - 4ac)(ru - st)^2 = b^2 - 4ac = d.$$
由此可见,相似之二型之判别式相等.

又若 $d<0, a>0$,则 $a_1 = F(r,t) \geq 0$.若 $a_1 = 0$,则 $r = t = 0$,此不可能.故得 $a_1 > 0$.换言之,与定正型相似之型也是定正型.

定理 2 (i) $F \sim F$(自反性),

(ii) 若 $F \sim G$,则 $G \sim F$(对称性),

(iii) 若 $F \sim G, G \sim H$,则 $F \sim H$(传递性).

此定理之证明极易,故从略.

依相似性可以将判别式为 d 之诸型分为若干类.同一类之诸型皆相似,不同类之型绝不相似.

显然同类诸型所表之整数相同.盖若 $k = G(X,Y)$,则 $k = F(rX + sY, tX + uY)$ 故也.

§2. 类 数 有 限

定理 1　每一类中必有一型适合于
$$|b| \leqslant |a| \leqslant |c|.$$

证：取 a 为此类所能表示之诸整数($\neq 0$)中之绝对值最小者. 再命 $\{a_0, b_0, c_0\}$ 为此类中之任何一型. 则有 r, t 使
$$a = a_0 r^2 + b_0 rt + c_0 t^2,$$

且 $(r, t) = 1$. 若不然，则 $\dfrac{a}{(r,t)^2}$ 也可由 $\{a_0, b_0, c_0\}$ 表示，而 $\dfrac{|a|}{(r,t)^2} < |a|$，是不可能.

可定 s 及 u 使 $ru - st = 1$. 则 $\{a_0, b_0, c_0\}$ 经 $\begin{bmatrix} r & s \\ t & u \end{bmatrix}$ 而变为 $\{a, b', c'\}$. 又变形
$$\begin{bmatrix} 1 & h \\ 0 & 1 \end{bmatrix}$$
变 $\{a, b', c'\}$ 为 $\{a, b, c\}$，其中
$$b = 2ah + b'.$$

可取整数 h 使
$$|b| \leqslant |a|.$$

因 c 可由 $\{a, b, c\}$ 表出，而 $\{a, b, c\}$ 与 $\{a_0, b_0, c_0\}$ 同属于一类中，故 $|c| \geqslant |a|$. (但须注意 $c \neq 0$，若 $c = 0$，则 d 为平方数矣.)

定理 2　类数有限.

证：1) $d > 0$(不定型). 由定理 1 可知
$$|ac| \geqslant b^2 = d + 4ac > 4ac.$$
故 $ac < 0$，又
$$4a^2 \leqslant 4|ac| = -4ac = d - b^2 \leqslant d,$$
即
$$|a| \leqslant \frac{\sqrt{d}}{2}.$$

又由定理 1，$|b| \leqslant \dfrac{1}{2}\sqrt{d}$. 故 a 及 b 只有有限个可能性，而 $c = (b^2 - d)/4a$ 之值也有限. 故得定理.

2) $d < 0$(定型). 由定理 1 可知(设 $a > 0$)
$$-d = 4ac - b^2 \geqslant 4a^2 - b^2 \geqslant 3a^2,$$
故 $0 < a \leqslant \sqrt{\dfrac{|d|}{3}}$. 由定理 1 可得定理.

定理 3　判别式为 d 之定正型之类数等于适合

$$b^2 - 4ac = d, \begin{cases} -a < b \leqslant a < c \\ \text{或 } 0 \leqslant b \leqslant a = c \end{cases} \tag{1}$$

之整数组 a, b, c 之组数.

证：1) 由定理 1 已知在一类中至少有一型适合于

$$-a \leqslant b \leqslant a \leqslant c$$

(因 a, c 常为正). 比结论中所多出者有次列诸型：

$$-a = b, \quad a < c$$

及

$$-a \leqslant b < 0, \quad a = c.$$

今往证明

$$\{a, -a, c\} \sim \{a, a, c\}$$

及

$$\{a, -b, a\} \sim \{a, b, a\}.$$

因为 $\{a, -a, c\}$ 经 $\begin{bmatrix} 1 & 1 \\ 0 & 1 \end{bmatrix}$ 而变为 $\{a, a, c\}$, 而 $\{a, -b, a\}$ 经 $\begin{bmatrix} 0 & 1 \\ -1 & 0 \end{bmatrix}$ 而变为 $\{a, b, a\}$, 故得任一类中必有一型适合于(1).

2) 今证其中任何二者不相似. 即若

$$\{a, b, c\} \sim \{a', b', c'\}$$

并皆适合于(1), 则 $a = a', b = b', c = c'$.

可设 $a' \leqslant a$. 命 $\begin{bmatrix} r & s \\ t & u \end{bmatrix}$ 变 $\{a, b, c\}$ 为 $\{a', b', c'\}$, 则得

$$a' = ar^2 + brt + ct^2, \tag{2}$$

$$b' = 2ars + b(ru + st) + 2ctu. \tag{3}$$

由前者可知

$$a \geqslant a' \geqslant ar^2 - a|rt| + at^2 = a(|r|-|t|)^2 + a|rt| \geqslant a|rt|, \tag{4}$$

即

$$|rt| \leqslant 1.$$

若 $|rt| = 1$, 则 $a = a'$. 若不然, 则 $rt = 0$, 此时

$$a \geqslant a' \geqslant ar^2 + at^2 = a(r^2 + t^2) \geqslant a,$$

故必 $a = a'$.

先设 $c > a$, 则 t 必为零. 不然, (4) 式中由于 $ct^2 > at^2$, 而得 $a > a$, 此不可能. 故 $t = 0$, $ru = 1$. 由(3)式

$$b' = 2ars + b \equiv b \pmod{2a}.$$

因 $-a < b \leqslant a$ 及 $-a = -a' < b' \leqslant a' = a$ 可知 $b = b'$. 由此立得 $c = c'$.

再设 $c' > a' (= a)$, 可如上法得出同样结论.

今尚留待讨论者为 $a = a' = c = c'$ 之情况. 此时必有
$$b = \pm b'.$$
由 $b \geqslant 0, b' \geqslant 0$, 故得 $b = b'$.

附注: 对非定型之情况并不如此简易.

定义 适合(1)之型, 谓之已化型.

习题 1. 下表给出 $0 < -d \leqslant 20$ 之所有的已化型.

d	-3	-4	-7	-8	-11	-12	-15	-16	-19	-20
a	1	1	1	1	1	1	2	1	2	1	2	1	1	2
b	1	0	1	0	1	0	2	1	1	0	0	1	0	2
c	1	1	2	2	3	3	2	4	2	4	2	5	5	3

习题 2. 证明 $d = -48$ 时有四个已化型:
$$\{1,0,12\}, \quad \{2,0,6\}, \quad \{3,0,4\}, \quad \{4,4,4\}.$$

§3. Kronecker 符号

定义 设 $d \equiv 0$ 或 $1 \pmod{4}$ 且非平方数, 且设 $m > 0$. Kronecker 符号 $\left[\dfrac{d}{m}\right]$ 之定义如次:

$$\left[\frac{d}{p}\right] = 0, \quad 若 \quad p \mid d;$$

$$\left[\frac{d}{2}\right] = \begin{cases} 1, & 若 d \equiv 1 \pmod{8}, \\ -1, & 若 d \equiv 5 \pmod{8}. \end{cases}$$

$$\left[\frac{d}{p}\right] = \text{Legendre 符号}(p \text{ 奇素数}, p \nmid d).$$

若 $m = \prod_{r=1}^{v} p_r$, p_r 为素数, 则

$$\left[\frac{d}{m}\right] = \prod_{r=1}^{v} \left[\frac{d}{p_r}\right].$$

由此易证: 若 $(d, m) > 1$, 则
$$\left[\frac{d}{m}\right] = 0.$$

若 $(d, m) = 1$, 则
$$\left[\frac{d}{m}\right] = \pm 1.$$

又若 $m_1 > 0, m_2 > 0$,则
$$\left[\frac{d}{m_1 m_2}\right] = \left[\frac{d}{m_1}\right]\left[\frac{d}{m_2}\right].$$

定理 1 若 $m > 0, (m, d) = 1$,则 Kronecker 符号

$$\left[\frac{d}{m}\right] = \begin{cases} \left[\dfrac{m}{|d|}\right], & \text{当 } d \text{ 为奇数}, \\ \left[\dfrac{2}{m}\right]^b (-1)^{\frac{u-1}{2}\frac{m-1}{2}} \left[\dfrac{m}{|u|}\right], & \text{当 } d = 2^b u, 2 \nmid u. \end{cases}$$

此处 $\left[\dfrac{m}{|d|}\right], \left[\dfrac{2}{m}\right], \left[\dfrac{m}{|u|}\right]$ 全为 Jacobi 符号.

证:1) 设 d 为奇数,由定义及定理 3.6.5,可得
$$\left[\frac{d}{m}\right] = \left[\frac{m}{|d|}\right].$$

2) 设 $d = 2^b u, 2 \nmid u$,则必 $b \geq 2$,而此时 m 为奇数,所以
$$\left[\frac{d}{m}\right] = \left[\frac{2}{m}\right]^b \left[\frac{u}{m}\right] = \left[\frac{2}{m}\right]^b (-1)^{\frac{u-1}{2}\frac{m-1}{2}} \left[\frac{m}{|u|}\right].$$

由此定理,可推得
$$\left[\frac{d}{m}\right] = \left[\frac{d}{|d|+m}\right].$$

故有

定理 2 Kronecker 符号 $\left[\dfrac{d}{m}\right]$ 为模 $|d|$ 的实特征.

定理 3 设 $m > 0, n > 0, m \equiv -n \pmod{|d|}$,则
$$\left[\frac{d}{m}\right] = \begin{cases} \left[\dfrac{d}{n}\right], & \text{若 } d > 0, \\ -\left[\dfrac{d}{n}\right], & \text{若 } d < 0. \end{cases}$$

证:因
$$\left[\frac{d}{m}\right] = \left[\frac{d}{n|d|-n}\right] = \left[\frac{d}{n(|d|-1)}\right] = \left[\frac{d}{n}\right]\left[\frac{d}{|d|-1}\right].$$

故当 d 为奇数时,由定理 1,得
$$\left[\frac{d}{|d|-1}\right] = \left[\frac{|d|-1}{|d|}\right] = \left[\frac{-1}{|d|}\right] = (-1)^{\frac{|d|-1}{2}} = \begin{cases} 1, & \text{若 } d > 0, \\ -1, & \text{若 } d < 0. \end{cases}$$

而当 d 为偶数时,记 $d = 2^b u, 2 \nmid u, b \geq 2$,则由定理 1,得
$$\left[\frac{d}{|d|-1}\right] = \left[\frac{2}{|d|-1}\right]^b (-1)^{\frac{u-1}{2}} \left[\frac{|d|-1}{|u|}\right] = (-1)^{\frac{u-1}{2}} \left[\frac{-1}{|u|}\right] =$$
$$= (-1)^{\frac{u-1}{2}+\frac{|u|-1}{2}} = \begin{cases} 1, & \text{若 } d > 0, \\ -1, & \text{若 } d < 0. \end{cases}$$

故得定理.

定理 4　设 $k>0,(d,k)=1$. 同余式
$$x^2 \equiv d \pmod{4k} \tag{1}$$
之解数等于
$$2\sum_{f\mid k}\left[\frac{d}{f}\right].$$
此处 f 过 k 之诸无平方因子之正因子.

显然,若 x 是一解,则 $x+2k$ 亦然. 故由定理可得
$$x^2 \equiv d \pmod{4k}, \qquad 0 \leqslant x < 2k$$
之解数等于 $\sum_{f\mid k}\left[\frac{d}{f}\right]$.

证:1) 若 d 为奇数,则 $d\equiv 1\pmod 4$,而 $(d,4k)=1$. 由定理 3.5.1,可知同余式
$$x^2 \equiv d \pmod{p^l}$$
之解数为

$$\begin{array}{ll} 2, & \text{若 } p=2,\ l=2, \\ 2\left[1+\left[\dfrac{d}{p}\right]\right], & \text{若 } p=2,\ l>2, \\ 1+\left[\dfrac{d}{p}\right], & \text{若 } p>2. \end{array}$$

由定理 2.8.1,可知(1)式之解数为
$$2\prod_{p\mid k}\left[1+\left[\frac{d}{p}\right]\right]=2\sum_{f\mid k}\left[\frac{d}{f}\right].$$

2) 设 d 为偶数,则 $d\equiv 0\pmod 4$. 故 k 是奇数.
$$x^2 \equiv d \equiv 0 \pmod{4}$$
有二解.
$$x^2 \equiv d \pmod{p^l}$$
有 $1+\left[\dfrac{d}{p}\right]$ 个解. 故由定理 2.8.1,可知(1)式之解数等于
$$2\prod_{p\mid k}\left[1+\left[\frac{d}{p}\right]\right]=2\sum_{f\mid k}\left[\frac{d}{f}\right].$$

§4. 二次型表整数之表法数

定义　若 $(a,b,c)=1$,则 $\{a,b,c\}$ 谓之原型. 若 $(a,b,c)=g>1$,则 $\{a,b,c\}$ 谓之非原型.

显然 $\left[\dfrac{a}{g},\dfrac{b}{g},\dfrac{c}{g}\right]$ 为原型,其判别式等于 d/g^2. 又若 $\{a,b,c\}\sim\{a_1,b_1,c_1\}$,则二者同为原型或非原型.

以 $h(d)$ 表以 d 为判别式之原型之类数.

显然以 d 为判别式之型之类数等于
$$\sum_{\substack{g^2\mid d\\ g>0}} h\left[\dfrac{d}{g^2}\right].$$

于诸原型类中每类取一代表(若为定型,则讨论诸原定正型类),而得一代表系.命之为
$$F_1,\cdots,F_{h(d)}.$$

定理 1 设 $k>0,(k,d)=1$.命 $\psi(k)$ 表诸等式
$$k=F_1(x,y),\cdots,k=F_{h(d)}(x,y)$$
之原解之个数之总和,则
$$\psi(k)=w\sum_{n\mid k}\left[\dfrac{d}{n}\right].$$

(关于原解及 w 之定义,请参考前章 §4.)

证:先从同余式
$$l^2\equiv d\pmod{4k},\qquad 0\leqslant l<2k$$
之解说起.对此式之一解 l,由 $l^2-4km=d$ 可定出一整数 m.如此得一型 $\{k,l,m\}$,易证 $\{k,l,m\}$ 为原型,且有判别式 d.故 $\{k,l,m\}$ 与 F_i 中之一相似,且恰与一相似.又由定理 11.4.3 已知对每一 l 有 w 个既约原解.故
$$k=F_1(x,y),\cdots,k=F_{h(d)}(x,y)$$
之既约原解之总数为
$$w\sum_{f\mid k}\left[\dfrac{d}{f}\right].$$

又诸原解之总数为
$$\psi(k)=w\sum_{\substack{g^2\mid k\\ g>0}}\sum_{f\mid\frac{k}{g^2}}\left[\dfrac{d}{f}\right]$$

$\left[\text{因}(k,d)=1,\text{故}\left[\dfrac{k}{g^2},d\right]=1\right]$. 因 $(g^2,d)=1$,故
$$\psi(k)=w\sum_{\substack{g^2\mid k\\ g>0}}\sum_{f\mid\frac{k}{g^2}}\left[\dfrac{d}{fg^2}\right]=w\sum_{n\mid k}\left[\dfrac{d}{n}\right].$$

(因任一整数 n 必可表成 $n=fg^2$,f 无平方因子及 $g>0$. 又 $g^2\mid k$,$f\left|\dfrac{k}{g^2}\right.$,与 $n\mid k$ 相当,反之亦然.)

第十二章　二元二次型

今举本定理之一应用.

易证 $h(-4)=1$, 故 $\psi(k)$ 即为 $k=x^2+y^2$ 之解数. 故得：

定理 2　$x^2+y^2=k$ 之解数等于四倍于 k 之因数 $\equiv 1 \pmod{4}$ 者之个数减去 k 之因数 $\equiv 3 \pmod{4}$ 者之个数.

此与定理 6.7.5 之结果完全相符合.

习题 1. 若 m 为奇数, $x^2+2y^2=2^l m$ 之解数等于 2σ, 此处 σ 为 m 之因数 $\equiv 1$ 或 $3 \pmod{8}$ 者之个数减去 m 之因数 $\equiv 5$ 或 $7 \pmod{8}$ 者之个数.

习题 2. $k=x^2+xy+y^2$ 之解数为 $6E(k)$. 此 $E(k)$ 为 k 中形如 $3h+1$ 之因数之个数减去形如 $3h+2$ 之因数之个数.

习题 3. 若 m 为奇数, 则 $x^2+3y^2=2^l m$ 之解数有三种情形: 若 l 是奇数, 则无解; 若 $l=0$, 则解数为 $2E(m)$; 若 l 为正偶数, 则解数为 $6E(m)$. 此处 $E(m)$ 之定义如上.

习题 4. 若 m 为奇数, 则 $x^2+3y^2=4m$ 有 $E(m)$ 个正奇数解.

习题 5. 若 m 为奇数, 则 $x^2+4y^2=2^k m$ 之解数, 当 $k=0$ 时为 $2E$, 当 $k=1$ 时为 0, 当 $k\geqslant 2$ 时为 $2E$, 此处 E 为 m 之素因子 $\equiv 1 \pmod{4}$ 者之个数减去 k 之因子 $\equiv 3 \pmod{4}$ 者之个数.

习题 6. 用 $e(n)$ 记 n 之因子中 $\equiv 1,2,4 \pmod{7}$ 者之个数减去 $\equiv 3,5,6 \pmod{7}$ 者之个数所得之差, 则 $0<n=x^2+xy+2y^2$ 之解数为 $2e(n)$.

习题 7. 若 m 为奇数, 则 $e(2^a m)=(a+1)e(m)$. 若 $3\nmid t$, 则当 b 为奇数时, $e(3^b t)=0$, 当 b 为偶数时, $e(3^b t)=e(t)$.

习题 8. 若 m 为正奇数, 则 $m=x^2+7y^2$ 之解数为 $2e(m)$; $2m=x^2+7y^2$ 之解数为 0; $4k=x^2+7y^2$ 之解数为 $2e(k)$, k 为整数.

习题 9. 若 m 为正奇数, 则 $x^2+7y^2=8m$ 恰有 $e(m)$ 个正整数解.

习题 10. $0<m=x^2+xy+3y^2$ 之解数等于 m 诸因子中 $\equiv 1,3,4,5,9 \pmod{11}$ 者之个数减去 $\equiv 2,6,7,8,10 \pmod{11}$ 者之个数所得之差的二倍.

§5. 二次型的 mod q 相似

命 q 为素数. 若有一整系数变换

$$x=rX+sY, \quad y=tX+uY, \quad (ru-st,q)=1 \tag{1}$$

使

$$ax^2+bxy+cy^2 \equiv a_1 X^2+b_1 XY+c_1 Y^2 \pmod{q}, \tag{2}$$

则谓二次型 $\{a,b,c\}$ 与 $\{a_1,b_1,c_1\}$ mod q 相似. 命 d, d_1 分别表示 $\{a,b,c\}$ 与 $\{a_1,b_1,c_1\}$ 的判别式, 则显然有

$$d_1 \equiv (ru - st)^2(b^2 - 4ac) \equiv (ru - st)^2 d \pmod{q}. \tag{3}$$

由(3)式可知若 $\{a, b, c\}$ 与 $\{a_1, b_1, c_1\}$ mod p 相似,则必

$$\left[\frac{d}{p}\right] = \left[\frac{d_1}{p}\right].$$

取 q 为一大于 2 的奇素数 p. 设型 $\{a, b, c\}$ 的判别式为 d,且 $p \nmid d$,则 $\{a, b, c\}$ 一定与一形如 $\{a_1, 0, c_1\}$ 的型 mod p 相似. 盖因 $p \nmid (a, b, c)$,若 $p \nmid a$,则命 $X \equiv x + \frac{b}{2a}y, Y \equiv y \pmod{p}$,可得

$$ax^2 + bxy + cy^2 \equiv a\left[x + \frac{b}{2a}y\right]^2 - \frac{d}{4a}y^2 \equiv aX^2 - \frac{d}{4a}Y^2 \pmod{p};$$

若 $p \nmid c$,也可类似地证之;若 $p \mid (a, c)$,而 $p \nmid b$,则命 $x = X + Y, y = X - Y$,得

$$ax^2 + bxy + cy^2 \equiv bxy \equiv bX^2 - bY^2 \pmod{p}.$$

故对于这种情形,今后不妨假定 $p \mid b, p \nmid ac$ 而讨论之.

引理 1 若 $p \nmid ac$,则必有 x, y 使

$$ax^2 + cy^2 \equiv 1 \pmod{p}.$$

证: 命 x, y 各各经过 $0, 1, \cdots, p-1$,则 ax^2 与 $1 - cy^2$ 各有 $\frac{p+1}{2}$ 个不同的值. 所以必有一组 x, y 使

$$ax^2 \equiv 1 - cy^2 \pmod{p},$$

亦即引理.

令 $1 \equiv ar^2 + ct^2 \pmod{p}$,而命 s, u 为任何一对适合 $p \nmid ru - st$ 的整数,固定 s, u 而命

$$b_1 \equiv 2ars + 2ctu, \quad c_1 \equiv as^2 + cu^2 \pmod{p},$$

则必 $\{a, 0, c\} \sim \{1, b_1, c_1\} \pmod{p}$. 若命 d_1 为后者的判别式,则由前面的讨论必有

$$\{1, b_1, c_1\} \sim \left\{1, 0, -\frac{d_1}{4}\right\} \sim \{1, 0, -d_1\} \pmod{p}.$$

总结以上所述,可得:

定理 1 设 $\{a, b, c\}$ 的判别式为 d,而 $p > 2, p \nmid d$,又命 r 为 mod p 的任一二次非剩余,则当 $\left[\frac{d}{p}\right] = 1$ 时,

$$\{a, b, c\} \sim \{1, 0, -1\} \sim \{0, 1, 0\} \pmod{p};$$

而当 $\left[\frac{d}{p}\right] = -1$ 时,

$$\{a, b, c\} \sim \{1, 0, -r\} \pmod{p};$$

又 $\{1, 0, -1\}$ 必不能与 $\{1, 0, -r\}$ mod p 相似.

系. 判别式相同的二次型必互相 mod p 相似,p 为一不能整除 d 的奇素数.

第十二章 二元二次型

对于 $q=2$，而二次型有奇判别式的情形，有：

定理 2 任何有奇判别式的二次型，必与下列二型
$$\{0,1,0\}, \quad \{1,1,1\}$$
之一 mod 2 相似，且仅与其中之一相似．具体言之，
$$\{a,b,c\} \sim \{0,1,0\} \pmod{2}, \quad 若 2 \mid ac;$$
$$\{a,b,c\} \sim \{1,1,1\} \pmod{2}, \quad 若 2 \nmid ac.$$

证：因 $2 \nmid d$，故 $2 \nmid b$，故若 $2 \nmid ac$，则
$$ax^2 + bxy + cy^2 \equiv x^2 + xy + y^2 \pmod{2};$$
若 $2 \mid ac$，则必 $2 \mid a$ 或 $2 \mid c$．若 $2 \mid a$，则
$$ax^2 + bxy + cy^2 \equiv xy + cy^2 \equiv y(x+cy) \pmod{2},$$
故得 $\{a,b,c\} \sim \{0,1,0\} \pmod{2}$；若 $2 \mid c$，也可用同法得之．

又 $\{0,1,0\}$ 不能与 $\{1,1,1\}$ mod 2 相似，故得定理．

系．任何二个有相同的奇判别式的二次型，必 mod 2 相似．

今考虑 p 能整除二次型的判别式的情形．

引理 2 命 n 表一已与之整数，则必有二整数 $x,y,(x,y)=1$，且使
$$(F(x,y),n) = 1.$$

证：命 q 为任一素数．因 $F(x,y)$ 为一原型，故 $q \nmid (a,b,c)$．若 $q \nmid a$，则 $q \nmid F(1,0)$；若 $q \nmid c$，则 $q \nmid F(0,1)$；若 $q \mid (a,c)$，而 $q \nmid b$，则 $q \nmid F(1,1)$．故若 $n=q$，则定理已明．

命 $q_1, \cdots, q_s$ 为 n 的所有不同的素因子，由以上所述，必有整数 x_i, y_i 使
$$q_i \nmid F(x_i, y_i).$$
由孙子定理可知有二整数 X, Y 使
$$X \equiv x_i \pmod{q_i}, Y \equiv y_i \pmod{q_i} \quad (i=1,\cdots,s).$$
显然可见
$$(F(X,Y), n) = 1.$$
又命 $x = X/(X,Y), y = Y/(X,Y)$，则 $(x,y)=1$．而
$$(F(x,y), n) = 1.$$

先考虑 $p > 2$，而型 $\{a,b,c\}$ 的判别式 d 适合 $p \mid d$ 的情形．因 $p \nmid (a,c)$，故今后不妨假定 $p \nmid a$．易证
$$\{a,b,c\} \sim \{a,0,0\} \pmod{p}.$$

定理 3 $p > 2$，二次型 $\{a,b,c\}$ 与 $\{a_1, b_1, c_1\}$ 的判别式各为 d 及 d_1，且 $p \mid d$，$p \mid d_1$．则 $\{a,b,c\}$ 与 $\{a_1, b_1, c_1\}$ 能 mod p 相似的充分必要条件为
$$\left[\frac{k}{p}\right] = \left[\frac{k_1}{p}\right],$$

其中 k, k_1 各为任何能经 $\{a,b,c\}, \{a_1, b_1, c_1\}$ 表出且适合 $(k,d)=1, (k_1,d)=1$ 的整数.

证:由引理 2,可知 k, k_1 之存在.命 $k \equiv ax^2 + bxy + cy^2 \pmod{p}, (k,p)=1$,则

$$\left[\frac{k}{p}\right] = \left[\frac{ax^2 + bxy + cy^2}{p}\right] = \left[\frac{ax_1^2}{p}\right] = \left[\frac{a}{p}\right].$$

所以 $\left[\dfrac{k}{p}\right]$ 为一常数,且即等于 $\left[\dfrac{a}{p}\right]$.今若 $\{a,b,c\}$ 与 $\{a_1, b_1, c_1\}$ mod p 相似,则由相似的定义,立得

$$\left[\frac{k}{p}\right] = \left[\frac{a}{p}\right] = \left[\frac{a_1}{p}\right] = \left[\frac{k_1}{p}\right].$$

反之若 $\left[\dfrac{k}{p}\right] = \left[\dfrac{k_1}{p}\right]$,则 $\left[\dfrac{a}{p}\right] = \left[\dfrac{a_1}{p}\right]$,故有整数 z 使

$$a \equiv a_1 z^2 \pmod{p}.$$

故得

$$\{a,b,c\} \sim \{a,0,0\} \sim \{a_1,0,0\} \sim \{a_1, b_1, c_1\} \pmod{p}.$$

下面我们来讨论 $p=2$,而 $2 \mid d$ 的情形.先引进符号:

$$\delta(k) = (-1)^{\frac{k-1}{2}}, \quad 若 \frac{d}{4} \equiv 0 \text{ 或 } 3 \pmod{4};$$

$$\varepsilon(k) = (-1)^{\frac{k^2-1}{8}}, \quad 若 \frac{d}{4} \equiv 0 \text{ 或 } 2 \pmod{8};$$

$$\delta(k)\varepsilon(k) = (-1)^{\frac{k-1}{2} + \frac{k^2-1}{8}}, \quad 若 \frac{d}{4} \equiv 0 \text{ 或 } 6 \pmod{8};$$

其中 k 为能经 $\{a,b,c\}$ 表出的奇整数.

因 $2 \mid d$,故必 $2 \mid b$,故今后不妨假定 $b=0$ 而讨论

$$ax^2 + cy^2, \quad d = -4ac.$$

定理 4 二个适合 $\dfrac{d}{4} \equiv 3 \pmod{4}$ 的二次型 mod 4 相似的充分必要条件为他们有相同的 δ.

证:因 $d = -4ac$,故 $ac \equiv 1 \pmod{4}$,亦即 $a \equiv c \pmod{4}$.若 $2 \nmid k$,且 k 能表成

$$k \equiv ax^2 + cy^2 \equiv a(x^2 + y^2) \pmod{4},$$

因 x, y 不能同时为奇或偶,故必 $k \equiv a \pmod{4}$,所以得到

$$\delta(k) = \delta(a).$$

由此极易推得定理.

用同样的方法可以证明下列诸定理:

定理 5 二个适合 $\dfrac{d}{4} \equiv 2 \pmod{8}$ 的二次型 mod 8 相似的充分必要条件为他们

有相同的 ε.

定理 6 二个适合 $\frac{d}{4} \equiv 6 \pmod{8}$ 的二次型 mod 8 相似的充分必要条件为他们有相同的 δε.

定理 7 二个适合 $\frac{d}{4} \equiv 0 \pmod{4}$ 的二次型 mod 4 相似的充分必要条件为他们有相同的 δ.

定理 8 二个适合 $\frac{d}{4} \equiv 0 \pmod{8}$ 的二次型 mod 8 相似的充分必要条件为他们有相同的 δ 及 ε.

习题 1. 任何二个适合 $\frac{d}{4} \equiv 2 \pmod{4}$ 的二次型必 mod 4 相似.

习题 2. 任何二个适合 $\frac{d}{4} \equiv 1 \pmod{4}$ 的二次型必 mod 4 相似.

习题 3. 任何适合 $\frac{d}{4} \equiv 1 \pmod{4}$ 的型必与

$$x^2 + 3y^2, \qquad x^2 + 7y^2$$

之一 mod 8 相似, 且仅与其中之一 mod 8 相似. 并由此推出任何二个具有相同判别式 d, 而 $\frac{d}{4} \equiv 1 \pmod{4}$ 的二次型, 必为 mod 8 相似.

习题 4. 命 q 为任一正整数. 任二个二次型对 mod q 相似之必要且充分条件为其特征系全同.

§6. 二次型的特征系. 族

由相似及 mod q 相似的定义, 立刻得到若二个二次型相似, 则对任何 q, 他们必为 mod q 相似.

定义 1 命 $p_1, \cdots, p_s$ 为 d 之奇素因子. 若 $(k, 2d) = 1$, 且可以 $F(x, y)$ 表出之, 则由上节之讨论可知

$$\left[\frac{k}{p_i}\right], \delta(k), \varepsilon(k), \delta(k)\varepsilon(k) \tag{1}$$

之值不因 k 而异. 称他们为 $F(x, y)$ 的特征系.

因此二相似的二次型有相同的特征系, 所以可以定义二次型类的特征系.

定义 2 若二个有相同判别式 d 的二次型类的每个特征值都相等, 则称他们为属于同一族.

易见族乃由若干类所组成, 今后将证明每一族中所含的类数相等. 因此项事实

在研究二次域上理想数时,更为直觉,故不在此处证明.

族的概念主要是由于讨论用二次型表整数的问题所引起.

命 $F(x,y)$ 表一固定的二次原型.今往讨论不定方程式
$$k = F(x,y). \tag{2}$$

若 $h(d) = 1$,则此问题可由定理 4.1 解决之.但若 $h(d) \neq 1$,则定理 4.1 仅给予若干不完整的结果.例如若 $\psi(k) = 0$,则 (2) 式无解;但若 $\psi(k) \neq 0$,则 (2) 式有解否? 苟有解,则解数多少? 此皆非定理 4.1 之所能回答者.族的引入,对于这个问题的解决,也有部分帮助.

例 1. $d = -96$,共有四个定正已化原型
$$\{1,0,24\},\{3,0,8\},\{4,4,7\},\{5,2,5\}.$$
由定理 4.1 仅知如以此四型表 k,则解数之总和为
$$\psi(k) = 2 \sum_{n\mid k} \left[\frac{-96}{n}\right],$$
此处 n 经过 k 的所有的正因子.为欲算出特征系,必先选出与 d 互素之 k,且可由该型表出者.今各取
$$k = 1,11,7,5,$$
因之算出

型	$\left[\dfrac{k}{3}\right]$	$\delta(k)$	$\varepsilon(k)$
$\{1,0,24\}$	$+1$	$+1$	$+1$
$\{3,0,8\}$	-1	-1	-1
$\{4,4,7\}$	$+1$	-1	$+1$
$\{5,2,5\}$	-1	$+1$	-1

此表完全说明每族包有一类.由此得出:当 $k \equiv 1,11,7,5 \pmod{12}$ 时,$\psi(k)$ 各表了第一、第二、第三、第四型之解数.更具体些,若 $k \equiv 1 \pmod{12}$,则 $\psi(k) = 2\sum_{n\mid k}\left[\dfrac{-96}{n}\right]$ 表
$$x^2 + 24y^2 = k$$
的解数.同时,也已证明当 $k \equiv 11,7,5 \pmod{12}$ 时,上式不可解.

例 2. $d = -15$.共有两个定正已化原型:
$$\{1,1,4\},\{2,1,2\}.$$
各取 $k = 1$ 及 17,各得
$$\left[\frac{k}{3}\right] = \left[\frac{k}{5}\right] = 1,$$
及

$$\left[\frac{k}{3}\right]=\left[\frac{k}{5}\right]=-1.$$

由此二者可以算出 $k\equiv 1,4\pmod{15}$ 及 $k\equiv 2,8\pmod{15}$. 即得若 $k\equiv 7,11,13$ 或 $14\pmod{15}$, 则 k 不能以此二型之任一表之. 而 $k\equiv 1,4\pmod{15}$, 则 $\{1,1,4\}$ 表 k 之方法数等于 $2\sum_{n|k}\left[\dfrac{-15}{n}\right]$; 若 $k\equiv 2,8\pmod{15}$, 则 $\{2,1,2\}$ 表 k 之方法数也如此.

由上面二例可以看到, 若每族中只含有一类, 则当 $(k,2d)=1$ 时, (2) 的解数可以完全确定.

兹将 $d>-400$ 之每族只有一类之情况列表如下 (310 页). 表中还列出所有的定正已化原型.

习题: 如例题, 研究 $d=-20,-24,-32,-35,-51,-75$ 时之情况.

§7. 级数 $K(d)$ 之收敛性

命
$$K(d)=\sum_{n=1}^{\infty}\left[\frac{d}{n}\right]\frac{1}{n}. \tag{1}$$

此乃一非常重要之级数.

因 $\left[\dfrac{d}{n}\right]$ 为模 $|d|$ 之实特征, 故由定理 7.2.3 可得

$$\left|\sum_{a\leqslant n\leqslant b}\left[\frac{d}{n}\right]\right|<|d|.$$

再由定理 6.9.2, 可知级数 $K(d)$ 收敛.

定理 1
$$\lim_{\tau\to\infty}\frac{1}{\tau}\sum_{\substack{1\leqslant k\leqslant\tau\\(k,d)=1}}\sum_{n|k}\left[\frac{d}{n}\right]=\frac{\varphi(|d|)}{|d|}K(d).$$

证: 1) 命 $A(\tau;d,n)$ 表示不大于 $\dfrac{\tau}{n}$ 而与 d 互素之整数之个数, 则

$$\frac{1}{\tau}\sum_{\substack{1\leqslant k\leqslant\tau\\(k,d)=1}}\sum_{n|k}\left[\frac{d}{n}\right]=\frac{1}{\tau}\sum_{n=1}^{\infty}\left[\frac{d}{n}\right]\sum_{\substack{1\leqslant k\leqslant\tau\\(k,d)=1\\n|k}}1=\frac{1}{\tau}\sum_{n=1}^{\infty}\left[\frac{d}{n}\right]\sum_{\substack{1\leqslant k\leqslant\tau/n\\(k,d)=1}}1$$

$$=\sum_{n=1}^{\infty}\left[\frac{d}{n}\right]\frac{A(\tau;d,n)}{\tau}. \tag{2}$$

$-d=3$	1,1,1	$-d=96$	1,0,24	$-d=195$	1,1,49
4	1,0,1		3,0,8		3,3,17
7	1,1,2		4,4,7		5,5,11
8	1,0,2		5,2,5		7,1,7

11	1,1,3			99	1,1,25	228	1,0,57
12	1,0,3				5,1,5		2,2,29
15	1,1,4			100	1,0,25		3,0,19
	2,1,2				2,2,13		6,6,11
16	1,0,4			112	1,0,28	232	1,0,58
19	1,1,5				4,0,7		2,0,29
20	1,0,5			115	1,1,29	235	1,1,59
	2,2,3				5,5,7		5,5,13
24	1,0,6			120	1,0,30	240	1,0,60
	2,0,3				2,0,15		3,0,20
27	1,1,7				3,0,10		4,0,15
28	1,0,7				5,0,6		5,0,12
32	1,0,8			123	1,1,31	267	1,1,67
	3,2,3				3,3,11		3,3,23
35	1,1,9			132	1,0,33	280	1,0,70
	3,1,3				2,2,17		2,0,35
36	1,0,9				3,0,11		5,0,14
	2,2,5				6,6,7		7,0,10
40	1,0,10			147	1,1,37	288	1,0,72
	2,0,5				3,3,13		4,4,19
43	1,1,11			148	1,0,37		8,0,9
48	1,0,12				2,2,19		8,8,11
	3,0,4			160	1,0,40	312	1,0,78
51	1,1,13				4,4,11		2,0,39
	3,3,5				5,0,8		3,0,26
52	1,0,13				7,6,7		6,0,13
	2,2,7			163	1,1,41	315	1,1,79
60	1,0,15			168	1,0,42		5,5,17
	3,0,5				2,0,21		7,7,13
64	1,0,16				3,0,14		9,9,11
	4,4,5				6,0,7	340	1,0,85
67	1,1,17			180	1,0,45		2,2,43
72	1,0,18				2,2,23		5,0,17
	2,0,9				5,0,9		10,10,11
75	1,1,19				7,4,7	352	1,0,88
	3,3,7			187	1,1,47		4,4,23
84	1,0,21				7,3,7		8,0,11
	2,2,11			192	1,0,48		8,8,13
	3,0,7				3,0,16	372	1,0,93
	5,4,5				4,4,13		2,2,47
88	1,0,22				7,2,7		3,0,31
	2,0,11						6,6,17
91	1,1,23						
	5,3,5						

因当 n 增大时, $A(\tau;d,n)$ 决不增加; 又因

$$\frac{A(\tau;d,n)}{\tau} \leqslant \frac{1}{n},$$

故由定理 6.8.2, 可知级数(2)关于 τ 为一致收敛.

又对固定之 n 有

$$\lim_{\tau\to\infty}\frac{A(\tau;d,n)}{\tau}=\frac{\varphi(|d|)}{|d|}\frac{1}{n}.$$

故得

$$\lim_{\tau\to\infty}\frac{1}{\tau}\sum_{\substack{1\leqslant k\leqslant \tau\\(k,d)=1}}\sum_{n|k}\left[\frac{d}{n}\right]=\sum_{n=1}^{\infty}\left[\frac{d}{n}\right]\lim_{\tau\to\infty}\frac{A(\tau;d,n)}{\tau}$$

$$=\frac{\varphi(|d|)}{|d|}\sum_{n=1}^{\infty}\left[\frac{d}{n}\right]\frac{1}{n}.$$

§8. 双曲扇形及椭圆内之整点数

定理 1 设 $m>0$, 与一以原点为中心之椭圆或一以原点为中心之双曲扇形(由双曲线之弧及由原点出发之二射线所构成). 命 I 为其面积(有限的). 将原图形放大 $\sqrt{\tau}$ 倍(即以 $\xi\sqrt{\tau},\eta\sqrt{\tau}$ 代 ξ,η). 命 $U(\tau)$ 表此放大的图形中之整点, 其坐标皆适合

$$\xi\equiv\xi_0\pmod{m},\qquad \eta\equiv\eta_0\pmod{m}$$

者之个数, 则

$$\lim_{\tau\to\infty}\frac{U(\tau)}{\tau}=\frac{I}{m^2}.$$

证: 在原图形之平面上作网. 以

$$\xi=\frac{\xi_0+rm}{\sqrt{\tau}},\qquad \eta=\frac{\eta_0+sm}{\sqrt{\tau}}$$

为其经纬. 网眼为边长 $\frac{m}{\sqrt{\tau}}$ 之正方形.

命 $W(\tau)$ 为网眼之"西南角"在椭圆或双曲扇形中者之个数. 则显然有

$$U(\tau)=W(\tau).$$

今网眼之面积为 $\frac{m^2}{\tau}$, 由积分之基本定理立得

$$I=\iint d\xi d\eta=\lim_{\tau\to\infty}\frac{m^2}{\tau}W(\tau).$$

故得定理.

§9. 平 均 极 限

命 $\psi(k,F)$ 表用 F 表 k 之原表示之个数, 又命

$$H(\tau,F)=\sum_{\substack{1\leqslant k\leqslant \tau\\(k,d)=1}}\psi(k,F),\quad \tau>1.$$

本节之目的在求出极限

$$\lim_{\tau \to \infty} \frac{1}{\tau} H(\tau, F).$$

定理 1 当 x, y 各过完全剩余系 $\bmod |d|$ 时，恰有 $|d|\psi(|d|)$ 组值使 $F(x, y)$ 与 d 互素．

证：只需证明：若 $p^l \mid d, l > 0$，则 x, y 于模 p^l 之完全剩余系中恰有 $p^l \varphi(p^l)$ 组使 $p \nmid F(x, y)$ 即可．盖命 $|d|$ 之标准分解式为 $\prod_i p_i^{l_i}$，则因 $(d, F(x, y)) = 1$ 与 $p \nmid F(x, y)$ 等价，故由孙子定理可知当 x, y 各过模 $|d|$ 之完全剩余系时，共有

$$\prod_{p^l \| d} p^l \varphi(p^l) = |d| \varphi(d)$$

个值使 $F(x, y)$ 与 d 互素．

因 $(a, b, c) = 1$，故 $p \nmid (a, c)$．今设 $p \nmid a$．

1) 设 $p > 2$．因 $(p, 4a) = 1$，故由

$$4aF = (2ax + by)^2 - dy^2 \not\equiv 0 \pmod{p},$$

可知

$$2ax + by \not\equiv 0 \pmod{p}.$$

且反之亦然．对 y 之任一值（共有 p^l 个值），因 $p \nmid 2a$，故 x 有 $p-1$ 个不同值，$\bmod p$．即 x 有 $p^{l-1}(p-1) = \varphi(p^l)$ 个值 $\bmod p^l$．故得定理．

2) 设 $p = 2$．由 $2 \mid d$ 可知 $2 \mid b$．条件

$$ax^2 + bxy + cy^2 \equiv 1 \pmod{2},$$

即为

$$ax + cy \equiv 1 \pmod{2}.$$

因对 y 之任一值（共有 2^l 个）有 2^{l-1} 个 x 之值（$\bmod 2^l$）使上式成立，故得定理．

定理 2 吾人有

$$\lim_{\tau \to \infty} \frac{H(\tau, F)}{\tau} = \begin{cases} \dfrac{2\pi}{\sqrt{|d|}} \dfrac{\varphi(|d|)}{|d|}, & \text{若 } d < 0, \\ \dfrac{\log \varepsilon}{\sqrt{d}} \dfrac{\varphi(d)}{d}, & \text{若 } d > 0. \end{cases}$$

证：若 $d < 0$，命 $U(\tau) = U(\tau, F, x_0, y_0)$ 表示适合

$$0 \leqslant F(x, y) \leqslant \tau,$$

$$x \equiv x_0 \pmod{|d|}, \quad y \equiv y_0 \pmod{|d|}$$

之解数．若 $d > 0$，则命 $U(\tau) = U(\tau, F, x_0, y_0)$ 表示适合

$$0 \leqslant F(x, y) \leqslant \tau, \overline{L} > 0, 1 \leqslant \left|\frac{L}{\overline{L}}\right| < \varepsilon^2,$$

$$x \equiv x_0 \pmod{|d|}, \quad y \equiv y_0 \pmod{|d|}$$

第十二章　二元二次型

之解数.此处 $L,\overline{L},\varepsilon$ 之定义一如 §11.4.

命 x_0,y_0 各各经过模 $|d|$ 之完全剩余系中使 $(F(x_0,y_0),d)=1$ 之整数组,则

$$\sum_{\substack{(x_0,y_0)\\(F(x_0,y_0),d)=1}} U(\tau) = \sum_{\substack{1\leqslant k\leqslant \tau\\(k,d)=1}} \psi(k,F) = H(\tau,F),$$

故有

$$\lim_{\tau\to\infty} \frac{H(\tau,F)}{\tau} = \lim_{\tau\to\infty} \frac{1}{\tau} \sum_{\substack{(x_0,y_0)\\(F(x_0,y_0),d)=1}} U(\tau).$$

由定理 1,若能证明对每一组 x_0,y_0,均有

$$\lim_{\tau\to\infty} \frac{U(\tau)}{\tau} = \begin{cases} \dfrac{2\pi}{\sqrt{|d|}} \dfrac{1}{d^2}, & \text{若 } d<0, \\ \dfrac{\log\varepsilon}{\sqrt{d}} \dfrac{1}{d^2}. & \text{若 } d>0, \end{cases}$$

则定理已得.再由定理 8.1,可知只需求出椭圆 $F(x,y)\leqslant 1(d<0)$ 及双曲扇形 $0\leqslant F(x,y)\leqslant 1, \overline{L}>0, 1\leqslant \left|\dfrac{L}{\overline{L}}\right|<\varepsilon^2(d>0)$ 之面积便已足够.

1) 设 $d<0$,熟知椭圆

$$ax^2+bxy+cy^2\leqslant 1$$

之面积为 $\dfrac{2\pi}{\sqrt{|d|}}$,故得定理.

2) 设 $d>0$,不妨假定 $a>0$.因

$$L=2ax+(b+\sqrt{d})y, \quad \overline{L}=2ax+(b-\sqrt{d})y,$$

故有

$$L\overline{L}=4a(ax^2+bxy+cy^2),$$

而得 $L>0$.

所求双曲扇形之面积为

$$I=\iint dx\,dy,$$

其中积分变数过 $L\overline{L}\leqslant 4a, \overline{L}>0, 1\leqslant \dfrac{L}{\overline{L}}<\varepsilon^2.$ 换变数

$$\frac{L}{2\sqrt{a}}=\rho, \quad \frac{\overline{L}}{2\sqrt{a}}=\sigma.$$

此变换之函数行列式(Jacobian)之值等于

$$\begin{vmatrix} \dfrac{\partial\rho}{\partial x} & \dfrac{\partial\rho}{\partial y} \\ \dfrac{\partial\sigma}{\partial x} & \dfrac{\partial\sigma}{\partial y} \end{vmatrix} = \frac{1}{2\sqrt{a}} \frac{1}{2\sqrt{a}} \begin{vmatrix} 2a & b+\sqrt{d} \\ 2a & b-\sqrt{d} \end{vmatrix} = -\sqrt{d}.$$

故
$$I = \frac{1}{\sqrt{d}}\iint d\rho d\sigma,$$

积分变数过 $\rho\sigma \leqslant 1, \sigma > 0, \sigma \leqslant \rho < \varepsilon^2 \sigma$. 此乃一以 $(0,0), \left(\varepsilon, \frac{1}{\varepsilon}\right), (1,1)$ 为顶点之等腰双曲扇形. 故

$$\sqrt{d}\, I = \int_0^1 d\rho \int_{\rho/\varepsilon^2}^{\rho} d\sigma + \int_1^{\varepsilon} d\rho \int_{\rho/\varepsilon^2}^{1/\rho} d\sigma$$

$$= \int_0^1 \left[\rho - \frac{\rho}{\varepsilon^2}\right] d\rho + \int_1^{\varepsilon} \left[\frac{1}{\rho} - \frac{\rho}{\varepsilon^2}\right] d\rho$$

$$= \int_0^1 \rho\, d\rho + \int_1^{\varepsilon} \frac{d\rho}{\rho} - \int_0^{\varepsilon} \frac{\rho}{\varepsilon^2} d\rho = \log \varepsilon.$$

所以
$$I = \frac{\log \varepsilon}{\sqrt{d}},$$

而得定理.

§10. 类数之解析表示法

定理 1

$$h(d) = \begin{cases} \dfrac{w\sqrt{|d|}}{2\pi} K(d), & \text{若 } d < 0, \\ \dfrac{\sqrt{d}}{\log \varepsilon} K(d), & \text{若 } d > 0. \end{cases}$$

证: 命
$$F_1, \cdots, F_{h(d)}$$

为代表系. 由定理 4.1 可知

$$\sum_F H(\tau, F) = \sum_{\substack{1 \leqslant k \leqslant \tau \\ (k,d)=1}} \sum_F \psi(k, F)$$

$$= \sum_{\substack{1 \leqslant k \leqslant \tau \\ (k,d)=1}} \psi(k) = w \sum_{\substack{1 \leqslant k \leqslant \tau \\ (k,d)=1}} \sum_{n \mid k} \left[\frac{d}{n}\right].$$

由定理 7.1 及定理 9.2 可知

$$h(d) \begin{Bmatrix} 2\pi \\ \log\varepsilon \end{Bmatrix} \frac{\varphi(|d|)}{|d|^{3/2}} = w \frac{\varphi(|d|)}{|d|} K(d) \begin{cases} \text{若 } d < 0, \\ \text{若 } d > 0, \end{cases}$$

即得所求.

故今之问题一变而为求

第十二章　二元二次型

$$K(d) = \sum_{n=1}^{\infty} \frac{1}{n}\left[\frac{d}{n}\right]$$

之和之问题矣.

§11. 基本判别式

定义　基本判别式 d 者乃判别式之不含奇素数之平方因子,且 d 或为奇数或 $\equiv 8 \pmod{16}$ 或 $\equiv 12 \pmod{16}$ 者.

例如:$5,8,12,13,17,21,24,28,29,\cdots$.

定理 1　任一判别式 d 皆可表为 fm^2 之形式,此处 f 是基本判别式.且表法是唯一的.

证:1) 若 d 是奇数,命 m^2 为最大之平方数可除尽 d 者.命 $d = fm^2$,即得所求.

2) 若 d 是偶数,先表 $d = qr^2$,r^2 是 d 中之最大平方因子.显然有 $2 \mid r$.

若 $q \equiv 1 \pmod 4$,则 q 即为基本判别式.

若 $q \equiv 2$ 或 $3 \pmod 4$,则取 $f = 4q$,如此则 $4q \equiv 8$ 或 $12 \pmod{16}$ 此乃基本判别式.

3) 唯一性.

命 $d = fm^2, m > 0, f$ 为基本判别式.若 f 是奇数,则 f 无平方因子,即 m^2 乃 d 之最大平方因子.若 f 是偶数,则 $f \equiv 8$ 或 $12 \pmod{16}$,即 $4 \nmid \frac{f}{4}$,故 $(2m)^2$ 为 d 之最大平方因子.由此种说法,唯一性已明.

定理 2　命 $d = fm^2$ 为定理 1 中之表示法,则

$$K(d) = \prod_{p \mid m}\left[1 - \left[\frac{f}{p}\right]\frac{1}{p}\right] K(f).$$

证:吾人有

$$K(d) = \sum_{n=1}^{\infty}\left[\frac{d}{n}\right]\frac{1}{n} = \sum_{n=1}^{\infty}\left[\frac{m^2 f}{n}\right]\frac{1}{n}$$

$$= \sum_{\substack{n=1 \\ (m,n)=1}}^{\infty}\left[\frac{f}{n}\right]\frac{1}{n}.$$

设 m 之标准分解式为 $p_1^{l_1} \cdots p_s^{l_s}$,则由定理 1.7.1,可知

$$K(d) = K(f) - \sum_{p_i \mid m}\left[\frac{f}{p_i}\right]\frac{1}{p_i}K(f)$$

$$+ \sum_{\substack{p_i \mid m, p_j \mid m \\ p_i \neq p_j}}\left[\frac{f}{p_i p_j}\right]\frac{1}{p_i p_j}K(f) - + \cdots$$

$$= \prod_{p \mid m}\left[1 - \left(\frac{f}{p}\right)\frac{1}{p}\right]K(f).$$

由此可知今后只需求出 $K(f)$ 之值即足.

习题. 试证若 d 为基本判别式, 则 $\left(\dfrac{d}{n}\right)$ 为一模 $|d|$ 的实原特征.

§12. 类 数 公 式

今设 d 为基本判别式. 命

$$\sqrt{\xi} = \begin{cases} +\sqrt{\xi}, & \text{若 } \xi \text{ 是正数}, \\ i\sqrt{|\xi|}, & \text{若 } \xi \text{ 是负数}. \end{cases}$$

定理 1 若 $0 < \varphi < 2\pi$, 则

$$\sum_{n=1}^{\infty}\frac{\sin n\varphi}{n} = \frac{\pi}{2} - \frac{\varphi}{2},$$

及

$$\sum_{n=1}^{\infty}\frac{\cos n\varphi}{n} = -\log\left[2\sin\frac{\varphi}{2}\right].$$

证: 由假定, $0 < \varphi < 2\pi$, 故①

$$\sum_{n=1}^{\infty}\frac{e^{in\varphi}}{n} = -\log(1 - e^{i\varphi})$$

$$= -\log\left[2\sin\frac{\varphi}{2}\right] + i\arctan\left[\cot\frac{\varphi}{2}\right]$$

$$= -\log\left[2\sin\frac{\varphi}{2}\right] + i\left[\frac{\pi}{2} - \frac{\varphi}{2}\right].$$

将等式两边各取实部分和虚部分, 即得定理.

定理 2 若 d 为基本判别式, 则

$$K(d) = \begin{cases} -\dfrac{1}{\sqrt{d}}\displaystyle\sum_{r=1}^{d-1}\left(\dfrac{d}{r}\right)\log\sin\dfrac{\pi r}{d}, & \text{若 } d > 0, \\[2ex] -\dfrac{\pi}{|d|^{3/2}}\displaystyle\sum_{r=1}^{|d|-1}\left(\dfrac{d}{r}\right)r, & \text{若 } d < 0. \end{cases}$$

证: 由特征和已知

$$\sum_{r=1}^{|d|-1}\left(\frac{d}{r}\right)e^{2\pi inr/|d|} = \left(\frac{d}{n}\right)\sqrt{d}.$$

---

① 此式之严格证明需要用及 Abel 定理. 读者可参考著者著"高等数学引论", 第一卷第二分册, §13.7. 科学出版社, 1963.

第十二章 二元二次型

$\left[\text{若 } d \text{ 为基本判别式,则}\left(\dfrac{d}{r}\right)\text{为原特征}\right]$. 故

$$\sqrt{d}K(d) = \sum_{n=1}^{\infty}\left(\dfrac{d}{n}\right)\dfrac{\sqrt{d}}{n} = \sum_{n=1}^{\infty}\dfrac{1}{n}\sum_{r=1}^{|d|-1}\left(\dfrac{d}{r}\right)e^{\frac{2\pi i}{|d|}nr}$$

$$= \sum_{r=1}^{|d|-1}\left(\dfrac{d}{r}\right)\sum_{n=1}^{\infty}\dfrac{1}{n}e^{\frac{2\pi i}{|d|}nr}.$$

1) 若 $d>0$,则取上式之实数部分可知

$$\sqrt{d}K(d) = \sum_{r=1}^{d-1}\left(\dfrac{d}{r}\right)\sum_{n=1}^{\infty}\dfrac{1}{n}\cos\dfrac{2\pi nr}{d}$$

$$= -\sum_{r=1}^{d-1}\left(\dfrac{d}{r}\right)\log\left(2\sin\dfrac{\pi r}{d}\right)$$

$$= -\sum_{r=1}^{d-1}\left(\dfrac{d}{r}\right)\log\sin\dfrac{\pi r}{d}$$

$\left[\text{由于 } \log 2\sum_{r=1}^{d-1}\left(\dfrac{d}{r}\right)=0\right]$.

2) 若 $d<0$,则取虚数部分

$$\sqrt{|d|}K(d) = \sum_{r=1}^{|d|-1}\left(\dfrac{d}{r}\right)\sum_{n=1}^{\infty}\dfrac{1}{n}\sin\dfrac{2\pi rn}{|d|}$$

$$= \sum_{r=1}^{|d|-1}\left(\dfrac{d}{r}\right)\left(\dfrac{\pi}{2}-\dfrac{\pi r}{|d|}\right)$$

$$= -\dfrac{\pi}{|d|}\sum_{r=1}^{|d|-1}\left(\dfrac{d}{r}\right)r.$$

由定理 2 及定理 10.1 立得:

定理 3 设 d 为基本判别式,则当 $d>0$ 时

$$\varepsilon^{h(d)} = \prod_{t}\sin\dfrac{\pi t}{d}\Big/\prod_{s}\sin\dfrac{\pi s}{d};$$

又当 $d<0$ 时

$$h(d) = \dfrac{w}{2|d|}\left[\sum_{t}t-\sum_{s}s\right],$$

此处 s 过适合 $\left(\dfrac{d}{r}\right)=1$ 之诸 $r(0<r<|d|)$,而 t 过适合 $\left(\dfrac{d}{r}\right)=-1$ 之诸 r.

定理 4 设 d 为一负基本判别式,则

$$h(d) = \dfrac{w}{2\left[2-\left(\dfrac{d}{2}\right)\right]}\sum_{r=1}^{\left[\frac{|d|}{2}\right]}\left(\dfrac{d}{r}\right).$$

证:由定理 1 已知:当 $2\pi<\varphi<4\pi$ 时,

$$\sum_{n=1}^{\infty}\frac{\sin n\varphi}{n}=\sum_{n=1}^{\infty}\frac{\sin n(\varphi-2\pi)}{n}=\frac{\pi}{2}-\left[\frac{\varphi-2\pi}{2}\right]=\frac{\pi}{2}-\frac{\varphi}{2}+\pi.$$

如定理 2 之证明

$$\sqrt{d}K(d)\left[\frac{d}{2}\right]=\sum_{n=1}^{\infty}\frac{1}{n}\left[\frac{d}{2n}\right]\sqrt{d}$$

$$=\sum_{n=1}^{\infty}\frac{1}{n}\sum_{r=1}^{|d|-1}\left[\frac{d}{r}\right]e^{\frac{2\pi i}{|d|}\cdot 2nr}.$$

比较虚数部分

$$\sqrt{|d|}K(d)\left[\frac{d}{2}\right]=\sum_{n=1}^{\infty}\frac{1}{n}\sum_{r=1}^{|d|-1}\left[\frac{d}{r}\right]\sin\frac{4\pi nr}{|d|}=\sum_{r=1}^{|d|-1}\left[\frac{d}{r}\right]\sum_{n=1}^{\infty}\frac{1}{n}\sin\frac{4\pi nr}{|d|}$$

$$=\sum_{1\leqslant r<\frac{1}{2}|d|}\left[\frac{d}{r}\right]\left[\frac{\pi}{2}-\frac{2\pi r}{|d|}\right]+\sum_{\frac{1}{2}|d|<r<|d|}\left[\frac{d}{r}\right]\left[\frac{\pi}{2}-\frac{2\pi r}{|d|}+\pi\right].$$

[注意:当 $r=\frac{1}{2}|d|$ 时,该无穷级数之值为 0,而非 $-\frac{\pi}{2}$.但其时 $\left[\frac{d}{r}\right]=0$,故无害也.] 故

$$\sqrt{|d|}K(d)\left[\frac{d}{2}\right]=\frac{-2\pi}{|d|}\sum_{r=1}^{|d|-1}\left[\frac{d}{r}\right]r+\pi\sum_{\frac{1}{2}|d|<r<|d|}\left[\frac{d}{r}\right]$$

$$=2\sqrt{|d|}K(d)+\pi\sum_{\frac{1}{2}|d|<r<|d|}\left[\frac{d}{r}\right]$$

$$=2\sqrt{|d|}K(d)-\pi\sum_{1\leqslant r<\frac{1}{2}|d|}\left[\frac{d}{r}\right],$$

即

$$\sqrt{|d|}\left[2-\left[\frac{d}{2}\right]\right]K(d)=\pi\sum_{1\leqslant r<\frac{1}{2}|d|}\left[\frac{d}{r}\right].$$

故得定理所云.

习题 1. 试用上二定理中所用之方法,以直接证明

$$|d|\sum_{r=1}^{\left[\frac{1}{2}|d|\right]}\left[\frac{d}{r}\right]=\left[2-\left[\frac{d}{2}\right]\right]\sum_{r=1}^{|d|}\left[\frac{d}{r}\right]r.$$

习题 2. 设 $p\equiv 3\pmod 4$,则于 $0,\frac{1}{2}p$ 之间二次剩余之个数多于非二次剩余之个数,若 $p\equiv 1\pmod 4$,则其数相等.

§13. Pell 氏方程的最小解

今申述以上结果之一应用.命 $d>1$,且 $d\equiv 0$ 或 $1\pmod 4$.又命 x_0,y_0 为

第十二章 二元二次型

$$x^2 - dy^2 = 4$$

之解,使 $x_0 + \sqrt{d}y_0$ 最小者($x_0 > 0, y_0 > 0$),而命

$$\varepsilon = \frac{x_0 + \sqrt{d}y_0}{2}.$$

本节之目的在于证明

$$\varepsilon < d^{\sqrt{d}}.$$

命 $d = m^2 f$,此处 f 为基本判别式.

定理 1 命 $f > 0$, A^* 为最小之非负整数 $\equiv A \pmod{f}$ 者,则

$$\frac{1}{A^*+1}\left|\sum_{a=1}^{A}\sum_{n=1}^{a}\left[\frac{f}{n}\right]\right| \leq \frac{1}{2}\left[\sqrt{f} - \frac{A^*+1}{\sqrt{f}}\right].$$

证:由定理 3.3 可以证明

$$\sum_{a=1}^{f}\sum_{n=1}^{a}\left[\frac{f}{n}\right] = 0,$$

故

$$\sum_{a=1}^{A}\sum_{n=1}^{a}\left[\frac{f}{n}\right] = \sum_{a=1}^{A^*}\sum_{n=1}^{a}\left[\frac{f}{n}\right].$$

又可用与定理 7.9.2 相同的方法证明

$$\frac{1}{A^*+1}\left|\sum_{a=1}^{A^*}\sum_{n=1}^{f}\left[\frac{f}{n}\right]\right| \leq \frac{1}{2}\left[\sqrt{f} - \frac{A^*+1}{\sqrt{f}}\right],$$

而得定理.

定理 2 命 $d > 1$,则

$$\left|\sum_{a=1}^{A}\sum_{n=1}^{a}\left[\frac{d}{n}\right]\right| \leq A\sqrt{d}.$$

证:由直接计算可知

$$\left[\frac{d}{n}\right] = \left[\frac{m}{n}\right]^2\left[\frac{f}{n}\right] = \begin{cases} \left[\frac{f}{n}\right], & \text{若}(m,n) = 1, \\ 0, & \text{若}(m,n) > 1. \end{cases}$$

故

$$\left|\sum_{a=1}^{A}\sum_{n=1}^{a}\left[\frac{d}{n}\right]\right| = \left|\sum_{a=1}^{A}\sum_{\substack{n=1 \\ (n,m)=1}}^{a}\left[\frac{f}{n}\right]\right|$$

$$= \left|\sum_{a=1}^{A}\left\{\sum_{n=1}^{a}\left[\frac{f}{n}\right] - \sum_{p \mid m}\left[\frac{f}{p}\right]\sum_{n=1}^{\left[\frac{a}{p}\right]}\left[\frac{f}{n}\right] + \sum_{\substack{p_1 p_2 \mid m \\ p_1 \neq p_2}}\left[\frac{f}{p_1 p_2}\right]\sum_{n=1}^{\left[\frac{a}{p_1 p_2}\right]}\left[\frac{f}{n}\right] - \cdots\right\}\right|$$

$$\leq \sum_{k \mid m}\left|\sum_{a=1}^{A}\sum_{n=1}^{\left[\frac{a}{k}\right]}\left[\frac{f}{n}\right]\right| \leq \sum_{k \mid m}\left\{k\sum_{b=1}^{\left[\frac{A}{k}\right]-1}\sum_{n=1}^{b}\left[\frac{f}{n}\right] + k\left|\sum_{n=1}^{\left[\frac{A}{k}\right]}\left[\frac{f}{n}\right]\right|\right\}$$

$$\leqslant \sum_{k|m} k \left\{ \frac{1}{2} \left[\frac{A}{k} \right] \sqrt{f} + \left[\frac{A}{k} \right] \right\} \leqslant A \sum_{k|m} \left\{ \frac{1}{2} \sqrt{f} + 1 \right\}$$

$$\leqslant A \sqrt{f} m = A \sqrt{d}.$$

(因为 $f \geqslant 5$, 故 $1 < \frac{1}{2} \sqrt{f}$. 又 $\sum_{k|m} 1 \leqslant m$.)

定理 3 命 $d \geqslant 5$, 则

$$K(d) < \frac{1}{2} \log d + 1.$$

证:当 $n \geqslant 1$ 时, 命

$$S(n) = \sum_{a=1}^{n} \sum_{k=1}^{a} \left[\frac{d}{k} \right],$$

并定义 $S(-1) = S(0) = 0$. 于是有

$$S(n) - S(n-1) = \sum_{k=1}^{n} \left[\frac{d}{k} \right],$$

$$S(n) - 2S(n-1) + S(n-2) = \left[\frac{d}{n} \right], \quad n \geqslant 1.$$

故

$$K(d) = \sum_{n=1}^{\infty} \left[\frac{d}{n} \right] \frac{1}{n} = \sum_{n=1}^{\infty} \frac{1}{n} \{ S(n) - 2S(n-1) + S(n-2) \}$$

$$= \sum_{n=1}^{\infty} S(n) \left\{ \frac{1}{n} - \frac{2}{n+1} + \frac{1}{n+2} \right\}$$

$$= \sum_{n=1}^{\infty} \frac{2S(n)}{n(n+1)(n+2)}.$$

命

$$S_1 = \sum_{n=1}^{A-1} \frac{2S(n)}{n(n+1)(n+2)}, \quad S_2 = \sum_{n=A}^{\infty} \frac{2S(n)}{n(n+1)(n+2)}.$$

由于 $|S(n)| \leqslant \frac{n(n+1)}{2}$, 故得

$$|S_1| \leqslant \sum_{n=1}^{A-1} \frac{1}{n+2} = \sum_{n=1}^{A-1} \frac{1}{n} - \frac{3}{2} + \frac{1}{A} + \frac{1}{A+1}$$

$$\leqslant \log(A-1) + \gamma - \frac{3}{2} + \frac{1}{A} + \frac{1}{A+1}.^{①}$$

又由定理 2, 得

$$|S_2| \leqslant \sum_{n=A}^{\infty} \frac{2\sqrt{d}}{(n+1)(n+2)} = \frac{2\sqrt{d}}{A+1}.$$

---

① $\gamma = 0.5772\cdots$ 为 Euler 常数. $\sum_{n=1}^{x} \frac{1}{n} \leqslant \log x + \gamma$ 之证明可由 $\lim_{x \to \infty} \left[\sum_{n=1}^{x} \frac{1}{n} - \log x \right] = \gamma$ 及 $\sum_{n=1}^{x} \frac{1}{n} - \log x$ 为一递增函数而得.

取 $A = [2\sqrt{d}] + 1$,则

$$|K(d)| \leqslant |S_1| + |S_2| \leqslant \log(A-1) + \gamma - \frac{3}{2} + \frac{1}{A} + \frac{2\sqrt{d}+1}{A+1} < \frac{1}{2}\log d + 1,$$

(因为 $d \geqslant 5$).

定理 4 常有

$$\log \varepsilon < \sqrt{d}\left[\frac{1}{2}\log d + 1\right].$$

证:由定理 10.1

$$1 \leqslant h(d) = \frac{\sqrt{d}}{\log \varepsilon}K(d).$$

再由定理 3,即得定理.

定理 5(Schur) 常有

$$\log \varepsilon < \sqrt{d}\log d.$$

证:若 $d > e^2$,则由上定理,已得.若 $d < e^2$,则 $d = 5$,但此时

$$\varepsilon = \frac{3+\sqrt{5}}{2},$$

而

$$\log \varepsilon < \sqrt{5}\log 5,$$

定理成立.

附记:Gauss 曾推测:当 $|d| \to \infty$ 时,

$$h(d) \to \infty.$$

此乃一著名的难题. 1934 年 Heilbronn 证明,当 $d \to -\infty$ 时,则 $h(d) \to \infty$. 后一年,Siegel 证明

$$\lim_{d \to -\infty} \frac{\log h(d)}{\log |d|} = \frac{1}{2},$$

即已得出 $h(d)$ 当 $d \to -\infty$ 时之无穷大之主阶.

但是否当 $d \to \infty$ 时,$h(d) \to \infty$. 此乃一尚未解决之难题. 关于此方面 Siegel 之结果为

$$\lim_{d \to \infty} \frac{\log(h(d)\log \varepsilon)}{\log d} = \frac{1}{2}.$$

但苦于对 $\log \varepsilon$ 之阶所知不够,故无法得知 $h(d)$ 是否趋向无穷.

此二结果将于 §15 中证明之.

§14. 若 干 引 理

在下一节中将证明 Heilbronn-Siegel 定理. 在此证明中需要用到一些复变函数

论的知识,及第九章中所证明的关于 ζ 函数的某些简单性质.为了方便起见,故将下一节中所需的知识分述如下:

1) 复变函数论中所征引之定理为:

定理 1(Cauchy 不等式)　若

$$f(s) = \sum_{n=0}^{\infty} a_n (s-a)^n$$

在 $|s-a| \leqslant r$ 中为正则,且 $|f(s)| \leqslant M$,则

$$|a_n| \leqslant M r^{-n} \quad (n=0,1,2,\cdots).$$

(证明见普里瓦洛夫所著复变函数引论,第五章,§2,第 8 段.)

2) 关于 ζ 函数所需的定理为:

定理 2　$\zeta(s)(s=\sigma+it)$ 在半平面 $\sigma>0$ 上为一除 $s=1$ 以外无处不正则的函数,而 $s=1$ 为它的一次极点,在其上的留数为 1. 又有

$$\left| \zeta(s) - \frac{1}{s-1} \right| \leqslant \frac{|s|}{\sigma} \quad (\sigma>0) \tag{1}$$

成立(见定理 9.2.1).

3) 今引进另一函数

$$L_d(s) = \sum_{n=1}^{\infty} \left[\frac{d}{n} \right] \frac{1}{n^s} \quad (\sigma>0),$$

此处 d 是一判别式.显然

$$L_d(1) = K(d).$$

定理 3　$L_d(s)$ 在右半平面 $\sigma>0$ 上表一正则函数,且适合

$$|L_d(s)| < \frac{|d| \cdot |s|}{\sigma} \quad (\sigma>0), \tag{2}$$

及

$$0 < L_d(1) < 2 + \log|d|. \tag{3}$$

证:命 n_1, n_2 为任意二正整数,且 $n_2 > n_1$.则因

$$\left| \sum_{n_1 \leqslant n \leqslant m} \left[\frac{d}{n} \right] \right| < |d|$$

对任何 $m > n_1$ 皆成立,故由定理 6.8.1 得

$$\left| \sum_{n_1 \leqslant n \leqslant n_2} \left[\frac{d}{n} \right] \frac{1}{n^s} \right| \leqslant |d| \left[\sum_{n_1 \leqslant n \leqslant n_2-1} \left| \frac{1}{n^s} - \frac{1}{(n+1)^s} \right| + \left| \frac{1}{n_2^s} \right| \right].$$

又

$$\left| \frac{1}{n^s} - \frac{1}{(n+1)^s} \right| = \left| s \int_n^{n+1} x^{-s-1} dx \right| \leqslant |s| \int_n^{n+1} x^{-\sigma-1} dx,$$

所以有

$$\left|\sum_{n_1\leqslant n\leqslant n_2}\left(\frac{d}{n}\right)\frac{1}{n^s}\right|\leqslant |d|\cdot |s|\left(\int_{n_1}^{n_2}x^{-\sigma-1}dx+|s|^{-1}n_2^{-\sigma}\right)$$

$$\leqslant \frac{|d|\cdot |s|}{\sigma}n_1^{-\sigma} \quad (\sigma>0). \tag{4}$$

由(4)可知,对于任何 $\sigma_0>0$,$L_d(s)$ 在半平面 $\sigma\geqslant \sigma_0$ 上的任何有限区域内为一致收敛,自然也为正则.又因 σ_0 可取为任意小的正数,故 $L_d(s)$ 在半平面 $\sigma>0$ 内为一正则函数.

又在(4)中取 $n_1=1$,而令 $n_2\to\infty$,可得(2)式.

由定理 10.1 及 $h(d)\geqslant 1, \log\varepsilon>0$,可知

$$L_d(1) = K(d)>0.$$

又分

$$L_d(1) = \sum_{n=1}^{\infty}\left(\frac{d}{n}\right)\frac{1}{n} = \sum_{n=1}^{|d|}\left(\frac{d}{n}\right)\frac{1}{n}+\sum_{n=|d|+1}^{\infty}\left(\frac{d}{n}\right)\frac{1}{n}$$

为二部分,其第一部分

$$\left|\sum_{n=1}^{|d|}\left(\frac{d}{n}\right)\frac{1}{n}\right|\leqslant \sum_{n=1}^{|d|}\frac{1}{n}<1+\log|d|,$$

而第二部分,由(4)可知,

$$\left|\sum_{n=|d|+1}^{\infty}\left(\frac{d}{n}\right)\frac{1}{n}\right|\leqslant \frac{|d|}{|d|+1}<1,$$

故得定理.

§15. Siegel 定理

定理 1 命 d 及 d_1 为二判别式,及

$$f(s) = \zeta(s)L_d(s)L_{d_1}(s)L_{dd_1}(s),$$

则当 $\sigma>1$ 时,有

$$f(s) = \sum_{n=1}^{\infty}a_n n^{-s}, \quad a_1=1, \quad a_n\geqslant 0 \quad (n=2,3,\cdots).$$

证:当 $\sigma>1$ 时,$\sum_{n=1}^{\infty}\frac{1}{n^s}$ 及 $\sum_{n=1}^{\infty}\left(\frac{d}{n}\right)\frac{1}{n^s}$ 皆为绝对收敛,且 $\frac{1}{n^s}$ 及 $\left(\frac{d}{n}\right)\frac{1}{n^s}$ 皆为完全积性函数.故由定理 5.4.4,得

$$\zeta(s) = \prod_p\left(1-\frac{1}{p^s}\right)^{-1}, \quad L_d(s)=\prod_p\left(1-\left(\frac{d}{p}\right)\frac{1}{p^s}\right)^{-1} \quad (\sigma>1).$$

若命

$$g(s,p) = \left\{(1-p^{-s})\left(1-\left(\frac{d}{p}\right)p^{-s}\right)\left(1-\left(\frac{d_1}{p}\right)p^{-s}\right)\left(1-\left(\frac{dd_1}{p}\right)p^{-s}\right)\right\}^{-1},$$

则有
$$f(s) = \prod_p g(s,p) \quad (\sigma > 1). \tag{1}$$

今 $\left[\dfrac{d}{p}\right], \left[\dfrac{d_1}{p}\right], \left[\dfrac{dd_1}{p}\right]$ 之值只可能为 $0, 1$ 或 -1. 当 $\left[\dfrac{d}{p}\right] = \left[\dfrac{d_1}{p}\right] = 1$ 时,
$$g(s,p) = (1-p^{-s})^{-4} = \frac{1}{6}\sum_{m=0}^{\infty}(m+1)(m+2)(m+3)p^{-ms};$$

当 $\left[\dfrac{d}{p}\right] = -1, \left[\dfrac{d_1}{p}\right] = \pm 1$, 或 $\left[\dfrac{d_1}{p}\right] = -1, \left[\dfrac{d}{p}\right] = \pm 1$ 时,
$$g(s,p) = (1-p^{-2s})^{-2} = \sum_{m=0}^{\infty}(m+1)p^{-2ms};$$

当 $\left[\dfrac{d}{p}\right], \left[\dfrac{d_1}{p}\right]$ 中有一个为 0, 而另一个为 $0, 1, -1$ 时,
$$g(s,p) = (1-p^{-s})^{-1} = \sum_{m=0}^{\infty} p^{-ms};$$
$$g(s,p) = (1-p^{-s})^{-2} = \sum_{m=0}^{\infty}(m+1)p^{-ms};$$
$$g(s,p) = (1-p^{-2s})^{-1} = \sum_{m=0}^{\infty} p^{-2ms}.$$

故对所有情形及任何素数 p, 有 $a_1 = 1, a_{p^m} \geqslant 0 (m=1,2,\cdots)$, 使
$$g(s,p) = \sum_{m=0}^{\infty} a_{p^m} p^{-ms} \quad (\sigma > 1) \tag{2}$$
成立.

由 (1) 及 (2) 得
$$f(s) = \prod_p \left[\sum_{m=0}^{\infty} a_{p^m} p^{-ms}\right] \quad (\sigma > 1). \tag{3}$$

今设 n 之标准分解式为 $n = p_1^{q_1} \cdots p_l^{q_l}$. 定义
$$a_n = a_{p_1^{q_1}} \cdots a_{p_l^{q_l}},$$
故 a_n 对所有的自然数 n 皆有定义, 且为一积性函数, 而 $a_1 = 1, a_n \geqslant 0$, 再由定理 5.4.4 及 (3) 式可得
$$f(s) = \sum_{n=1}^{\infty} a_n n^{-s} \quad (\sigma > 1),$$
而 a_n 适合定理中的要求, 也即 $a_1 = 1, a_n \geqslant 0$.

定理 2 命 d 及 d_1 为二基本判别式, $|d| > |d_1| > 1$, 如此则 dd_1 是一判别式. $f(s)$ 如定理 1 所定义, 又命
$$\rho = L_d(1) L_{d_1}(1) L_{dd_1}(1),$$

则当 $0<\delta<a<1$ (δ 为任一固定的小于 1 的正数) 时,有

$$f(a) > \frac{1}{2} - \frac{C_1 \rho}{1-a} \mid dd_1 \mid^{C_2(1-a)},$$

此处 C_1, C_2 皆表只与 δ 有关之正常数.

证:当 $|s-2|<1$ 时,$f(s) - \frac{\rho}{s-1}$ 是正则的,故可把它展成 Taylor 级数如

$$f(s) - \frac{\rho}{s-1} = \sum_{m=0}^{\infty}(b_m - \rho)(2-s)^m, \tag{4}$$

此处

$$b_0 = f(2), \quad b_m = (-1)^m \frac{f^{(m)}(2)}{m!} \quad (m=1,2,\cdots).$$

而由定理 1,可知 $f(2) \geqslant 1$. $(-1)^m f^{(m)}(2) = \sum_{n=1}^{\infty} a_n n^{-2} \log^m n \geqslant 0$ ($m=1,2,\cdots$) 亦即

$$b_0 \geqslant 1, \quad b_m \geqslant 0 \quad (m=1,2,\cdots). \tag{5}$$

由定理 14.2 及定理 14.3 可知 $f(s) - \frac{\rho}{s-1}$ 在右半平面 $\sigma > 0$ 上为正则,故(4)式当 $|s-2|<2$ 时也成立. 今将利用定理 14.1 以求出 $|b_m - \rho|$ 的上界. 为此,先求 $\left| f(s) - \frac{\rho}{s-1} \right|$ 在圆周 $|s-2| = \frac{2-\delta}{\xi}$ 上的上界,此处 ξ 为适合 $0<\xi<1$,且使 $1 < \frac{2-\delta}{\xi} < 2$ 的一数. 由定理 14.2 及定理 14.3 得

$$|f(s)| \leqslant \left[\frac{1}{|s-1|} + \frac{|s|}{\sigma} \right] \left[\frac{|s|}{\sigma} \right]^3 \mid dd_1 \mid^2 \quad (s \neq 1, \sigma > 0). \tag{6}$$

今 $|s-2| = \frac{2-\delta}{\xi}$,故 $\frac{|s|}{\sigma} \leqslant \left[2 + \frac{2-\delta}{\xi} \right] \Big/ \left[2 - \frac{2-\delta}{\xi} \right]$,$\frac{1}{|s-1|} \leqslant \left[\frac{2-\delta}{\xi} - 1 \right]^{-1}$,故得

$$|f(s)| \leqslant C_3 \mid dd_1 \mid^2 \quad \left[|s-2| = \frac{2-\delta}{\xi} \right],$$

其中 C_3 为一仅与 δ 和 ξ 有关的正常数. 又由定理 14.3,可得

$$|\rho| \leqslant \mid dd_1 \mid^2,$$

因此

$$\left| f(s) - \frac{\rho}{s-1} \right| \leqslant C_4 \mid dd_1 \mid^2, \quad |s-2| = \frac{2-\delta}{\xi}, \tag{7}$$

而由最大模定理,可知(7)式于 $|s-2| \leqslant \frac{2-\delta}{\xi}$ 中也成立. 于是由定理 14.1 得

$$|b_m - \rho| \leqslant C_4 \mid dd_1 \mid^2 \left[\frac{\xi}{2-\delta} \right]^m, m = 0,1,2,\cdots. \tag{8}$$

今由(4)式以求 $f(a)$ 之下界.

$$f(a) = \frac{\rho}{a-1} + \sum_{m=0}^{m_0-1}(b_m-\rho)(2-a)^m + \sum_{m=m_0}^{\infty}(b_m-\rho)(2-a)^m,$$

由(5)可知

$$\sum_{m=0}^{m_0-1}(b_m-\rho)(2-a)^m \geq 1 - \sum_{m=0}^{m_0-1}\rho(2-a)^m = 1 - \rho\frac{(2-a)^{m_0}-1}{1-a},$$

而由(8)

$$\sum_{m=m_0}^{\infty}(b_m-\rho)(2-a)^m \geq -C_4 \mid dd_1 \mid^2 \sum_{m=m_0}^{\infty}\left[\frac{\xi}{2-\delta}\right]^m (2-\delta)^m$$

$$= -C_4 \mid dd_1 \mid^2 \xi^{m_0}(1-\xi)^{-1} = -C_5 \mid dd_1 \mid^2 \xi^{m_0},$$

故得

$$f(a) \geq 1 - \rho\frac{(2-a)^{m_0}}{1-a} - C_5 \mid dd_1 \mid^2 \xi^{m_0}. \tag{9}$$

今取 $m_0 = \left[\dfrac{\log(2C_5 \mid dd_1 \mid^2)}{-\log\xi}\right] + 1$,即得 $m_0 < \dfrac{2\log \mid dd_1 \mid}{-\log\xi} + C_6 (C_6 > 1)$ 及

$$C_5 \mid dd_1 \mid^2 \xi^{m_0} < \frac{1}{2},$$

$$(2-a)^{m_0} < 2^{C_7} \mid dd_1 \mid^{\frac{2}{-\log\xi}\log(2-a)} \leq 2^{C_7} \mid dd_1 \mid^{\frac{2}{-\log\xi}(1-a)}$$

$$= C_1 \mid dd_1 \mid^{C_2(1-a)},$$

代入(9)式即得定理.

定理 3(Siegel) 若 d 是一基本判别式,则对任一 $\varepsilon > 0$,常有

$$\frac{1}{L_d(1)} = O(\mid d \mid^{\varepsilon}).$$

证:不妨假定 $0 < \varepsilon < \dfrac{1}{2}$,命

$$\left.\begin{array}{l} f(s) = \zeta(s)L_d(s)L_{d_1}(s)L_{dd_1}(s), \\ \rho = L_d(1)L_{d_1}(1)L_{dd_1}(1). \end{array}\right\} \tag{10}$$

d_1 的取法如下:

若有一基本判别式 d_1 使 $L_{d_1}(\sigma)$ 在 $1-\varepsilon < \sigma < 1$ 中有一零点,即取此 d_1 为(10)中的 d_1,并以 a 表 $L_{d_1}(\sigma)$ 在此区间中的任一零点,则 $f(a) = 0$.

若无基本判别式 d_1 使 $L_{d_1}(\sigma)$ 在 $1-\varepsilon < \sigma < 1$ 中有零点,则任取一基本判别式 d_1.此时,若 $f(\sigma)$ 在 $1-\varepsilon < \sigma < 1$ 中有零点,则取 a 为其中任一零点,仍有 $f(a) = 0$;若 $f(\sigma)$ 在此区间中也无零点,则取 a 为 $1-\varepsilon < \sigma < 1$ 中的任意一点,因 $f(\sigma)$ 在此区间中无零点,故有固定的符号;又由定理14.3,可知 $\rho > 0$,再因 $f(s) - \dfrac{\rho}{s-1}$ 在右半平面正则,所以当 σ 自左方趋近于1时,必须有 $f(\sigma) \to -\infty$,因此可知 $f(\sigma)$ 在

$1-\varepsilon < \sigma < 1$ 中取负值. 于是不论 d_1 与 a 如何取法, 常有
$$f(a) \leqslant 0. \tag{11}$$

命 $|d| > |d_1|$, 由定理 2 (取 $\delta = \frac{1}{2}$, 易见 $0 < \delta < 1-\varepsilon < a < 1$), 得
$$\frac{C_1}{1-a} L_d(1) L_{d_1}(1) L_{dd_1}(1) |dd_1|^{C_2(1-a)} > \frac{1}{2},$$

此处 C_1, C_2 为正绝对常数. 于是
$$\frac{1}{L_d(1)} < \frac{2C_1}{1-a} L_{d_1}(1) L_{dd_1}(1) |dd_1|^{C_2(1-a)} =$$
$$= CL_{dd_1}(1) |d|^{C_2(1-a)},$$

$C = \frac{2C_1}{1-a} L_{d_1}(1) |d_1|^{C_2(1-a)}$ 为一与 d 无关之常数. 当 $|d| > |d_1| > 1$ 时, 有 $L_{dd_1}(1) \leqslant 2 + \log|dd_1| < 2(1 + \log|d|)$, 又因 $1-a < \varepsilon$, 故得
$$\frac{1}{L_d(1)} < 2C(1 + \log|d|) |d|^{C_2\varepsilon} = O(|d|^{(C_2+1)\varepsilon}),$$

因 ε 是任意的, 故得定理.

定理 4 若 d 为一判别式, 则
$$\lim_{d \to -\infty} \frac{\log h(d)}{\log|d|} = \frac{1}{2},$$
$$\lim_{d \to \infty} \frac{\log(h(d)\log\varepsilon)}{\log d} = \frac{1}{2}.$$

证: 1) 若 d 为基本判别式, 因定理 3 及定理 14.3 得
$$C_8 |d|^{-\varepsilon} < K(d) \leqslant 2 + \log|d| < C_9 |d|^{\varepsilon}, \tag{12}$$

再由定理 10.1 可知
$$C_{10} |d|^{\frac{1}{2}-\varepsilon} \leqslant h(d) \begin{Bmatrix} 1 \\ \log\varepsilon \end{Bmatrix} \leqslant C_{11} |d|^{\frac{1}{2}+\varepsilon},$$

此即定理.

2) 若 d 非基本判别式, 而 $d = fm^2$, f 为基本判别式. 于是
$$K(d) = \prod_{p|m} \left[1 - \left[\frac{f}{p}\right]\frac{1}{p}\right] K(f),$$

由于
$$\prod_{p|m} \left[1 - \left[\frac{f}{p}\right]\frac{1}{p}\right] \leqslant c_{12} m^{\varepsilon}$$

及
$$\prod_{p|m} \left[1 - \left[\frac{f}{p}\right]\frac{1}{p}\right] \geqslant \prod_{p|m} \left[1 - \frac{1}{p}\right] = \frac{\varphi(m)}{m} \geqslant C_{13} m^{-\varepsilon},$$

故得

$$C_{13} m^{-\varepsilon} K(f) \leqslant K(d) \leqslant c_{12} m^{\varepsilon} K(f).$$

由(12)即得

$$C_{14} |d|^{\frac{1}{2}-\varepsilon} \leqslant |d|^{\frac{1}{2}} K(d) \leqslant C_{15} |d|^{\frac{1}{2}+\varepsilon}.$$

再由定理 10.1 而得定理.

第十三章 模 变 换

§1. 复虚数平面

对应于一个复虚数
$$z = x + yi,$$
在平面上有一点 P，其坐标为 (x, y)，此点为 z 之写像。显然，此种表法是一对一的。从原点 O 到 P 作一射线 $\overline{OP}$ 称为矢量。故对应于一复虚数，有一从原点出发的矢量。

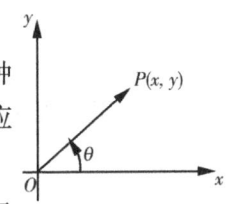

由 O 到 P 之距离 $\rho = \sqrt{x^2 + y^2}$ 即为 z 之绝对值，也称为矢量 $\overline{OP}$ 之长度。$\overline{OP}$ 与 x 轴之夹角 θ 称为 z 之辐角。显然可知
$$x = \rho\cos\theta, \quad y = \rho\sin\theta.$$
ρ 及 θ 即为 (x, y)——平面上之极坐标。显然可见
$$z = x + yi = \rho(\cos\theta + i\sin\theta) = \rho e^{i\theta}.$$
吾人常用下列符号：
$$|z| = \sqrt{x^2 + y^2}, \quad \arg z = \theta.$$
以 c 为中心，$r(\geqslant 0)$ 为半径之圆，可以方程式
$$|z - c| = r$$
表之。而
$$|z| = 1$$
代表以 O 为中心之单位圆。

今再研究线性变换
$$z' = \frac{az + b}{cz + d}, \tag{1}$$
此处 a, b, c, d 为常数（一般是复虚数），且
$$ad - bc \neq 0.$$
此变换将复虚数平面上之一点 $z(\neq -d/c)$ 变为另一点 z'。对应于 $z = -d/c$，吾人引进一想像中之点，称为无穷远点，以 $z' = \infty$ 表之。

今往讨论之对象乃指复虚数平面加上无穷远点者。此对象称为函数论平面，在本章中或简称平面。$z = \infty$ 对应于 $z' = a/c$。解 (1) 式得

$$z = \frac{-dz' + b}{cz' - a} \qquad (2)$$

此仍为一线性变换,称为(1)之逆变换.故变换(1)乃将函数论平面变为其自己的一一对应.

在平面上放置一球,切于原点.将此切点视为"南极".由"南极"作一垂直于平面之直线交球于另一点,视为"北极".自"北极"向平面上之一点 z 联线,交球面于一点,如此建立起球面上诸点和平面上诸点的一一对应.而无穷远点则对应于"北极".如此则所想像中的点,一变而为具体的点.此球有时称为 Neumann 球.

§2. 线性变换之性质

对应于一线性变换 A:

$$z' = \frac{az + b}{cz + d}, \qquad (1)$$

有一方阵

$$\begin{bmatrix} a & b \\ c & d \end{bmatrix}. \qquad (2)$$

而此方阵之行列式之值 $ad - bc (\neq 0)$ 称为此变换之行列式.但对应于不同的方阵可能有相同的线性变换,因为

$$\begin{bmatrix} a\rho & b\rho \\ c\rho & d\rho \end{bmatrix}, \quad \rho \neq 0$$

所代表之变换和(1)完全相同.不难证明,除此情况之外,无其他的方阵对应于变换(1).可取 ρ 使 $\rho^2(ad - bc) = 1$,故常可假定有行列式为 1 之方阵代表线性变换 A.极易证明对应于一线性变换仅有二行列式为 1 之方阵对应之,即

$$\begin{bmatrix} \pm a & \pm b \\ \pm c & \pm d \end{bmatrix}.$$

若另有一线性变换 B:

$$z'' = \frac{a'z' + b'}{c'z' + d'}, \qquad (3)$$

则得一线性变换 C

$$z'' = \frac{a'(az + b) + b'(cz + d)}{c'(az + b) + d'(cz + d)}$$

$$= \frac{(a'a + b'c)z + a'b + b'd}{(c'a + d'c)z + c'b + d'd}. \qquad (4)$$

此变换之方阵

第十三章 模 变 换

$$\begin{bmatrix} a'a+b'c & a'b+b'd \\ c'a+d'c & c'b+d'd \end{bmatrix}$$

定义为二方阵 $\begin{bmatrix} a' & b' \\ c' & d' \end{bmatrix}$, $\begin{bmatrix} a & b \\ c & d \end{bmatrix}$ 之积, 记之为

$$\begin{bmatrix} a'a+b'c & a'b+b'd \\ c'a+d'c & c'b+d'd \end{bmatrix} = \begin{bmatrix} a' & b' \\ c' & d' \end{bmatrix} \begin{bmatrix} a & b \\ c & d \end{bmatrix}.$$

变换(4)也称为变换(3)及(1)之积,记之如 $C = BA$.

但需注意者, BA 并不一定等于 AB. 吾人以 A^{-1} 表 A 之逆变换.

变换
$$z' = z$$

称为单位变换,以 E 代表之. 可得 $A \cdot A^{-1} = A^{-1} \cdot A = E$.

定义[①] 1 若一组线性变换其中包有单位变换,且其中二变换之积仍在其中,其中任一变换之逆变换也在其中,则此组变换称为做成一群.

例 1. 所有的线性变换成一群.

例 2. 所有的实系数的线性变换成一群.

例 3. 所有的实系数而行列式为正的线性变换成一群.

例 4. 取 a, b, c, d 为整数,且 $ad - bc = \pm 1$,则所得出的线性变换也成一群.

例 5. 取 a, b, c, d 为复虚整数(即 $a = a' + a''i$, a', a'' 都是整数),所得出的线性变换也成一群.

定义 2 若 z_0 由 A 变为其自己,则此点称为 A 之定点.

一般说来,一个变换有二不同的定点, (即 $z' = z$). 即二次方程
$$cz^2 + (d-a)z - b = 0 \tag{5}$$

之二根.

若 z_1, z_2 为此式之二根,则该变换可以写成标准形式
$$\frac{z' - z_1}{z' - z_2} = \lambda \frac{z - z_1}{z - z_2}. \tag{6}$$

欲定此 λ,可取 $z = \infty$,则 $z' = a/c$,故
$$\lambda = \frac{a - cz_1}{a - cz_2}.$$

易证此 λ 适合于二次方程
$$\lambda + \frac{1}{\lambda} = \frac{a^2 + d^2 + 2bc}{ad - bc} = \frac{(a+d)^2}{ad - bc} - 2. \tag{7}$$

若 $|\lambda| = 1$, $\lambda \neq 1$, 此变换称为椭圆的.

[①] 成群之三性质有其互相关联性,但本书仅以简而易用为满足.

若 λ 是实数而 $\neq \pm 1$,则称为双曲的.

若 λ 为复数,$|\lambda| \neq 1$,则称为等纬角的(Loxodromic).

若 $c=0$,而 $d-a \neq 0$,则有一定点变为无穷.如取 $z_2 = \infty$,则(6)式之形式变为

$$z' - z_1 = \lambda(z - z_1). \tag{8}$$

若二定点相吻合,即 $z_1 = z_2$,则

$$(a-d)^2 + 4bc = 0,$$

即

$$(a+d)^2 + 4(bc - ad) = 0. \tag{9}$$

适合此条件之变换称为抛物的.代入(7)式,得 $\lambda = 1$.标准式(6)今变为

$$\frac{1}{z' - z_1} = \frac{1}{z - z_1} + k, \tag{10}$$

此处 $z_1 = (a-d)/2c, k = 2c/(a+d)$.

特别当 $c=0, a-d=0$,则此定点变为无穷,而变换变为

$$z' = z + k, \quad k = b/a.$$

若有一变换续用若干次而成为单位变换,则称为有限次变换,最小之次数使其成为单位变换者,称为该变换之周期.续用(10)及(6) n 次,各得

$$\frac{1}{z' - z_1} = \frac{1}{z - z_1} + nk$$

$$\frac{z' - z_1}{z' - z_2} = \lambda^n \frac{z - z_1}{z - z_2}.$$

故抛物,双曲及等纬角变换,都不能有周期.仅当椭圆变换,且 $\lambda^n = 1$ 时为然.其周期即为最小之正整数 n 使 $\lambda^n = 1$ 者.

当 $n=2$ 时,则 $\lambda = -1$,周期为 2 之变换称为对合.

§3. 线性变换下之几何性质

定义

$$(z_1 \; z_2 \; z_3 \; z_4) = \frac{z_3 - z_1}{z_2 - z_3} \Big/ \frac{z_4 - z_1}{z_2 - z_4}$$

称为四点 z_1, z_2, z_3, z_4 之交比.

定理 1 线性变换使交比不变.

证:命

$$z'_i = \frac{az_i + b}{cz_i + d},$$

则
$$z'_i - z'_j = \frac{(ad-bc)(z_i - z_j)}{(cz_i + d)(cz_j + d)},$$
故
$$(z'_1 z'_2 z'_3 z'_4) = (z_1 z_2 z_3 z_4).$$

有一线性变换存在,变任与三点 z_1, z_2, z_3 为任意三点 z'_1, z'_2, z'_3. 此变换之形式可具体地写出来

$$\frac{z' - z'_1}{z' - z'_2} = \frac{z'_3 - z'_1}{z'_3 - z'_2} \quad \frac{z_3 - z_2}{z_3 - z_1} \quad \frac{z - z_1}{z - z_2}, \tag{1}$$

或

$$\frac{z'_3 - z'_2}{z'_3 - z'_1} \quad \frac{z' - z'_1}{z' - z'_2} = \frac{z_3 - z_2}{z_3 - z_1} \quad \frac{z - z_1}{z - z_2},$$

亦即

$$(z'_1 z'_2 z'_3 z') = (z_1 z_2 z_3 z). \tag{2}$$

若有一线性变换具有上述性质,由定理1,当 z 给定后,则 z' 必适合(2)式.即 z' 唯一确定.故具此性质的变换是唯一的.换言之,(2)乃线性变换之一般形式.

若 A_1, A_2, A_3, P 各表 z_1, z_2, z_3, z 诸点,则

$\arg(z_1 z_2 z_3 z) = \angle A_1 P A_2 - \angle A_1 A_3 A_2$,角之方向一如图中箭头所示.

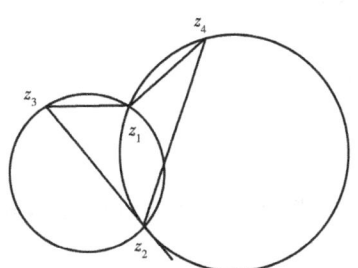

由此可见,若交比是实数,则

$$\angle A_1 P A_2 - \angle A_1 A_3 A_2$$

等于 π 之倍数.故 P 在经过 A_1, A_2, A_3 三点之圆上.

若 $(z_1 z_2 z_3 z)$ 是实数,则(2)式中 $(z'_1 z'_2 z'_3 z')$ 也为实数,即当 z 在过三点 z_1, z_2, z_3 之圆上时,z' 亦在过 z'_1, z'_2, z'_3 之圆上,且反之亦真.故已证明线性变换变圆为圆.但须注意者:通常将直线看成直径为无穷大之圆.

定理2 线性变换使二圆之交角不变.即若二圆之交角为 θ 度,则经线性变换另得二圆其交角仍为 θ 度.

证:命 z_1, z_2 为二圆之交点.在 z_1 点附近,二圆上各取一点 z_3, z_4.则交比之辐角

$$\arg(z_3 z_4 z_1 z_2),$$

即为 $\angle z_3 z_2 z_4 - \angle z_3 z_1 z_4$. 当 z_3 及 z_4 都趋近于 z_1 时,即得二圆之交角.由于交比之不变性,故得定理.

§4. 实 变 换

今往讨论 a, b, c, d 为实数之线性变换

$$z' = \frac{az+b}{cz+d}, \quad ad - bc \neq 0.$$

但今不能取实数 ρ 使

$$\rho^2(ad - bc) = 1;$$

而仅能取得 ρ 使

$$\rho^2(ad - bc) = \pm 1.$$

今后不妨假定

$$ad - bc = \pm 1.$$

显然行列式为 $+1$ 之诸实线性变换成一群,此群以 $\Re$ 表之. 显然, 此群中之变换变实数轴为其自己. 对任意三实数,有一实变换将其变为任与之三实数.

定理 1 $\Re$ 将上半平面(即 $y > 0$) 变为其自己.

证:命 $z' = x' + iy', z = x + iy, \bar{z} = x - iy$,则

$$2iy' = \frac{az+b}{cz+d} - \frac{a\bar{z}+b}{c\bar{z}+d}$$

$$= \frac{2(ad-bc)iy}{|cz+d|^2}, \tag{1}$$

故得所需.

定义 1 上半平面内中心在 x 轴上之半圆谓之测地线.

由定理 1 及定理 3.2, 可得:

定理 2 $\Re$ 中之变换将测地线变为测地线.

在上半平面中任取二点 z_1, z_2. 若有一 $\Re$ 中之变换变 z_1 及 z_2 各为 z'_1, z'_2,则显然有

$$(z_1 \ \bar{z}_1 \ z_2 \ \bar{z}_2) = (z'_1 \ \bar{z}'_1 \ z'_2 \ \bar{z}'_2)$$

即

$$\left|\frac{z_2 - z_1}{\bar{z}_1 - \bar{z}_2}\right|^2 = \left|\frac{z'_2 - z'_1}{\bar{z}'_1 - \bar{z}'_2}\right|^2.$$

取 $z_2 = z + \Delta z, z_1 = z$, 并命 $\Delta z \to 0$, 则得出

$$\left|\frac{dz}{2y}\right|^2 = \left|\frac{dz'}{2y'}\right|^2,$$

即

$$\frac{dx^2 + dy^2}{y^2} = \frac{dx'^2 + dy'^2}{y'^2}.$$

第十三章 模 变 换

由此可见 $\Re$ 中的变换使长度元素

$$\frac{\sqrt{dx^2 + dy^2}}{y} \tag{2}$$

不变. 与此长度元素相当之面积元素为

$$\frac{dx\,dy}{y^2}, \tag{3}$$

经 $\Re$ 中的变换亦不变. 如读者缺乏微分几何之常识, 可用直接法以证出(2)及(3)经 $\Re$ 中之变换不变.

定理 3 命 z_1, z_2 为上半平面之两点, c 为连接此二点之一曲线①(令在上半平面中), 则使

$$\int_c \frac{\sqrt{dx^2 + dy^2}}{y}$$

取极小值者, 乃 c 为测地线之情况.

证: 作一中心在 x 轴上之圆, 且经过 z_1, z_2 二点. 命其中心为 $(t, 0)$, 则圆之方程可以写成

$$x = t + \rho\cos\theta,$$
$$y = \rho\sin\theta.$$

设 $\theta = \theta_1$ 及 θ_2 时, $z = z_1$ 及 z_2. 该曲线 C 之方程可以写成

$$\left. \begin{array}{l} x = t + \rho(\theta)\cos\theta, \\ y = \rho(\theta)\sin\theta, \end{array} \right\} \quad \rho(\theta_1) = \rho(\theta_2) = \rho,\ 0 < \theta_1 < \theta_2 < \pi,$$

则

$$\int_c \frac{\sqrt{dx^2 + dy^2}}{y}$$

$$= \int_{\theta_1}^{\theta_2} \frac{\sqrt{(\rho'(\theta)\cos\theta - \rho(\theta)\sin\theta)^2 + (\rho'(\theta)\sin\theta + \rho(\theta)\cos\theta)^2}}{\rho(\theta)\sin\theta} d\theta$$

$$= \int_{\theta_1}^{\theta_2} \sqrt{1 + \left[\frac{\rho'(\theta)}{\rho(\theta)}\right]^2} \frac{d\theta}{\sin\theta}$$

$$\geq \int_{\theta_1}^{\theta_2} \frac{d\theta}{\sin\theta} = \log \frac{\tan\frac{1}{2}\theta_2}{\tan\frac{1}{2}\theta_1}.$$

此式证明了: 仅当 $\rho'(\theta) = 0$ 时取等号, 即当 $\rho(\theta) = \rho$ 是一常数时该积分之值极小.

此定理之证明不但证明了定理, 且证明了沿测地线该积分之值为

———
① 假定此曲线是连续的, 并有连续切线.

$$\log \frac{\tan \frac{1}{2}\theta_2}{\tan \frac{1}{2}\theta_1}.$$

其意义为:假定过 z_1, z_2 之测地线交 x 轴于 A, B,其中心为 C,则

$$\tan \frac{1}{2}\theta_1 = \frac{Bz_1}{z_1 A}, \quad \tan \frac{1}{2}\theta_2 = \frac{Bz_2}{z_2 A}.$$

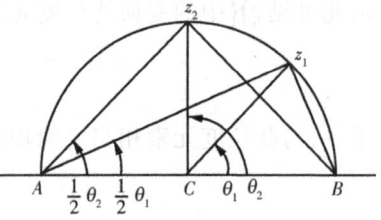

图 1

故

$$\log \left| \frac{\tan \frac{1}{2}\theta_2}{\tan \frac{1}{2}\theta_1} \right| = \log |(BA z_2 z_1)|.$$

定义 2 定理 3 中之极小值称为此两点之非欧长度.

定义 3 三测地线所范围之弧三角形,本章中即统称为三角形.

定理 4 三角形 ABC 之非欧面积

$$\iint \frac{dx\,dy}{y^2}$$

等于 $\pi - \angle A - \angle B - \angle C$.

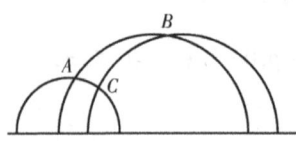

图 2

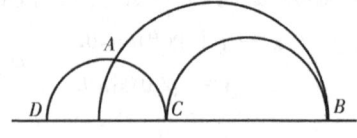

图 3

证:1) 先研究 $\angle B = \angle C = 0$ 之情况(如图 3 所示).不难证明,有一实线性变换,将 B 点变为无穷,C 点变为 1,D 点变为 -1(或此变换将 C 点变为 -1,D 点变为 1),且所对应的行列式为正[①].则图 3 变为图 4.设 A 点之坐标为 (x_0, y_0),则

$$\int_{x_0}^{1}\int_{\sqrt{1-x^2}}^{\infty} \frac{dx\,dy}{y^2} = \int_{x_0}^{1} \frac{dx}{\sqrt{1-x^2}} = \sin^{-1} x \Big|_{x_0}^{1} = \frac{\pi}{2} - \sin^{-1} x_0 = \pi - \angle A.$$

2) 若 $\angle C = 0$,用一次实变换将 C 点变为无穷,得图 5.由 1) 得

---

① 将 B, C, D 变为 $\infty, \pm 1, \mp 1$ 的实变换为

$$z' = \pm \frac{(D - 2B + C)z + (BC - 2DC + DB)}{(C - D)z + (D - C)B},$$

而其对应的行列式之值为

$$\pm 2(D - C)(C - B)(B - D).$$

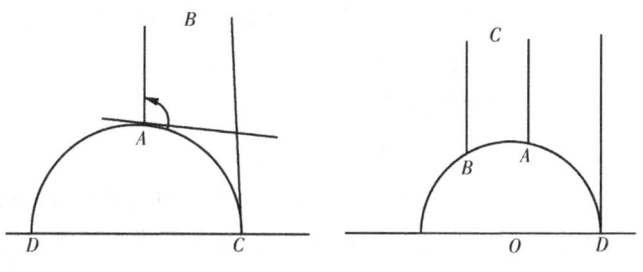

图 4　　　　　图 5

$\triangle ABC = \triangle BDC - \triangle ADC = (\pi - \angle B) - [\pi - (\pi - \angle A)] = \pi - \angle A - \angle B.$

3) 若 $\angle A, \angle B, \angle C$ 皆不为 0,如图 6.则由 2) 得

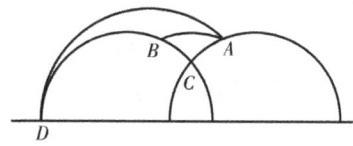

图 6

$\triangle ABC = \triangle ADC - \triangle ABD$
$\qquad = (\pi - \angle C - \angle A - \angle BAD) - [\pi - (\pi - \angle B) - \angle BAD]$
$\qquad = \pi - \angle A - \angle B - \angle C.$

由此定理可知三角形三内角之和不大于二直角,其值可取 0 与 π 之间之任一值.

以上所述,乃著名的 Н.Л.Лобачевский 几何之模型,乃模函数发展到自型函数之一重要工具.

§5. 模　变　换

定义　若 a, b, c, d 是整数,且 $ad - bc = 1$,则变换
$$z' = \frac{az + b}{cz + d} \tag{1}$$
称为模变换.

易见模变换成一群.

由 §2(7) 可知
$$\lambda + \lambda^{-1} = (a + d)^2 - 2.$$

此二次方程之判别式为
$$[(a+d)^2 - 2]^2 - 4 = (a+d)^2[(a+d)^2 - 4].$$

在讨论中,不妨假定 $a + d \geqslant 0$.若不然可将 a, b, c, d 换为 $-a, -b, -c, -d$.

1) 若 $a+d>2$,则得双曲变换,有二个实数定点:此二定点乃二次方程
$$cz^2+(d-a)z-b=0$$
之根.此二次方程有有理根之条件为
$$(d-a)^2+4bc=(a+d)^2-4=u^2,$$
u 乃一整数.但因 $x^2-y^2=4$ 之解为 $x=\pm 2, y=0$ 而无其他,故双曲模变换之定点,一定是有理系数二次方程之根,而非有理数.此种数称为二次代数数.

2) 若 $a+d=2$,则 $\lambda=1$,而得抛物变换
$$\frac{1}{z'-(a-1)/c}=\frac{1}{z-(a-1)/c}+c.$$
若 $c=0$,则 $a=d=1$,而得
$$z'=z+b.$$
前者以有理数 $(a-1)/c$ 为定点,后者以 ∞ 为定点.

3) 若 $a+d=1$,则
$$\lambda^2+\lambda+1=0,$$
该变换之 λ 为 $\rho=e^{2\pi i/3}=\dfrac{-1+\sqrt{-3}}{2}$ 或 ρ^2,而固定点为
$$z_1=\frac{a+\rho^2}{c},\quad z_2=\frac{a+\rho}{c}.$$
而标准形式为
$$\frac{z'-(a+\rho^2)/c}{z'-(a+\rho)/c}=\rho\frac{z-(a+\rho^2)/c}{z-(a+\rho)/c}.$$
此为一椭圆变换,周期为 3.将 ρ 换为 ρ^2 得另一周期为 3 之椭圆变换.

4) $a+d=0$,则 λ 之方程式为 $(\lambda+1)^2=0$,即 $\lambda=-1$,而定点为
$$cz^2-2az-b=0$$
之根,即
$$z=\frac{a\pm i}{c}.$$
而标准形式为
$$\frac{z'-(a+i)/c}{z'-(a-i)/c}=-\frac{z-(a+i)/c}{z-(a-i)/c}.$$
此为一椭圆变换,周期为 2.

总之有:

定理 1　若 $a+d=0$,则模变换 (1) 代表一对合;若 $a+d=\pm 1$,则代表一周期为 3 之变换;若 $a+d=\pm 2$,则得抛物变换,其定点是有理数或无穷;若 $|a+d|>2$,则得双曲变换,其定点在实轴上,并且是二次代数数.

§6. 基 域

定义 1 上半平面之二点 z,z' 如能有一模变换将 z 变为 z'，则此二点谓之相似，以 $z \sim z'$ 表示之.

显然有

(i) $z \sim z$;

(ii) 若 $z \sim z'$，则 $z' \sim z$;

(iii) 若 $z \sim z'$, $z' \sim z''$，则 $z \sim z''$.

在上半平面作一域

$$D: \begin{cases} -\dfrac{1}{2} \leqslant x < \dfrac{1}{2}, \\ x^2 + y^2 > 1 \quad \text{当 } x > 0 \text{ 时}, \\ x^2 + y^2 \geqslant 1 \quad \text{当 } x \leqslant 0 \text{ 时}. \end{cases}$$

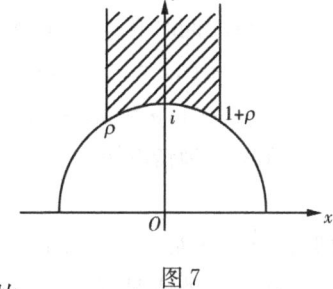

图 7

定义 2 在 D 上之点称为既约点. D 称为基域. 故 D 乃一三角形, 其三角之度数为 $\left[0, \dfrac{\pi}{3}, \dfrac{\pi}{3}\right]$.

定理 1 无二既约点可以彼此相似.

证:若 z, z' 为二不同的既约点,且

$$z' = \frac{az+b}{cz+d}.$$

则由 §4(1) 可知

$$y' = \frac{y}{|cz+d|^2},$$

今有

$$\begin{aligned} |cz+d|^2 &= c^2 z \bar{z} + cd(z+\bar{z}) + d^2 \\ &= c^2(x^2+y^2) + 2cdx + d^2 \\ &\geqslant c^2 - |cd| + d^2 > 1. \end{aligned}$$

但须除去可能的例外: $c = \pm 1, d = 0$ 或 $c = 0, d = \pm 1$ 或 $c = d = 1$. 故将可能的例外情况除去后常有

$$y' < y.$$

当 $c = d = 1$ 时,仅当 $z = \rho$ 时有 $|cz+d|^2 = 1$. 由于 $a - b = 1$ 及 $\rho^2 + \rho + 1 = 0$, 则

$$z' = \frac{a\rho+b}{\rho+1} = -\frac{a\rho+b}{\rho^2} = -a\rho^2 - b\rho = -\rho^2 + b.$$

故 $I(z') = \frac{\sqrt{3}}{2}$. 若 $z' \in D$, 则 $z' = \rho$, 而与 $z' \neq \rho$ 矛盾.

但

$$z = \frac{dz' - b}{-cz' + a},$$

故常有

$$y < y',$$

同样须除去可能的例外: $c = \pm 1, a = 0$ 或 $c = 0, a = \pm 1$.

不可能同时有 $y > y'$ 及 $y < y'$. 故仅须研究以下的情形:

(i) $c = 0, a = d = 1$;

(ii) $c = 1, a = d = 0$.

在第一种情况下,

$$z' = z + b, \quad b \neq 0.$$

即 $x' = x + b$. $|x' - x| \geq 1$, 故 z, z' 不能都在 D 中.

在第二种情况下, $b = -1$, 即

$$z' = -\frac{1}{z}.$$

$$|z'| \cdot |z| = 1.$$

即若 $|z| > 1$, 则 $|z'| < 1$, 即 z' 不能为既约点. 若 $|z'| > 1$. 则 z 不能为既约点. 若 $|z| = 1$, 则 z 仅能在由 ρ 到 i 之圆弧上, 而 $z'(=-1/z)$ 在由 $\rho+1$ 到 i 之圆弧上. 若 $z \neq i$, 则 z' 并非既约点; 若 $z = i$, 则 $z' = i = z$, 此与假设矛盾.

定理 2 在长方形 $-\frac{1}{2} \leq x < \frac{1}{2}, y \geq \gamma (\gamma > 0)$ 中, 相似于一定点之点数有限. 亦即将长方形中诸点分为相似点组, 则每组中点数有限.

证: 假定 $z = x + yi$,

$$z' = \frac{az + b}{cz + d},$$

则已知

$$y' = \frac{y}{|cz+d|^2} = \frac{y}{c^2(x^2+y^2) + 2cdx + d^2}.$$

若 $y' \geq \gamma$, 则

$$c^2(x^2 + y^2) + 2cdx + d^2 \leq \frac{y}{\gamma},$$

即

$$(cx+d)^2 + c^2 y^2 \leq \frac{y}{\gamma}.$$

显然只能有有限对整数 c,d 适合此式.

假定 (c',d') 是如此的一对,且 $(c',d')=1$,则适合于
$$ad'-bc'=1$$
之所有解答 (a,b) 可以表成
$$a=a'+mc', \quad b=b'+md',$$
此处 a',b' 是一固定解,即 $a'd'-b'c'=1$,而 m 为任一整数,故
$$z'=\frac{az+b}{c'z+d'}=\frac{a'z+b'}{c'z+d'}+m.$$

仅有唯一的 m,使 $-\frac{1}{2} \leqslant x' < \frac{1}{2}$.故对一对 $(c',d')((c',d')=1)$,仅有一组 a, b 使 $-\frac{1}{2} \leqslant x' < \frac{1}{2}$,故在长方形中相似于 z 之点数有限.

定理 3 上半平面之任一点相似于唯一的既约点.

证:命 $z=x_0+y_0 i, y_0>0$.

取唯一的整数 m 使
$$-\frac{1}{2} \leqslant x_0+m < \frac{1}{2}.$$

命
$$z'=z+m.$$

若 $|z'|>1$,则 z' 是既约点,无须证明.若 $|z'|=1$,而在 ρ 至 i 之弧上,即为既约点,若在 $1+\rho$ 至 i 之弧上,可用 $-\frac{1}{z}$ 而变为上之情况.若 $|z'|<1$,则使
$$z''=-\frac{1}{z'},$$
而
$$y''=\frac{y_0}{|z'|^2}>y_0.$$

取 m' 使
$$z'''=z''+m', \quad -\frac{1}{2} \leqslant x''' < \frac{1}{2}.$$

若 z''' 还不是既约点,用同样方法,做出 $z^{IV}=-\frac{1}{z'''}$.

由是得 $z',z''',\cdots$ 等都在长方形
$$-\frac{1}{2} \leqslant x < \frac{1}{2}, \quad y>y_0$$
内,由定理 2 已知其个数仅能为有限.

故任一点一定与一既约点相似.又由定理 1 已知不能有二既约点相似.此证明

了本定理.

为了更能欣赏此定理之重要性,可用直接方法以证明以下二条可由本定理直接得出之结果.

习题 1. 凡

$$z = \frac{a+i}{c}, \quad a^2 + bc + 1 = 0$$

皆相似于 i.

习题 2. 凡

$$z = \frac{a+\rho}{c}, \quad a(1-a) - bc = 1$$

皆相似于 ρ.

§7. 基 域 网

定理 1 若 z 非一模变换之定点之一,而 U, V 为二不同之模变换,则
$$Uz \neq Vz,$$
Uz 代表变换 U 将 z 变成之点.

证:若 $Uz = Vz$,则
$$z = U^{-1}Vz.$$
而得 z 是定点.

定理 2 作基域之所有的映像,所得出之诸三角形填满上半平面,且无重复部分.

证:本定理上半部分可由定理 6.3 知之. 若 U 及 V 为二不同之模变换,将基域 D 变为有公共部分之二三角形,则 $U^{-1}V$ 必变 D 为一与 D 有公共部分之三角形. 命 z 为公共部分中之一点,则 D 中必有一点与之相似,以其都在 D 中故不可能.

此定理可以堆砖为喻. 在普通空间中,可以等大之正方形之砖填满空间. 而所谓等大砖之意义即为此砖可以"搬"占另一砖之地位.

现在之"基域"乃砖之模形,"搬动"乃模变换,而上定理即谓如此之砖可以填满上半平面. 此乃非欧几何学之说法. 如重用此种说法,基域之意义可更明显,且易于推广.

基域之定义作如下之更动:上半平面之一域具次之性质者谓之基域:

(i) 任一点必与其中之一点相似;

(ii) 其中任二点不相似.

在上半平面中任取一点 z,非一模变形之定点. 在平面上作此点之相似点

第十三章 模 变 换

$$z_1, z_2, \cdots.$$

作(z, z_i)之垂直平分线,即其上之点与z及z_i之非欧距离相等者.舍弃在z_i一面之部分.所剩下之部分,即成一基域.(其证明,读者试补出之,并试求出取$z = 2i$时所得出之基域.)

此仅能提供说明:Лобачевский 几何不但有理论上之重要性,在数论中及函数论中也有其实践的意义.

所可注意者:周期为 2 之椭圆变换之定点在角度为$\frac{\pi}{3}$之二角所夹之边上.周期为 3 之椭圆变换之定点有六个三角形以之为公顶.有无数个边经过抛物定点.双曲定点不能为三角形之顶点(不能在边上更为明显).

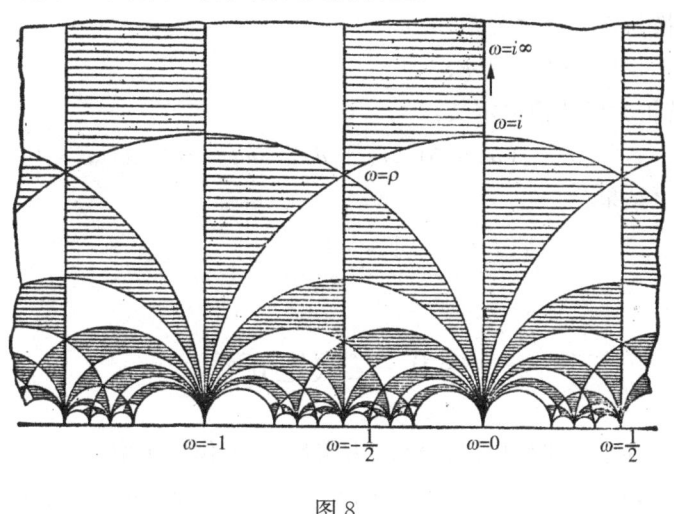

图 8

§8. 模群之构造

今以S代表$z' = z+1$,T代表$z' = -\frac{1}{z}$.则S^{-1}代表$z' = z-1$.此三变换将基域变为其相邻之三域,反之将基域之邻域变为基域之变换必为S, T或S^{-1}之一.

命M为任一模变换,z为基域D内部之任一点.以曲线连接z与Mz,使此曲线不过顶点.假定所过之域依次名为

$$D, D_1, D_2, \cdots, D_n(= MD).$$

又命将D变为D_i之模变换为M_i,则$M_1 = S, T$或S^{-1}.假定M_k可由S及T之乘方之积表出.因为M_k^{-1}将D_k变为D,D_{k+1}是D_k的邻域,故M_k^{-1}将D_{k+1}变为D的邻域D'_{k+1},但D'_{k+1}经过$M'^{-1}(= S, T$或$S^{-1})$变为D.即

$$M'^{-1} M_k^{-1} D_{k+1} = M'^{-1} D'_{k+1} = D,$$

亦即
$$M_k M' D = D_{k+1}.$$

故 $M_{k+1} = M_k M'$ 可由 S 及 T 之乘方之积表出,而 M 亦然.由此已证明:

定理 1　任一模变换可由 S 及 T 之乘方之积表出.

定理 1 之具体意义为:若
$$M = S^{m_1} T S^{m_2} T S^{m_3} \cdots T S^{m_v},$$

则
$$z' = m_1 - \cfrac{1}{m_2 - \cfrac{1}{m_3 - \cfrac{1}{m_4 - \cdots - \cfrac{1}{m_v + z}}}}.$$

此显出模变换与连分数之关系.

易知 $T^2 = E, (ST)^3 = E.$

注意:若扩大模变换之定义:
$$z' = (az+b)/(cz+d), \quad ad - bc = \pm 1,$$

则可得类似之结果
$$z' = m_1 + \cfrac{1}{m_2 + \cfrac{1}{m_3 + \cdots + \cfrac{1}{m_v + z}}}.$$

§9. 二次定正型

命 ω 表一在上半平面中之复数,ρ 为实数 > 0.作二次型
$$F(x, y) = \rho(x - \omega y)(x - \bar{\omega} y) = \rho x^2 - \rho(\omega + \bar{\omega}) xy + \rho \omega \bar{\omega} y^2.$$

若用一次模变换
$$\omega = (a\omega' + b)/(c\omega' + d),$$

则上式变成
$$\rho((c\omega' + d) x - (a\omega' + b) y)((c\bar{\omega}' + d) x - (a\bar{\omega} + b) y)/|c\omega' + d|^2$$
$$= \rho(dx - by - \omega'(-cx + ay))(dx - by - \bar{\omega}'(-cx + ay))/|c\omega' + d|^2,$$

即得
$$\rho(X - \omega' Y)(X - \bar{\omega}' Y)/|c\omega' + d|^2,$$

此处
$$X = dx - by, \quad Y = -cx + ay.$$

故得
$$\{\rho, -\rho(\omega + \bar{\omega}), \rho\omega\bar{\omega}\} \sim \left\{ \frac{\rho}{|c\omega' + d|^2}, -\frac{\rho(\omega' + \bar{\omega}')}{|c\omega' + d|^2}, \frac{\rho\omega'\bar{\omega}'}{|c\omega' + d|^2} \right\}. \tag{1}$$

其中须注意者:

$$\omega - \overline{\omega} = \frac{\omega' - \overline{\omega}'}{|c\omega' + d|^2}.$$

由任一二次定正型

$$\{\alpha, \beta, \gamma\}$$

出发,此处假定 α, β, γ 是实数($\alpha > 0$) 及 $\beta^2 - 4\alpha\gamma < 0$. 与(1) 式左边相比较,即得

$$\rho = \alpha, \quad \omega = \frac{-\beta + \sqrt{\beta^2 - 4\alpha\gamma}}{2\alpha}.$$

由(1)并假定 ω' 在基域之中,则得

$$-1 \leqslant \omega' + \overline{\omega}' < 1, \quad \begin{cases} \omega'\overline{\omega}' > 1, & 若\ \omega' + \overline{\omega}' > 0, \\ \omega'\overline{\omega}' \geqslant 1, & 若\ \omega' + \overline{\omega}' \leqslant 0. \end{cases}$$

以 $\{\alpha', \beta', \gamma'\}$ 代(1)之右边,则得

$$-1 < \frac{\beta'}{\alpha'} \leqslant 1, \quad \begin{cases} \frac{\gamma'}{\alpha'} > 1, 若\ \beta' < 0, \\ \frac{\gamma'}{\alpha'} \geqslant 1, 若\ \beta' \geqslant 0. \end{cases}$$

即得

$$-\alpha' < \beta' \leqslant \alpha' < \gamma'$$

或

$$0 \leqslant \beta' \leqslant \alpha' \leqslant \gamma'.$$

此已将定理 12.2.3 推广至实二次定正型.

习题 1. 定出经一非单位模变换而不变的二次型之标准形式(答: $x^2 + y^2$, $x^2 + xy + y^2$).

§10. 二次不定型

今论实系数之二次不定型

$$F = \{a, b, c\} = ax^2 + bxy + cy^2 = a(x - \omega_1 y)(x - \omega_2 y), d = b^2 - 4ac > 0.$$

假定 $a > 0$,且 ω_1, ω_2 皆非有理数,以 ω_1、ω_2 二点之连线为直径作圆. 此圆称为此型之基圆,其方程为

$$a(x^2 + y^2) + bx + c = 0.$$

此圆必与无限多个三角形相交. 盖由定理 6.2 之证明,可以看出,对每一有理点 $-\frac{d'}{c'}$ 皆有无限多个模变换将其变为无限远点. 亦即有无限多个三角形以此有理点为其一顶点. 但每一实数之附近有无限多个有理点. 故得所云. 若与基圆相交之无限多个三角形中有一为基域,则此二次型称为既约二次型. 显然任一二次不定型必

与一既约二次型相似,此可由定理 6.3 直接推出.

一既约二次型之基圆必包有 ρ 或 $1+\rho$,即 $\left(\dfrac{1}{2},\dfrac{\sqrt{3}}{2}\right)$,$\left(-\dfrac{1}{2},\dfrac{\sqrt{3}}{2}\right)$ 二点中至少必有一点在圆内.亦即

$$a\left(a\pm\dfrac{b}{2}+c\right)<0, \tag{1}$$

以 $c=(b^2-d)/4a$ 代入,则得

$$4a^2\pm 2ab+b^2<d$$

或

$$3a^2+(a\pm b)^2<d. \tag{2}$$

沿基域 D_0 之弧向左右出发,将基圆所经过之三角形列之为

$$\cdots,D_{-2},D_{-1},D_0,D_1,D_2,\cdots.$$

命 M_i 是一模变换变 D_0 为 D_i,则由 F 经 M_i 所得之二次型 F_i 与 F 相似.如是得一二次不定型链

$$\cdots,F_{-2},F_{-1},F,F_1,F_2,\cdots. \tag{3}$$

因 M_i^{-1} 为一实变换,故 F 之二实根经 M_i^{-1} 后变为 F_i 之二实根.故 M_i^{-1} 将 F 之基圆变为 F_i 之基圆.但 F 之基圆通过 D_i,故 F_i 之基圆通过 D_0,此即说明(3)为一列既约二次型链.

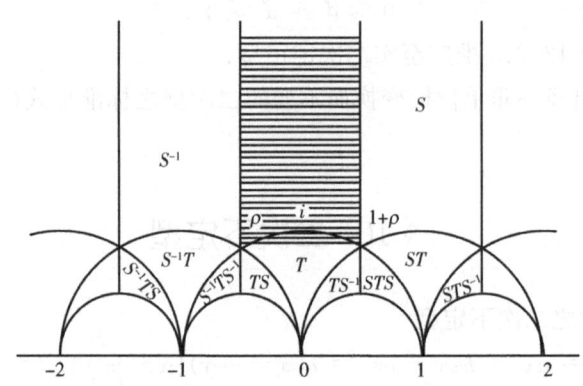

图 9

D_1 可能是 D_0 之一邻域,但如基圆经过顶点 $1+\rho$,则 D_1 可能是图 9 中所描述的 STS 域,同理,也可能是 $S^{-1}TS^{-1}$ 域.如是,该链中相邻之二型必可由变换

$$S,S^{-1},T,STS,S^{-1}TS^{-1}$$

之一得之.即若命 $\{a,b,c\}$ 为链中之一型,则此型之前后二型必为下述五型之一:

$$\{a,\pm 2a+b,a\pm b+c\},\{c,-b,a\},\{a\pm b+c,b\pm 2c,c\}.$$

今进一步,讨论整系数之二次型:由(2)可知既约二次型之个数仅能有有限个.

第十三章 模 变 换

因此在链中仅有有限个不同的型.

定理 1 以 ω_1, ω_2 二根为定点之双曲变换为

$$\begin{bmatrix} \frac{1}{2}(t-bu) & -cu \\ au & \frac{1}{2}(t+bu) \end{bmatrix}, \tag{4}$$

此处

$$t^2 - du^2 = 4.$$

且无其他模变换有此性质.

证:此双曲变换之定点为

$$aux^2 + \left[\frac{t+bu}{2} - \frac{t-bu}{2}\right]x + cu = 0,$$

即

$$ax^2 + bx + c = 0$$

之根,其后一部分易证.

定理 2 双曲变换(4)使$\{a,b,c\}$不变,且无其他.

证:易证二次型

$$a\left[\frac{1}{2}(t-bu)x - cuy\right]^2 + b\left[\frac{1}{2}(t-bu)x - cuy\right]\left[aux + \frac{1}{2}(t+bu)y\right] +$$
$$+ c\left[aux + \frac{1}{2}(t+bu)y\right]^2$$

中 x^2, xy, y^2 之系数各为 a, b, c.

定理 3 在链(3)中发生周而复始的现象.

证:已知(3)中仅有有限个不相同者.命 m 为最小正整数使 $F_m = F$ 者.命 M 为模变换变 F 为 F_m 者.则 M^{-1} 使基圆不变,故 M^{-1} 变 D_{m+1} 为 D_1,故得 $F_{m+1} = F_1, \cdots$.

例. $d = 37 \times 4$.

由$(1,0,-37)$开始之链为

$(1,0,-37),(1,2,-36),(1,4,-33),(1,6,-28),(1,8,-21),$
$(1,10,-12),(1,12,-1),(-1,-12,1),(-1,-10,12),\cdots,$
$(-1,12,1),(1,-12,-1),(1,-10,-12),\cdots,(1,-2,-36).$

由$(3,2,-12)$开始之链为

$(3,2,-12),(3,8,-7),(4,-6,-7),(4,2,-9),$
$(4,10,-3),(-3,-10,4),(-3,-4,11),(-3,2,12),$
$(-3,8,7),(-4,-6,7),(-4,2,9),(-4,10,3),$
$(3,-10,-4),(3,-4,-11).$

§11. 二次不定型的极小值

现回到实系数之二次型;相似用广义的定义,即 $ad-bc=-1$ 之变换也列入. 比前所述之结果还可以更具体些.

定理 1 一二次不定型必相似于一型,其基圆直径之一端 $-1<\omega_1'<0$,而另一端 $\omega_2'>1$.

证:由上节,任一二次不定型必与一既约二次型相似.作此既约二次型之基圆. 若其与由 ρ 到 i 之弧相交,则有三种情况:

1) $-1<\omega_1'<0$, $\omega_2'>1$;
2) $\omega_1'<-1$, $0<\omega_2'<1$;
3) $-1<\omega_2'<0$ 则 $\omega_1'<-2$.

①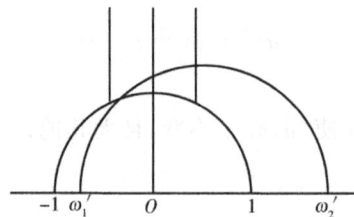

对 1) 不须加证.

对 2) 用变换 $z'=z+1$ 即得所求.

对 3) 命

$$z''=-z'-1,$$

②

③

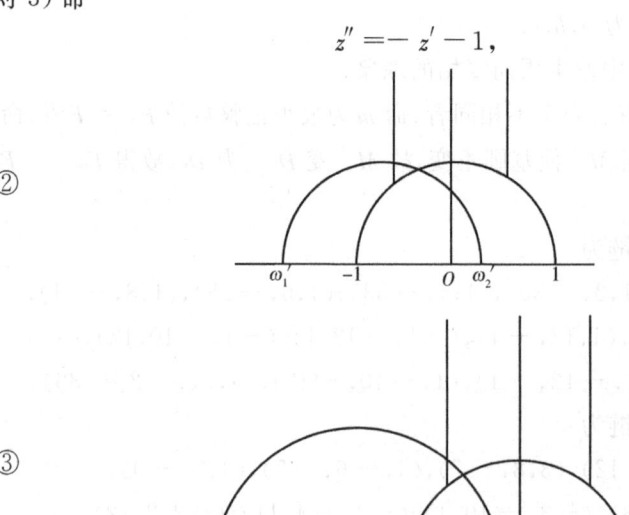

第十三章 模 变 换

则
$$-1 < \omega_2'' < 0, \text{而} \omega_1'' = -\omega_1' - 1 > 1,$$

即得所求.

若其与由 i 到 $1+\rho$ 之弧相交,则由变换 $z' = -z$ 而归结为上述情形.若不与由 ρ 到 $1+\rho$ 之弧相交,则必有一模变换 $z' = z + m$ 使其归结为上述二情形之一.故定理已明.

今设
$$F_0 = \alpha_0 x_0^2 + \beta_0 x_0 y_0 + \gamma_0 y_0^2,$$

其二根为 $\omega_1^{(0)}, \omega_2^{(0)}$,且适合
$$\omega_1^{(0)} > 1, \quad -1 < \omega_2^{(0)} < 0.$$

将 $\omega_1^{(0)}$ 及 $-\dfrac{1}{\omega_2^{(0)}}$ 依连分数展开之,

$$\omega_1^{(0)} = d_1 + \frac{1}{d_2} + \frac{1}{d_3} + \cdots, \quad -\frac{1}{\omega_2^{(0)}} = d_0 + \frac{1}{d_{-1}} + \frac{1}{d_{-2}} + \cdots.$$

变换
$$x_0 = d_1 x_1 + y_1, \quad y_0 = x_1$$

变 F_0 为
$$F_1 = \alpha_1 x_1^2 + \beta_1 x_1 y_1 + \gamma_1 y_1^2,$$

其二根为
$$\omega_1^{(1)} = d_2 + \frac{1}{d_3} + \cdots, \quad -\frac{1}{\omega_2^{(1)}} = d_1 + \frac{1}{d_0} + \cdots.$$

一般言之,在 F_{i-1} 上用
$$x_{i-1} = d_i x_i + y_i, \quad y_{i-1} = x_i,$$

则得
$$F_i = \alpha_i x_i^2 + \beta_i x_i y_i + \gamma_i y_i^2.$$

其二根为
$$\omega_1^{(i)} = d_{i+1} + \frac{1}{d_{i+2}} + \cdots, \quad -\frac{1}{\omega_2^{(i)}} = d_i + \frac{1}{d_{i-1}} + \frac{1}{d_{i-2}} + \cdots.$$

二根之差等于
$$\frac{\sqrt{d}}{\alpha_i} = \omega_1^{(i)} - \omega_2^{(i)} = \left[d_{i+1} + \frac{1}{d_{i+2}} + \cdots \right] + \left[\frac{1}{d_i} + \frac{1}{d_{i-1}} + \cdots \right].$$

命 $L(F)$ 为对所有之整数 (x_0, y_0)
$$| \alpha_0 x_0^2 + \beta_0 x_0 y_0 + \gamma_0 y_0^2 |$$

之极小值.显然有

$$L(F) \leqslant |\alpha_i| = \frac{\sqrt{d}}{\left[d_{i+1} + \dfrac{1}{d_{i+2}} + \cdots\right] + \left[\dfrac{1}{d_i} + \dfrac{1}{d_{i-1}} + \cdots\right]}.$$

命
$$\min_i\left[\left[d_{i+1} + \dfrac{1}{d_{i+2}} + \cdots\right] + \left[\dfrac{1}{d_i} + \dfrac{1}{d_{i-1}} + \cdots\right]\right] = U,$$

则
$$L(F) \leqslant \frac{\sqrt{d}}{U}$$

有无穷个解.

若诸 d_i 皆为 1, 则得
$$1 + \frac{1}{1} + \frac{1}{1} + \cdots = \frac{1}{2}(1 + \sqrt{5}), \quad \frac{1}{1} + \frac{1}{1} + \cdots = \frac{1}{2}(\sqrt{5} - 1),$$

即得
$$U = \sqrt{5}.$$

故
$$|ax^2 + bxy + cy^2| \leqslant \frac{\sqrt{d}}{\sqrt{5}}$$

有无穷个解.

但若 $\omega_1 = \dfrac{1}{2}(1+\sqrt{5})$, $\omega_2 = -\dfrac{1}{2}(\sqrt{5}-1)$, 则得
$$F = (x^2 - xy - y^2)\sqrt{\frac{d}{5}}.$$

对所有的整数 x, y
$$|F(x,y)| \geqslant \sqrt{\frac{d}{5}}.$$

又若有一 $d_i \geqslant 3$, 则
$$[d_i, d_{i+1}, \cdots] + [0, d_{i-1}, \cdots] \geqslant 3 > \sqrt{5},$$

因此
$$L(F) \leqslant \frac{\sqrt{d}}{3}.$$

又若有一 $d_i = 2$, 则 $(1 \leqslant d_{i-1} \leqslant 2)$
$$[2, d_{i+1}, d_{i+2}, \cdots] \geqslant 2$$

及
$$[0, d_{i-1}, \cdots] \geqslant \frac{1}{d_{i-1} + \dfrac{1}{d_{i-2}}} \geqslant \frac{1}{2 + \dfrac{1}{1}} = \frac{1}{3},$$

故
$$[d_i, d_{i+1}, \cdots] + [0, d_{i-1}, \cdots] \geqslant 2 + \frac{1}{3} > \sqrt{5}.$$

切实言之，我们有：

定理 2　吾人常有
$$L(F) \leqslant \sqrt{\frac{d}{5}}.$$

若
$$L(F) = \sqrt{\frac{d}{5}},$$

则 F 相似于
$$\sqrt{\frac{d}{5}}(x^2 \pm xy - y^2).$$

第十四章　整数矩阵及其应用

§1. 引　　言

今将先讨论二行二列的方阵,以概括地介绍全章之内容.其中有一部分已见之于第十三章,但为了完整及易于了解起见,稍有重复.

今往讨论二行二列之方阵

$$M = \begin{bmatrix} a & b \\ c & d \end{bmatrix}, \tag{1}$$

此处 a, b, c, d 是整数.组成方阵之数称为方阵之元素.元素皆为零之方阵谓之零方阵,以 0 表之.

$$ad - bc$$

称为 M 之行列式.若此值等于 ± 1,则 M 谓之模方阵;若此值等于 1,则 M 谓之正模方阵.行列式不等于零之方阵谓之非奇异方阵,不然谓之奇异方阵.

二方阵

$$A = \begin{bmatrix} a & b \\ c & d \end{bmatrix}, \quad B = \begin{bmatrix} a_1 & b_1 \\ c_1 & d_1 \end{bmatrix}$$

之积的定义是

$$\begin{bmatrix} aa_1 + bc_1 & ab_1 + bd_1 \\ ca_1 + dc_1 & cb_1 + dd_1 \end{bmatrix}, \tag{2}$$

并以记号 AB 表之.显然 AB 之行列式等于 A 之行列式乘 B 之行列式.又二模方阵之积仍为一模方阵,二正模方阵之积仍为一正模方阵.

设 k 是一整数,定义

$$k \cdot \begin{bmatrix} a & b \\ c & d \end{bmatrix} = \begin{bmatrix} ka & kb \\ kc & kd \end{bmatrix}.$$

方阵

$$I = \begin{bmatrix} 1 & 0 \\ 0 & 1 \end{bmatrix}$$

称为单位方阵.对任一方阵 M,常有 $MI = IM = M$.

若 $AB = I$,则 B 称为 A 之逆,以 A^{-1} 记之.易知模方阵 $A = \begin{bmatrix} a & b \\ c & d \end{bmatrix}$ 有逆方阵

第十四章　整数矩阵及其应用

存在,且

$$A^{-1} = \pm \begin{bmatrix} d & -b \\ -c & a \end{bmatrix}.$$

(当 A 为正模方阵时取正号,否则取负号.)

显然 $AA^{-1} = A^{-1}A = I$. 又从 $AB = I$ 两边取行列式,可知 A 若有逆方阵,则 A 为模方阵. 故方阵 A 有逆方阵之充要条件是 A 为模方阵.

在正模方阵中有两个极重要之方阵

$$S = \begin{bmatrix} 1 & 1 \\ 0 & 1 \end{bmatrix} \tag{3}$$

及

$$T = \begin{bmatrix} 0 & 1 \\ -1 & 0 \end{bmatrix}. \tag{4}$$

极易算出:对任一整数 $m(\lessgtr 0)$,常有

$$S^m = \begin{bmatrix} 1 & m \\ 0 & 1 \end{bmatrix} \tag{5}$$

及

$$T^2 = -I. \tag{6}$$

定理 1　任一正模方阵可由 S 及 T 之乘方乘积表出之;换言之,正模方阵所成之群可由 S 及 T 演出之.

证:假定

$$M = \begin{bmatrix} a & b \\ c & d \end{bmatrix} \tag{7}$$

是一正模方阵. 若 $a = 0$,则 $b \neq 0$. 由

$$\begin{bmatrix} 0 & b \\ c & d \end{bmatrix} T = \begin{bmatrix} -b & 0 \\ -d & c \end{bmatrix}$$

可知在讨论中不妨假定 $a \neq 0$. 又因

$$MT^2 = -M,$$

故也不妨假定 $a > 0$. 又可设

$$0 \leqslant b < a. \tag{8}$$

盖可取整数 q,使 $0 \leqslant aq + b < a$,而方阵

$$\begin{bmatrix} a & b \\ c & d \end{bmatrix} \begin{bmatrix} 1 & q \\ 0 & 1 \end{bmatrix} = \begin{bmatrix} a & aq + b \\ c & cq + d \end{bmatrix} \tag{9}$$

即适合(8)式.

今对 a 行归纳法. 若 $a = 1$,则由(8)得出 $b = 0$,因而 $d = 1$. 而

$$\begin{bmatrix} 1 & 0 \\ c & 1 \end{bmatrix} = \begin{bmatrix} 0 & 1 \\ -1 & 0 \end{bmatrix} \begin{bmatrix} 1 & -c \\ 0 & 1 \end{bmatrix} \begin{bmatrix} 0 & -1 \\ 1 & 0 \end{bmatrix} = TS^{-c}T^{-1},$$

故(7)乃 S 及 T 之乘方乘积.

今设当 $0 < a < k$ 时,所有适合于(8)之方阵(7)皆为 S 及 T 之乘方乘积.则对正模方阵

$$\begin{bmatrix} k & l \\ s & t \end{bmatrix}, \quad 0 \leqslant l < k$$

(因为 $k > 1$,故 l 显然大于 0),由

$$\begin{bmatrix} k & l \\ s & t \end{bmatrix} \begin{bmatrix} 0 & -1 \\ 1 & 0 \end{bmatrix} = \begin{bmatrix} l & -k \\ t & -s \end{bmatrix}$$

再用(9)之方法,可知此式之右边为 S 及 T 之乘方乘积.故得定理.

附注:正模方阵也可由二方阵

$$\begin{bmatrix} 1 & 1 \\ 0 & 1 \end{bmatrix} \text{及} \begin{bmatrix} 1 & 0 \\ 1 & 1 \end{bmatrix} \tag{10}$$

之乘方乘积表出之.盖由于

$$\begin{bmatrix} 0 & 1 \\ -1 & 0 \end{bmatrix} = \begin{bmatrix} 1 & 1 \\ 0 & 1 \end{bmatrix} \begin{bmatrix} 1 & 0 \\ 1 & 1 \end{bmatrix}^{-1} \begin{bmatrix} 1 & 1 \\ 0 & 1 \end{bmatrix}$$

故也.

定理 2 任一模方阵可由二方阵

$$\begin{bmatrix} 0 & 1 \\ 1 & 0 \end{bmatrix} \text{及} \begin{bmatrix} 1 & 1 \\ 0 & 1 \end{bmatrix} \tag{11}$$

之乘方乘积表出之,亦即模方阵所成之群可由此二方阵演出之.

证:模方阵 M 如非正模方阵,则

$$M \begin{bmatrix} 0 & 1 \\ 1 & 0 \end{bmatrix}$$

即为正模方阵.因之由定理 1 的附注,可知模方阵可由三方阵

$$\begin{bmatrix} 1 & 1 \\ 0 & 1 \end{bmatrix}, \begin{bmatrix} 1 & 0 \\ 1 & 1 \end{bmatrix}, \begin{bmatrix} 0 & 1 \\ 1 & 0 \end{bmatrix}$$

之乘方乘积表出之.但

$$\begin{bmatrix} 1 & 0 \\ 1 & 1 \end{bmatrix} = \begin{bmatrix} 0 & 1 \\ 1 & 0 \end{bmatrix} \begin{bmatrix} 1 & 1 \\ 0 & 1 \end{bmatrix} \begin{bmatrix} 0 & 1 \\ 1 & 0 \end{bmatrix},$$

故得定理.

定义 1 如有一模方阵 U 使二方阵 M,N 间有下之关系:

$$M = UN,$$

则谓方阵 N 左结合于方阵 M.以 $M \stackrel{L}{=} N$ 表之.

左结合关系显然有次之三性质:(i) $M \stackrel{L}{=} M$(反身性);(ii) 若 $M \stackrel{L}{=} N$,则

$N \stackrel{L}{=} M$(对称性);(iii) $M \stackrel{L}{=} N, N \stackrel{L}{=} P$,则 $M \stackrel{L}{=} P$(传递性).

右结合之定义可仿此得出,故不再赘述.

定理 3 任一方阵必左结合于方阵

$$\begin{bmatrix} a & 0 \\ c & d \end{bmatrix}, \quad a \geqslant 0, \quad d \geqslant 0; \tag{12}$$

若 $a > 0$,则 $0 \leqslant c < a$.

证:给予一方阵

$$M = \begin{bmatrix} a & b \\ c & d \end{bmatrix},$$

必有整数 r, s 使

$$rb + sd = 0, \quad (r, s) = 1.$$

又必有整数 u, v 使

$$rv - su = 1.$$

于是

$$U = \begin{bmatrix} r & s \\ u & v \end{bmatrix}$$

为一正模方阵,而

$$UM = \begin{bmatrix} a_1 & 0 \\ c_1 & d_1 \end{bmatrix}.$$

如 $a_1 \leqslant 0$,则以 $\begin{bmatrix} -1 & 0 \\ 0 & 1 \end{bmatrix}$ 乘之,可使 $a_1 \geqslant 0$;同法可使 $d_1 \geqslant 0$.因之任一方阵必左结合于如下形式之方阵

$$\begin{bmatrix} a & 0 \\ c & d \end{bmatrix}, \quad a \geqslant 0, \quad d \geqslant 0.$$

若 $a > 0$,则可取 q 使 $0 \leqslant qa + c < a$,即得

$$\begin{bmatrix} 1 & 0 \\ q & 1 \end{bmatrix} \begin{bmatrix} a & 0 \\ c & d \end{bmatrix} = \begin{bmatrix} a & 0 \\ qa + c & d \end{bmatrix}.$$

故得定理.

定义 2 形如(12)之方阵谓之左结合标准形式.

定理 4 任一非奇异方阵之左结合标准形式是唯一的.

证:首先注意非奇异方阵之左结合标准形式 $\begin{bmatrix} a & 0 \\ c & d \end{bmatrix}$ 中之 a, d 皆不为零.

今若

$$\begin{bmatrix} s & t \\ u & v \end{bmatrix} \begin{bmatrix} a & 0 \\ c & d \end{bmatrix} = \begin{bmatrix} a_1 & 0 \\ c_1 & d_1 \end{bmatrix}, \quad sv - tu = \pm 1.$$

则由 $td=0$ 得 $t=0$. 再由 $sa=a_1>0, vd=d_1>0$ 及 $sv=\pm 1$, 可得 $s=v=1$. 更由 $ua+c=c_1, 0\leqslant c<a, 0\leqslant c_1<a_1=a$, 可知 $u=0$. 故得定理.

习题. 读者自己研究奇异方阵之情况.

定义 3 如有二模方阵 U 及 V 使

$$UMV=N,$$

则谓方阵 M 与 N 相似, 以 $M \sim N$ 记之. 此相似关系显然也有反身, 对称, 传递等三性质.

定理 5 任一方阵必与一形如

$$\begin{bmatrix} a_1 & 0 \\ 0 & a_1 a_2 \end{bmatrix}, \quad a_1 \geqslant 0, \quad a_2 \geqslant 0 \tag{13}$$

之方阵相似.

证: 给予一方阵

$$M = \begin{bmatrix} a & b \\ c & d \end{bmatrix}.$$

若 M 之元素全为零, 则定理显然, 故不妨假定 $a \neq 0$, 亦不妨假定 $a>0$. 今先证: M 必与一形如

$$\begin{bmatrix} a_1 & b_1 \\ c_1 & d_1 \end{bmatrix}, \quad a_1 \mid (b_1, c_1, d_1)$$

之方阵相似. 今用归纳法证明此点. 当 $a=1$ 时, 此乃显然. 当 $a>1$ 时, 若 $a \nmid b$, 则可取整数 q 使 $0<aq+b<a$, 而

$$\begin{bmatrix} a & b \\ c & d \end{bmatrix} \begin{bmatrix} q & 1 \\ 1 & 0 \end{bmatrix} = \begin{bmatrix} aq+b & * \\ * & * \end{bmatrix},$$

此处为首之元素为小于 a 之正整数. 又若 $a \mid b$ 而 $a \nmid c$, 则亦有整数 q' 使 $0 < aq'+c<a$, 而

$$\begin{bmatrix} q' & 1 \\ 1 & 0 \end{bmatrix} \begin{bmatrix} a & b \\ c & d \end{bmatrix} = \begin{bmatrix} aq'+c & * \\ * & * \end{bmatrix},$$

此处为首之元素亦为小于 a 之正整数. 最后, 若 $a \mid (b,c)$, 但 $a \nmid d$, 命 $c=c'a$, 则

$$\begin{bmatrix} 1 & 1 \\ 0 & 1 \end{bmatrix} \begin{bmatrix} 1 & 0 \\ -c' & 1 \end{bmatrix} \begin{bmatrix} a & b \\ c & d \end{bmatrix} = \begin{bmatrix} a & (1-c')b+d \\ * & * \end{bmatrix},$$

而 $a \nmid \{(1-c')b+d\}$, 此化为 $a \nmid b$ 之情形. 故由归纳法明所欲证.

今 $a_1 \mid (b_1, c_1, d_1)$, 命 $b_1 = a_1 b_2, c_1 = a_1 c_2, d_1 = a_1 d_2$, 由是

$$\begin{bmatrix} 1 & 0 \\ -c_2 & 1 \end{bmatrix} \begin{bmatrix} a_1 & a_1 b_2 \\ a_1 c_2 & a_1 d_2 \end{bmatrix} \begin{bmatrix} 1 & -b_2 \\ 0 & 1 \end{bmatrix} = \begin{bmatrix} a_1 & 0 \\ 0 & a_1(d_2-b_2 c_2) \end{bmatrix}.$$

显然可设 $a_1>0$, 因不然以 $\begin{bmatrix} -1 & 0 \\ 0 & 1 \end{bmatrix}$ 乘之即得. 同样可设 $a_2 = d_2 - b_2 c_2 \geqslant 0$ 故得定

理.

定义4 形如(13)之方阵称为相似标准形式.

总述以上之结果:由定理2已知任一模方阵可由二方阵
$$\begin{bmatrix} 0 & 1 \\ 1 & 0 \end{bmatrix}, \begin{bmatrix} 1 & 1 \\ 0 & 1 \end{bmatrix}$$
之乘方乘积表出之.由
$$\begin{bmatrix} 0 & 1 \\ 1 & 0 \end{bmatrix}\begin{bmatrix} a & b \\ c & d \end{bmatrix} = \begin{bmatrix} c & d \\ a & b \end{bmatrix}$$
及
$$\begin{bmatrix} a & b \\ c & d \end{bmatrix}\begin{bmatrix} 0 & 1 \\ 1 & 0 \end{bmatrix} = \begin{bmatrix} b & a \\ d & c \end{bmatrix},$$
可知 $\begin{bmatrix} 0 & 1 \\ 1 & 0 \end{bmatrix}$ 及其逆之作用是将一方阵之两行或两列互换.又由
$$\begin{bmatrix} 1 & \pm 1 \\ 0 & 1 \end{bmatrix}\begin{bmatrix} a & b \\ c & d \end{bmatrix} = \begin{bmatrix} a\pm c & b\pm d \\ c & d \end{bmatrix}$$
及
$$\begin{bmatrix} a & b \\ c & d \end{bmatrix}\begin{bmatrix} 1 & \pm 1 \\ 0 & 1 \end{bmatrix} = \begin{bmatrix} a & b\pm a \\ c & d\pm c \end{bmatrix},$$
可知 $\begin{bmatrix} 1 & 1 \\ 0 & 1 \end{bmatrix}$ 或其逆 $\begin{bmatrix} 1 & -1 \\ 0 & 1 \end{bmatrix}$ 之作用是于第一行加上或减去第二行(即对应的元素分别相加减,以后同此),或于第二列加上或减去第一列.如此数种手续称为初等变换.故定理5亦可改述为:经初等变换后,可将一方阵变为相似标准形式.

由于方阵中诸元素之最大公约数经初等变换后不变,因之由定理5,
$$(a,b,c,d) = a_1.$$
又
$$\begin{vmatrix} a & b \\ c & d \end{vmatrix} = ad - bc = \pm a_1^2 a_2.$$

因而可得

定理6 任一方阵之相似标准形式是唯一的.

§2. 矩 阵 之 积

命 $a_{11}, a_{12}, \cdots, a_{mn}$ 皆表整数,

$$A = \begin{pmatrix} a_{11} & \cdots & a_{1n} \\ a_{21} & \cdots & a_{2n} \\ \cdots & \cdots & \cdots \\ a_{m1} & \cdots & a_{mn} \end{pmatrix}$$

称为一 m 行 n 列的矩阵,或称为 $m \times n$ 矩阵,而以 $A^{(m,n)}$ 记之. 若 $m = n$,则迳以 $A^{(n)}$ 记之,并称为 n 级的方阵. 又以 B 表一 $n \times l$ 矩阵.

$$B = \begin{pmatrix} b_{11} & \cdots & b_{1l} \\ b_{21} & \cdots & b_{2l} \\ \cdots & \cdots & \cdots \\ b_{n1} & \cdots & b_{nl} \end{pmatrix}$$

矩阵 A 乘 B 的乘积定义为

$$AB = C = \begin{pmatrix} c_{11} & \cdots & c_{1l} \\ c_{21} & \cdots & c_{2l} \\ \cdots & \cdots & \cdots \\ c_{m1} & \cdots & c_{ml} \end{pmatrix}, \quad c_{rs} = \sum_{t=1}^{n} a_{rt} b_{ts} \; (r = 1, \cdots, m; s = 1, \cdots, l). \tag{1}$$

由定义易见只有当 A 的列数与 B 的行数相等时,AB 才有意义. 又易见当 AB 和 BA 都有意义时,AB 并不一定等于 BA. 若 $AB = BA$,则称 A, B 是可交换的. 但常有 $(AB)D = A(BD)$.

如 A, B 为方阵,则 AB 之行列式等于 A 之行列式乘以 B 之行列式.

如一方阵之行列式不为零,则此方阵称为非奇异方阵,不然谓之奇异方阵.

行列式为 ± 1 之方阵称为模方阵,而行列式为 1 者称为正模方阵. 易证二模方阵之积仍为一模方阵,二正模方阵之积仍为一正模方阵.

方阵

$$\Lambda = \begin{pmatrix} \lambda_1 & 0 & \cdots & 0 \\ 0 & \lambda_2 & \cdots & 0 \\ \hline 0 & 0 & \cdots & \lambda_n \end{pmatrix}$$

除对角线上之元素外,其余之元素皆为零,称为对角线方阵,并简记之为 $\Lambda = [\lambda_1, \lambda_2, \cdots, \lambda_n]$. 特如 $\lambda_1 = \lambda_2 = \cdots = \lambda_n = 1$,即

$$\Lambda = I = \begin{pmatrix} 1 & 0 & \cdots & 0 \\ 0 & 1 & \cdots & 0 \\ \hline 0 & 0 & \cdots & 1 \end{pmatrix},$$

称为单位方阵. 显然对任一方阵 A 常有 $AI = IA = A$.

第十四章 整数矩阵及其应用

若方阵 A, B 间有下之关系
$$AB = I,$$
则称 B 为 A 之逆方阵,并以 $B = A^{-1}$ 记之.

于方阵 $A(= A^{(n)})$ 中除去第 i 行第 j 列诸元素,但不变动其他元素之位置,所得 $(n-1)$ 级方阵之行列式称为 a_{ij} 之余子式;余子式前冠以符号 $(-1)^{i+j}$ 后,称为代数余子式,以 A_{ij} 记之.命

$$A_0 = \begin{pmatrix} A_{11} & A_{21} & \cdots & A_{n1} \\ A_{12} & A_{22} & \cdots & A_{n2} \\ \hline A_{1n} & A_{2n} & \cdots & A_{nn} \end{pmatrix},$$

A_0 即为于 A 中以 a_{rs} 之代数余子式 A_{rs} 代 a_{sr} 后所得之方阵,称为 A 之伴随方阵,易证
$$AA_0 = A_0 A = aI,$$
此处 a 表 A 之行列式.故若 A 为模方阵,则 A 有逆方阵存在,且 $A^{-1} = \pm A_0$.反之,若 A 有逆方阵,则 A 为模方阵.

若 $AB = I$,则由 $B = (\pm A_0 A)B = \pm A_0 (AB) = \pm A_0$,可知逆方阵是唯一的,且 $AA^{-1} = A^{-1}A = I$.且若 A, B 皆有逆方阵,则 $(AB)^{-1} = B^{-1}A^{-1}$.

1 行 n 列的矩阵 $(x_1, \cdots, x_n)$(其中之元素 $x_1, \cdots, x_n$ 有时不限定为整数)称为矢量,并以 $x = (x_1, \cdots, x_n)$ 记之.所当注意者:此处矢量之记号请勿与最大公约数之记号 $(x_1, \cdots, x_n) = d$ 相混淆.以后凡单独写 $(x_1, \cdots, x_n)$ 时即表矢量,而 $(x_1, \cdots, x_n) = d$ 表示最大公约,并常以 x, y 等字母表示含有 n 个元素的矢量.

方程
$$y = xB \quad (B = B^{(n,l)}) \tag{2}$$
即代表线性方程组
$$y_i = \sum_{j=1}^n x_j b_{ji}, \quad 1 \leqslant i \leqslant l.$$

若 $n = l$ 而 B 非奇异的,则(2)称为变换.对应于整数 $x_1, \cdots, x_n$ 有整数 $y_1, \cdots, y_n$,但反之则不一定.但若 B 为模方阵,则当 $y_1, \cdots, y_n$ 为整数时,$x_1, \cdots, x_n$ 亦为整数,此时称变换(2)为模变换.

例 1. 设 $r \neq 1$.命 $y_1 = -x_r, y_r = x_1, y_i = x_i (i \neq 1, i \neq r)$.此为一模变换,其所对应之模方阵即为将 I 之第 1 行乘 -1 后与第 r 行互换后所得之方阵(或第 r 列乘 -1 后与第 1 列互换后所得之方阵),以 E_r 记之.

$$E_r = \begin{pmatrix} 0 & 0 & \cdots & 1 & \cdots & 0 \\ 0 & 1 & \cdots & 0 & \cdots & 0 \\ \hline -1 & 0 & \cdots & 0 & \cdots & 0 \\ \hline 0 & 0 & \cdots & 0 & \cdots & 1 \end{pmatrix} r. \tag{3}$$

例 2. 设 $r \neq 1$. 命 $y_i = x_i (i \neq r)$, $y_r \overset{r}{=} x_r + x_1$. 此亦为一模变换, 其所对应之模方阵为

$$V_r = \begin{pmatrix} 1 & 0 & \cdots & 1 & \cdots & 0 \\ 0 & 1 & \cdots & 0 & \cdots & 0 \\ \hline 0 & 0 & \cdots & 0 & \cdots & 1 \end{pmatrix}, \tag{4}$$

即为将 I 之第 r 行加到第 1 行去后所得之方阵(或第 1 列加到第 r 列去后所得之方阵).

易证 V_r 可表为 V_2 及 E_i 之乘积. 实际上, 若 $r > 2$, 则

$$V_r = E_2 E_r E_2 V_2 E_2 E_r E_2. \tag{5}$$

今证明如下: 命

$$t = \begin{pmatrix} t_1 \\ t_2 \\ \vdots \\ t_n \end{pmatrix},$$

则有

$$E_2 t = \begin{pmatrix} t_2 \\ -t_1 \\ t_3 \\ \vdots \\ t_n \end{pmatrix}, E_r E_2 t = \begin{pmatrix} t_2 \\ t_3 \\ \vdots \\ -t_2 \\ \vdots \\ t_n \end{pmatrix} r, \cdots,$$

$$E_2 E_r E_2 V_2 E_2 E_r E_2 t = \begin{pmatrix} t_1 + t_r \\ t_2 \\ \vdots \\ t_n \end{pmatrix}.$$

第十四章 整数矩阵及其应用

但

$$V_r t = \begin{pmatrix} t_1 + t_r \\ t_2 \\ \vdots \\ t_n \end{pmatrix},$$

故得(5)式.

例 3. 若 $i \neq s$, 命 $y_i = x_i$, 而 $y_s = x_s + x_r (r \neq s)$. 此亦为一模变换,其所对应之模方阵即为将 I 之第 s 行加到第 r 行去后所得之方阵(或第 r 列加到第 s 列去后所得之方阵),以 V_{rs} 记之:

$$V_{rs} = \begin{pmatrix} 1 & 0 & \cdots & 0 & \cdots & 0 & \cdots & 0 \\ 0 & 0 & \cdots & 1 & \cdots & 1 & \cdots & 0 \\ 0 & 0 & \cdots & 0 & \cdots & 1 & \cdots & 0 \\ 0 & 0 & \cdots & 0 & \cdots & 0 & \cdots & 1 \\ & & & r & & s & & \end{pmatrix} \begin{matrix} \\ r \\ s \\ \end{matrix}. \tag{6}$$

当 $s > 1$ 时, $V_{rs} = E_r^{-1} V_s E_r$, 而 $V_{r1} = E_r^{-1} V_r^{-1} E_r$. 故 V_{rs} 亦可由 V_2 及 $E_2, \cdots, E_n$ 之乘方乘积表出之.

$V_{rs}(1 \leq r \leq n, 1 \leq s \leq n, r \neq s)$ 及其所有的乘方乘积成一群,吾人以 $\mathfrak{M}$ 记之. 由定理 1.1 的附注,知由 $V_{21} = \begin{bmatrix} 1 & 0 \\ 1 & 1 \end{bmatrix}$ 及 $V_{12} = \begin{bmatrix} 1 & 1 \\ 0 & 1 \end{bmatrix}$ 所演出的群 $\mathfrak{M}$,即为所有二行二列的正模方阵所成之群.今往证明对 n 行 n 列正模方阵亦有此定理,即

定理 1 $\mathfrak{M}$ 即为所有 n 行 n 列正模方阵所成之群.

显然 $\mathfrak{M}$ 中之任一方阵为正模方阵,故只需证明任一正模方阵在 $\mathfrak{M}$ 中,亦即证明任一正模方阵皆可表为诸 V_{rs} 之乘方乘积即可.为此先证下之诸定理.

定理 2 若 $(x_1, \cdots, x_n) = d$, 则有 $U \in \mathfrak{M}$, 使

$$(x_1, \cdots, x_n) U = (d, 0, \cdots, 0).$$

证:当 $n = 2$ 时,若 $(x_1, x_2) = d$, 则有二整数 r, s 使

$$r x_1 + s x_2 = d, \quad (r, s) = 1.$$

取 $u = -\dfrac{x_2}{d}, v = \dfrac{x_1}{d}$, 则

$$v x_2 + u x_1 = 0,$$
$$v r - u s = 1.$$

由是得
$$(x_1, x_2)\begin{bmatrix} r & u \\ s & v \end{bmatrix} = (d, 0),$$

而 $P = \begin{bmatrix} r & u \\ s & v \end{bmatrix}$ 乃一正模方阵，且由定理 1.1 的附注知 $P \in \mathfrak{M}_\mathfrak{C}$. 故当 $n = 2$ 时定理真实.

今用归纳法. 命 $(x_{n-1}, x_n) = d_1$，则有一 $P \in \mathfrak{M}_\mathfrak{C}$，使
$$(x_{n-1}, x_n) P = (d_1, 0).$$

命
$$V^{(n)} = \begin{pmatrix} 1 & 0 & \cdots & 0 & 0 \\ 0 & 1 & \cdots & 0 & 0 \\ \hline 0 & 0 & \cdots & r & u \\ 0 & 0 & \cdots & s & v \end{pmatrix} = \begin{bmatrix} I^{(n-2)} & 0 \\ 0 & P \end{bmatrix},$$

易知 $V^{(n)} \in \mathfrak{M}_\mathfrak{C}$，而
$$(x_1, \cdots, x_n) V^{(n)} = (x_1, \cdots, x_{n-2}, d_1, 0).$$

由归纳法之假定，知有 $V^{(n-1)} \in \mathfrak{M}_{\mathfrak{C}-1}$，使
$$(x_1, \cdots, x_{n-2}, d_1) V^{(n-1)} = (d, 0, \cdots, 0).$$

于是命
$$V_1^{(n)} = \begin{bmatrix} V^{(n-1)} & 0 \\ 0 & 1 \end{bmatrix},$$

即得
$$(x_1, \cdots, x_n) V^{(n)} V_1^{(n)} = (d, 0, \cdots, 0).$$

命 $U = V^{(n)} V_1^{(n)}$，易知 $U \in \mathfrak{M}_\mathfrak{C}$. 故得定理.

定理 3 若 $(a_{11}, a_{12}, \cdots, a_{1n}) = d$，则有 $\mathfrak{M}_\mathfrak{C}$ 中之一方阵以 $\left[\dfrac{a_{11}}{d}, \dfrac{a_{12}}{d}, \cdots, \dfrac{a_{1n}}{d}\right]$ 为其第一行.

证：由定理 2 已知有 $\mathfrak{M}_\mathfrak{C}$ 中之一方阵 U，使
$$(a_{11}, a_{12}, \cdots, a_{1n}) U = (d, 0, \cdots, 0),$$

而 U^{-1} 即合所求.

定理 1 的证明 用归纳法. 当 $n = 2$ 时，由定理 1.1 的附注知本定理真实.

今设
$$A = \begin{pmatrix} a_{11} & a_{12} & \cdots & a_{1n} \\ a_{21} & a_{22} & \cdots & a_{2n} \\ \hline a_{n1} & a_{n2} & \cdots & a_{nn} \end{pmatrix}$$

为任一正模方阵.易知$(a_{11}, a_{12}, \cdots, a_{1n}) = 1$. A 乘以定理 3 证明中之 U,即得

$$AU = \begin{pmatrix} 1 & 0 & \cdots & 0 \\ a'_{21} & a'_{22} & \cdots & a'_{2n} \\ \hline a'_{n1} & a'_{n2} & \cdots & a'_{nn} \end{pmatrix}.$$

方阵

$$V = \begin{pmatrix} 1 & 0 & 0 & \cdots & 0 \\ -a'_{21} & 1 & 0 & \cdots & 0 \\ -a'_{31} & 0 & 1 & \cdots & 0 \\ \hline -a'_{n1} & 0 & 0 & \cdots & 1 \end{pmatrix}$$

在 $\mathfrak{M}$ 中,而

$$VAU = \begin{pmatrix} 1 & 0 & 0 & \cdots & 0 \\ 0 & a'_{22} & a'_{23} & \cdots & a'_{2n} \\ \hline 0 & a'_{n2} & a'_{n3} & \cdots & a'_{nn} \end{pmatrix}. \tag{7}$$

由归纳法之假定,$\begin{pmatrix} a'_{22} & a'_{23} & \cdots & a'_{2n} \\ \hline a'_{n2} & a'_{n3} & \cdots & a'_{nn} \end{pmatrix}$ 在 $\mathfrak{M}_{n-1}$ 中,因而 $\begin{pmatrix} 1 & 0 & 0 & \cdots & 0 \\ 0 & a'_{22} & a'_{23} & \cdots & a'_{2n} \\ \hline 0 & a'_{n2} & a'_{n3} & \cdots & a'_{nn} \end{pmatrix}$ 在

$\mathfrak{M}$ 中.故由(7)式即得定理.

§3. 模方阵之演出元素

在 §1 中我们已经证明:任一二行二列的正模方阵可由二方阵 $V_{21} = \begin{bmatrix} 1 & 0 \\ 1 & 1 \end{bmatrix}$, $V_{12} = \begin{bmatrix} 1 & 1 \\ 0 & 1 \end{bmatrix}$ 之乘方乘积表出.今往讨论一般之情况,即问任一 n 行 n 列的正模方阵可由哪几个方阵的乘方乘积表出?也就是问 $\mathfrak{M}$ 可由哪几个方阵演出?

由定义,知 $\mathfrak{M}$ 中之任一方阵是诸 V_n 的乘方乘积,又由上节知 V_n 可由 n 个方阵

$$E_2 = \begin{pmatrix} 0 & 1 & 0 & \cdots & 0 \\ -1 & 0 & 0 & \cdots & 0 \\ 0 & 0 & 1 & \cdots & 0 \\ \hline 0 & 0 & 0 & \cdots & 1 \end{pmatrix}, \cdots, E_n = \begin{pmatrix} 0 & 0 & 0 & \cdots & 1 \\ 0 & 1 & 0 & \cdots & 0 \\ 0 & 0 & 1 & \cdots & 0 \\ \hline -1 & 0 & 0 & \cdots & 0 \end{pmatrix}, V_2 = \begin{pmatrix} 1 & 1 & 0 & \cdots & 0 \\ 0 & 1 & 0 & \cdots & 0 \\ 0 & 0 & 1 & \cdots & 0 \\ \hline 0 & 0 & 0 & \cdots & 1 \end{pmatrix}$$

之乘方乘积表出,故 $\mathfrak{M}_6$ 可由 n 个方阵 $E_2, E_3, \cdots, E_n, V_2$ 演出之.

命

$$U_1 = \begin{pmatrix} 0 & 0 & \cdots & 0 & (-1)^{n-1} \\ 1 & 0 & \cdots & 0 & 0 \\ \hline 0 & 0 & \cdots & 1 & 0 \end{pmatrix},$$

则易证 $E_2, E_3, \cdots, E_n$ 都可由 U_1 及 E_2 的乘方乘积表出. 实际上,我们有

$$\begin{aligned} E_r &= (E_2 U_1)^{r-2} E_2 (E_2 U_1)^{n-r+1}, & \text{若 } n \text{ 为偶数}, \\ E_r &= (E_2^{-1} U_1)^{r-2} E_2 (E_2^{-1} U_1)^{n-r+1}, & \text{若 } n \text{ 为奇数}, r \text{ 为偶数}, \\ E_r &= (E_2^{-1} U_1)^{r-2} E_2^{-1} (E_2^{-1} U_1)^{n-r+1}, & \text{若 } n \text{ 为奇数}, r \text{ 为奇数}. \end{aligned} \quad (1)$$

此诸式之证明可仿 (2.5) 式之证明行之.

故 $\mathfrak{M}_6$ 可由三方阵 U_1, V_2, E_2 演出之. 如命

$$U^* = \begin{pmatrix} 1 & 0 & 0 & \cdots & 0 \\ 1 & 1 & 0 & \cdots & 0 \\ 0 & 0 & 1 & \cdots & 0 \\ \hline 0 & 0 & 0 & \cdots & 1 \end{pmatrix},$$

易见

$$E_2 = U^{*-1} V_2 U^{*-1}.$$

故 $\mathfrak{M}_6$ 亦可由三方阵

$$U_1 = \begin{pmatrix} 0 & 0 & \cdots & 0 & (-1)^{n-1} \\ 1 & 0 & \cdots & 0 & 0 \\ 0 & 1 & \cdots & 0 & 0 \\ \hline 0 & 0 & \cdots & 1 & 0 \end{pmatrix}, U_2 = V_2 = \begin{pmatrix} 1 & 1 & 0 & \cdots & 0 \\ 0 & 1 & 0 & \cdots & 0 \\ 0 & 0 & 1 & \cdots & 0 \\ \hline 0 & 0 & 0 & \cdots & 1 \end{pmatrix}, U^* = \begin{pmatrix} 1 & 0 & 0 & \cdots & 0 \\ 1 & 1 & 0 & \cdots & 0 \\ 0 & 0 & 1 & \cdots & 0 \\ \hline 0 & 0 & 0 & \cdots & 1 \end{pmatrix}$$

(2)

演出之.

在 $n=2$ 的情况,$\mathfrak{M}_\ell$ 可由二方阵 $U_1=\begin{bmatrix}0&-1\\1&0\end{bmatrix}$ 及 $U_2=\begin{bmatrix}1&1\\0&1\end{bmatrix}$ 演出之. 于是就产生一问题,即 $\mathfrak{M}_\ell(n\geqslant 3)$ 是否也可由 U_1,U_2 二方阵演出,亦即 U^* 是否可由 U_1,U_2 的乘方乘积表出. 今先考察 $n=3$ 及 4 之情况.

1) $n=3$. 此时

$$U_1=\begin{pmatrix}0&0&1\\1&0&0\\0&1&0\end{pmatrix}, U_2=\begin{pmatrix}1&1&0\\0&1&0\\0&0&1\end{pmatrix}, U^*=\begin{pmatrix}1&0&0\\1&1&0\\0&0&1\end{pmatrix}.$$

为了方便起见,"(i,j) 位置"即表示第 i 行第 j 列处之位置. 从

$$S=U_1U_2U_1^{-1}=\begin{pmatrix}1&0&0\\0&1&1\\0&0&1\end{pmatrix}, T=U_1^2U_2(U_1^{-1})^2=U_1^{-1}U_2U_1=\begin{pmatrix}1&0&0\\0&1&0\\1&0&1\end{pmatrix},$$

$$U_1^3U_2(U_1^{-1})^3=U_2=\begin{pmatrix}1&1&0\\0&1&0\\0&0&1\end{pmatrix},$$

可知在 U_2 前面乘以 U_1,后面乘以 U_1^{-1},并连续施行此种手续,可使 U_2 之对角线元素保持不变,而非对角线上之 1 沿着 $(1,2),(2,3),(3,1)$ 三个位置移动. 同样地 $(3,2),(1,3),(2,1)$ 三位置上的元素也在一条轨道上移动,如右图所示.

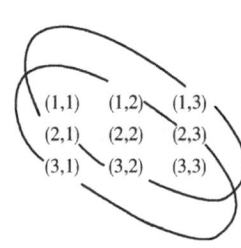

所以要在 $(2,1)$ 位置产生 1,须先在 $(1,3)$ 或 $(3,2)$ 位置处产生 1. 在 T 的前面乘以 U_2^{-1},后面乘以 U_2,可使 $(3,2)$ 位置产生 1. 即

$$U_2^{-1}TU_2=\begin{pmatrix}1&0&0\\0&1&0\\1&1&1\end{pmatrix}.$$

利用前面乘 U_1^{-1},后面乘 U_1 之手续,可使 $U_2^{-1}TU_2$ 在 $(3,2)$ 位置之 1 移至 $(2,1)$ 位置,即

$$W=U_1^{-1}U_2^{-1}TU_2U_1=\begin{pmatrix}1&0&0\\1&1&1\\0&0&1\end{pmatrix}.$$

于是只要能消去 $(2,3)$ 位置之 1 即得 U^*,而此可由前面乘以 S^{-1} 来实现,即

$$S^{-1}W=\begin{pmatrix}1&0&0\\1&1&0\\0&0&1\end{pmatrix}=U^*.$$

故在 $n=3$ 之情况,有
$$U^* = U_1 U_2^{-1} U_1 U_2^{-1} U_1^{-1} U_2 U_1 U_2 U_1. \tag{3}$$

2) $n=4$. 此时

$$U_1 = \begin{pmatrix} 0 & 0 & 0 & -1 \\ 1 & 0 & 0 & 0 \\ 0 & 1 & 0 & 0 \\ 0 & 0 & 1 & 0 \end{pmatrix}, U_2 = \begin{pmatrix} 1 & 1 & 0 & 0 \\ 0 & 1 & 0 & 0 \\ 0 & 0 & 1 & 0 \\ 0 & 0 & 0 & 1 \end{pmatrix}, U^* = \begin{pmatrix} 1 & 0 & 0 & 0 \\ 1 & 1 & 0 & 0 \\ 0 & 0 & 1 & 0 \\ 0 & 0 & 0 & 1 \end{pmatrix}.$$

与 $n=3$ 时一样,我们先从

$$T = U_1^{-1} U_2 U_1 = \begin{pmatrix} 1 & 0 & 0 & 0 \\ 0 & 1 & 0 & 0 \\ 0 & 0 & 1 & 0 \\ -1 & 0 & 0 & 1 \end{pmatrix}$$

出发.在 T 的前面乘以 U_2^{-1},后面乘以 U_2,可在 $(4,2)$ 位置产生 -1,即

$$U_2^{-1} T U_2 = \begin{pmatrix} 1 & 0 & 0 & 0 \\ 0 & 1 & 0 & 0 \\ 0 & 0 & 1 & 0 \\ -1 & -1 & 0 & 1 \end{pmatrix}.$$

又经过前面乘 U_1^{-1},后面乘 U_1 之手续,可将 $(4,2)$ 位置之 -1 移至 $(3,1)$ 位置,即

$$U_1^{-1}(U_2^{-1} T U_2) U_1 = \begin{pmatrix} 1 & 0 & 0 & 0 \\ 0 & 1 & 0 & 0 \\ -1 & 0 & 1 & 1 \\ 0 & 0 & 0 & 1 \end{pmatrix}. \tag{4}$$

再施行前面乘 U_2^{-1},后面乘 U_2 之手续,可使 $(3,2)$ 位置产生 -1,即

$$U_2^{-1}(U_1^{-1} U_2^{-1} T U_2 U_1) U_2 = \begin{pmatrix} 1 & 0 & 0 & 0 \\ 0 & 1 & 0 & 0 \\ -1 & -1 & 1 & 1 \\ 0 & 0 & 0 & 1 \end{pmatrix}.$$

于是再施行前面乘 U_1^{-1},后面乘 U_1 之手续,可使 $(3,2)$ 位置之 -1 移至 $(2,1)$ 位置,即

$$W = U_1^{-1}(U_2^{-1} U_1^{-1} U_2^{-1} T U_2 U_1 U_2) U_1 = \begin{pmatrix} 1 & 0 & 0 & 0 \\ -1 & 1 & 1 & 1 \\ 0 & 0 & 1 & 0 \\ 0 & 0 & 0 & 1 \end{pmatrix}.$$

至此,对角线以下之形式已经和 U^{*-1} 对角线以下之形式一致,问题在于消去对角

第十四章 整数矩阵及其应用

线以上之 1.

由(4)式可得

$$S = U_1^{-1}(U_1^{-1}U_2^{-1}TU_2U_1)U_1 = \begin{pmatrix} 1 & 0 & 0 & 0 \\ 0 & 1 & 1 & 1 \\ 0 & 0 & 1 & 0 \\ 0 & 0 & 0 & 1 \end{pmatrix}.$$

于是立得

$$S^{-1}W = \begin{pmatrix} 1 & 0 & 0 & 0 \\ -1 & 1 & 0 & 0 \\ 0 & 0 & 1 & 0 \\ 0 & 0 & 0 & 1 \end{pmatrix} = U^{*-1}.$$

故在 $n=4$ 之情况,有

$$U^{*-1} = U_1^{-1}U_1^{-1}U_2^{-1}U_1^{-1}U_2^{-1}U_1U_2U_1U_1U_1^{-1}U_2^{-1}U_1^{-1}U_2^{-1}U_1^{-1} \\ \cdot U_2U_1U_2U_1U_2U_1. \tag{5}$$

若命 $U = U_2U_1$,则由(3)及(5)得

$$U^* = U_1^{-1}U^{-1}U_1U_1U^{-1}U_1^{-1}U^2 \quad (n=3),$$
$$U^{*-1} = U_1^{-1}(U^{-1})^2U_1UU_1(U^{-1})^2U_1^{-1}U^3 \quad (n=4). \tag{6}$$

一般地可以证明

$$U^{*(-1)^{n-1}} = U_1^{-1}(U^{-1})^{n-2}U_1U^{n-3}U_1(U^{-1})^{n-2}U_1^{-1}U^{n-1}. \tag{7}$$

此式之证明读者可仿(2.5)式之证明方法行之.故得

定理 1 正模方阵所成之群 $\mathfrak{M}$ 可由二方阵

$$U_1 = \begin{pmatrix} 0 & 0 & \cdots & 0 & (-1)^{n-1} \\ 1 & 0 & \cdots & 0 & 0 \\ \hline & & & & \\ 0 & 0 & \cdots & 1 & 0 \end{pmatrix}, \quad U_2 = \begin{pmatrix} 1 & 1 & 0 & \cdots & 0 \\ 0 & 1 & 0 & \cdots & 0 \\ 0 & 0 & 1 & \cdots & 0 \\ \hline & & & & \\ 0 & 0 & 0 & \cdots & 1 \end{pmatrix}$$

演出之.换言之,任一正模方阵可以表为 U_1 及 U_2 之乘方乘积.

任一模方阵若非正模方阵,则以

$$U_3 = \begin{pmatrix} -1 & 0 & \cdots & 0 \\ 0 & 1 & \cdots & 0 \\ \hline & & & \\ 0 & 0 & \cdots & 1 \end{pmatrix}$$

乘之即成正模方阵.故得

定理 2 模方阵全体所成之群可由 U_1, U_2 及 U_3 三方阵演出之;换言之,任一

模方阵可由 U_1, U_2 及 U_3 之乘方乘积表出之.

§4. 左 结 合

定义 1 若有一模方阵 U 使二方阵 A 与 B 之间有下之关系：
$$A = UB,$$
则谓方阵 B 左结合于方阵 A，并以 $A \stackrel{L}{=} B$ 记之.

此左结合关系显然也有反身,对称,传递三性质.

定理 1 任一方阵必左结合于一如下形式的方阵

$$\begin{pmatrix} b_{11} & 0 & 0 & \cdots\cdots & 0 & 0 \\ b_{21} & b_{22} & 0 & \cdots\cdots & 0 & 0 \\ \hline & & & & & \\ b_{n-1,1} & b_{n-1,2} & b_{n-1,3} & \cdots & b_{n-1,n-1} & 0 \\ b_{n1} & b_{n2} & b_{n3} & \cdots\cdots & b_{n,n-1} & b_{nn} \end{pmatrix}, \quad (1)$$

其中 $b_{\nu\nu} \geq 0$. 且若 $b_{\nu\nu} > 0$, 则 $0 \leq b_{i\nu} < b_{\nu\nu} (i > \nu)$.

证: 已知当 $n = 2$ 时定理真实(定理 1.3). 今用归纳法.
命

$$A = \begin{pmatrix} a_{11} & a_{12} & \cdots & a_{1n} \\ a_{21} & a_{22} & \cdots & a_{2n} \\ \hline & & & \\ a_{n1} & a_{n2} & \cdots & a_{nn} \end{pmatrix}$$

为任一方阵. 若 A 之最后一列中至少有一元素不为 0, 则命 $(a_{1n}, a_{2n}, \cdots, a_{nn}) = b_{nn}$, 有整数 $b_1, b_2, \cdots, b_n$ 使

$$b_1 a_{1n} + b_2 a_{2n} + \cdots + b_n a_{nn} = b_{nn}, (b_1, b_2, \cdots, b_n) = 1.$$

由定理 2.3 知有一模方阵 V 以 $(b_1, b_2, \cdots, b_n)$ 为其第一行. 将 V 之第一行与第 n 行互换后仍得一模方阵 U, 而以 $(b_1, b_2, \cdots, b_n)$ 为其第 n 行. 因得

$$A \stackrel{L}{=} UA = \begin{pmatrix} a'_{11} & a'_{12} & \cdots & a'_{1n} \\ a'_{21} & a'_{22} & \cdots & a'_{2n} \\ \hline & & & \\ a'_{n1} & a'_{n2} & \cdots & b_{nn} \end{pmatrix}.$$

易见 $a'_{1n}, \cdots, a'_{n-1,n}$ 皆为 $a_{1n}, a_{2n}, \cdots, a_{nn}$ 的线性组合, 因而皆能被 b_{nn} 除尽. 于是得

$$A \stackrel{L}{=} \begin{pmatrix} 1 & 0 & \cdots & 0 & -\dfrac{a'_{1n}}{b_{nn}} \\ 0 & 1 & \cdots & 0 & -\dfrac{a'_{2n}}{b_{nn}} \\ \hline 0 & 0 & \cdots & 0 & 1 \end{pmatrix} \begin{pmatrix} a'_{11} & a'_{12} & \cdots & a'_{1n} \\ a'_{21} & a'_{22} & \cdots & a'_{2n} \\ \hline a'_{n1} & a'_{n2} & \cdots & b_{nn} \end{pmatrix} = \begin{pmatrix} a''_{11} & \cdots & a''_{1,n-1} & 0 \\ a''_{21} & \cdots & a''_{2,n-1} & 0 \\ \hline a''_{n-1,1} & \cdots & a''_{n-1,n-1} & 0 \\ a''_{n1} & \cdots & a''_{n,n-1} & b_{nn} \end{pmatrix}.$$

(2)

当 A 之最后一列元素全为 0 时,亦有上式,不过此时 $b_{nn}=0$. 于是由归纳法之假设可知

$$A \stackrel{L}{=} \begin{pmatrix} b_{11} & 0 & \cdots & 0 & 0 \\ b_{21} & b_{22} & \cdots & 0 & 0 \\ \hline b_{n-1,1} & b_{n-1,2} & \cdots & b_{n-1,n-1} & 0 \\ b'_{n1} & b'_{n2} & \cdots & b'_{n,n-1} & b_{nn} \end{pmatrix},$$

其中 $b_{vv} \geqslant 0, b_{iv}=0 (i<v)$,且若 $b_{vv}>0$,则 $0 \leqslant b_{iv} < b_{vv} (1 \leqslant v < i \leqslant n-1)$.

若 $b_{n-1,n-1}>0$,则有整数 q_{n-1} 存在,使

$$0 \leqslant q_{n-1} b_{n-1,n-1} + b'_{n,n-1} < b_{n-1,n-1}.$$

故

$$A \stackrel{L}{=} \begin{pmatrix} b_{11} & 0 & \cdots & 0 & 0 \\ b_{21} & b_{22} & \cdots & 0 & 0 \\ \hline b_{n-1,1} & b_{n-1,2} & \cdots & b_{n-1,n-1} & 0 \\ b''_{n1} & b''_{n2} & \cdots & b''_{n,n-1} & b_{nn} \end{pmatrix},$$

其中 $b''_{ni} = q_{n-1} b_{n-1,i} + b'_{ni} (1 \leqslant i \leqslant n-1), 0 \leqslant b''_{n,n-1} < b_{n-1,n-1}$.

续行此法即得定理.

定义 2 形如(1)的方阵称为左结合标准形式.

习题. 证明非奇异方阵之左结合标准形式是唯一的.

§5. 不变因子·初等因子

定义 1 对二矩阵 $A(=A^{(m,n)}), B(=B^{(m,n)})$ 若有二模方阵 $U(=U^{(m)}), V(=V^{(n)})$ 使

$$A = UBV,$$

则 A 与 B 谓之相似,以 $A \sim B$ 记之.

显然相似关系也有反身,对称及传递三性质.

定理 1 任一矩阵 $A(=A^{(m,n)})$ 必与一形如

$$\begin{pmatrix} d_1 & 0 & 0 & \cdots & 0 & 0 & \cdots & 0 \\ 0 & d_1 d_2 & 0 & \cdots & 0 & 0 & \cdots & 0 \\ 0 & 0 & d_1 d_2 d_3 & \cdots & 0 & 0 & \cdots & 0 \\ \hline 0 & 0 & 0 & \cdots & d_1 d_2 \cdots d_m & 0 & \cdots & 0 \end{pmatrix} \quad (m \leqslant n) \qquad (1)$$

或

$$\begin{pmatrix} d_1 & 0 & \cdots & 0 \\ 0 & d_1 d_2 & \cdots & 0 \\ \hline 0 & 0 & \cdots & d_1 d_2 \cdots d_n \\ 0 & 0 & \cdots & 0 \\ \hline 0 & 0 & \cdots & 0 \end{pmatrix} \quad (m \geqslant n) \qquad (2)$$

之矩阵相似,其中 $d_i \geqslant 0$.

证:设

$$A = (a_{11}, a_{12}, \cdots, a_{1k})$$

为一 1 行 k 列的矩阵,其中 k 为任意的正整数($k > 1$),则由定理 2.2,知有一正模方阵 U 使

$$AU = (d, 0, \cdots, 0).$$

故定理成立.又由于

$$U' \begin{pmatrix} a_{11} \\ a_{12} \\ \vdots \\ a_{1k} \end{pmatrix} = \begin{pmatrix} d \\ 0 \\ \vdots \\ 0 \end{pmatrix},$$

此处 U' 表示把 U 之行列互换后所得之方阵,可知定理对 k 行 1 列的矩阵也真实.

今于行数上行归纳法.给予一矩阵 A.若 $A = 0$,则定理显然.若 $A \neq 0$,则不妨设 $a_{11} \neq 0$,且亦不妨设 $a_{11} > 0$.今先证 A 必与一如下形式之矩阵相似:

$$A \sim A_1 = \begin{pmatrix} a'_{11} & a'_{12} & \cdots & a'_{1n} \\ a'_{21} & a'_{22} & \cdots & a'_{2n} \\ \hline a'_{m1} & a'_{m2} & \cdots & a'_{mn} \end{pmatrix}, a'_{11} \mid a'_{ij} (1 \leqslant i \leqslant m, 1 \leqslant j \leqslant n).$$

第十四章 整数矩阵及其应用

当 $a_{11} = 1$ 时,此乃显然. 当 $a_{11} > 1$ 时,若 $a_{11} \nmid a_{i_0 j_0}$,则经过行的互换和列的互换可以把 $a_{i_0 j_0}$ 搬至 a_{12}, a_{21}, a_{22} 三元素之位置. 于是用定理 1.5 的证明方法,可使为首之元素变为小于 a_{11} 之正整数,故由归纳法即得所云.

由

$$\begin{pmatrix} 1 & 0 & \cdots & 0 \\ -\dfrac{a'_{21}}{a'_{11}} & 1 & \cdots & 0 \\ \hline & & & \\ -\dfrac{a'_{m1}}{a'_{11}} & 0 & \cdots & 1 \end{pmatrix} \begin{pmatrix} a'_{11} & a'_{12} & \cdots & a'_{1n} \\ a'_{21} & a'_{22} & \cdots & a'_{2n} \\ \hline & & & \\ a'_{m1} & a'_{m2} & \cdots & a'_{mn} \end{pmatrix} \begin{pmatrix} 1 & -\dfrac{a'_{12}}{a'_{11}} & \cdots & -\dfrac{a'_{1n}}{a'_{11}} \\ 0 & 1 & \cdots & 0 \\ \hline & & & \\ 0 & 0 & \cdots & 1 \end{pmatrix}$$

$$= \begin{pmatrix} a'_{11} & 0 & \cdots & 0 \\ 0 & a''_{22} & \cdots & a''_{2n} \\ \hline & & & \\ 0 & a''_{m2} & \cdots & a''_{mn} \end{pmatrix},$$

可知

$$A \sim \begin{pmatrix} a'_{11} & 0 & \cdots & 0 \\ 0 & a''_{22} & \cdots & a''_{2n} \\ \hline & & & \\ 0 & a''_{m2} & \cdots & a''_{mn} \end{pmatrix}. \tag{3}$$

于是由归纳法之假设,可知

$$A \sim \begin{pmatrix} a'_{11} & 0 & 0 & \cdots & 0 & 0 & \cdots & 0 \\ 0 & d'_2 & 0 & \cdots & 0 & 0 & \cdots & 0 \\ \hline & & & & & & & \\ 0 & 0 & 0 & \cdots & d'_2 \cdots d'_m & 0 & \cdots & 0 \end{pmatrix} \quad (m \leqslant n) \tag{4}$$

或

$$A \sim \begin{pmatrix} a'_{11} & 0 & \cdots & 0 \\ 0 & d'_2 & \cdots & 0 \\ \hline 0 & 0 & \cdots & d'_2 \cdots d'_n \\ 0 & 0 & \cdots & 0 \\ \hline & & & \\ 0 & 0 & \cdots & 0 \end{pmatrix} \quad (m \geqslant n). \tag{5}$$

由于 $a'_{11} \mid a'_{ij}$,而 d'_2 是 A_1 中某些元素的线性组合,所以 $a'_{11} \mid d'_2$. 如命 $a'_{11} = d_1, d'_2 = d_1 d_2, d'_3 = d_3, d'_4 = d_4, \cdots$.则由(4)及(5)即得定理.

定义 2 形如(1)或(2)的矩阵称为相似标准形式.

在定理 1 的证明过程中,所行的手续只是行的互换或列的互换;一行乘一整数加到另一行,或一列乘一整数加到另一列去;以 -1 乘一行或一列. 如此数种手续称为初等变换. 故定理 1 可以改述为: 经初等变换可将一矩阵化为相似标准形式.

一矩阵的两行(或列)互换后,或以 -1 乘以一行(或列)后,所得矩阵之任一 i 行 i 列子行列式,或与原矩阵之一 i 行 i 列子行列式相同,或仅相差一符号;又若以一矩阵的一行(或列)乘一整数加到另一行(或列)去,则所得矩阵之任一 i 行 i 列子行列式,或为原矩阵之一 i 行 i 列子行列式,或为一 i 行 i 列子行列式加另一 i 行 i 列子行列式的整数倍. 故经初等变换后,一矩阵之所有 i 行 i 列子行列式的最大公因数不变. 故得

定理 2 若 $A \sim B$,则 A 内所有 i 行 i 列子行列式的最大公因数与 B 内所有 i 行 i 列子行列式的最大公因数相等.

同时由(1)及(2),知
$$h_i = d_1 \cdot d_1 d_2 \cdots d_i \cdots d_i$$
即为 A 中诸 i 行 i 列子行列式的最大公因数. 故得

定理 3 任一矩阵的相似标准形式是唯一的.

定义 3 在矩阵 A 的相似标准形式(1)或(2)中,对角线上不为零的元素
$$d_1, d_1 d_2, \cdots, d_1 \cdots d_k \quad (k \leqslant \min(m, n)),$$
分别称为 A 的 1 次,2 次,$\cdots$,k 次不变因子. k 称为矩阵 A 的秩,不变因子的标准分解式
$$d_1 \cdots d_i = p_1^{e_{i1}} \cdots p_{l_i}^{e_{il_i}} \quad (e_{ij} > 0, 1 \leqslant i \leqslant k, l_{i-1} \leqslant l_i)$$
中,所有的素数幂 $p_j^{e_{ij}}$ 都称为 A 的初等因子.

易知初等因子的指数间有下之关系:
$$e_{k,j} \geqslant e_{k-1,j} \geqslant e_{k-2,j} \geqslant \cdots \quad (1 \leqslant j \leqslant l).$$

由定义易知: 二矩阵如有相同的不变因子,则有相同的秩和相同的初等因子; 反之,如有相同的秩和初等因子,则有相同的不变因子. 故得:

定理 4 二 $m \times n$ 矩阵 A 和 B 相似的充要条件是 A 与 B 有相同的秩和相同的初等因子.

§6. 应 用

研究整系数线性方程组
$$y_i = \sum_{j=1}^{n} x_j a_{ji} \quad (1 \leqslant i \leqslant m, n \geqslant m) \tag{1}$$
之整数解,其中 y_i 是已给的整数,即研究

第十四章 整数矩阵及其应用

$$y = xA, \quad y = (y_1, \cdots, y_m), \quad x = (x_1, \cdots, x_n), \quad A = \begin{pmatrix} a_{11} & a_{12} & \cdots & a_{1m} \\ a_{21} & a_{22} & \cdots & a_{2m} \\ \hline \\ a_{n1} & a_{n2} & \cdots & a_{nm} \end{pmatrix} \quad (2)$$

之整数解.

由上节知有二模方阵 $U(=U^{(n)})$ 及 $V(=V^{(m)})$,使

$$UAV = \begin{pmatrix} d_1 & 0 & \cdots & 0 \\ 0 & d_1 d_2 & \cdots & 0 \\ \hline 0 & 0 & \cdots & d_1 \cdots d_m \\ 0 & 0 & \cdots & 0 \\ \hline 0 & 0 & \cdots & 0 \end{pmatrix} = D. \quad (3)$$

于是命

$$yV = y^* = (y_1', \cdots, y_m'), \quad xU^{-1} = x^* = (x_1', \cdots, x_n'),$$

则由(2)即得

$$y^* = x^* D. \quad (4)$$

由(4),

$$y_i' = d_1 \cdots d_i x_i' \quad (1 \leqslant i \leqslant m). \quad (5)$$

(1)式有解的充要条件是(5)式有解. 如 $d_1 \cdots d_k \neq 0, d_{k+1} = 0$,则(5)式有解之充要条件是

$$d_1 \cdots d_i \mid y_i' \quad (1 \leqslant i \leqslant k), \quad y_{k+1}' = \cdots = y_m' = 0. \quad (6)$$

由(3)可知

$$\begin{bmatrix} U & 0 \\ 0 & 1 \end{bmatrix} \begin{bmatrix} A \\ y \end{bmatrix} V = \begin{bmatrix} D \\ y^* \end{bmatrix}. \quad (7)$$

今若(6)式成立,则由(7),

$$\begin{bmatrix} A \\ y \end{bmatrix} \sim \begin{bmatrix} D \\ 0 \end{bmatrix}; \quad (8)$$

反之,若(8)式成立,则得

$$\begin{bmatrix} D \\ y^* \end{bmatrix} \sim \begin{bmatrix} D \\ 0 \end{bmatrix}.$$

由定理 5.2,即得

$$d_1 \mid y_1', \ d_1 d_2 \mid y_2', \cdots, d_1 \cdots d_k \mid y_k', \ y_{k+1}' = \cdots = y_m' = 0,$$

此即(6)式. 故(1)式有解之充要条件是(8)式成立. 即:

定理 方程组(1)有解的必要且充分条件是二矩阵 A 及 $\begin{bmatrix} A \\ y \end{bmatrix}$ 有相同的不变因

子.

若(5)式成立,则可得

$$x'_1 = \frac{y'_1}{d_1}, \quad x'_2 = \frac{y'_2}{d_1 d_2}, \quad \cdots, \quad x'_k = \frac{y'_k}{d_1 \cdots d_k}. \tag{9}$$

即 $x'_1, x'_2, \cdots, x'_k$ 都唯一地决定,而 $x'_{k+1}, \cdots, x'_n$ 可以是任意的整数.因此如命 $t_1, \cdots, t_{n-k}$ 表 $n-k$ 个整数变数,则有

$$\begin{aligned} x_i &= \sum_{j=1}^{k} x'_j u_{ji} + \sum_{l=1}^{n-k} t_l u_{k+l, i} \\ &= x_i^{(0)} + \sum_{l=1}^{n-k} t_l u_{k+l, i} \quad (1 \leqslant i \leqslant n), \end{aligned} \tag{10}$$

此处 $x_1^{(0)}, \cdots, x_n^{(0)}$ 即为当 $t_1 = \cdots = t_{n-k} = 0$ 时(1)式的一组解.

§7. 因子分解. 标准素方阵

定义 1 对二方阵 A, B,如有一方阵 C 使 $A = CB$,则称 B 为 A 的右因子,或 B 右除尽 A,并迳以 $B \mid A$ 记之.

显然有(i) $A \mid A$;(ii) 若 $A \mid B, B \mid C$ 则 $A \mid C$.

左因子与左除尽的定义,可同样得出.

定义 2 设 A 非奇异方阵,且亦非模方阵.若对 A 的任何分解式 $A = BC$,常得出 B 或 C 是模方阵,则称 A 为不可分解方阵或素方阵.不然,称 A 为复合方阵.

设 A 是非奇异方阵,则由定理 5.1 可知有二模方阵 U 及 V 使

$$A = U[d_1, d_1 d_2, \cdots, d_1 \cdots d_n] V. \tag{1}$$

极易把 $[d_1, d_1 d_2, \cdots, d_1 \cdots d_n]$ 分解为素方阵,且可更确切些说,其因子之形式为 $P = [1, \cdots, 1, p, 1, \cdots, 1]$,此处 p 为素数,且因子之个数等于 $d_1 \cdot d_1 d_2 \cdot \cdots \cdot d_1 d_2 \cdots d_n$ 之素因子数.故有

$$A = U P_1 P_2 \cdots P_s V, \quad P = [1, \cdots, 1, p, 1, \cdots, 1]. \tag{2}$$

其中任二 P 是可以交换的.由此立得:

定理 1 一方阵为一素方阵之充分且必要条件是其行列式为素数.

定理 2 任一复合方阵可以分解为有限多个素方阵之积,且其因子数等于其行列式之素因子数.

此种分解法是否唯一,其回答是否定的.因为于任二因子 P_i, P_{i+1} 间可以插入 WW^{-1}(W 是模方阵),$P_i W$ 及 $W^{-1} P_{i+1}$ 一般与 P_i 及 P_{i+1} 不相同.但若对因子之形式加以适当的限制,仍可得类似的定理.

定义 3 若一素方阵可以表成为 $U^{-1}[1, \cdots, 1, p]U$ 之形式,则此素方阵称为标准素方阵,此处 U 是模方阵.

显然任一素方阵必左结合于一标准素方阵.

今将(2)式改写为如下之形式：
$$A = UV(V^{-1}P_1V)(V^{-1}P_2V)\cdots(V^{-1}P_sV), \tag{3}$$
其中任二 $V^{-1}PV$ 也是可以交换的,且皆为标准素方阵,故得：

定理 3　任一复合方阵必左结合于有限多个可交换的标准素方阵之积.

定义 4　A 之标准分解式乃指下式而言：
$$A = W(V^{-1}P_1V)(V^{-1}P_2V)\cdots(V^{-1}P_sV), \tag{4}$$
此处 W 和 V 是模方阵, $P_1,\cdots,P_s$ 之形状与(2)式中相同.显然,若不计次序,P_1,$\cdots,P_s$ 由 A 唯一决定.

在证明类似于唯一性的定理之前,先需引进以下之定义：

定义 5　对一非奇异方阵 A,适合于
$$AUA_0 \equiv 0 \pmod{|A|}$$
之模方阵 U 称为 A 之伴随模方阵,此处 A_0 表 A 之伴随方阵,$|A|$ 表 A 的行列式的绝对值.

既然 AUA_0 之元素皆为 $|A|$ 之倍数,则得 $\frac{1}{|A|}AUA_0$ 是一整数元素的方阵.取行列式可见此乃一模方阵.

定理 4　A 之伴随模方阵成一群.

证：若 U,V 是 A 之伴随模方阵,由于
$$AUA_0 AVA_0 = \pm|A|\cdot AUVA_0 \equiv 0 \pmod{|A|^2},$$
故 UV 为伴随模方阵.又由
$$|A|AIA_0 = \pm AUA_0 AU^{-1}A_0 \equiv 0 \pmod{|A|^2},$$
得
$$\frac{1}{|A|}AUA_0 \cdot AU^{-1}A_0 \equiv 0 \pmod{|A|},$$
而 $\frac{1}{|A|}AUA_0$ 为模方阵,故 U^{-1} 也是伴随模方阵.由此可得定理.

定义 6　A 之伴随模方阵所成之群称为 A 之伴随模群.

定理 5　设
$$A = W_1(V_1^{-1}P_1V_1)(V_1^{-1}P_2V_1)\cdots(V_1^{-1}P_sV_1) \tag{5}$$
为 A 之另一标准分解式,则有一 A 之伴随模方阵 U 存在,使 $V_1 = VU$,$W_1 = \pm\frac{1}{|A|}AU^{-1}A_0 WU$,此处之 W 和 V 为(4)式中之模方阵.

证.由(4)与(5)可知
$$A = WV^{-1}P_1P_2\cdots P_sV = W_1V_1^{-1}P_1P_2\cdots P_sV_1,$$

故得
$$AV^{-1}V_1 = WV^{-1}V_1W_1^{-1}A.$$
由上式易见 $U = V^{-1}V_1$ 为 A 之伴随模方阵,且知
$$\frac{1}{\pm|A|}AUA_0 = WUW_1^{-1}.$$
故得定理. 此定理说明 A 之两标准分解式之间的关系.

关于可交换的标准素方阵,有以下之二定理:

定理 6 设 $P = [1,\cdots,1,p], Q = U^{-1}[1,\cdots,1,q]U$ 是可交换的二标准素方阵,则 Q 必取如下之形式:
$$Q = \begin{bmatrix} Q_1 & 0 \\ 0 & r \end{bmatrix}, \tag{6}$$
其中 $r = q$ 或 1. 且若 $r = q$,则 $Q_1 = I$;若 $r = 1$,则 Q_1 为标准素方阵.

证:命
$$Q = \begin{bmatrix} Q_1 & x \\ y & r \end{bmatrix}, x = \begin{pmatrix} a_1 \\ \vdots \\ a_{n-1} \end{pmatrix}, y = (b_1,\cdots,b_{n-1}).$$

由 $PQ = QP$,得
$$\begin{bmatrix} Q_1 & x \\ py & pr \end{bmatrix} = \begin{bmatrix} Q_1 & xp \\ y & rp \end{bmatrix}. \tag{7}$$

由此立得 $x = \begin{pmatrix} 0 \\ \vdots \\ 0 \end{pmatrix}, y = (0,\cdots,0)$.

又命
$$U = \begin{bmatrix} U_1 & x_1 \\ y_1 & u \end{bmatrix},$$

则从 $UQ = [1,\cdots,1,q]U$,可得
$$\begin{bmatrix} U_1Q_1 & x_1 r \\ y_1 Q_1 & ur \end{bmatrix} = \begin{bmatrix} U_1 & x_1 \\ qy_1 & qu \end{bmatrix}. \tag{8}$$

若 $u \neq 0$,则得 $r = q$. 此时由 $x_1 r = x_1$,得 $x_1 = \begin{pmatrix} 0 \\ \vdots \\ 0 \end{pmatrix}$,因得 $u = \pm 1$,U_1 是模方阵,故由 $U_1Q_1 = U_1$,即得 $Q_1 = I$.

若 $u = 0$,则 $x_1 \neq \begin{pmatrix} 0 \\ \vdots \\ 0 \end{pmatrix}$,故得 $r = 1$. 从 $U_1Q_1 = U_1$,因 Q_1 不能等于 I,故 U_1 是

奇异方阵.由定理 5.1 知存在二模方阵 V_1 及 W_1,使 $V_1 U_1 W_1 = [\lambda, \cdots, \lambda_{n-2}, 0]$,$\lambda \geqslant 0$.故若命

$$V = \begin{bmatrix} V_1 & 0 \\ 0 & 1 \end{bmatrix}, W = \begin{bmatrix} W_1 & 0 \\ 0 & 1 \end{bmatrix},$$

则有

$$X = VUW = \begin{bmatrix} V_1 U_1 W_1 & V_1 x_1 \\ y_1 W_1 & 0 \end{bmatrix} = \begin{pmatrix} \lambda_1 & 0\cdots 0 & 0 & c_1 \\ 0 & \lambda_2 \cdots 0 & 0 & c_2 \\ \hdashline 0 & 0\cdots \lambda_{n-2} & 0 & c_{n-2} \\ 0 & 0\cdots 0 & 0 & c_{n-1} \\ d_1 & d_2 \cdots d_{n-2} & d_{n-1} & 0 \end{pmatrix}.$$

由于 $|c_{n-1} d_{n-1} \lambda_1 \cdots \lambda_{n-2}| = |X| = 1$,故得 $\lambda_1 = \cdots = \lambda_{n-2} = 1$, $c_{n-1} = \pm 1$, $d_{n-1} = \pm 1$,此处 $|X|$ 表示 X 之行列式之绝对值.

又命

$$Y = \begin{pmatrix} 1 & 0\cdots 0 & \mp c_1 & 0 \\ 0 & 1\cdots 0 & \mp c_2 & 0 \\ \hdashline 0 & 0\cdots 1 & \mp c_{n-2} & 0 \\ 0 & 0\cdots 0 & 1 & 0 \\ 0 & 0\cdots 0 & 0 & 1 \end{pmatrix}, Z = \begin{pmatrix} 1 & 0 & \cdots & 0 & 0 & 0 \\ \hdashline 0 & 0 & \cdots & 1 & 0 & 0 \\ \mp d_1 & \mp d_2 & \cdots & \mp d_{n-2} & 1 & 0 \\ 0 & 0 & \cdots & 0 & 0 & 1 \end{pmatrix} = \begin{bmatrix} Z_1 & 0 \\ 0 & 1 \end{bmatrix}.$$

此处矩阵 Y 与 Z 中之负号或正号,分别由 c_{n-1} 与 d_{n-1} 为 $+1$ 或 -1 而定,则立得

$$YXZ = \begin{pmatrix} 1 & 0\cdots & 0 & 0 & 0 \\ 0 & 1\cdots & 0 & 0 & 0 \\ \hdashline 0 & 0\cdots & 1 & 0 & 0 \\ 0 & 0\cdots & 0 & 0 & c_{n-1} \\ 0 & 0\cdots & 0 & d_{n-1} & 0 \end{pmatrix}.$$

于是从

$$XW^{-1}QW = VUQW = V[1, \cdots, 1, q]UW = [1, \cdots, 1, q]X,$$

得

$$YXZZ^{-1}W^{-1}QWZ = Y[1, \cdots, 1, q]XZ = [1, \cdots, 1, q]YXZ,$$

即

$$(WZ)^{-1} Q(WZ) = (YXZ)^{-1} [1, \cdots, 1, q] YXZ = [1, \cdots, 1, q, 1].$$

故得

$$(W_1 Z_1)^{-1} Q_1 (W_1 Z_1) = [1, \cdots, 1, q].$$

此证明了 Q_1 是标准素方阵.

定理 7 对任意一组互可交换的标准素方阵 $P_1, \cdots, P_s$,有一模方阵 U 存在,使

$U^{-1}P_iU$ 皆为对角线形式.

证:当 $s=1$ 时定理显然,今用归纳法证明此定理.假定定理当方阵之个数 $<s$ 时已成立.

对 P_s 有模方阵 U_s,使 $U_s^{-1}P_sU_s=[1,\cdots,1,p_s]$.命
$$U_s^{-1}P_iU_s=Q_i,\quad i=1,2,\cdots,s.$$
显然诸 Q_i 仍为互可交换的标准素方阵.由定理 6 可知
$$Q_i=\begin{bmatrix}Q_i^* & 0\\ 0 & \gamma_i\end{bmatrix},\quad 1\leqslant i\leqslant s,$$
其中 $r_i=p_i$ 或 1.且若 $r_i=p_i$,且 $Q_i^*=I$,Q_i 为对角线形式;若 $r_i=1$,则 Q_i^* 是标准素方阵.由于诸 Q 是互可交换的,故不妨设 $r_1=r_2=\cdots=r_t=1$,$r_{t+1}=p_{t+1}$,$\cdots$,$r_s=p_s$,$0\leqslant t\leqslant s-1$.若 $t=0$,则定理已明.不然,则由归纳法之假设,对诸互可交换的标准素方阵 $Q_1^*,\cdots,Q_t^*$ 有一模方阵 U^*,使 $U^{*-1}Q_i^*U^*$ ($1\leqslant i\leqslant t$) 为对角线形式.今取
$$U_1=\begin{bmatrix}U^* & 0\\ 0 & 1\end{bmatrix},$$
则 $U_1^{-1}Q_iU_1$ ($1\leqslant i\leqslant s$) 皆为对角线形式.取 $U=U_sU_1$ 即得定理.

习题. 取 $A=[d_1,d_1d_2,\cdots,d_1\cdots d_n]$ 而研究 A 之伴随模群之性质.

§8. 最大公约 最小公倍

定义 1 如方阵 D 为方阵 A 及 B(A 与 B 不同时为 0)的右公因子,且 A,B 之任何右公因子皆为 D 的右因子,则称 D 为 A,B 之右最大公约.

如方阵 A,B 都分别是方阵 M(非 0)的右因子,且 M 为任何以 A,B 为右因子的方阵的右因子,则称 M 为 A,B 的左最小公倍.

左最大公约及右最小公倍的定义可同样得出.今后仅讨论右最大公约及左最小公倍,为简单计,并迳称之为最大公约及最小公倍.

二方阵 $A=(a_{ij})$ 及 $B=(b_{ij})$ 的和定义为
$$A+B=(a_{ij}+b_{ij}).$$

定理 1 不同时为 0 之二方阵 A,B 必有最大公约 D,且存在方阵 P 及 Q,使
$$PA+QB=D.$$

证:置
$$C=\begin{bmatrix}A\\ B\end{bmatrix}$$
为一 $2n\times n$ 矩阵.由定理 5.1,知有二模方阵 $U(=U^{(2n)})$,$V(=V^{(n)})$,使

第十四章 整数矩阵及其应用

$$UCV = \begin{bmatrix} D_1 \\ O \end{bmatrix}, D_1 = [d_1, d_1 d_2, \cdots, d_1 d_2 \cdots d_n].$$

记

$$U = \begin{bmatrix} U_{11} & U_{12} \\ U_{21} & U_{22} \end{bmatrix}, U_{ij} \text{ 为 } n \times n \text{ 方阵},$$

则由上式得

$$\begin{bmatrix} U_{11} & U_{12} \\ U_{21} & U_{22} \end{bmatrix} \begin{bmatrix} A \\ B \end{bmatrix} = \begin{bmatrix} D_1 \\ O \end{bmatrix} V^{-1} = \begin{bmatrix} D \\ O \end{bmatrix}. \tag{1}$$

由是得

$$U_{11} A + U_{12} B = D, \tag{2}$$

故 A, B 之右公因子必为 D 之右因子.

又如命

$$\begin{bmatrix} U_{11} & U_{12} \\ U_{21} & U_{22} \end{bmatrix}^{-1} = \begin{bmatrix} X_{11} & X_{12} \\ X_{21} & X_{22} \end{bmatrix}, X_{ij} \text{ 为 } n \times n \text{ 方阵} \tag{3}$$

则由(1)式得

$$\begin{bmatrix} A \\ B \end{bmatrix} = \begin{bmatrix} X_{11} & X_{12} \\ X_{21} & X_{22} \end{bmatrix} \begin{bmatrix} D \\ O \end{bmatrix}.$$

由此得

$$A = X_{11} D, \quad B = X_{21} D,$$

故 D 即为 A,B 的最大公约. 再于(2)式中令 $U_{11} = P, U_{12} = Q$, 即得定理.

定理 2 若二方阵 A,B 之一最大公约 D 是非奇异的, 则 A,B 之任一最大公约必为 UD 之形式, 此处 U 是模方阵.

证: 设 D_1 是另一最大公约, 则由定义, 有 $D = RD_1$ 及 $D_1 = SD$, 因而得

$$D = RSD.$$

取行列式, 易见 R 及 S 是模方阵.

上面已经讨论了二方阵的最大公约, 今往讨论二方阵的最小公倍. 若二方阵都是奇异的, 则最小公倍不一定存在. 例如

$$\begin{bmatrix} 1 & 0 \\ 0 & 0 \end{bmatrix} \text{ 与 } \begin{bmatrix} 1 & 1 \\ 1 & 1 \end{bmatrix}$$

即无最小公倍. 因为以 $\begin{bmatrix} 1 & 0 \\ 0 & 0 \end{bmatrix}$ 为右因子的方阵必为 $\begin{bmatrix} a & 0 \\ c & 0 \end{bmatrix}$ 之形式, 而以 $\begin{bmatrix} 1 & 1 \\ 1 & 1 \end{bmatrix}$ 为右因子的方阵必为 $\begin{bmatrix} a & a \\ c & c \end{bmatrix}$ 之形式. 此两种形式显然不能相等, 除非 $a = c = 0$. 但我们有

定理 3 二非奇异方阵 A, B 必有一最小公倍 M 存在, 且 M 为非奇异的; 而其

他之最小公倍皆为 UM 之形式,此处 U 为模方阵.

证:由(1),得
$$U_{21}A + U_{22}B = 0.$$
命
$$M = U_{21}A = -U_{22}B,$$
则 M 为 A,B 之一公倍.今往证明 M 即为 A,B 之最小公倍.设 M_1 为 A,B 之另一公倍,则 M,M_1 之最大公约 M_2 亦为 A,B 之一公倍.命
$$M = HM_2, \quad M_2 = KA = LB,$$
则得
$$U_{21}A = HKA, \quad -U_{22}B = HLB. \tag{4}$$
命 A_0, B_0 分别为 A,B 之伴随方阵,则有 $AA_0 = aI$ 及 $BB_0 = bI$,此处 a,b 分别为 A,B 之行列式.由于 A,B 皆非奇异的,即 $a \neq 0, b \neq 0$,故由(4)式可得
$$U_{21} = HK, \quad -U_{22} = HL.$$
于是由(3)得
$$I = U_{21}X_{12} + U_{22}X_{22} = H(KX_{12} - LX_{22}),$$
因此 H 为一模方阵,H^{-1} 存在.故由
$$M_1 = GM_2 = GH^{-1}M,$$
即得 M 为最小公倍.

今往证明 M 为非奇异方阵.由最小公倍之定义,吾人仅须证明 A,B 有非奇异的公倍存在即可.由定理 5.1,知有二模方阵 U_1, V_1,使
$$U_1 A V_1 = [d_1', d_1'd_2', \cdots, d_1'\cdots d_n'].$$
命
$$M^* = d_1'\cdots d_n' U_1 B,$$
显见 M^* 为非奇异方阵,且 $M^* = U_1 BV_1[d_2'\cdots d_n', d_3'\cdots d_n', \cdots, 1]U_1 A$.此 M^* 即为所需.

若 M_3 为另一最小公倍,则由定义,有
$$M = EM_3, \quad M_3 = FM,$$
因而
$$M = EFM, \quad I = EF,$$
即 E,F 为模方阵.故得定理.

定理 4 设 A 为一方阵,则对任一整数 $m(\neq 0)$,必存在二方阵 R 及 Q,使 1) $A = mQ$ 或 2) $A = mQ + R$,而 $0 < |R| < |m|^n$,此处 $|R|$ 表示方阵 R 的行列式之绝对值.

证:由定理 5.1,知有二模方阵 U 及 V 使

$$A = U[d_1, d_1 d_2, \cdots, d_1 \cdots d_n]V \quad (d_i \geqslant 0, 1 \leqslant i \leqslant n).$$

有整数 q_i 及 $r_i(>0)$ 使

$$d_1 \cdots d_i = mq_i + r_i, \quad 0 < r_i \leqslant |m| \quad (1 \leqslant i \leqslant n).$$

命

$$Q_1 = [q_1, q_2, \cdots, q_n], \quad R_1 = [r_1, r_2, \cdots, r_n],$$

则得

$$A = U(mQ_1 + R_1)V. \tag{5}$$

若 $r_i = |m| (1 \leqslant i \leqslant n)$，则 $R_1 = |m| I = \pm mI$，故由(5)得

$$A = mU(Q_1 \pm I)V = mQ,$$

此即 1).

不然，如有一个 j 使 $0 < r_j < |m|$，则有 $0 < |R_1| = r_1 r_2 \cdots r_n < |m|^n$，故由(5)得

$$A = mUQ_1 V + UR_1 V = mQ + R,$$

而 $|R| = |UR_1 V| = |R_1|$，故得 2).

定理 5 设方阵 B 非奇异的，则对任一方阵 A，必存在二方阵 Q 及 C 使 1) $A = QB$ 或 2) $A = QB + C$，而 $0 < |C| < |B|$.

证：命 B_0 为 B 之伴随方阵，$BB_0 = B_0 B = bI$，此处 b 为 B 之行列式. 由上定理可知有二方阵 Q 及 R 使

$$AB_0 = bQ \tag{6}$$

或

$$AB_0 = bQ + R, \quad 0 < |R| < |b|^n. \tag{7}$$

于(6)式两边乘以 B，并由于 $b \neq 0$，即得

$$A = QB,$$

此即 1). 又由(7)，$R = AB_0 - bQ = AB_0 - QBB_0 = (A - QB)B_0 = CB_0$. 于是由

$$A = QB + (A - QB) = QB + C$$

及

$$0 < |C| = \frac{|R|}{|B_0|} < \frac{|b|^n}{|b|^{n-1}} = |b| = |B|,$$

即得 2).

§9. 线 性 模

命 $x_1, \cdots, x_n$ 表 n 个未定量，所有的整系数一次式（或称线性型）

$$y = a_1 x_1 + \cdots + a_n x_n$$

成一集合，此集合以 $\mathfrak{H} = \{x_1, \cdots, x_n\}$ 表之.

若 $y' = a_1' x_1 + \cdots + a_n' x_n$ 为另一线性型，则定义
$$y \pm y' = (a_1 \pm a_1') x_1 + \cdots + (a_n \pm a_n') x_n.$$

定义 1 $\mathfrak{H}$ 的一个子集合 $\mathfrak{M}$ 如有次之性质则称为模：若 y_1, y_2 在 $\mathfrak{M}$ 中，则 $y_1 \pm y_2$ 亦在 $\mathfrak{M}$ 中.

显然 $\mathfrak{H}$ 本身是一模. $0, \pm x_1, \pm 2x_1, \cdots$ 所成之集合也成一模. 仅有一元素 $0 = 0x_1 + \cdots + 0x_n$ 所成之模不在讨论之列.

定义 2 如模 $\mathfrak{M}$ 中有一组元素 $y_1, \cdots, y_l$，使 $\mathfrak{M}$ 内任一元素皆可唯一地表成为
$$b_1 y_1 + \cdots + b_l y_l$$
之形式，其中 $b_1, \cdots, b_l$ 是整数，则 $y_1, \cdots, y_l$ 称为 $\mathfrak{M}$ 之底，数 l 称为 $\mathfrak{M}$ 之维数.

由定义易知 $y_1, \cdots, y_l$ 是线性无关的，即由 $a_1 y_1 + \cdots + a_l y_l = 0$ 得出 $a_1 = \cdots = a_l = 0$.

定理 1 模必有底，维数 $\leqslant n$.

证：设 $\mathfrak{M}$ 之所有元素中，$x_{l+1}, \cdots, x_n$ ($l \leqslant n$) 之系数全为零. 而 x_l 之系数有不为零者，则易见所有元素之 x_l 之系数成一非零的整数模，其中有一最小正整数，命为 b_l，并设对应之线性型为
$$y_l = b_1 x_1 + \cdots + b_l x_l.$$
于是 $\mathfrak{M}$ 中任一元素 y 之 x_l 之系数必为 b_l 之倍数，故可表为
$$y = y' + g y_l,$$
此处 g 是一整数，y' 是未定量 $x_1, \cdots, x_{l-1}$ 的线性型，如此作出之所有 y' 中，设 $x_{l+1}, \cdots, x_{l-1}$ ($l' \leqslant l-1$) 之系数全为零，而 $x_{l'}$ 的系数有不为零者，则同上法可得一线性型
$$y_{l'} = b_1' x_1 + \cdots + b_{l'}' x_{l'},$$
其中 $y_{l'}$ 为诸线性型 y' 中 $x_{l'}$ 之系数为最小之正整数者. 使 $y' = y'' + g' y_{l'}$，其中 g' 为一整数，y'' 为 $x_1, \cdots, x_{l'-1}$ 的线性型. 续行此法即得 $\mathfrak{M}$ 的一底 $y_l, y_{l'}, \cdots$，其所含元素之个数 $\leqslant n$. 故得定理.

定理 2 模之维数与底之选择无关.

证：设 $y_1, \cdots, y_l$ 及 $z_1, \cdots, z_{l'}$ 是模 $\mathfrak{M}$ 的任意二底，今往证明 $l = l'$. 若不然，即 $l \neq l'$，不妨设 $l > l'$. 由底之定义，知有整数 a_{ij} 及 b_{ij} 使

$$\begin{pmatrix} y_1 \\ \vdots \\ y_l \end{pmatrix} = \begin{pmatrix} a_{11} \cdots a_{1l'} & 0 \cdots 0 \\ a_{21} \cdots a_{2l'} & 0 \cdots 0 \\ \hline \\ a_{l1} \cdots a_{ll'} & 0 \cdots 0 \end{pmatrix} \begin{pmatrix} z_1 \\ \vdots \\ z_{l'} \\ 0 \\ \vdots \\ 0 \end{pmatrix}$$

及

$$\begin{pmatrix} z_1 \\ \vdots \\ z_{l'} \\ 0 \\ \vdots \\ 0 \end{pmatrix} = \begin{pmatrix} b_{11} & \cdots & b_{1l} \\ \vdots & & \vdots \\ b_{l'1} & \cdots & b_{l'l} \\ 0 & \cdots & 0 \\ \vdots & & \vdots \\ 0 & \cdots & 0 \end{pmatrix} \begin{pmatrix} y_1 \\ \vdots \\ y_l \end{pmatrix}.$$

此处 (a_{ij}) 及 (b_{ij}) 都是 $l \times l$ 方阵. 于是得

$$\begin{pmatrix} y_1 \\ \vdots \\ y_l \end{pmatrix} = \begin{pmatrix} a_{11} \cdots a_{1l'} & 0 \cdots 0 \\ a_{21} \cdots a_{2l'} & 0 \cdots 0 \\ \overline{} \\ a_{l1} \cdots a_{ll'} & 0 \cdots 0 \end{pmatrix} \begin{pmatrix} b_{11} & \cdots & b_{1l} \\ \vdots & & \vdots \\ b_{l'1} & \cdots & b_{l'l} \\ 0 & \cdots & 0 \\ \overline{} \\ 0 & \cdots & 0 \end{pmatrix} \begin{pmatrix} y_1 \\ \vdots \\ y_l \end{pmatrix}.$$

但 $y_1, \cdots, y_l$ 是线性无关的, 故必须 $(a_{ij}) \cdot (b_{ij}) = I$. 因左边之行列式等于零, 故得矛盾.

今后仅讨论 n 维模.

设 $y_1, \cdots, y_n$ 为一 n 维模 $\mathfrak{M}$ 的底, 则有

$$\begin{pmatrix} y_1 \\ y_2 \\ \vdots \\ y_n \end{pmatrix} = \begin{pmatrix} a_{11} & a_{12} & \cdots & a_{1n} \\ a_{21} & a_{22} & \cdots & a_{2n} \\ \overline{} \\ a_{n1} & a_{n2} & \cdots & a_{nn} \end{pmatrix} \begin{pmatrix} x_1 \\ x_2 \\ \vdots \\ x_n \end{pmatrix}. \tag{1}$$

故对一 n 维模及其一底 $y_1, \cdots, y_n$ 有一方阵

$$A = (a_{ij}) = \begin{pmatrix} a_{11} & a_{12} & \cdots & a_{1n} \\ a_{21} & a_{22} & \cdots & a_{2n} \\ \overline{} \\ a_{n1} & a_{n2} & \cdots & a_{nn} \end{pmatrix} \tag{2}$$

与之对应. 由于 $y_1, \cdots, y_n$ 是线性无关的, 故 A 是非奇异的. 反之, 对一非奇异方阵 A, 由 (1) 可定出一组线性无关的线性型 $y_1, \cdots, y_n$, 从而可定出一以 $y_1, \cdots, y_n$ 为底的 n 维模 $\mathfrak{M}$. 如是在 n 维模与非奇异的 n 级方阵间建立了对应关系. 今问对应于同一模之不同的底的方阵间之关系如何?

设 $z_1, \cdots, z_n$ 是 $\mathfrak{M}$ 的另一底, 其对应之方阵为 $B = (b_{ij})$,

$$\begin{pmatrix} z_1 \\ z_2 \\ \vdots \\ z_n \end{pmatrix} = \begin{pmatrix} b_{11} & b_{12} & \cdots & b_{1n} \\ b_{21} & b_{22} & \cdots & b_{2n} \\ \hline \\ b_{n1} & b_{n2} & \cdots & b_{nn} \end{pmatrix} \begin{pmatrix} x_1 \\ x_2 \\ \vdots \\ x_n \end{pmatrix}.$$

由于 $y_1, \cdots, y_n$ 及 $z_1, \cdots, z_n$ 都是底,故有二方阵 $U = (u_{ij})$, $V = (v_{ij})$ 使

$$\begin{pmatrix} y_1 \\ \vdots \\ y_n \end{pmatrix} = U \begin{pmatrix} z_1 \\ \vdots \\ z_n \end{pmatrix}, \quad \begin{pmatrix} z_1 \\ \vdots \\ z_n \end{pmatrix} = V \begin{pmatrix} y_1 \\ \vdots \\ y_n \end{pmatrix}.$$

于是由 $y_1, \cdots, y_n$ 之线性无关性及

$$\begin{pmatrix} y_1 \\ \vdots \\ y_n \end{pmatrix} = UV \begin{pmatrix} y_1 \\ \vdots \\ y_n \end{pmatrix},$$

可知 $UV = I$,即 U 及 V 是模方阵.今

$$\begin{pmatrix} z_1 \\ \vdots \\ z_n \end{pmatrix} = V \begin{pmatrix} y_1 \\ \vdots \\ y_n \end{pmatrix} = VA \begin{pmatrix} x_1 \\ \vdots \\ x_n \end{pmatrix},$$

故得

$$B = VA. \tag{3}$$

故对应于同一模之二方阵是左结合的.反之,二非奇异的左结合方阵对应于同一模.故若将所有的 n 级非奇异方阵依左结合关系分类,则每一类代表一模,且不同的类所代表的模也不同.以后凡说到"模 $\mathfrak{M}$ 对应于方阵 A",此 A 即表示模 $\mathfrak{M}$ 所对应的一类方阵中的一个.

于是由定理 4.1,可知 n 维模 $\mathfrak{M}$ 之底 $y_1, \cdots, y_n$ 可取成如下的形式:

$$\begin{aligned} y_1 &= a_{11} x_1, \\ y_2 &= a_{21} x_1 + a_{22} x_2, \\ &\cdots\cdots\cdots\cdots\cdots \\ y_n &= a_{n1} x_1 + a_{n2} x_2 + \cdots + a_{nn} x_n, \end{aligned} \tag{4}$$

其中 $a_{\nu\nu} > 0 (1 \leqslant \nu \leqslant n)$,且 $0 \leqslant a_{\mu\nu} < a_{\nu\nu} (\mu > \nu)$.此乃底之标准形式,或称之为标准底.

定理 3　模 $\mathfrak{M}$ 包有模 $\mathfrak{N}$ 的充要条件是模 $\mathfrak{M}$ 所对应的方阵右除尽模 $\mathfrak{N}$ 所对应的方阵.

证:命 $\mathfrak{M}$ 及 $\mathfrak{N}$ 之底分别为 $y_1, \cdots, y_n$ 及 $z_1, \cdots, z_n$,所对应的方阵分别为 $A = (a_{ij})$ 及 $B = (b_{ij})$.若 $\mathfrak{M}$ 包有 $\mathfrak{N}$,则有

第十四章　整数矩阵及其应用

$$\begin{pmatrix} z_1 \\ z_2 \\ \vdots \\ z_n \end{pmatrix} = (c_{ij}) \begin{pmatrix} y_1 \\ y_2 \\ \vdots \\ y_n \end{pmatrix} = (c_{ij})(a_{ij}) \begin{pmatrix} x_1 \\ x_2 \\ \vdots \\ x_n \end{pmatrix} = (b_{ij}) \begin{pmatrix} x_1 \\ x_2 \\ \vdots \\ x_n \end{pmatrix}.$$

故得 $B = CA$.

反之，若 $B = CA$，则有

$$\begin{pmatrix} z_1 \\ z_2 \\ \vdots \\ z_n \end{pmatrix} = CA \begin{pmatrix} x_1 \\ x_2 \\ \vdots \\ x_n \end{pmatrix} = C \begin{pmatrix} y_1 \\ y_2 \\ \vdots \\ y_n \end{pmatrix}.$$

故 $\mathfrak{M}$ 包有 $\mathfrak{N}$.

定义 3　若二线性型 z_1 与 z_2 之差在模 $\mathfrak{M}$ 中，则称 z_1 与 z_2 对 $\mathrm{mod}\,\mathfrak{M}$ 同余，以 $z_1 \equiv z_2 (\mathrm{mod}\,\mathfrak{M})$ 表之.

显然此同余关系亦有反身，对称，传递等三种性质，故可将所有线性型依 $\mathrm{mod}\,\mathfrak{M}$ 分类：属于同一类者互相同余，不同类者绝不同余。如是所分成之类的数目名为 $\mathfrak{M}$ 之矩，以 $N(\mathfrak{M})$ 记之（其存在性还未证明）。显然 $\mathfrak{M}$ 本身即为其中之一类.

定理 4　若模 $\mathfrak{M}$ 对应于方阵 A，则

$$N(\mathfrak{M}) = |A|.$$

证：由于 $\mathfrak{M}$ 所对应之方阵的行列式的绝对值都相同，故不妨假定底已取标准形式 (4). 任一线性型

$$y = a_1 x_1 + \cdots + a_{n-1} x_{n-1} + a_n x_n$$

可减以 $y_n = a_{n1} x_1 + \cdots + a_{nn} x_n$ 之整数倍，使适合于 $0 \leqslant a_n < a_{nn}$；又可减以 $y_{n-1} = a_{n-1,1} x_1 + \cdots + a_{n-1,n-1} x_{n-1}$ 之整数倍，使适合于 $0 \leqslant a_{n-1} < a_{n-1,n-1}$，等等。故任一线性型必与一形如

$$a_1 x_1 + \cdots + a_n x_n, \quad 0 \leqslant a_\nu < a_{\nu\nu} (1 \leqslant \nu \leqslant n)$$

之线性型同余。此种线性型之数目为 $a_{11} a_{22} \cdots a_{nn} = |A|$，又此 $|A|$ 个线性型中无二者同余，故得定理.

由定理 3 及定理 4 即得

定理 5　若 $\mathfrak{M} \supseteq \mathfrak{N}$, $\mathfrak{M}$, $\mathfrak{N}$ 所对应之方阵分别为 A, B，则依 $\mathrm{mod}\,\mathfrak{N}$ 将 $\mathfrak{M}$ 中之元素分类，所得之类数为 $\dfrac{N(\mathfrak{N})}{N(\mathfrak{M})} = \dfrac{|B|}{|A|}$.

由未定量 $x_1, \cdots, x_n$ 表出的集合 $\mathfrak{S} = \{x_1, \cdots, x_n\}$ 也可由其他未定量表出。如命

$$\begin{pmatrix} x_1 \\ \vdots \\ x_n \end{pmatrix} = \begin{pmatrix} u_{11} \cdots u_{1n} \\ \overline{\phantom{u_{11} \cdots u_{1n}}} \\ u_{n1} \cdots u_{nn} \end{pmatrix} \begin{pmatrix} x_1' \\ \vdots \\ x_n' \end{pmatrix},$$

此处 $U=(u_{ij})$ 为一模方阵，则 $x'_1,\cdots,x'_n$ 也表出 $\mathfrak{O}$，即 $\mathfrak{O}=\{x_1,\cdots,x_n\}=\{x'_1,\cdots,x'_n\}$。

若模 $\mathfrak{M}$ 及其一底 $y_1,\cdots,y_n$ 对未定量 $x_1,\cdots,x_n$ 对应于方阵 A，今问对未定量 $x'_1,\cdots,x'_n$ 对应于何方阵。由

$$\begin{pmatrix} y_1 \\ \vdots \\ y_n \end{pmatrix} = A \begin{pmatrix} x_1 \\ \vdots \\ x_n \end{pmatrix} = AU \begin{pmatrix} x'_1 \\ \vdots \\ x'_n \end{pmatrix},$$

即知对未定量 $x'_1,\cdots,x'_n$ 对应之方阵为 AU，即右结合关系表示未定量的变换，亦即表示 $\mathfrak{O}$ 的换底。又由(3)已知左结合关系表示模的换底，故由定理 5.1 可知：对固定的 n 维模 $\mathfrak{M}$，可经过模的换底及 $\mathfrak{O}$ 的换底，使其对应之方阵化为对角线方阵

$$[d_1, d_1 d_2, \cdots, d_1 \cdots d_n] \quad (d_1>0,\cdots,d_n>0).$$

由定理 7.2 与定理 5 立得：

定理 6 从任一 n 维模 $\mathfrak{M}$ 可以做出一链

$$\mathfrak{M}=\mathfrak{M}_0 \subset \mathfrak{M}_1 \subset \cdots \subset \mathfrak{M}_l = \mathfrak{O}, \tag{5}$$

使

$$N(\mathfrak{M}_{i-1})/N(\mathfrak{M}_i) \quad (1\leqslant i\leqslant l)$$

是素数。

两模 $\mathfrak{M}$ 及 $\mathfrak{M}'$ 的所有公共元素成一模，此模称为 $\mathfrak{M}$ 与 $\mathfrak{M}'$ 的交，以 $\mathfrak{M}_m$ 记之。又 $\mathfrak{M}$ 及 $\mathfrak{M}'$ 中所有元素的和、差所成的集合也是一模，此模称为 $\mathfrak{M}$ 与 $\mathfrak{M}'$ 的和，以 $\mathfrak{M}_d$ 记之。则有

定理 7 设模 $\mathfrak{M}_1, \mathfrak{M}_2, \mathfrak{M}_m, \mathfrak{M}_d$ 分别对应于方阵 M_1, M_2, M_m, M_d，则 M_m 为 M_1, M_2 之最小公倍，M_d 为 M_1, M_2 之最大公约。

证：由 $\mathfrak{M}_1 \supseteq \mathfrak{M}_m, \mathfrak{M}_2 \supseteq \mathfrak{M}_m$，得

$$M_m = A_1 M_1, \quad M_m = A_2 M_2.$$

若 $M_3 = B_1 M_1 = B_2 M_2$ 为 M_1, M_2 之任一公倍，$\mathfrak{M}_3$ 为 M_3 所对应之模，则

$$\mathfrak{M}_3 \subseteq \mathfrak{M}_1, \quad \mathfrak{M}_3 \subseteq \mathfrak{M}_2,$$

因而

$$\mathfrak{M}_3 \subseteq \mathfrak{M}_m, \quad M_3 = C M_m.$$

即 M_m 为 M_1, M_2 之最小公倍。同样可证 M_d 为 M_1, M_2 之最大公约。

第十五章 p-adic 数

§1. 引　言

本章之目的在于介绍 Hensel 的 p-adic 数概念,这一概念在数论、代数几何、代数函数等方面都有广泛的应用,已成为近世代数中之一重要概念.在进入严格的定义之前,先简单介绍形式上如何获得 p-adic 数的方法.吾人回忆第二章中同余式

$$f(x) \equiv 0 \pmod{p^l} \tag{1}$$

之解法,此处 $f(x)$ 为一整系数多项式,p 为一素数.解此同余式时,吾人系先解同余式

$$f(x) \equiv 0 \pmod{p}. \tag{2}$$

若(2)式有一解 a_0,$0 \leqslant a_0 < p$,且

$$f'(a_0) \not\equiv 0 \pmod{p},$$

则命 $x = a_0 + py$,并讨论同余式

$$f(a_0 + py) \equiv 0 \pmod{p^2}, \quad 0 \leqslant y < p,$$

即

$$f(a_0)/p + f'(a_0) y \equiv 0 \pmod{p}, \quad 0 \leqslant y < p.$$

由此式唯一地定出 y,命之为 a_1,如是,

$$x = a_0 + a_1 p, \quad 0 \leqslant a_0 < p, \quad 0 \leqslant a_1 < p$$

乃同余式

$$f(x) \equiv 0 \pmod{p^2}$$

之一解.

一般言之,若

$$x = x_0 = a_0 + a_1 p + a_2 p^2 + \cdots + a_{l-2} p^{l-2}, \quad 0 \leqslant a_v < p$$

是同余式

$$f(x) \equiv 0 \pmod{p^{l-1}}$$

之一解,且

$$f'(x_0) \not\equiv 0 \pmod{p},$$

则命 $x = x_0 + p^{l-1} y$,并研究同余式

$$f(x_0 + p^{l-1} y) \equiv 0 \pmod{p^l}, \quad 0 \leqslant y < p,$$

即
$$f(x_0)/p^{l-1} + f'(x_0)y \equiv 0 \pmod{p}, \quad 0 \leq y < p.$$
由此唯一定出之 y,命之为 a_{l-1},则
$$x = a_0 + a_1 p + \cdots + a_{l-1} p^{l-1}, \quad 0 \leq a_\nu < p$$
乃(1)式之一解.

此种手续可以行之无穷,形式上吾人可得一 p 之幂级数
$$a_0 + a_1 p + \cdots + a_l p^l + \cdots, \quad 0 \leq a_\nu < p. \tag{3}$$
此幂级数称为方程式
$$f(x) = 0$$
之一 p-adic 解.

吾人已知,在用逐步接近法以求方程式 $f(x) = 0$ 之实数解时,若所行之次数愈多,亦即小数点后所取之位数愈多,则所得之解就愈精确;在此,利用逐次解同余式
$$f(x) \equiv 0 \pmod{p},$$
$$f(x) \equiv 0 \pmod{p^2},$$
$$\cdots\cdots\cdots\cdots$$
$$f(x) \equiv 0 \pmod{p^l},$$
$$\cdots\cdots\cdots\cdots$$
以求方程式 $f(x) = 0$ 之 p-adic 解时,亦有类似之情形,即所行之次数愈多,亦即取 l 愈大,则最后一同余式之解
$$x = a_0 + a_1 p + \cdots + a_{l-1} p^{l-1}, \quad 0 \leq a_\nu < p$$
愈接近于原方程式之 p-adic 解.

抽象言之,形如(3)的 p 之幂级数谓之一 p-adic 数.所当注意者,如此所得出者并非 p-adic 数之全部.一般言之,p-adic 数准许有有限多个 p 的负幂,即 p-adic 数之一般形式为
$$a_{-n} p^{-n} + \cdots + a_0 + a_1 p + \cdots + a_l p^l + \cdots, \quad 0 \leq a_\nu < p. \tag{4}$$
这和每一实数可以表为 10 进位的无穷小数
$$a_{-n} 10^n + \cdots + a_0 + a_1 10^{-1} + \cdots + a_l 10^{-l} + \cdots, \quad 0 \leq a_\nu < 10$$
相类似.

两 p-adic 数
$$a_{-n} p^{-n} + \cdots + a_0 + a_1 p + \cdots + a_l p^l + \cdots, \quad 0 \leq a_\nu < p,$$
$$b_{-m} p^{-m} + \cdots + b_0 + b_1 p + \cdots + b_l p^l + \cdots, \quad 0 \leq b_\nu < p$$
之和及差即为其对应项之系数相加或相减所得之幂级数
$$a_{-n} p^{-n} + \cdots + a_{-m-1} p^{-m-1} + (a_{-m} \pm b_{-m}) p^{-m} + \cdots + (a_0 \pm b_0)$$

$$+(a_\mu \pm b_\mu)p^\mu + \cdots + (a_l \pm b_l)p^l + \cdots,$$

此处假定 $n \geqslant m$. 但若相加后所得之系数有大于或等于 p 者,则应向后进一位,例如 $a_\nu + b_\nu \geqslant p$,则命 $(a_\nu + b_\nu)p^\nu = (a_\nu + b_\nu - p)p^\nu + p^{\nu+1}$,把 $p^{\nu+1}$ 加到后一项中去;同样若相减后系数有小于 0 者,则应向后借一位,例如 $a_\nu - b_\nu < 0$,则令 $(a_\nu - b_\nu)p^\nu + (a_{\nu+1} - b_{\nu+1})p^{\nu+1} + \cdots$ 为 $(a_\nu - b_\nu + p)p^\nu + (a_{\nu+1} - b_{\nu+1} - 1)p^{\nu+1} + \cdots$. 总之,最后使得所有之系数皆为小于 p 之非负整数.

两 p-adic 数之积同于通常幂级数之乘积,而所得之结果中亦应将大于或等于 p 之系数向后进位,直至所有之系数皆为小于 p 之非负整数为止.

例 1. 方程
$$3x = 2$$
之 5-adic 解是
$$4 + 1 \cdot 5 + 3 \cdot 5^2 + 1 \cdot 5^3 + 3 \cdot 5^4 + \cdots,$$
式中除去第一项外,其他各项之系数轮流为 1,3 二数.

如欲证明此点,读者可依解同余式之方法进行. 但由下法亦可知此幂级数确为所予方程式的 5-adic 解:

$$3 \cdot (4 + 1 \cdot 5 + 3 \cdot 5^2 + 1 \cdot 5^3 + 3 \cdot 5^4 + \cdots)$$
$$= 12 + 3 \cdot 5 + 9 \cdot 5^2 + 3 \cdot 5^3 + 9 \cdot 5^4 + \cdots$$
$$= 2 + (2 + 3) \cdot 5 + 9 \cdot 5^2 + 3 \cdot 5^3 + 9 \cdot 5^4 + \cdots$$
$$= 2 + 10 \cdot 5^2 + 3 \cdot 5^3 + 9 \cdot 5^4 + \cdots$$
$$= 2 + 5 \cdot 5^3 + 9 \cdot 5^4 + \cdots$$
$$= 2 + 10 \cdot 5^4 + \cdots$$
$$= \cdots$$
$$\cdots$$
$$= 2.$$

例 2. 方程
$$x^2 = 7$$
之一 3-adic 解是
$$1 + 1 \cdot 3 + 1 \cdot 3^2 + 0 \cdot 3^3 + 2 \cdot 3^4 + \cdots.$$

设 a 为一有理数,方程 $x = a$ 的 p-adic 解谓之 a 的 p-adic 表示法.

最简单的方程式 $x = d$(d 为正整数)之 p-adic 解可逐由下法得之:以 p 除 d,其商为 q_0,余数为 d_0,即
$$d = d_0 + q_0 p, \quad 0 \leqslant d_0 < p.$$
再以 p 除 q_0,其商为 q_1,余数为 d_1,即
$$d = d_0 + d_1 p + q_1 p^2, \quad 0 \leqslant d_0, d_1 < p.$$

如此继续进行最后可得 d 之唯一的 p-adic 表示法
$$d_0 + d_1 p + d_2 p^2 + \cdots + d_l p^l, \quad 0 \leqslant d_v < p.$$
此即为以 p 为底之记数法,如果我们不限定 p 是素数,例如取 p 为 10,则此即为普通之记数法.

因之整数之 p-adic 表示法与以 p 为基数计算整数时之表示法全同.

习题 1. 求出方程 $x^2 = 7$ 之另一 3-adic 解.

习题 2. 求出方程 $x^2 + x + 1 = 0$ 之 7-adic 解.

习题 3. 求出方程 $9x^2 = 7$ 之 3-adic 解.

(提示:先作变换 $3x = y$,然后求 $y^2 = 7$ 之 3-adic 解,设为 y_0,则 $x_0 = 3^{-1} y_0$ 即为原方程式之 3-adic 解.)

§2. 赋值(valuation) 之定义

上节所述乃形式上的叙述方法,并没有讨论到幂级数
$$a_{-v} p^{-v} + \cdots + a_0 + a_1 p + \cdots + a_l p^l + \cdots, \quad 0 \leqslant a_v < p$$
之收敛问题,但此幂级数在通常的意义下是绝不收敛的. 现在我们将引进一新观念,借此新观念之助,使以上之幂级数具有严格之定义,且创造出新的数系. 此新观念即所谓赋值,它是实数里绝对值观念的抽象化,并与绝对值具有相仿的性质,其定义如下:

定义 命 $a, b, \cdots$ 表有理数. 对任一有理数有一定有理数值的函数 ϕ,若具有以下诸性质,则称为一赋值:

1) $\phi(a) \geqslant 0$,其中等号当而且只当 $a = 0$ 时成立;
2) $\phi(ab) = \phi(a)\phi(b)$;
3) $\phi(a+b) \leqslant \phi(a) + \phi(b)$.

由以上之定义可立得下之诸简单性质:

由 2) 取 $a = b = 1$,及 1),可知
$$\phi(1) = 1.$$
在 2) 中取 $a = b = -1$,及 1),可知
$$\phi(-1) = 1.$$
再在 2) 中取 $b = -1$,可知
$$\phi(-a) = \phi(a).$$
又由 3),可知对任一正整数 n,常有
$$\phi(n) \leqslant \phi(1) + \phi(n-1) \leqslant \phi(1) + \phi(1) + \phi(n-2) \leqslant \cdots \leqslant n\phi(1) = n.$$
又由 3),可知

第十五章 p-adic 数

$$\phi(a+b) \geqslant \phi(a) - \phi(b) \text{ 或 } \phi(a+b) \geqslant \phi(b) - \phi(a).$$

例1. 定义 $\phi(a) = 1$,若 $a \neq 0$; $\phi(0) = 0$. 此 ϕ 显然是一赋值,吾人称之为恒等赋值,并以 ϕ_0 记之,此种赋值不在讨论之列.

例2. 通常所用之绝对值 $\phi(a) = |a|$ 显然是一赋值.

例3. 命 p 表一固定之素数,则任一不等于 0 的有理数 a 可唯一地表为

$$a = \frac{r}{s} p^n, \quad s > 0,$$

此处 r, s 为整数,$(r, s) = 1$,$p \nmid rs$,n 是一整数可为正、负或零. 今定义

$$\phi(a) = p^{-n}, \quad a \neq 0; \quad \phi(0) = 0.$$

可证此 ϕ 为一赋值,吾人称之为 p-adic 赋值,并记作 $\phi(a) = |a|_p$.

证:性质 1) 显然适合.

若

$$a = \frac{r_1}{s_1} p^m, \quad b = \frac{r_2}{s_2} p^n \quad (s_1 > 0, s_2 > 0),$$

此处 r_1, s_1, r_2, s_2 为整数,$(r_1, s_1) = (r_2, s_2) = 1$,$p \nmid r_1 s_1 r_2 s_2$,则

$$ab = \frac{r_1 r_2}{s_1 s_2} p^{m+n},$$

即得

$$|ab|_p = p^{-(m+n)} = |a|_p \cdot |b|_p,$$

此即性质 2). 又并不失去普遍性,吾人可以假定 $m \leqslant n$,如是则

$$a + b = \frac{r_1 s_2 + r_2 s_1 p^{n-m}}{s_1 s_2} p^m,$$

由于 $p \nmid s_1 s_2$,因之

$$|a + b|_p \leqslant p^{-m} = |a|_p,$$

于是由 1) 即得

$$|a + b|_p \leqslant |a|_p + |b|_p,$$

此即性质 3).

在此例的证明过程中,我们附带地证明了

$$|a + b|_p \leqslant \max(|a|_p, |b|_p).$$

我们还可以证明:若 $|a|_p \neq |b|_p$,则

$$|a + b|_p = \max(|a|_p, |b|_p).$$

令 a, b 表示如上,并不妨假定 $m < n$,此时从

$$a + b = \frac{r_1 s_2 + r_2 s_1 p^{n-m}}{s_1 s_2} p^m,$$

及 $p \nmid (r_1 s_2 + r_2 s_1 p^{n-m})$(因为 $p \nmid r_1 s_1 r_2 s_2$),即得

$$|a+b|_p = p^{-m} = |a|_p = \max(|a|_p, |b|_p).$$

§3. 赋值之分类

定义 1 两赋值 ϕ 及 ϕ' 间若有下之关系：不等式
$$\phi(a) < \phi(b) \quad \text{与} \quad \phi'(a) < \phi'(b)$$
同时成立，即由前者得出后者，由后者亦得出前者，则称此两赋值为等价．

命 $s>0, \phi$ 为一赋值，则 ϕ^s 亦适合 1) 及 2)，但 3) 不一定适合．但若 $0<s\leqslant 1$，则 3) 亦适合[①]，命 $\phi' = \phi^s (0<s\leqslant 1)$，则 ϕ' 亦为一赋值，且易知 ϕ' 与 ϕ 等价．

定理 1 设 ϕ 是一非恒等赋值，则与 ϕ 等价之赋值 ϕ' 乃 $\phi' = \phi^s (s>0)$．

证：由于 $\phi \neq \phi_0$，故必有一有理数 a_0 使
$$0 < \phi(a_0) < 1$$
(若 $\phi(a_0)>1$，则由 2)，$\phi(a_0^{-1})<1$)．对任一有理数 $a\neq 0$，今往讨论适合于
$$\phi(a_0^m) < \phi(a^n)$$
之所有正整数对 (m,n)，亦即适合于
$$(\phi(a_0))^m < (\phi(a))^n,$$
或即
$$\frac{m}{n} > \frac{\log \phi(a)}{\log \phi(a_0)} \tag{1}$$
之所有正整数对 (m,n)．

故
$$\frac{\log \phi(a)}{\log \phi(a_0)}$$
可以看作适合于 (1) 之所有有理数所成之集合的下限．若 ϕ' 与 ϕ 等价，则由 ϕ' 所作出之表示式 $\dfrac{\log \phi'(a)}{\log \phi'(a_0)}$ 仍为此有理数集合之下限．因之对任一有理数 $a\neq 0$，有
$$\frac{\log \phi(a)}{\log \phi(a_0)} = \frac{\log \phi'(a)}{\log \phi'(a_0)}.$$
此即表示有只与 ϕ 及 ϕ' 有关而与 a 无关之正常数 s 存在，使

[①] 利用：若 $x\geqslant 0, y\geqslant 0, 0<s\leqslant 1$，则
$$(x+y)^s \leqslant x^s + y^s.$$
此式之证明：不妨假定 $x\leqslant y$，由
$$(x+y)^s - y^s = s\int_0^x (t+y)^{s-1} dt \leqslant sxy^{s-1} \leqslant x^s \quad (x\geqslant 0, y\geqslant 0, 0<s\leqslant 1),$$
即得所证．

第十五章 p-adic 数

$$\frac{\log \phi'(a)}{\log \phi(a)} = \frac{\log \phi'(a_0)}{\log \phi(a_0)} = s > 0,$$

即

$$\phi'(a) = \phi^s(a) \quad (s > 0).$$

此式对所有的有理数 $a \neq 0$ 都对，定理得证.

定义 2 若有一正整数 $n_0 (> 1)$ 使

$$\phi(n_0) > 1,$$

则该赋值称为亚几米得赋值. 不然，即对所有的正整数 n，常有

$$\phi(n) \leqslant 1,$$

则该赋值称为非亚几米得赋值.

例如绝对值 $\phi(a) = |a|$ 即为一亚几米得赋值，恒等赋值 ϕ_0 及 p-adic 赋值 $\phi(a) = |a|_p$ 即为非亚几米得赋值.

§4. 亚几米得赋值

定理 1 任一亚几米得赋值必与绝对值等价.

证：设 ϕ 为一亚几米得赋值. 命 n 及 n' 表二大于 1 的正整数，将 n' 表为

$$n' = a_0 + a_1 n + a_2 n^2 + \cdots + a_\nu n^\nu, \quad 0 \leqslant a_i < n, \quad a_\nu \neq 0.$$

则

$$\phi(n') \leqslant \phi(a_0) + \phi(a_1)\phi(n) + \phi(a_2)\phi(n^2) + \cdots + \phi(a_\nu)\phi(n^\nu),$$

由于 $\phi(a_i) \leqslant a_i < n (i = 0, 1, \cdots, \nu)$，故得

$$\phi(n') \leqslant n(1 + \phi(n) + \phi(n)^2 + \cdots + \phi(n)^\nu)$$
$$\leqslant n(1 + \nu) \max(1, \phi(n)^\nu).$$

由 n' 之表示式，可知 $n^\nu \leqslant n'$，故 $\nu \leqslant \dfrac{\log n'}{\log n}$，由是

$$\phi(n') \leqslant n\left[1 + \frac{\log n'}{\log n}\right] \max(1, \phi(n)^{\log n'/\log n}).$$

用 n'^h 代 n'，则得

$$\phi(n')^h \leqslant n\left[1 + h\frac{\log n'}{\log n}\right] \max(1, \phi(n)^{h \log n'/\log n}),$$

即

$$\phi(n') \leqslant \left[n\left(1 + h\frac{\log n'}{\log n}\right)\right]^{1/h} \max(1, \phi(n)^{\log n'/\log n}).$$

命 $h \to \infty$，则得

$$\phi(n') \leqslant \max(1, \phi(n)^{\log n'/\log n}). \tag{1}$$

此式对任一对正整数 $n, n'(>1)$ 皆真实(此处用了 $\lim_{h\to\infty}(\alpha h+\beta)^{1/h}=1, \alpha>0$). ①

由亚几米得赋值之特性,知有一正整数 $n_0>1$,使 $\phi(n_0)>1$. 故得
$$1 < \max(1, \phi(n)^{\log n_0/\log n}),$$
由于此不等式中乃一开口号($<$),故得
$$\phi(n)^{\log n_0/\log n} > 1.$$
即对任一正整数 $n>1$,常有
$$\phi(n) > 1.$$
而(1)式变为
$$\phi(n') \leqslant \phi(n)^{\log n'/\log n},$$
即
$$\frac{\log \phi(n')}{\log n'} \leqslant \frac{\log \phi(n)}{\log(n)}.$$
由于 n 及 n' 的对称性,可得
$$\frac{\log \phi(n')}{\log n'} = \frac{\log \phi(n)}{\log n},$$
即有一只与 ϕ 有关而与 n 无关的正常数 s 存在,使
$$\frac{\log \phi(n)}{\log n} = s > 0,$$
亦即对所有的正整数 $n>1$,常有
$$\phi(n) = n^s, \quad s > 0.$$
由 $\phi(n) \leqslant n$,可得 $s \leqslant 1$.

由于 $\phi(-n)=\phi(n)$,故对所有的整数 $n(|n|>1)$,常有
$$\phi(n) = |n|^s, \quad 0 < s \leqslant 1.$$
由 2),知对所有的有理数 a,常有
$$\phi(a) = |a|^s, \quad 0 < s \leqslant 1.$$
此即定理.

§5. 非亚几米得赋值

在 §2 中研究 p-adic 赋值 $\phi(a)=|a|_p$ 时,吾人已证明下之不等式:
$$|a+b|_p \leqslant \max(|a|_p, |b|_p);$$
且若 $|a|_p \neq |b|_p$,则
$$|a+b|_p = \max(|a|_p, |b|_p).$$

---

① $\lim_{h\to\infty}(\alpha h+\beta)^{1/h} = \lim_{h\to\infty} e^{1/h \log(\alpha h+\beta)} = 1 \quad (\alpha > 0).$

今往证明对一般的非亚几米得赋值亦有此种性质.

定理 1 设 ϕ 为一非亚几米得赋值,则有不等式

$$3') \qquad \phi(a+b) \leqslant \max(\phi(a),\phi(b)).$$

且若 $\phi(a) \neq \phi(b)$,则有

$$3'') \qquad \phi(a+b) = \max(\phi(a),\phi(b)).$$

反之,若赋值 ϕ 适合不等式 $3')$,则 ϕ 为非亚几米得赋值.

证:由二项式定理

$$(a+b)^n = a^n + \begin{bmatrix} n \\ 1 \end{bmatrix} a^{n-1}b + \cdots + \begin{bmatrix} n \\ n-1 \end{bmatrix} ab^{n-1} + b^n,$$

及由非亚几米得赋值的特性,对任意的正整数 n 常有 $\phi(n) \leqslant 1$,因之

$$\phi((a+b)^n) \leqslant \phi(a)^n + \phi(a)^{n-1}\phi(b) + \cdots + \phi(a)\phi(b)^{n-1} + \phi(b)^n$$
$$\leqslant (n+1)\max(\phi(a)^n,\phi(b)^n),$$

即

$$\phi(a+b) \leqslant (n+1)^{1/n} \cdot \max(\phi(a),\phi(b)).$$

命 $n \to \infty$,即得 $3')$.

若 $\phi(a) \neq \phi(b)$,不妨假定 $\phi(b) < \phi(a)$.由 $3')$ 已知

$$\phi(a+b) \leqslant \phi(a).$$

若 $\phi(a+b) < \phi(a)$,则由 $3')$ 可得

$$\phi(a) = \phi((a+b)-b) \leqslant \max(\phi(a+b),\phi(b)) < \phi(a),$$

此乃一矛盾,故得

$$\phi(a+b) = \phi(a) = \max(\phi(a),\phi(b)).$$

反之,若一赋值 ϕ 适合 $3')$,则对任一正整数 n,有

$$\phi(n) = \phi(1+1+\cdots+1) \leqslant \phi(1) = 1,$$

即 ϕ 为一非亚几米得赋值,定理得证.

由上之定理,可知要证明一函数 ϕ 为非亚几米得赋值只要证明其具有性质 1),2) 及 $3')$ 即可.同时可知对非亚几米得赋值 $\phi,\phi^s(s>0)$ 仍为一赋值,而不必假定 $s \leqslant 1$. 盖此时由 $3')$ 可得

$$\phi^s(a+b) \leqslant \max(\phi^s(a),\phi^s(b)) \leqslant \phi^s(a) + \phi^s(b),$$

此即 3) 也.

对非亚几米得赋值 ϕ,命

$$w(a) = -\log\phi(a).$$

此对数以任一大于 1 之实数为底.底之选择并无太大关系,因为 $\phi^s(s>0)$ 仍为一非亚几米得赋值.

由 ϕ 之性质可得出 w 之次诸性质:

i) 若 $a \neq 0$，则 $w(a)$ 为实数，$w(0) = \infty$；

ii) $w(ab) = w(a) + w(b)$；

iii) $w(a+b) \geqslant \min(w(a), w(b))$；

iii$'$) $w(a+b) = \min(w(a), w(b))$，若 $w(a) \neq w(b)$．

若 ϕ 非恒等赋值，则必有有理数 a_0，使
$$0 < w(a_0) < \infty.$$

由 ϕ 之性质，还可知
$$w(-a) = w(a), \quad w(1) = 0,$$

及对所有之整数 n，常有
$$w(n) \geqslant 0.$$

定理 2 两非恒等的非亚几米得赋值 ϕ 与 ϕ' 等价的充分且必要条件是：对任一有理数 $a(a \neq 0)$，有
$$w'(a) = sw(a) \quad (s > 0),$$

其中 $w'(a) = -\log\phi'(a), w(a) = -\log\phi(a)$．

证：显然．

定理 3 任一非恒等的非亚几米得赋值 ϕ 必与 p-adic 赋值 $|a|_p$ 等价．

证：对任一整数 n 常有 $w(n) \geqslant 0$．因 $\phi \neq \phi_0$，故必有整数 $m(\neq 1)$，使
$$w(m) > 0.$$

今往证所有适合上式之整数所成之集合成一模：若 $w(n) > 0, w(n') > 0$，则由 iii) 即得
$$w(n \pm n') \geqslant \min(w(n), w(n')) > 0.$$

由是由定理 1.4.3 知此模中有一最小的正整数 g 存在，凡该模中之任一数必为 g 之倍数．

今往证 g 是一素数．显然 $g > 1$．其次
$$g \neq g'g'', \quad g' > 1, \quad g'' > 1.$$

不然，则
$$w(g) = w(g'g'') = w(g') + w(g''),$$

由于 $w(g) > 0$ 及 $w(g') \geqslant 0, w(g'') \geqslant 0$，故必有 $w(g') > 0$ 或 $w(g'') > 0$．但 $1 < g' < g, 1 < g'' < g$，此与 g 之定义矛盾，故 g 是一素数，命 $g = p$．由是，已证明了
$$w(n) = 0, \quad p \nmid n,$$
$$w(n) > 0, \quad p \mid n.$$

对任一不为 0 的有理数 a，吾人可唯一地表成为
$$a = \frac{r}{s}p^l, \quad s > 0.$$

第十五章　p-adic 数

此处 r,s 为整数，$(r,s)=1$，且 $p\nmid rs$，l 为整数．由是得

$$w(a) = w\left[\frac{r}{s}\right] + lw(p)$$
$$= w(r) - w(s) + lw(p)$$
$$= lw(p).$$

今

$$w'(a) = -\log|a|_p = l\log p,$$

故得

$$w(a) = \frac{w(p)}{\log p} w'(a).$$

命 $\dfrac{w(p)}{\log p} = s$，由定理 2 即得本定理．

§6. 有理数之 ϕ 扩张

读者如已有高等分析之知识，在学习本节及以后各节时，可与 Cantor 的实数构成理论参酌比较，较易领会．

命 ϕ 是一赋值．今用 $\{a_n\}$ 代表有理数贯，即

$$a_1, a_2, \cdots, a_n, \cdots, \tag{1}$$

其中每一项皆为有理数．

定义 1　数贯 $\{a_n\}$ 之适合以下之条件者谓之基贯，或 ϕ 收敛贯：对任一有理数 $\varepsilon > 0$，有一正整数 $N(=N(\varepsilon))$ 存在，使当 $m,n > N$ 时，

$$\phi(a_m - a_n) < \varepsilon.$$

例如：$a_1 = a_2 = \cdots = a_n = \cdots = a$（$a$ 有理数）即为一基贯，此基贯以 $\{a\}$ 表之．若 $\{a_n\}$ 是一基贯，则 $\phi(a_n) \leqslant A$，A 是一与 n 无关的正整数．

两贯 $\{a_n\}$ 与 $\{b_n\}$ 之和、差及积定义如下：

$$\{a_n\} \pm \{b_n\} = \{a_n \pm b_n\}, \quad \{a_n\} \cdot \{b_n\} = \{a_n b_n\}.$$

由

$$\phi((a_m \pm b_m) - (a_n \pm b_n)) \leqslant \phi(a_m - a_n) + \phi(b_m - b_n)$$

及

$$\phi(a_m b_m - a_n b_n) = \phi(a_m(b_m - b_n) + b_n(a_m - a_n)) \leqslant \phi(a_m)\phi(b_m - b_n)$$
$$+ \phi(b_n)\phi(a_m - a_n),$$

易知两基贯之和、差及积仍为基贯．

定义 2　对一数贯 $\{a_n\}$，如有一有理数 a 适合下之条件：对任一有理数 $\varepsilon > 0$，有正整数 $N(=N(\varepsilon))$ 存在，使当 $n > N$ 时，

$$\phi(a_n - a) < \varepsilon,$$

则称数贯 $\{a_n\}$ 具有 ϕ 极限 a. 并记之为

$$\phi\text{-}\lim_{n\to\infty} a_n = a.$$

显然, $\{a\}$ 的 ϕ 极限是 a. 利用 $\phi(a_m - a_n) \leqslant \phi(a_m - a) + \phi(a_n - a)$, 可知有 ϕ 极限之贯是基贯. 但当注意者, 并不是每一基贯皆有 ϕ 极限.

如 $\{a_n\}$ 及 $\{b_n\}$ 之 ϕ 极限分别是 a 及 b, 则此二贯之和、差及积也有 ϕ 极限, 而且分别是 $a+b, a-b$ 及 ab.

又若

$$\phi\text{-}\lim_{n\to\infty} a_n = a,$$

则

$$\lim_{n\to\infty} \phi(a_n) = \phi(a).$$

定义 3 凡以 0 为 ϕ 极限之贯称为零贯. 所有零贯所成之集合以 $\{\overline{0}\}$ 表示之.

例 1. 如 $\phi(a) = |a|$, 则 $\left\{a_n = \dfrac{1}{n}\right\}$ 是一零贯.

例 2. 如 $\phi(a) = |a|_p$, 则 $\{a_n = p^n\}$ 是一零贯.

极易证明: 二零贯之和仍为一零贯, 一零贯与一基贯之积是一零贯.

上面已经定义了两贯之和、差及积. 今再定义两贯的商: 如 $\{b_n\}$ 非零贯, 则 $\{b_n\}$ 除 $\{a_n\}$ 之商定义为

$$\{a_n b_n^{-1}\}.$$

注意: $\{b_n\}$ 虽非零贯, 但 $\{b_n\}$ 中可能有为 0 之项, 此时我们弃去这些等于 0 的 b_n, 对问题的讨论并无影响.

如 $\{a_n\}$ 是一基贯, 但非零贯, 则必有一正有理数 c 及一正整数 N 存在, 使当 $n > N$ 时, 有

$$\phi(a_n) > c > 0.$$

今往证明: 两基贯 $\{a_n\}, \{b_n\}$ ($\{b_n\}$ 非零贯) 之商 $\{a_n b_n^{-1}\}$ 仍为一基贯.

因为

$$\phi\{a_m b_m^{-1} - a_n b_n^{-1}\} = \phi\{(a_m(b_n - b_m) + b_m(a_m - a_n))b_m^{-1} b_n^{-1}\}$$
$$\leqslant \{\phi(a_m)\phi(b_n - b_m) + \phi(b_m)\phi(a_m - a_n)\}\phi^{-1}(b_m)\phi^{-1}(b_n).$$

对任一有理数 $\varepsilon > 0$, 有正整数 N_1 存在, 使当 $n, m > N_1$ 时,

$$\phi(b_n - b_m) < \varepsilon, \quad \phi(a_m - a_n) < \varepsilon.$$

又知有一正有理数 c 及一正整数 A 存在, 使当 $n, m > N_2$ 时

$$\phi(b_m) > c, \quad \phi(b_n) > c, \quad \phi(a_m) < A, \quad \phi(b_m) < A.$$

故得

$$\phi(a_m b_m^{-1} - a_n b_n^{-1}) \leqslant 2Ac^{-2}\varepsilon, \quad n, m > N, \quad N = \max(N_1, N_2).$$

第十五章　p-adic 数

此即表明 $\{a_n b_n^{-1}\}$ 是一基贯.

定义 4　若二基贯 $\{a_n\}$，$\{b_n\}$ 之差 $\{a_n - b_n\}$ 是一零贯，则称此两贯为同余，并以
$$\{a_n\} \equiv \{b_n\} \pmod{\overline{\{0\}}}$$
表之.

此同余关系显然有下之三性质：

(i) $\{a_n\} \equiv \{a_n\} \pmod{\overline{\{0\}}}$；

(ii) 若 $\{a_n\} \equiv \{b_n\} \pmod{\overline{\{0\}}}$，则 $\{b_n\} \equiv \{a_n\} \pmod{\overline{\{0\}}}$；

(iii) 若 $\{a_n\} \equiv \{b_n\} \pmod{\overline{\{0\}}}$，$\{b_n\} \equiv \{c_n\} \pmod{\overline{\{0\}}}$，则
$$\{a_n\} \equiv \{c_n\} \pmod{\overline{\{0\}}}.$$

故利用同余关系，可将所有的基贯分类：属于同一类之基贯皆同余，不同类之两基贯绝不同余. 于每一类中任择一基贯 $\{a_n\}$ 为代表而以 $\overline{\{a_n\}}$ 表该类.

今往定义类之间的加、减、乘、除：于两类 $\overline{\{a_n\}}$ 及 $\overline{\{b_n\}}$ 中各取代表 $\{a_n\}$ 及 $\{b_n\}$，定义
$$\overline{\{a_n\}} \pm \overline{\{b_n\}} = \overline{\{a_n \pm b_n\}},$$
$$\overline{\{a_n\}} \cdot \overline{\{b_n\}} = \overline{\{a_n b_n\}},$$

当 $\overline{\{b_n\}}$ 不是 $\overline{\{0\}}$ 时，定义
$$\overline{\{a_n\}} \cdot \overline{\{b_n\}}^{-1} = \overline{\{a_n b_n^{-1}\}}.$$

如上所定义的类之间的加、减、乘、除 $\overline{\{a_n \pm b_n\}}$，$\overline{\{a_n b_n\}}$，$\overline{\{a_n b_n^{-1}\}}$ 仅与类 $\overline{\{a_n\}}$ 及 $\overline{\{b_n\}}$ 有关而与代表之选择无关，盖由
$$\{a_n\} \equiv \{a_n'\} \pmod{\overline{\{0\}}} \text{ 及 } \{b_n\} \equiv \{b_n'\} \pmod{\overline{\{0\}}}$$
可得出
$$\{a_n \pm b_n\} \equiv \{a_n' \pm b_n'\},\ \{a_n b_n\} \equiv \{a_n' b_n'\},\ \text{及}\ \{a_n b_n^{-1}\} \equiv \{a_n' b_n'^{-1}\} \pmod{\overline{\{0\}}}$$
故也.

所有类所成之系统称为有理数之 ϕ 扩张，每一类称为此 ϕ 扩张中之一数. 如果 $\phi(a) = |a|$，则此 ϕ 扩张即为实数系统. 而当 $\phi(a) = |a|_p$ 时，此 ϕ 扩张名为 p-adic 数系统. 至此，p-adic 数已有一严格之定义，以后还将进一步求出 p-adic 数的具体表示法.

所有类中包含类 $\overline{\{a\}}$（a 有理数），此类中之任一基贯皆 ϕ 收敛于同一有理数 a，即以 a 为 ϕ-极限，吾人迳以 $\overline{\{a\}} = a$ 记之. 所有如此之类与有理数全体成一一对应，由于基贯不一定 ϕ 收敛于有理数，故可知有理数之 ϕ 扩张为较有理数系统更大的系统.

一般，吾人定义 $\overline{\{a_n\}}$ 即为此类中每一基贯所 ϕ 收敛的数，即定义
$$\phi \lim_{n \to \infty} a_n = \overline{\{a_n\}}.$$

此处应加以说明者,即当$\{a_n\},\{a'_n\}$属于同一类时,$\phi\lim_{n\to\infty}a_n = \phi\lim_{n\to\infty}a'_n$.

以上所讨论之赋值只在有理数域上定义,现在我们把它的定义域扩大到有理数的 ϕ-扩张.

定义 5 $$\phi(\overline{\{a_n\}}) = \lim_{n\to\infty}\phi(a_n).$$

在此定义中必须说明一点,即 $\phi(\overline{\{a_n\}})$ 的定义与 $\{a_n\}$ 的选择无关. 即若
$$\{a_n\} \equiv \{a'_n\} \pmod{\overline{\{0\}}},$$
则
$$\lim_{n\to\infty}\phi(a_n) = \lim_{n\to\infty}\phi(a'_n).$$

此式之证明极易(利用 $\phi(a_n) - \phi(a'_n) \leqslant \phi(a_n - a'_n)$).

为简便计,以后用希腊字母 $\alpha,\beta,\gamma,\cdots$ 表诸类. 易证 $\phi(\alpha)$ 亦具有下之三性质:
1) $\phi(\alpha) \geqslant 0, \phi(\alpha) = 0$ 当且仅当 α 为 $\overline{\{0\}}$;
2) $\phi(\alpha\beta) = \phi(\alpha)\phi(\beta)$;
3) $\phi(\alpha+\beta) \leqslant \phi(\alpha) + \phi(\beta)$.

习题 1. 证明由等价之两赋值所得出的有理数扩张是相同的.

习题 2. 证明在非亚几米得赋值之情况下: $\{a_n\}$ 收敛之必要且充分条件为 $\lim_{n\to\infty}\phi(a_{n+1} - a_n) = 0$.

§7. 扩张之完整性

在上节中我们从有理数的基贯出发,得到比有理数系统更大的有理数之 ϕ-扩张,同时我们已将 ϕ 之定义域从有理数系统扩充到有理数之 ϕ-扩张,即已经定义了 $\phi(\alpha)$. 今之问题在于:如果在有理数之 ϕ-扩张上再运用上节之方法实行 ϕ-扩张(此两 ϕ 一致),是否能得出较有理数之 ϕ-扩张更大的系统. 如属不能,则此系统谓之完整系统. 为讨论此问题,仿照前节,先定义以类为项的基贯,ϕ-极限,零贯等等. 用 $\{\alpha_l\}$ 表由类所成之贯,即

$$\alpha_1, \alpha_2, \cdots, \alpha_l, \cdots, \tag{1'}$$

其中每一项皆为一类.

定义 $1'$ 贯 $\{\alpha_l\}$ 之适合于以下之条件者谓之基贯,或 ϕ-收敛贯:对任一实数 $\varepsilon > 0$,必有一正整数 $L(=L(\varepsilon))$ 存在,使当 $l,k > L$ 时,
$$\phi(\alpha_l - \alpha_k) < \varepsilon.$$

定义 $2'$ 对贯 $\{\alpha_l\}$,如有一类 α 适合下之条件:对任一实数 $\varepsilon > 0$,有正整数 $L(=L(\varepsilon))$ 存在,使当 $l > L$ 时,
$$\phi(\alpha_l - \alpha) < \varepsilon,$$

第十五章　p-adic 数

则称贯$\{\alpha\}$具有 ϕ-极限 α,并记之为

$$\phi\text{-}\lim_{l\to\infty}\alpha = \alpha.$$

由此易知,若

$$\phi\text{-}\lim_{l\to\infty}\alpha = \alpha,$$

则

$$\lim_{l\to\infty}\phi(\alpha) = \phi(\alpha).$$

把每一有理数贯$\{a_n\}$中之有理数 a_ν 视为 $a_\nu = \overline{\{a_\nu\}}$,则在此新定义之下,每一有理数的 ϕ-收敛贯皆有有理数之 ϕ-扩张中的一数为其 ϕ-极限.

定义 3′　凡以$\overline{\{0\}} = 0$为极限之贯称为零贯,所有零贯所成之集合以$\{0\}$表之. 两贯之加、减、乘、除的定义也可仿上节说出.

定义 4′　若两基贯$\{\alpha\}$及$\{\beta\}$之差$\{\alpha-\beta\}$为一零贯,则称此两贯同余.并以

$$\{\alpha\} \equiv \{\beta\} \pmod{\{0\}}$$

表之.

利用同余关系,又可将所有基贯分类;属于同一类之基贯皆同余,不同类之基贯绝不同余.于每一类中任择一基贯$\{\alpha\}$为代表而以$\overline{\{\alpha\}}$表该类.

和上节一样,可以定义类之间的加、减、乘、除.

所有类所成之系统,称之为有理数之 ϕ-扩张之 ϕ-扩张(此两 ϕ 一致).所有的类中包含类$\overline{\{\alpha\}}$,此类中之任一基贯皆以 α 为 ϕ-极限,吾人迳以$\overline{\{\alpha\}} = \alpha$记之.所有这种类与有理数之 ϕ-扩张成一一对应.今之问题即问此新扩张是否得出更大之系统?答案是否定的,此即下之定理.

定理 1　由有理数经赋值 ϕ 扩张而得出的系统是完整的,即任一 ϕ-收敛贯$\{\alpha\}$都有 ϕ-极限.

证:假定$\{\alpha\}$是一 ϕ-收敛贯.命 α 是 ϕ-收敛贯$\{a_n^{(l)}\}$ 的 ϕ-极限,即

$$\alpha = \phi\text{-}\lim_{n\to\infty}a_n^{(l)}.$$

故存在 $n_0 = n_0(l)$,使当 $n \geqslant n_0(l)$ 时,

$$\phi(\alpha - a_n^{(l)}) < \frac{1}{l}.$$

今往证明有理数贯

$$\{a_{n_0(l)}^{(l)}\} \tag{1}$$

是 ϕ-收敛贯,且其 ϕ-极限即为$\{\alpha\}$之 ϕ-极限.

由

$$\phi(a_{n_0(l)}^{(l)} - a_{n_0(l')}^{(l')}) \leqslant \phi(a_{n_0(l)}^{(l)} - \alpha_l) + \phi(\alpha_l - \alpha_{l'}) + \phi(a_{n_0(l')}^{(l')} - \alpha_{l'})$$

$$\leqslant \frac{1}{l} + \phi(\alpha_l - \alpha_{l'}) + \frac{1}{l'}$$

及 $\{\alpha_l\}$ 是 ϕ-收敛贯，可知(1)是 ϕ-收敛贯．命

$$\phi\text{-}\lim_{l\to\infty} a_{n_0^{(l)}}^{(l)} = \alpha,$$

由

$$\phi(\alpha - \alpha_l) \leqslant \phi(\alpha - a_{n_0^{(l)}}^{(l)}) + \phi(\alpha_l - a_{n_0^{(l)}}^{(l)}),$$

可知

$$\phi\text{-}\lim_{l\to\infty}\alpha_l = \alpha.$$

§8. p-adic 数之表示法

在本节中命 $\phi(a) = |a|_p$，研究 p-adic 数的表示法．

1) 先研究有理数

$$\frac{a}{b}, \quad (a,b)=1, \quad p\nmid b$$

之 p-adic 表示法．为此，研究同余式

$$bx \equiv a(\bmod p^l), \quad 0 \leqslant x < p^l$$

之解．命其解为 x_l，吾人知

$$\left|\frac{a}{b} - x_l\right|_p \leqslant p^{-l}.$$

由是

$$\phi\text{-}\lim_{l\to\infty}\left[\frac{a}{b} - x_l\right] = 0.$$

故

$$\frac{a}{b} = \phi\text{-}\lim_{l\to\infty} x_l.$$

在 §1 中吾人已定义出

$$x_l = a_0 + a_1 p + \cdots + a_{l-1} p^{l-1}, \quad 0 \leqslant a_v < p.$$

由于

$$\phi(x_l - x_{l'}) = \phi(a_l p^l + \cdots + a_{l'-1} p^{l'-1}) \leqslant p^{-l}\phi(a_l) + \cdots + p^{-(l'-1)}\phi(a_{l'-1})$$

$$\leqslant p^{-l} + \cdots + p^{-(l'-1)} = \frac{\dfrac{1}{p^l} - \dfrac{1}{p^{l'}}}{1 - \dfrac{1}{p}} < \varepsilon \quad (l' > l > L(\varepsilon)).$$

所以 $\{x_l\}$ 是 ϕ-收敛的．即以其在 ϕ-扩张中之极限

$$a_0 + a_1 p + \cdots + a_{l-1} p^{l-1} + \cdots, \quad 0 \leqslant a_v < p$$

为有理数 $\dfrac{a}{b}(p\nmid b)$ 之 p-adic 表示法．

第十五章 p-adic 数

2) 其次,可得有理数
$$\frac{a}{b}, (a,b)=1, p^m \| b \quad (m \text{ 为 } \geqslant 0 \text{ 之整数})$$
的 p-adic 表示法为
$$p^{-m}(a_0+a_1 p+\cdots+a_l p^l+\cdots), \quad 0\leqslant a_\nu<p, \quad m\geqslant 0. \tag{1}$$
幂级数(1)即为有理数表为 p-adic 数之一般形式.

如果在幂级数(1)中,有
$$a_{l+\nu}=a_{l+\nu+t}=a_{l+\nu+2t}=\cdots=a_{l+\nu+nt}=\cdots \quad (\nu=1,2,\cdots,t),$$
此处 l 和 t 为固定的整数,$t\geqslant 1$,则称此幂级数是循环的.此时可改写如下:
$$p^{-m}((a_0+a_1 p+\cdots+a_l p^l)+p^{l+1}(a_{l+1}+a_{l+2} p+\cdots+a_{l+t} p^{t-1})$$
$$+p^{l+t+1}(a_{l+1}+a_{l+2} p+\cdots+a_{l+t} p^{t-1})+\cdots),$$
或简书为
$$p^{-m}(A+p^{l+1} B+p^{l+t+1} B+p^{l+2t+1} B+\cdots),$$
其中
$$A=a_0+a_1 p+\cdots+a_l p^l, \quad B=a_{l+1}+a_{l+2} p+\cdots+a_{l+t} p^{t-1}.$$

定理 1 有理数之 p-adic 表示法是 p 的循环的幂级数;反之 p 的循环的幂级数是有理数.

证:1) 如果
$$\alpha=p^{-m}\{A+p^{l+1} B+p^{l+t+1} B+p^{l+2t+1} B+\cdots),$$
此处
$$A=a_0+a_1 p+\cdots+a_l p^l, \quad B=a_{l+1}+a_{l+2} p+\cdots+a_{l+t} p^{t-1},$$
则
$$\alpha p^m-A=p^{l+1} B+p^{l+t+1} B+p^{l+2t+1} B+\cdots$$
$$=p^{l+1} B(1+p^t+p^{2t}+\cdots).$$
因为
$$1+p^t+p^{2t}+\cdots+p^{kt}=\frac{1-p^{(k+1)t}}{1-p^t},$$
$$\left|\frac{1}{1-p^t}-\frac{1-p^{(k+1)t}}{1-p^t}\right|_p=p^{-(k+1)t}<\varepsilon \quad (k\geqslant k_0),$$
所以
$$1+p^t+p^{2t}+\cdots+p^{kt}+\cdots=\frac{1}{1-p^t},$$
故得
$$\alpha p^m-A=p^{l+1} B\cdot\frac{1}{1-p^t},$$

即
$$\alpha = p^{-m}A + p^{t+1-m}B \cdot \frac{1}{1-p^t},$$
故 α 为一有理数.

2) 先讨论有理数
$$\alpha = \frac{r}{s}, \quad |\alpha| < 1, \quad (r,s) = 1, \quad s > 0, \quad r < 0, \quad p \nmid s. \tag{2}$$
设 p 的指数 $(\bmod s)$ 为 t,即 t 是适合下式的最小正整数
$$p^t \equiv 1 \pmod{s}.$$
命
$$1 - p^t = ms, \quad m < 0,$$
则
$$\alpha = \frac{r}{s} = \frac{mr}{1-p^t}.$$
由于 $|\alpha| < 1$,故 mr 可表为
$$mr = b_0 + b_1 p + \cdots + b_{t-1} p^{t-1}, \quad 0 \leq b_i < p.$$
于是
$$\alpha = (b_0 + b_1 p + \cdots + b_{t-1} p^{t-1})(1 + p^t + p^{2t} + \cdots)$$
$$= (b_0 + b_1 p + \cdots + b_{t-1} p^{t-1}) + p^t (b_0 + b_1 p + \cdots + b_{t-1} p^{t-1}) + \cdots.$$
此表明 α 可表为 p 的循环的幂级数.

其次,对任意的正有理数 α,设 $\alpha = a/b, (a,b) = 1, p^m \| b$,则 α 可表成
$$p^m \alpha = a_0 + a_1 p + \cdots + a_v p^v + \frac{r}{s}, \quad 0 \leq a_i < p,$$
其中 $\frac{r}{s}$ 或为 0 或合于(2)中各条件.故亦可表为 p 的循环的幂级数.

若 $-\alpha$ 为一负有理数,则先求出 α 之表示法,再求
$$0 = p + (p-1)p + (p-1)p^2 + \cdots$$
与 α 之差,即得 $-\alpha$ 之表示法,而且所得之 p 的幂级数也是循环的.

有理数的表示方法已得出,今再述一般之情况.先证如下之 p 的幂级数表 p-adic 数:
$$\alpha = p^{-m}(a_0 + a_1 p + a_2 p^2 + \cdots), \quad 0 \leq a_v < p, \quad m \geq 0. \tag{3}$$
命
$$x_l = p^{-m}(a_0 + a_1 p + a_2 p^2 + \cdots + a_{l-1} p^{l-1}).$$
由于 $\{x_l\}$ 是 ϕ-收敛的,故其在有理数 ϕ-扩张中之极限
$$\alpha = p^{-m}(a_0 + a_1 p + a_2 p^2 + \cdots), \quad 0 \leq a_v < p, \quad m \geq 0$$

表一 p-adic 数.

已知形如(3)之 p 的幂级数表 p-adic 数,今问任一 p-adic 数如何表法?由上节我们已经知道任一 p-adic 数即为一 ϕ-收敛贯 $\{a_l\}$ 在有理数之 ϕ-扩张中的极限,但任一有理数 a_l 可表为

$$a_l = p^{-m_l}(a_0^{(l)} + a_1^{(l)} p + \cdots), \quad 0 \leqslant a_\nu^{(l)} < p.$$

若能证明 $\{a_l\}$ 在有理数 ϕ-扩张中之极限也可以这样表出,则问题解决.

对任一正整数 t,存在一正整数 $L(=L(t))$,使当 $l, l' > L$ 时,有

$$|a_l - a_{l'}|_p < \frac{1}{p^t}.$$

这表明当 $l > L$ 时, $a_l, a_{l+1}, a_{l+2}, \cdots$ 表成 p 之幂级数时前面 $t+k$ 项(k 非负的整数)必须相同,由于 t 可以任意大,令 $t \to \infty$,即得所证.

总之,我们已证明了一切形如(3)的 p 的幂级数(有限或无限)之全体即为 p-adic 数之全体.

§9. 应　　用

关于 p-adic 数之观念虽在本章中方才出现,但在已往本书中已屡次出现.如本章开始所述之结果即其一例.此例可推广为有名之 Hensel 引.

定理 1(Hensel)　若 $f(x)$ 是一有整系数之多项式,且

$$f(x) \equiv g_0(x) h_0(x) \pmod{p},$$

此处 $g_0(x)$ 及 $h_0(x)$ 为互素之二多项式,则在 p-adic 数范围之内有二多项式 $g(x) \equiv g_0(x), h(x) \equiv h_0(x) \pmod{p}$ 使

$$f(x) = g(x) h(x).$$

证:命 $g_l(x), h_l(x)$ 为二多项式适合

$$g_l(x) \equiv g_0(x), \quad h_l(x) \equiv h_0(x) \pmod{p^l}$$

及

$$f(x) \equiv g_l(x) h_l(x) \pmod{p^l},$$

显然 g_l 与 h_l 互素 $(\bmod\ p)$.命

$$g_{l+1}(x) = g_l(x) + p^l \phi(x)$$

及

$$h_{l+1}(x) = h_l(x) + p^l \psi(x),$$

则有

$$g_{l+1}(x) h_{l+1}(x) \equiv g_l(x) h_l(x) + p^l(\phi(x) h_l(x) + \psi(x) g_l(x)) \pmod{p^{l+1}}.$$

命

$$\frac{f(x) - g_l(x)h_l(x)}{p^l} \equiv t(x) \pmod{p},$$

由于 $h_l(x)$ 及 $g_l(x)$ 为互素 $(\bmod\ p)$，故有二多项式 $\phi(x)$ 及 $\psi(x)$ 使

$$t(x) \equiv \phi(x)h_l(x) + \psi(x)g_l(x) \pmod{p}.$$

故得

$$\begin{aligned}f(x) - g_{l+1}(x)h_{l+1}(x) &\equiv f(x) - g_l(x)h_l(x) - p^l(\phi(x)h_l(x) + \psi(x)g_l(x)) \\ &\equiv p^l(t(x) - \phi(x)h_l(x) - \psi(x)g_l(x)) \\ &\equiv 0 \pmod{p^{l+1}}.\end{aligned}$$

由于 $t(x)$ 之次数不超过 $g_l(x)h_l(x)$ 之次数，故可假定 $\phi(x)$ 之次数 $\leqslant g_l(x)$ 之次数，及 $\psi(x)$ 之次数 $\leqslant h_l(x)$ 之次数。$g_l(x)$ 与 $h_l(x)$ 之系数皆为 ϕ 收敛，收敛于 $g(x)$ 与 $h(x)$，故得定理．

附记：请参考引 7.10.1，可以 p-adic 数之观念说明之．

第十六章 代数数论介绍

§1. 代 数 数

定义 1 若 ϑ 为一系数为有理数的代数方程
$$f(x) = a_n x^n + a_{n-1} x^{n-1} + \cdots + a_0 = 0 \tag{1}$$
的根,则 ϑ 称为代数数.

例如全体有理数,以及 $\sqrt{2}, i = \sqrt{-1}$ 等等都是代数数.

若对(1)施行通分法,得有有理整系数[①]的代数方程.因此代数数也可定义为"有有理整系数的代数方程的根".

若(1)式为不可化,且 $a_n \neq 0$,则称 $n = \partial^0 f$ 为 ϑ 的次数,易见有理数的次数为 1; i 的次数为 2.

若(1)式为不可化,并以
$$\vartheta^{(1)}, \vartheta^{(2)}, \cdots, \vartheta^{(n)} \tag{2}$$
表示 $f(x) = 0$ 所有的根,则由定理 4.2.2 可知 $\vartheta^{(i)} \neq \vartheta^{(k)} (i \neq k)$,且若某一 $\vartheta^{(i)}$ 适合一有理系数方程 $g(x) = 0$,则其他 $n-1$ 个根亦必适合此方程.由是可知一代数数的次数是唯一确定的.

定理 1 二代数数之和、差、积、商(除数非 0) 仍为代数数.

证:仅举和为例证之,其他之证法与之相类似,读者自证之.

设代数数 α 及 β 各适合于
$$f(x) = 0, \quad g(x) = 0,$$
$f(x), g(x)$ 均为有有理系数的多项式,且 $\partial^0 f = m, \partial^0 g = n$. 命
$$\alpha = \alpha^{(1)}, \alpha^{(2)}, \cdots, \alpha^{(m)}; \quad \beta = \beta^{(1)}, \beta^{(2)}, \cdots, \beta^{(n)}$$
表示 $f(x) = 0, g(x) = 0$ 的根的全体,则 $\alpha + \beta$ 为
$$h(x) = \prod_{j=1}^{m} \prod_{k=1}^{n} (x - (\alpha^{(j)} + \beta^{(k)})) = 0$$
的根,但 $h(x)$ 的系数为 $\alpha^{(j)}$ 及 $\beta^{(k)}$ 的对称多项式,故由对称多项式的定理,可知 $h(x)$ 也为有有理系数的多项式.定理得证.

[①] 在本章中,为了与"代数整数"区别起见,特称普通的整数为有理整数.

定义 2 若 ϑ 为一首项系数为1,其他系数为有理整系数的不可化代数方程的根,则 ϑ 称为代数整数.

易见全体有理整数,以及 $\sqrt{2}, i, \dfrac{1+\sqrt{5}}{2}$ 等都是代数整数.又易证：

定理 2 代数整数之为有理数者必为有理整数.

定理 3 二代数整数之和、差、积还是代数整数.

证明一如定理 1.

定理 4 若 ϑ 为一代数数,则必有自然数 q,使 $q\vartheta$ 为代数整数.

证：若 ϑ 适合于
$$a_n \vartheta^n + a_{n-1} \vartheta^{n-1} + \cdots + a_0 = 0, \quad a_n > 0,$$
其中诸 a 都是有理整数.则因
$$(a_n \vartheta)^n + a_{n-1}(a_n \vartheta)^{n-1} + \cdots + a_0 a_n^{n-1} = 0,$$
故 $a_n \vartheta$ 为代数整数.

定义 3 若 ϑ 及 ϑ^{-1} 都是代数整数,则 ϑ 称为单位数.

例如 $i, 3 - 2\sqrt{2}$ 都是单位数.

定理 5 ϑ 为单位数的充分必要条件为 ϑ 必须适合一个首项系数为1,而末项系数为 ± 1 的有理整系数方程.

证：因若 ϑ 适合于
$$a_n x^n + a_{n-1} x^{n-1} + \cdots + a_0 = 0,$$
则 ϑ^{-1} 适合于
$$a_0 x^n + \cdots + a_{n-1} x + a_n = 0,$$
故得定理.

习题 1.试证系数为代数数的代数方程的根还是代数数.

习题 2.试证首项系数为1,且有代数整数为系数的代数方程的根还是代数整数.

习题 3.试证以代数整数为系数,且首项末项系数皆为单位数的方程之根还是单位数.

§2. 代 数 数 域

定义 1 设 F 为一由复数所成的集合,若 F 中至少含有二个不同的数,并且对于 F 中的任意二数,他们的和、差、积、商(除数非0)也在 F 中时,则称 F 为一数域,或简称为域.

例 1.全体有理数构成一域.今后常以 R 记之.

第十六章　代数数论介绍

显然,任一域中必包有 $\frac{\vartheta}{\vartheta}=1$ 及 $\vartheta-\vartheta=0$,所以亦包有 $1+1=2, 1+2=3$, $\cdots, 1+(n-1)=n$ 及 $0-n=-n$,即包有所有的有理整数,因此亦包含所有的有理数.故任一数域必包有有理数域 R.

例 2. 全体实数成一域.

例 3. 全体复数成一域.

例 4. 由定理 1.1,全体代数数也构成一域.

例 5. 易证所有形如 $a+bi$(a, b 为有理数)的复数也成一域.

定理 1　命 ϑ 是一 n 次代数数,则所有形如

$$a_0+a_1\vartheta+a_2\vartheta^2+\cdots+a_{n-1}\vartheta^{n-1} \quad (a_k \text{ 为有理数}) \tag{1}$$

之数成一域,且(1)式所表之数各不相同.

证:若

$$a_0+a_1\vartheta+a_2\vartheta^2+\cdots+a_{n-1}\vartheta^{n-1}=b_0+b_1\vartheta+b_2\vartheta^2+\cdots+b_{n-1}\vartheta^{n-1},$$

而 a_k 并不全等于 b_k,则 ϑ 适合于一个次数不高于 $n-1$ 的代数方程,这与 ϑ 为 n 次代数数的假定相矛盾,故由(1)式所表示之数各不相同.

再证所有形如(1)式之数成一域.命 $f(x)=0$ 为 ϑ 所适合的不可化方程,又命

$$\alpha=a(\vartheta)=a_0+a_1\vartheta+\cdots+a_{n-1}\vartheta^{n-1},$$
$$\beta=b(\vartheta)=b_0+b_1\vartheta+\cdots+b_{n-1}\vartheta^{n-1}.$$

显见 $\alpha\pm\beta$ 亦为(1)之形式.又由定理 4.1.1 知有 $q(x)$ 及 $r(x)$ 使

$$a(x)b(x)=q(x)f(x)+r(x), \quad \partial^0 r < \partial^0 f = n,$$

$q(x)$ 及 $r(x)$ 均为有理系数多项式.以 $x=\vartheta$ 代入,得

$$\alpha\beta=a(\vartheta)b(\vartheta)=r(\vartheta)$$

仍为(1)之形式.最后若 β 不等于 0,则 $b(x)$ 与 $f(x)$ 互素,故有有理系数多项式 $s(x)$ 及 $t(x)$,其中 $s(x)$ 之次数低于 n,使

$$s(x)b(x)+t(x)f(x)=1.$$

以 $x=\vartheta$ 代入,得到 $\frac{1}{\beta}=s(\vartheta)$,故可知 $\frac{\alpha}{\beta}=\frac{1}{\beta}\alpha$ 亦为(1)之形式.定理得证.

定义 2　定理 1 中所得之域谓之在有理数域 R 上添加 ϑ 所得之单扩张,以 $R(\vartheta)$ 表之.

例 5 所述之域即为 $R(i)$.

定理 2　若 $\vartheta \neq 0$,则 $R(\vartheta)$ 即为由代数数 ϑ 经加、减、乘、除(除数非 0)所演出之数之最大集合.

其证甚易,读者自证之.

定义 3　由有限个代数数 $\vartheta_1,\cdots,\vartheta_s$ 经加、减、乘、除(除数非 0)所演出之域,谓

之 R 上之有限扩张,以 $R(\vartheta_1,\cdots,\vartheta_l)$ 表之.

定理 3 任何有限扩张必为单扩张,即对于任何有限扩张 $R(\vartheta_1,\cdots,\vartheta_l)$,可以找到代数数 ϑ,使

$$R(\vartheta_1,\cdots,\vartheta_l) = R(\vartheta).$$

证:仅就 $l=2$ 的情形证明之.由归纳法,极易推得一般的情形.

命 ϑ_1 及 ϑ_2 所适合的不可化方程各为

$$f(x) = x^m + a_{m-1}x^{m-1} + \cdots + a_0 = 0,$$
$$g(x) = x^n + b_{n-1}x^{n-1} + \cdots + b_0 = 0,$$

其中诸 a 及诸 b 均为有理数.又命此二式之根各为

$$\vartheta_1 = \vartheta_1^{(1)}, \vartheta_1^{(2)}, \cdots, \vartheta_1^{(m)}; \quad \vartheta_2 = \vartheta_2^{(1)}, \vartheta_2^{(2)}, \cdots, \vartheta_2^{(n)}.$$

取 h 为一不同于所有的

$$\frac{\vartheta_2^{(u)} - \vartheta_2^{(v)}}{\vartheta_1^{(s)} - \vartheta_1^{(t)}} \quad (1 \leqslant s,t \leqslant m, 1 \leqslant u,v \leqslant n)$$

的有理数,则 mn 个数 $h\vartheta_1^{(j)} + \vartheta_2^{(k)}$ $(1 \leqslant j \leqslant m, 1 \leqslant k \leqslant n)$ 各不相同.

命

$$\vartheta = h\vartheta_1 + \vartheta_2,$$

今将证明 $R(\vartheta) = R(\vartheta_1, \vartheta_2)$,只须证明 ϑ_1, ϑ_2 均在 $R(\vartheta)$ 中,便已足够.

命

$$F(x) = \prod_{j=1}^{m}\prod_{k=1}^{n}(x - (h\vartheta_1^{(j)} + \vartheta_2^{(k)})),$$

$$H(x) = F(x)\sum_{j=1}^{m}\sum_{k=1}^{n}\frac{\vartheta_1^{(j)}}{x - (h\vartheta_1^{(j)} + \vartheta_2^{(k)})}.$$

由对称多项式的定理,可知 $F(x)$ 及 $H(x)$ 均为有有理系数的多项式.以 $x = \vartheta$ 代入,因 $F(x) = 0$ 的根各不相同,故得

$$H(\vartheta) = F'(\vartheta)\vartheta_1, \quad F'(\vartheta) \neq 0,$$

此处 $F'(\vartheta)$ 表示 $F(x)$ 在 $x = \vartheta$ 处的导数.于是 $\vartheta_1 = \dfrac{H(\vartheta)}{F'(\vartheta)}$ 在 $R(\vartheta)$ 中,随之 $\vartheta_2 = \vartheta - h\vartheta_1$ 也在 $R(\vartheta)$ 中,故得定理.

由此定理,今后只须讨论单扩张.称 $R(\vartheta)$ 为代数数域,ϑ 的次数为 $R(\vartheta)$ 的次数.

例 5 中之域 $R(i)$ 为二次域.有理数域 R 为仅有的一次域.

定理 4 若命 D 经过所有的不等于 1 的无平方因子的整数,则 $R(\sqrt{D})$ 经过所有的二次域.

证:命 $R(\vartheta)$ 为任一二次域,而命 ϑ 所适合的不可化方程为

第十六章 代数数论介绍

$$ax^2 + bx + c = 0,$$

其中 a, b, c 为有理整数. 又命

$$b^2 - 4ac = q^2 D,$$

则因

$$\vartheta = \frac{-b \pm q \sqrt{D}}{2a}.$$

所以 $R(\vartheta) = R(\sqrt{D})$. 于是定理得证.

§3. 基 底

在本节中以 $R(\vartheta)$ 表示一 n 次代数数域. 记 $\vartheta = \vartheta^{(1)}$, 并命 $\vartheta^{(2)}, \cdots, \vartheta^{(n)}$ 表示 ϑ 所适合的不可化方程的其他 $n-1$ 个根.

由上节定理 1, $R(\vartheta)$ 中任一数 α 必可表成

$$\alpha = a(\vartheta) = a_0 + a_1 \vartheta + \cdots + a_{n-1} \vartheta^{n-1}$$

的形式, 其中 a_j 为有理数.

定义 1 令 $\alpha^{(1)} = \alpha$, 称 $\alpha^{(k)} = a(\vartheta^{(k)})(k = 2, 3, \cdots, n)$ 为 α 的共轭数; 又称

$$S(\alpha) = \alpha^{(1)} + \cdots + \alpha^{(n)} = a(\vartheta^{(1)}) + \cdots + a(\vartheta^{(n)}),$$
$$N(\alpha) = \alpha^{(1)} \cdots \alpha^{(n)} = a(\vartheta^{(1)}) \cdots a(\vartheta^{(n)}),$$

为 α 的迹与矩.

易见

$$S(\alpha + \beta) = S(\alpha) + S(\beta),$$
$$N(\alpha \beta) = N(\alpha) N(\beta).$$

由对称多项式的定理, 可知 $S(\alpha)$ 及 $N(\alpha)$ 均为有理数, 特别如 α 为有理数, 则 $S(\alpha) = n\alpha$, $N(\alpha) = \alpha^n$. 又若 α 为代数整数, 则 $\alpha^{(i)}$ 亦为代数整数, 故 $S(\alpha)$ 及 $N(\alpha)$ 均为代数整数, 但已知其为有理数, 故均为有理整数.

若 α 为单位数, 则由 $N(\alpha) N(\alpha^{-1}) = N(\alpha \alpha^{-1}) = N(1) = 1$ 及 $N(\alpha), N(\alpha^{-1})$ 均为有理整数可知 $N(\alpha) = \pm 1$. 反之, 若 α 为一代数整数, $N(\alpha) = \pm 1$. 则得 $\alpha^{-1} = \pm \alpha^{(2)} \cdots \alpha^{(n)}$ 亦为代数整数, 故 α 为单位数. 故得: 代数整数 α 为单位数的充要条件是 $N(\alpha) = \pm 1$.

定理 1 设 α 是 $R(\vartheta)$ 中之一数, 命 α 所适合的不可化方程为

$$h(x) = 0, \quad \partial h = l.$$

又命

$$g(x) = \prod_{\nu=1}^{n} (x - \alpha^{(\nu)}),$$

则 $g(x)$ 为一有有理系数的多项式，且
$$g(x) = c(h(x))^{n/l},$$
其中 $l \mid n, c$ 为一有理数．

证：由对称多项式的定理，立刻得到 $g(x)$ 为有有理系数的多项式．

命 $\alpha = a(\vartheta)$，则因
$$h(\alpha) = h(a(\vartheta)) = 0,$$
所以
$$h(\alpha^{(\nu)}) = h(a(\vartheta^{\nu})) = 0.$$
亦即 $g(x) = 0$ 的每一个根，同时又为 $h(x) = 0$ 的根．因 $h(x)$ 为不可化多项式，今 $h(x) = 0$ 与 $g(x) = 0$ 有公根，故必 $h(x) \mid g(x)$．命
$$g(x) = h(x)g_1(x).$$
若 $g_1(x)$ 为一常数，则定理已得证；否则因 $g_1(x) = 0$ 的根皆为 $h(x) = 0$ 的根，又有 $h(x) \mid g_1(x)$．命
$$g_1(x) = h(x)g_2(x).$$
续行此法，因 $g(x)$ 之次数有限，故最后可得
$$g(x) = c(h(x))^{n/l},$$
定理得证．

由定理可知，若 α 是 l 次代数数，则在 $\alpha^{(1)}, \cdots, \alpha^{(n)}$ 中，出现 l 个不同的数，且每数出现 n/l 次．

定义 2 若在 $R(\vartheta)$ 中能找到一组数 $\alpha_1, \cdots, \alpha_m$，使 $R(\vartheta)$ 中的任何一数，都可以唯一地表为
$$a_1\alpha_1 + \cdots + a_m\alpha_m$$
的形式，其中 $a_j(1 \leqslant j \leqslant m)$ 为有理数，则称 $\alpha_1, \cdots, \alpha_m$ 为 $R(\vartheta)$ 之基底．

易见 $\alpha_1, \cdots, \alpha_m$ 中之任一不能表为其他 $m-1$ 个的系数为有理数的线性组合．由定理 2.1 可知 $1, \vartheta, \cdots, \vartheta^{n-1}$ 即为 $R(\vartheta)$ 之一组基底，所以基底是存在的．

定理 2 $R(\vartheta)$ 之任一基底中所含元素之个数相同，且都等于 n．

证：读者可仿定理 14.9.2 补出．

若 $\alpha_1, \cdots, \alpha_n$ 及 $\beta_1, \cdots, \beta_n$ 为 $R(\vartheta)$ 之两组基底，则由定义，易知有有理数 $a_{jk}(1 \leqslant j, k \leqslant n)$ 使
$$\alpha_j = \sum_{k=1}^{n} a_{jk}\beta_k \quad (1 \leqslant j \leqslant n),$$
且
$$\mid a_{jk} \mid = \begin{vmatrix} a_{11} & \cdots & a_{1n} \\ \hline a_{n1} & \cdots & a_{nn} \end{vmatrix} \neq 0.$$

第十六章 代数数论介绍

定义 3 设 $\alpha_1,\cdots,\alpha_n$ 是 $R(\vartheta)$ 中任意 n 个数. 称

$$\Delta(\alpha_1,\cdots,\alpha_n) = \begin{vmatrix} \alpha_1^{(1)} & \cdots & \alpha_n^{(1)} \\ \hline \alpha_1^{(n)} & \cdots & \alpha_n^{(n)} \end{vmatrix}^2$$

为 $\alpha_1,\cdots,\alpha_n$ 的判别式.

定理 3 判别式有下列诸性质：

1) $\Delta(\alpha_1,\cdots,\alpha_n)$ 为有理数，特别若 $\alpha_1,\cdots,\alpha_n$ 为代数整数，则 $\Delta(\alpha_1,\cdots,\alpha_n)$ 为有理整数.

2) 若 $\alpha_1,\cdots,\alpha_n$ 及 $\beta_1,\cdots,\beta_n$ 为 $R(\vartheta)$ 的两组基底，$\alpha_j = \sum_{k=1}^{n} a_{jk}\beta_k (1\leqslant j \leqslant n)$，则

$$\Delta(\alpha_1,\cdots,\alpha_n) = |a_{jk}|^2 \Delta(\beta_1,\cdots,\beta_n). \tag{1}$$

换言之，对 $R(\vartheta)$ 之所有基底，其判别式之符号相同.

3) 若 $\alpha_1,\cdots,\alpha_n$ 为 $R(\vartheta)$ 之一组基底，则 $\Delta(\alpha_1,\cdots,\alpha_n) \neq 0$；且反之亦真.

证：1) 由对称多项式之定理立得所云.

2) 易知

$$\alpha_j^{(l)} = \sum_{k=1}^{n} a_{jk}\beta_k^{(l)} \quad (1\leqslant j,l \leqslant n),$$

故

$$\Delta(\alpha_1,\cdots,\alpha_n) = \begin{vmatrix} \alpha_1^{(1)} & \cdots & \alpha_n^{(1)} \\ \hline \alpha_1^{(n)} & \cdots & \alpha_n^{(n)} \end{vmatrix}^2 = \begin{vmatrix} a_{11} & \cdots & a_{1n} \\ \hline a_{n1} & \cdots & a_{nn} \end{vmatrix}^2 \cdot \begin{vmatrix} \beta_1^{(1)} & \cdots & \beta_n^{(1)} \\ \hline \beta_1^{(n)} & \cdots & \beta_n^{(n)} \end{vmatrix}^2$$

$$= |a_{jk}|^2 \Delta(\beta_1,\cdots,\beta_n).$$

3) 因为

$$\Delta(1,\vartheta,\cdots,\vartheta^{n-1}) = \Big[\prod_{1\leqslant j<k\leqslant n}(\vartheta^{(j)} - \vartheta^{(k)})\Big]^2 \neq 0,$$

故由 2) 可知对 $R(\vartheta)$ 之任何一组基底 $\alpha_1,\cdots,\alpha_n$ 有 $\Delta(\alpha_1,\cdots,\alpha_n) \neq 0$.

反之，若 $\Delta(\alpha_1,\cdots,\alpha_n) \neq 0$，命

$$\alpha_j = \sum_{k=1}^{n} b_{jk}\vartheta^{k-1},$$

则

$$\Delta(\alpha_1,\cdots,\alpha_n) = |b_{jk}|^2 \Delta(1,\vartheta,\cdots,\vartheta^{n-1}),$$

所以 $|b_{jk}| \neq 0$，故能由 $\alpha_1,\cdots,\alpha_n$ 表出 $1,\vartheta,\cdots,\vartheta^{n-1}$，即 $\alpha_1,\cdots,\alpha_n$ 成一基底.

定理 4 假定 $\vartheta^{(1)},\cdots,\vartheta^{(n)}$ 中有 r_1 个实数，r_2 对共轭复数（$r_1 + 2r_2 = n$），则对 $R(\vartheta)$ 之任一基底 $\alpha_1,\cdots,\alpha_n$ 常有

$$(-1)^{r_2}\Delta(\alpha_1,\cdots,\alpha_n) > 0.$$

证：由定理 3，今只须考察 $\alpha_1 = 1, \alpha_2 = \vartheta, \cdots, \alpha_n = \vartheta^{n-1}$ 之情况. 已知

$$\Delta(1, \vartheta, \cdots, \vartheta^{n-1}) = \left[\prod_{1 \leqslant j < k \leqslant n}(\vartheta^{(j)} - \vartheta^{(k)})\right]^2.$$

当 $\vartheta^{(k)} \neq \overline{\vartheta}^{(j)}$ 时（$\overline{\vartheta}$ 表示 ϑ 之共轭复数），常有

$$((\vartheta^{(j)} - \vartheta^{(k)})(\overline{\vartheta}^{(j)} - \overline{\vartheta}^{(k)}))^2 > 0,$$

而

$$(\vartheta^{(j)} - \overline{\vartheta}^{(j)})^2 < 0,$$

故得

$$(-1)^{r_2} \Delta(1, \vartheta, \cdots, \vartheta^{n-1}) > 0.$$

§4. 整　　底

在本章今后各节中，若无特别声明，常以整数代表代数整数.

定义 1　设 $\omega_1, \cdots, \omega_m$ 为 $R(\vartheta)$ 中的 m 个整数，若 $R(\vartheta)$ 中之任一整数都能唯一地表为如下的形式

$$a_1\omega_1 + \cdots + a_m\omega_m,$$

其中 $a_1, \cdots, a_m$ 是有理整数，则称 $\omega_1, \cdots, \omega_m$ 为 $R(\vartheta)$ 之一组整底.

定理 1　整底是存在的，更具体言之，基底

$$\omega_1, \cdots, \omega_n,$$

其中诸 $\omega_j(1 \leqslant j \leqslant n)$ 皆为整数，且使 $|\Delta(\omega_1, \cdots, \omega_n)|$ 之值为最小者，为一组整底.

证：命 q 为使 $q\vartheta$ 为整数之自然数，则

$$1, q\vartheta, (q\vartheta)^2, \cdots, (q\vartheta)^{n-1}$$

全为整数，且组成 $R(\vartheta)$ 之基底，故有 $\alpha_1, \cdots, \alpha_n$ 全为整数的基底存在.

今证明使 $|\Delta(\alpha_1, \cdots, \alpha_n)|$ 之值最小之基底 $\omega_1, \cdots, \omega_n$ 即为整底，因若不然，则有整数

$$\omega = a_1\omega_1 + \cdots + a_n\omega_n,$$

其中 a_i 不全为有理整数. 又不妨假定 a_1 不是有理整数. 命 $a_1 = g + t$，g 为一有理整数，而 $0 < t < 1$. 则

$$\omega_1' = \omega - g\omega_1 = t\omega_1 + a_2\omega_2 + \cdots + a_n\omega_n$$

也为整数，且 $\omega_1', \omega_2, \cdots, \omega_n$ 也是 $R(\vartheta)$ 的基底，因

$$|\Delta(\omega_1', \omega_2, \cdots, \omega_n)| = t^2 |\Delta(\omega_1, \cdots, \omega_n)| < |\Delta(\omega_1, \cdots, \omega_n)|,$$

这与 $|\Delta(\omega_1, \cdots, \omega_n)|$ 取最小值之假定矛盾，故得证.

由此定理可知整底也是基底，故整底中所含元素的个数亦为 n.

定理 2　整底的判别式皆相等. 即设 $\omega_1, \cdots, \omega_n$ 及 $\omega_1', \cdots, \omega_n'$ 为 $R(\vartheta)$ 之两组整

底,则
$$\Delta(\omega_1,\cdots,\omega_n) = \Delta(\omega_1',\cdots,\omega_n').$$

证:因 $\omega_1,\cdots,\omega_n$ 及 $\omega_1',\cdots,\omega_n'$ 均为整底,故有
$$\omega_j = \sum_{k=1}^{n} a_{jk}\omega_k', \quad \omega_j' = \sum_{k=1}^{n} b_{jk}\omega_k,$$

其中 a_{jk} 及 b_{jk} 皆为有理整数.由此可得 $|a_{jk}|\cdot|b_{jk}|=1$,即 $|a_{jk}|=\pm 1$, $|b_{jk}|=\pm 1$.故由定理 3.3 即得所证.

定义 2 称 $R(\vartheta)$ 的整底的判别式为域之基数,以 Δ 或 $\Delta(R(\vartheta))$ 表之.

定理 3(Stickelberger) 基数 $\Delta \equiv 0$ 或 $1\pmod 4$.

证:以 $i_1,\cdots,i_n$ 表示 $1,2,\cdots,n$ 的一种排列法,而 $\delta_{i_1,\cdots,i_n}$ 随 $i_1,\cdots,i_n$ 为偶排列或奇排列而为 1 或 -1,于是由行列式之展开法,

$$\begin{vmatrix} \omega_1^{(1)} & \cdots & \omega_1^{(n)} \\ \vdots & & \vdots \\ \omega_n^{(1)} & \cdots & \omega_n^{(n)} \end{vmatrix} = \sum_{(i_1,\cdots,i_n)} \delta_{i_1,\cdots,i_n} \omega_1^{(i_1)}\cdots\omega_n^{(i_n)}$$

$$= \sum_{(i_1,\cdots,i_n)} \omega_1^{(i_1)}\cdots\omega_n^{(i_n)} + 2\eta = a + 2\eta,$$

其中 η 为一代数整数,而 $a = \sum_{(i_1,\cdots,i_n)} \omega_1^{(i_1)}\cdots\omega_n^{(i_n)}$ 为 $\vartheta^{(1)},\cdots,\vartheta^{(n)}$ 的对称函数,故 a 为有理数,因之亦为有理整数,于是有

$$\Delta = (a+2\eta)^2 = a^2 + 4\eta(\eta+a).$$

因整数 $\eta(\eta+a) = \dfrac{\Delta - a^2}{4}$ 为有理数,故为有理整数,于是得到
$$\Delta \equiv a^2 \equiv 0 \text{ 或 } 1\pmod 4.$$

今考虑二次域 $R(\sqrt{D})$,D 为一无平方因子的有理整数.$R(\sqrt{D})$ 中任意一数均能表成
$$\alpha = \frac{a+b\sqrt{D}}{2}$$

的形式,其中 a,b 为有理数.α 的迹与距各为
$$S(\alpha) = a, \quad N(\alpha) = \frac{a^2 - b^2 D}{4}.$$

定理 4 二次域 $R(\sqrt{D})$ 中,α 为整数的必要且充分之条件为 a,b 都是有理整数,且适合

$$\begin{aligned} &a \equiv b \pmod 2, & &\text{当 } D \equiv 1 \pmod 4 \text{ 时;} \\ &a \equiv b \equiv 0 \pmod 2, & &\text{当 } D \equiv 2,3 \pmod 4 \text{ 时.} \end{aligned} \tag{4}$$

证:因在二次域中,α 为整数的充分必要条件为 $S(\alpha), N(\alpha)$ 全为有理整数,故

若 a,b 全为有理整数,且(4)式成立,则 α 为整数.

反之,若 α 为整数,则

$$a \quad \text{及} \quad \frac{a^2-b^2D}{4}$$

为有理整数,于是

$$b^2D = a^2 - 4\left[\frac{a^2-b^2D}{4}\right]$$

亦然,但 D 为无平方因子的有理整数,故 b 必须为有理整数.又由

$$a^2 - b^2D \equiv 0 \pmod 4,$$

可以很容易地导出(4)式,于是定理得证.

故当 $D \equiv 1 \pmod 4$ 时,$\frac{1+\sqrt{D}}{2}$ 为整数,而有

$$\frac{a+b\sqrt{D}}{2} = \frac{a-b}{2} + b\frac{1+\sqrt{D}}{2},$$

再因

$$\left|\begin{matrix} 1 & 1 \\ \sqrt{D} & -\sqrt{D} \end{matrix}\right|^2 = 4D, \quad \left|\begin{matrix} 1 & 1 \\ \frac{1+\sqrt{D}}{2} & \frac{1-\sqrt{D}}{2} \end{matrix}\right|^2 = D,$$

于是得到:

定理 5 若 D 为一无平方因子的有理整数,命

$$\Delta = \begin{cases} D \\ 4D \end{cases}, \quad \omega = \begin{cases} \frac{1+\sqrt{D}}{2}, & D \equiv 1 \pmod 4, \\ \sqrt{D} & D \equiv 2,3 \pmod 4, \end{cases} \quad \text{当}$$

则 Δ 为 $R(\sqrt{D})$ 的基数,而 $1,\omega$ 为一组整底,又

$$1, \frac{\Delta+\sqrt{\Delta}}{2}$$

亦为 $R(\sqrt{D})$ 的一组整底.

由定理 6 可以看到在二次域中恒能找到一整数 ω,使 $1,\omega$ 为域的整底,但在一般的情形,亦即在 n 次域 $R(\vartheta)$ 中 ($n \geqslant 3$),未必能选出整数 ω,使

$$1, \omega, \cdots, \omega^{n-1}$$

构成 $R(\vartheta)$ 的整底.

例. 命 α 为

$$f(x) = x^3 - x^2 - 2x - 8 = 0$$

的根,今将证明在域 $R(\alpha)$ 中决不能找到整数 ω,使 $1,\omega,\omega^2$ 为其整底.

因 $\pm 1, \pm 2, \pm 4, \pm 8$,均非 $f(x) = 0$ 的根,故 $f(x)$ 为不可化,而 $R(\alpha)$ 确为三

次域.又易证
$$\Delta(1,\alpha,\alpha^2) = -4 \cdot 503.$$

因 $\beta = \dfrac{4}{\alpha}$ 适合方程式
$$g(y) = y^3 + y^2 + 2y - 8 = 0,$$

故 β 为 $R(\alpha)$ 中之整数.若以 α', α'' 表 $f(x) = 0$ 的另外二根,则
$$\Delta(1,\alpha,\beta) = \begin{vmatrix} 1 & \alpha & 4/\alpha \\ 1 & \alpha' & 4/\alpha' \\ 1 & \alpha'' & 4/\alpha'' \end{vmatrix}^2 = \dfrac{4^2}{(N(\alpha))^2} \begin{vmatrix} 1 & \alpha & \alpha^2 \\ 1 & \alpha' & \alpha'^2 \\ 1 & \alpha'' & \alpha''^2 \end{vmatrix}^2$$
$$= \dfrac{4^2}{(N(\alpha))^2}\Delta(1,\alpha,\alpha^2) = -503.$$

因 $\Delta(1,\alpha,\beta) \neq 0$,故 $1,\alpha,\beta$ 为 $R(\alpha)$ 的基底.又 $1,\alpha,\beta$ 必为 $R(\alpha)$ 的一组整底,盖若不然,命 Δ 为域的基数,则必 $|\Delta| < 503$,由上节(1)式,可知必有一不等于1的自然数 a,使
$$-503 = a^2 \Delta,$$
但 503 为一素数,故不可能,所以 $1,\alpha,\beta$ 必为域 $R(\alpha)$ 的一组整底.

命 ω 为 $R(\alpha)$ 内任一整数,则有有理整数 a,b,c 使
$$\omega = a + b\alpha + c\beta.$$

因
$$\alpha^2 = \alpha + 2 + \dfrac{8}{\alpha} = 2 + \alpha + 2\beta,$$
$$\beta^2 = -\beta - 2 + \dfrac{8}{\beta} = -2 + 2\alpha - \beta,$$

所以
$$\omega^2 = a^2 + b^2(2 + \alpha + 2\beta) + c^2(-2 + 2\alpha - \beta) + 2ab\alpha + 8bc + 2ac\beta$$
$$= (a^2 + 2b^2 - 2c^2 + 8bc) + (b^2 + 2c^2 + 2ab)\alpha + (2b^2 - c^2 + 2ac)\beta,$$

因此
$$\Delta(1,\omega,\omega^2) = \begin{vmatrix} 1 & a & a^2 + 2b^2 - 2c^2 + 8bc \\ 0 & b & b^2 + 2c^2 + 2ab \\ 0 & c & 2b^2 - c^2 + 2ac \end{vmatrix}^2 \cdot \Delta(1,\alpha,\beta)$$
$$\equiv 0 \pmod{4 \cdot 503},$$

所以不论 ω 为 $R(\alpha)$ 中任何整数,
$$1, \omega, \omega^2$$
不能为 $R(\alpha)$ 的整底.

§5. 整 除 性

定义 1 设 α,β 为二整数,若有一整数 γ,使 $\alpha=\beta\gamma$,则谓之 β 可整除 α,并以 $\beta\mid\alpha$ 记之.或称 α 是 β 的倍数,β 是 α 的因子.

定理 1 命
$$g(x) = \alpha_l x^l + \cdots + \alpha_0, \quad \alpha_l \neq 0,$$
$$h(x) = \beta_m x^m + \cdots + \beta_0, \quad \beta_m \neq 0,$$
此处诸 α 及 β 都是整数.又命
$$g(x)h(x) = \gamma_{l+m} x^{l+m} + \cdots + \gamma_0,$$
若有一整数 δ 适合
$$\delta\mid\gamma_u \quad (0 \leqslant u \leqslant l+m), \tag{1}$$
则必有
$$\delta\mid\alpha_v\beta_w \quad (0 \leqslant v \leqslant l, 0 \leqslant w \leqslant m). \tag{2}$$

定理之证明有赖于次之二引.

引 1 若
$$f(x) = \delta_n x^n + \cdots + \delta_0, \quad n \geqslant 1 \tag{3}$$
是一整系数的多项式,且有一根 μ,则
$$\frac{f(x)}{x-\mu}$$
也有整系数.

证:当 $n=1$ 时,$\mu = -\dfrac{\delta_0}{\delta_1}$,$\dfrac{f(x)}{x-\mu} = \delta_1$ 为一整数,则引理成立.

今于 n 上施行归纳法,假定本引理对 $n-1$ 次多项式真实,由于 $\delta_n\mu$ 适合
$$y^n + \cdots + \delta_1 \delta_n^{n-2} y + \delta_0 \delta_n^{n-1} = 0,$$
故 $\delta_n\mu$ 为一整数(本章 §1 习题 2).所以
$$g(x) = f(x) - (x-\mu)\delta_n x^{n-1} = (f(x) - \delta_n x^n) + \delta_n\mu x^{n-1}$$
为一次数不大于 $n-1$ 的整系数多项式,且有 μ 为其根.故由数学归纳法的假定,有整系数多项式 $h(x)$,使
$$g(x) = (x-\mu)h(x),$$
于是
$$f(x) = (x-\mu)(\delta_n x^{n-1} + h(x)),$$
引理得证.

引 2 命 $\mu_1, \cdots, \mu_r (1 \leqslant r \leqslant n)$ 为 (3) 式任意 r 个根,则

第十六章 代数数论介绍

$$\delta_n \mu_1 \cdots \mu_r$$

是整数.

证:因

$$f(x) = \delta_n (x - \mu_1) \cdots (x - \mu_r) \cdots (x - \mu_n),$$

应用引 1,可知

$$\frac{f(x)}{x - \mu_n}, \frac{f(x)}{(x - \mu_{n-1})(x - \mu_n)}, \cdots, \frac{f(x)}{(x - \mu_{r+1}) \cdots (x - \mu_n)} = \delta_n (x - \mu_1) \cdots (x - \mu_r)$$

皆为有整系数的多项式,故得证.

定理 1 之证明 若 $l = 0$ 或 $m = 0$,定理显然真实,故不妨假定 $l > 0$ 及 $m > 0$ 而讨论之.将 $g(x)$ 及 $h(x)$ 分解成

$$g(x) = \alpha_l (x - \xi_1) \cdots (x - \xi_l),$$
$$h(x) = \beta_m (x - \eta_1) \cdots (x - \eta_m),$$

则得

$$\frac{g(x)h(x)}{\delta} = \frac{\alpha_l \beta_m}{\delta} (x - \xi_1) \cdots (x - \xi_l)(x - \eta_1) \cdots (x - \eta_m)$$

为整系数多项式.若命 $\sigma_0 = \tau_0 = 1, \sigma_1, \cdots, \sigma_l$ 与 $\tau_1, \cdots, \tau_m$ 分别为 $\xi_1, \cdots, \xi_l$ 及 $\eta_1, \cdots, \eta_m$ 的初等对称多项式.则由引 2,可以推得对任何 $0 \leqslant v \leqslant l, 0 \leqslant w \leqslant m$ 中之 v, w,

$$\frac{\alpha_l \beta_m}{\delta} \sigma_{l-v} \tau_{m-w}$$

皆为整数.再由多项式的根与系数之关系,

$$\alpha_v = \pm \alpha_l \sigma_{l-v},$$
$$\beta_w = \pm \beta_m \tau_{m-w},$$

于是

$$\frac{\alpha_v \beta_w}{\delta} = \pm \frac{\alpha_l \beta_m}{\delta} \sigma_{l-v} \tau_{m-w}$$

为整数.

由整除性十分自然地会联想到代数整数之因子分解定理及其唯一性的问题.

但在全体代数整数的范围内,讨论因子分解是没有意义的,因为一个整数可能表示为无限多个整数的乘积.例如

$$2 = 2^{1/2} \cdot 2^{1/4} \cdot 2^{1/8} \cdots,$$

此点提示我们必须限定因子所在的范围.所以我们仅讨论在某一代数数域 $R(\vartheta)$ 内的整数分解的问题.

但在一代数数域内可能有无穷多个单位数.设 ε 为一单位数,则任一整数可表示为

$$\alpha = \varepsilon \cdot \varepsilon^{-1} \alpha.$$

因此若 $R(\vartheta)$ 内有无穷多个单位数,则 α 可能有无穷多个分解方法. 例如在 $R(\sqrt{2})$ 中 $(1+\sqrt{2})^n (n=\pm 1, \pm 2, \cdots)$ 都是单位数,所以 $R(\sqrt{2})$ 中的整数就可能有无穷多种分解法. 为了避免这个问题,我们引进"结合"的定义.

定义 2 若二整数 α, β 仅相差一单位因子,则 α 与 β 称为相结合.

显然有次之三性质:1) α 与 α 相结合;2) 若 α 与 β 相结合,则 β 与 α 相结合;3) 若 α 与 β 相结合, β 与 γ 相结合,则 α 与 γ 相结合.

定义 3 对于整数 α,若有 $R(\vartheta)$ 中的整数 β, γ,且均非单位数,使

$$\alpha = \beta\gamma,$$

则称 α 在 $R(\vartheta)$ 中可分解,否则称为不可分解.

定理 2 在 $R(\vartheta)$ 中任一代数整数可以分解为不可分解的代数整数的乘积.

证:若 α 不可分解,则定理毋待证明. 若

$$\alpha = \beta\gamma,$$

而 β, γ 均非单位数,则得

$$|N(\alpha)| = |N(\beta)| \cdot |N(\gamma)|,$$

由于 β, γ 均非单位数,故自然数 $|N(\beta)|, |N(\gamma)|$ 为 $|N(\alpha)|$ 的真因子,即

$$|N(\alpha)| > |N(\beta)| > 1, \quad |N(\alpha)| > |N(\gamma)| > 1.$$

故可用对 $|N(\alpha)|$ 施行归纳法而证明本定理.

余下的问题是分解的方法是否唯一的问题,此乃代数数论的一个重要问题. 今具体的考察二次域 $R(\sqrt{-5})$,我们将证明在此域内唯一分解的性质不成立.

因 $-5 \equiv 3 \pmod 4$,故此域内之整数都是次之形式:

$$\alpha = a + b\sqrt{-5},$$

其中 a, b 都是有理整数. 今将证明在此域内, $2, 3, 1 \pm \sqrt{-5}$ 都不可分解,且 $2, 3$ 不能与 $1+\sqrt{-5}, 1-\sqrt{-5}$ 相结合,于是由

$$6 = 2 \cdot 3 = (1+\sqrt{-5})(1-\sqrt{-5}),$$

可知在 $R(\sqrt{-5})$ 中唯一分解定理不能成立.

因

$$|N(2)| = 4, \quad |N(3)| = 9, \quad |N(1 \pm \sqrt{-5})| = 6,$$

故 $2, 3$ 不能与 $1+\sqrt{-5}, 1-\sqrt{-5}$ 相结合.

又若 2 在 $R(\sqrt{-5})$ 中可分解,命

$$2 = \alpha\beta, \quad |N(\alpha)| > 1, \quad |N(\beta)| > 1.$$

记 $\alpha = a + b\sqrt{-5}$,则因 $|N(2)| = 4$,故必须

$$|N(\alpha)| = a^2 + 5b^2 = 2,$$

但此乃不可能之事，故在 $R(\sqrt{-5})$ 中 2 不能分解，同样可证 $3,1\pm\sqrt{-5}$ 在 $R(\sqrt{-5})$ 中不可分解．

为了解决这一问题，Kummer 氏发明了理想数的概念．

§6. 理　想　数

今确定一 n 次的代数数域 $R(\vartheta)$ 作为基础．

定义 1　命 $\alpha_1,\cdots,\alpha_q$ 为 $R(\vartheta)$ 内任意 q 个整数．称所有形如

$$\eta_1\alpha_1+\cdots+\eta_q\alpha_q\quad(\eta_1,\cdots,\eta_q\text{ 为 }R(\vartheta)\text{ 中的整数}) \tag{1}$$

的整数所成之集合为由 $\alpha_1,\cdots,\alpha_q$ 演成的理想数，以 $[\alpha_1,\cdots,\alpha_q]$ 表之．

为简单起见，在今后讨论理想数的一般性质时，常以德文大写字母 $\mathfrak{A},\mathfrak{B},\mathfrak{C},\mathfrak{D},\cdots$ 来表示理想数．

定义 2　由一个整数 α 所演成之理想数 $[\alpha]$，称为主理想数．

只有一个整数 0 所成的集合，亦成一理想数 $[0]$．今假定以后所讨论之理想数，均非 $[0]$．

理想数 $[1]$ 表示由 $R(\vartheta)$ 内全体整数所成的集合，称为单位理想数，以 $\mathfrak{O}$ 表之．

定理 1　理想数有次之性质：

1) 若 α,β 在其中，则 $\alpha\pm\beta$ 亦然，
2) 若 α 在此集合中，而 η 为 $R(\vartheta)$ 中的任一整数，则 $\eta\alpha$ 也在此理想数中．

证：其理显然．

由此定理，若理想数 $\mathfrak{A}$ 中包有 1，则 $\mathfrak{A}$ 中包有 $R(\vartheta)$ 内的全体整数，所以 $\mathfrak{A}=[1]$．

定义 3　设 $\mathfrak{A}=[\alpha_1,\cdots,\alpha_q]$ 及 $\mathfrak{B}=[\beta_1,\cdots,\beta_r]$ 为 $R(\vartheta)$ 上的二理想数，当 $\mathfrak{A}$ 中每一整数均在 $\mathfrak{B}$ 中，而 $\mathfrak{B}$ 中每一整数又均在 $\mathfrak{A}$ 中时，则称它们为相等，并记 $\mathfrak{A}=\mathfrak{B}$．

由此定义立得：

定理 2　二理想数 $\mathfrak{A}=[\alpha_1,\cdots,\alpha_q],\mathfrak{B}=[\beta_1,\cdots,\beta_r]$ 相等的必要且充分之条件为

$$\alpha_i=\sum_{j=1}^{r}\xi_{ij}\beta_j,\quad \beta_j=\sum_{i=1}^{q}\eta_{ji}\alpha_i, \tag{2}$$

其中 $1\leqslant i\leqslant q, 1\leqslant j\leqslant r$，而诸 ξ 及 η 均为整数．更由此可得：若 $[\alpha]=[\beta]$，则 α 与 β 为相结合．

设 $a_1,\cdots,a_q$ 为任意 q 个有理整数，d 为他们的最大公约数，则由最大公约数的性质，必有有理整数 $x_1,\cdots,x_q$ 使

$$d=a_1x_1+\cdots+a_qx_q,$$

所以在有理数域中 $[a_1,\cdots,a_q]=[d]$，亦即在有理数域中，只有主理想数存在.

但若考虑域 $R(\sqrt{-5})$，由上节最后之讨论，可知理想数 $[2,1+\sqrt{-5}]$ 决不能化为主理想数，所以有非主理想数的理想数存在.

定义 4 理想数
$$[\alpha_1\beta_1,\cdots,\alpha_1\beta_r,\alpha_2\beta_1,\cdots,\alpha_2\beta_r,\cdots,\alpha_q\beta_r]$$
称为理想数
$$\mathfrak{A}=[\alpha_1,\cdots,\alpha_q] \text{ 及 } \mathfrak{B}=[\beta_1,\cdots,\beta_r]$$
的乘积，以 $\mathfrak{A}\cdot\mathfrak{B}$ 记之.

定理 3 $\mathfrak{A}$ 与 $\mathfrak{B}$ 之乘积与诸 α 及 β 之选择无关，亦即，若
$$\mathfrak{A}=[\alpha_1,\cdots,\alpha_q]=[\alpha_1',\cdots,\alpha_s'],$$
$$\mathfrak{B}=[\beta_1,\cdots,\beta_r]=[\beta_1',\cdots,\beta_t'],$$
则
$$\mathfrak{A}\cdot\mathfrak{B}=[\alpha_1\beta_1,\cdots,\alpha_1\beta_r,\alpha_2\beta_1,\cdots,\alpha_2\beta_r,\cdots,\alpha_q\beta_r]$$
$$=[\alpha_1'\beta_1',\cdots,\alpha_1'\beta_t',\alpha_2'\beta_1',\cdots,\alpha_2'\beta_t',\cdots,\alpha_s'\beta_t'].$$

证明可以很容易地从理想数相等的定义得到，读者自证之.

易见对任何理想数 $\mathfrak{A}$，有 $\mathfrak{O}\cdot\mathfrak{A}=\mathfrak{A}$.

由乘法定义，不难证明：
1) 交换律 $\quad\mathfrak{A}\cdot\mathfrak{B}=\mathfrak{B}\cdot\mathfrak{A}$;
2) 结合律 $\quad(\mathfrak{A}\cdot\mathfrak{B})\cdot\mathfrak{C}=\mathfrak{A}\cdot(\mathfrak{B}\cdot\mathfrak{C})$.

因此可用归纳法定义 $\mathfrak{A}_1\cdots\mathfrak{A}_m=(\mathfrak{A}_1\cdots\mathfrak{A}_{m-1})\cdot\mathfrak{A}_m$ 及 $\mathfrak{A}^m=\mathfrak{A}^{m-1}\cdot\mathfrak{A}$（$m$ 为任何自然数）；并定义对任何理想数 $\mathfrak{A}$，$\mathfrak{A}^0=\mathfrak{O}$. 于是易证下列诸性质：
$$\mathfrak{A}^m\cdot\mathfrak{A}^l=\mathfrak{A}^{m+l},$$
$$(\mathfrak{A}^l)^m=\mathfrak{A}^{lm},$$
$$(\mathfrak{A}\cdot\mathfrak{B})^m=\mathfrak{A}^m\cdot\mathfrak{B}^m.$$

定义 5 命 $\mathfrak{A},\mathfrak{B}$ 是二理想数，若有理想数 $\mathfrak{C}$ 使
$$\mathfrak{A}=\mathfrak{B}\cdot\mathfrak{C},$$
则谓之 $\mathfrak{B}$ 可整除 $\mathfrak{A}$，记如 $\mathfrak{B}|\mathfrak{A}$，$\mathfrak{B},\mathfrak{C}$ 称为 $\mathfrak{A}$ 之因子.

显然有：
1) 若 $\mathfrak{C}|\mathfrak{B},\mathfrak{B}|\mathfrak{A}$，则 $\mathfrak{C}|\mathfrak{A}$，
2) 若 $\mathfrak{B}|\mathfrak{A}$，而 $\mathfrak{D}$ 为任何理想数，则 $\mathfrak{BD}|\mathfrak{AD}$，
3) 对任何理想数 $\mathfrak{A}$，有
$$\mathfrak{O}|\mathfrak{A},\quad \mathfrak{A}|\mathfrak{A}.$$

定理 4 若 $\mathfrak{B}|\mathfrak{A}$，则 $\mathfrak{A}$ 中任一整数都在 $\mathfrak{B}$ 中.

证：命 $\mathfrak{A}=\mathfrak{B}\cdot\mathfrak{C}$，而 $\mathfrak{B}=[\beta_1,\cdots,\beta_r]$，$\mathfrak{C}=[\gamma_1,\cdots,\gamma_s]$. 则凡 $\mathfrak{A}$ 中之数 α 皆为

第十六章 代数数论介绍

$$\alpha = \sum_{j=1}^{r}\sum_{k=1}^{s}\eta_{jk}\beta_j\gamma_k = \sum_{j=1}^{r}\Big[\sum_{k=1}^{s}\eta_{jk}\gamma_k\Big]\beta_j$$

之形式,其中 η_{jk} 为域中之整数,故 α 在 $\mathfrak{B}$ 中,定理得证.

在下节中将证明定理 4 之逆亦成立,即若 $\mathfrak{A}$ 中任一整数都在 $\mathfrak{B}$ 中时,则必 $\mathfrak{B}\mid\mathfrak{A}$.

由定理 4 可得:若 $\mathfrak{A}\mid\mathfrak{O}$,则 $\mathfrak{A}=\mathfrak{O}$.

§7. 理想数的唯一分解定理

定理 1 对于任何理想数 $\mathfrak{A}$ 一定能找到一个理想数 $\mathfrak{B}$,使 $\mathfrak{A}\cdot\mathfrak{B}$ 的乘积为一由一自然数 a 演成的主理想数 $[a]$.

证:若 $\mathfrak{A}$ 为一主理想数如 $\mathfrak{A}=[\alpha]$,则取 $\mathfrak{B}=[\alpha^{(2)}\cdots\alpha^{(n)}]$,$\alpha^{(2)},\cdots,\alpha^{(n)}$ 为 α 的共轭数,于是取 $a=|N(\alpha)|$,立得

$$\mathfrak{A}\cdot\mathfrak{B}=[\alpha\alpha^{(2)}\cdots\alpha^{(n)}]=[a].$$

若 $\mathfrak{A}$ 非主理想数,命 $\mathfrak{A}=[\alpha_l,\cdots,\alpha_0]$,作多项式

$$f(x)=\alpha_l x^l+\cdots+\alpha_0.$$

又命

$$g(x)=\beta_m x^m+\cdots+\beta_0 \quad (m=(n-1)l)$$

适合

$$f(x)g(x)=\prod_{j=1}^{n}(\alpha_l^{(j)}x^l+\cdots+\alpha_0^{(j)})$$
$$=c_{l+m}x^{l+m}+\cdots+c_0,$$

其中诸 c 都是有理整数,于是诸 β 也均为 $R(\vartheta)$ 中的整数.命

$$\mathfrak{B}=[\beta_m,\cdots,\beta_0]$$

及

$$a=(c_{l+m},\cdots,c_0),$$

今往证明

$$\mathfrak{A}\cdot\mathfrak{B}=[a].$$

因对所有 $0\leqslant k\leqslant l+m$,有

$$a\mid c_k,$$

于是由定理 5.1,可得

$$a\mid\alpha_\mu\beta_\nu \quad (0\leqslant\mu\leqslant l,0\leqslant\nu\leqslant m),$$

所以 $\alpha_\mu\beta_\nu$ 皆在 $[a]$ 中.反之,因 $a=(c_{l+m},\cdots,c_0)$,故有有理整数 $d_{l+m},\cdots,d_0$,使

$$a=c_{l+m}d_{l+m}+\cdots+c_0 d_0.$$

又因
$$c_k = \sum_{\substack{\mu+\nu=k \\ 0\leqslant\mu\leqslant l \\ 0\leqslant\nu\leqslant m}} \alpha_\mu \beta_\nu \quad (0\leqslant k \leqslant l+m),$$

故有
$$a = \sum_{\mu=0}^{l} \sum_{\nu=0}^{m} \eta_{\mu\nu} \alpha_\mu \beta_\nu,$$

其中诸 η 皆为 $R(\vartheta)$ 中的整数,所以 a 在 $\mathfrak{A}\cdot\mathfrak{B}$ 中.因此
$$\mathfrak{A}\cdot\mathfrak{B} = [a].$$

定理 2 若 $\mathfrak{A}\cdot\mathfrak{C} = \mathfrak{A}\cdot\mathfrak{D}$,则必 $\mathfrak{C} = \mathfrak{D}$.

证:取 $\mathfrak{B}$ 及自然数 a,使
$$\mathfrak{A}\cdot\mathfrak{B} = [a].$$

于是有
$$[a]\cdot\mathfrak{C} = [a]\cdot\mathfrak{D},$$

此等式之意义为由 $\mathfrak{C}$ 中各数乘以 a 后所得之集合与由 $\mathfrak{D}$ 中各数乘以 a 后所得之集合相同,所以得到
$$\mathfrak{C} = \mathfrak{D}.$$

定理 3 若理想数 $\mathfrak{C}$ 中每一元素均在另一理想数 $\mathfrak{A}$ 中时,则必
$$\mathfrak{A} \mid \mathfrak{C}.$$

证:取 $\mathfrak{B}$ 及 a 使
$$\mathfrak{A}\cdot\mathfrak{B} = [a],$$

于是 $\mathfrak{B}\cdot\mathfrak{C}$ 中每一元素均在 $\mathfrak{A}\cdot\mathfrak{B} = [a]$ 中,故可命
$$\begin{aligned}\mathfrak{B}\cdot\mathfrak{C} &= [a\gamma_1,\cdots,a\gamma_q] = [a]\cdot[\gamma_1,\cdots,\gamma_q] \\ &= \mathfrak{B}\cdot\mathfrak{A}\cdot[\gamma_1,\cdots,\gamma_q],\end{aligned}$$

而得
$$\mathfrak{C} = \mathfrak{A}\cdot[\gamma_1,\cdots,\gamma_q],$$

定理得证.

由本定理及定理 6.4 可知 $\mathfrak{B}\mid\mathfrak{A}$ 的必要且充分之条件为 $\mathfrak{A}$ 中每一元素均在 $\mathfrak{B}$ 中.

今往讨论理想数的分解及其唯一性的问题.

定义 1 若一理想数只有二个因子,即除了 $\mathfrak{D}$ 及其本身以外别无其他因子者称为素理想数.通常以 $\mathfrak{P}$ 表示素理想数.

易证在有理数域中 $[p]$ 为素理想数,其中 p 为普通的有理素数.

定理 4 任与二理想数 $\mathfrak{A}=[\alpha_1,\cdots,\alpha_q], \mathfrak{B}=[\beta_1,\cdots,\beta_r]$,则有唯一的理想数 $\mathfrak{D}$ 具有次之性质:

第十六章 代数数论介绍

1) $\mathfrak{D} \mid \mathfrak{A}, \mathfrak{D} \mid \mathfrak{B}$;

2) 若另有一理想数 $\mathfrak{D}'$, $\mathfrak{D}' \mid \mathfrak{A}$, $\mathfrak{D}' \mid \mathfrak{B}$, 则 $\mathfrak{D}' \mid \mathfrak{D}$.

更可言者, $\mathfrak{D}$ 中任何一数都能写成 $\alpha+\beta$ 的形式, α 在 $\mathfrak{A}$ 中, β 在 $\mathfrak{B}$ 中.

证: $\mathfrak{D} = [\alpha_1, \cdots, \alpha_q, \beta_1, \cdots, \beta_r]$ 即有上述诸性质.

显然有 $\mathfrak{D} \mid \mathfrak{A}, \mathfrak{D} \mid \mathfrak{B}$. 又若有理想数 $\mathfrak{D}' \mid \mathfrak{A}, \mathfrak{D}' \mid \mathfrak{B}$, 则 $\mathfrak{D}'$ 包有 $\mathfrak{A}$ 及 $\mathfrak{B}$, 故亦包有 $\mathfrak{D}$, 所以有 $\mathfrak{D}' \mid \mathfrak{D}$.

再证明 $\mathfrak{D}$ 之唯一性. 若 $\mathfrak{D}'$ 也具有 1), 2) 二性质, 则

$$\mathfrak{D} \mid \mathfrak{D}', \quad \mathfrak{D}' \mid \mathfrak{D},$$

亦即 $\mathfrak{D}$ 中各数均在 $\mathfrak{D}'$ 中, 而 $\mathfrak{D}'$ 中各数也均在 $\mathfrak{D}$ 中, 所以

$$\mathfrak{D} = \mathfrak{D}'.$$

又因 $\mathfrak{D} = [\alpha_1, \cdots, \alpha_q, \beta_1, \cdots, \beta_r]$ 中任何一数都能写成

$$\eta_1 \alpha_1 + \cdots + \eta_q \alpha_q + \lambda_1 \beta_1 + \cdots + \lambda_r \beta_r$$

的形式. 命 $\alpha = \eta_1 \alpha_1 + \cdots + \eta_q \alpha_q$, $\beta = \lambda_1 \beta_1 + \cdots + \lambda_r \beta_r$, 则 α 在 $\mathfrak{A}$ 中, β 在 $\mathfrak{B}$ 中, 因此 $\mathfrak{D}$ 中任一元素都能表成 $\alpha+\beta$ 的形式.

定义 2 定理 4 中的 $\mathfrak{D}$ 称为 $\mathfrak{A}, \mathfrak{B}$ 的最大公因子, 以 $\mathfrak{D} = (\mathfrak{A}, \mathfrak{B})$ 记之, 更可定义 $(\mathfrak{A}_1, \cdots, \mathfrak{A}_{m-1}, \mathfrak{A}_m) = ((\mathfrak{A}_1, \cdots, \mathfrak{A}_{m-1}), \mathfrak{A}_m)$. 若 $(\mathfrak{A}, \mathfrak{B}) = \mathfrak{O}$, 则称 $\mathfrak{A}, \mathfrak{B}$ 为互素.

易证: 若 $(\mathfrak{A}, \mathfrak{B}) = \mathfrak{O}$, 则对任何理想数 $\mathfrak{C}$, 有

$$\mathfrak{A}\mathfrak{C}, \mathfrak{B}\mathfrak{C}) = \mathfrak{C}.$$

定理 5 若 $\mathfrak{P}$ 为一素理想数, 且 $\mathfrak{P} \mid \mathfrak{A}\mathfrak{B}, \mathfrak{P} \nmid \mathfrak{A}$, 则 $\mathfrak{P} \mid \mathfrak{B}$.

证: 因 $\mathfrak{P} \nmid \mathfrak{A}$, 所以

$$(\mathfrak{P}, \mathfrak{A}) = \mathfrak{O},$$

于是

$$(\mathfrak{A}\mathfrak{B}, \mathfrak{P}\mathfrak{B}) = \mathfrak{B},$$

又因 $\mathfrak{P} \mid \mathfrak{A}\mathfrak{B}$, 所以 $\mathfrak{P} \mid \mathfrak{B}$.

定理 6 任何理想数都只能有有限个不同的因子.

证: 对于 $\mathfrak{A}$ 有理想数 $\mathfrak{B}$ 及自然数 a, 使

$$\mathfrak{A} \cdot \mathfrak{B} = [a],$$

故 $\mathfrak{A}$ 中含有 a, 且 $\mathfrak{A}$ 之任何因子亦含有 a, 故若能证明含有一个固定的自然数的理想数, 只可能有有限个, 则定理明矣.

设 $\mathfrak{M} = [\alpha_1, \cdots, \alpha_m]$ 为一含有 a 的理想数. 又设 $\omega_1, \cdots, \omega_n$ 为 $R(\vartheta)$ 的一组整底, 于是诸 α 能表成下列形式:

$$\alpha_j = g_{j1} \omega_1 + \cdots + g_{jn} \omega_n \quad (1 \leqslant j \leqslant m),$$

其中诸 g 为有理整数. 再令

$$g_{jk} = aq_{jk} + r_{jk} \quad (0 \leqslant r_{jk} < a),$$

$$\beta_j = \sum_{k=1}^{n} q_{jk}\omega_k, \quad \gamma_j = \sum_{k=1}^{n} r_{jk}\omega_k,$$

于是得到

$$\alpha_j = a\beta_j + \gamma_j.$$

又因 a 在 $\mathfrak{M}$ 中，所以

$$\mathfrak{M} = [a\beta_1 + \gamma_1, \cdots, a\beta_m + \gamma_m, a]$$
$$= [\gamma_1, \cdots, \gamma_m, a].$$

因为只有有限组 $\gamma_1, \cdots, \gamma_m$，故含有 a 的理想数，只可能为有限个.

定理 7（理想数之基本定理） 任一不同于 $\mathfrak{O}$ 的理想数 $\mathfrak{A}$ 可以分解为素理想数的乘积，且若不计其排列之次序，则分解法唯一.

证：因为任何理想数只可能有有限多个不同的因子，故可对 $\mathfrak{A}$ 的因子个数实行数学归纳法.

先证明分解之可能. 若 $\mathfrak{A}$ 已为素理想数，则毋需再证；若不然，而

$$\mathfrak{A} = \mathfrak{B}\mathfrak{C}, \quad \mathfrak{B} \neq \mathfrak{O}, \mathfrak{C} \neq \mathfrak{O},$$

则因 $\mathfrak{B}, \mathfrak{C}$ 的因子个数少于 $\mathfrak{A}$ 的因子个数，故由数学归纳法，得到证明.

再证分解的唯一性. 假定

$$\mathfrak{A} = \mathfrak{P}_1\mathfrak{P}_2\cdots\mathfrak{P}_l = \mathfrak{P}'_1\mathfrak{P}'_2\cdots\mathfrak{P}'_m, \quad m \geq 1, l \geq 1. \tag{1}$$

若 $\mathfrak{A}$ 是素理想数，则 $l = m = 1$. 毋待证明. 若 $\mathfrak{A}$ 非素理想数，则 $l > 1, m > 1$. 因

$$\mathfrak{P}_1 \mid \mathfrak{P}'_1\cdots\mathfrak{P}'_m,$$

故必有一 $\mathfrak{P}'_j (1 \leq j \leq m)$ 使 $\mathfrak{P}_1 = \mathfrak{P}'_j$. 不失普遍性地可以假定 $j = 1$. 于是

$$\mathfrak{P}_2\cdots\mathfrak{P}_l = \mathfrak{P}'_2\cdots\mathfrak{P}'_m,$$

由数学归纳法假定，定理得证.

因此可将任一不同于 $\mathfrak{O}$ 的理想数表为

$$\mathfrak{P}_1^{a_1}\mathfrak{P}_2^{a_2}\cdots\mathfrak{P}_r^{a_r}$$

的形式，其中诸 $\mathfrak{P}$ 各各不同，a_j 为自然数. 又若不计诸 $\mathfrak{P}$ 之次序，则这种表法是唯一的.

习题 1. 任与二理想数 $\mathfrak{A}$ 及 $\mathfrak{B}$，必有一整数 α，使 $\mathfrak{A} \mid [\alpha]$，且 $([\alpha], \mathfrak{B}) = \mathfrak{A}$.

习题 2. 任何理想数 $\mathfrak{A}$ 皆能表为 $[\alpha, \beta]$ 的形式，α, β 皆为整数，且 β 可取为 $\mathfrak{A}$ 中任何整数（在习题 1 中取 $\mathfrak{B}, [\beta]$ 使适合 $\mathfrak{A}\mathfrak{B} = [\beta]$）.

§8. 理想数的基底

设 $\omega_1, \cdots, \omega_n$ 为域 $R(\vartheta)$ 的一组整底，而 $\mathfrak{A}$ 为 $R(\vartheta)$ 上的任一理想数. 因 $\mathfrak{A}$ 中任一元素都能表为 $\omega_1, \cdots, \omega_n$ 的系数是有理整数的线性组合，再由定理 6.1，故能将 $\mathfrak{A}$

第十六章 代数数论介绍

看作 $\omega_1,\cdots,\omega_n$ 的一个线性模. 又对理想数 $\mathfrak{A}$, 必有理想数 $\mathfrak{B}$ 及自然数 a, 使
$$\mathfrak{A}\mathfrak{B}=[a],$$
因此 $a\omega_1,\cdots,a\omega_n$ 都在 $\mathfrak{A}$ 中, 而因这 n 个数是线性独立的, 所以 $\mathfrak{A}$ 是 $\omega_1,\cdots,\omega_n$ 的一 n 维线性模. 由第 14 章第 9 节的讨论, 可知 $\mathfrak{A}$ 必有底, 且 $\mathfrak{A}$ 的任何一组基底中都必须含有 n 个整数. 特别的, 我们更可得到:

定理 1 设 $\mathfrak{A}$ 为 $R(\vartheta)$ 上的任何一个理想数, 则在 $\mathfrak{A}$ 中必能找到 n 个整数

$$\alpha_1 = a_{11}\omega_1,$$
$$\alpha_2 = a_{21}\omega_1 + a_{22}\omega_2,$$
$$\cdots\cdots\cdots\cdots\cdots\cdots\cdots\cdots$$
$$\alpha_n = a_{n1}\omega_1 + a_{n2}\omega_2 + \cdots + a_{nn}\omega_n,$$

其中 a_{ij} 都是有理整数, 且 $a_{ii}>0(1\leqslant i\leqslant n)$, 而 $0\leqslant a_{ji}<a_{ii}(1\leqslant i<j\leqslant n)$, 使 $\alpha_1,\cdots,\alpha_n$ 成为 $\mathfrak{A}$ 的标准基底.

又设 $\alpha_1,\cdots,\alpha_n$ 与 $\beta_1,\cdots,\beta_n$ 为 $\mathfrak{A}$ 的二组基底, 而命
$$\alpha_i = \sum_{j=1}^n u_{ij}\beta_j(i=1,\cdots,n),$$
则其系数矩阵 (u_{ij}) 必为一模方阵, 因此
$$\Delta(\alpha_1,\cdots,\alpha_n) = \Delta(\beta_1,\cdots,\beta_n),$$
亦即理想数基底的判别式不因基底的改变而改变, 故今后可以 $\Delta(\mathfrak{A})$ 表之.

今往考虑二次域 $R(\sqrt{D})$ 上理想数的标准基底的形式. 命 $1,\omega$ 为 $R(\sqrt{D})$ 的整底. ω 的定义见定理 4.6. 由定理 1 可以找到二个整数
$$a, b+c\omega$$
组成理想数的标准基底, 其中 a,b,c 都是有理整数, 且可假定 $a>0, c>0, 0\leqslant b<a$. 但必须注意并非如上形式的任何一对整数, 都能成为某理想数的基底, a,b,c 尚须适合其他条件方可.

易证当且仅当
$$a\omega, \omega(b+c\omega)$$
都能表成
$$xa + y(b+c\omega) \quad (x,y \text{ 为有理整数})$$
时, $a, b+c\omega$ 才能是某一理想数的标准基底. 从
$$a\omega = xa + y(b+c\omega)$$
可得
$$a = yc, \quad ax + by = 0,$$
所以必有 $c\mid a, c\mid b$. 命
$$a = cm, \quad b = cn.$$

又因
$$c(n+\omega)\omega = c(n+\omega)(n+\omega+\omega') - c(n+\omega)(n+\omega')$$
$$= -cN(n+\omega) + c(n+\omega)(n+S(\omega)),$$
其中 $S(\omega)$ 与 $N(n+\omega)$ 各表示数 ω 与 $n+\omega$ 的迹与矩,所以
$$N(n+\omega) \equiv 0 \quad (\mathrm{mod}\ m) \tag{1}$$
乃整数对 $cm, c(n+\omega)$ 成为某理想数标准基底的充分必要条件.又由定理 4.6,易见 (1) 式与
$$\Delta \equiv \begin{cases} (2n+1)^2 & (\mathrm{mod}\ 4m), \quad \text{若 } D \equiv 1 \quad (\mathrm{mod}\ 4); \\ (2n)^2 & (\mathrm{mod}\ 4m), \quad \text{若 } D \equiv 2,3 \quad (\mathrm{mod}\ 4) \end{cases} \tag{2}$$
等价,于是得到:

定理 2 整数对 $cm, c(n+\omega)(c>0, m>0, 0 \leqslant n < m)$ 成为域 $R(\sqrt{D})$ 上某理想数的标准基底的充分必要条件为 (1) 式或 (2) 式成立.

习题.令 $\omega_1, \cdots, \omega_n$ 为 $R(\vartheta)$ 的一组整底,则 $\alpha_i \omega_j (1 \leqslant i \leqslant n, 1 \leqslant j \leqslant n)$ 能唯一地表成
$$x_1 \alpha_1 + \cdots + x_n \alpha_n \ (x_i \text{ 全为有理整数})$$
之形式乃 $\alpha_1, \cdots, \alpha_n$ 为某理想数的基底的充分必要条件.

§9. 同 余 关 系

定义 1 若 $\mathfrak{A} \mid [\alpha]$,则谓之 $\mathfrak{A}$ 整除 α,迳以 $\mathfrak{A} \mid \alpha$ 表之.易见 $\mathfrak{A} \mid \alpha$ 亦即 α 在 $\mathfrak{A}$ 中的意思.

又根据第 14 章第 9 节的讨论,可以定义域 $R(\vartheta)$ 中的整数对理想数 $\mathfrak{A}$ 的同余关系,具体言之:

定义 2 若 $\mathfrak{A} \mid \alpha - \beta, \alpha, \beta$ 为 $R(\vartheta)$ 中的整数,则谓之 α 与 β 对模 $\mathfrak{A}$ 同余,记之为
$$\alpha \equiv \beta (\mathrm{mod}\ \mathfrak{A}).$$

根据此同余关系,可以将域 $R(\vartheta)$ 中的整数进行分类,使凡属于同类的数对模 $\mathfrak{A}$ 互相同余,而属于不同类的整数不能对模 $\mathfrak{A}$ 同余.称这种类为 $\mathfrak{A}$ 的剩余类,并以 $N(\mathfrak{A})$ 表示类数,$N(\mathfrak{A})$ 亦称为理想数 $\mathfrak{A}$ 的距.由定理 14.9.3 可得:

定理 1 命 $\omega_1, \cdots, \omega_n$ 为 $R(\vartheta)$ 的一组整底,而 $\alpha_1, \cdots, \alpha_n$ 为理想数 $\mathfrak{A}$ 的任何一组基底,若
$$\alpha_i = \sum_{j=1}^{n} a_{ij} \omega_j,$$
则 $N(\mathfrak{A})$ 等于系数行列式的绝对值,亦即
$$N(\mathfrak{A}) = \|a_{ij}\|.$$

由此定理,立刻得到:

定理 2 命 Δ 为域 $R(\vartheta)$ 的基数,$\Delta(\mathfrak{A})$ 为 $\mathfrak{A}$ 的基底的判别式,则
$$\Delta(\mathfrak{A}) = (N(\mathfrak{A}))^2 \Delta. \tag{1}$$

及

定理 3 对于主理想数 $[\alpha]$ 的距 $N([\alpha])$,有
$$N([\alpha]) = |N(\alpha)|.$$

证:设 $\omega_1, \cdots, \omega_n$ 为 $R(\vartheta)$ 的基底,则 $\alpha\omega_1, \cdots, \alpha\omega_n$ 构成 $[\alpha]$ 的基底,由定理 2 可知
$$N([\alpha]) = \left| \sqrt{\frac{\Delta([\alpha])}{\Delta}} \right| = \left\| \begin{matrix} \alpha^{(1)}\omega_1^{(1)}, \cdots, \alpha^{(1)}\omega_n^{(1)} \\ \hline \alpha^{(n)}\omega_1^{(n)}, \cdots, \alpha^{(n)}\omega_n^{(n)} \end{matrix} \middle/ \begin{matrix} \omega_1^{(1)}, \cdots, \omega_n^{(1)} \\ \hline \omega_1^{(n)}, \cdots, \omega_n^{(n)} \end{matrix} \right\|$$
$$= |\alpha^{(1)} \cdots \alpha^{(n)}| = |N(\alpha)|.$$

故定理 3 成立.

定理 4 $N(\mathfrak{AB}) = N(\mathfrak{A}) N(\mathfrak{B}).$

证:因 $\mathfrak{A}$ 包有 $\mathfrak{AB}$,所以由定理 14.9.4 可知将 $\mathfrak{A}$ 中元素依 $\operatorname{mod} \mathfrak{AB}$ 分类,其类数等于
$$\frac{N(\mathfrak{AB})}{N(\mathfrak{A})}.$$

若能证明这个类数也等于 $N(\mathfrak{B})$,则定理明矣.

命 $\beta_1, \cdots, \beta_{N(\mathfrak{B})}$ 代表 $\operatorname{mod} \mathfrak{B}$ 的剩余类,而由 §7 习题 1,可知必有整数 $\alpha \in \mathfrak{A}$,适合
$$([\alpha], \mathfrak{AB}) = \mathfrak{A}. \tag{2}$$

易见 $\alpha\beta_1, \cdots, \alpha\beta_{N(\mathfrak{B})}$ 均在 $\mathfrak{A}$ 中,且若 $j \neq k (1 \leqslant j, k \leqslant n)$,恒有
$$\alpha\beta_j \not\equiv \alpha\beta_k \pmod{\mathfrak{AB}}.$$

又由 (2) 式,可知对于 $\mathfrak{A}$ 中任何元素 γ,必有整数 η, δ 使
$$\gamma = \eta\alpha + \delta, \quad \delta \in \mathfrak{AB}.$$
又对整数 η,必有整数 β 及自然数 $j(1 \leqslant j \leqslant N(\mathfrak{B}))$,使
$$\eta = \beta_j + \beta,$$
于是得到
$$\gamma = \alpha\beta_j + \alpha\beta + \delta$$
$$\equiv \alpha\beta_j \pmod{\mathfrak{AB}}.$$

此即 $\mathfrak{A}$ 中任一元素必与 $\alpha\beta_1, \cdots, \alpha\beta_{N(\mathfrak{B})}$ 中之一模 $\mathfrak{AB}$ 同余,且仅与其中之一同余.因此若将 $\mathfrak{A}$ 中元素依 $\operatorname{mod} \mathfrak{AB}$ 进行分类,其类数也等于 $N(\mathfrak{B})$,于是定理得证.

定理 5 若 $\mathfrak{P}$ 为一素理想数,α 为任何不能被 $\mathfrak{P}$ 整除的整数,则
$$\alpha^{N(\mathfrak{P})-1} \equiv 1 \pmod{\mathfrak{P}}.$$

证：命 $0, \pi_1, \pi_2, \cdots, \pi_{N(\mathfrak{P})-1}$ 代表模 $\mathfrak{P}$ 的剩余类，则因 $\mathfrak{P} \nmid \alpha$，所以 $0, \alpha\pi_1, \alpha\pi_2, \cdots,$ $\alpha\pi_{N(\mathfrak{P})-1}$ 也代表模 $\mathfrak{P}$ 的剩余类；因此

$$\alpha^{N(\mathfrak{P})-1} \pi_1 \pi_2 \cdots \pi_{N(\mathfrak{P})-1} \equiv \pi_1 \pi_2 \cdots \pi_{N(\mathfrak{P})-1} \pmod{\mathfrak{P}},$$

即得定理。

§10. 素 理 想 数

定理 1　凡素理想数 $\mathfrak{P}$ 必整除一有理素数 p，且 p 为 $\mathfrak{P}$ 中最小的有理正整数，故是唯一的。

证：由定理 7.1，知必有有理整数 a 使 $\mathfrak{P} \mid [a]$，分解 $a = \prod p$，故必有一 p 使 $\mathfrak{P} \mid [p]$，即 $\mathfrak{P} \mid p$。

假如有有理正整数 $b, b < p$，且 $\mathfrak{P} \mid b$，则 b 在 $\mathfrak{P}$ 中，故 $(p, b) = 1$ 也在 $\mathfrak{P}$ 中，于是 $\mathfrak{P} = [1]$，此乃不可能之事，故 p 是 $\mathfrak{P}$ 中最小的有理正整数。

将 $[p]$ 分解为素理想数的乘积如

$$[p] = \mathfrak{P}_1 \mathfrak{P}_2 \cdots \mathfrak{P}_n,$$

再于二边取距得到

$$p^n = N([p]) = N(\mathfrak{P}_1) N(\mathfrak{P}_2) \cdots N(\mathfrak{P}_n).$$

因此可知：任一素理想数之距，必为一素数之乘方。若 $N(\mathfrak{P}) = p^f$，f 称为 $\mathfrak{P}$ 之次数。

关于 $[p]$ 之分解有次之重要定理：

定理 2　$\mathfrak{P} \mid p$ 的必要且充分的条件为 $p \mid \Delta$。

此定理称为 Dedekind 判别式定理，在本书中不预备给予证明。

今往考虑在二次域 $R(\sqrt{D})$ 中 $[p]$ 之分解，显然只有下列三种可能：

1) $[p] = \mathfrak{P}$;
2) $[p] = \mathfrak{P} \bar{\mathfrak{P}}, \mathfrak{P} \neq \bar{\mathfrak{P}}, N(\mathfrak{P}) = N(\bar{\mathfrak{P}}) = p$;
3) $[p] = \mathfrak{P}^2, N(\mathfrak{P}) = p$。

关于 $[p]$ 在二次域中分解的情形，有次之定理：

定理 3　1), 2), 3) 的成立当且仅当

$$\left[\frac{\Delta}{p}\right] = -1, +1, 0,$$

此处 Δ 为 $R(\sqrt{D})$ 的基数，$\left[\dfrac{\Delta}{p}\right]$ 为 Kronecker 符号。

证：若 $\mathfrak{P}$ 为 $[p]$ 的素因子，而 $N(\mathfrak{P}) = p$，则此时

$$[p] = \mathfrak{P} \bar{\mathfrak{P}} \text{ 或 } [p] = \mathfrak{P}^2.$$

命 $cm, c(n+\omega)$ 为理想数的标准基底,则
$$N(\mathfrak{B}) = c^2 m = p,$$
故 $c = 1, m = p$. 又因
$$\Delta \equiv \begin{cases} (2n+1)^2 & (\mod 4p), \quad \text{当 } D \equiv 1 \quad (\mod 4); \\ (2n)^2 & (\mod 4p), \quad \text{当 } D \equiv 2,3 \quad (\mod 4), \end{cases}$$
所以得到 $\left[\dfrac{\Delta}{p}\right] = 1$ 或 0.

反之,若 $\left[\dfrac{\Delta}{p}\right] = 1$ 或 0,先考虑 $p \neq 2$ 的情形.

1) 若 $\left[\dfrac{\Delta}{p}\right] = 1$,则有 $a, p \nmid a$,使
$$\Delta \equiv a^2 \pmod{p}.$$
又因 $p \neq 2$,所以 $(p, 2a) = 1$,于是
$$[p, a + \sqrt{\Delta}] \cdot [p, a - \sqrt{\Delta}] = [p] \cdot \left[p, a + \sqrt{\Delta}, a - \sqrt{\Delta}, \frac{a^2 - \Delta}{p}\right]$$
$$= [p] \cdot \left[p, a + \sqrt{\Delta}, 2a, \frac{a^2 - \Delta}{p}, 1\right] = [p].$$
又
$$[p, a + \sqrt{\Delta}] \neq [p, a - \sqrt{\Delta}],$$
盖若不然,将有 $[p, a + \sqrt{\Delta}] = [p, a - \sqrt{\Delta}] = [p, a + \sqrt{\Delta}, 2a] = [1]$,而此乃不可能之事,又 $[p, a + \sqrt{\Delta}]$ 及 $[p, a - \sqrt{\Delta}]$ 均非 $\mathfrak{O}$,故当 $p \neq 2$,而 $\left[\dfrac{\Delta}{p}\right] = 1$ 时,$[p]$ 为二个不同的素理想数的乘积.

2) 若 $\left[\dfrac{\Delta}{p}\right] = 0$,则 $p \mid \Delta$,于是
$$[p, \sqrt{\Delta}]^2 = [p, \sqrt{\Delta}] \cdot [p, \sqrt{\Delta}] = [p] \cdot \left[p, \sqrt{\Delta}, \frac{\Delta}{p}\right],$$
但 $\Delta = D$ 或 $4D$,今 $p \neq 2$,而 D 又为无平方因子数,所以 $\left[p, \dfrac{\Delta}{p}\right] = 1$,故
$$[p] = [p, \sqrt{\Delta}]^2,$$
亦即若 $p \neq 2$,而 $\left[\dfrac{\Delta}{p}\right] = 0$,则 $[p]$ 为一素理想数的平方.

再考虑 $p = 2$ 的情形,因 $\left[\dfrac{\Delta}{2}\right] \neq -1$,故必须 $D \equiv 2,3 \pmod 4$ 或 $D \equiv 1 \pmod 8$. 与前面一样,可证:

3) 当 $D \equiv 2 \pmod 4$ 时,$\left[\dfrac{\Delta}{2}\right] = 0$,而 $[2] = [2, \sqrt{D}]^2$;

4) 当 $D \equiv 3 \pmod 4$ 时,仍有 $\left[\dfrac{\Delta}{2}\right] = 0$,而 $[2] = [2, 1+\sqrt{D}]^2$;

5) 当 $D \equiv 1 \pmod 8$ 时,$\left[\dfrac{\Delta}{2}\right] = 1$,此时

$$[2] = \left[2, \dfrac{1+\sqrt{D}}{2}\right] \cdot \left[2, \dfrac{1-\sqrt{D}}{2}\right],$$

而 $\left[2, \dfrac{1+\sqrt{D}}{2}\right] \neq \left[2, \dfrac{1-\sqrt{D}}{2}\right]$,故此时 $[2]$ 分解为二个不同的素理想数的乘积.

总结以上结果,即得定理.

由定理 3,可以看到 Dedekind 判别式定理在二次域中已成立.今再具体的举一三次域为例.

命 α 为

$$f(x) = x^3 - x^2 - 2x - 8 = 0$$

的根,在 §4 中已知 $R(\alpha)$ 为一三次域,其基数为 503,且

$$1, \alpha, \beta = \dfrac{4}{\alpha}$$

为他的一组整底,而 β 为

$$g(y) = y^3 + y^2 + 2y - 8 = 0$$

的根.

今考虑 $[503]$ 在 $R(\alpha)$ 上之分解.以 $\mathfrak{P}, \mathfrak{Q}, \mathfrak{R}$ 代表 $R(\alpha)$ 上的素理想数,则 $[503]$ 之分解必为下列五种情形之一:

1) $[503] = \mathfrak{P}\mathfrak{Q}\mathfrak{R}$ 各不相同,而 $N\mathfrak{P} = N\mathfrak{Q} = N\mathfrak{R} = 503$;

2) $[503] = \mathfrak{P}\mathfrak{Q}, \mathfrak{P} \neq \mathfrak{Q}$,而 $N\mathfrak{P} = N\mathfrak{Q} = 503$;

3) $[503] = \mathfrak{P}$;$N\mathfrak{P} = 503$;

4) $[503] = \mathfrak{P}\mathfrak{Q}$;$N\mathfrak{P} = 503, N\mathfrak{Q} = 503^2$;

5) $[503] = \mathfrak{P}$;$N\mathfrak{P} = 503^3$.

对于前四种情形,$[503]$ 都有距为 503 的素因子 $\mathfrak{P}$,因此先考虑这种情形.命

$$a_0, b_1 + b_0 \alpha, c_0 + c_1 \alpha + c_2 \beta$$

为 $\mathfrak{P}$ 之一组标准基底,则 $b_1 < a_0, c_0 < a_0, c_1 < b_0$;又因 $a_0 \alpha, a_0 \beta$ 均在 $\mathfrak{P}$ 中,所以又有 $b_0 \leqslant a_0, c_2 \leqslant a_0$,于是由

$$N\mathfrak{P} = a_0 b_0 c_2 = 503,$$

可得 $a_0 = 503, b_0 = 1, c_2 = 1, c_1 = 0$.故 $\mathfrak{P}$ 必为如下形式

$$\mathfrak{P} = [503, a+\alpha, b+\beta],$$

且 $503, a+\alpha, b+\beta$ 即为 $\mathfrak{P}$ 的标准基底.

因 $a+\alpha, b+\beta$ 均在 $\mathfrak{P}$ 中,而 $N\mathfrak{P} = 503$,故有

$$N(a+\alpha) \equiv 0 \pmod{503};$$
$$N(b+\beta) \equiv 0 \pmod{503},$$

但 $a+\alpha, b+\beta$ 各为 $f(x-a)=0$, 及 $g(y-b)=0$ 的根, 所以
$$N(a+\alpha) = |f(-a)|, \quad N(b+\beta) = |g(-b)|,$$

故 a, b 适合三次同余式
$$a^3 + a^2 - 2a + 8 \equiv 0 \pmod{503};$$
$$b^3 - b^2 + 2b + 8 \equiv 0 \pmod{503}.$$

由此解得
$$a \equiv 149, 149, 204 \pmod{503};$$
$$b \equiv 395, 395, 217 \pmod{503}.$$

所以 $\mathfrak{P}$ 必为下列四者之一：
$$[503, 149+\alpha, 395+\beta];$$
$$[503, 204+\alpha, 217+\beta];$$
$$[503, 149+\alpha, 217+\beta];$$
$$[503, 204+\alpha, 395+\beta].$$

但 $\mathfrak{P} \neq [503, 149+\alpha, 217+\beta]$, 盖若不然, 则
$$\alpha(217+\beta) - 217(149+\alpha) + 65(503)$$
$$= 4 - 217 \cdot 149 + 65 \cdot 503 = 366$$

在 $\mathfrak{P}$ 中, 于是因 $(366, 503)=1$, 而得 $\mathfrak{P} = \mathfrak{O}$. 同样 $\mathfrak{P} \neq [503, 204+\alpha, 395+\beta]$. 但因
$$(149+\alpha)\alpha = -46(503) + 150(149+\alpha) + 2(395+\beta),$$
$$(149+\alpha)\beta = -117(503) + 149(395+\beta),$$
$$(395+\beta)\alpha = -117(503) + 395(149+\alpha),$$
$$(395+\beta)\beta = -310(503) + 2(149+\alpha) + 394(395+\beta),$$

所以 $503, 149+\alpha, 395+\beta$ 确为素理想数 $[503, 149+\alpha, 395+\beta]$ 的标准基底；同样, $503, 204+\alpha, 217+\beta$ 确为素理想数 $[503, 204+\alpha, 217+\beta]$ 的标准基底. 今
$$[503, 149+\alpha, 395+\beta] \mid [503],$$
$$[503, 204+\alpha, 217+\beta] \mid [503],$$

且
$$[503, 149+\alpha, 395+\beta] \neq [503, 204+\alpha, 217+\beta],$$

故在 $[503]$ 之五种可能的分解中, 只有 2) 为可能. 又由计算可得
$$[503] = [503, 149+\alpha, 395+\beta]^2 \cdot [503, 204+\alpha, 217+\beta].$$

习题. 设 $\vartheta = \sqrt[3]{pq^2}, \bar\vartheta = \sqrt[3]{p^2 q}$, 其中 p, q 为有理素数, 且满足下述条件:
$$p \equiv 1 \pmod{3}; \quad q \not\equiv 2, 3; \quad pq^2 \not\equiv 1 \pmod{9}; \quad q^{\frac{p-1}{3}} \not\equiv 1 \pmod{p}.$$

求证：

1) $R(\vartheta) = R(\bar{\vartheta})$ 为一三次域；

2) $1, \vartheta, \bar{\vartheta}$ 为 $R(\vartheta)$ 的一组整底；

3) $R(\vartheta)$ 中没有整数 ω 使

$$1, \omega, \omega^2$$

成为 $R(\vartheta)$ 的整底.

4) 试在 $R(\vartheta)$ 中分解下列理想数：

$$[2], [3], [p], [q].$$

§11. 单　位　数

关于单位数有次之一般性的定理：在域 $R(\vartheta)$ 之所有单位数中可以取出 $r = n_1 + n_2 - 1$ 个 $\varepsilon_1, \cdots, \varepsilon_r$, 使 $R(\vartheta)$ 中之任一单位数皆可以表为

$$\rho \varepsilon_1^{l_1} \cdots \varepsilon_r^{l_r}, \quad l = 0, \pm 1, \pm 2, \cdots$$

之形式，此处 ρ 是某一单位根之在 $R(\vartheta)$ 中者.

为简单计，本书中仅研究二次域 $R(\sqrt{D})$. 命单位数为 $x + y\omega$, 则

$$N(x + y\omega) = \pm 1,$$

所以只要求出这个方程所有的有理整数解，就得到 $R(\sqrt{D})$ 中所有的单位数.

因为

$$N(x + y\omega) = (x + y\omega)(x + y\omega')$$

$$= \begin{cases} \left(x + \dfrac{y}{2}\right)^2 - \dfrac{y^2}{4} D, & \text{若 } D \equiv 1 \pmod{4}; \\ x^2 - y^2 D, & \text{若 } D \equiv 2, 3 \pmod{4}, \end{cases}$$

当 $D < 0$ 时，

$$(2x + y)^2 - y^2 D = 4$$

及

$$x^2 - y^2 D = 1$$

都只能有有限个解，故当 $D < 0$ 时，$R(\sqrt{D})$ 内只有有限个单位数. 若以 w 表 $R(\sqrt{D})$ 内单位数之个数，则不难证明当 $\Delta = -3, -4$, 及 $\Delta \leqslant -7$ 时 $w = 6, 4, 2$.

今往研究 $D > 0$ 之情况，此时

$$(2x + y)^2 - y^2 D = \pm 4$$

及

$$x^2 - y^2 D = \pm 1$$

均为第十章之 Pell 方程. 故在 $R(\sqrt{D})$ 中有一单位数 η 存在，使凡 $R(\sqrt{D})$ 中之单位

数皆可表为

$$\pm \eta^n, \quad n=0,\pm 1,\pm 2,\cdots$$

的形式. η 称为 $R(\sqrt{D})$ 的基本单位数.

习题. 试证若基本单位数 $\eta = X + Y\sqrt{D}$ 的系数为有理整数,则 X,Y 为

$$u^2 - v^2 D = N(\eta)$$

的最小正整数解. 若 X,Y 不是有理整数,则 $\eta^3 = u + v\sqrt{D}$ 的系数 u,v 即为上式的最小正整数解.

§12. 理 想 数 类

定义 1 对于二理想数 $\mathfrak{A}$ 及 $\mathfrak{B}$,若有二主理想数 $[\alpha]$ 及 $[\beta]$ 使

$$[\alpha]\mathfrak{A} = [\beta]\mathfrak{B},$$

则此二理想数谓之属于同一理想数类. 以 $\mathfrak{A} \sim \mathfrak{B}$ 记之.

易见有以下诸性质:

1) $\mathfrak{A} \sim \mathfrak{A}$;
2) 若 $\mathfrak{A} \sim \mathfrak{B}$,则 $\mathfrak{B} \sim \mathfrak{A}$;
3) 若 $\mathfrak{A} \sim \mathfrak{B}, \mathfrak{B} \sim \mathfrak{C}$,则 $\mathfrak{A} \sim \mathfrak{C}$;
4) 若 $\mathfrak{A} \sim \mathfrak{O}$,则 $\mathfrak{A}$ 为主理想数,且逆之亦然;
5) 若 $\mathfrak{A} \sim \mathfrak{B}, \mathfrak{C} \sim \mathfrak{D}$,则 $\mathfrak{AC} \sim \mathfrak{BD}$;
6) 若 $\mathfrak{AC} \sim \mathfrak{BC}$,则 $\mathfrak{A} \sim \mathfrak{B}$.

因此可将 $R(\vartheta)$ 上所有的理想数进行分类,称为理想数类.

定理 1 $R(\vartheta)$ 上的理想数类之个数有限.

证: 如能证明: 有一仅与 $R(\vartheta)$ 有关的正数 M 存在,使每一类中有一理想数 $\mathfrak{B}$ 适合

$$N(\mathfrak{B}) \leqslant M,$$

则定理已经证明,盖因以一固定数为距的理想数仅有有限个也.

命 $\mathfrak{C}$ 为 $R(\vartheta)$ 上任何理想数,由前已知必有理想数 $\mathfrak{A}$,使

$$\mathfrak{AC} \sim \mathfrak{O}.$$

若能选择一 $\mathfrak{B}$ 使

$$\mathfrak{AB} \sim \mathfrak{O},$$

且

$$N(\mathfrak{B}) \leqslant M,$$

则定理已经证明.盖因 $\mathfrak{AB} \sim \mathfrak{AC}$,可知 $\mathfrak{B} \sim \mathfrak{C}$ 也.

命 $\omega_1,\cdots,\omega_n$ 为 $R(\vartheta)$ 之一组整底,命
$$M = \prod_{s=1}^{n}(|\omega_1^{(s)}|+\cdots+|\omega_n^{(s)}|),$$
今往证此 M 即为所求.

取自然数 k 适合于
$$k^n \leqslant N(\mathfrak{A}) < (k+1)^n,$$
在 $(k+1)^n$ 个整数
$$x_1\omega_1+\cdots+x_n\omega_n \quad (x_m = 0,1,\cdots,k)$$
中至少有两个对模 $\mathfrak{A}$ 同余,命为
$$y_1\omega_1+\cdots+y_n\omega_n \equiv z_1\omega_1+\cdots+z_n\omega_n \pmod{\mathfrak{A}},$$
此处 $0 \leqslant y_m \leqslant k, 0 \leqslant z_m \leqslant k$, 即得一不等于 0 的整数
$$\alpha = (y_1-z_1)\omega_1+\cdots+(y_n-z_n)\omega_n$$
在 $\mathfrak{A}$ 之中,因为 $|y_m-z_m| \leqslant k$,故得
$$|N(\alpha)| = \left|\prod_{s=1}^{n}\sum_{m=1}^{n}(y_m-z_m)\omega_m^{(s)}\right| \leqslant \prod_{s=1}^{n}\sum_{m=1}^{n}k|\omega_m^{(s)}| = k^n M$$
$$\leqslant M \cdot N(\mathfrak{A}).$$
因 α 在 $\mathfrak{A}$ 中,故 $\mathfrak{A} | [\alpha]$, 令 $[\alpha] = \mathfrak{A}\mathfrak{B}$, 则
$$N(\mathfrak{A})N(\mathfrak{B}) = |N(\alpha)| \leqslant M \cdot N(\mathfrak{A}),$$
亦即
$$N(\mathfrak{B}) \leqslant M,$$
定理得证.

定理 2　命 h 为 $R(\vartheta)$ 上理想数类的类数,则任一理想数 $\mathfrak{A}$ 皆适合于
$$\mathfrak{A}^h \sim \mathfrak{O}.$$
$\mathfrak{A}^h$ 表示 h 个 $\mathfrak{A}$ 的连乘积.

证:命
$$\mathfrak{A}_1,\cdots,\mathfrak{A}_h$$
代表不同的理想数类,则
$$\mathfrak{A}\mathfrak{A}_1,\cdots,\mathfrak{A}\mathfrak{A}_h$$
亦然.故必
$$\mathfrak{A}_1\cdots\mathfrak{A}_h \sim (\mathfrak{A}\mathfrak{A}_1)\cdots(\mathfrak{A}\mathfrak{A}_h),$$
亦即
$$\mathfrak{A}^h \sim \mathfrak{O}.$$

§13. 二次域与二次型

以 Δ 表示二次域 $R(\sqrt{D})$ 的基数.今往建立 $R(\sqrt{D})$ 上理想数类与以 Δ 为判别

式的二次型之类之间的关系.

命 $\mathfrak{A}$ 为 $R(\sqrt{D})$ 上之一理想数,并设 α_1, α_2 为 $\mathfrak{A}$ 的一组基底,且适合

$$\alpha_1 \alpha_2' - \alpha_1' \alpha_2 = N(\mathfrak{A}) \sqrt{\Delta}, \tag{1}$$

此处 α_1', α_2' 表示 α_1, α_2 的共轭数.

对应于 $\mathfrak{A}$ 作二次型

$$F(x,y) = \frac{N(\alpha_1 x + \alpha_2 y)}{N(\mathfrak{A})} = \frac{(\alpha_1 x + \alpha_2 y)(\alpha_1' x + \alpha_2' y)}{N(\mathfrak{A})}$$
$$= ax^2 + bxy + cy^2,$$

因 $\alpha_1, \alpha_2, \alpha_1 + \alpha_2$ 均在 $\mathfrak{A}$ 中,而 $a = \dfrac{N(\alpha_1)}{N(\mathfrak{A})}$, $b = \dfrac{N(\alpha_1 + \alpha_2) - N(\alpha_1) - N(\alpha_2)}{N(\mathfrak{A})}$, $c = \dfrac{N(\alpha_2)}{N(\mathfrak{A})}$,故 a,b,c 均为有理整数.又 $F(x,y)$ 之判别式为

$$b^2 - 4ac = \frac{(\alpha_1 \alpha_2' - \alpha_1' \alpha_2)^2}{N(\mathfrak{A})^2} = \Delta,$$

故 $F(x,y)$ 为一判别式为 Δ,且有有理整系数的二次型.称 $F(x,y)$ 为属于 $\mathfrak{A}$ 的二次型.

当 $\Delta < 0$ 时,$R(\sqrt{D})$ 为虚域,故必 $a > 0$,而 $F(x,y)$ 为定正.

又由定义,不难看到:若取 α_1, α_2 经过 $\mathfrak{A}$ 的所有适合(1)式的基底,就可得到所有与 F 相似的二次型.

定理 1 对于任一以 Δ 为判别式的且有有理整系数的不定型或正定型

$$F(x,y) = ax^2 + bxy + cy^2,$$

必有理想数 $\mathfrak{A}$,及其基底 α_1, α_2,使 F 属于 $\mathfrak{A}$.

证:先证 $a, \dfrac{b - \sqrt{\Delta}}{2}$ 为理想数

$$\mathfrak{M} = \left[a, \frac{b - \sqrt{\Delta}}{2} \right]$$

的基底.因 $\dfrac{b - \sqrt{\Delta}}{2}$ 适合 $x(b - x) = ac$,故 $\dfrac{b - \sqrt{\Delta}}{2}$ 为一整数.又因

$$\omega = \frac{s(\omega) + \sqrt{\Delta}}{2}$$

恒成立,且

$$a\omega = \frac{s(\omega) + b - (b - \sqrt{\Delta})}{2} a = \frac{s(\omega) + b}{2} a - a \cdot \frac{b - \sqrt{\Delta}}{2},$$

$$\frac{b - \sqrt{\Delta}}{2} \omega = \frac{b - \sqrt{\Delta}}{2} \cdot \frac{s(\omega) - b + b + \sqrt{\Delta}}{2} = \frac{b^2 - \Delta}{4a} a + \frac{s(\omega) - b}{2} \cdot \frac{b - \sqrt{\Delta}}{2},$$

而 $\frac{s(\omega)\pm b}{2}, \frac{b^2-\Delta}{4a}$ 皆为有理整数，故 $a, \frac{b-\sqrt{\Delta}}{2}$ 确为 $\mathfrak{M}$ 的基底．

若 $a>0$，取 $\mathfrak{A}=\mathfrak{M}$，$\alpha_1=a, \alpha_2=\frac{b-\sqrt{\Delta}}{2}$，因 $N\mathfrak{M}=a$，由此作出二次型

$$\frac{\left[ax+\frac{1}{2}(b-\sqrt{\Delta})y\right]\left[ax+\frac{1}{2}(b+\sqrt{\Delta})y\right]}{a}=ax^2+bxy+cy^2,$$

故 $\mathfrak{M}=\left[a, \frac{b-\sqrt{\Delta}}{2}\right]$ 即为所求．

若 $a<0$，因为我们不讨论定负型，故 $\Delta>0$，取

$$\mathfrak{A}=\sqrt{\Delta}\mathfrak{M}$$

及 $\alpha_1=a\sqrt{\Delta}, \alpha_2=\frac{b-\sqrt{\Delta}}{2}\sqrt{\Delta}$，易见 α_1, α_2 即为 $\mathfrak{A}$ 之基底，且适合(1)式，又 $N(\mathfrak{A})=-a\Delta$．由此作出二次型，得

$$\frac{-\Delta\left[ax+\frac{1}{2}(b-\sqrt{\Delta})y\right]\left[ax+\frac{1}{2}(b+\sqrt{\Delta})y\right]}{-a\Delta}=ax^2+bxy+cy^2, \quad (2)$$

定理得证．

在上面已经看到：若 F 属于 $\mathfrak{A}$，则所有与 F 相似的二次型亦均属于 $\mathfrak{A}$．但是，对于一个二次型 F，也可以有不同的理想数 $\mathfrak{A}, \mathfrak{B}$，使 F 属于 $\mathfrak{A}$，亦属于 $\mathfrak{B}$．下面将给出这种 $\mathfrak{A}, \mathfrak{B}$ 间之关系．

定义 1 若二理想数 $\mathfrak{A}$ 与 $\mathfrak{B}$ 之间有次之关系，即有整数 α 与 β 使

$$[\alpha]\mathfrak{A}=[\beta]\mathfrak{B} \text{ 而 } N(\alpha\beta)>0$$

成立，则谓之狭义相似，以 $\mathfrak{A}\approx\mathfrak{B}$ 表之．

显然，狭义相似乃相似之一种特殊情形．

定理 2 相似型属于狭义相似之理想数，且逆之亦真．

证：命 α_1, α_2 及 β_1, β_2 各为 $\mathfrak{A}$ 与 $\mathfrak{B}$ 之底，且都适合(1)式，又命

$$F(x,y)=\frac{N(\alpha_1 x+\alpha_2 y)}{N(\mathfrak{A})}; \quad G(x,y)=\frac{N(\beta_1 x+\beta_2 y)}{N(\mathfrak{B})}.$$

若 $F\sim G$，则有一组有理整数 a, b, c, d 使 $ad-bc=1$，且使

$$F(ax+by, cx+dy)=G(x,y),$$

亦即

$$\frac{N((a\alpha_1+c\alpha_2)x+(b\alpha_1+d\alpha_2)y)}{N(\mathfrak{A})}=\frac{N(\beta_1 x+\beta_2 y)}{N(\mathfrak{B})}. \quad (3)$$

因为 $-\frac{\beta_2}{\beta_1}, -\frac{\beta_2'}{\beta_1'}$ 为 $G(x,1)=0$ 的二根，而 $-\frac{b\alpha_1+d\alpha_2}{a\alpha_1+c\alpha_2}$ 也能使 $G(x,1)=0$，

第十六章　代数数论介绍

故有
$$\frac{b\alpha_1 + d\alpha_2}{a\alpha_1 + c\alpha_2} = \frac{\beta_2}{\beta_1} \text{ 或 } \frac{\beta_2'}{\beta_1'},$$

即有代数数 λ 使
$$a\alpha_1 + c\alpha_2 = \lambda\beta_1 \text{ 或 } \lambda\beta_1',$$
$$b\alpha_1 + d\alpha_2 = \lambda\beta_2 \text{ 或 } \lambda\beta_2'.$$

以此代入(3) 得
$$N(\lambda) = \lambda\lambda' = \frac{N(\mathfrak{A})}{N(\mathfrak{B})} > 0.$$

今谓在这二种情况中,只能
$$a\alpha_1 + c\alpha_2 = \lambda\beta_1, \quad b\alpha_1 + d\alpha_2 = \lambda\beta_2 \tag{4}$$

成立,盖若不然,将有
$$(ad - bc)(\alpha_1 \alpha_2' - \alpha_1' \alpha_2) = -\lambda\lambda'(\beta_1 \beta_2' - \beta_2 \beta_1'),$$

亦即
$$N(\mathfrak{A})\sqrt{\Delta} = -N(\lambda)N(\mathfrak{B})\sqrt{\Delta},$$

此与已经得到的 $N(\lambda) > 0$ 相矛盾,故只能(4) 式成立.

由定理 1.4 可知能将 λ 表为二个整数之商如 $\frac{\beta}{\alpha}$,于是
$$a(\alpha\alpha_1) + c(\alpha\alpha_2) = \beta\beta_1, \quad b(\alpha\alpha_1) + d(\alpha\alpha_2) = \beta\beta_2, \tag{5}$$

因 $\alpha\alpha_1, \alpha\alpha_2$ 与 $\beta\beta_1, \beta\beta_2$ 为理想数 $[\alpha\mathfrak{A}$ 与 $[\beta\mathfrak{B}$ 的基底,又因 $ad - bc = 1$,所以 $\beta\beta_1, \beta\beta_2$ 也是 $[\alpha\mathfrak{A}$ 的基底,于是得到
$$[\alpha\mathfrak{A} = [\beta\mathfrak{B}.$$

又 $N\left[\frac{\beta}{\alpha}\right] = N(\lambda) > 0$,所以 $N(\alpha\beta) > 0$,因此 $\mathfrak{A}, \mathfrak{B}$ 为狭义相似.

反之若 $\mathfrak{A}, \mathfrak{B}$ 为狭义相似,即有整数 α, β 使
$$[\alpha\mathfrak{A} = [\beta\mathfrak{B}, \quad N(\alpha\beta) > 0.$$

命 α_1, α_2 与 β_1, β_2 为 $\mathfrak{A}$ 与 $\mathfrak{B}$ 之基底,且适合(1)式,则 $\alpha\alpha_1, \alpha\alpha_2$ 与 $\beta\beta_1, \beta\beta_2$ 为 $[\alpha\mathfrak{A}$ 与 $[\beta\mathfrak{B}$ 之基底.所以有有理整数 a, b, c, d 适合 $|ad - bc| = 1$,使(5)式成立.又因 $N(\alpha\beta) > 0$;而 α_1, α_2 与 β_1, β_2 适合(1)式,故 $ad - bc = 1$.又因
$$N(\alpha)N(\mathfrak{A}) = N(\beta)N(\mathfrak{B}),$$

所以(3) 式成立,亦即 $F \sim G$,定理得证.

命 h_0 表示理想数类(非狭义的)的类数,而以 h 表示狭义相似意义下的理想数类的类数,假设他们所在域的基数为 Δ,则 h 亦即以 Δ 为判别式的二次型类的类数.

因若 $\mathfrak{A} \sim \mathfrak{B}$,则必须 $\mathfrak{A} \approx \mathfrak{B}$ 或者 $\mathfrak{A} \approx [\sqrt{\Delta}\mathfrak{B}$,所以 $h \leqslant 2h_0$.事实上,若 $\mathfrak{A} \sim \mathfrak{B}$,则有整数 α, β 使

$$[\alpha\mathfrak{A}] = [\beta\mathfrak{B}].$$

i) 若 $\Delta < 0$，则必 $N(\alpha\beta) > 0$，故此时 $\mathfrak{A} \approx \mathfrak{B}$，所以 $h_0 = h$。

ii) 若 $\Delta > 0$，而基本单位数 η 适合 $N(\eta) = -1$，则因

$$[\alpha\mathfrak{A}] = [\beta\mathfrak{B}] = [\eta\beta\mathfrak{B}],$$

而 $N(\alpha\beta)$ 与 $N(\alpha\beta\eta)$ 必有一为正，故此时也有 $\mathfrak{A} \approx \mathfrak{B}$，而 $h_0 = h$。

iii) 若 $\Delta > 0$，而基本单位数 η 适合 $N(\eta) = 1$，则若 $\mathfrak{A} \approx \mathfrak{B}$，就决不能有 $\mathfrak{A} \approx \mathfrak{B}\sqrt{\Delta}$。故此时 $h_0 = \frac{1}{2}h$。

故得

$$h_0 = \begin{cases} h, & \text{若 } \Delta < 0, \text{或当 } \Delta > 0, N(\eta) = -1; \\ \frac{1}{2}h, & \text{若 } \Delta > 0, \text{而 } N(\eta) = +1. \end{cases}$$

又在定理 11.4.4 中换 d 为 D，而类似的定义 ε，则

$$\varepsilon = \begin{cases} \eta^2, & \text{若 } \Delta > 0, \text{而 } N(\eta) = -1; \\ \eta, & \text{若 } \Delta > 0, \text{而 } N(\eta) = 1. \end{cases}$$

再由第十二章中所得关于类数的结果，可得：

定理 3 命 h_0 表理想数类的个数，则

$$h_0 = \frac{W}{2\left[2 - \left(\frac{\Delta}{2}\right)\right]} \sum_{s=1}^{\left[\frac{1}{2}|\Delta|\right]} \left(\frac{\Delta}{s}\right), \quad \text{若 } \Delta < 0,$$

$$\eta^{h_0} = \prod_{s=1}^{\left[\frac{1}{2}(\Delta-1)\right]} \left[\sin\frac{s\pi}{\Delta}\right]^{-\left(\frac{\Delta}{s}\right)}, \quad \text{若 } \Delta > 0.$$

例 1. 在 $R(i)$ 中，$\Delta = -4, W = 4$，故

$$h_0 = \frac{4}{2(2-0)} \sum_{s=1}^{2} \left(\frac{-4}{s}\right) = 1.$$

例 2. 在 $R(\sqrt{-3})$ 中，$\Delta = -3, W = 6$，故

$$h_0 = \frac{6}{2(2-(-1))} \sum_{s=1}^{1} \left(\frac{-3}{s}\right) = 1.$$

例 3. 在 $R(\sqrt{-5})$ 中，$\Delta = -20, W = 2$，故

$$h_0 = \frac{2}{2(2-0)} \sum_{s=1}^{10} \left(\frac{-20}{s}\right)$$

$$= \frac{1}{2}\left[\left(\frac{-20}{1}\right) + \left(\frac{-20}{3}\right) + \left(\frac{-20}{7}\right) + \left(\frac{-20}{9}\right)\right] = 2.$$

例 4. 在 $R(\sqrt{-19})$ 中，$\Delta = -19, W = 2$，则

$$h_0 = \frac{2}{2(2-(-1))}\sum_{s=1}^{9}\left[\frac{-19}{s}\right]$$
$$= \frac{1}{3}\left\{\left[\frac{-19}{1}\right]+\left[\frac{-19}{2}\right]+\left[\frac{-19}{3}\right]+\left[\frac{-19}{4}\right]+\left[\frac{-19}{5}\right]\right.$$
$$\left.+\left[\frac{-19}{6}\right]+\left[\frac{-19}{7}\right]+\left[\frac{-19}{8}\right]+\left[\frac{-19}{9}\right]\right\}=1.$$

例5. 在 $R(\sqrt{2})$ 中,$\Delta=8$,$\varepsilon=3+2\sqrt{2}$,因 $\eta=1+\sqrt{2}$ 之距为 -1,且其平方为 ε,故为域之基本单位数. 又因

$$(1+\sqrt{2})^{h_0} = \prod_{s=1}^{3}\left[\sin\frac{\pi s}{8}\right]^{-\left[\frac{8}{s}\right]} = \sin\frac{3\pi}{8}\Big/\sin\frac{\pi}{8} = (1+\sqrt{2}),$$

故 $h_0 = 1$.

§14. 族

固定一个二次域 $R(\sqrt{D})$,其基数为 Δ,并假定本节中所述及的理想数类都是在狭义相似意义下的理想数类.

定义1 若二次型 $F(x,y)$ 属于理想数 $\mathfrak{A}$,则称 $F(x,y)$ 的特征系为理想数 $\mathfrak{A}$ 的特征系. 亦即若命 $p_1,\cdots,p_s$ 为 Δ 的奇素因子,取 $\mathfrak{A}$ 中整数 α 之使 $\left[\frac{N(\alpha)}{N(\mathfrak{A})},2\Delta\right]=1$ 成立者,称

$$\left[\frac{N(\alpha)/N(\mathfrak{A})}{p_i}\right] \quad (i=1,\cdots,s)$$

及

$$\delta(\alpha) = (-1)^{\frac{1}{2}\left[\frac{N(\alpha)}{N(\mathfrak{A})}-1\right]}, \quad 若 D = \frac{\Delta}{4} \equiv 3 \pmod 4;$$

$$\varepsilon(\alpha) = (-1)^{\frac{1}{8}\left[\left(\frac{N(\alpha)}{N(\mathfrak{A})}\right)^2-1\right]}, \quad 若 \frac{\Delta}{4} \equiv 2 \pmod 8;$$

$$\delta(\alpha)\varepsilon(\alpha), \quad 若 \frac{\Delta}{4} \equiv 6 \pmod 8$$

为理想数 $\mathfrak{A}$ 的特征系.

因属于同一类的理想数有相同的特征系,因此可以定义理想数类的特征系.

定义2 二个具有相同特征系的类称为属于同一族,于是在二次域 $R(\sqrt{D})$ 上的理想数类与以 Δ 为判别式的原型类间就有一一对应的关系.

定理1 理想数 $\mathfrak{AB}$ 的特征系中各值,即为 $\mathfrak{A},\mathfrak{B}$ 的对应特征值的乘积.

证:因若 α 在 $\mathfrak{A}$ 中,β 在 $\mathfrak{B}$ 中,则 $\alpha\beta$ 在 $\mathfrak{AB}$ 中. 又

$$\frac{N(\alpha)}{N\mathfrak{A}} \cdot \frac{N(\beta)}{N\mathfrak{B}} = \frac{N(\alpha\beta)}{N\mathfrak{A}\mathfrak{B}},$$

及

$$\frac{N(\alpha\beta)}{N\mathfrak{A}\mathfrak{B}} - 1 \equiv \frac{N(\alpha)}{N\mathfrak{A}} - 1 + \frac{N(\beta)}{N\mathfrak{B}} - 1 \pmod{4},$$

$$\left[\frac{N(\alpha\beta)}{N\mathfrak{A}\mathfrak{B}}\right]^2 - 1 \equiv \left[\frac{N(\alpha)}{N\mathfrak{A}}\right]^2 - 1 + \left[\frac{N(\beta)}{N\mathfrak{B}}\right]^2 - 1 \pmod{16},$$

且若 $\left[\frac{N(\alpha)}{N\mathfrak{A}}, 2\Delta\right] = 1, \left[\frac{N(\beta)}{N\mathfrak{B}}, 2\Delta\right] = 1$,则 $\left[\frac{N(\alpha\beta)}{N\mathfrak{A}\mathfrak{B}}, 2\Delta\right] = 1$,故得定理.

由定理立刻得到:

1) 二类乘积的特征系即为二类特征系的乘积;

2) 若类 $\{\mathfrak{A}\}$ 与类 $\{\mathfrak{B}\}$ 在同一族中,类 $\{\mathfrak{A}_1\}$ 与类 $\{\mathfrak{B}\}$ 在同一族中,则类 $\{\mathfrak{A}\mathfrak{A}_1\}$ 与 $\{\mathfrak{B}\mathfrak{B}\}$ 也在同一族中.

定义 3 称单位理想数 $\mathfrak{O}$ 所属之类为主类,主类所属之族为主族.又若 $\mathfrak{A}\mathfrak{B} = [a]$,$a$ 为一自然数,则称类 $\{\mathfrak{B}\}$ 为类 $\{\mathfrak{A}\}$ 之逆类.

由定理 7.1 可知任何理想数类的逆类一定存在.又

$$\mathfrak{O}\mathfrak{A} = \mathfrak{A}.$$

因主类及主族中各类的各特征值都是 1,所以主族中任何二类的乘积还在主族中,主族中任何一类的逆类还在主族中.①

定理 2 每一族中的类数相等.

证:用 $\mathfrak{J}$ 表示主族,而用 $\mathfrak{J}\mathfrak{A}$ 表示 $\mathfrak{J}$ 中各类与 $\{\mathfrak{A}\}$ 的乘积类的集合.若将所有的理想数类分为若干集合:

$$\mathfrak{J}, \mathfrak{J}\mathfrak{A}_1, \mathfrak{J}\mathfrak{A}_2, \cdots, \mathfrak{J}\mathfrak{A}_r, \tag{1}$$

其中 $\{\mathfrak{A}_i\}$ 是任何类之不在 $\mathfrak{J}, \mathfrak{J}\mathfrak{A}_1, \cdots, \mathfrak{J}\mathfrak{A}_{i-1}$ 中者.易见必无理想数类同时属于(1)中二个不同的集合.

由定理 1,可知(1)中任一集合内的各类都在同一族中.又(1)中不同的集合属于不同的族,所以(1)中每一集合即为一族.又因 $\mathfrak{J}\mathfrak{A}$ 中任何二类都不相同,故得定理.

习题 1. 当 $\Delta > 0$,而基本单位数适合 $N(\eta) = +1$ 时,试求理想数 $[\sqrt{\Delta}]$ 的特征系.

习题 2. 若理想数 $\mathfrak{A}$ 的特征系与 $\mathfrak{B}$ 或 $\mathfrak{B}[\sqrt{\Delta}]$ 的特征系相同,则称 $\mathfrak{A}$ 与 $\mathfrak{B}$ 为属于同一族(广义的).试证在这样的定义之下,若 $\mathfrak{A} \sim \mathfrak{B}$,则 $\mathfrak{A}, \mathfrak{B}$ 必属于同一族,且每一族中所含的类数相同.

---

① 全体理想数类对类的乘积成一群,主族中各类对此运算也成一群.

§15. 欧几里得域与单域

定义1 若 $h_0=1$,则该域称为单域.

显然若域为单域,则其上之理想数都是主理想数,故得:

定理1 凡单域中整数之唯一分解定理成立.

有一种单域具有与有理数域很相似之性质,称之为欧几里得域.

定义2 若对 $R(\sqrt{D})$ 中任意二个整数 $\xi,\eta(\eta\neq 0)$,恒有二整数 κ 与 λ 存在,使

$$\xi=\kappa\eta+\lambda,\ |N(\lambda)|<|N(\eta)|, \tag{1}$$

则该域称为欧几里得域,并简称之为欧氏域.

亦可定义如下:

定义3 若对 $R(\sqrt{D})$ 中任意一数 δ,必有一整数 κ 使

$$|N(\delta-\kappa)|<1, \tag{2}$$

则 $R(\sqrt{D})$ 称为欧几里得域.

定理2 凡欧几里得域必为单域.

证:若 $R(\sqrt{D})$ 为欧几里得域,欲证其为一单域,仅须证明 $R(\sqrt{D})$ 上每一理想数均为主理想数,便已足够.

命 $\mathfrak{A}$ 为 $R(\sqrt{D})$ 上任何一个理想数,以 α_1,α_2 表示 $\mathfrak{A}$ 的一组基底,不失普遍性我们可以假定

$$0<|N(\alpha_1)|\leq|N(\alpha_2)|.$$

由 $R(\sqrt{D})$ 为欧几里得域之假定,可知有整数 α_2' 及 β_2,使

$$\alpha_2=\alpha_2'\alpha_1+\beta_2,\ |N(\beta_2)|<|N(\alpha_1)|.$$

若 $\beta_2\neq 0$,则又有 α_1' 及 β_1 使

$$\alpha_1=\alpha_1'\beta_2+\beta_1,\ |N(\beta_1)|<|N(\beta_2)|,$$

$$\cdots\cdots\cdots\cdots\cdots\cdots.$$

因 $|N(\alpha_1)|$ 为一有限的自然数,故经有限次手续后,必能得到整数 α 使

$$\mathfrak{A}=[\alpha_1,\alpha_2]=[\alpha],$$

定理得证.

定理3 仅有五个二次虚欧几里得域:

$$\mathfrak{R}(\sqrt{-1}),\mathfrak{R}(\sqrt{-2}),\mathfrak{R}(\sqrt{-3}),\mathfrak{R}(\sqrt{-7}),\mathfrak{R}(\sqrt{-11}).$$

证:1) 若 $D\equiv 2,3\pmod 4$. 取 $\delta=r+s\sqrt{D},\kappa=x+y\sqrt{D}$,则(2)式变为对任意一对有理数 r,s 有有理整数 x,y 使

$$|(r-x)^2-D(s-y)^2|<1. \tag{3}$$

若取 $r=s=\dfrac{1}{2}$,则由(3)可得

$$\dfrac{1}{4}+|D|\dfrac{1}{4}<1, 即 |D|<3.$$

故若 $|D|\geqslant 3$,则 $R(\sqrt{D})(D<0)$ 非欧几里得域.

因对任何有理数 r,s 恒有有理整数 x,y 使

$$|r-x|\leqslant \dfrac{1}{2},\ |s-y|\leqslant \dfrac{1}{2},$$

故对 $D=-1,-2$,

$$|(r-x)^2-D(s-y)^2|\leqslant \dfrac{1}{4}+|D|\dfrac{1}{4}<1$$

恒成立,所以 $R(\sqrt{-1}),R(\sqrt{-2})$ 为欧几里得域.

2) 若 $D\equiv 1(\bmod 4)$. 取

$$\delta=r+s\sqrt{D},\quad \kappa=x+\dfrac{1}{2}y(1+\sqrt{D}),$$

故得

$$\left|\left[r-x-\dfrac{1}{2}y\right]^2-D\left[s-\dfrac{1}{2}y\right]^2\right|<1. \qquad (4)$$

取 $r=s=\dfrac{1}{4}$,则得

$$\dfrac{1}{16}+\dfrac{1}{16}|D|<1, 即 |D|<15.$$

故当 $D\equiv 1(\bmod 4)$ 时,仅可能有三个欧几里得域 $R(\sqrt{-3}),R(\sqrt{-7}),R(\sqrt{-11})$. 反之,因为对任何有理数 r,s 总有有理整数 x,y 使

$$|2s-y|\leqslant \dfrac{1}{2},\quad \left|r-x-\dfrac{1}{2}y\right|\leqslant \dfrac{1}{2},$$

于是当 $D=-3,-7,-11$ 时

$$\left|\left[r-x-\dfrac{1}{2}y\right]^2-D\left[s-\dfrac{1}{2}y\right]^2\right|\leqslant \dfrac{1}{4}+|D|\dfrac{1}{16}\leqslant \dfrac{15}{16}<1.$$

故此三域确为欧几里得域,定理得证.

前节已经算出 $R(\sqrt{-19})$ 之类数是 1,由上定理可知其非欧几里得域,是以有非欧几里得域之单域存在.

由定理 12.15.4 可知仅有有限个虚域是单域. 问题在于究竟有几个? 易于算出,若

$$D=-1,-2,-3,-7,-11,-19,-43,-67,-163,$$

则 $R(\sqrt{D})$ 是单域. 并有人证明至多还有一个,而假如存在的话,则必 $D<$

第十六章　代数数论介绍

$< -5 \cdot 10^9$.

关于实欧氏域的问题,有次之定理:

定理 4　$R(\sqrt{D})$ 当且仅当
$$D = 2, 3, 5, 6, 7, 11, 13, 17, 19, 21, 29, 33, 37, 41, 57, 73$$
时为实欧氏域.

其证明超出本书范围,故略去.

附注:关于实欧几里得域的问题,我国数学家杨武之、柯召、闵嗣鹤及作者皆曾有贡献.此问题基本上是由 Davenport 最后解决的.

§16. 判断 Mersenne 数是否素数之 Lucas 条件

今先使定理 9.5 在二次域 $R(\sqrt{D})(D>0)$ 中更精密化,由定理 10.3 已知可将全体有理素数依 $\left[\dfrac{\Delta}{p}\right] = 0, +1, -1$ 而分为三类. 以 q 表适合 $\left[\dfrac{\Delta}{q}\right] = 1$ 之素数,则 $q = \mathfrak{q}\bar{\mathfrak{q}}$;以 r 表适合 $\left[\dfrac{\Delta}{r}\right] = -1$ 的素数,r 本身在 $R(\sqrt{D})$ 中即为素理想数.由定理 9.5 可知,若 $\mathfrak{q} \nmid \alpha$,则

$$\alpha^{q-1} \equiv 1 \pmod{\mathfrak{q}}, \tag{1}$$

又若 $r \nmid \alpha$,则

$$\alpha^{r^2-1} \equiv 1 \pmod{r}. \tag{2}$$

今往证明:

定理 1　设 q, r 均不等于 2,若 $q \nmid \alpha$,则

$$\alpha^{q-1} \equiv 1 \pmod{q}, \tag{3}$$

及若 $r \nmid \alpha$,则

$$\alpha^{r+1} \equiv N(\alpha) \pmod{r}. \tag{4}$$

显然 (1),(3) 等价,而由 (4) 可得 (2).

证:命
$$\alpha = a + b \frac{\Delta + \sqrt{\Delta}}{2},$$
此处 a, b 是有理整数,而命 p 为任一奇素数,则由 Fermat 定理可得
$$\alpha^p = a^p + b^p \frac{\Delta^p + (\sqrt{\Delta})^p}{2^p} \equiv a + \frac{b}{2}\left[\Delta + \Delta^{\frac{p-1}{2}} \sqrt{\Delta}\right]$$
$$\equiv a + \frac{b}{2}\left[\Delta + \left[\frac{\Delta}{p}\right] \sqrt{\Delta}\right] \pmod{p}.$$

故若 $p = q$,则

即得(3)式;若 $p = r$,则
$$\alpha^r \equiv \bar{\alpha}(\bmod r),$$
即得(4)式.

今往研究 p 为奇素数时,Mersenne 数
$$M = M_p = 2^p - 1$$
的性质.若有 $\Delta > 0$,使
$$\left[\frac{\Delta}{M}\right] = -1, \tag{5}$$
且在 $R(\sqrt{\Delta})$ 中有一单位数 ε,适合 $N(\varepsilon) = -1$,则命
$$r_m = \varepsilon^{2^m} + \varepsilon'^{2^m},$$
其中 ε' 为 ε 的共轭数.

定理 2 M 为素数之必要且充分之条件为
$$r_{p-1} \equiv 0 \pmod{M}. \tag{6}$$

证: 1) 若 M 是一素数.由(5)可知 M 是一 r.由定理 1 可知
$$\varepsilon^{M+1} \equiv -1 \pmod{M},$$
故
$$\varepsilon^{2^{p-1}} + \varepsilon'^{2^{p-1}} = \varepsilon'^{2^{p-1}}(\varepsilon^{2^p} + 1)$$
$$\equiv \varepsilon'^{2^{p-1}}(\varepsilon^{M+1} + 1) \equiv 0 \pmod{M}.$$

2) 假定 M 非素数,则 M 可分解为
$$M = q_1 \cdots q_s r_1 \cdots r_t.$$
由于(5)的关系,故 M 的素因子中必至少有一 r 存在.因 $M \mid r_{p-1}$,可知
$$\varepsilon^{2^{p-1}} + \varepsilon'^{2^{p-1}} \equiv 0 \pmod{M},$$
即得
$$\varepsilon^{2^p} \equiv -1 \pmod{M}, \tag{7}$$
平方之可得
$$\varepsilon^{2^{p+1}} \equiv 1 \pmod{M}. \tag{8}$$

命 $\mathfrak{P}$ 是 M 的一个素理想数因子,而命 l 表最小的正整数使
$$\varepsilon^l \equiv 1 \pmod{\mathfrak{P}}$$
者,则由(8)式可知 $l \mid 2^{p+1}$,而由(7)可知 $l = 2^{p+1}$.

若 $\mathfrak{P}$ 是某一个 q 的因子,则由定理 1 已知
$$\varepsilon^{q-1} \equiv 1 \pmod{\mathfrak{P}},$$
故 $2^{p+1} \mid q-1$,但 q 是 M 的因子,不能大于 M,故此式不可能.

若 $\mathfrak{P}$ 是某一个 r,再由定理 1 可知

$$\varepsilon^{r+1} \equiv -1 \pmod{r},$$

即得

$$2^{p+1} \mid 2(r+1),$$

故

$$r = 2^p m - 1.$$

因 $r \leqslant M$, 所以必须 $m=1, r=M$, 即 M 为一素数.

例. 取 $\Delta = 5, \varepsilon = \frac{1}{2}(1+\sqrt{5})$. 因而得出

$$r_{p-1} = \left[\frac{1}{2}(1+\sqrt{5})\right]^{2^{p-1}} + \left[\frac{1}{2}(1-\sqrt{5})\right]^{2^{p-1}}.$$

若取 $p=7, M_p=127, r_m (m=1,2,3,4,5,6)$ 对模 127 之剩余为

$$3, 7, 47, 48, 16, 0,$$

故 127 是素数. 当然对这一具体问题, 本判断条件并未显示其效力. 但在证明 687 位数 $M_{2281} = 2^{2281} - 1$ 是素数时, 此定理显出其作用, 虽然仍需异常冗长之计算, 惟此种计算已归入用计算机可以算出之范畴. 在数论中找出大的 Mersenne 数是否是素数, 一般即用此类方法.

§17. 不 定 方 程

代数数论之重要进展之一——理想数之创造乃研究 Fermat 问题之产物. 对数学之发展而言, 此一概念之获得实远重要于解决一个难题. 命 p 为奇素数, $\rho = e^{2\pi i/p}$. 若能证明在域 $R(\rho)$ 中并无整数使

$$\xi^p + \eta^p + \zeta^p = 0, \quad \xi\eta\zeta \neq 0, \tag{1}$$

则 Fermat 定理当然成立. 而在 $R(\rho)$ 中 $\xi^p + \eta^p$ 可以分解为一次式, 故问题较易入手. 此即 Kummer 研究 Fermat 问题之起点, 但主要难点在于整数之唯一分解定理不复存在, Kummer 即由此而创造出理想数论, 演变至今, 已成为数学中不可缺少的重要观念.

欲了解 Kummer 之方法并不简单, 即若假定 $R(\rho)$ 中唯一分解定理成立也必需 Kummer 之一深刻定理才能解决 Fermat 问题. 该定理为: $R(\rho)$ 中之一个单位数 ε 是另一单位之 p 次幂之必要且充分条件为 ε 与一有理数对模 $(1-\rho)^p$ 为同余. 因此本书中仅能举两个极简单的例子而已.

定理 1 在 $R(\sqrt{-1})$ 中并无整数使

$$\xi^4 + \eta^4 = \tau^2, \quad \xi\eta\tau \neq 0. \tag{1}$$

证: 在域 $R(\sqrt{-1})$ 中唯一分解定理真确, 即任一理想数都是主理想数, 因此不

失普遍性可以假定 $(\xi,\eta)=1$.

1) 命 $\lambda=1-i$, 则 λ 是一不可分解数, 而 $\lambda^2=-2i$ 与 $2=i(1-i)^2$ 相结合. 又由于 $N(2)=4$, 故 $R(\sqrt{-1})$ 内之整数必与以下四数之一同余, $\mathrm{mod}\ 2$
$$0,1,i,1-i.$$
由于 $0,1-i$ 是 λ 之倍数, 故任一非 λ 之倍数之整数 α 必适合于
$$\alpha\equiv 1 \text{ 或 } i(\mathrm{mod}\ \lambda^2),$$
即
$$\alpha=1+\beta\lambda^2 \text{ 或 } \alpha=i+\beta\lambda^2,$$
故有
$$\alpha^4\equiv 1 \quad (\mathrm{mod}\ \lambda^6). \tag{2}$$

今往证明若有整数 ξ,η,τ 适合 (1) 式, 则 ξ,η 中必有一为 λ 之倍数, 盖若不然, 由 (2) 及 (1) 可知
$$2\equiv \tau^2 \quad (\mathrm{mod}\ \lambda^6),$$
由 $2=\lambda^2 i$, 故 $\lambda\mid\tau$, 命 $\tau=\lambda\gamma$, 则必 $\lambda\nmid\gamma$, 且有
$$i\lambda^2\equiv\lambda^2\gamma^2(\mathrm{mod}\ \lambda^6),$$
即
$$\gamma^2\equiv i \quad (\mathrm{mod}\ \lambda^4),$$
平方之并由 (2) 式可知
$$1\equiv\gamma^4\equiv -1 \quad (\mathrm{mod}\ \lambda^4).$$
但此乃不可能之事, 故 ξ,η 中必有一为 λ 之倍数. 又由于对称关系, 故不妨假定 $\lambda\mid\xi$, 命 $\xi=\lambda^n\delta,n\geqslant 1,\lambda\nmid\delta$, 如此得出
$$\lambda^{4n}\delta^4=\tau^2-\eta^4,\quad n\geqslant 1,\quad \lambda\nmid\delta\eta,\quad (\delta,\eta)=1.$$

2) 今往证明更一般的定理. $R(\sqrt{-1})$ 中无整数 δ,τ,η 使
$$\varepsilon\lambda^{4n}\delta^4=\tau^2-\eta^4,\quad \varepsilon\text{ 为单位数},\quad \lambda\nmid\delta\eta,\quad (\delta,\eta)=1,\quad n\geqslant 1. \tag{3}$$
证明分如下二步: 第一步: 若 (3) 式有解, 则必须 $n\geqslant 2$; 第二步: 若 (3) 式对 n 有解, 则对 $n-1$ 也有解. 于是得出矛盾的结果, 而得定理.

若有整数 δ,τ,η 使 (3) 式成立, 则必 $\lambda\nmid\tau$. 又因 $N(\lambda)=2$, 故 τ 必与 1 同余, $\mathrm{mod}\ \lambda$. 命之为
$$\tau=1+\mu\lambda,$$
平方之得出
$$\tau^2=1+2\mu\lambda+\mu^2\lambda^2\equiv 1+\mu^2\lambda^2 \quad (\mathrm{mod}\ \lambda^3).$$
又由 (2) 式可知
$$\eta^4\equiv 1 \quad (\mathrm{mod}\ \lambda^6), \tag{4}$$
故由 (3) 得

第十六章 代数数论介绍

$$0 \equiv \varepsilon\lambda^{4n}\delta^4 \equiv \tau^2 - \eta^4 \equiv \mu^2\lambda^2 \pmod{\lambda^3},$$

所以必须 $\lambda \mid \mu$，故

$$\tau = 1 + \nu\lambda^2, \tag{5}$$

$$\tau^2 = 1 + 2\nu\lambda^2 + \nu^2\lambda^4 = 1 + \lambda^2\nu(i+\nu).$$

由于 $\nu, i+\nu$ 成一完全剩余系，mod λ，故

$$\nu(i+\nu) \equiv 0 \pmod{\lambda},$$

因此得出

$$\tau^2 \equiv 1 \pmod{\lambda^3}.$$

由(3)及(4)可知

$$\varepsilon\lambda^{4n}\delta^4 \equiv \tau^2 - \eta^4 \equiv 0 \pmod{\lambda^3},$$

所以必须 $n \geq 2$。

今假定 δ, τ, η 适合(3)式，而 $n \geq 2$，则得

$$\varepsilon\lambda^{4n}\delta^4 = (\tau - \eta^2)(\tau + \eta^2).$$

由(5)式得

$$\tau \equiv 1 \pmod{\lambda^2},$$

另一方面，由于 $\lambda \nmid \eta$，则得

$$\eta^2 = (1+\kappa\lambda)^2 \equiv 1 \pmod{\lambda^2}. \tag{6}$$

故有

$$\tau - \eta^2 \equiv 0 \pmod{\lambda^2}, \quad \tau + \eta^2 \equiv 2 \equiv 0 \pmod{\lambda^2}.$$

因为

$$\left[\frac{\tau - \eta^2}{\lambda^2}, \frac{\tau + \eta^2}{\lambda^2}\right] = \left[\frac{\tau - \eta^2}{\lambda^2}, \tau, \eta^2\right] = 1,$$

故从

$$\varepsilon\lambda^{4(n-1)}\delta^4 = \frac{\tau-\eta^2}{\lambda^2} \cdot \frac{\tau+\eta^2}{\lambda^2} \tag{7}$$

可以得出 $\lambda^{4(n-1)}$ 必须整除此二因子之一。不妨假定 $\lambda^{4(n-1)}$ 能整除后一因子，盖若不然，则以 $i\eta$ 代 η 即合所求。由(7)可以得出

$$\frac{\tau-\eta^2}{\lambda^2} = \varepsilon_1\sigma^4, \quad \frac{\tau+\eta^2}{\lambda^2} = \varepsilon_2\lambda^{4(n-1)}\varphi^4 \quad (\lambda\nmid\varphi\sigma, (\sigma,\varphi)=1),$$

此处 $\varepsilon_1, \varepsilon_2$ 是两个单位数，故

$$i\eta^2 = \frac{2\eta^2}{\lambda^2} = \varepsilon_2\lambda^{4(n-1)}\varphi^4 - \varepsilon_1\sigma^4,$$

即

$$\eta^2 - \varepsilon_3\sigma^4 = \varepsilon_4\lambda^{4(n-1)}\varphi^4,$$

此处 $\varepsilon_3 = -\frac{\varepsilon_1}{i}, \varepsilon_4 = \frac{\varepsilon_2}{i}$ 也是二单位数。

由于 $n \geqslant 2, \lambda \nmid \sigma$，故由(2)式可知
$$\eta^2 \equiv \varepsilon \pmod{\lambda^4},$$
由(6)得
$$1 \equiv \varepsilon \pmod{\lambda^2},$$
故 ε 必须是 $+1$ 或 1，而不能是 $\pm i$. 即
$$\varepsilon \lambda^{4(n-1)} \varphi^4 = \eta^2 \mp \sigma^4, \quad \lambda \nmid \varphi\sigma, \quad (\varphi, \sigma) = 1,$$
若取上面的负号，则第二步的目的已达，若取下面的正号，则可以 $i\eta$ 代 η，仍得同样的结论.

定理 2 在 $R(\rho)\left[\rho = -\dfrac{1}{2} + \dfrac{1}{2}\sqrt{-3}\right]$ 中并无整数 ξ, η, ζ 使
$$\xi^3 + \eta^3 + \zeta^3 = 0, \quad \xi\eta\zeta \neq 0. \tag{8}$$

证：$R(\rho)$ 仍为一单域，故可假定 $(\xi, \eta) = 1$.

1) 命 $\lambda = 1 - \rho$，则 $1 - \rho^2 = -\rho^2(1-\rho) = -\rho^2 \lambda$，而 $N(\lambda) = -\rho^2 \lambda^2 = 3$，故 λ 是一不可分解数，而所有的整数依 $\mathrm{mod}\ \lambda$ 而分为三类，且可以 $0, 1, -1$ 表之，故若 $\lambda \nmid \xi$，则
$$\xi \equiv \pm 1 \pmod{\lambda}.$$
今往证明
$$\xi^3 \equiv \pm 1 \pmod{\lambda^4}. \tag{9}$$

若能证明取 $+$ 号之情况即足，盖不然可以 $-\xi$ 代 ξ 而得出同样结果. 命 $\xi = 1 + \beta\lambda$，可得
$$\xi^3 - 1 = (\xi - 1)(\xi - \rho)(\xi - \rho^2) = \beta\lambda(\beta\lambda + 1 - \rho)(\beta\lambda + 1 - \rho^2)$$
$$= \beta\lambda(\beta\lambda + \lambda)(\beta\lambda - \rho^2\lambda) = \lambda^3 \beta(\beta+1)(\beta - \rho^2).$$

由于 $\beta, \beta+1, \beta-\rho^2$ 对 $\mathrm{mod}\ \lambda$ 互不同余及 $N(\lambda) = 3$，故此三者间必有一个是 λ 的倍数，因之得到，若 $\lambda \nmid \eta$，则
$$\eta^3 \equiv \pm 1 \pmod{\lambda^4}. \tag{10}$$

今若 $\lambda \nmid \xi\eta\zeta$，则得
$$0 \equiv \xi^3 + \eta^3 + \zeta^3 \equiv \pm 1 \pm 1 \pm 1 \pmod{\lambda^3}.$$

各种变化仅得 $\pm 1, \pm 3$，无一是 λ^3 的倍数，故 ξ, η, ζ 中必有一为 λ 所整除. 命之为
$$\zeta = \lambda^n \gamma, \quad n \geqslant 1, \quad \lambda \nmid \gamma,$$
即得
$$\xi^3 + \eta^3 + \lambda^{3n} \gamma^3 = 0, \quad (\xi, \eta) = 1, \quad \lambda \nmid \gamma, \quad n \geqslant 1.$$

2) 今往证明更一般些的定理. $R(\rho)$ 中无整数 ξ, η, γ 使
$$\xi^3 + \eta^3 + \varepsilon\lambda^{3n} \gamma^3 = 0, \quad (\xi, \eta) = 1, \quad \lambda \nmid \gamma, \quad n \geqslant 1, \tag{11}$$
此处 ε 是一单位数. 如定理 1，证明仍分二步：第一步：若(11)式有解，则必 $n \geqslant 2$；第

第十六章 代数数论介绍

二步:若(11)有解,则以 $n-1$ 代 n 后所得之方程也有解;于是将得到矛盾,而导出定理.

若(11)有解,则由(10)可知
$$-\varepsilon\lambda^{3n}\gamma^3 \equiv \xi^3+\eta^3 \equiv \pm 1 \pm 1 \pmod{\lambda^4}.$$
因为 $+1+1$ 及 $-1-1$ 非 λ 之倍数,故可知
$$-\varepsilon\lambda^{3n}\gamma^3 \equiv 0 \pmod{\lambda^4},$$
即 $n \geqslant 2$.

设 ξ,η,γ 为(11)式的解,因 $1\equiv \rho \equiv \rho^2 \pmod{\lambda}$,所以
$$\xi+\eta \equiv \xi+\rho\eta \equiv \xi+\rho^2\eta \pmod{\lambda},$$
故 $-\varepsilon\lambda^{3n}\gamma^3 = \xi^3+\eta^3 = (\xi+\eta)(\xi+\rho\eta)(\xi+\rho^2\eta)$ 的三个因子都是 λ 之倍数.

又不难证明 $\dfrac{\xi+\eta}{\lambda},\dfrac{\xi+\rho\eta}{\lambda},\dfrac{\xi+\rho^2\eta}{\lambda}$ 两两互素,盖由 $(\xi,\eta)=1$,及 $\dfrac{\xi+\eta}{\lambda}-\dfrac{\xi+\rho\eta}{\lambda}=\eta,\rho\dfrac{\xi+\eta}{\lambda}-\dfrac{\xi+\rho\eta}{\lambda}=-\xi$,可得 $\left[\dfrac{\xi+\eta}{\lambda},\dfrac{\xi+\rho\eta}{\lambda}\right]=1$,类似地可以证明 $\left[\dfrac{\xi+\rho\eta}{\lambda},\dfrac{\xi+\rho^2\eta}{\lambda}\right]=1$,及 $\left[\dfrac{\xi+\rho^2\eta}{\lambda},\dfrac{\xi+\eta}{\lambda}\right]=1$,因此
$$-\varepsilon\lambda^{3(n-1)}\gamma^3 = \frac{\xi+\eta}{\lambda}\frac{\xi+\rho\eta}{\lambda}\frac{\xi+\rho^2\eta}{\lambda}$$
之三因子中必有一为 $\lambda^{3(n-1)}$ 的倍数,不妨假定 $\dfrac{\xi+\eta}{\lambda}$ 能为 $\lambda^{3(n-1)}$ 整除(不然,可以 $\rho\eta$ 或 $\rho^2\eta$ 代 η),故得
$$\xi+\eta = \varepsilon_1 \lambda^{3n-2}\mu^3, \quad \xi+\rho\eta = \varepsilon_2\lambda\nu^3, \quad \xi+\rho^2\eta = \varepsilon_3\lambda\sigma^3, \tag{12}$$
此处 $\varepsilon_1,\varepsilon_2,\varepsilon_3$ 为单位数,μ,ν,σ 是两两互素的整数,且无一为 λ 之倍数.

由(12)可知
$$0 = \xi+\eta+\rho(\xi+\rho\eta)+\rho^2(\xi+\rho^2\eta)$$
$$= \varepsilon_1\lambda^{3n-2}\mu^3 + \rho\varepsilon_2\lambda\nu^3 + \rho^2\varepsilon_3\lambda\sigma^3,$$
即得一形如
$$\nu^3 + \varepsilon_4\sigma^3 + \varepsilon_5\lambda^{3(n-1)}\mu^3 = 0, \quad (\nu,\sigma)=1, \quad \lambda \nmid \mu \tag{13}$$
之方程,此处 $\varepsilon_4,\varepsilon_5$ 也是单位数.

由(13)可知
$$\nu^3 + \varepsilon_4\sigma^3 \equiv 0 \pmod{\lambda^2},$$
再由(10)可知
$$\pm 1 \pm \varepsilon_4 \equiv 0 \pmod{\lambda^2},$$
而各个单位 $\pm 1, \pm\rho, \pm\rho^2$ 中仅有 $\varepsilon_4 = \pm 1$ 才能适合此式,故必须 $\varepsilon_4 = \pm 1$,于是(13)式又为(11)之形式,但 n 已换为 $n-1$,故定理得证.

§18. 表

在节末的二个附表中给出了所有适合于 $-100 < D \leqslant 100$ 的二次域的整底、基数、域上的理想数类、与理想数类对应的二次型类以及他们的特征系等等. 而在第二个表中更给出了 ω 的连分数表示与域内的基本单位数. 详细言之：

表 I 中第一列的各数为 D 的数值；第二列为域 $R(\sqrt{D})$ 中的 ω（ω 的定义见定理 4.6）；第三列表示域的基数 Δ；第四列中各理想数代表域 $R(\sqrt{D})$ 上的理想数类；第五列给出这些类间的相互关系；第六列中各二次型代表与理想数类对应的二次型类；而第七列则给出这些二次型类的特征系.

表 II 中第一列、第二列仍是 D 的数值与 $R(\sqrt{D})$ 中的 ω；第三列中的各连分数当 D 为无平方因子数时是 ω 的连分数表示，而当 D 内含有不等于 1 的平方因子时，则是 $\sqrt{D}$ 的连分数表示；第四列是域的基数 Δ；第五列中的 $x+y\sqrt{D}$，当 D 为无平方因子数时，是 $R(\sqrt{D})$ 内的基本单位数 η，而当 D 内含有平方因子时，则是

$$x^2 - y^2 D = \pm 1$$

的最小正整数解（若 $x^2 - y^2 D = -1$ 有解，则 $x+y\sqrt{D}$ 适合 $x^2 - y^2 D = -1$. 不然 x, y 适合 $x^2 - y^2 D = +1$）；第六列是 $N(x+y\sqrt{D})$；第七列是域 $R(\sqrt{D})$ 上的理想数类（非狭义的）；第八列表出了各类间的关系；第九列给出了与理想数类对应的二次型；第十列给出了二次型类的特征系.

表 I

D	ω	Δ	理想数	类	二次型	特征系统
-1	$\sqrt{-1}$	-2^2	(1)	1	$x^2 + y^2$	$+1$
-2	$\sqrt{-2}$	-2^3	(1)	1	$2x^2 + y^2$	$+1$
-3	$\frac{1+\sqrt{-3}}{2}$	-3	(1)	1	$x^2 + xy + y^2$	$+1$
-5	$\sqrt{-5}$	$-2^2 \cdot 5$	(1)	A^2	$5x^2 + y^2$	$+1, +1$
			$(2, 1+\sqrt{-5})$	A	$3x^2 + 2xy + 2y^2$	$-1, -1$
-6	$\sqrt{-6}$	$-2^3 \cdot 3$	(1)	A^2	$6x^2 + y^2$	$+1, +1$
			$(2, \sqrt{-6})$	A	$3x^2 + 2y^2$	$-1, -1$
-7	$\frac{1+\sqrt{-7}}{2}$	-7	(1)	1	$2x^2 + xy + y^2$	$+1$
-10	$\sqrt{-10}$	$-5 \cdot 2^3$	(1)	A^2	$10x^2 + y^2$	$+1, +1$
			$(2, \sqrt{-10})$	A	$5x^2 + 2y^2$	$-1, -1$
-11	$\frac{1+\sqrt{-11}}{2}$	-11	(1)	1	$3x^2 + xy + y^2$	$+1$
-13	$\sqrt{-13}$	$-2^2 \cdot 13$	(1)	A^2	$13x^2 + y^2$	$+1, +1$
			$(2, 1+\sqrt{-13})$	A	$7x^2 + 2xy + 2y^2$	$-1, -1$
-14	$\sqrt{-14}$	$-7 \cdot 2^3$	(1)	J^4	$14x^2 + y^2$	$+1, +1$
			$(3, 2+\sqrt{-14})$	J^3	$6x^2 + 4xy + 3y^2$	$-1, -1$
			$(2, \sqrt{-14})$	J^2	$7x^2 + 2y^2$	$+1, +1$
			$(3, 1+\sqrt{-14})$	J	$5x^2 + 2xy + 3y^2$	$-1, -1$
-15	$\frac{1+\sqrt{-15}}{2}$	$-3 \cdot 5$	(1)	A^2	$4x^2 + xy + y^2$	$+1, +1$
			$(2, 1+\omega)$	A	$3x^2 + 3xy + 2y^2$	$-1, -1$
-17	$\sqrt{-17}$	$-2^2 \cdot 17$	(1)	J^4	$17x^2 + y^2$	$+1, +1$
			$(3, 2+\sqrt{-17})$	J^3	$7x^2 + 4xy + 3y^2$	$-1, -1$
			$(2, 1+\sqrt{-17})$	J^2	$9x^2 + 2xy + 2y^2$	$+1, +1$
			$(3, 1+\sqrt{-17})$	J	$6x^2 + 2xy + 3y^2$	$-1, -1$
-19	$\frac{1+\sqrt{-19}}{2}$	-19	(1)	1	$5x^2 + xy + y^2$	$+1$
-21	$\sqrt{-21}$	$-3 \cdot 2^2 \cdot 7$	(1)	$A^2 A_1^2$	$21x^2 + y^2$	$+1, +1, +1$
			$(5, 3+\sqrt{-21})$	AA_1	$6x^2 + 6xy + 5y^2$	$-1, -1, +1$

D	ω	Δ	理想数	类	二次型	特征系统
			$(3,\sqrt{-21})$	A_1	$7x^2+3y^2$	$+1,-1,-1$
			$(2,1+\sqrt{-21})$	A	$11x^2+2xy+2y^2$	$-1,+1,-1$
-22	$\sqrt{-22}$	$-2^3 \cdot 11$	(1)	A^2	$22x^2+y^2$	$+1,+1$
			$(2,\sqrt{-22})$	A	$11x^2+2y^2$	$-1,-1$
-23	$\dfrac{1+\sqrt{-23}}{2}$	-23	(1)	J^3	$6x^2+xy+y^2$	$+1$
			$\left(2,1+\dfrac{1+\sqrt{-23}}{2}\right)$	J^2	$4x^2+3xy+2y^2$	$+1$
			$\left(2,\dfrac{1+\sqrt{-23}}{2}\right)$	J	$3x^2+2xy+2y^2$	$+1$
-26	$\sqrt{-26}$	$-2^3 \cdot 13$	(1)	J^6	$26x^2+y^2$	$+1,+1$
			$(5,3+\sqrt{-26})$	J^5	$7x^2+6xy+5y^2$	$-1,-1$
			$(3,1+\sqrt{-26})$	J^4	$9x^2+2xy+3y^2$	$+1,+1$
			$(2,\sqrt{-26})$	J^3	$13x^2+2y^2$	$-1,-1$
			$(3,2+\sqrt{-26})$	J^2	$10x^2+4xy+3y^2$	$+1,+1$
			$(5,2+\sqrt{-26})$	J	$6x^2+4xy+5y^2$	$-1,-1$
-29	$\sqrt{-29}$	$-2^2 \cdot 29$	(1)	J^6	$29x^2+y^2$	$+1,+1$
			$(3,2+\sqrt{-29})$	J^5	$11x^2+4xy+3y^2$	$-1,-1$
			$(5,4+\sqrt{-29})$	J^4	$9x^2+8xy+5y^2$	$+1,+1$
			$(2,1+\sqrt{-29})$	J^3	$15x^2+2xy+2y^2$	$-1,-1$
			$(5,1+\sqrt{-29})$	J^2	$6x^2+2xy+5y^2$	$+1,+1$
			$(3,1+\sqrt{-29})$	J	$10x^2+2xy+3y^2$	$-1,-1$
-30	$\sqrt{-30}$	$-2^3 \cdot 3 \cdot 5$	(1)	$A^2 A_1^2$	$30x^2+y^2$	$+1,+1,+1$
			$(2,\sqrt{-30})$	AA_1	$15x^2+2y^2$	$-1,-1,+1$
			$(3,\sqrt{-30})$	A_1	$10x^2+3y^2$	$+1,-1,-1$
			$(5,\sqrt{-30})$	A	$6x^2+5y^2$	$-1,+1,-1$
-31	$\dfrac{1}{2}(1+\sqrt{-31})$	-31	(1)	J^3	$8x^2+xy+y^2$	$+1$
			$(2,\omega)$	J^2	$4x^2+xy+2y^2$	$+1$
			$(2,1+\omega)$	J	$5x^2+3xy+2y^2$	$+1$
-33	$\sqrt{-33}$	$-2^2 \cdot 3 \cdot 11$	(1)	$A^2 A_1^2$	$33x^2+y^2$	$+1,+1,+1$
			$(2,1+\sqrt{-33})$	AA_1	$17x^2+2xy+2y^2$	$-1,-1,+1$
			$(3,\sqrt{-33})$	A_1	$11x^2+3y^2$	$-1,+1,-1$
			$(6,3+\sqrt{-33})$	A	$7x^2+6xy+6y^2$	$+1,-1,-1$
-34	$\sqrt{-34}$	$-2^3 17$	(1)	J^4	$34x^2+y^2$	$+1,+1$
			$(5,4+\sqrt{-34})$	J^3	$10x^2+8xy+5y^2$	$-1,-1$

第十六章 代数数论介绍

D	ω	Δ	理想数	类	二次型	特征系统
-34			$(2,\sqrt{-34})$	J^2	$17x^2+2y^2$	$+1,+1$
			$(5,1+\sqrt{-34})$	J	$7x^2+2xy+5y^2$	$-1,-1$
-35	$\frac{1}{2}(1+\sqrt{-35})$	$-5\cdot 7$	(1)	A^2	$9x^2+xy+y^2$	$+1,+1$
			$\left(5,\frac{5+\sqrt{-35}}{2}\right)$	A	$3x^2+5xy+5y^2$	$-1,-1$
-37	$\sqrt{-37}$	$-2^2\cdot 37$	(1)	A^2	$37x^2+y^2$	$+1,+1$
			$(2,1+\sqrt{-37})$	A	$19x^2+2xy+2y^2$	$-1,-1$
-38	$\sqrt{-38}$	$-2^3\cdot 19$	(1)	J^6	$38x^2+y^2$	$+1,+1$
			$(3,2+\sqrt{-38})$	J^5	$14x^2+4xy+3y^2$	$-1,-1$
			$(7,2+\sqrt{-38})$	J^4	$6x^2+4xy+7y^2$	$+1,+1$
			$(2,\sqrt{-38})$	J^3	$19x^2+2y^2$	$-1,-1$
			$(7,5+\sqrt{-38})$	J^2	$9x^2+10xy+7y^2$	$+1,+1$
			$(3,1+\sqrt{-38})$	J	$13x^2+2xy+3y^2$	$-1,-1$
-39	$\frac{1}{2}(1+\sqrt{-39})$	$-3\cdot 13$	(1)	J^4	$10x^2+xy+y^2$	$+1,+1$
			$(2,1+\omega)$	J^3	$6x^2+3xy+2y^2$	$-1,-1$
			$(3,1+\omega)$	J^2	$4x^2+3xy+3y^2$	$+1,+1$
			$(2,\omega)$	J	$5x^2+xy+2y^2$	$-1,-1$
-41	$\sqrt{-41}$	$-2^2\cdot 41$	(1)	J^8	$41x^2+y^2$	$+1,+1$
			$(3,2+\sqrt{-41})$	J^7	$15x^2+4xy+3y^2$	$-1,-1$
			$(5,3+\sqrt{-41})$	J^6	$10x^2+6xy+5y^2$	$+1,+1$
			$(7,6+\sqrt{-41})$	J^5	$11x^2+12xy+7y^2$	$-1,-1$
			$(2,1+\sqrt{-41})$	J^4	$21x^2+2xy+2y^2$	$+1,+1$
			$(7,1+\sqrt{-41})$	J^3	$6x^2+2xy+7y^2$	$-1,-1$
			$(5,2+\sqrt{-41})$	J^2	$9x^2+4xy+5y^2$	$+1,+1$
			$(3,1+\sqrt{-41})$	J	$14x^2+2xy+3y^2$	$-1,-1$
-42	$\sqrt{-42}$	$3\cdot 2^3\cdot 7$	(1)	$A^2A_1^2$	$42x^2+y^2$	$+1,+1,+1$
			$(7,\sqrt{-42})$	AA_1	$6x^2+7y^2$	$+1,-1,-1$
			$(3,\sqrt{-42})$	A_1	$14x^2+3y^2$	$-1,-1,+1$
			$(2,\sqrt{-42})$	A	$21x^2+2y^2$	$-1,+1,-1$
-43	$\frac{1}{2}(1+\sqrt{-43})$	-43	(1)	1	$11x^2+xy+y^2$	$+1$
-46	$\sqrt{-46}$	$-2^3\cdot 23$	(1)	J^4	$46x^2+y^2$	$+1,+1$
			$(5,3+\sqrt{-46})$	J^3	$11x^2+6xy+5y^2$	$-1,-1$
			$(2,\sqrt{-46})$	J^2	$23x^2+2y^2$	$+1,+1$
			$(5,2+\sqrt{-46})$	J	$10x^2+4xy+5y^2$	$-1,-1$

D	ω	Δ	理想数	类	二次型	特征系统
-47	$\frac{1}{2}(1+\sqrt{-47})$	-47	(1)	J^5	$12x^2+xy+y^2$	$+1$
			$(2,\omega)$	J^4	$6x^2+xy+2y^2$	$+1$
			$(3,2+\omega)$	J^3	$6x^2+5xy+3y^2$	$+1$
			$(3,\omega)$	J^2	$4x^2+xy+3y^2$	$+1$
			$(2,1+\omega)$	J	$7x^2+3xy+2y^2$	$+1$
-51	$\frac{1}{2}(1+\sqrt{-51})$	$-3\cdot 17$	(1)	A^2	$13x^2+xy+y^2$	$+1,+1$
			$(3,1+\omega)$	A	$5x^2+3xy+3y^2$	$-1,-1$
-53	$\sqrt{-53}$	$-2^2\cdot 53$	(1)	J^6	$53x^2+y^2$	$+1,+1$
			$(3,2+\sqrt{-53})$	J^5	$19x^2+4xy+3y^2$	$-1,-1$
			$(9,8+\sqrt{-53})$	J^4	$13x^2+16xy+9y^2$	$+1,+1$
			$(2,1+\sqrt{-53})$	J^3	$27x^2+2xy+2y^2$	$-1,-1$
			$(9,1+\sqrt{-53})$	J^2	$6x^2+2xy+9y^2$	$+1,+1$
			$(3,1+\sqrt{-53})$	J	$18x^2+2xy+3y^2$	$-1,-1$
-55	$\frac{1}{2}(1+\sqrt{-55})$	$-5\cdot 11$	(1)	J^4	$14x^2+xy+y^2$	$+1,+1$
			$(2,1+\omega)$	J^3	$8x^2+3xy+2y^2$	$-1,-1$
			$(5,2+\omega)$	J^2	$4x^2+5xy+5y^2$	$+1,+1$
			$(2,\omega)$	J	$7x^2+xy+2y^2$	$-1,-1$
-57	$\sqrt{-57}$	$-3\cdot 2^2\cdot 19$	(1)	$A^2A_1^2$	$57x^2+y^2$	$+1,+1,+1$
			$(2,1+\sqrt{-57})$	AA_1	$29x^2+2xy+2y^2$	$-1,-1,+1$
			$(3,\sqrt{-57})$	A_1	$19x^2+3y^2$	$+1,-1,-1$
			$(6,3+\sqrt{-57})$	A	$11x^2+6xy+6y^2$	$-1,+1,-1$
-58	$\sqrt{-58}$	$-2^3\cdot 29$	(1)	A^2	$58x^2+y^2$	$+1,+1$
			$(2,\sqrt{-58})$	A	$29x^2+2y^2$	$-1,-1$
-59	$\frac{1}{2}(1+\sqrt{-59})$	-59	(1)	J^3	$15x^2+xy+y^2$	$+1$
			$\left[3,\frac{5+\sqrt{-59}}{2}\right]$	J^2	$7x^2+5xy+3y^2$	$+1$
			$\left[3,\frac{1+\sqrt{-59}}{2}\right]$	J	$5x^2+xy+3y^2$	$+1$
-61	$\sqrt{-61}$	$-2^2\cdot 61$	(1)	J^3	$61x^2+y^2$	$+1,+1$
			$(5,3+\sqrt{-61})$	J^2	$14x^2+6xy+5y^2$	$+1,+1$
			$(5,2+\sqrt{-61})$	J	$13x^2+4xy+5y^2$	$+1,+1$
			$(7,4+\sqrt{-61})$	AJ^2	$11x^2+8xy+7y^2$	$-1,-1$
			$(7,3+\sqrt{-61})$	AJ	$10x^2+6xy+7y^2$	$-1,-1$
			$(2,1+\sqrt{-61})$	A	$31x^2+2xy+2y^2$	$-1,-1$

第十六章 代数数论介绍

D	ω	Δ	理想数	类	二次型	特征系统
-62	$\sqrt{-62}$	$-2^3\cdot 31$	(1)	J^8	$62x^2+y^2$	$+1,+1$
			$(3,2+\sqrt{-62})$	J^7	$22x^2+4xy+3y^2$	$-1,-1$
			$(7,1+\sqrt{-62})$	J^6	$9x^2+2xy+7y^2$	$+1,+1$
			$(11,2+\sqrt{-62})$	J^5	$6x^2+4xy+11y^2$	$-1,-1$
			$(2,\sqrt{-62})$	J^4	$31x^2+2y^2$	$+1,+1$
			$(11,9+\sqrt{-62})$	J^3	$13x^2+18xy+11y^2$	$-1,-1$
			$(7,6+\sqrt{-62})$	J^2	$14x^2+12xy+7y^2$	$+1,+1$
			$(3,1+\sqrt{-62})$	J	$21x^2+2xy+3y^2$	$-1,-1$
-65	$\sqrt{-65}$	$-2^3\cdot 5\cdot 13$	(1)	J^4	$65x^2+y^2$	$+1,+1,+1$
			$(3,2+\sqrt{-65})$	J^3	$23x^2+4xy+3y^2$	$-1,+1,-1$
			$(9,4+\sqrt{-65})$	J^2	$9x^2+8xy+9y^2$	$+1,+1,+1$
			$(3,1+\sqrt{-65})$	J	$22x^2+2xy+3y^2$	$-1,+1,-1$
			$(11,10+\sqrt{-65})$	AJ^3	$15x^2+20xy+11y^2$	$+1,-1,-1$
			$(2,1+\sqrt{-65})$	AJ^2	$33x^2+2xy+2y^2$	$-1,-1,+1$
			$(11,1+\sqrt{-65})$	AJ	$6x^2+2xy+11y^2$	$+1,-1,-1$
			$(5,\sqrt{-65})$	A	$13x^2+5y^2$	$-1,-1,+1$
-66	$\sqrt{-66}$	$-2^3\cdot 3\cdot 11$	(1)	J^4	$66x^2+y^2$	$+1,+1,+1$
			$(5,3+\sqrt{-66})$	J^3	$15x^2+6xy+5y^2$	$-1,+1,-1$
			$(3,\sqrt{-66})$	J^2	$22x^2+3y^2$	$+1,+1,+1$
			$(5,2+\sqrt{-66})$	J	$14x^2+4xy+5y^2$	$-1,+1,-1$
			$(7,2+\sqrt{-66})$	AJ^3	$10x^2+4xy+7y^2$	$+1,-1,-1$
			$(11,\sqrt{-66})$	AJ^2	$6x^2+11y^2$	$-1,-1,+1$
			$(7,5+\sqrt{-66})$	AJ	$13x^2+10xy+7y^2$	$+1,-1,-1$
			$(2,\sqrt{-66})$	A	$33x^2+2y^2$	$-1,-1,+1$
-67	$\frac{1}{2}(1+\sqrt{-67})$	-67	(1)	1	$17x^2+xy+y^2$	$+1$
-69	$\sqrt{-69}$	$-2^2\cdot 3\cdot 23$	(1)	J^4	$69x^2+y^2$	$+1,+1,+1$
			$(7,6+\sqrt{-69})$	J^3	$15x^2+12xy+7y^2$	$+1,-1,-1$
			$(6,3+\sqrt{-69})$	J^2	$13x^2+6xy+6y^2$	$+1,+1,+1$
			$(7,1+\sqrt{-69})$	J	$10x^2+2xy+7y^2$	$+1,-1,-1$
			$(5,1+\sqrt{-69})$	AJ^3	$14x^2+2xy+5y^2$	$-1,-1,+1$
			$(3,\sqrt{-69})$	AJ^2	$23x^2+3y^2$	$-1,+1,-1$
			$(5,4+\sqrt{-69})$	AJ	$17x^2+8xy+5y^2$	$-1,-1,+1$
			$(2,1+\sqrt{-69})$	A	$35x^2+2xy+2y^2$	$-1,+1,-1$

D	ω	Δ	理想数	类	二次型	特征系统
-70	$\sqrt{-70}$	$-2^3 \cdot 5 \cdot 7$	(1)	$A^2 A_1^2$	$70x^2+y^2$	$+1,+1,+1$
			$(7,\sqrt{-70})$	AA_1	$10x^2+7y^2$	$-1,-1,+1$
			$(5,\sqrt{-70})$	A_1	$14x^2+5y^2$	$+1,-1,-1$
			$(2,\sqrt{-70})$	A	$35x^2+2y^2$	$-1,+1,-1$
-71	$\frac{1}{2}(1+\sqrt{-71})$	-71	(1)	J^7	$71x^2+y^2$	$+1$
			$\left(2,\frac{3+\sqrt{-71}}{2}\right)$	J^6	$10x^2+3xy+2y^2$	$+1$
			$\left(5,\frac{7+\sqrt{-71}}{2}\right)$	J^5	$6x^2+7xy+5y^2$	$+1$
			$\left(3,\frac{5+\sqrt{-71}}{2}\right)$	J^4	$8x^2+5xy+3y^2$	$+1$
			$\left(3,\frac{1+\sqrt{-71}}{2}\right)$	J^3	$6x^2+xy+3y^2$	$+1$
			$\left(5,\frac{3+\sqrt{-71}}{2}\right)$	J^2	$4x^2+3xy+5y^2$	$+1$
			$\left(2,\frac{1+\sqrt{-71}}{2}\right)$	J	$9x^2+xy+2y^2$	$+1$
-73	$\sqrt{-73}$	$-2^3 \cdot 73$	(1)	J^4	$73x^2+y^2$	$+1,+1$
			$(7,5+\sqrt{-73})$	J^3	$14x^2+10xy+7y^2$	$-1,-1$
			$(2,1+\sqrt{-73})$	J^2	$37x^2+2xy+2y^2$	$+1,+1$
			$(7,2+\sqrt{-73})$	J	$11x^2+4xy+7y^2$	$-1,-1$
-74	$\sqrt{-74}$	$-2^3 \cdot 37$	(1)	J^5	$74x^2+y^2$	$+1,+1$
			$(11,6+\sqrt{-74})$	J^4	$10x^2+12xy+11y^2$	$+1,+1$
			$(3,1+\sqrt{-74})$	J^3	$25x^2+2xy+3y^2$	$+1,+1$
			$(3,2+\sqrt{-74})$	J^2	$26x^2+4xy+3y^2$	$+1,+1$
			$(11,5+\sqrt{-74})$	J	$9x^2+10xy+11y^2$	$+1,+1$
			$(5,4+\sqrt{-74})$	AJ^4	$18x^2+8xy+5y^2$	$-1,-1$
			$(6,4+\sqrt{-74})$	AJ^3	$15x^2+8xy+6y^2$	$-1,-1$
			$(6,2+\sqrt{-74})$	AJ^2	$13x^2+4xy+6y^2$	$-1,-1$
			$(5,1+\sqrt{-74})$	AJ	$15x^2+2xy+5y^2$	$-1,-1$
			$(2,\sqrt{-74})$	A	$37x^2+2y^2$	$-1,-1$
-77	$\sqrt{-77}$	$-2^2 \cdot 7 \cdot 11$	(1)	J^4	$77x^2+y^2$	$+1,+1,+1$
			$(3,2+\sqrt{-77})$	J^3	$27x^2+4xy+3y^2$	$-1,+1,-1$
			$(14,7+\sqrt{-77})$	J^2	$9x^2+14xy+14y^2$	$+1,+1,+1$
			$(3,1+\sqrt{-77})$	J	$26x^2+2xy+3y^2$	$-1,+1,-1$
			$(6,5+\sqrt{-77})$	AJ^3	$17x^2+10xy+6y^2$	$-1,-1,+1$
			$(7,\sqrt{-77})$	AJ^2	$11x^2+7y^2$	$+1,-1,-1$
			$(6,1+\sqrt{-77})$	AJ	$13x^2+2xy+6y^2$	$-1,-1,+1$
			$(2,1+\sqrt{-77})$	A	$39x^2+2xy+2y^2$	$+1,-1,-1$

第十六章 代数数论介绍

D	ω	Δ	理想数	类	二次型	特征系统
-78	$\sqrt{-78}$	$-2^3 \cdot 3 \cdot 13$	(1)	$A^2 A_1^2$	$78x^2 + y^2$	$+1, +1, +1$
			$(2, \sqrt{-78})$	AA_1	$39x^2 + 2y^2$	$-1, -1, +1$
			$(13, \sqrt{-78})$	A_1	$6x^2 + 13y^2$	$+1, -1, -1$
			$(3, \sqrt{-78})$	A	$26x^2 + 3y^2$	$-1, +1, -1$
-79	$\frac{1}{2}(1+\sqrt{-79})$	-79	(1)	J^5	$20x^2 + xy + y^2$	$+1$
			$\left(2, \frac{1+\sqrt{-79}}{2}\right)$	J^4	$10x^2 + xy + 2y^2$	$+1$
			$\left(5, \frac{9+\sqrt{-79}}{2}\right)$	J^3	$8x^2 + 9xy + 5y^2$	$+1$
			$\left(5, \frac{1+\sqrt{-79}}{2}\right)$	J^2	$4x^2 + xy + 5y^2$	$+1$
			$\left(2, \frac{3+\sqrt{-79}}{2}\right)$	J	$11x^2 + 3xy + 2y^2$	$+1$
-82	$\sqrt{-82}$	$-2^3 \cdot 41$	(1)	J^4	$82x^2 + y^2$	$+1, +1$
			$(7, 4+\sqrt{-82})$	J^3	$14x^2 + 8xy + 7y^2$	$-1, -1$
			$(2, \sqrt{-82})$	J^2	$41x^2 + 2y^2$	$+1, +1$
			$(7, 3+\sqrt{-82})$	J	$13x^2 + 6xy + 7y^2$	$-1, -1$
-83	$\frac{1}{2}(1+\sqrt{-83})$	-83	(1)	J^3	$21x^2 + xy + y^2$	$+1$
			$\left(3, \frac{5+\sqrt{-83}}{2}\right)$	J^2	$9x^2 + 5xy + 3y^2$	$+1$
			$\left(3, \frac{1+\sqrt{-83}}{2}\right)$	J	$7x^2 + xy + 3y^2$	$+1$
-85	$\sqrt{-85}$	$-2^2 \cdot 5 \cdot 17$	(1)	$A^2 A_1^2$	$85x^2 + y^2$	$+1, +1, +1$
			$(5, \sqrt{-85})$	AA_1	$17x^2 + 5y^2$	$-1, -1, +1$
			$(10, 5+\sqrt{-85})$	A_1	$11x^2 + 10xy + 10y^2$	$+1, -1, -1$
			$(2, 1+\sqrt{-85})$	A	$43x^2 + 2xy + 2y^2$	$-1, +1, -1$
-86	$\sqrt{-86}$	$-2^3 \cdot 43$	(1)	J^{10}	$86x^2 + y^2$	$+1, +1$
			$(3, 2+\sqrt{-86})$	J^9	$30x^2 + 4xy + 3y^2$	$-1, -1$
			$(9, 2+\sqrt{-86})$	J^8	$10x^2 + 4xy + 9y^2$	$+1, +1$
			$(5, 2+\sqrt{-86})$	J^7	$18x^2 + 4xy + 5y^2$	$-1, -1$
			$(17, 13+\sqrt{-86})$	J^6	$15x^2 + 26xy + 17y^2$	$+1, +1$
			$(2, \sqrt{-86})$	J^5	$43x^2 + 2y^2$	$-1, -1$
			$(17, 4+\sqrt{-86})$	J^4	$6x^2 + 8xy + 17y^2$	$+1, +1$
			$(5, 3+\sqrt{-86})$	J^3	$19x^2 + 6xy + 5y^2$	$-1, -1$
			$(9, 7+\sqrt{-86})$	J^2	$15x^2 + 14xy + 9y^2$	$+1, +1$
			$(3, 1+\sqrt{-86})$	J	$29x^2 + 2xy + 3y^2$	$-1, -1$

D	ω	Δ	理想数	类	二次型	特征系统
-87	$\frac{1}{2}(1+\sqrt{-87})$	$-3\cdot 29$	(1)	J^6	$22x^2+xy+y^2$	$+1,+1$
			$\left[2,\frac{3+\sqrt{-87}}{2}\right]$	J^5	$12x^2+3xy+2y^2$	$-1,-1$
			$\left[7,\frac{5+\sqrt{-87}}{2}\right]$	J^4	$4x^2+5xy+7y^2$	$+1,+1$
			$\left[3,\frac{3+\sqrt{-87}}{2}\right]$	J^3	$8x^2+3xy+3y^2$	$-1,-1$
			$\left[7,\frac{9+\sqrt{-87}}{2}\right]$	J^2	$6x^2+9xy+7y^2$	$+1,+1$
			$\left[2,\frac{1+\sqrt{-87}}{2}\right]$	J	$11x^2+xy+2y^2$	$-1,-1$
-89	$\sqrt{-89}$	$-2^2\cdot 89$	(1)	J^{12}	$89x^2+y^2$	$+1,+1$
			$(3,2+\sqrt{-89})$	J^{11}	$31x^2+4xy+3y^2$	$-1,-1$
			$(17,9+\sqrt{-89})$	J^{10}	$10x^2+18xy+17y^2$	$+1,+1$
			$(7,3+\sqrt{-89})$	J^9	$14x^2+6xy+7y^2$	$-1,-1$
			$(5,4+\sqrt{-89})$	J^8	$21x^2+8xy+5y^2$	$+1,+1$
			$(6,1+\sqrt{-89})$	J^7	$15x^2+2xy+6y^2$	$-1,-1$
			$(2,1+\sqrt{-89})$	J^6	$45x^2+2xy+2y^2$	$+1,+1$
			$(6,5+\sqrt{-89})$	J^5	$19x^2+10xy+6y^2$	$-1,-1$
			$(5,1+\sqrt{-89})$	J^4	$18x^2+2xy+5y^2$	$+1,+1$
			$(7,4+\sqrt{-89})$	J^3	$15x^2+8xy+7y^2$	$-1,-1$
			$(17,8+\sqrt{-89})$	J^2	$9x^2+16xy+17y^2$	$+1,+1$
			$(3,1+\sqrt{-89})$	J	$30x^2+2xy+3y^2$	$-1,-1$
-91	$\frac{1+\sqrt{-91}}{2}$	$-7\cdot 13$	(1)	A^2	$23x^2+xy+y^2$	$+1,+1$
			$\left[7,\frac{7+\sqrt{-91}}{2}\right]$	A	$5x^2+7xy+7y^2$	$-1,-1$
-93	$\sqrt{-93}$	$-2^2\cdot 3\cdot 31$	(1)	$A^2A_1^2$	$93x^2+y^2$	$+1,+1,+1$
			$(6,3+\sqrt{-93})$	AA_1	$17x^2+6xy+6y^2$	$-1,-1,+1$
			$(3,\sqrt{-93})$	A_1	$31x^2+3y^2$	$+1,-1,-1$
			$(2,1+\sqrt{-93})$	A	$47x^2+2xy+2y^2$	$-1,+1,-1$
-94	$\sqrt{-94}$	$-2^3\cdot 47$	(1)	J^8	$94x^2+y^2$	$+1,+1$
			$(5,4+\sqrt{-94})$	J^7	$22x^2+8xy+5y^2$	$-1,-1$
			$(7,5+\sqrt{-94})$	J^6	$17x^2+10xy+7y^2$	$+1,+1$
			$(11,4+\sqrt{-94})$	J^5	$10x^2+8xy+11y^2$	$-1,-1$
			$(2,\sqrt{-94})$	J^4	$47x^2+2y^2$	$+1,+1$
			$(11,7+\sqrt{-94})$	J^3	$13x^2+14xy+11y^2$	$-1,-1$
			$(7,2+\sqrt{-94})$	J^2	$14x^2+4xy+7y^2$	$+1,+1$

D	ω	Δ	理想数	类	二次型	特征系统
−95	$\frac{1}{2}(1+\sqrt{-95})$	$-5 \cdot 19$	$(5, 1+\sqrt{-94})$	J	$19x^2 + 2xy + 5y^2$	$-1, -1$
			(1)	J^8	$24x^2 + xy + y^2$	$+1, +1$
			$\left[2, \frac{1+\sqrt{-95}}{2}\right]$	J^7	$12x^2 + xy + 2y^2$	$-1, -1$
			$\left[4, \frac{1+\sqrt{-95}}{2}\right]$	J^6	$6x^2 + xy + 4y^2$	$+1, +1$
			$\left[3, \frac{5+\sqrt{-95}}{2}\right]$	J^5	$10x^2 + 5xy + 3y^2$	$-1, -1$
			$\left[5, \frac{5+\sqrt{-95}}{2}\right]$	J^4	$6x^2 + 5xy + 5y^2$	$+1, +1$
			$\left[3, \frac{1+\sqrt{-95}}{2}\right]$	J^3	$8x^2 + xy + 3y^2$	$-1, -1$
			$\left[4, \frac{7+\sqrt{-95}}{2}\right]$	J^2	$9x^2 + 7xy + 4y^2$	$+1, +1$
			$\left[2, \frac{3+\sqrt{-95}}{2}\right]$	J	$13x^2 + 3xy + 2y^2$	$-1, -1$
−97	$\sqrt{-97}$	$-2^2 \cdot 97$	(1)	J^4	$97x^2 + y^2$	$+1, +1$
			$(7, 6+\sqrt{-97})$	J^3	$19x^2 + 12xy + 7y^2$	$-1, -1$
			$(2, 1+\sqrt{-97})$	J^2	$49x^2 + 2xy + 2y^2$	$+1, +1$
			$(7, 1+\sqrt{-97})$	J	$14x^2 + 2xy + 7y^2$	$-1, -1$

表 Ⅱ

D	ω	连分数表示	Δ	$x+y\sqrt{D}$	$N(x+y\sqrt{D})$	理想数	类	二次型	特征系统
2	$\sqrt{2}$	$[1,\dot{2}]$	2^3	$1+\sqrt{2}$	-1	(1)	1	$-2x^2+y^2$	$+1$
3	$\sqrt{3}$	$[1,\dot{1},\dot{2}]$	$3\cdot 2^2$	$2+\sqrt{3}$	$+1$	(1)	1	$-3x^2+y^2$	$+1,+1$
								$-x^2+3y^2$	$-1,-1$
5	$\frac{1}{2}(1+\sqrt{5})$	$[\dot{1},\dot{1}]$	5	ω	-1	(1)	1	$-x^2+xy+y^2$	$+1$
6	$\sqrt{6}$	$[2,\dot{2},\dot{4}]$	$3\cdot 2^3$	$5+2\sqrt{6}$	$+1$	(1)	1	$-6x^2+y^2$	$+1,+1$
								$-x^2+6y^2$	$-1,-1$
7	$\sqrt{7}$	$[2,\dot{1},1,1,\dot{4}]$	$2^2\cdot 7$	$8+3\sqrt{7}$	$+1$	(1)	1	$-7x^2+y^2$	$+1,+1$
								$-x^2+7y^2$	$-1,-1$
8		$[2,\dot{1},\dot{4}]$		$3+\sqrt{8}$	$+1$				
10	$\sqrt{10}$	$[3,\dot{6}]$	$5\cdot 2^3$	$3+\sqrt{10}$	-1	(1)	A^2	$-10x^2+y^2$	$+1,+1$
						$(2,\sqrt{10})$	A	$-5x^2+2y^2$	$-1,-1$
11	$\sqrt{11}$	$[3,\dot{3},\dot{6}]$	$2^2\cdot 11$	$10+3\sqrt{11}$	$+1$	(1)	1	$-11x^2+y^2$	$+1,+1$
								$-x^2+11y^2$	$-1,-1$
12		$[3,\dot{2},\dot{6}]$		$7+2\sqrt{12}$	$+1$				
13	$\frac{1}{2}(1+\sqrt{13})$	$[2,\dot{3}]$	13	$1+\omega$	-1	(1)	1	$-3x^2+xy+y^2$	$+1$
14	$\sqrt{14}$	$[3,\dot{1},2,1,\dot{6}]$	$7\cdot 2^3$	$15+4\sqrt{14}$	$+1$	(1)	1	$-14x^2+y^2$	$+1,+1$
								$-x^2+14y^2$	$-1,-1$
15	$\sqrt{15}$	$[3,\dot{1},\dot{6}]$	$3\cdot 2^2\cdot 5$	$4+\sqrt{15}$	$+1$	(1)	A^2	$-15x^2+y^2$	$+1,+1,+1$
								$-x^2+15y^2$	$-1,+1,-1$
						$(2,1+\sqrt{15})$	A	$-7x^2+2xy+2y^2$	$-1,-1,+1$
								$-2x^2-2xy+7y^2$	$+1,-1,-1$
17	$\frac{1}{2}(1+\sqrt{17})$	$[2,\dot{1},1,\dot{3}]$	17	$3+2\omega$	-1	(1)	1	$-4x^2+xy+y^2$	$+1$
18		$[4,\dot{4},\dot{8}]$		$17+4\sqrt{18}$	$+1$				
19	$\sqrt{19}$	$[\dot{4},2,1,3,1,2,\dot{8}]$	$2^2\cdot 19$	$170+39\sqrt{19}$	$+1$	(1)	1	$-19x^2+y^2$	$+1,+1$
								$-x^2+19y^2$	$-1,-1$
20		$[4,\dot{2},\dot{8}]$		$9+2\sqrt{20}$	$+1$				
21	$\frac{1}{2}(1+\sqrt{21})$	$[2,\dot{1},\dot{3}]$	$3\cdot 7$	$2+\omega$	$+1$	(1)	1	$-5x^2+xy+y^2$	$+1,+1$
								$-x^2-xy+5y^2$	$-1,-1$
22	$\sqrt{22}$	$[4,\dot{1},2,4,2,1,\dot{8}]$	$2^3\cdot 11$	$197+42\sqrt{22}$	$+1$	(1)	1	$-22x^2+y^2$	$+1,+1$
								$-x^2+22y^2$	$-1,-1$

第十六章 代数数论介绍

D	ω	连分数表示	Δ	$x+y\sqrt{D}$	$N(x+y\sqrt{D})$	理想数	类	二次型	特征系统
23	$\sqrt{23}$	$[4,\dot{1},3,1,\dot{8}]$	$2^2\cdot 23$	$24+5\sqrt{27}$	$+1$	(1)	1	$-23x^2+y^2$	$+1,+1$
								$-x^2+23y^2$	$-1,-1$
24		$[4,\dot{1},\dot{8}]$		$5+\sqrt{24}$	$+1$				
26	$\sqrt{26}$	$[5,\dot{10}]$	$2^3\cdot 13$	$5+\sqrt{26}$	-1	(1)	A^2	$-26x^2+y^2$	$+1,+1$
						$(2,\sqrt{26})$	A	$-13x^2+2y^2$	$-1,-1$
27		$[5,\dot{5},\dot{10}]$		$26+5\sqrt{27}$	$+1$				
28		$[5,\dot{3},2,3,\dot{10}]$		$127+24\sqrt{28}$	$+1$				
29	$\frac{1}{2}(1+\sqrt{29})$	$[3,\dot{5}]$	29	$2+\omega$	-1	(1)	1	$-7x^2+xy+y^2$	$+1$
30	$\sqrt{30}$	$[5,\dot{2},\dot{10}]$	$3\cdot 5\cdot 2^3$	$11+2\sqrt{30}$	$+1$	(1)	A^2	$-30x^2+y^2$	$+1,+1,+1$
								$-x^2+30y^2$	$-1,+1,-1$
						$(2,\sqrt{30})$	A	$-15x^2+2y^2$	$-1,-1,+1$
								$-2x^2+15y^2$	$+1,-1,-1$
31	$\sqrt{31}$	$[5,\dot{1},1,3,5,$ $3,1,1,\dot{10}]$	$2^2\cdot 31$	$1520+273\sqrt{31}$	$+1$	(1)	1	$-31x^2+y^2$	$+1,+1$
								$-x^2+31y^2$	$-1,-1$
32		$[5,\dot{1},1,1,\dot{10}]$		$17+3\sqrt{32}$	$+1$				
33	$\frac{1}{2}(1+\sqrt{33})$	$[3,\dot{2},1,2,\dot{5}]$	$3\cdot 11$	$19+8\omega$	$+1$	(1)	1	$-8x^2+xy+y^2$	$+1,+1$
								$-x^2-xy+8y^2$	$-1,-1$
34	$\sqrt{34}$	$[5,\dot{1},4,1,\dot{10}]$	$2^3\cdot 17$	$35+6\sqrt{34}$	$+1$	(1)	A^2	$-34x^2+y^2$	$+1,+1$
								$-x^2+34y^2$	$+1,+1$
						$(3,1+\sqrt{34})$	A	$-11x^2+2xy+3y^2$	$-1,-1$
								$-3x^2-2xy+11y^2$	$-1,-1$
35	$\sqrt{35}$	$[5,\dot{1},\dot{10}]$	$2^2\cdot 5\cdot 7$	$6+\sqrt{35}$	$+1$	(1)	A^2	$-35x^2+y^2$	$+1,+1,+1$
								$-x^2+35y^2$	$+1,-1,-1$
						$(2,1+\sqrt{35})$	A	$-17x^2+2xy+2y^2$	$-1,+1,-1$
								$-2x^2-2xy+17y^2$	$-1,-1,+1$
37	$\frac{1}{2}(1+\sqrt{37})$	$[3,\dot{1},1,\dot{5}]$	37	$5+2\omega$	-1	(1)	1	$-9x^2+xy+y^2$	$+1$
38	$\sqrt{38}$	$[6,\dot{6},\dot{12}]$	$2^3\cdot 19$	$37+6\sqrt{38}$	$+1$	(1)	1	$-38x^2+y^2$	$+1,+1$
								$-x^2+38y^2$	$-1,-1$

D	ω	连分数表示	Δ	$x+y\sqrt{D}$	$N(x+y\sqrt{D})$	理想数	类	二次型	特征系统
39	$\sqrt{39}$	$[6,\dot{4},1\dot{2}]$	$3\cdot 2^2\cdot 13$	$25+4\sqrt{39}$	$+1$	(1)	A^2	$-39x^2+y^2$	$+1,+1,+1$
								$-x^2+39y^2$	$-1,+1,-1$
						$(2,1+\sqrt{39})$	A	$-19x^2+2xy+2y^2$	$-1,-1,+1$
								$-2x^2-2xy+19y^2$	$+1,-1,-1$
40		$[6,\dot{3},1\dot{2}]$		$19+3\sqrt{40}$	$+1$				
41	$\frac{1}{2}(1+\sqrt{41})$	$[3,\dot{1},2,2,1,\dot{5}]$	41	$27+10\omega$	-1	(1)	1	$-10x^2+xy+y^2$	$+1$
42	$\sqrt{42}$	$[6,\dot{2},1\dot{2}]$	$3\cdot 2^3\cdot 7$	$13+2\sqrt{42}$	$+1$	(1)	A^2	$-42x^2+y^2$	$+1,+1,+1$
								$-x^2+42y^2$	$-1,-1,+1$
						$(2,\sqrt{42})$	A	$-21x^2+2y^2$	$-1,+1,-1$
								$-2x^2+21y^2$	$+1,-1,-1$
43	$\sqrt{43}$	$[6,\dot{1},1,3,1,5,1,3,1,1,\dot{12}]$	$2^2\cdot 43$	$3482+531\sqrt{43}$	$+1$	(1)	1	$-43x^2+y^2$	$+1,+1$
								$-x^2+43y^2$	$-1,-1$
44		$[6,\dot{1},1,1,2,1,1,1,\dot{12}]$		$199+30\sqrt{44}$	$+1$				
45		$[6,\dot{1},2,2,2,1,\dot{12}]$		$161+24\sqrt{45}$	$+1$				
46	$\sqrt{46}$	$[6,\dot{1},3,1,1,2,6,2,1,1,3,1,\dot{12}]$	$2^3\cdot 23$	$24335+3588\sqrt{46}$	$+1$	(1)	1	$-46x^2+y^2$	$+1,+1$
								$-x^2+46y^2$	$-1,-1$
47	$\sqrt{47}$	$[6,\dot{1},5,1,\dot{12}]$	$2^2\cdot 47$	$48+7\sqrt{47}$	$+1$	(1)	1	$-47x^2+y^2$	$+1,+1$
								$-x^2+47y^2$	$-1,-1$
48		$[6,\dot{1},1\dot{2}]$		$7+\sqrt{49}$	$+1$				
50		$[7,\dot{14}]$		$7+\sqrt{50}$	-1				
51	$\sqrt{51}$	$[7,\dot{7},1\dot{4}]$	$3\cdot 2^2\cdot 17$	$50+7\sqrt{51}$	$+1$	(1)	A^2	$-51x^2+y^2$	$+1,+1,+1$
								$-x^2+51y^2$	$-1,+1,-1$
						$(3,\sqrt{51})$	A	$-17x^2+3y^2$	$+1,-1,-1$
								$-3x^2+17y^2$	$-1,-1,+1$
52		$[7,\dot{4},1,2,1,4,1\dot{4}]$		$649+90\sqrt{52}$	$+1$				

第十六章 代数数论介绍

D	ω	连分数表示	Δ	$x+y\sqrt{D}$	$N(x+y\sqrt{D})$	理想数	类	二次型	特征系统
53	$\frac{1}{2}(1+\sqrt{53})$	$[4,\dot{7}]$	53	$3+\omega$	-1	(1)	1	$-13x^2+xy+y^2$	$+1$
54		$[7,\dot{2},1,6,1,2,1\dot{4}]$		$485+66\sqrt{54}$	$+1$				
55	$\sqrt{55}$	$[7,\dot{2},2,2,1\dot{4}]$	$2^2 \cdot 5 \cdot 11$	$89+12\sqrt{55}$	$+1$	(1)	A^2	$-55x^2+y^2$	$+1,+1,+1$
								$-x^2+55y^2$	$+1,-1,-1$
						$(2, 1+\sqrt{55})$	A	$-27x^2+2xy+2y^2$	$-1,-1,+1$
								$-2x^2-2xy+27y^2$	$-1,+1,-1$
56		$[7,\dot{2},1\dot{4}]$		$15+2\sqrt{56}$	$+1$				
57	$\frac{1}{2}(1+\sqrt{57})$	$[4,\dot{3},1,1,1,3,\dot{7}]$	$3 \cdot 19$	$131+40\omega$	$+1$	(1)	1	$-14x^2+xy+y^2$	$+1,+1$
								$-x^2-xy+14y^2$	$-1,-1$
58	$\sqrt{58}$	$[7,\dot{1},1,1,1,1,1,1\dot{4}]$	$2^3 \cdot 29$	$99+13\sqrt{58}$	-1	(1)	A^2	$-58x^2+y^2$	$+1,+1$
						$(2, \sqrt{58})$	A	$-29x^2+2y^2$	$-1,-1$
59	$\sqrt{59}$	$[7,\dot{1},2,7,2,1,1\dot{4}]$	$2^2 \cdot 59$	$530+69\sqrt{59}$	$+1$	(1)	1	$-59x^2+y^2$	$+1,+1$
								$-x^2+59y^2$	$-1,-1$
60		$[7,\dot{1},2,1,1\dot{4}]$		$31+4\sqrt{60}$	$+1$				
61	$\frac{1}{2}(1+\sqrt{61})$	$[4,\dot{2},2,\dot{7}]$	61	$17+5\omega$	-1	(1)	1	$-15x^2+xy+y^2$	$+1$
62	$\sqrt{62}$	$[7,\dot{1},6,1,1\dot{4}]$	$2^3 \cdot 31$	$63+8\sqrt{62}$	$+1$	(1)	1	$-62x^2+y^2$	$+1,+1$
								$-x^2+62y^2$	$-1,-1$
63		$[7,\dot{1},1\dot{4}]$		$8+\sqrt{64}$	$+1$				
65	$\frac{1}{2}(1+\sqrt{65})$	$[4,\dot{1},1,\dot{7}]$	$5 \cdot 13$	$7+2\omega$	-1	(1)	A^2	$-16x^2+xy+y^2$	$+1,+1$
						$\left(5, \frac{2+1+\sqrt{65}}{2}\right)$	A	$-2x^2+5xy+5y^2$	$-1,-1$
66	$\sqrt{66}$	$[8,\dot{8},1\dot{6}]$	$3 \cdot 2^3 \cdot 11$	$65+8\sqrt{66}$	$+1$	(1)	A^2	$-66x^2+y^2$	$+1,+1,+1$
								$-x^2+66y^2$	$-1,-1,+1$
						$(3, \sqrt{66})$	A	$-22x^2+3y^2$	$-1,+1,-1$
								$-3x^2+22y^2$	$+1,-1,-1$

D	ω	连分数表示	Δ	$x+y\sqrt{D}$	$N(x+y\sqrt{D})$	理想数	类	二次型	特征系统
67	$\sqrt{67}$	$[8,\dot{5},2,1,1,7,$ $1,1,2,5,\dot{16}]$	$2^2\cdot 67$	$48842+5967\sqrt{67}$	$+1$	(1)	1	$-67x^2+y^2$	$+1,+1$
								$-x^2+67y^2$	$-1,-1$
68		$[8,\dot{4},\dot{16}]$		$33+4\sqrt{68}$	$+1$				
69	$\frac{1}{2}(1+\sqrt{69})$	$[4,\dot{1},1,1,\dot{7}]$	$3\cdot 23$	$11+3\omega$	$+1$	(1)	1	$-17x^2+xy$ $+y^2$	$+1,+1$
								$-x^2-xy$ $+17y^2$	$-1,-1$
70	$\sqrt{70}$	$[8,\dot{2},1,2,$ $1,2,\dot{16}]$	$5\cdot 7\cdot 2^3$	$251+30\sqrt{70}$	$+1$	(1)	A^2	$-70x^2+y^2$	$+1,+1,+1$
								$-x^2+70y^2$	$+1,-1,-1$
						$(2,\sqrt{70})$	A	$-35x^2+2y^2$	$-1,+1,-1$
								$-2x^2+35y^2$	$-1,-1,+1$
71	$\sqrt{71}$	$[8,\dot{2},2,1,7,$ $1,2,2,\dot{16}]$	$2^2\cdot 71$	$3480+413\sqrt{71}$	$+1$	(1)	1	$-71x^2+y^2$	$+1,+1$
								$-x^2+71y^2$	$-1,-1$
72		$[8,\dot{2},\dot{16}]$		$17+2\sqrt{72}$	$+1$				
73	$\frac{1}{2}(1+\sqrt{73})$	$[4,\dot{1},3,2,$ $1,1,2,3,1,\dot{7}]$	73	$943+250\omega$	-1	(1)	1	$-18x^2+xy+y^2$	$+1$
74	$\sqrt{74}$	$[8,\dot{1},1,1,$ $1,\dot{16}]$	$2^3\cdot 37$	$43+5\sqrt{74}$	-1	(1)	A^2	$-74x^2+y^2$	$+1,+1$
						$(2,\sqrt{74})$	A	$-37x^2+2y^2$	$-1,-1$
75		$[8,\dot{1},1,1,\dot{16}]$		$26+3\sqrt{75}$	$+1$				
76		$[8,\dot{1},2,1,1,5,4,5,$ $1,1,2,1,\dot{16}]$		$57799+6630\sqrt{76}$	$+1$				
77	$\frac{1}{2}(1+\sqrt{77})$	$[4,\dot{1},\dot{7}]$	$7\cdot 11$	$4+\omega$	$+1$	(1)	1	$-19x^2+xy$ $+y^2$	$+1,+1$
								$-x^2-xy$ $+19y^2$	$-1,-1$
78	$\sqrt{78}$	$[8,\dot{1},4,1,\dot{16}]$	$3\cdot 2^3\cdot 13$	$53+6\sqrt{78}$	$+1$	(1)	A^2	$-78x^2+y^2$	$+1,+1,+1$
								$-x^2+78y^2$	$-1,+1,-1$
						$(2,\sqrt{78})$	A	$-39x^2+2y^2$	$-1,-1,+1$
								$-2x^2+39y^2$	$+1,-1,-1$
79	$\sqrt{79}$	$[8,\dot{1},7,1,\dot{16}]$	$2^2\cdot 79$	$80+9\sqrt{79}$	$+1$	(1)	J^3	$-79x^2+y^2$	$+1,+1$

第十六章 代数数论介绍

D	ω	连分数表示	Δ	$x+y\sqrt{D}$	$N(x+y\sqrt{D})$	理想数	类	二次型	特征系统
								$-x^2+79y^2$	$-1,-1$
						$(3,2+\sqrt{79})$	J^2	$-25x^2+4xy+3y^2$	$-1,-1$
								$-3x^2-4xy+25y^2$	$+1,+1$
						$(3,1+\sqrt{79})$	J	$-26x^2+2xy+3y^2$	$-1,-1$
								$-3x^2-2xy+26y^2$	$+1,+1$
80		$[8,\dot{1},\dot{16}]$		$9+\sqrt{80}$	$+1$				
82	$\sqrt{82}$	$[9,\dot{18}]$	$2^3\cdot 41$	$9+\sqrt{82}$	-1	(1)	J^4	$-82x^2+y^2$	$+1,+1$
						$(3,1+\sqrt{82})$	J^3	$-27x^2+2xy+3y^2$	$-1,-1$
						$(2,\sqrt{82})$	J^2	$-41x^2+2y^2$	$+1,+1$
						$(3,2+\sqrt{82})$	J	$-26x^2+4xy+3y^2$	$-1,-1$
83	$\sqrt{83}$	$[9,\dot{9},\dot{18}]$	$2^2\cdot 83$	$82+9\sqrt{83}$	$+1$	(1)	1	$-83x^2+y^2$	$+1,+1$
								$-x^2+83y^2$	$-1,-1$
84		$[9,\dot{6},\dot{18}]$		$55+6\sqrt{84}$	$+1$				
85	$\frac{1}{2}(1+\sqrt{85})$	$[5,\dot{9}]$	$5\cdot 17$	$4+\omega$	-1	(1)	A^2	$-21x^2+xy+y^2$	$+1,+1$
						$\left(5,2+\frac{1+\sqrt{85}}{2}\right)$	A	$-3x^2+5xy+5y^2$	$-1,-1$
86	$\sqrt{86}$	$[9,\dot{3},1,1,1,8,1,1,1,3,\dot{18}]$	$2^3\cdot 43$	$10405+1122\sqrt{86}$	$+1$	(1)	1	$-86x^2+y^2$	$+1,+1$
								$-x^2+86y^2$	$-1,-1$
87	$\sqrt{87}$	$[9,\dot{3},\dot{18}]$	$3\cdot 2^2\cdot 29$	$28+3\sqrt{87}$	$+1$	(1)	A^2	$-87x^2+y^2$	$+1,+1,+1$
								$-x^2+87y^2$	$-1,+1,-1$
						$(2,1+\sqrt{87})$	A	$-43x^2+2xy+2y^2$	$-1,-1,+1$
								$-2x^2-2xy+43y^2$	$+1,-1,-1$

D	ω	连分数表示	Δ	$x+y\sqrt{D}$	$N(x+y\sqrt{D})$	理想数	类	二次型	特征系统
88		$[9,\dot{2},1,$ $1,1,2,\dot{18}]$		$197+21\sqrt{88}$	$+1$				
89	$\frac{1}{2}(1+\sqrt{89})$	$[5,\dot{4},1,1,$ $1,1,4,\dot{9}]$	89	$447+106\omega$	-1	(1)	1	$-22x^2+xy+y^2$	$+1$
90		$[9,\dot{2},\dot{18}]$		$19+2\sqrt{90}$	$+1$				
91	$\sqrt{91}$	$[9,\dot{1},1,5,1,$ $5,1,1,\dot{18}]$	$2^2\cdot 7\cdot 13$	$1574+165\sqrt{91}$	$+1$	(1)	A^2	$-91x^2+y^2$	$+1,+1,+1$
								$-x^2+91y^2$	$-1,+1,-1$
						$(2,1+\sqrt{91})$	A	$-45x^2+2xy+2y^2$	$+1,-1,-1$
								$-2x^2-2xy+45y^2$	$-1,-1,+1$
92		$[9,\dot{1},1,2,$ $4,2,1,1,\dot{18}]$		$1151+120\sqrt{92}$	$+1$				
93	$\frac{1}{2}(1+\sqrt{93})$	$[5,\dot{3},\dot{9}]$	$3\cdot 31$	$13+3\omega$	$+1$	(1)	1	$-23x^2+xy+y^2$	$+1,+1$
								$-x^2-xy+23y^2$	$-1,-1$
94	$\sqrt{94}$	$[9,\dot{1},2,3,1,$ $1,5,1,8,$ $1,5,1,1,$ $3,2,1,\dot{18}]$	$2^3\cdot 47$	$2143295+221064\sqrt{94}$	$+1$	(1)	1	$-94x^2+y^2$	$+1,+1$
								$-x^2+94y^2$	$-1,-1$
95	$\sqrt{95}$	$[9,\dot{1},2,1,\dot{18}]$	$2^2\cdot 5\cdot 19$	$39+4\sqrt{95}$	$+1$	(1)	A^2	$-95x^2+y^2$	$+1,+1,+1$
								$-x^2+95y^2$	$+1,-1,-1$
						$(2,1+\sqrt{95})$	A	$-47x^2+2xy+2y^2$	$-1,-1,+1$
								$-2x^2-2xy+47y^2$	$-1,+1,-1$
96		$[9,\dot{1},3,1,\dot{18}]$		$49+5\sqrt{96}$	$+1$				
97	$\frac{1}{2}(1+\sqrt{97})$	$[5,\dot{2},2,1,4,4,$ $1,2,2,\dot{9}]$	97	$5035+1138\omega$	-1	(1)	1	$-24x^2+xy+y^2$	$+1$
98		$[9,\dot{1},8,1,\dot{18}]$		$99+10\sqrt{98}$	$+1$				
99		$[9,\dot{1},\dot{18}]$		$10+\sqrt{99}$	$+1$				

第十七章 代数数与超越数

§1. 超越数之存在定理

一实数可以视为直线上之一点.一组实数称为一个点集.例如 $\left\{\dfrac{1}{n}\right\}, n=1,2,\cdots$ 成一点集.所有的有理数成一点集.所有 a,b 之间的实数也成一点集.

定义 1 如果两点集之间可以建立一个一对一的对应关系,则此二点集谓之同幂.即二点集 A 及 B 中,对应于 A 之任一点,B 中有唯一点与之对应,且其逆亦然.同幂之关系有次之三性质:(i) A 与 A 同幂;(ii) 若 A 与 B 同幂,则 B 与 A 同幂;(iii) 若 A 与 B,B 与 C 同幂,则 A 与 C 同幂.

例 1. $\left\{\dfrac{1}{n}\right\}, n=1,2,3,\cdots$ 所成之点集与自然数集同幂.

例 2. 适合于 $0 \leqslant x \leqslant 1$ 之实数 x 所成之集与适合于 $1 \leqslant y \leqslant 2$ 之实数 y 所成之集同幂.

定义 2 凡与自然数集同幂之集谓之无限可数集.无限可数集与有限集皆称为可数集.

故自然数集是可数集.$\left\{\dfrac{1}{n}\right\}, n=1,2,3,\cdots$ 是可数集.任一贯是一可数集.

定理 1 可数个可数集之总集仍为可数集.

证:命 $M_1, M_2, \cdots$ 为可数个可数集.更命
$$M_i = (\alpha_{i1}, \cdots, \alpha_{ij}, \cdots).$$
总集是

$$\begin{array}{cccc} \alpha_{11} & \alpha_{12} & \alpha_{13} & \alpha_{14} \cdots \\ & \swarrow & \swarrow & \\ \alpha_{21} & \alpha_{22} & \cdots & \\ \swarrow & & & \\ \alpha_{31} & \cdots & & \\ \cdots\cdots & & & \end{array}$$

依箭向排列:
$$\alpha_{11}, \alpha_{12}, \alpha_{21}, \alpha_{13}, \alpha_{22}, \alpha_{31}, \alpha_{14}, \cdots.$$

故得定理.

定理 2　有理数集是可数集.

证：由定理1可知,吾人只需证明：0与1之间的有理数成一可数集即足.将0与1之间的既约分数先依分母之大小,再依分子之大小排列之,则得

$$\frac{0}{1}, \frac{1}{1}, \frac{1}{2}, \frac{1}{3}, \frac{2}{3}, \frac{1}{4}, \frac{3}{4}, \frac{1}{5}, \frac{2}{5}, \frac{3}{5}, \frac{4}{5}, \cdots.$$

故得定理.

定理 3　$(0,1)$ 之间诸实数所成之集为不可数集.

证：若定理不成立,则可设 $(0,1)$ 之间诸实数已排成

$$\alpha_1, \alpha_2, \alpha_3, \cdots$$

之形.以小数表此诸数,则得

$$\alpha_i = 0.a_{i1}a_{i2}\cdots a_{in}\cdots, \quad 0 \leqslant a_{in} \leqslant 9.$$

作一数

$$\beta = 0.b_1 b_2 \cdots b_n \cdots,$$

此处

$$b_i = \begin{cases} a_{ii} + 1, & \text{若 } 0 \leqslant a_{ii} \leqslant 5; \\ a_{ii} - 1, & \text{若 } 6 \leqslant a_{ii} \leqslant 9. \end{cases}$$

β 是 $(0,1)$ 之间的一实数,但并不等于任一 α_i,因为其中第 i 位小数不同.此乃一矛盾.(并须注意：在小数表示法中

$$0.12 = 0.11999\cdots,$$

而现在 β 之小数中9及0并不出现.)

习题1.求出定理2之证明中 $\frac{a}{b}((a,b)=1)$ 之地位.

习题2.证明可数集之分集为可数集.

前章已定义：一代数数 ξ 乃适合方程

$$a_n\xi^n + a_{n-1}\xi^{n-1} + \cdots + a_0 = 0$$

之根,此处 $a_n, a_{n-1}, \cdots, a_0$ 是有理整数.若此式不可分解,且 $a_n \neq 0$,则此 ξ 称为 n 次的代数数.若 $a_n = 1$,则此 ξ 称为 n 次的代数整数.

定理 4　诸代数数所成之集是可数的.

证：命

$$N = n + |a_n| + |a_{n-1}| + \cdots + |a_0|.$$

显然 $N \geqslant 2$.对同一 N,仅有有限个多项式.每一个多项式的根数也有限.故有同一 N 的代数数是有限的.此诸代数数所成之集以 E_N 表之.今列出

$$E_2, E_3, \cdots, E_N, \cdots.$$

命 E'_N 表 E_N 中之数而不在 $E_2,\cdots,E_{N-1}$ 之中者所成之集.如此,则得
$$E_2,E'_3,\cdots,E'_N,\cdots$$
为可数个有限集.由定理 1 可知其总集为可数集.定理已明.

定义 3　非代数数之数称为超越数.

定理 5　有超越数存在.

证:由定理 3 及习题 2,已知所有的实数成一不可数集,而实代数数乃一可数集,故得定理.

§2. Liouville 定理及超越数例子

定理 1(Liouville)　任一 n 次实代数数不能有 n 级以上之有理渐近分数.即若 ξ 是一 n 次代数数,则对任一 $\delta>0$ 及 $A>0$,适合不等式
$$\left|\xi-\frac{p}{q}\right|<\frac{A}{q^{n+\delta}} \tag{1}$$
之有理整数解 (p,q) 的对数有限.

证:设 ξ 适合于
$$f(\xi)=a_n\xi^n+a_{n-1}\xi^{n-1}+\cdots+a_0=0.$$
显然有一数 $M=M(\xi)$ 存在,使当 y 在 $\xi-1<y<\xi+1$ 中变化时
$$|f'(y)|<M.$$
若有有理数 $\frac{p}{q}(q>0)$ 与 ξ 接近,可设 $\xi-1<\frac{p}{q}<\xi+1$ 及 $f\left(\frac{p}{q}\right)\neq 0$,
如是显然有
$$\left|f\left(\frac{p}{q}\right)\right|=\frac{|a_np^n+a_{n-1}p^{n-1}q+\cdots+a_0q^n|}{q^n}\geqslant\frac{1}{q^n},$$
又
$$f\left(\frac{p}{q}\right)=f\left(\frac{p}{q}\right)-f(\xi)=\left(\frac{p}{q}-\xi\right)f'(\eta),$$
此 η 在 $\frac{p}{q}$ 与 ξ 之间.故
$$\left|\xi-\frac{p}{q}\right|=\frac{\left|f\left(\frac{p}{q}\right)\right|}{|f'(\eta)|}>\frac{1}{Mq^n}.$$
故对任一 $\varepsilon>0$ 及 $A>0$,(1) 式的有理整数解 (p,q) 的对数有限.

今举出两个作超越数之方法:

定理 2

$$\xi = \frac{1}{10} + \frac{1}{10^{2!}} + \frac{1}{10^{3!}} + \cdots$$

及

$$\xi = \frac{1}{10} + \frac{1}{10^{2!}} + \frac{1}{10^{3!}} + \cdots$$

皆为超越数.

证：1) 命

$$\alpha_n = \frac{1}{10} + \frac{1}{10^{2!}} + \cdots + \frac{1}{10^{n!}} = \frac{p}{q}, \quad q = 10^{n!}.$$

则

$$0 < \xi - \frac{p}{q} = \frac{1}{10^{(n+1)!}} + \cdots <$$

$$< \frac{2}{10^{(n+1)!}} = \frac{2}{q^{n+1}},$$

此 n 可以任意，故由定理 1 可知 ξ 不是代数数.

2) 命

$$\xi = \frac{1}{10} + \frac{1}{10^{2!}} + \frac{1}{10^{3!}} + \cdots = [0, a_1, a_2, a_3, \cdots],$$

又命 p_n/q_n 为其第 n 个渐近值，则

$$\left| \xi - \frac{p_n}{q_n} \right| < \frac{1}{q_n q_{n+1}} < \frac{1}{a_{n+1} q_n^2} < \frac{1}{a_{n+1}}.$$

现在 $a_{n+1} = 10^{(n+1)!}$，且

$$q_1 < a_1 + 1, \quad \frac{q_{n+1}}{q_n} = a_{n+1} + \frac{q_{n-1}}{q_n} < a_{n+1} + 1 \quad (n \geq 1),$$

故

$$q_n < (a_1+1)(a_2+1)\cdots(a_n+1)$$
$$< \left[1+\frac{1}{10}\right]\left[1+\frac{1}{10^2}\right]\cdots\left[1+\frac{1}{10^n}\right] a_1 a_2 \cdots a_n$$
$$< 2 a_1 a_2 \cdots a_n = 2 \cdot 10^{1!+2!+\cdots+n!} < 10^{2 \cdot n!} = a_n^2.$$

因此

$$\left| \xi - \frac{p_n}{q_n} \right| < \frac{1}{a_{n+1}} = \frac{1}{a_n^{n+1}} < \frac{1}{a_n^n} < \frac{1}{q_n^{\frac{1}{2}n}},$$

如 1)，可知 ξ 乃超越数.

习题. 作出一不可数集，其中每一数都是超越数.

提示　命 $a_1 \leq a_2 \leq a_3 \leq \cdots$ 为一递增自然数贯，则

$$\frac{1}{10^{a_1}} + \frac{1}{10^{a_2 \cdot 2!}} + \frac{1}{10^{a_3 \cdot 3!}} + \cdots$$

是一超越数.

§3. 代数数的有理逼近定理

本节之目的在于将定理 2.1 更精密化. 命 κ 为最小正数,使对任与之 $n(\geqslant 2)$ 次实代数数 ξ,当 $\nu>\kappa$ 时,不等式

$$\left|\xi-\frac{p}{q}\right|<\frac{1}{q^\nu}$$

仅有有限对有理整数解 $(p,q)(q>0)$. 由定理 2.1 已知 $\kappa\leqslant n$. Thue 证明了 $\kappa\leqslant\frac{1}{2}n+1$. Siegel 证明 $\kappa\leqslant\min\limits_{1\leqslant s\leqslant n-1}\left[s+\frac{n}{s+1}\right]$. Dyson 证明 $\kappa\leqslant\sqrt{2n}$. 直至 1955 年,此问题才为 Roth 所解决. 彼证明 $\kappa\leqslant 2$. 此结果为至善者,因为对任一无理数 ξ,常有无限对整数 $(p,q)(q>0)$ 使

$$\left|\xi-\frac{p}{q}\right|<\frac{1}{q^2}.$$

定理 1(Roth) 命 ξ 为任一非有理数之代数数. 则对任一 $\delta>0$,适合不等式

$$\left|\xi-\frac{p}{q}\right|<\frac{1}{q^{2+\delta}} \tag{1}$$

之有理整数解 $(p,q)(q>0)$ 数有限.

本节之证明为经简化后之证明[①],但仍较复杂,初学者可以从略.

1. 预备知识.

首先证明不妨假定 ξ 为代数整数. 若 ξ 为不可化多项式

$$f(x)=a_n x^n+a_{n-1}x^{n-1}+\cdots+a_0$$

之零点,此处 $a_n,a_{n-1},\cdots,a_0$ 是有理整数,则习知 $a_n\xi=\eta$ 为代数整数,且适合

$$\eta^n+a_{n-1}\eta^{n-1}+\cdots+a_n^{n-1}a_0=0.$$

若对于代数整数,定理 1 成立,而对于非整数之代数数 ξ,定理 1 不成立,换言之,对于某 $\delta>0$,(1) 式有无限多组有理整数解 $(p,q)(q>0)$,则当 q 充分大时有

$$\left|\eta-\frac{a_n p}{q}\right|<|a_n|q^{-2-\delta}<q^{-2-\delta/2}. \tag{2}$$

故得矛盾,因此只要对代数数证明定理 1 即可.

命

$$a=\max(1,|a_{n-1}|,\cdots,|a_0|). \tag{3}$$

[①] 见 J.W.S.Cassels,An introduction to Diophantine Approximation,Camb.Univ.Press,1957.

又记
$$R(x_1,\cdots,x_m) = \sum_{\substack{0 \leqslant j_\mu \leqslant r_\mu \\ (1 \leqslant \mu \leqslant m)}} C(j_1,\cdots,j_m) x_1^{j_1}\cdots x_m^{j_m}, (\text{其中 } C(j_1,\cdots,j_m) \text{ 为实数}),$$

$$\overline{R} = \max_{0 \leqslant j_\mu \leqslant r_\mu} |C(j_1,\cdots,j_m)|$$

及对于任何非负整数 $i_1,\cdots,i_m$,记

$$R_{i_1,\cdots,i_m} = \frac{1}{i_1!\cdots i_m!} \cdot \frac{\partial^{i_1+\cdots+i_m} R}{\partial x_1^{i_1}\cdots \partial x_m^{i_m}}.$$

引 1 若 R 有有理整系数,则 $R_{i_1,\cdots,i_m}$ 亦然. 若于 R 中,变数 x_μ 的次数为 r_μ,则于 $R_{i_1,\cdots,i_m}$ 中,x_μ 的次数不超过 $r_\mu - i_\mu$ (故当 $i_\mu > r_\mu$ 时,$R_{i_1,\cdots,i_m}$ 恒等于零). 还有估计

$$\overline{R_{i_1,\cdots,i_m}} \leqslant 2^{r_1+\cdots+r_m} \overline{R}.$$

证:易知
$$R_{i_1,\cdots,i_m} = \sum_{i_\mu \leqslant j_\mu \leqslant r_\mu} \begin{bmatrix} j_1 \\ i_1 \end{bmatrix} \cdots \begin{bmatrix} j_m \\ i_m \end{bmatrix} C(j_1,\cdots,j_m) x_1^{j_1-i_1}\cdots x_m^{j_m-i_m}, \tag{4}$$

此处二项式展开系数 $\begin{bmatrix} j \\ i \end{bmatrix}$ 都是整数. 由于当 $0 \leqslant i \leqslant j \leqslant r$ 时有

$$\begin{bmatrix} j \\ i \end{bmatrix} \leqslant \sum_{i=0}^{j} \begin{bmatrix} j \\ i \end{bmatrix} = (1+1)^j \leqslant 2^r \tag{5}$$

故得引理.

命 $\alpha_1,\cdots,\alpha_m$ 为任意实数及 $s_1,\cdots,s_m$ 为任意正整数. 又记

$$R(x_1+y_1,\cdots,x_m+y_m) = \sum_{0 \leqslant i_\mu \leqslant r_\mu} y_1^{i_1}\cdots y_m^{i_m} R_{i_1,\cdots,i_m}(x_1,\cdots,x_m) \tag{6}$$

则
$$I = \min_{R_{i_1,\cdots,i_m}(\alpha_1,\cdots,\alpha_m) \neq 0} \left(\frac{i_1}{s_1} + \cdots + \frac{i_m}{s_m} \right)$$

称为 R 在点 $(\alpha_1,\cdots,\alpha_m)$ 关于 $(s_1,\cdots,s_m)$ 之指标,记作 ind R. 易知除 R 恒等于零外,指标是存在的,而当 R 恒等于零时,则定义 ind R 为 ∞.

引 2 若 ind 表示在点 $(\alpha_1,\cdots,\alpha_m)$ 关于 $(s_1,\cdots,s_m)$ 的指标,则

(i) ind $R_{i_1,\cdots,i_m} \geqslant$ ind $R - \sum_{\mu=1}^{m} \frac{i_\mu}{s_\mu}$,

(ii) ind $(R+S) \geqslant \min(\text{ind } R, \text{ind } S)$,

(iii) ind $RS =$ ind $R +$ ind S.

证:(i),(ii) 是显然的. 今往证明 (iii). 命 $s = s_1 \cdots s_m$ 及 $I =$ ind R. 则由 (6) 可知 t^{sI} 为

$$R\left(\alpha_1 + t^{\frac{s}{s_1}} y_1, \cdots, \alpha_m + t^{\frac{s}{s_m}} y_m\right)$$

第十七章 代数数与超越数

之展开式中, t 之最低方幂. 由此易证(iii).

2. $R(x_1,\cdots,x_m)$ 的构造.

引3 命 $\varepsilon > 0$ 为任意正数,
$$m > 8n^2\varepsilon^{-2} \tag{7}$$
为整数, 此处 n 为 $f(x)$ 之次数及 $r_1,\cdots,r_m$ 为任意正整数. 则存在有有理整系数之多项式 $R(x_1,\cdots,x_m)$, 它关于 x_μ 之次数不超过 $r_\mu(1 \leqslant \mu \leqslant m)$, 且满足:
(i) 不恒等于零, (ii) 在 $(\xi,\cdots,\xi)$ 关于 $(r_1,\cdots,r_m)$ 之指标至少为
$$\frac{1}{2}m(1-\varepsilon) \tag{8}$$
及(iii) 有估计
$$\overline{|R|} \leqslant \gamma^{r_1+\cdots+r_m}, \gamma = 4(a+1), \tag{9}$$
此处 a 由(3)定义.

证明引3之前, 先证以下诸引.

引4 若 $0 < M < N$, a_{jk} 为有理整数, 且 $|a_{jk}| \leqslant A (A \geqslant 1, 1 \leqslant j \leqslant M, 1 \leqslant k \leqslant N)$, 则有一组非全为零之有理整数 $x_1,\cdots,x_N$ 适合于
$$a_{j1}x_1 + \cdots + a_{jN}x_N = 0, \quad 1 \leqslant j \leqslant M, \tag{10}$$
及
$$|x_k| \leqslant [(NA)^{\frac{M}{N-M}}], \quad 1 \leqslant k \leqslant N. \tag{11}$$

证: 命
$$y_j = a_{j1}x_1 + \cdots + a_{jN}x_N, \quad 1 \leqslant j \leqslant M.$$
则此变形变有理整数组 $(x_1,\cdots,x_N)$ 为有理整数组 $(y_1,\cdots,y_M)$. 又记
$$H = [(NA)^{\frac{M}{N-M}}],$$
则得
$$NA < (H+1)^{\frac{N-M}{M}}.$$
所以
$$NAH + 1 \leqslant NA(H+1) < (H+1)^{\frac{N}{M}}. \tag{12}$$
对于任意满足
$$0 \leqslant x_k \leqslant H, \quad 1 \leqslant k \leqslant N \tag{13}$$
之一组整数 $(x_1,\cdots,x_N)$ 皆有
$$-B_j H \leqslant y_j \leqslant C_j H, \quad B_j + C_j \leqslant NA, \tag{14}$$
此处 $-B_j$ 与 C_j 分别表示 y_j 中负系数与正系数之和, 即整数 y_j 可取之值不超过 $NAH+1$, 适合(13)之整数组 $(x_1,\cdots,x_N)$ 数为 $(H+1)^N$, 而它们所对应之整数组 $(y_1,\cdots,y_M)$ 不超过 $(NAH+1)^M$. 由(12)可知 $(H+1)^N > (NAH+1)^M$, 所以必定

有两组不同之整数 $(x_1',\cdots,x_N')$ 与 $(x_1'',\cdots,x_N'')$ 对应于同一组 $(y_1,\cdots,y_M)$. 命 $x_1 = x_1'-x_1'',\cdots,x_N=x_N'-x_N''$. 则 $(x_1,\cdots,x_N)$ 为一组非全为零之整数, 且适合(10)与(11), 引理证完.

引5 对于任意非负整数 l, 皆存在有理整数 $a_j^{(l)}(0\leqslant j<n)$ 满足

$$\xi^l = a_{n-1}^{(l)}\xi^{n-1}+\cdots+a_0^{(l)}$$

及

$$|a_j^{(l)}|\leqslant (a+1)^l, \quad 0\leqslant j<n,$$

此处 a 由(3)定义.

证: 当 $l<n$ 时, 引理显然成立. 当 $l\geqslant n$ 时, 由于

$$\xi^n = -a_{n-1}\xi^{n-1}-\cdots-a_0$$

及

$$\xi^l = \xi\cdot\xi^{l-1}=a_{n-1}^{(l-1)}\xi^n+\cdots+a_0^{(l-1)}\xi,$$

故由归纳法易得引理.

引6 对于任意正整数 $r_1,\cdots,r_m$ 及实数 $\lambda>0$, 适合不等式

$$\sum_{\mu=1}^m\frac{i_\mu}{r_\mu}\leqslant\frac{1}{2}(m-\lambda), \quad 0\leqslant i_1\leqslant r_1,\cdots,0\leqslant i_m\leqslant r_m$$

之整数组 $(i_1,\cdots,i_m)$ 不超过

$$(2m)^{\frac{1}{2}}\lambda^{-1}(r_1+1)\cdots(r_m+1). \tag{15}$$

证: 当 $m=1$ 时, 若 $\lambda>1$, 则解数为零, 若 $\lambda\leqslant 1$, 则解数不超过 r_1+1, 故引理成立. 现在假定 $m>1$ 及引理对于小于 m 的整数成立. 今往证明引理对 m 亦成立. 我们可以假定

$$\lambda>(2m)^{\frac{1}{2}}>1, \tag{16}$$

否则引理显然成立. 固定 $r=r_m$ 及 $i=i_m$, 则由归纳法可知整数组 $i_1,\cdots,i_{m-1}$ 不超过

$$(2m-2)^{\frac{1}{2}}\left[\lambda-1+\frac{2i}{r}\right]^{-1}(r_1+1)\cdots(r_{m-1}+1). \tag{17}$$

易知

$$\sum_{i=0}^r\frac{2}{\lambda-1+\frac{2i}{r}} = \sum_{i=0}^r\left[\frac{1}{\lambda-1+\frac{2i}{r}}+\frac{1}{\lambda+1-\frac{2i}{r}}\right]$$

$$= \sum_{i=0}^r\frac{2\lambda}{\lambda^2-\left[1-\frac{2i}{r}\right]^2}<2(r+1)\lambda/(\lambda^2-1). \tag{18}$$

又由(16)可得

第十七章 代数数与超越数

$$\lambda^2 - 1 > \lambda^2 \left(1 - \frac{1}{2m}\right) > \lambda^2 \left(1 - \frac{1}{m}\right)^{\frac{1}{2}}. \tag{19}$$

在(17)中,命 $i = i_m$ 关于 $r = 0, 1, \cdots, r_m$ 求和.则由(18),(19)可知引理对 m 亦成立,故由归纳法即得引理.

引 3 的证明 记

$$R(x_1, \cdots, x_m) = \sum_{0 \leq j_\mu \leq r_\mu} C(j_1, \cdots, j_m) x_1^{j_1} \cdots x_m^{j_m},$$

此处 $C(j_1, \cdots, j_m)$ 为

$$N = (r_1 + 1) \cdots (r_m + 1) \tag{20}$$

个待定有理整数.

对于所有满足

$$\sum_{\mu=1}^{m} \frac{i_\mu}{r_\mu} \leq \frac{1}{2} m(1 - \varepsilon) \tag{21}$$

的非负整数 $i_1, \cdots, i_m$,需有

$$R_{i_1, \cdots, i_m}(\xi, \cdots, \xi) = 0. \tag{22}$$

若对于任意 μ 有 $i_\mu > r_\mu$,则(22)显然成立,故可以假定

$$0 \leq i_\mu \leq r_\mu, \quad 1 \leq \mu \leq m. \tag{23}$$

由引 5 将(22)左端所有 ξ 的方幂都用 $1, \xi, \cdots, \xi^{n-1}$ 表示出来.由于 $1, \xi, \cdots, \xi^{n-1}$ 在有理数域上是线性独立的,故得 n 个关于 $C(j_1, \cdots, j_m)$ 的有有理整系数的线性方程.由(4)及引 5 可知这些方程之系数为形如

$$\begin{bmatrix} j_1 \\ i_1 \end{bmatrix} \cdots \begin{bmatrix} j_m \\ i_m \end{bmatrix} a_j^{(l)}, \quad 0 \leq j < n \tag{24}$$

之整数,此处

$$l = (j_1 - i_1) + \cdots + (j_m - i_m) \leq r_1 + \cdots + r_m.$$

故由(5)及引 5 可知(24)为绝对值不超过

$$A = (2a + 2)^{r_1 + \cdots + r_m} \tag{25}$$

之整数.

在引 6 中命 $\lambda = m\varepsilon$.则由(7)及引 6 可知方程之总数 M 满足估计

$$M \leq n(2m)^{\frac{1}{2}}(m\varepsilon)^{-1} N \leq \frac{1}{2} N. \tag{26}$$

故由引 4 可知存在不全为零之有理整数组 $C(j_1, \cdots, j_m)$ 满足(21),(22),(23),而且

$$|C(j_1, \cdots, j_m)| \leq (NA)^{\frac{M}{N-M}} \leq NA \leq \gamma_1^{r_1 + \cdots + r_m}.$$

引理证完.

3. R 在接近 $(\xi, \cdots, \xi)$ 的有理点处的性质.

引 7 命 $q_\mu > 0, p_\mu (1 \leq \mu \leq m)$ 为有理整数及

$$\eta_\mu = \frac{p_\mu}{q_\mu} - \xi, \quad |\eta_\mu| < q_\mu^{-2-\delta}, \tag{27}$$

此处

$$0 < \delta < \frac{1}{12}. \tag{28}$$

命 ε 为任意适合下二关系式的数

$$0 < \varepsilon < \frac{\delta}{20}, \tag{29}$$

$$q_\mu^\varepsilon > 64(a+1)\max(1, |\xi|), \quad 1 \leqslant \mu \leqslant m. \tag{30}$$

又命 $r_1, \cdots, r_m$ 为任意适合

$$n \log q_1 \leqslant r_\mu \log q_\mu \leqslant (1+\varepsilon) n \log q_1, \quad 1 \leqslant \mu \leqslant m \tag{31}$$

的正整数.则如引 3 构造的 R,在点 $\left[\frac{p_1}{q_1}, \cdots, \frac{p_m}{q_m}\right]$ 关于 $(r_1, \cdots, r_m)$ 之指标至少为

$$\frac{\delta m}{8}. \tag{32}$$

证:命 $j_1, \cdots, j_m$ 为任意满足

$$\sum_{\mu=1}^{m} \frac{j_\mu}{r_\mu} < \frac{\delta m}{8} \tag{33}$$

之非负整数,置

$$T(x_1, \cdots, x_m) = R_{j_1, \cdots, j_m}(x_1, \cdots, x_m).$$

则引理归结为证明

$$T\left[\frac{p_1}{q_1}, \cdots, \frac{p_m}{q_m}\right] = 0.$$

由引 1 与引 3 可知 T 有有理整系数且

$$\overline{|T|} \leqslant (2\gamma)^{r_1+\cdots+r_m}.$$

因 T 关于 x_μ 的次数不超过 r_μ,所以 T 的项数不超过 $(r_1+1)\cdots(r_m+1) \leqslant 2^{r_1+\cdots+r_m}$. 故由引 1 可知对于任意非负整数 $i_1, \cdots, i_m$ 皆有

$$|T_{i_1, \cdots, i_m}(\xi, \cdots, \xi)|$$
$$\leqslant (r_1+1)\cdots(r_m+1) \cdot 2^{r_1+\cdots+r_m}(2\gamma)^{r_1+\cdots+r_m}(\max(1, |\xi|))^{r_1+\cdots+r_m}$$
$$\leqslant \gamma_1^{r_1+\cdots+r_m}, \quad \gamma_1 = 8\gamma\max(1, |\xi|). \tag{34}$$

由引 2,引 3(ii),(29) 与 (33) 可知 T 在点 $(\xi, \cdots, \xi)$ 关于 $(r_1, \cdots, r_m)$ 的指标至少为

$$\frac{1}{2}m(1-\varepsilon) - \sum_{\mu=1}^{m}\frac{j_\mu}{r_\mu} > \frac{1}{2}m\left[1-\varepsilon-\frac{1}{4}\delta\right] > \frac{1}{2}m\left[1-\frac{1}{3}\delta\right]. \tag{35}$$

由 (6) 与 (27) 可知

$$T\left[\frac{p_1}{q_1}, \cdots, \frac{p_m}{q_m}\right] = \sum_{0 \leqslant i_\mu \leqslant r_\mu} T_{i_1, \cdots, i_m}(\xi, \cdots, \xi)\eta_1^{i_1}\cdots\eta_m^{i_m}, \tag{36}$$

此处由(35)可知(36)右端诸 i_μ 需满足

$$\sum_{\mu=1}^{m} \frac{i_\mu}{r_\mu} \geq \frac{1}{2} m \left[1 - \frac{1}{3}\delta \right]. \tag{37}$$

对于这种 $i_1, \cdots, i_m$，由(27),(31)可知

$$-\log | \eta_1^{i_1} \cdots \eta_m^{i_m} | \geq (2+\delta) \sum_{\mu=1}^{m} i_\mu \log q_\mu$$

$$\geq (2+\delta) n \log q_1 \sum_{\mu=1}^{m} \frac{i_\mu}{r_\mu} \geq (2+\delta) n \log q_1 \cdot \frac{1}{2} m \left[1 - \frac{1}{3}\delta \right]$$

$$\geq \left[1 + \frac{1}{2}\delta \right] \left[1 - \frac{1}{3}\delta \right] (1+\varepsilon)^{-1} \sum_{\mu=1}^{m} r_\mu \log q_\mu.$$

但由(28),(29)得

$$\left[1 + \frac{1}{2}\delta \right] \left[1 - \frac{1}{3}\delta \right] = 1 + \frac{1}{6}\delta(1-\delta) > 1 + \frac{1}{8}\delta > (1+\varepsilon)^2.$$

故得

$$| \eta_1^{i_1} \cdots \eta_m^{i_m} | < (q_1^{r_1} \cdots q_m^{r_m})^{-1-\varepsilon}. \tag{38}$$

由于(36)右端的项数不超过 $(r_1+1)\cdots(r_m+1) \leq 2^{r_1+\cdots+r_m}$，又由(9),(30),(34)得

$$2\gamma_1 = 16\gamma \max(1, |\xi|) = 64(a+1)\max(1, |\xi|) < q_\mu^\varepsilon,$$

所以由(34),(36),(38)得

$$\left| q_1^{r_1} \cdots q_m^{r_m} T\left[\frac{p_1}{q_1}, \cdots, \frac{p_m}{q_m} \right] \right| < \prod_{\mu=1}^{m} (2\gamma_1 q_\mu^{-\varepsilon})^{r_\mu} < 1.$$

但 $q_1^{r_1} \cdots q_m^{r_m} T\left[\frac{p_1}{q_1}, \cdots, \frac{p_m}{q_m} \right]$ 为有理整数，所以它必需是零，引理证完．

4. 整系数多项式在有理点处的性质．

引 8 命

$$\omega = \omega(m, \varepsilon) = 24 \cdot 2^{-m} \left[\frac{\varepsilon}{12} \right]^{2^{m-1}}, \tag{39}$$

此处 m 为正整数且

$$0 < \varepsilon < \frac{1}{12}. \tag{40}$$

命 $r_1, \cdots, r_m$ 为满足

$$\omega r_\mu \geq r_{\mu+1}, \quad 1 \leq \mu < m \tag{41}$$

的正整数，命 $q_\mu > 0, p_\mu$ 为互素的整数且满足

$$q_\mu^{r_\mu} \geq q_1^{r_1}, \quad 1 \leq \mu \leq m, \tag{42}$$

$$q_\mu^\omega \geq 2^{3^m}, \quad 1 \leq \mu \leq m. \tag{43}$$

又命 $S(x_1, \cdots, x_m)$ 为有有理整系数非恒等于零之多项式，它关于 x_μ 之次数不超过 $r_\mu(1 \leq \mu \leq m)$，且满足

$$|S| \leqslant q^{\omega r_1}, \tag{44}$$

则 S 在点 $\left[\dfrac{p_1}{q_1}, \cdots, \dfrac{p_m}{q_m}\right]$ 关于 $(r_1, \cdots, r_m)$ 之指标不超过 ε.

记微分算子

$$\Delta = \dfrac{\partial^{i_1 + \cdots + i_m}}{\partial x_1^{i_1} \cdots \partial x_m^{i_m}}. \tag{45}$$

并称 $i_1 + \cdots + i_m$ 为 Δ 的阶. 若 $\Delta_1, \cdots, \Delta_h$ 的阶分别不超过 $0, \cdots, h-1$ 及 $\phi_1, \cdots, \phi_h$ 为 $x_1, \cdots, x_m$ 的函数, 则行列式

$$|\Delta_i \phi_j| \quad (1 \leqslant i, j \leqslant h) \tag{46}$$

称为 $\phi_1, \cdots, \phi_h$ 之广义 Wronskian. 当 $m=1$, 阶为 $i-1$ 的算子只有 $\dfrac{d^{i-1}}{dx^{i-1}}$. 行列式 $\left|\dfrac{d^{i-1}\phi_j}{dx^{i-1}}\right|$ $(1 \leqslant i, j \leqslant h)$ 即为普通 Wronskian. 但需注意, 当 $h>1, m>1$ 时, 广义 Wronskian 不止一个.

命 $\phi_1, \cdots, \phi_h$ 为 $x_1, \cdots, x_m$ 的有有理系数的有理函数(即两个有有理系数的多项式之商). 若有一组不全为零之有理数 $c_1, \cdots, c_h$ 使

$$c_1 \phi_1 + \cdots + c_h \phi_h = 0, \tag{47}$$

则此 m 个有理函数称为线性互依, 不然则称为线性独立.

在证明引 8 之前, 先证次之引理.

引 9 若 $\phi_1, \cdots, \phi_h$ 为 $x_1, \cdots, x_m$ 的线性独立有理函数, 则其广义 Wronskian 中, 至少有一个不恒等于零.

证: 当 $h=1$ 时, 仅有的 Wronskian 即为 ϕ_1, 故引理成立. 现在假定 $h>1$ 及引理对小于 h 的正整数都成立. 今往证明引理对 h 亦成立.

因 $\phi_1 = 0$ 为 (47) 型之关系式, 故可以假定 $\phi_1 \neq 0$. 记

$$\phi_j^* = \phi_1^{-1} \phi_j, \quad 1 \leqslant j \leqslant h.$$

由微商规律可知 $\phi_1^*, \cdots, \phi_h^*$ 之每一 Wronskian 皆可表为若干 $\phi_1, \cdots, \phi_h$ 之 Wronskian 乘以有理函数(即 ϕ_1^{-1} 之微商)之和. 从而若 $\phi_1^*, \cdots, \phi_h^*$ 有不恒等于零之 Wronskian, 则 $\phi_1, \cdots, \phi_h$ 亦然. 又易知 $\phi_1^*, \cdots, \phi_h^*$ 亦是线性独立的. 故不妨假定

$$\phi_1 = 1.$$

若 $\phi_h = c$(有理数), 则 $\phi_h - c\phi_1 = 0$. 此不可能. 因此有某变数, 不妨假定为 x_1, 使

$$\dfrac{\partial \phi_h}{\partial x_1} \neq 0. \tag{48}$$

若有非全为零之有理数 $c_2, \cdots, c_h$ 使

$$c_2 \phi_2 + \cdots + c_h \phi_h \tag{49}$$

与 x_1 无关, 则由 (48) 可知 $c_2, \cdots, c_{h-1}$ 中至少有一个非零. 不妨假定 $c_2 \neq 0$. 还可以假

定 $c=1$. 显然将 ϕ_2 换为表达式(49), Wronskian 是不变的. 故不妨假定
$$\frac{\partial \phi_2}{\partial x_1}=0.$$
继续这一步骤, 最后可知存在正整数 k 满足 $1 \leqslant k < h$ 且使
$$\frac{\partial \phi_1}{\partial x_1}=\cdots=\frac{\partial \phi_k}{\partial x_1}=0 \tag{50}$$
及 $\frac{\partial \phi_{k+1}}{\partial x_1}, \cdots, \frac{\partial \phi_h}{\partial x_1}$ 是线性独立的. 由归纳法假定可知存在阶分别不超过 $0, \cdots, k-1$ 的微分算子 $\Delta_1^*, \cdots, \Delta_k^*$ 使行列式
$$W_1=|\Delta_i^* \phi_j| \neq 0 \quad (1 \leqslant i, j \leqslant k).$$
同理可知存在阶分别不超过 $0, \cdots, h-k-1$ 的微分算子 $\Delta_{k+1}^*, \cdots, \Delta_h^*$ 使行列式
$$W_2=\left|\Delta_i^* \frac{\partial \phi_j}{\partial x_1}\right| \neq 0 \quad (k < i, j \leqslant h).$$
记
$$\Delta_i=\begin{cases} \Delta_i^*, & \text{当 } 1 \leqslant i \leqslant k; \\ \Delta_i^* \dfrac{\partial}{\partial x_1}, & \text{当 } k < i \leqslant h. \end{cases}$$
则 Δ_i 的阶不超过 $i-1$. 由(50) 可知行列式
$$|\Delta_i \phi_j|=W_1 W_2 \neq 0 \quad (1 \leqslant i, j \leqslant h).$$
引理证完.

引 8 的证明　当 $m=1$ 时, 若
$$S\left[\frac{p_1}{q}\right]=S'\left[\frac{p_1}{q}\right]=\cdots=S^{(t-1)}\left[\frac{p_1}{q}\right]=0 \neq S^{(t)}\left[\frac{p_1}{q}\right],$$
则
$$S(x_1)=\left[x_1-\frac{p_1}{q}\right]^t T(x_1)=(q x_1-p_1)^t (q^{-t} T(x_1)).$$
由于 $(p_1, q)=1$, 所以由定理 1.13.2 可知 $q^{-t} T(x_1)$ 为有有理整系数之多项式, 故 $S(x_1)$ 之首项系数应为 q^t 之倍数. 由(39) 与(44) 得
$$q^t \leqslant \overline{|S|} \leqslant q^{\omega r_1}=q^{\varepsilon r_1}.$$
即得
$$t \leqslant \varepsilon r_1.$$
由于 S 在 p_1/q 关于 r_1 之指标为 t/r_1, 故得引理.

现在假定 $m > 1$ 及引理对小于 m 的正整数成立. 今往证明引理对 m 亦成立. 首先将 S 表为
$$S=\sum_{j=1}^h \phi_j(x_1, \cdots, x_{m-1}) \psi_j(x_m), \tag{51}$$

此处 ϕ_j 与 ψ_j 为有有理系数的多项式。先说明这种表法是可能的。例如取 $h = r_m + 1$ 及 $\psi_j = x_m^{j-1}$ 即可。从所有这种表法中，选取一个表法，其 h 为最小者，则

$$h \leqslant r_m + 1. \tag{52}$$

今往证明与此表法相应之 $\phi_1, \cdots, \phi_h$ 为线性独立的。倘若不然，若有不全为零之有理数 $c_1, \cdots, c_h$ 使

$$c_1 \phi_1 + \cdots + c_h \phi_h = 0,$$

不妨假定 $c_h \neq 0$，则得表达式

$$S = \sum_{j=1}^{h-1} \phi_j \left(\psi_j - \frac{c_j \psi_h}{c_h} \right).$$

这与 h 为最小者相矛盾。同理可证 $\psi_1, \cdots, \psi_h$ 亦为线性独立的。故由引 9 可知行列式

$$U(x_m) = \left| \frac{1}{(i-1)!} \frac{d^{i-1} \psi_j}{d x_m^{i-1}} \right| \neq 0 \quad (1 \leqslant i, j \leqslant h). \tag{53}$$

同理可知存在微分算子

$$\Delta_i' = \frac{1}{i_1! \cdots i_{m-1}!} \frac{\partial^{i_1 + \cdots + i_{m-1}}}{\partial x_1^{i_1} \cdots \partial x_{m-1}^{i_{m-1}}},$$

此处

$$i_1 + \cdots + i_{m-1} \leqslant i - 1 \leqslant h - 1 \leqslant r_m, \tag{54}$$

使行列式

$$V(x_1, \cdots, x_{m-1}) = | \Delta_i' \phi_j | \neq 0 \quad (1 \leqslant i, j \leqslant h). \tag{55}$$

记行列式

$$W(x_1, \cdots, x_m) = \left| \Delta_i' \frac{1}{(j-1)!} \frac{\partial^{j-1}}{\partial x_m^{j-1}} S(x_1, \cdots, x_m) \right| \quad (1 \leqslant i, j \leqslant h). \tag{56}$$

则由 (51), (53), (55) 得

$$W = \left| \Delta_i' \frac{1}{(j-1)!} \frac{\partial^{j-1}}{\partial x_m^{j-1}} \sum_{k=1}^{h} \phi_k \psi_k \right|$$
$$= U(x_m) V(x_1, \cdots, x_{m-1}).$$

但

$$\Delta_i' \frac{1}{(j-1)!} \frac{\partial^{j-1} S}{\partial x_m^{j-1}} = S_{i_1, \cdots, i_{m-1}, j-1}, \tag{57}$$

所以由引 1 及 (56) 可知 W 有有理整系数。因此由定理 1.13.2 可知存在有有理数系数之多项式 $u(x_m)$ 与 $v(x_1, \cdots, x_{m-1})$ 使

$$W(x_1, \cdots, x_m) = u(x_m) v(x_1, \cdots, x_{m-1}).$$

由于 (57) 关于 x_μ 之次数不超过 $r_\mu (1 \leqslant \mu \leqslant m)$，所以 W 关于 x_μ 之次数不超过 hr_μ $(1 \leqslant \mu \leqslant m)$。

由引 1 及 (44) 得

$$\overline{|S_{i_1, \cdots, i_{m-1}, j-1}|} \leqslant 2^{r_1 + \cdots + r_m} q^{\omega r_1}.$$

第十七章 代数数与超越数

因任意 $S_{i_1,\cdots,i_m}$ 之项数皆不超过 $(r_1+1)\cdots(r_m+1) \leqslant 2^{r_1+\cdots+r_m}$ 及由(52)可知行列式 W 的展开式中的乘积个数不超过 $h! \leqslant h^{h-1} \leqslant h^{r_m} \leqslant 2^{hr_m}$,故由(41),(43)得

$$\overline{|W|} \leqslant h!((n+1)\cdots(r_m+1))^h \cdot (2^{r_1+\cdots+r_m} q_1^{\omega r_1})^h$$
$$< (2^{3(r_1+\cdots+r_m)} q_1^{\omega r_1})^h \leqslant (2^{3m} q_1^{\omega})^{r_1 h} \leqslant q_1^{2\omega r_1 h}.$$

因 u,v 都有有理整系数,所以

$$\overline{|u|} \leqslant q_1^{2\omega r_1 h}, \quad \overline{|v|} \leqslant q_1^{2\omega r_1 h}. \tag{58}$$

现在命

$$\omega = \omega(m,\varepsilon) = \frac{1}{2}\omega\left(m-1, \frac{\varepsilon^2}{12}\right).$$

将归纳法假定用于 $v(x_1,\cdots,x_{m-1})$,并以 $m-1$ 代替 m, $hr_1,\cdots,hr_{m-1}$ 分别代替 r_1, $\cdots,r_{m-1}$, $\frac{\varepsilon^2}{12}$ 代替 ε,在(41),(43)中以 2ω 代替 ω,(58)代替(44),则得 v 在点 $\left[\frac{p_1}{q_1},\cdots,\frac{p_{m-1}}{q_{m-1}}\right]$ 关于 $(hr_1,\cdots,hr_m)$ 之指标不超过 $\frac{\varepsilon^2}{12}$. 将 $v(x_1,\cdots,x_{m-1})$ 看作 $x_1,\cdots,$ x_m 的函数. 则由指标之定义可知 v 在 $\left[\frac{p_1}{q_1},\cdots,\frac{p_m}{q_m}\right]$ 关于 $(r_1,\cdots,r_m)$ 之指标不超过 $\frac{h\varepsilon^2}{12}$.

类似地,由(42),(58)得 $\overline{|u|} \leqslant q_m^{2\omega r_m h}$. 又易知

$$\omega = \omega(m,\varepsilon) \leqslant \frac{1}{2}\omega\left(1, \frac{\varepsilon^2}{12}\right).$$

所以将归纳法假定用于 $u(x_m)$,并以 1 代替 m, hr_m 代替 r_m, $\frac{\varepsilon^2}{12}$ 代替 ε,则得 $u(x_m)$ 在 $\left[\frac{p_1}{q_1},\cdots,\frac{p_m}{q_m}\right]$ 关于 $(r_1,\cdots,r_m)$ 的指标不超过 $\frac{h\varepsilon^2}{12}$.

由引 2(iii) 可知 $W = uv$ 在 $\left[\frac{p_1}{q_1},\cdots,\frac{p_m}{q_m}\right]$ 关于 $(r_1,\cdots,r_m)$ 的指标 Θ 满足

$$\Theta \leqslant \frac{h\varepsilon^2}{12} + \frac{h\varepsilon^2}{12} = \frac{h\varepsilon^2}{6}. \tag{59}$$

命 ϑ 表示 $S(x_1,\cdots,x_m)$ 在 $\left[\frac{p_1}{q_1},\cdots,\frac{p_m}{q_m}\right]$ 关于 $(r_1,\cdots,r_m)$ 之指标. 则由引 2(i),(39)($m>1$),(41),(54) 可知 $S_{i_1,\cdots,i_{m-1},j-1}$ 相应之指标不小于

$$\vartheta - \frac{i_1}{r_1} - \cdots - \frac{i_{m-1}}{r_{m-1}} - \frac{j-1}{r_m}$$
$$\geqslant \vartheta - \frac{i_1+\cdots+i_{m-1}}{r_{m-1}} - \frac{j-1}{r_m} \geqslant \vartheta - \frac{r_m}{r_{m-1}} - \frac{j-1}{r_m}$$
$$\geqslant \vartheta - \omega - \frac{j-1}{r_m} \geqslant \vartheta - \frac{\varepsilon^2}{24} - \frac{j-1}{r_m},$$

因指标是非负的,所以展开行列式(56),由引 2 即得

$$\Theta \geqslant \sum_{j=1}^{h} \max\left[\vartheta - \frac{\varepsilon^2}{24} - \frac{j-1}{r_m}, 0\right]$$

$$\geqslant -\frac{h\varepsilon^2}{24} + \sum_{j=1}^{h} \max\left[\vartheta - \frac{j-1}{r_m}, 0\right].$$

故由(59)即得

$$h^{-1}\sum_{j=1}^{h} \max\left[\vartheta - \frac{j-1}{r_m}, 0\right] \leqslant \frac{\varepsilon^2}{6} + \frac{\varepsilon^2}{24} < \frac{\varepsilon^2}{4}, \tag{60}$$

此处 $1 \leqslant h \leqslant r_m + 1$.

若 $\vartheta \geqslant (h-1)/r_m$,则(60)之左端等于

$$\frac{1}{2}\vartheta + \frac{1}{2}\left[\vartheta - \frac{h-1}{r_m}\right] \geqslant \frac{1}{2}\vartheta,$$

即得 $\vartheta < \frac{1}{2}\varepsilon^2 < \varepsilon$. 引理成立.

若 $\vartheta < (h-1)/r_m$,则由于 $h \leqslant r_m + 1 \leqslant 2r_m$,故(60)之左端等于

$$h^{-1}\sum_{j=1}^{[\vartheta r_m]+1}\left[\vartheta - \frac{j-1}{r_m}\right] = \frac{\vartheta([\vartheta r_m]+1)}{h} - \frac{[\vartheta r_m]([\vartheta r_m]+1)}{2r_m h}$$

$$\geqslant \frac{\vartheta([\vartheta r_m]+1)}{2h} \geqslant \frac{\vartheta^2 r_m}{2h} \geqslant \frac{\vartheta}{4},$$

所以 $\vartheta \leqslant \varepsilon$. 引理证完.

5. 定理 1 的证明.

假定

$$\left|\xi - \frac{p}{q}\right| < q^{-2-\delta}, \quad q > 0, \tag{61}$$

有无限多组整数解 p, q. 因 ξ 非有理数,故可假定其中有无限多组满足关系 $(p, q) = 1$. 倘若不然,则当 q 无限增大时,ξ 将与某固定之有理数无限接近,即等于该有理数,故得矛盾.

取 δ 满足 $0 < \delta < 1/12$,即(28)成立. 我们逐步取各参数如下:

(i) ε 为任意满足 $0 < \varepsilon < \delta/20$ 的正数, 换言之, (29), (40) 成立.

(ii) m 为任意大于 $8n^2\varepsilon^{-2}$ 的整数, 换言之, (7)成立; $\omega(m, \varepsilon)$ 则由(39)定义.

(iii) p_1, q_1 为(61)的一组解, 此处 q_1 充分大使(30),(43)对于 $\mu = 1$ 成立, 并使下式成立

$$q_1^\omega > \gamma^m, \quad \gamma = 4(a+1). \tag{62}$$

(iv) 逐步选取(61)的解 $p_\mu, q_\mu (2 \leqslant \mu \leqslant m)$ 使满足

$$\frac{1}{2}\omega \log q_{\mu+1} > \log q_\mu \quad (1 \leqslant \mu < m). \tag{63}$$

由于(61)有无限多组解,故这样选取是可能的.又因 $q_m > q_{m-1} > \cdots > q_1$,故由(iii)可知对于 $1 \leqslant \mu \leqslant m$,(30)与(43)皆成立.

(v) 选取 n 充分大使
$$\varepsilon r_1 \log q_1 \geqslant \log q_m. \tag{64}$$

(vi) 当 $2 \leqslant \mu \leqslant m$ 时,命
$$r_\mu = \left[\frac{n \log q_1}{\log q_\mu}\right] + 1. \tag{65}$$

则由(64)得
$$\begin{aligned} n \log q_1 &\leqslant r_\mu \log q_\mu \\ &\leqslant n \log q_1 + \log q_\mu \leqslant (1+\varepsilon) n \log q_1, \end{aligned} \tag{66}$$

这就是(31)与(42).又由(63)与(66)得
$$\omega r_\mu \geqslant \frac{\omega r_1 \log q_1}{\log q_\mu} \geqslant \frac{\omega r_1 \log q_1}{\frac{1}{2} \omega \log q_{\mu+1}} = \frac{2 r_{\mu+1} n \log q_1}{r_{\mu+1} \log q_{\mu+1}}$$
$$\geqslant 2(1+\varepsilon)^{-1} r_{\mu+1} \geqslant r_{\mu+1}.$$

这就是(41).

引 3 与引 7 之诸假定皆已满足.由(9)与(62)可知引 3 中给出的 R 适合
$$\overline{|R|} \leqslant \gamma^{r_1 + \cdots + r_m} < \gamma^{mr_1} < q_1^{\omega r_1},$$

故 R 满足引 8 中加于 S 的条件.引 8 中其他诸条件亦皆满足.因此由引 7 可知 R 在 $\left[\frac{p_1}{q_1}, \cdots, \frac{p_m}{q_m}\right]$ 关于 $(r_1, \cdots, r_m)$ 之指标至少为 $\frac{\delta m}{8}$,而由引 8 可知这一指标不超过 ε.从而 $0 < \frac{\delta m}{8} \leqslant \varepsilon$,即 $0 < \delta \leqslant \frac{8\varepsilon}{m}$.因 δ 是固定正数,而 ε 可以任意小,m 可以任意大,故得矛盾.定理证完.

§4. Roth 定理之应用

定理 1 设 $n \geqslant 3$ 及
$$f(x, y) = b_0 x^n + b_1 x^{n-1} y + \cdots + b_n y^n$$

为一不可化齐次多项式,其系数为有理整数.又设
$$g(x, y) = \sum_{r+s \leqslant n-3} g_{rs} x^r y^s$$

为一次数至多为 $n-3$ 之有理系数多项式.则不定方程
$$f(x, y) = g(x, y) \tag{1}$$

至多有有限对整数解 (x, y).

证:我们只需考虑

之情形(对 $|x|>|y|$ 之情形,处理之方法相同). $y=0$ 之解至多为1.故我们仅限于讨论 $y>0$ 之解.令 $\alpha_1,\cdots,\alpha_n$ 为方程
$$f(x,1)=0$$
之根, $G=\max(|g_n|)$.则由(1),即得
$$|b_0(x-\alpha_1 y)\cdots(x-\alpha_n y)|\leqslant G(1+2y+\cdots+(n-2)y^{n-3})$$
$$\leqslant n^2 Gy^{n-3}. \tag{2}$$
故必有一 ν 使
$$|x-\alpha_\nu y|<c_1 y^{1-\frac{3}{n}}$$
(c_1 及以下之 $c_2,\cdots,c_5$ 皆为正常数).

因当 $\mu\neq\nu$, y 大于一适当大之 c_2 时,
$$|x-\alpha_\mu y|=|(\alpha_\nu-\alpha_\mu)y+(x-\alpha_\nu y)|>c_3 y-c_1 y^{1-\frac{3}{n}}>c_4 y, \tag{3}$$
故由(2)及(3)即得
$$|x-\alpha_\nu y|<\frac{c_5}{y^2}$$
或
$$\left|\alpha_\nu-\frac{x}{y}\right|<\frac{c_5}{y^3}.$$
由定理3.1,此不等式仅有有限多组解;若 $y\leqslant c_2$,情形乃属显然,定理即得证明.

定理2(Thue) 设 $n\geqslant 3$ 及
$$g(x,y)=b_0 x^n+b_1 x^{n-1}y+\cdots+b_n y^n$$
为一有理整系数之不可化齐次多项式, a 为有理整数,则
$$g(x,y)=a$$
仅有有限多组整数解.

证:此乃上定理之一特别情形.

定理3(Thue) 上定理中如已假定 $a\neq 0$,则可不必假定 $g(x,y)$ 为不可化,但须假定 $g(x,y)$ 非一次式之 n 方及二次式之 $\frac{n}{2}$ 方.

证:若 $g(z)=g(z,1)$ 不可化,固勿待论.若 $g(z)$ 为一 $m(\geqslant 3)$ 次不可化多项式 $h(z)$ 之乘方,即
$$g(z)=(h(z))^{n/m},$$
则问题一变而为解方程 $y^m h\left[\dfrac{x}{y}\right]=a^{m/n}$.若 $a^{m/n}$ 是一有理整数,则问题化为定理2之情形.若 $a^{m/n}$ 非有理整数,则此方程显然无解.今假定
$$g(z)=g_1(z)g_2(z),$$

$g_1(z)$ 与 $g_2(z)$ 分别为 r 次与 s 次整系数多项式,且其间无公因子.如是,所讨论之问题一变而为求解

$$y^r g_1\left[\frac{x}{y}\right] = a_1, \quad y^s g_2\left[\frac{x}{y}\right] = a_2, \quad a = a_1 a_2.$$

已与 a,则 a_1, a_2 仅有有限对.若有一解 $y \neq 0, \pm 1$,则

$$y^r g_1(z) = a_1 \quad y^s g_2(z) = a_2$$

有公根,即

$$a_2^r (g_1(z))^s = a_1^s (g_2(z))^r.$$

但 $g_1(z)$ 与 $g_2(z)$ 无公因子,又 $g_2(z) \neq \pm a_2, g_1(z) \neq \pm a_1$,故此式不可能成立.$y = 0, \pm 1$ 之情况十分显然,不赘.

附注:定理中 $a \neq 0$ 乃一必要条件,盖 $x^3 - y^3 = 0$ 有无限多组解.又 $(sx + ty)^n = a^n$,$(x^2 - 2y^2)^l = 1$ 皆有无限多组解,故其他条件亦不可少.

§5. Thue 定理之应用

定理 1(Landau-Ostrowski-Thue) 设 $n \geq 3, b^2 - 4ac \neq 0, a \neq 0, d \neq 0$.则不定方程

$$ay^2 + by + c = dx^n \tag{1}$$

仅有有限个解.

证:由(1)可知

$$(2ay + b)^2 - (b^2 - 4ac) = 4adx^n.$$

若

$$y_1^2 - (b^2 - 4ac) = 4adx^n$$

仅有有限个解,则原式亦然.因之,在今后之讨论中,不妨假定 $a = 1, b = 0$.即只需证明当 $n \geq 3, k \neq 0, l \neq 0$ 时,

$$y^2 - k = lx^n \tag{2}$$

仅有有限个解.

1) 设 k 为平方数 m^2,则得

$$(y - m)(y + m) = lx^n.$$

当 $x = 0$ 时,$y = \pm m$.今设 $x \neq 0$,此时 $y \neq \pm m$.又因若 $p \nmid 2ml$,则 p 不能同时为 $y + m$ 及 $y - m$ 的素因子.故能将 $y + m$ 和 $y - m$ 表成如下形式:

$$y + m = \pm p_1^{r_1} \cdots p_j^{r_j} z^n = qz^n, \quad 0 \leq r_i \leq n-1,$$
$$y - m = \pm p_1^{s_1} \cdots p_j^{s_j} w^n = tw^n, \quad 0 \leq s_i \leq n-1,$$

其中 $p_1, \cdots, p_j$ 为 $2ml$ 的素因子,因此 q 与 t 都只能取有限个非零之值.

又对于一组 $q\neq 0, t\neq 0, f(z)=qz^n-t$ 无重根，故能适合定理 4.3 的条件，因此不定方程

$$qz^n - tw^n = 2m$$

只能有有限组非零解答．定理得证．

2) 设 k 非平方数，命

$$\vartheta = \begin{cases} \sqrt{k}, & k > 0; \\ i\sqrt{|k|}, & k < 0. \end{cases}$$

今只需研究(2)式中 $x > 0$ 之解，即讨论

$$y^2 - k = lx^n, \quad x > 0 \tag{3}$$

的解．命 x, y 为(3)的任何一组解．则由定理 6.10.5 可知有整数 r 及 q，使

$$\left| \frac{y}{x} - \frac{r}{q} \right| < \frac{1}{q\sqrt{x}}, \quad 0 < q \leqslant \sqrt{x}. \tag{4}$$

命

$$qy - rx = s,$$

则有

$$|s| < \sqrt{x} \tag{5}$$

及

$$s \equiv qy \pmod{x}. \tag{6}$$

又命

$$t = \left[\frac{s^2 - q^2 k}{x} \right]^n,$$

则因 k 非平方数，故 $t \neq 0$；又由(6)及(3)可知：

$$s^2 - q^2 k \equiv q^2(y^2 - k) \equiv q^2 lx^n \equiv 0 \pmod{x},$$

故 t 为一整数．又因

$$|t| \leqslant \left[\frac{s^2 + q^2|k|}{x} \right]^n < \left[\frac{x + x|k|}{x} \right]^n = (1+|k|)^n,$$

故对于给定的 n 及 k，整数 t 只能取有限个非零之值．

再命

$$\beta = \frac{(s-q\vartheta)^n(y+\vartheta)}{x^n}, \quad \xi = s + q\vartheta,$$

则易见

$$t(y+\vartheta) = \beta \xi^n. \tag{7}$$

由于

$$(s - q\vartheta)^n = (q(y-\vartheta) - rx)^n = (A_1 + A_2 \vartheta)(y-\vartheta) + (-1)^n r^n x^n,$$

第十七章　代数数与超越数　　　　　　　　　　　　　　　　　　　　　　• 489 •

故得

$$x^n\beta = (s-q\vartheta)^n(y+\vartheta) = (A_1+A_2\vartheta)(y^2-k) + (-1)^n r^n x^n(y+\vartheta)$$
$$= (A_1+A_2\vartheta)lx^n + (A_3+A_4\vartheta)x^n = (A_5+A_6\vartheta)x^n,$$

亦即

$$\beta = A_5 + A_6\vartheta, \tag{8}$$

其中 $A_1, A_2, \cdots, A_6$ 皆为与 x, y 有关的整数.

因

$$|y|+|\vartheta| \leqslant \sqrt{|k|+|l|}\,x^n + \sqrt{|k|} \leqslant x^{n/2}(\sqrt{|k|+|l|} + \sqrt{|k|})$$

及

$$|s|+q|\vartheta| \leqslant \sqrt{x} + \sqrt{x}\sqrt{|k|} = \sqrt{x}(1+\sqrt{|k|}),$$

故得

$$|A_5 \pm A_6\vartheta| = \left|\frac{(s\mp q\vartheta)^n(y\pm\vartheta)}{x^n}\right|$$
$$\leqslant (1+\sqrt{|k|})^n(\sqrt{|k|+|l|} + \sqrt{|k|}).$$

于是由

$$A_5 = \frac{1}{2}((A_5+A_6\vartheta) + (A_5-A_6\vartheta))$$

及

$$A_6 = \frac{1}{2\vartheta}((A_5+A_6\vartheta) - (A_5-A_6\vartheta)),$$

可知对于给定的 n, k, l, 整数 A_5, A_6 只能取有限个不同的值, 亦即 β 之个数有限. 又已知 t 之个数也有限, 所以对于给定的 n, k, l, 只有有限个方程 (7).

由(7)式得

$$t(y+\vartheta) = (A_5+A_6\vartheta)(s+q\vartheta)^n,$$

及

$$t(y-\vartheta) = (A_5-A_6\vartheta)(s-q\vartheta)^n.$$

于是

$$2t = \frac{1}{\vartheta}[(A_5+A_6\vartheta)(s+q\vartheta)^n - (A_5-A_6\vartheta)(s-q\vartheta)^n]. \tag{9}$$

当 $n, t(\neq 0), A_5, A_6$ 已与, 若能证明上式右边为一适合定理 4.3 假定的整系数多项式 $g(s,q)$, 则 (9) 式只能有有限组整数解 (s,q), 于是再由 (7) 式, 可知只能有有限个不同的 y, 因之 (2) 式也只能有有限组整数解 (x,y), 而定理明矣.

欲证明 $g(s,q)$ 适合定理 4.3 的假定, 只需证明

$$f(z) = \frac{1}{\vartheta}[(A_5+A_6\vartheta)(z+\vartheta)^n - (A_5-A_6\vartheta)(z-\vartheta)^n]$$

无重根即足.但此为显然之事,盖若不然,设
$$f(z) = 0, \quad f'(z) = 0$$
有公共解 $z = z_0$,则 z_0 必适合
$$\frac{A_5 + A_6 \vartheta}{A_5 - A_6 \vartheta} = \left[\frac{z_0 - \vartheta}{z_0 + \vartheta}\right]^n = \left[\frac{z_0 - \vartheta}{z_0 + \vartheta}\right]^{n-1},$$
因得 $\frac{z - \vartheta}{z + \vartheta} = 1$,此不可能.故得定理.

习题 1. 设 n 为一奇数 > 1.依次排列自然数之平方及 n 次方:
$$1 = z_1 < z_2 < z_3 < \cdots.$$

证明
$$z_{\nu+1} - z_\nu \to \infty.$$

习题 2. 命 $\langle \xi \rangle = \min(\xi - [\xi], [\xi] + 1 - \xi)$,则
$$\lim_{\substack{x \to \infty \\ x\text{非平方数}}} x^{n/2} \langle x^{n/2} \rangle = \infty.$$

§6. e 之超越性

前已证明超越数之存在性,且实数中几乎全部是超越数,盖代数数集仅一可数集耳.今转而发问:某一定数是否为超越数,如 $e, \pi, \sin 1$ 等是否为超越数.此种问题,远较前之笼统的存在性为难.本节及下节中将证明 e, π 之超越性.但迄今为止数学家仍无人能证明 $e + \pi$ 为超越数或否.又如 Euler 常数
$$\gamma = \lim_{n \to \infty} \left[1 + \frac{1}{2} + \cdots + \frac{1}{n} - \log n \right]$$
是否为超越数亦为一未能证明之难题.不仅如此,且无人能证明 γ 为无理数或否.此乃著名之 Hilbert 第七问题之一部分,其另一部分将为 §§8—10 论证之主题.

定理 1 e 非有理数.

证:如能证明 e^{-1} 非有理数即得定理.命
$$e^{-1} = \sigma_n + \rho_n,$$
此处
$$\sigma_n = \sum_{k=0}^{n} \frac{(-1)^k}{k!}, \quad \rho_n = \sum_{k=n+1}^{\infty} \frac{(-1)^k}{k!}.$$
易见
$$0 < (-1)^{n+1} \rho_n = \frac{1}{(n+1)!} - \frac{1}{(n+2)!} + \cdots < \frac{1}{(n+1)!}.$$
因得

第十七章　代数数与超越数

$$0 < n!\rho_n(-1)^{n+1} < \frac{1}{n+1} < 1,$$

即

$$n!e^{-1} = n!\sigma_n + n!\rho_n(-1)^{n+1}$$

决不是一整数.

定理 2　命

$$f(x) = \sum_{m=0}^{n} a_m x^m,$$

$$F(x) = \sum_{k=0}^{n} f^{(k)}(x), \quad F(0)e^x - F(x) = Q(x),$$

则

$$|Q(x)| \leqslant e^{|x|} \sum_{m=0}^{n} |a_m| |x|^m.$$

证:有恒等式

$$F(x) = \sum_{k=0}^{n} \sum_{m=k}^{n} a_m \frac{m!}{(m-k)!} x^{m-k}$$

$$= \sum_{m=0}^{n} a_m \sum_{k=0}^{m} \frac{m!}{(m-k)!} x^{m-k} = \sum_{m=0}^{n} a_m \sum_{k=0}^{m} \frac{m!}{k!} x^k.$$

特别,有

$$F(0) = \sum_{m=0}^{n} a_m m!$$

故

$$|Q(x)| = \left| \sum_{m=0}^{n} a_m \sum_{k=0}^{\infty} \frac{m!}{k!} x^k - \sum_{m=0}^{n} a_m \sum_{k=0}^{m} \frac{m!}{k!} x^k \right|$$

$$= \left| \sum_{m=0}^{n} a_m \sum_{k=m+1}^{\infty} \frac{m!}{k!} x^k \right|$$

$$\leqslant \sum_{m=0}^{n} |a_m| \sum_{k=m+1}^{\infty} |x|^k/(k-m)!$$

$$= \sum_{m=0}^{n} |a_m| |x|^m \sum_{l=1}^{\infty} \frac{|x|^l}{l!} \leqslant e^{|x|} \sum_{m=0}^{n} |a_m| |x|^m.$$

定理 3(Hermite)　e 是超越数.

证:假定 e 适合于 $P(x)$,而

$$P(x) = \sum_{h=0}^{m} g_h x^h, \quad g_0 \neq 0, m > 0,$$

此处 g_h 是有理整数.命 p 为一素数 $> \max(m, |g_0|)$.又命

$$f(x) = \frac{x^{p-1}\prod_{h=1}^{m}(h-x)^p}{(p-1)!} = \sum_{k=0}^{n} a_k x^k \quad (a_k = a_k(p)).$$

由于 h 是 $f(x) = 0$ 之 p 重根，故可书为

$$f(x) = \frac{(m!)^p x^{p-1} + A_p x^p + \cdots}{(p-1)!}$$

$$= \frac{B_{p,h}(x-h)^p + B_{p+1,h}(x-h)^{p+1} + \cdots}{(p-1)!},$$

此处 A, B 皆为有理整数.由此 $f(x)$ 做出定理 2 中之 $F(x)$ 及 $Q(x)$.则

$$0 = F(0)P(e) = F(0)\sum_{h=0}^{m} g_h e^h$$

$$= \sum_{h=0}^{m} g_h F(h) + \sum_{h=0}^{m} g_h Q(h). \tag{1}$$

又已知

$$\sum_{h=0}^{m} g_h F(h) = g_0 \sum_{k=0}^{n} f^{(k)}(0) + \sum_{h=1}^{m} g_h \sum_{k=0}^{n} f^{(k)}(h)$$

$$= g_0((m!)^p + pA_p + \cdots) + \sum_{h=1}^{m} g_h(pB_{p,h} + p(p+1)B_{p+1,h} + \cdots),$$

此乃一有理整数.于上式右边 $p \nmid g_0(m!)^p$，而其余各项皆为 p 之倍数，故

$$\left|\sum_{h=0}^{m} g_h F(h)\right| \geq 1.$$

若能证明，有一素数 $p > \max(m, |g_0|)$，使

$$\left|\sum_{h=0}^{m} g_h Q(h)\right| < 1,$$

则由(1)式引出矛盾.由定理 2 可知只需证明，对一固定的 x，当 $p \to \infty$ 时

$$\sum_{k=0}^{n} |a_k||x|^k \to 0$$

即足.此点之证明极易:

$$\sum_{k=0}^{n} |a_k||x|^k \leq \frac{|x|^{p-1}\prod_{h=1}^{m}(h+|x|)^p}{(p-1)!} \to 0.$$

§7. π 之超越性

定理 1 π 非有理数.

证:若 $\pi = \dfrac{a}{b}$，a 和 $b(>0)$ 是有理整数，命

第十七章 代数数与超越数

$$f(x) = \frac{x^n(a-bx)^n}{n!}$$

及

$$F(x) = f(x) - f^{(2)}(x) + f^{(4)}(x) - \cdots + (-1)^n f^{(2n)}(x),$$

易见 $f(x)$ 及其导数当 $x=0$ 及 π 时取整数值,即 $F(0)$ 及 $F(\pi)$ 是整数. 今

$$\frac{d}{dx}(F'(x)\sin x - F(x)\cos x) = (F''(x) + F(x))\sin x = f(x)\sin x,$$

故得

$$\int_0^\pi f(x)\sin x\, dx = F(\pi) - F(0) \tag{1}$$

是一整数.

但当 $0 < x < \pi$ 及 n 充分大时,有

$$0 < f(x)\sin x < \frac{\pi^n a^n}{n!} < \frac{1}{\pi},$$

故得

$$0 < \int_0^\pi f(x)\sin x\, dx < 1. \tag{2}$$

(2) 与 (1) 矛盾,故得定理.

定理 2(Lindemann) π 是超越数.

证:由于 i 是代数数,又由于二代数数之积及商仍为代数数,可知 π 与 $i\pi$ 或同时是代数数,或同时非代数数. 故只需证明 $i\pi$ 非代数数即足.

假定 $i\pi$ 适合于

$$f(x) = ax^m + a_1 x^{m-1} + \cdots = 0, \quad a > 0,$$

则 $ai\pi$ 适合于

$$a^{m-1} f\left[\frac{x}{a}\right] = x^m + a_1 x^{m-1} + \cdots = 0.$$

又因为 $i\pi$ 与 $ai\pi$ 同为代数数或否,今只需证明 $ai\pi$ 适合

$$P(y) = y^m + k_{m-1} y^{m-1} + \cdots + k_0 = 0, \quad m > 0$$

为不可能.

命

$$P(y) = \prod_{h=1}^m (y - a\alpha_h).$$

因为 $1 + e^{i\pi} = 0$,故只需证明

$$R = \prod_{h=1}^m (e^0 + e^{\alpha_h}) \neq 0.$$

R 可以写成

$$R = c + \sum e^{\alpha} + \sum e^{\alpha+\alpha'} + \cdots$$
$$= c + e^{\beta_1} + e^{\beta_2} + \cdots + e^{\beta_r},$$

于此,c 为 2^m 项中指数之和为零者之个数,而 $\beta_1,\cdots,\beta_r$ 不为零.

命 p 为一素数 $> \max\left[c, a, \prod_{h=1}^{r} a|\beta_h|\right]$. 命

$$f(x) = \frac{(ax)^{p-1} \prod_{h=1}^{r}(ax - a\beta_h)^p}{(p-1)!} = \sum_{k=0}^{n} a_k x^k.$$

与定理 6.3 之证明相似,可得

$$f(x) = \frac{A_{p-1} x^{p-1} + A_p x^p + \cdots}{(p-1)!}$$
$$= \frac{\gamma_{p,h}(x-\beta_h)^p + \gamma_{p+1,h}(x-\beta_h)^{p+1} + \cdots}{(p-1)!},$$

式中诸 A 为 $a\beta_1,\cdots,a\beta_r$ 之对称函数,故亦为 $a\alpha_1,\cdots,a\alpha_h$ 之对称函数,为有理整数,且 $A_{p-1} \not\equiv 0 \pmod{p}$.

做对应之 $F(x)$ 及 $Q(x)$,则

$$F(0)R = F(0)\left[c + \sum_{h=1}^{r} e^{\beta_h}\right] = cF(0) + \sum_{h=1}^{r} F(\beta_h) + \sum_{h=1}^{r} Q(\beta_h),$$

于此,

$$cF(0) = c(A_{p-1} + pA_p + \cdots)$$

为一有理整数,但非 p 之倍数.又

$$\sum_{h=1}^{r} F(\beta_h) = \sum_{h=1}^{r}(p\gamma_{p,h} + p(p+1)\gamma_{p+1,h} + \cdots)$$
$$= p\sum_{h=1}^{r}\gamma_{p,h} + p(p+1)\sum_{h=1}^{r}\gamma_{p+1,h} + \cdots$$
$$= pc_p + p(p+1)c_{p+1} + \cdots,$$

$c_p, c_{p+1}\cdots$ 为 $a\beta_1,\cdots,a\beta_r$ 之对称函数,故为有理整数.故 $\sum_{h=1}^{r} F(\beta_h)$ 为 p 之倍数.因而

$$\left|cF(0) + \sum_{h=1}^{r} F(\beta_h)\right| \geqslant 1.$$

今只需证明,当 p 充分大时

$$\left|\sum_{h=1}^{r} Q(\beta_h)\right| < 1,$$

即当 x 固定时

$$\lim_{p\to\infty} \sum_{k=1}^{n} |a_k| |x|^k = 0.$$

由于当 $p \to \infty$ 时

$$\sum_{k=1}^{n} |a_k||x|^k \leq \frac{(a|x|)^{p-1}\prod_{h=1}^{r}(a|x|+a|\beta_h|)^p}{(p-1)!} \to 0.$$

故得定理.

附注:此定理也回答了只用圆规直尺不能"化圆为方"的问题.即不能用圆规及直尺作一线段其长等于单位圆之弧长之问题.

习题 1.若 ξ 是有理数,则 $\sinh \xi$ 是超越数.

习题 2.证明 e^i 是超越数.因之证明 sin1 是超越数.

§8. Hilbert 第七问题

在 1900 年 Hilbert 曾列举 23 个数学上未解决之问题.其中之第七个问题(除已见于 §6 之一部分外)为:

若 α 是一代数数 $\neq 0, 1$,又 β 是一非有理数之代数数,问 α^β 是否是超越数.他并举出两例:即能否证明 $2^{\sqrt{2}}$ 及 $e^\pi = (-1)^{-i}$ 是超越数.

关于此一问题之第一个重要贡献是在 1929 年由苏联数学家 А.О.Гельфонд 所给出.彼证明 e^π 是超越数,并指出其方法可以解决 β 在任意虚二次域中之 Hilbert 问题.1930 年 Кузьмин 将 Гельфонд 之方法推到实二次域.特别证明了 $2^{\sqrt{2}}$ 是超越数.在 1934 年 Гельфонд 与 Schneider 独立地解决了 Hilbert 问题.

在 Hilbert 叙述此问题时,曾经提起,此问题之解决将后于 Riemann 推测及 Fermat 问题.但今天事实已说明适得其反.因之,在一问题未解决以前,实难以推测其难易也.

命 K 表一 h 次代数数域.且命 $\beta_1, \cdots, \beta_h$ 为其一整底,即任一 K 中之整数可以唯一地表成为 $a_1\beta_1 + \cdots + a_h\beta_h$ 之形式,其中 $a_1, \cdots, a_h$ 为有理整数.用符号 $\overline{|\alpha|}$ 表示 α 之诸共轭数 $\alpha^{(i)} (1 \leq i \leq h)$ 之绝对值之最大值,即

$$\overline{|\alpha|} = \max_{1 \leq i \leq h}(|\alpha^{(i)}|).$$

引 1 若 α 为一代数整数

$$\alpha = a_1\beta_1 + \cdots + a_h\beta_h,$$

则

$$|a_h| \leq c\overline{|\alpha|},$$

此处 c(及今后之 c_1, c_2)为仅与 K 及所选定之整底 $\beta_1, \cdots, \beta_h$ 有关的自然数.

此引可由解联立方程组

$$\alpha^{(i)} = a_1\beta_1^{(i)} + \cdots + a_h\beta_h^{(i)}, \quad 1 \leq i \leq h$$

得之.

引 2 若 $0 < p < q, \alpha_{kl}(1 \leqslant k \leqslant p, 1 \leqslant l \leqslant q)$ 为 K 中之整数,且 $\overline{|\alpha_{kl}|} \leqslant A$,则有一组 K 中的非全为零的代数整数 $\xi_1, \cdots, \xi_q$ 适合于

$$\alpha_{k1}\xi_1 + \cdots + \alpha_{kq}\xi_q = 0, \quad 1 \leqslant k \leqslant p \tag{1}$$

及

$$\overline{|\xi_l|} < c_1(1 + (c_1 qA)^{p/(q-p)}), \quad 1 \leqslant l \leqslant q. \tag{2}$$

证:命

$$\xi_l = x_{l1}\beta_1 + \cdots + x_{lh}\beta_h, \quad 1 \leqslant l \leqslant q,$$

此处 $x_{l1}, \cdots, x_{lh}$ 是有理整数.命

$$\alpha_{kl}\beta_r = a_{klr1}\beta_1 + \cdots + a_{klrh}\beta_h, \tag{3}$$

此处 $a_{klr1}, \cdots, a_{klrh}$ 也是有理整数.于是(1)式变为

$$0 = \sum_{l=1}^{q} \alpha_{kl}\xi_l = \sum_{l=1}^{q} \alpha_{kl} \sum_{r=1}^{h} x_{lr}\beta_r = \sum_{r=1}^{h} \sum_{l=1}^{q} x_{lr} \sum_{u=1}^{h} a_{klru}\beta_u$$

$$= \sum_{u=1}^{h} \left[\sum_{r=1}^{h} \sum_{l=1}^{q} a_{klru} x_{lr} \right] \beta_u,$$

$$1 \leqslant k \leqslant p.$$

由于 $\beta_1, \cdots, \beta_h$ 是线性独立的,故得由 hp 个方程所成的方程组

$$\sum_{r=1}^{h} \sum_{l=1}^{q} a_{klru} x_{lr} = 0, \quad 1 \leqslant u \leqslant h, \quad 1 \leqslant k \leqslant p, \tag{4}$$

其中有 hq 个未知数.

由(3)及引1,可知 $|a_{klru}| \leqslant c \max_{1 \leqslant k \leqslant h} \overline{|\beta_k|} A \leqslant c_2 A$.

故由引3.4可知(4)式有非皆为零之有理整数解答,且适合于

$$|x_{lr}| \leqslant 1 + (hqc_2 A)^{p/(q-p)}, \quad 1 \leqslant l \leqslant q, \quad 1 \leqslant r \leqslant h.$$

故得

$$\overline{|\xi_l|} \leqslant |x_{l1}|\overline{|\beta_1|} + \cdots + |x_{lh}|\overline{|\beta_h|}$$

$$\leqslant c_2 h(1 + (hqc_2 A)^{p/(q-p)}).$$

命 $c_2 h = c_1$,即得引理.

§9. Гельфонд 之证明

设 $\alpha \neq 0, 1$ 是一代数数,又 β 是一非有理数之代数数,要证明 α^β 是超越数.若不然,即若 $\gamma = \alpha^\beta = e^{\beta \log \alpha}$(此处 $\log \alpha$ 取 α 之对数中任意固定的一值,且 $\log \alpha \neq 0$) 也是代数数,则可导出矛盾.

设 α, β, γ 皆在一 h 次之代数数域 K 中.命

第十七章 代数数与超越数

$$m = 2h+2, \quad n = \frac{q^2}{2m},$$

此处 $q^2 = t$ 乃一自然数之平方且为 $2m$ 之倍数者. 又命 $\rho_1, \rho_2, \cdots, \rho_t$ 代表 t 个数

$$(a+b\beta)\log\alpha, \quad 1 \leqslant a \leqslant q, \quad 1 \leqslant b \leqslant q.$$

引进整函数

$$R(x) = \eta_1 e^{\rho_1 x} + \cdots + \eta_t e^{\rho_t x}, \tag{1}$$

于此 $\eta_1, \cdots, \eta_t$ 为待定系数. 今由下面的条件来定出 $\eta_1, \cdots, \eta_t$. 即解有 $t = 2mn$ 个未知数 $\eta_1, \cdots, \eta_t$ 的 mn 个齐次线性联立方程组

$$(\log\alpha)^{-k} R^{(k)}(l) = 0, \quad 0 \leqslant k \leqslant n-1, \quad 1 \leqslant l \leqslant m. \tag{2}$$

此方程组的系数在 K 中,且其系数是

$$(\log\alpha)^{-k}((a+b\beta)\log\alpha)^k e^{l(a+b\beta)\log\alpha} = (a+b\beta)^k \alpha^{al} \gamma^{bl},$$

$$1 \leqslant l \leqslant m, \quad 1 \leqslant a,b \leqslant q, \quad 0 \leqslant k \leqslant n-1.$$

习知有一自然数 c_1(此处 c_1 及以后之 $c_2, c_3, \cdots$ 皆表与 n 无关之自然数)存在,使 $c_1\alpha, c_1\beta, c_1\gamma$ 皆为 K 中之整数. 故于该方程组之每一系数乘以

$$c_1^{n-1} c_1^{mq} c_1^{mq} = c_1^{n-1+2mq} (\leqslant c_2^n)$$

后,其系数皆变成 K 中之整数. 且其诸系数之共轭数之绝对值皆

$$\leqslant c_2^n (q + q\overline{|\beta|})^{n-1} \overline{|\alpha|}^{mq} \overline{|\gamma|}^{mq} \leqslant c_3^n n^{\frac{1}{2}(n-1)}.$$

故由引 8.2 知有一组非全为零的 K 中之整数 $\eta_1, \cdots, \eta_t$ 为其解,且

$$\overline{|\eta_k|} \leqslant c_4^n n^{\frac{1}{2}(n+1)}, \quad 1 \leqslant k \leqslant t.$$

因为 $\rho_1, \cdots, \rho_t$ 各不相同,可知 $R(x)$ 不恒等于零. 不然,展开(1)式右边可得

$$\eta_1 \rho_1^k + \eta_2 \rho_2^k + \cdots + \eta_t \rho_t^k = 0, \quad k = 0,1,2,\cdots$$

由此得出 $\eta_1 = \eta_2 = \cdots = \eta_t = 0$, 此乃矛盾. 于是由(2)可知

$$R(x) = a_{n,l}(x-l)^n + a_{n+1,l}(x-l)^{n+1} + \cdots, \quad 1 \leqslant l \leqslant m, \tag{3}$$

其中 $a_{n,l}, a_{n+1,l}, \cdots$ 不全为零. 故必有一自然数 r 存在,使

$$R^{(k)}(l) = 0, \quad 0 \leqslant k \leqslant r-1, \quad 1 \leqslant l \leqslant m,$$

但对某一 $l_0 (1 \leqslant l_0 \leqslant m)$,

$$R^{(r)}(l_0) \neq 0.$$

由(3),显然 $r \geqslant n$.

今往研究数

$$(\log\alpha)^{-r} R^{(r)}(l_0) = \rho \neq 0. \tag{4}$$

此数在 K 中,且 $c_1^{r+2mq}\rho$ 是 K 中之整数,故

$$|N(\rho)| > c_1^{-h(r+2mq)} > c_5^{-r}. \tag{5}$$

另一方面,

$$\overline{|\rho|} \leqslant tc_4^n n^{\frac{1}{2}(n+1)} (c_6 q)^r c_7^q \leqslant c_8^r r^{r+\frac{3}{2}}. \tag{6}$$

今往求出 $|\rho|$ 之一适当上界. 用 Cauchy 积分公式于整函数

$$S(z) = r! \frac{R(z)}{(z-l_0)^r} \prod_{\substack{k=1 \\ k \neq l_0}}^{m} \left[\frac{l_0 - k}{z - k} \right]^r.$$

则有

$$\rho = (\log \alpha)^{-r} S(l_0) = (\log \alpha)^{-r} \frac{1}{2\pi i} \int_C \frac{S(z)}{z - l_0} dz, \tag{7}$$

此处 C 乃圆

$$|z| = m \left[1 + \frac{r}{q} \right],$$

故 $l_0 (\leqslant m)$ 在 C 中. 当 z 在圆周上变动时, 有

$$|R(z)| \leqslant t \max_{1 \leqslant k \leqslant t} |\eta_k| e^{(q + q|\beta|) \log |\alpha| \cdot m \left[1 + \frac{r}{q}\right]} \leqslant t c_4^r n^{\frac{1}{2}(n+1)} c_9^{r+q} \leqslant c_{10}^r r^{\frac{1}{2}(r+3)},$$

$$|z - l_0| \geqslant |z| - |l_0| \geqslant m \left[1 + \frac{r}{q} \right] - m = \frac{mr}{q},$$

$$|z - k| \geqslant \frac{mr}{q}, \quad 1 \leqslant k \leqslant m,$$

$$\left| (z - l_0)^{-r} \prod_{\substack{k=1 \\ k \neq l_0}}^{m} \left[\frac{l_0 - k}{z - k} \right]^r \right| \leqslant c_{11}^r \left[\frac{q}{r} \right]^{mr},$$

$$|S(z)| \leqslant r! c_{10}^r r^{\frac{1}{2}(r+3)} c_{11}^r \left[\frac{q}{r} \right]^{mr} \leqslant c_{12}^r r^{\frac{1}{2} r(3-m) + \frac{3}{2}},$$

故由 (7) 得

$$|\rho| \leqslant \frac{1}{2\pi} |(\log \alpha)^{-r}| \int_C \left| \frac{S(z)}{z - l_0} \right| |dz|$$

$$\leqslant |(\log \alpha)^{-r}| \cdot m \left[1 + \frac{r}{q} \right] \cdot c_{12}^r r^{\frac{1}{2} r(3-m) + \frac{3}{2}} \cdot \frac{q}{mr} \leqslant c_{13}^r r^{\frac{1}{2} r(3-m) + \frac{3}{2}}. \tag{8}$$

由 (6) 及 (8), 得

$$|N(\rho)| \leqslant c_{14}^r r^{(h-1)\left[r + \frac{3}{2}\right] + \frac{1}{2}(3-m)r + \frac{3}{2}}.$$

以 $m = 2h + 2$ 代入后, 即得

$$|N(\rho)| \leqslant c_{14}^r r^{-\frac{1}{2} r + \frac{3}{2} h}. \tag{9}$$

比较 (5) 式与 (9) 式, 可得

$$r^{\frac{1}{2} r - \frac{3}{2} h} < c_{14}^r c_5^r = c_{15}^r.$$

当 n 充分大时, 由于 $r \geqslant n$, 上式不可能, 故得矛盾.

第十八章 Waring 问题及 Prouhet-Tarry 问题

§1. 引 言

1770 年 Waring 于 Meditationes Algebraicae 上曾作如次之推测：

凡正整数必为四个平方数之和，九个立方数之和，十九个四方数之和等等．

窥其词意似谓："有一整数 $s(k)$ 存在，每个正整数必为 $s(k)$ 个 k 乘方数之和．"

待百余年后，Hilbert 首先证明此言．

切实言之，以上之问题可以改述为：命 k 是一固定的正整数．问是否有一整数 $s = s(k)$，使对任一 $n(>0)$，不定方程

$$n = x_1^k + \cdots + x_s^k, \quad x_\nu \geqslant 0 \tag{1}$$

常有解答．

今以 $g(k)$ 表最小之 s 之具有此性质者．故 Waring 之叙述乃

"$g(2) = 4$, $g(3) = 9$, $g(4) = 19$ 等等"．

今以 $G(k)$ 表示凡充分大之整数 n 皆可以表为 $G(k)$ 个 k 乘方之和者．即若 $s \geqslant G(k)$，则(1)当 n 充分大时有解．显然

$$G(k) \leqslant g(k).$$

实际上两者之间相差极远．

在本章中仅证明一些极个别之结果．而 Waring-Hilbert 定理(即 $g(k) < \infty$)将于次章中证明之．该证明并非 Hilbert 原证，乃 Линник 所发明者，远简于 Hilbert 原证．Хинчин 称之为数论二珠之一．

§2. $g(k)$ 及 $G(k)$ 之下限

定理 1 $g(k) \geqslant 2^k + \left[\left(\frac{3}{2}\right)^k\right] - 2$．

证：命 $q = \left[\left(\frac{3}{2}\right)^k\right]$．取

$$n = 2^k q - 1 < 3^k,$$

则此数只能为若干个 1^k 及 2^k 之和．而 s 最小之分裂法为

$$n = (q-1)2^k + (2^k-1) \cdot 1^k,$$

即为 $q-1$ 个 2^k 及 2^k-1 个 1^k 之和. 故

$$g(k) \geq 2^k + q - 2.$$

由此立见

$$g(2) \geq 4, \ g(3) \geq 9, \ g(4) \geq 19, \ g(5) \geq 37, \cdots.$$

定理 2 若 $k \geq 2$, 则 $G(k) \geq k+1$.

证: 命 $A(N)$ 为不大于 N 之正整数之可以表为

$$x_1^k + \cdots + x_k^k, \quad x_v \geq 0$$

之形式者之个数, 今排列 $x_1, \cdots, x_k$ 为

$$0 \leq x_1 \leq x_2 \leq \cdots \leq x_k \leq [N^{1/k}].$$

$A(N)$ 当不超过适合此诸不等式之整数数, 即

$$A(N) \leq \sum_{x_k=0}^{[N^{1/k}]} \sum_{x_{k-1}=0}^{x_k} \sum_{x_{k-2}=0}^{x_{k-1}} \cdots \sum_{x_1=0}^{x_2} 1.$$

右边之和为

$$B(N) = \frac{1}{k!}([N^{1/k}]+1)([N^{1/k}]+2)\cdots([N^{1/k}]+k).$$

今用归纳法证明此点. 当 $k=1$, 此乃显然. 故所待证者乃

$$\sum_{x=0}^{y} \begin{bmatrix} x+k-1 \\ k-1 \end{bmatrix} = \begin{bmatrix} y+k \\ k \end{bmatrix}.$$

而此式乃易证之式也.

当 $N \to \infty$

$$B(N) \sim \frac{N}{k!} < \frac{2}{3} N,$$

即当 N 充分大时

$$A(N) < \frac{2}{3} N.$$

因之, $A(N)$ 个数中不能包有小于 N 之全部正整数. 故

$$G(k) \geq k+1.$$

通过同余式之讨论还可以稍稍提高 $G(k)$ 之下限. 例如: 由于

$$x^4 \equiv 0 \text{ 或 } 1 \pmod{16},$$

故形如 $16m+15$ 之数至少要 15 个四乘方之和. 故得

$$G(4) \geq 15.$$

但若

$$16 \cdot n = x_1^4 + \cdots + x_{15}^4,$$

则得 $2 \mid (x_1, \cdots, x_{15}) \mid$, 即

第十八章 Waring 问题及 Prouhet-Tarry 问题

$$n = x_1^4 + \cdots + x_{15}^4.$$

又 31 不能表为少于 16 个四次方之和,故 $16 \cdot 31$ 必不能表为 15 个四次方之和. 故得

$$G(4) \geqslant 16.$$

一般言之,此法可以证明:

定理 3 若 $k = 2^\theta \geqslant 4$,则 $G(k) \geqslant 4k$.

证:前已证明 $\theta = 2$ 之情形.今设 $\theta > 2$.不难证明

$$x^k \equiv 0 \text{ 或 } 1 (\bmod 4k).$$

命 n 为一奇数,若 $2^{\theta+2} n$ 可以表为不多于 $2^{\theta+2} - 1$ 个 k 乘方之和,则其中每一 k 乘方必为偶数,即为 2^k 之倍数,由于 $2^k > 2^{\theta+2}$,而 $2 \nmid n$.此不可能.故得定理.

§3. Cauchy 定理

命 $q > 1$.在本节中,我们将讨论同余式

$$x_1^k + \cdots + x_s^k \equiv n (\bmod q)$$

之可解条件.由孙子定理可知,吾人仅须研究同余式

$$x_1^k + \cdots + x_s^k \equiv n (\bmod p^l) \tag{1}$$

之可解条件即可,此处 p 为一素数.因 $n = n - 1 + 1^k$,故在下面的证明中我们常假定 $p \nmid n$.

在研究此问题之先,我们先来证明次之定理:

定理 1(Cauchy) 设 $x_1, \cdots, x_m$ 代表 m 个互不同余的数 $\bmod q$;$y_1, \cdots, y_n$ 代表 n 个互不同余的数 $\bmod q$;且存在一数 y_i 使当 $i \neq j$ 时,$(y_i - y_j, q) = 1$,则 $x_u + y_v$ ($1 \leqslant u \leqslant m, 1 \leqslant v \leqslant n$) 所代表的互不同余 $\bmod q$ 的整数个数 $\geqslant \min(m+n-1, q)$.

证:当 $n = 1$,定理显然成立.今设 $n \geqslant 2$,并不妨假定定理中之 $i = 1$.

命 $z_1, \cdots, z_t$ 为形如 $x_i + y_j$ 的互不同余的数 $\bmod q$,若 $t = q$,则定理已经成立,故假定 $t < q$,并以 X, Y, Z 分别记集合 $x_1, \cdots, x_m; y_1, \cdots, y_n; z_1, \cdots, z_t$.

作 $x_1 + y_1 + \lambda(y_n - y_1)$,则当 $\lambda = 0, 1$ 时,此皆属于 Z.因 $(q, y_n - y_1) = 1$,故必存在 λ_0 使 $x_1 + y_1 + (\lambda_0 - 1)(y_n - y_1) \in Z$ 而 $x_1 + y_1 + \lambda_0(y_n - y_1) \notin Z$,命 $x_1 + y_1 + \lambda_0(y_n - y_1) + y_1 = \delta$,则得 $\delta - y_1 \notin Z$ 而 $\delta - y_n \in Z$.将 $y_1, \cdots, y_n$ 适当的加以排列,可得

$$\begin{cases} \delta - y_s \notin Z & (1 \leqslant s \leqslant r), \\ \delta - y_{s'} \in Z & (r < s' \leqslant n). \end{cases}$$

显然 $r \leqslant n - 1$.作 $Z': z = x_u + y_s, u = 1, 2, \cdots, m, s = 1, 2, \cdots, r$.则 $\delta - y_{s'} \notin Z'$,

否则由 $\delta - y_{s'} = x_u + y_{s'}$ 即得 $\delta - y_s = x_u + y_{s'} \in Z$. 若 Z' 所代表的互不同余 mod q 的数的数目为 t',则 $t' \leqslant t - (n-r)$. 另一方面,由归纳法假定可知 $t' \geqslant m + r - 1$, 故得 $t \geqslant m + n - 1$.

定义 设 $p^\tau \| k$,则定义
$$\gamma = \begin{cases} \tau + 1, & \text{当 } p > 2; \\ \tau + 2, & \text{当 } p = 2. \end{cases}$$

定理 2 若同余式
$$x^k \equiv a (\mathrm{mod}\ p^\gamma), p \nmid a \tag{2}$$
有解,则当 $l > \gamma$ 时
$$x^k \equiv a (\mathrm{mod}\ p^l)$$
亦有解.

证: 设 y 为(2)之一解. g 为 p^l 之一原根(若 $p = 2$, 可取 $g = 5$). 决定整数 $b \geqslant 0$, 使
$$a \equiv y^k g^b (\mathrm{mod}\ p^l), \tag{3}$$
由此显然即得 $g^b \equiv 1\ (\mathrm{mod}\ p^\gamma)$. 因之 $p^{\tau}(p-1) \mid b$. 令 $b = p^{\tau}(p-1)b_1$. 我们显然可将(3)中之指数 b 代以
$$b + hp^{l-1}(p-1) = p^\tau(p-1)(b_1 + hp^{l-\tau-1}),$$
此处 h 为任一整数. 命 $k = p^\tau k_1, (k_1, p) = 1$, 则可取 h 使
$$b_1 + hp^{l-\tau-1} \equiv 0\ (\mathrm{mod}\ k_1).$$
由是即得
$$a \equiv y^k g^b \equiv y^k g^{b + hp^{l-1}(p-1)} \equiv y^k g^{h_1 k}\ (\mathrm{mod}\ p^l).$$
定理即已证明.

定理 3 若(1)式对 $l = \gamma$ 有解,则对 $l > \gamma$ 亦有解.

证: 由假定, 有 $y_1, \cdots, y_s$ 使
$$y_1^k + \cdots + y_s^k \equiv n\ (\mathrm{mod}\ p^\gamma).$$
因 $p \nmid n$, 故必有一 y, 不妨设为 y_1, 使 $p \nmid y_1$, 由是即得
$$y_1^k \equiv n - y_2^k - \cdots - y_s^k (\mathrm{mod}\ p^\gamma).$$
由定理 2 有 x_1, 使
$$x_1^k + y_2^k + \cdots + y_s^k \equiv n\ (\mathrm{mod}\ p^l).$$

定理 4 若 $k = 2^\tau$, 则当 $s \geqslant 4k$ 时, (1) 式常有解; 若 $k \neq 2^\tau$, 则当 $s \geqslant 3k + 1$ 时, (1) 式常有解.

证: 我们显然只须讨论 $l \geqslant \gamma$ 时之情形. 由定理 3, 我们只须讨论 $l = \gamma$ 之情形即可.

1) 若 $k = 2^\tau$, 则 $p^\gamma = 2^{\tau+2} = 4k$. 同余式

第十八章 Waring 问题及 Prouhet-Tarry 问题

$$x_1^k + \cdots + x_s^k \equiv n \pmod{2^\gamma}$$

当 $s \geqslant 4k$ 时显然有解.

2_1) $p = 2, k = 2^\tau k_0, k_0 > 1, 2 \nmid k_0$. 此时 $k \geqslant \frac{3}{4} 2^\gamma$, 故当 $s \geqslant 3k > 2^\gamma$ 时, (1) 式即有解.

2_2) $p > 2, p-1 \mid k$. 此时 $k \geqslant p^\tau(p-1) > \frac{1}{3} p^\gamma$, 故当 $s \geqslant 3k > p^\gamma$ 时, (1) 式显然有解.

2_3) $p > 2, (p-1) \nmid k, p \nmid k$. 此时 $\gamma = 1$. 由 $(p-1) \nmid k$ 及定理 3.7.2 及 3.7.3, 可知当 x 过缩系, $\mod p$, x^k 给与

$$d = \frac{p-1}{(k, p-1)} > 1$$

个互不同余的数, $\mod p$. 由定理 1, $x_1^k + \cdots + x_s^k (p \nmid x_1, \cdots, x_s)$ 给与

$$\min(d + (d-1)(s-1), p)$$

个互不同余的数, $\mod p$. 当

$$s \geqslant 2k > \frac{p-1}{\frac{1}{2} d} \geqslant \frac{p-1}{d-1}$$

时,

$$\min(d + (d-1)(s-1), p) = p.$$

故定理成立.

2_4) $p > 2, (p-1) \nmid k, k = p^\tau k_0, p \nmid k_0$. 由于

$$x^{p^\tau k_0} \equiv x^{k_0} \pmod{p}$$

及 $(p-1) \nmid k_0$, 所以 x^k 至少经过 $(p-1)/(p-1, k_0) (> 1)$ 个互不同余的数, $\mod p$, 故

$$x_1^k + \cdots + x_s^k, \quad p \nmid x_1 \cdots x_s$$

给与

$$\min\left[\frac{p-1}{(p-1, k_0)} + \left[\frac{p-1}{(p-1, k_0)} - 1\right](s-1), p^\gamma\right]$$

个互不同余的数, $\mod p^\gamma$. 由

$$s - 1 \geqslant 3k \geqslant \frac{2pk}{p-1} \geqslant \frac{p^\gamma}{\frac{1}{2} \frac{p-1}{(k_0, p-1)}} \geqslant \frac{p^\gamma - 1}{\frac{p-1}{(k_0, p-1)} - 1},$$

可知 $x_1^k + \cdots + x_s^k (p \nmid x_1 \cdots x_s)$ 给与 p^γ 个互不同余的数. 定理即完全证明.

§4. 初等方法示例

关于 Waring 问题之研究,初等方法一般并不能得出较好之结果.现在介绍数例.对特殊之 k 证明 $G(k)$ 或 $g(k)$ 有上限存在.有时也能求出上限,但该上限是不甚精密者.由定理 8.7.8 已知 $g(2) = 4$.

定理 1 $g(4) \leqslant 50$.

证:今由恒等式
$$6(a^2+b^2+c^2+d^2)^2 = (a+b)^4+(a-b)^4+(c+d)^4+(c-d)^4$$
$$+(a+c)^4+(a-c)^4+(b+d)^4+(b-d)^4$$
$$+(a+d)^4+(a-d)^4+(b+c)^4+(b-c)^4 \tag{1}$$

出发.由于 $a^2+b^2+c^2+d^2$ 可表任意一整数,故左边实际上表 $6x^2$ 而 x 是任一整数.

任一整数 n 可以表为
$$n = 6N+r, \quad r = 0,1,2,3,4,5.$$
故
$$n = 6(x_1^2+x_2^2+x_3^2+x_4^2)+r.$$

再经恒等式 (1) $6x_1^2$ 可以表为 12 个四次方之和.故 n 乃 $4\times12+5 = 53$ 个四次方数之和.

再进一步,若 $n \geqslant 81$,则可以表为
$$n = 6N+t,$$
此处 $N \geqslant 0$ 及 $t = 0,1,2,81,16$ 及 17,此五数 $\equiv 0,1,2,3,4,5 \pmod{6}$.而
$$1 = 1^4, 2 = 1^4+1^4, 81 = 3^4, 16 = 2^4, 17 = 2^4+1.$$

故同上法,若 $n \geqslant 81$,则可以表为 $4\times12+2 = 50$ 个四次方数之和.

当 $n \leqslant 80$ 时,易于算出:若 $n \leqslant 50$,显然有 $n = n \cdot 1^4$,若 $50 < n \leqslant 80$,则 $n = 3 \cdot 2^4+(n-48) \cdot 1^4$,此为 $3+n-48 < 50$ 个四方数之和.

同法由恒等式
$$5040(a^2+b^2+c^2+d^2)^4$$
$$= 6\sum(2a)^8+60\sum(a\pm b)^8+\sum(2a\pm b\pm c)^8+6\sum(a\pm b\pm c\pm d)^8, \tag{2}$$

可以证明 $g(8) < \infty$.此式右边共有 840 个 8 次方.又因 $n \leqslant 5039$ 都可表成 $\leqslant 273$ 个 1 及 2 的 8 次方之和,故由此可得
$$g(8) \leqslant 840g(4)+273 \leqslant 42273.$$

定理 2 $G(3) \leqslant 13$.

证:今由等式

第十八章　Waring 问题及 Prouhet-Tarry 问题

$$\sum_{i=1}^{4}\left[(z^3+x_i)^3+(z^3-x_i)^3\right]=8z^9+6z^3(x_1^2+x_2^2+x_3^2+x_4^2) \quad (1)$$

开始. 若一数可以表成

$$8z^9+6mz^3, \quad 0\leqslant m\leqslant z^6, \quad (2)$$

则由(1)此数一定可以表为 8 个立方数之和. 因为 m 可以表为 $x_1^2+x_2^2+x_3^2+x_4^2$, 且 $x_i\leqslant z^3$.

命 z 为 6 除余 1 之正整数. I_z 代表隔间

$$\phi(z)=11z^9+(z^3+1)^3+125z^3\leqslant n\leqslant 14z^9=\psi(z). \quad (3)$$

显然当 z 充分大时有

$$\phi(z+6)<\psi(z), \quad (4)$$

即 I_z 皆为互相衔接之隔间. 即当 n 充分大时, 必有一 z 使(3)式成立.

由下式定义 r, s 及 N:

$$n\equiv 6r \pmod{z^3}, \quad 1\leqslant r\leqslant z^3,$$
$$n\equiv s+4 \pmod{6}, \quad 0\leqslant s\leqslant 5,$$
$$N=(r+1)^3+(r-1)^3+2(z^3-r)^3+(sz)^3.$$

如此则

$$0<N<(z^3+1)^3+3z^9+125z^3=\phi(z)-8z^9\leqslant n-8z^9,$$

故

$$8z^9<n-N<14z^9. \quad (5)$$

今往证明 $n-N$ 可以表为(2)之形式.

$$n-N\equiv 6r-(r+1)^3-(r-1)^3+2r^3\equiv 0\equiv 8z^9 \pmod{z^3},$$

又

$$n-N\equiv s+4-(r+1)-(r-1)-2(z^3-r)-sz$$
$$\equiv s+4-z(s+2)\equiv 2\equiv 8\equiv 8z^9 \pmod{6},$$

故 $n-N-8z^9$ 为 $6z^3$ 之倍数, 即

$$n=N+8z^9+6mz^3.$$

若能证明 $0\leqslant m\leqslant z^6$, 则定理已明. 但此点由(5)立刻推得.

定理 3　$g(3)\leqslant 13$.

证: 1) 先算出若 $z\geqslant 373$, 则 $\phi(z+6)\leqslant\psi(z)$, 或, 当 $t\geqslant 379$ 时

$$11t^9+(t^3+1)^3+125t^3\leqslant 14(t-6)^9,$$

即

$$14\left[1-\frac{6}{t}\right]^9\geqslant 12+\frac{3}{t^3}+\frac{128}{t^6}+\frac{1}{t^9}. \quad (6)$$

由于当 $0<\delta<1$ 时 $(1-\delta)^m\geqslant 1-m\delta$, 故

$$\left[1-\frac{6}{t}\right]^9 \geq 1-\frac{54}{t}.$$

故若能证明
$$14\left[1-\frac{54}{t}\right] \geq 12+\frac{3}{t^3}+\frac{128}{t^6}+\frac{1}{t^9},$$

或若能证明
$$2(t-7\times 54) \geq \frac{3}{t^2}+\frac{128}{t^5}+\frac{1}{t^8},$$

则(6)式成立. 由于 $t > 7\times 54+1 = 379$, 故(6)式成立.

即当 $z=373$ 以上, 诸 I_z 是衔接的. 即当
$$n \geq 14(373)^9$$
时必落在一个 I_z 中. 又 $10^{25} > 14(373)^9$. 故任一整数 $\geq 10^{25}$ 者必可表为十三个立方数之和.

2) 再证不大于 10^{25} 之数也是十三个立方数之和. 先造表可知小于 40000 之数除去 23 及 239 外皆是 8 个立方数之和, 而 23 及 239 是九个立方数之和. 即若 $240 \leq n \leq 40000$ 则 n 是八个立方数之和. 又若 $N \geq 1$ 及 $m=[N^{1/3}]$, 则
$$N-m^3 = (N^{1/3})^3 - m^3 \leq 3N^{2/3}(N^{1/3}-m) < 3N^{2/3}.$$

假定
$$240 \leq n \leq 10^{25},$$

并命
$$n = 240+N, \quad 0 \leq N < 10^{25},$$

则
$$N = m^3+N_1, \quad m=[N^{1/3}], \quad 0 < N_1 < 3N^{2/3},$$
$$N = m_1^3+N_2, \quad m_1=[N_1^{1/3}], \quad 0 < N_2 < 3N_1^{2/3},$$
$$\cdots\cdots\cdots\cdots\cdots\cdots\cdots\cdots\cdots$$
$$N_4 = m_4^3+N_5, \quad m_4=[N_4^{1/3}], \quad 0 < N_5 < 3N_4^{2/3}.$$

故
$$n = 240+N = 240+N_5+m^3+m_1^3+m_2^3+m_3^3+m_4^3.$$

由于
$$0 < N_5 \leq 3N_4^{2/3} \leq 3(3N_3^{2/3})^{2/3} \leq \cdots$$
$$\leq 3\cdot 3^{2/3}\cdot 3^{(2/3)^2} 3^{(2/3)^3} 3^{(2/3)^4} N^{(2/3)^5}$$
$$= 27\left[\frac{N}{27}\right]^{(2/3)^5} < 27\left[\frac{10^{25}}{27}\right]^{(2/3)^5} < 35000.$$

故
$$240 \leq 240+N_5 < 35240 < 40000,$$

即 $240+N_5$ 可以表为八个立方数之和,故得定理.

由恒等式
$$60(a^2+b^2+c^2+d^2)^3 = \sum(a\pm b\pm c)^6 + 2\sum(a\pm b)^6 + 36\sum a^6,$$
可以证明 $g(6) \leqslant 184g(3)+59 \leqslant 2451$.

§5. 有正负号之较易问题

命 $v(k)$ 为最小之自然数 s,使任一整数
$$n = \pm x_1^k \pm x_2^k \pm \cdots \pm x_s^k$$
有解.即可以取 $\pm$ 号并整数 x 使上式成立.显然
$$v(k) \leqslant g(k).$$

对此问题,$v(k)$ 的存在是十分显然的.

定理 1　$v(k) \leqslant 2^{k-1} + \dfrac{1}{2}k!$.

证此定理须用次之定理.

定理 2　命 $\Delta f(x) = f(x+1) - f(x)$,$\Delta^{m+1} f(x) = \Delta(\Delta^m f(x))$.则得
$$\Delta^{k-1} x^k = k!x + d,$$
此 d 是一整数.

若 $f(x)$ 是一 k 次多项式其首项系数为 a 者,则 $\Delta f(x)$ 是一 $(k-1)$ 次多项式其首项系数为 ka.续行此法可得定理 2.

定理 1 之证明:$\Delta^{k-1} x^k$ 可以看成是 2^{k-1} 个 $\pm x^k$ 之和.

任与一整数 n 可以表成为
$$n - d = k!x + l, \quad |l| \leqslant \frac{1}{2}k!$$
之形式,即
$$n = \Delta^{k-1} x^k + l.$$

由于 $2^{k-1} + l \leqslant 2^{k-1} + \dfrac{1}{2}k!$.故得定理.

定理 3　$v(k) \leqslant G(k) + 1$.

证:取 y 充分大使 $n + y^k$ 大于某一充分大之数.由 $G(k)$ 之定义,故 $n + y^k = x_1^k + \cdots + x_{G(k)}^k$.故得定理.

定理 4　$v(2) = 3$.

证:由定理 1 已知 $v(2) \leqslant 3$.但 6 不能表为二平方数,因 6 不是二平方数之和,而二平方数之差 $x^2 - y^2$ 或为奇数,或为 4 之倍数.故 $v(2) > 2$.

定理 5 $v(3)$ 为 4 或 5(未解决其为 4 抑 5,推测是 4).

证:由
$$n^3 - n \equiv 0 \pmod{6},$$
可命 $n^3 - n = 6x$. 故
$$n = n^3 - (x+1)^3 - (x-1)^3 + 2x^3.$$
故 $v(3) \leqslant 5$.

又
$$y^3 \equiv 0, 1 \text{ 或 } -1 \pmod{9},$$
故若 $n = 9m \pm 4$ 必不可能表为三立方数之和. 故 $v(3) \geqslant 4$.

关于此问题柯召曾验证绝对值 $\leqslant 100$ 之整数皆可表成四个立方数之和.

定理 6 $v(4)$ 为 9 或 10.

证:由
$$48x + 4 = 2(2x+3)^4 + (2x+6)^4 + 2(2x^2+8x+11)^4$$
$$- (2x^2+8x+10)^4 - (2x^2+8x+12)^4;$$
$$48x - 14 = 2(2x+5)^4 + (2x+8)^4 + (x^2+6x+9)^4 + (x^2+6x+12)^4$$
$$- (x^2+6x+8)^4 - (x^2+6x+13)^4;$$
$$24x = (4y+11)^4 + (2y-87)^4 + (y-9)^4 + (y-41)^4 + (y-83)^4$$
$$+ (y+125)^4 + (y^2+603)^4 + (y^2+625)^4 - (y^2+602)^4 - (y^2+626)^4,$$
式中 $y = x - 10319691$;
$$24x - 8 = (4y+11)^4 + (2y-87)^4 + (y+883)^4 + (y-933)^4$$
$$+ (y-975)^4 + (y+1017)^4 + (y^2+39851)^4 + (y^2+39873)^4$$
$$- (y^2+39850)^4 - (y^2+39874)^4,$$
式中 $y = x - 120858614086$.

于上之四式中将 x 变为 $-x$,则同样可得关于 $48x-4, 48x+14, 24x+8$ 的表示式. 由是容易看出,若 n 为 8 之倍数,则 n 可表为 10 个 4 次方之和. 若 n 非 8 之倍数,则 n 可写成
$$n = 48z + \gamma, \quad -24 < \gamma < 24,$$
吾人容易证明常有整数 x_1, x_2, x_3 使
$$\gamma \pm x_1^4 \pm x_2^4 \pm x_3^4 \equiv \pm 4, \pm 14 \pmod{48}.$$
由是即得 $v(4) \leqslant 10$.

因 $\pm y^4 \equiv 0, \pm 1 \pmod{16}$,故形如 $16x+8$ 之数至少需要 8 个 4 次方来表示,且每项皆同号才可. 但 24,104 等数即不能表示成如是之形状,故 $v(4) \geqslant 9$. 定理即已完全证明.

§6. 等幂和问题

命 $N(k)$ 是最小的整数 s,有 $x_1,\cdots,x_s;y_1,\cdots,y_s$ 存在,但 $y_1,\cdots,y_s$ 并非由 $x_1,\cdots,x_s$ 颠倒次序而得者,使

$$\left.\begin{array}{c}x_1+\cdots+x_s=y_1+\cdots+y_s,\\ \cdots\cdots\cdots\cdots\cdots\cdots\cdots\cdots\cdots\cdots\\ x_1^k+\cdots+x_s^k=y_1^k+\cdots+y_s^k.\end{array}\right\} \qquad (1)$$

又以 $M(k)$ 表最小之整数 s,使上解并适合

$$x_1^{k+1}+\cdots+x_s^{k+1}\neq y_1^{k+1}+\cdots+y_s^{k+1}. \qquad (2)$$

定理 1 $M(k)\geqslant N(k)\geqslant k+1$.

证:由

$$x_1+\cdots+x_k=y_1+\cdots+y_k,$$
$$\cdots\cdots\cdots\cdots\cdots\cdots\cdots\cdots\cdots\cdots$$
$$x_1^k+\cdots+x_k^k=y_1^k+\cdots+y_k^k,$$

可知 $(x-x_1)\cdots(x-x_k)=(x-y_1)\cdots(x-y_k)$,故 $x_1,\cdots,x_k$ 是由 $y_1,\cdots,y_k$ 变换次序而得者.

定理 2 $N(k)\leqslant M(k)\leqslant 2^k$.

证:若 $x_1,\cdots,x_s;y_1,\cdots,y_s$ 是(1)及(2)之解,则

$$\sum_{i=1}^{s}((x_i+d)^h+y_i^h)=\sum_{i=1}^{s}(x_i^h+(y_i+d)^h),\quad 1\leqslant h\leqslant k+1, \qquad (3)$$

$$\sum_{i=1}^{s}((x_i+d)^{k+2}+y_i^{k+2})\neq\sum_{i=1}^{s}(x_i^{k+2}+(y_i+d)^{k+2}) \qquad (4)$$

此二式之证明,可展开(3),(4) 并用(1),(2) 即得.

由是,若 $M(k)$ 存在,则取 $s=M(k)$,立得

$$M(k+1)\leqslant 2M(k).$$

但 $M(1)=N(1)=2$,故由归纳法即得定理.

定理 3 $N(k)\leqslant \frac{1}{2}k(k+1)+1$.

证:设 $n>s!s^k$. 令 $a_i(i=1,2,\cdots,s)$ 跑过 $1,2,\cdots,n$. 则得 n^s 组 $a_1,a_2,\cdots,a_s$. 固定 $a_1,a_2,\cdots,a_s$,将其任意加以排列,则至多得 $s!$ 组. 故此 n^s 组 $a_1,a_2,\cdots,a_s$ 中,至少有 $\frac{n^s}{s!}$ 组,其中无一组是它一组的某一排列.

记

$$s_h(a)=a_1^h+a_2^h+\cdots+a_s^h,\quad h=1,2,\cdots,k.$$

则
$$s \leqslant s_h(a) \leqslant sn^h.$$
故至多有
$$\prod_{h=1}^{k}(sn^h - s + 1) < s^k n^{\frac{1}{2}k(k+1)}$$
组不同的
$$s_1(a), s_2(a), \cdots, s_k(a). \tag{5}$$
取 $s = \frac{1}{2}k(k+1)+1$，则由 $n > s!s^k$，即得
$$s^k n^{\frac{1}{2}k(k+1)} = s^k n^{s-1} < \frac{n^s}{s!}.$$
故至少有两组不相同的 $a_1, a_2, \cdots, a_s$ 使(5)取同样数值．因此两组中一组非他一组之某一排列．故 $N(k) \leqslant s$，即得定理．

今以
$$[a_1, \cdots, a_s]_k = [b_1, \cdots, b_s]_k$$
表示(1)及(2)．

由定理 1 及以下诸例，即得

定理 4 若 $k \leqslant 9$，则 $M(k) = N(k) = k+1$．
$$[0,3]_1 = [1,2]_1,$$
$$[1,2,6]_2 = [0,4,5]_2,$$
$$[0,4,7,11]_3 = [1,2,9,10]_3,$$
$$[1,2,10,14,18]_4 = [0,4,8,16,17]_4,$$
$$[0,4,9,17,22,26]_5 = [1,2,12,14,24,25]_5,$$
$$[0,18,27,58,64,89,101]_6 = [1,13,38,44,75,84,102]_6,$$
$$[0,4,9,23,27,41,46,50]_7 = [1,2,11,20,30,39,48,49]_7,$$
$$[0,24,30,83,86,133,157,181,197]_8 = [1,17,41,65,112,115,168,174,198]_8,$$
$$[0,3083,3301,11893,23314,24186,35607,44199,44417,47500]_9$$
$$= [12,2865,3519,11869,23738,23762,35631,43981,44635,47488]_9.$$

§7. Prouhet-Tarry 问题

本节及下节之目的，是在证明
$$M(k) \leqslant (k+1)\left\{\left[\frac{\log \frac{1}{2}(k+2)}{\log\left(1+\frac{1}{k}\right)}\right]+1\right\} \sim k^2 \log k.$$

第十八章　Waring 问题及 Prouhet-Tarry 问题

实际上,我们所得出的结果比此为多.

在证明此不等式之前,我们先证明几条引理.本节及下节中之常数 $c_1, c_2, \cdots$ 及符号 O 中所含之常数皆仅与 k 有关.且 $c_1, c_2, \cdots$ 皆为正数.

定理 1(Буняковский-Schwarz)　若 $a_i, b_i (i=1,2,\cdots,n)$ 为实数,则

$$\left[\sum_{i=1}^{n} a_i b_i\right]^2 \leqslant \left[\sum_{i=1}^{n} a_i^2\right]\left[\sum_{i=1}^{n} b_i^2\right],$$

等号仅当 $\dfrac{a_1}{b_1} = \dfrac{a_2}{b_2} = \cdots = \dfrac{a_n}{b_n}$ 时成立.

证:此可由

$$\sum a_i^2 \sum b_i^2 - \left[\sum a_i b_i\right]^2 = \sum_{i<j}(a_i b_j - b_i a_j)^2 \geqslant 0$$

立刻得出.

定理 2　任与一数 H,必存在一组仅与 k 及 H 有关之正整数 $a_1,\cdots,a_k$,使行列式

$$D_k = \begin{vmatrix} 1 & \cdots & 1 \\ a_1 & \cdots & a_k \\ \hdashline a_1^{k-1} & \cdots & a_k^{k-1} \end{vmatrix}$$

之主对角线上诸元素之积大于 H 乘 D_k 之展开式中其余各项之绝对值之和.

证:我们用归纳法来证明本定理.设 $j \leqslant k$,以 $\varphi_j(a_1,\cdots,a_j)$ 表示 D_j 之主对角线上诸元素之积减去 H 乘 D_j 之展开式中其余各项之绝对值之和,则显然有

$$\varphi_j(a_1,\cdots,a_j) = a_j^{j-1}\varphi_{j-1}(a_1,\cdots,a_{j-1}) - H\psi(a_1,\cdots,a_j),$$

式中 ψ 为 a_j 之 $j-2$ 次多项式.由假定,我们可取 $a_1,\cdots,a_{j-1}$ 使 $\varphi_{j-1}(a_1,\cdots,a_{j-1}) > 0$.对此组 $a_1,\cdots,a_{j-1}$,我们显然可取 a_j 使 $\varphi_j > 0$.但 $\varphi_1(a_1) = 1$,故得定理.

定理 3　设 $a_1,\cdots,a_k$ 为满足定理 2 之一组正整数.又设 $Q \geqslant 1, X_1,\cdots,X_k$ 为分别属于区间

$$a_i Q \leqslant X_i \leqslant 2a_i Q \quad (i=1,2,\cdots,k)$$

之正整数.设 N 为如是之 $(X_1,\cdots,X_k)$ 中,使

$$X_1^k + \cdots + X_k^k, X_1^{k-1} + \cdots + X_k^{k-1}, \cdots, X_1 + \cdots + X_k$$

分别落入长为

$$O(Q^{k-1}), O(Q^{k-2}), \cdots, O(Q), O(1)$$

之已与区间者之组数.则

$$N = O(1).$$

证:若 $(X_1,\cdots,X_k)$ 与 $(X_1',\cdots,X_k')$ 为满足定理中诸条件之二组.则显然有

$$X_1^k - X_1'^k + \cdots + X_k^k - X_k'^k = O(Q^{k-1}),$$

$$X_1 - X_1' | \cdots | X_k - X_k' - O(1).$$

令 $Y_i = X_i - X_i'$. 则得

$$A_{11} Y_1 + \cdots + A_{1k} Y_k = O(Q^{k-1}),$$
$$\cdots\cdots\cdots\cdots\cdots\cdots\cdots\cdots\cdots\cdots$$
$$A_{k1} Y_1 + \cdots + A_{kk} Y_k = O(1).$$

于此

$$A_{ij} = X_j^{k-i} + X_j^{k-i-1} X_j' + \cdots + X_j'^{k-i}, (1 \leqslant i, j \leqslant k).$$

显而易见,

$$(k-i+1)(a_j Q)^{k-i} \leqslant A_{ij} \leqslant (k-i+1)(2a_j Q)^{k-i}.$$

行列式 $|A_{k-i+1,j}|$ 之主对角线上诸元素之积与上定理中之 D_k 之对应项之商显然大于

$$k! Q^{k-1+k-2+\cdots+2+1} = k! Q^{\frac{1}{2}k(k-1)}.$$

而 $|A_{k-i+1,j}|$ 之展开式中其余各项之绝对值与 D_k 中对应项之绝对值之商显然小于

$$2^{\frac{1}{2}k(k-1)} k! Q^{\frac{1}{2}k(k-1)}.$$

由定理 2, 取 $H = 2^{\frac{1}{2}k(k-1)}$, 即得

$$||A_{ij}|| \geqslant c_1 Q^{\frac{1}{2}k(k-1)}.$$

容易看出

$$\begin{vmatrix} O(Q^{k-1}) & A_{12} \cdots A_{1k} \\ \hline O(1) & A_{k2} \cdots A_{kk} \end{vmatrix} = O(Q^{\frac{1}{2}k(k-1)}).$$

由是即得

$$Y_1 = O(1).$$

同法可得

$$Y_2 = O(1), \cdots, Y_k = O(1).$$

由是定理即已证明.

定理 4 如定理 3 之假定. 设 $\lambda_1 \geqslant 0, \lambda_2 \geqslant 0, \cdots, \lambda_k \geqslant 0$. 则 $(X_1, \cdots, X_k)$ 中使 $X_1^k + \cdots + X_k^k, X_1^{k-1} + \cdots + X_k^{k-1}, \cdots, X_1 + \cdots + X_k$ 分别落入长为

$$O(Q^{k+\lambda_k-1}), O(Q^{k+\lambda_{k-1}-2}), \cdots, O(Q^{\lambda_1})$$

之已与区间者之组数至多为

$$O(Q^{\lambda_1+\cdots+\lambda_k}).$$

证: 因长为 $O(Q^{k-i+\lambda_{k-i+1}})$ 之区间可以分为 $O(Q^{\lambda_{k-i+1}})$ 个长为 $O(Q^{k-i})$ 之区间. 由定理 3, 立得本定理.

今设 $\beta = \dfrac{k}{k+1}, a_1, \cdots, a_{k+1}$ 为满足定理 2 中所说条件之一组正整数（于该定理中以 $k+1$ 代 k）. 又设

$$a_u Q^{\beta^{v-1}} \leqslant y_{uv} \leqslant 2 a_u Q^{\beta^{v-1}} \quad (1 \leqslant u \leqslant k+1, 1 \leqslant v \leqslant l).$$

以 $r(n_1, \cdots, n_k)$ 记方程组

$$\sum_{u=1}^{k+1} \sum_{v=1}^{l} y_{uv}^h = n_h \quad (1 \leqslant h \leqslant k)$$

之解数. 我们现来证明下列定理：

定理 5 存在一组整数 $N_1, \cdots, N_k$, 使

$$r(N_1, \cdots, N_k) \geqslant c_1 Q^{(k+1)^2(1-\beta^l) - \frac{1}{2}k(k+1)}.$$

证：诸 (y_{uv}) 的不同的组数显然

$$\geqslant \frac{1}{2} \prod_{u=1}^{k+1} \prod_{v=1}^{l} a_u Q^{\beta^{v-1}} \geqslant c_2 Q^{(k+1)(1+\beta+\cdots+\beta^{l-1})}$$
$$= c_2 Q^{(k+1)^2(1-\beta^l)}.$$

因 $|n_h| \leqslant c_3 Q^h$, 故诸 (n_h) 的不同的组数

$$\leqslant c_4 Q^{1+2+\cdots+k} = c_4 Q^{\frac{1}{2}k(k+1)}.$$

故必存在一组整数 $N_1, \cdots, N_k$, 使

$$r(N_1, \cdots, N_k) \geqslant \frac{c_2}{c_4} Q^{(k+1)^2(1-\beta^l) - \frac{1}{2}k(k+1)}.$$

定理 6 方程组

$$\sum_{u=1}^{k+1} \sum_{v=1}^{l} y_{uv}^h = N_h \quad (1 \leqslant h \leqslant k+1)$$

的解的数目 $\leqslant c_5 Q^{\frac{1}{2}k(k+1)(1-\beta^l)}$.

证：由

$$\sum_{u=1}^{k+1} y_{u1}^h = N_h - \sum_{u=1}^{k+1} \sum_{v=2}^{l} y_{uv}^h \quad (1 \leqslant h \leqslant k+1)$$

及

$$a_u Q^{\beta^{v-1}} \leqslant y_{uv} \leqslant 2 a_u Q^{\beta^{v-1}} \quad (1 \leqslant u \leqslant k+1, 1 \leqslant v \leqslant l)$$

可知

$$y_{11}^{k+1} + \cdots + y_{k+1,1}^{k+1}, y_{11}^k + \cdots + y_{k+1,1}^k, \cdots, y_{11} + \cdots + y_{k+1,1}$$

分别落入长为

$$O(Q^{(k+1)\beta}), O(Q^{k\beta}), \cdots, O(Q^\beta)$$

之一区间内. 于定理 4 中取 $\lambda_u = u\beta - (u-1) \geqslant 0$, 则由

$$\sum_{u=1}^{k+1} \{u\beta - (u-1)\} = \frac{1}{2}\beta(k+1)(k+2) - \frac{1}{2}k(k+1) = \frac{1}{2}k,$$

即知 $(y_{11},\cdots,y_{k+1,1})$ 的组数为 $O(Q^{\frac{1}{2}k})$.

对于固定的 $y_{11},\cdots,y_{k+1,1}$,和数

$$y_{12}^{k+1}+\cdots+y_{k+1,2}^{k+1},\cdots,y_{12}+\cdots+y_{k+1,2}$$

显然分别落入长为

$$O(Q^{(k+1)\beta^2}),O(Q^{k\beta^2}),\cdots,O(Q^{\beta^2})$$

之一区间内. 于定理 4 中以 Q^β 代 Q,即知 $y_{12},\cdots,y_{k+1,2}$ 的不同组数为 $O(Q^{\frac{1}{2}k\beta})$. 如是继续进行,即得定理.

§8. 续

定理 1 设 $W(k,j)$ 为使方程组

$$\sum_{i=1}^{s}x_{i1}^{h}=\sum_{i=1}^{s}x_{i2}^{h}=\cdots=\sum_{i=1}^{s}x_{ij}^{h}\quad(1\leqslant h\leqslant k),$$

$$\sum_{i=1}^{s}x_{ip}^{k+1}\neq\sum_{i=1}^{s}x_{iq}^{k+1},\quad(p\neq q,1\leqslant p,q\leqslant j)$$

有整数解之最小整数 s,则

$$W(k,j)\leqslant(k+1)\left[\left[\frac{\log\frac{1}{2}(k+2)}{\log\left[1+\frac{1}{k}\right]}\right]+1\right].$$

证:此定理显然为下定理之一直接推论:

定理 2 设

$$s\geqslant(k+1)\left[\left[\frac{\log\frac{1}{2}(k+2)}{\log\left[1+\frac{1}{k}\right]}\right]+1\right].$$

则对任与之 j 必存在整数

$$N_1,\cdots,N_k;M_1,\cdots,M_j\quad(M_{t_1}\neq M_{t_2},若\ t_1\neq t_2)$$

使方程组

$$R_t(1\leqslant t\leqslant j):\begin{cases}\sum_{i=1}^{s}x_{it}^{h}=N_h & (1\leqslant h\leqslant k),\\ \sum_{i=1}^{s}x_{it}^{k+1}=M_t & (x_{it}\geqslant 0)\end{cases}$$

有解.

证:设 $r(N_1,\cdots,N_h)$ 如上节中所定义. 由定理 7.5,有 $N_1,\cdots,N_h$,使

$$r(N_1,\cdots,N_h) \geqslant c_1 Q^{(k+1)^2(1-\beta^l)-\frac{1}{2}k(k+1)}.$$

对方程组

$$\sum_{u=1}^{k+1}\sum_{v=1}^{l} y_{uv}^h = N_h \quad (1\leqslant h\leqslant k)$$

之一组解(y_{uv}),显然有一数 M,使

$$\sum_{u=1}^{k+1}\sum_{v=1}^{l} y_{uv}^{k+1} = M.$$

若如是之 M 仅有 $e(\leqslant j-1)$ 个不同的值,设为 $M_1,\cdots,M_e$,则由定理 7.6,e 个方程组

$$\prod_i (1\leqslant i\leqslant e): \begin{cases} \sum_{u=1}^{k+1}\sum_{v=1}^{l} y_{uv}^h = N_h \quad (1\leqslant h\leqslant k), \\ \sum_{u=1}^{k+1}\sum_{v=1}^{l} y_{uv}^{k+1} = M_i \end{cases}$$

的解的数目 $\leqslant c_5 e Q^{\frac{1}{2}k(k+1)(1-\beta^l)}$.由 M_i 之定义,此 e 个方程组的解的数目应 $\geqslant r(N_1,\cdots,N_k)$.另一方面,若取 $l>\left\{\log\frac{1}{2}(k+2)\Big/\log\left[1+\frac{1}{k}\right]\right\}$,则当 Q 甚大时,我们有

$$c_5 e Q^{\frac{1}{2}k(k+1)(1-\beta^l)} < c_1 Q^{(k+1)^2(1-\beta^l)-\frac{1}{2}k(k+1)}$$
$$\leqslant r(N_1,\cdots,N_k).$$

即得一矛盾,吾人之定理即已证明.

第十九章　Шнирельман 密率

§1. 密率之定义及其历史

本章之目的在于证明以下之二重要定理：

"有一正整数 c 存在，凡正整数必可表为不超过 c 个素数之和."

"命 k 表一正整数. 有一正整数 c_k（仅与 k 有关）存在，凡正整数必可表为不超过 c_k 个正整数之 k 方之和".

此二定理与 Goldbach 及 Waring 问题之关系乃属显然. 并可说：此二定理乃 Goldbach 问题及 Waring 问题最基本但也最初步之结果. 此二定理各名为 Goldbach-Шнирельман 定理及 Waring-Hilbert 定理.

本章中将引进 Шнирельман 所创造之密率概念. 此概念极为初等，但藉此概念彼证明了以上所述之历史上著名定理，本章关于 Goldbach-Шнирельман 定理之证明稍异于 Шнирельман 之原证. 今将引用 Selberg 之方法以代替原来之 Brun 筛法.

在证明 Waring-Hilbert 定理时，亦不用 Hilbert 原证及 Шнирельман 之证明. 而将根据 Линник 在 1943 年之证明，加以简化及改变而得者.

在此二证明中 Шнирельман 之密率皆居重要地位，密率之定义如次：

定义 1　命 $\mathfrak{A}$ 表一由一些互不相同的非负整数 a 所成之集合. 命 $A(n)$ 表 $\mathfrak{A}$ 中不大于 n 之正整数之个数，即

$$A(n)=\sum_{1\leqslant a\leqslant n}1.$$

若有正数 α 存在，使对任一正整数 n 常有 $A(n)\geqslant\alpha n$，则此集合称为有正密率之集合. 有此性质的最大的 α 称为此集合之正密率.

显然有次之简单性质：

(i) 由于 $A(n)\leqslant n$，故得 $\alpha\leqslant 1$.

(ii) 若 $\alpha=1$，则 $A(n)=n$，故 $\mathfrak{A}$ 中包有全部正整数.

习题. 命 τ 表一实数 $\geqslant 1$，求出集合

$$1+[\tau(n-1)],\quad n=1,2,\cdots,$$

之密率.

§2. 和集及其密率

今引入记号 $\mathfrak{B}, b, B(n), \beta$ 及 $\mathfrak{C}, c, C(n), \gamma$,其间之关系一如 $\mathfrak{A}, a, A(n), \alpha$ 之间之关系,即 $b \in \mathfrak{B}, B(n) = \sum_{1 \leqslant b \leqslant n} 1$ 而 β 是 $\mathfrak{B}$ 集之正密率等.

定义 所有的形如 $a+b(a \in \mathfrak{A}, b \in \mathfrak{B})$ 之整数所成之集合称为 $\mathfrak{A}, \mathfrak{B}$ 之和集,以 $\mathfrak{C}$ 表之.并表为 $\mathfrak{A} + \mathfrak{B} = \mathfrak{C}$.

定理 1 若 $\mathfrak{C} = \mathfrak{A} + \mathfrak{B}$,及 $0 \in \mathfrak{A}$,则 $\gamma \geqslant \alpha + \beta - \alpha\beta$.

证:由于 $\beta > 0$,故 1 在 $\mathfrak{B}$ 中.则下面三类数均为 $\mathfrak{C}$ 中之正整数,不大于 n 且互不相同.

(i) 将 $\mathfrak{B}$ 中之 $b_1 = 1, b_2, \cdots, b_{B(n)}$ 依递增之次序排列,因 $0 \in \mathfrak{A}$,故 $b_1, b_2, \cdots, b_{B(n)}$ 均在 $\mathfrak{C}$ 中,此种正整数共 $B(n)$ 个.

(ii) 对每一 $\nu, 1 \leqslant \nu \leqslant B(n) - 1$, 当 $a \in \mathfrak{A}$ 且 $1 \leqslant a \leqslant b_{\nu+1} - b_\nu - 1$ 时,诸 $a + b_\nu$ 均为正整数,在 $\mathfrak{C}$ 中,不大于 n 且互不相同.盖因

$$a + b_\nu \leqslant (b_{\nu+1} - b_\nu - 1) + b_\nu = b_{\nu+1} - 1 \leqslant b_{B(n)} - 1 \leqslant n - 1$$

且

$$a + b_\nu \geqslant 1 + b_\nu,$$

故

$$1 + b_\nu \leqslant a + b_\nu \leqslant b_{\nu+1} - 1.$$

显然,(i) 与 (ii) 中之诸正整数互不相同.对每一 $\nu, 1 \leqslant \nu \leqslant B(n) - 1$,共有 $A(b_{\nu+1} - b_\nu - 1)$ 个 $a + b_\nu$.

(iii) 当 $a \in \mathfrak{A}, 1 \leqslant a \leqslant n - b_{B(n)}$ 时,诸 $a + b_{B(n)}$ 均为正整数,在 $\mathfrak{C}$ 中,不大于 n 且互不相同.因 $a + b_{B(n)} \geqslant 1 + b_{B(n)}$,故 (iii) 中之诸正整数亦与 (i), (ii) 中者不同,且诸 $a + b_{B(n)}$ 共有 $A(n - b_{B(n)})$ 个.

由 (i), (ii), (iii) 之结果,可知

$$\begin{aligned} C(n) &\geqslant B(n) + \sum_{\nu=1}^{B(n)-1} A(b_{\nu+1} - b_\nu - 1) + A(n - b_{B(n)}) \\ &\geqslant B(n) + \sum_{\nu=1}^{B(n)-1} \alpha(b_{\nu+1} - b_\nu - 1) + \alpha(n - b_{B(n)}) \\ &= B(n) + \alpha\{b_{B(n)} - b_1 - (B(n) - 1) + n - b_{B(n)}\} \\ &= B(n) + \alpha\{n - B(n)\} \geqslant (1 - \alpha)\beta n + \alpha n \\ &= n(\alpha + \beta - \alpha\beta), \end{aligned}$$

因此, $\dfrac{C(n)}{n} \geqslant \alpha + \beta - \alpha\beta, \gamma \geqslant \alpha + \beta - \alpha\beta$.

附记:此并非和集密率之最佳定理.而最佳之结果应为 $\gamma \geqslant \min(1, \alpha+\beta)$.此结果在 1942 年为 Mann 所证明.其证明较为复杂,并对本章之主要结果无基本上之改进,故不列入本书之范围.今取 $\mathfrak{A}$ 及 $\mathfrak{B}$ 皆为与 1 同余之正整数,$\operatorname{mod} q$.并假定 $\mathfrak{A}$ 还包有 0,则 $\mathfrak{A}+\mathfrak{B}$ 包有所有的与 1,2 同余的正整数 $\operatorname{mod} q$.显然 $\mathfrak{A},\mathfrak{B}$ 之密率为 $\frac{1}{q}$ 及 $\mathfrak{A}+\mathfrak{B}$ 之密率为 $\frac{2}{q}$.故 Mann 之结果不能再改进了.

定理 2 若 $0 \in \mathfrak{A}, \alpha+\beta \geqslant 1$,则 $\mathfrak{C}=\mathfrak{A}+\mathfrak{B}$ 之密率 γ 为 1,即 $\mathfrak{C}$ 中包有所有的正整数.

证:假设 $\gamma \neq 1$,则 $\gamma<1$,故有一最小的正整数 $n \notin \mathfrak{C}$.因 $\beta>0$,故 $1 \in \mathfrak{B}$,又 $0 \in \mathfrak{A}$,故 $1 \in \mathfrak{C}$,而有 $n \geqslant 2$.又因 $0 \in \mathfrak{A}$ 故知 $n \notin \mathfrak{B}$.

考虑下面诸不大于 $n-1$ 的自然数 a 及 $n-b$:
$$a, \quad 1 \leqslant a \leqslant n-1, \quad a \in \mathfrak{A},$$
$$n-b, \quad 1 \leqslant b \leqslant n-1, \quad b \in \mathfrak{B}.$$

诸 a 与 $n-b$ 互不相同,否则必有 $a=n-b$,即 $n=a+b \in \mathfrak{C}$,此为一矛盾.又诸 a 与 $n-b$ 均不大于 $n-1$,故其个数不大于 $n-1$.

另一方面,诸 a 与 $n-b$ 之个数为 $A(n-1)+B(n-1)$.因
$$A(n-1) \geqslant \alpha(n-1),$$
$$B(n-1)=B(n) \geqslant \beta n > \beta(n-1),$$

而有
$$A(n-1)+B(n-1) > \alpha(n-1)+\beta(n-1)=(\alpha+\beta)(n-1) \geqslant n-1.$$

此与诸 a 与 $n-b$ 之个数不大于 $n-1$ 矛盾.定理已明.

定理 3 若 $\mathfrak{A}$ 包有 0,则任一正整数可以表为 $\mathfrak{A}$ 中之
$$s_0 = 2\left[\frac{\log 2}{-\log(1-\alpha)}\right]+2$$
个元素之和.若 $\mathfrak{A}$ 不包有 0,则任一正整数可以表为 $\mathfrak{A}$ 中不多于 s_0 个元素之和.

证:定理后半段可由前半段立即得出,盖因将元素 0 加于 $\mathfrak{A}$ 中形成新的集合 $\mathfrak{A}$ 后,再利用定理前半段即可.今往证明定理之前半段.

$0 \in \mathfrak{A}$.令 $\mathfrak{A}_h = \mathfrak{A}+\cdots+\mathfrak{A}$,式中共 h 个 $\mathfrak{A}$ 相加.$\mathfrak{A}_h$ 之正密率以 α_h 表之.$\mathfrak{A}$ 之正密率为 α,则有 $\alpha_h \geqslant 1-(1-\alpha)^h$.今用归纳法,当 $h=1$ 时,有 $\alpha_1 = \alpha$.设当 $h-1$ 时有
$$\alpha_{h-1} \geqslant 1-(1-\alpha)^{h-1},$$

则因 $\mathfrak{A}_h = \mathfrak{A}+\mathfrak{A}_{h-1}$,由定理 1,
$$\alpha_h \geqslant \alpha+\alpha_{h-1}-\alpha\alpha_{h-1} = \alpha+(1-\alpha)\alpha_{h-1}$$
$$\geqslant \alpha+(1-\alpha)\{1-(1-\alpha)^{h-1}\}$$

第十九章　Шнирельман 密率

$$= 1 - (1-\alpha)^h.$$

故当 $h = 1, 2, \cdots$ 时，恒有 $\alpha_h \geqslant 1 - (1-\alpha)^h$. 今

$$\frac{s_0}{2} = \left[\frac{\log 2}{-\log(1-\alpha)}\right] + 1 > \frac{\log 2}{-\log(1-\alpha)},$$

故有

$$(1-\alpha)^{s_0/2} \leqslant (1-\alpha)^{\frac{\log 2}{-\log(1-\alpha)}} = e^{\frac{\log 2}{-\log(1-\alpha)} \cdot \log(1-\alpha)} = \frac{1}{2}.$$

于是 $\alpha_{\frac{s_0}{2}} \geqslant 1 - (1-\alpha)^{s_0/2} \geqslant 1 - \frac{1}{2} = \frac{1}{2}$. 因 $0 \in \mathfrak{A}_{\frac{s_0}{2}}$，由定理 2，集合 $\mathfrak{A}_{s_0} = \mathfrak{A}_{\frac{s_0}{2}} + \mathfrak{A}_{\frac{s_0}{2}}$ 包有所有的正整数，故任一正整数可以表为 $\mathfrak{A}$ 中之 s_0 个元素之和.

定理 4　命 $\mathfrak{A}^*$ 表一非负整数之集合，其中允许重复. 命 $\mathfrak{A}$ 为 $\mathfrak{A}^*$ 中不同元素所成之最大集合. 命 $r(a)$ 表示 a 在 $\mathfrak{A}^*$ 中出现之次数. 若对诸 $n \geqslant 1$ 常有

$$\frac{1}{n} \frac{\left[\sum_{1 \leqslant a \leqslant n} r(a)\right]^2}{\sum_{1 \leqslant a \leqslant n} r^2(a)} \geqslant \alpha' (> 0),$$

则 $\mathfrak{A}$ 有正密率 $\alpha \geqslant \alpha'$.

证：由 Буняковский-Schwarz 不等式（定理 18.7.1）可知

$$\left[\sum_{1 \leqslant a \leqslant n} r(a)\right]^2 \leqslant \sum_{1 \leqslant a \leqslant n} r^2(a) \sum_{1 \leqslant a \leqslant n} 1^2 = A(n) \sum_{1 \leqslant a \leqslant n} r^2(a),$$

故得

$$\frac{A(n)}{n} \geqslant \frac{1}{n} \left[\sum_{1 \leqslant a \leqslant n} r(a)\right]^2 \Big/ \sum_{1 \leqslant a \leqslant n} r^2(a) \geqslant \alpha'.$$

定理已明.

§3. Goldbach-Шнирельман 定理

在 §§3 5 中，$c, c_1, c_2, \cdots$ 皆表绝对正常数. §§3-5 之目的在于证明

定理 1　有一正整数 c 存在，凡大于 1 之整数皆可表为不超过 c 个素数之和.

定义 $\mathfrak{A}^*$ 为 1 及所有的 $p_1 + p_2$ 之集合，此处 p_1, p_2 过所有的素数. 因之 $\mathfrak{A}^*$ 中可能有重复之元素. 再定义 $\mathfrak{A}$ 为 $\mathfrak{A}^*$ 中不同元素之最大集合. 欲证定理 1 只需证明

定理 2　$\mathfrak{A}$ 有正密率 α.

由定理 2.3 可知任一正整数 m 可以表为最多 s_0 个 $\mathfrak{A}$ 中之元素之和（即若干个 1 及若干个形如 $p_1 + p_2$ 之整数之和）. 即 m 是最多 $2s_0$ 个素数或 1 之和. 故对任一 $n > 2$，可以有 $n = 2 + (n-2) = 2 + b \cdot 1 + \sum p$，在此和号内素数 p 之个数 $\leqslant 2s_0 - b$. 又易知 $2 + b$ 可以表为不超过 $b + 1$ 个素数之和. 因此，n 可以表为不超过 $2s_0 +$

1 个素数之和. 故得定理 1.

又命 $r(1) = 1$ 及 $r(a)$ 为 $\mathfrak{A}^*$ 中 a 出现之次数. 故

$$r(a) = \begin{cases} 1, & \text{若 } a = 1, \\ \sum_{p_1 + p_2 = a} 1, & \text{若 } a \geqslant 2. \end{cases}$$

定理 2.4 建议, 今后之目的在于寻求 $\sum_{1 \leqslant a \leqslant n} r(a)$ 之下限及 $\sum_{1 \leqslant a \leqslant n} r^2(a)$ 之上限, 前者不难获得, 后者将为下节之主题.

定理 3 若 $n \geqslant 2$, 则

$$\sum_{1 \leqslant a \leqslant n} r(a) \geqslant c_2 n^2 / \log^2 n. \tag{1}$$

证: 设 $n \geqslant 4$. 由定理 5.6.2 得

$$\sum_{1 \leqslant a \leqslant n} r(a) = 1 + \sum_{4 \leqslant a \leqslant n} \sum_{p_1 + p_2 = a} 1$$

$$\geqslant \sum_{p_1, p_2 \leqslant n/2} 1 = \pi^2 \left[\frac{1}{2} n \right]$$

$$\geqslant \left[c_3 \frac{n}{2} \Big/ \log \frac{n}{2} \right]^2 \geqslant \frac{c_3^2}{4} \frac{n^2}{\log^2 n}.$$

若 $n = 2$ 或 3, 易知 $\sum r(a) = 1$. 故只需取 $c_2 = \min \left[\frac{c_3^2}{4}, \frac{\log^2 2}{4}, \frac{\log^2 3}{9} \right]$, 即得定理.

由定理 2.4 及 $r(1) = 1$, 可知问题之焦点在于证明

定理 4 若 $n \geqslant 2$, 则

$$\sum_{1 \leqslant a \leqslant n} r^2(a) \leqslant c_1 \frac{n^3}{\log^4 n}. \tag{2}$$

换言之, 若定理 4 已证明, 则由

$$\frac{1}{n} \frac{\left[\sum_{1 \leqslant a \leqslant n} r(a) \right]^2}{\sum_{1 \leqslant a \leqslant n} r^2(a)} \geqslant \frac{1}{n} \frac{(c_2 n^2 / \log^2 n)^2}{c_1 n^3 / \log^4 n} = \frac{c_2^2}{c_1}$$

及定理 2.4 即得出定理 2.

因此, 今后仅须证明定理 4 即足.

§4. Selberg 不等式

本节中虽然可以不用, 但是读者不可不知以下之定理:

定理 1 设 $a_i > 0$ $(i = 1, 2, \cdots, n)$ 及 $b_i (i = 1, 2, \cdots, n)$ 是固定的实数. 在条件 $\sum_{i=1}^{n} b_i x_i = 1$ 之下, $\sum_{i=1}^{n} a_i x_i^2$ 之极小值为

第十九章　Шнирельман 密率

$$\frac{1}{\sum_{i=1}^{n}\frac{b_i^2}{a_i}},$$

且当

$$x_i = \frac{\frac{b_i}{a_i}}{\sum_{i=1}^{n}\frac{b_i^2}{a_i}}$$

时取极值.

证：由 Буняковский-Schwarz 不等式（定理 18.7.1）得知

$$\left[\sum_{i=1}^{n} a_i x_i^2\right]\left[\sum_{i=1}^{n} b_i^2 a_i^{-1}\right] \geqslant \left[\sum_{i=1}^{n} x_i b_i\right]^2 = 1.$$

故得

$$\sum_{i=1}^{n} a_i x_i^2 \geqslant \frac{1}{\sum_{i=1}^{n} b_i^2 a_i^{-1}}. \tag{1}$$

又由定理 18.7.1 知(1)式等号成立之充要条件为有一实数 t_0 存在使

$$\sqrt{a_i} x_i = t_0 b_i \frac{1}{\sqrt{a_i}} \quad (i = 1, 2, \cdots, n),$$

即

$$x_i = b_i a_i^{-1} t_0 \quad (i = 1, 2, \cdots, n).$$

故得

$$1 = \sum_{i=1}^{n} b_i x_i = \sum_{i=1}^{n} b_i^2 a_i^{-1} t_0,$$

即

$$t_0 = \frac{1}{\sum_{i=1}^{n} b_i^2 a_i^{-1}}.$$

故得

$$x_i = \frac{b_i a_i^{-1}}{\sum_{i=1}^{n} b_i^2 a_i^{-1}} \quad (i = 1, 2, \cdots, n). \tag{2}$$

定理已明.

定理 2(A.Selberg)　设给一 M 个整数的集合 $\{b\}$，能被正整数 k 所整除的 b 的个数是

$$\sum_{k \mid b} 1 = g(k) M + R(k), \tag{3}$$

此处 $R(k)$ 是余项,而 $g(k)$ 是正值的积性函数,且 $g(p) < 1$.

令 N_ξ 表示 $\{b\}$ 中不能被 $\leqslant \xi$ 的素数所整除的 b 的个数,则

$$N_\xi \leqslant \frac{M}{\sum_{1 \leqslant k \leqslant \xi} \frac{\mu^2(k)}{f(k)}} + \sum_{1 \leqslant k_1, k_2 \leqslant \xi} \lambda_{k_1} \lambda_{k_2} R\left[\frac{k_1 k_2}{(k_1, k_2)}\right],$$

此处

$$f(k) = \sum_{d \mid k} \mu(d) \Big/ g\left[\frac{k}{d}\right] \,^{①}, \tag{4}$$

$$\lambda_k = \frac{\mu(k)}{f(k) g(k)} \sum_{\substack{1 \leqslant m \leqslant \xi/k \\ (m,k)=1}} \frac{\mu^2(m)}{f(m)} \Big/ \sum_{1 \leqslant k \leqslant \xi} \frac{\mu^2(m)}{f(m)}. \tag{5}$$

证:令 $1 = \lambda_1, \lambda_2, \cdots, \lambda_\xi$ 为实数.因 k_1, k_2 之最小公倍数为 $\frac{k_1 k_2}{(k_1, k_2)}$,由(3)得

$$N_\xi = \sum_{p \mid b \Rightarrow p > \xi} 1 = \sum_{p \mid b \Rightarrow p > \xi} 1 \left[\sum_{\substack{k \mid b \\ 1 \leqslant k \leqslant \xi}} \lambda_k\right]^2 \leqslant \sum_b \left[\sum_{\substack{k \mid b \\ 1 \leqslant k \leqslant \xi}} \lambda_k\right]^2$$

$$= \sum_{1 \leqslant k_1, k_2 \leqslant \xi} \lambda_{k_1} \lambda_{k_2} \sum_{\substack{k_1 \mid b \\ k_2 \mid b}} 1 = \sum_{1 \leqslant k_1, k_2 \leqslant \xi} \lambda_{k_1} \lambda_{k_2} \sum_{\frac{k_1 k_2}{(k_1, k_2)} \mid b} 1$$

$$= \sum_{1 \leqslant k_1, k_2 \leqslant \xi} \lambda_{k_1} \lambda_{k_2} \left\{g\left[\frac{k_1 k_2}{(k_1, k_2)}\right] M + R\left[\frac{k_1 k_2}{(k_1, k_2)}\right]\right\},$$

此处 $p \mid b \Rightarrow p > \xi$ 表示 b 的素因子皆大于 ξ,由定理 6.2.4,有

$$N_\xi \leqslant MQ + \sum_{1 \leqslant k_1, k_2 \leqslant \xi} \lambda_{k_1} \lambda_{k_2} R\left[\frac{k_1 k_2}{(k_1, k_2)}\right], \tag{6}$$

此处

$$Q = \sum_{1 \leqslant k_1, k_2 \leqslant \xi} \lambda_{k_1} \lambda_{k_2} \frac{g(k_1) g(k_2)}{g\{(k_1, k_2)\}}.$$

由(4)及定理 6.4.1,有

$$Q = \sum_{1 \leqslant k_1, k_2 \leqslant \xi} \lambda_{k_1} \lambda_{k_2} g(k_1) g(k_2) \sum_{d \mid (k_1, k_2)} f(d)$$

$$= \sum_{1 \leqslant d \leqslant \xi} f(d) \sum_{\substack{1 \leqslant k_1 \leqslant \xi \\ d \mid k_1}} \lambda_{k_1} g(k_1) \sum_{\substack{1 \leqslant k_2 \leqslant \xi \\ d \mid k_2}} \lambda_{k_2} g(k_2)$$

$$= \sum_{1 \leqslant d \leqslant \xi} f(d) \left\{\sum_{d \mid k} \lambda_k g(k)\right\}^2. \tag{7}$$

由(5)及定理 6.2.1 可知 $\lambda_1 = 1$(如此选择的 $\lambda_1, \cdots, \lambda_\xi$,使 Q 最小,读者可用定理 1 自证之).

令

---

① 当 k 无平方因子时,$f(k) = \frac{1}{g(k)} \prod_{p \mid k} (1 - g(p)) > 0$.

第十九章 Шнирельман 密率

$$s = \sum_{1 \leqslant m \leqslant \xi} \frac{\mu^2(m)}{f(m)}. \tag{8}$$

由定理 6.2.2 可知 $f(n)$ 也是积性的,故由(5)得

$$\lambda_k g(k) = \frac{\mu(k)}{sf(k)} \sum_{\substack{1 \leqslant m \leqslant \xi/k \\ (m,k)=1}} \frac{\mu^2(m)}{f(m)} = \sum_{\substack{1 \leqslant m \leqslant \xi/k \\ (m,k)=1}} \mu(m) \frac{\mu(mk)}{sf(mk)}$$

$$= \sum_{1 \leqslant m \leqslant \xi/k} \mu(m) \frac{\mu(mk)}{sf(mk)}.$$

由定理 6.3.2,有

$$\frac{\mu(m)}{sf(m)} = \sum_{1 \leqslant k \leqslant \xi/m} \lambda_{km} g(km) = \sum_{\substack{1 \leqslant r \leqslant \xi \\ m \mid r}} \lambda_r g(r).$$

因此,由(7),(8)有

$$Q = \sum_{1 \leqslant d \leqslant \xi} f(d) \left\{ \frac{\mu(d)}{sf(d)} \right\}^2 = \frac{1}{s^2} \sum_{1 \leqslant d \leqslant \xi} \frac{\mu^2(d)}{f(d)} = \frac{s}{s^2} = \frac{1}{s}.$$

于是,由(6),(8),定理已明.

定理 3 在定理 2 的条件下,若 $g_1(n)$ 为完全积性函数,且 $g_1(p) = g(p)$,则

$$N_\xi \leqslant \frac{M}{\sum_{1 \leqslant k \leqslant \xi} g_1(k)} + \sum_{1 \leqslant k_1, k_2 \leqslant \xi} \left| R\left\{ \frac{k_1 k_2}{(k_1, k_2)} \right\} \right| \prod_{p \mid k_1} \{1 - g_1(p)\}^{-1} \prod_{p \mid k_2} \{1 - g_1(p)\}^{-1}.$$

证:由(4),有

$$f(p) = \frac{\mu(1)}{g(p)} + \frac{\mu(p)}{g(1)} = \frac{1}{g(p)} - 1 = \frac{1 - g(p)}{g(p)}.$$

则

$$\frac{\mu^2(k)}{f(k)} = \mu^2(k) \prod_{p \mid k} \frac{g_1(p)}{1 - g_1(p)} = \mu^2(k) g_1(k) \prod_{p \mid k} \{1 - g_1(p)\}^{-1}. \tag{9}$$

因此

$$\sum_{1 \leqslant k \leqslant \xi} \frac{\mu^2(k)}{f(k)} = \sum_{1 \leqslant k \leqslant \xi} \mu^2(k) g_1(k) \prod_{p \mid k} \{1 - g_1(p)\}^{-1}$$

$$= \sum_{1 \leqslant k \leqslant \xi} \mu^2(k) g_1(k) \prod_{p \mid k} \left[\sum_{l=0}^{\infty} g_1(p^l) \right],$$

此式包有所有的 $g_1(k)(1 \leqslant k \leqslant \xi)$. 因为如果

$$k = p_1^{m_1} \cdots p_s^{m_s} \leqslant \xi,$$

则 $g_1(p_1 \cdots p_s), g_1(p_1^{m_1-1}), \cdots, g_1(p_s^{m_s-1})$ 皆出现在此式的各因子中,因此

$$\sum_{1 \leqslant k \leqslant \xi} \frac{\mu^2(k)}{f(k)} \geqslant \sum_{1 \leqslant k \leqslant \xi} g_1(k).$$

再则

$$|\lambda_k| \leqslant \frac{\mu^2(k)}{f(k) g(k)} = \frac{\mu^2(k)}{f(k) g_1(k)} = \prod_{p \mid k} (1 - g_1(p))^{-1}.$$

因此得本定理.

定理 5 命 $A \geqslant 0, M \geqslant 3$. 记在 A 与 $A+M$ 间的素数个数为 $\pi(A;M)$. 则

$$\pi(A;M) \leqslant \frac{2M}{\log M}\left[1 + O\left(\frac{\log\log M}{\log M}\right)\right].$$

此处与 O 有关之常数与 A 及 M 无关.

证: 由于

$$\pi(A;M) = \sum_{A < p \leqslant A+M^{\frac{1}{2}}} 1 + \sum_{A+M^{\frac{1}{2}} < p \leqslant A+M} 1 \leqslant M^{\frac{1}{2}} + S(A;M). \tag{10}$$

现在取整数集合 $\{b\}$ 为适合 $A < n \leqslant A+M$ 的全体整数. 用定理 3 的记号可知

$$S(A;M) \leqslant N_\xi, \quad 1 < \xi \leqslant \sqrt{M} \tag{11}$$

对所有的 $A \geqslant 0$ 皆成立. 现在来估计 N_ξ. 因为

$$\sum_{\substack{k \mid b \\ A < b \leqslant A+M}} 1 = \left[\frac{A+M}{k}\right] - \left[\frac{A}{k}\right] = \frac{M}{k} + R(k), \quad |R(k)| \leqslant 1.$$

故 $g_1(k) = \frac{1}{k}$. 因此

$$\sum_{1 \leqslant k \leqslant \xi} g_1(k) = \log \xi + O(1).$$

由定理 5.9.3 可知

$$\prod_{p \mid k}(1 - g_1(p))^{-1} = \prod_{p \mid k}\left[1 - \frac{1}{p}\right]^{-1} \leqslant \prod_{p \leqslant k}\left[1 - \frac{1}{p}\right]^{-1} = O(\log k).$$

故

$$\sum_{1 \leqslant k_1, k_2 \leqslant \xi}\left|R\left(\frac{k_1 k_2}{(k_1, k_2)}\right)\right|\prod_{p \mid k_1}(1 - g_1(p))^{-1}\prod_{p \mid k_2}(1 - g_1(p))^{-1}$$
$$= O\left(\sum_{1 \leqslant k_1, k_2 \leqslant \xi}\log k_1 \log k_2\right) = O(\xi^2 \log^2 \xi).$$

故

$$N_\xi \leqslant \frac{M}{\log \xi + O(1)} + O(\xi^2 \log^2 \xi).$$

取

$$\xi = M^{\frac{1}{2}}/\log^2 M,$$

则得

$$N_{M^{\frac{1}{2}}/\log^2 M} \leqslant \frac{2M}{\log M}\left[1 + O\left(\frac{\log \log M}{\log M}\right)\right].$$

以此代入 (10), (11), 即明所欲证.

§5. Goldbach-Шнирельман 定理之证明

定理 1 若 $a \geqslant 2$，则
$$r(a) \leqslant c \frac{a}{\log^2 a} \sum_{k \mid a} \frac{\mu^2(k)}{k}.$$

证：$a=2$ 或 $a=3$ 时，因为 $r(a)=0$，定理已成立．又若 a 是奇数，而 $p_1+p_2=a$，则必 $p_1=2$ 或 $p_2=2$．此时 $r(a) \leqslant 2$．定理显然成立．

以下设 $a \geqslant 4$ 且为偶数．易得
$$r(a) = \sum_{p_1+p_2=a} 1 \leqslant \sum_{\substack{p_1+p_2=a \\ p_1, p_2 > \sqrt{a}}} 1 + \sum_{\substack{p_1+p_2=a \\ p_1 \leqslant \sqrt{a}}} 1 + \sum_{\substack{p_1+p_2=a \\ p_2 \leqslant \sqrt{a}}} 1 \leqslant S(a) + 2\sqrt{a}, \tag{1}$$

此处
$$S(a) = \sum_{\substack{p_1+p_2=a \\ p_1, p_2 > \sqrt{a}}} 1.$$

现在给一整数集合 $b_c = c(a-c)(c=1,2,\cdots,a)$．若 $p_1+p_2=a$ 而 $p_1, p_2 > \sqrt{a}$，则 $p_1(a-p_1) = p_2(a-p_2) = p_1 p_2$ 不能被 $\leqslant \sqrt{a}$ 的素数所整除．若用 §4 的记号，则得
$$S(a) \leqslant N_\xi, \quad 1 < \xi \leqslant \sqrt{a}. \tag{2}$$

命 $M(k)$ 表示同余式 $x(a-x) \equiv 0 \pmod{k}$ $(0 \leqslant x < k)$ 的解数，则
$$\sum_{k \mid b} 1 = \sum_{\substack{c=1 \\ c(a-c) \equiv 0 \pmod k}}^{a} 1 = \left[\frac{a}{k}\right] M(k) + T(k),$$

此处 $0 \leqslant T(k) \leqslant M(k)$．故得
$$\sum_{k \mid b} 1 \leqslant \frac{M(k)}{k} a + M(k)$$

及
$$\sum_{k \mid b} 1 \geqslant \left[\frac{a}{k}\right] M(k) > \left[\frac{a}{k}-1\right] M(k) = \frac{M(k)}{k} a - M(k).$$

命
$$g(k) = \frac{M(k)}{k}, \tag{3}$$

则
$$\sum_{k \mid b} 1 = g(k) a + R(k), \tag{4}$$

此处
$$|R(k)| \leqslant M(k) \leqslant k. \tag{5}$$

由定理 2.8.1 知 $M(k)$ 是 k 的积性函数,故 $g(k)$ 亦然. 又

$$M(p) = \begin{cases} 1, & p \mid a, \\ 2, & p \nmid a. \end{cases} \tag{6}$$

故由(3)得

$$g_1(p) = g(p) = \begin{cases} \dfrac{1}{p}, & p \mid a, \\ \dfrac{2}{p}, & p \nmid a. \end{cases} \tag{7}$$

因为 $2 \mid a$,故 $g(2) = \dfrac{1}{2}$;因此 $0 < g(p) < 1$,故可应用定理 4.3,若 $k = p_1^{a_1} \cdots p_r^{a_r}$,则由(3)及(6)式得

$$g_1(k) = \prod_{s=1}^{r} \{g_1(p_s)\}^{a_s} = \prod_{s=1}^{r} \frac{\{M(p_s)\}^{a_s}}{p_s^{a_s}} = \frac{1}{k} \prod_{\substack{s=1 \\ p_s \nmid a}}^{r} 2^{a_s}$$

$$\geq \frac{1}{k} \prod_{\substack{s=1 \\ p_s \nmid a}}^{r} (1 + a_s) = \frac{h(k)}{k},$$

此处

$$h(p_1^{a_1} \cdots p_r^{a_r}) = \prod_{\substack{s=1 \\ p_s \nmid a}}^{r} (1 + a_s), \quad p_1, \cdots, p_r \text{ 为不同的素数}. \tag{8}$$

由定理 4.4 得

$$\prod_{p \mid a} \left[1 - \frac{1}{p}\right]^{-1} \sum_{1 \leq k \leq \xi} g_1(k) \geq \sum_{1 \leq k \leq \xi} h(k) \frac{1}{k} \prod_{p \mid a} \left[1 - \frac{1}{p}\right]^{-1}$$

$$\geq \sum_{1 \leq k \leq \xi} \frac{1}{k} \sum_{\substack{m \mid k \\ p \mid \frac{k}{m} \Rightarrow p \mid a}} h(m).$$

若书 k 为 $k = p_1^{a_1} \cdots p_t^{a_t} q_1^{b_1} \cdots q_u^{b_u}$,其中诸 p_T 与 q_v 均为互不相同的素数,且 $p_T \mid a$, $q_v \nmid a$.则 m 可取所有如下形式的整数:

$$m = \frac{k}{p_1^{c_1} \cdots p_t^{c_t}} = p_1^{a_1 - c_1} \cdots p_t^{a_t - c_t} q_1^{b_1} \cdots q_u^{b_u},$$

其中 $0 \leq c_1 \leq a_1, \cdots, 0 \leq c_t \leq a_t$. 对于这种 m,由(8)知

$$h(m) = (1 + b_1) \cdots (1 + b_u).$$

故由习题 6.5.1 得

$$\prod_{p \mid a} \left[1 - \frac{1}{p}\right]^{-1} \sum_{1 \leq k \leq \xi} g_1(k) \geq \sum_{1 \leq k \leq \xi} \frac{1}{k} \sum_{c_1 = 0}^{a_1} \cdots \sum_{c_t = 0}^{a_t} (1 + b_1) \cdots (1 + b_u)$$

$$= \sum_{1 \leq k \leq \xi} \frac{1}{k} (1 + a_1) \cdots (1 + a_t)(1 + b_1) \cdots (1 + b_u)$$

第十九章 Шнирельман 密率

$$= \sum_{1 \leqslant k \leqslant \xi} \frac{d(k)}{k} \geqslant c_6 \log^2 \xi.$$

故

$$\sum_{1 \leqslant k \leqslant \xi} g_1(k) \geqslant c_6 \log^2 \xi \prod_{p \mid a}\left[1 - \frac{1}{p}\right] = c_6 \log^2 \xi \prod_{p \mid a}\left[1 - \frac{1}{p^2}\right] \prod_{p \mid a}\left[1 + \frac{1}{p}\right]^{-1}$$

$$\geqslant c_6 \log^2 \xi \prod_p\left[1 - \frac{1}{p^2}\right] \prod_{p \mid a}\left[1 + \frac{1}{p}\right]^{-1}$$

$$\geqslant c_7 \log^2 \xi \left\{\sum_{k \mid a} \frac{\mu^2(k)}{k}\right\}^{-1}. \tag{9}$$

其次,若 $k = \prod_{p \mid k} p^c$. 则由

$$\prod_{p \mid k}\{1 - g_1(p)\}^{-1} \leqslant \{1 - g_1(2)\}^{-1}\{1 - g_1(3)\}^{-1}\prod_{5 \leqslant p \mid k}\{1 - g_1(p)\}^{-1}$$

$$\leqslant 2 \cdot 3 \prod_{5 \leqslant p \mid k}\left[1 - \frac{2}{5}\right]^{-1} < 6 \prod_{p \mid k}(1 + c) = 6 d(k) \leqslant 6 k.$$

故由定理 4.3,(5) 及 (9) 得

$$S(a) \leqslant N_\xi \leqslant \frac{1}{c_7} \cdot \frac{a}{\log^2 \xi} \sum_{k \mid a} \frac{\mu^2(k)}{k} + \sum_{1 \leqslant k_1, k_2 \leqslant \xi} \frac{k_1 k_2}{(k_1, k_2)} 6 k_1 \cdot 6 k_2$$

$$\leqslant \frac{1}{c_7} \cdot \frac{a}{\log^2 \xi} \sum_{k \mid a} \frac{\mu^2(k)}{k} + 36 \xi^6.$$

取 $\xi = a^{1/10}$, 由 (1) 式即得定理.

定理 3.4 之证明: $n \geqslant 2$ 时, 有

$$\sum_{1 \leqslant a \leqslant n} r^2(a) \leqslant 1 + \sum_{4 \leqslant a \leqslant n} c_5^2 \frac{a^2}{\log^4 a} \sum_{k_1 \mid a} \frac{\mu^2(k_1)}{k_1} \sum_{k_2 \mid a} \frac{\mu^2(k_2)}{k_2}$$

$$\leqslant 1 + c_5^2 \frac{n^2}{\log^4 n} \sum_{4 \leqslant a \leqslant n} \sum_{\substack{k_1 \mid a \\ k_2 \mid a}} \frac{1}{k_1 k_2}$$

$$\leqslant 1 + c_5^2 \frac{n^2}{\log^4 n} \sum_{1 \leqslant k_1, k_2 \leqslant n} \frac{1}{k_1 k_2} \sum_{\substack{1 \leqslant a \leqslant n \\ \frac{k_1 k_2}{(k_1, k_2)} \mid a}} 1$$

$$\leqslant 1 + c_5^2 \frac{n^2}{\log^4 n} \sum_{1 \leqslant k_1, k_2 \leqslant n} \frac{1}{k_1 k_2} \cdot \frac{n}{\frac{k_1 k_2}{(k_1, k_2)}}.$$

因为 $(k_1, k_2) \leqslant \min\{k_1, k_2\} \leqslant \sqrt{k_1 k_2}$, 故

$$\sum_{1 \leqslant a \leqslant n} r^2(a) \leqslant 1 + c_5^2 \frac{n^2}{\log^4 n} \sum_{1 \leqslant k_1, k_2 \leqslant n} \frac{n}{(k_1 k_2)^{3/2}}$$

$$\leqslant 1 + c_5^2 \frac{n^3}{\log^4 n}\left[\sum_{k=1}^\infty \frac{1}{k^{3/2}}\right]^2$$

$$\leqslant c_1 \frac{n^3}{\log^4 n}.$$

即得定理.

习题1. 设 x,k,l 都是正整数,且 $(k,l)=1$. $\pi(x;k,l)$ 表示算术级数 $a_n=kn+l(n=1,2,\cdots)$ 所包含的不超过 x 的素数的个数,又命 δ 是满足 $0<\delta<1$ 的固定常数,求证当 $k<x^\delta$ 时,有

$$\pi(x;k,l) \leqslant \frac{2x}{\varphi(k)\log\frac{x}{k}}\left[1+O\left(\frac{(\log\log x)^2}{\log x}\right)\right],$$

此处 O 中所含之常数与 k 无关,但与 δ 有关.

习题2. 若 $p,p+2$ 同时为素数,则 p 与 $p+2$ 就称做一对"孪生素数". 以 $Z_2(N)$ 表示小于或等于 N 的"孪生素数"的对数. 则

$$Z_2(N) \leqslant c_2 \frac{N}{\log^2 N};$$

并证明级数

$$\sum_{p^*} \frac{1}{p^*}$$

收敛,此处 p^* 经过所有的"孪生素数",即 p^* 与 p^*-2 是一对"孪生素数".

§6. Waring-Hilbert 定理

在 §§6—7 中, $c,c_1,c_2,\cdots$ 皆表仅与 k 有关之正常数. 与 O 有关之常数亦仅与 k 有关. §§6—7 之目的在于证明

定理1(Hilbert) 对任一整数 $k(\geqslant 1)$,有一正整数 c 存在,凡正整数必为不多于 c 个正整数之 k 乘方和.

今定义 $\mathfrak{A}$ 为整数

$$x_1^k+\cdots+x_t^k$$

所成之集合,此处 x_m 各过所有的非负整数. 定义 $\mathfrak{A}_1$ 为 $\mathfrak{A}$ 中不同元素所成之最大分集合. 命

$$c_1 = c_1(k) = \frac{1}{2} 8^{k-1}.$$

证明之环节在证明:

定理2 若 $k\geqslant 2$,则 $\mathfrak{A}_{c_1}$ 有正密率.

由定理2.3可知定理1可由定理2直接推得.

定义 $r(a)$ 为不定方程

第十九章　Шнирельман 密率

$$x_1^k + \cdots + x_{c_1}^k = a, \quad x_m \geq 0$$

之解数. 今先证明:

定理3　若 $n \geq 1$, 则

$$\sum_{1 \leq a \leq n} r(a) \geq c_2(k) n^{c_1/k}.$$

证: 显然可假定 $n > c_1$. 有

$$\sum_{1 \leq a \leq n} r(a) = -1 + \sum_{0 \leq a \leq n} \sum_{\substack{x_1^k + \cdots + x_{c_1}^k = a \\ x_m \geq 0}} 1$$

$$\geq -1 + \sum_{0 \leq x_1 \leq (n/c_1)^{1/k}} \cdots \sum_{0 \leq x_{c_1} \leq (n/c_1)^{1/k}} 1$$

$$\geq \left[\frac{n}{c_1}\right]^{c_1/k} - 1 \geq c_3(k) n^{c_1/k}.$$

由定理3及定理2.4可知, 中心环节在于证明:

定理4　若 $k \geq 2$ 及 $n \geq 1$, 则

$$\sum_{1 \leq a \leq n} r^2(a) \leq c_4(k) n^{2c_1/k - 1}.$$

盖若此定理证明, 则由定理2.4及定理3即可得出定理2矣.

今将定理4略变其形式.

定理5　若 $k \geq 2$ 及 $P \geq 1$, 则

$$\int_0^1 \left| \sum_{x=0}^P e^{2\pi i x^k \alpha} \right|^{2c_1} d\alpha \leq c_5(k) P^{2c_1 - k}.$$

取 $P = [n^{1/k}]$, 显然当 n 大时, $c_1 P^k > n$.

习知, 对一整数 q

$$\int_0^1 e^{2\pi i q \alpha} d\alpha = \begin{cases} 1, & \text{若 } q = 0, \\ 0, & \text{若 } q \neq 0. \end{cases}$$

由定理5得出

$$\sum_{1 \leq a \leq n} r^2(a) \leq \sum_{0 \leq a \leq c_1 P^k} \left[\sum_{\substack{x_1^k + \cdots + x_{c_1}^k = a \\ 0 \leq x_i \leq P \\ 1 \leq i \leq c_1}} 1 \right]^2$$

$$= \int_0^1 \left| \sum_{0 \leq a \leq c_1 P^k} e^{2\pi i a \alpha} \sum_{\substack{x_1^k + \cdots + x_{c_1}^k = a \\ 0 \leq x_i \leq P \\ 1 \leq i \leq c_1}} 1 \right|^2 d\alpha$$

$$= \int_0^1 \left| \sum_{x_1=0}^P \cdots \sum_{x_{c_1}=0}^P e^{2\pi i (x_1^k + \cdots + x_{c_1}^k) \alpha} \right|^2 d\alpha$$

$$= \int_0^1 \left| \sum_{x=0}^P e^{2\pi i x^k \alpha} \right|^{2c_1} d\alpha \leq c_5(k) P^{2c_1 - k}$$

$$\leqslant c_1(k) n^{2c_1/k-1}.$$

此即定理 4.

因此今后之目的在于证明定理 5.

习题. 从定理 4 推出定理 5.

§7. Waring-Hilbert 定理的证明

定理 1 若 $X, Y \geqslant 1, n$ 为一整数,$q(n)$ 表示方程

$$x_1 y_1 + x_2 y_2 = n \quad (|x_m| \leqslant X, |y_m| \leqslant Y, m = 1, 2) \tag{1}$$

的整数解数,则

$$q(n) \leqslant \begin{cases} 27 X^{3/2} Y^{3/2}, & \text{若 } n = 0; \\ 60 XY \sum_{d \mid n} \dfrac{1}{d}, & \text{若 } n \neq 0. \end{cases} \tag{2}$$

证:1) $n=0$;此时 x_1, x_2, y_1 所能取之值分别不超过 $2X+1, 2X+1$ 及 $2Y+1$. 当 x_1, x_2, y_1 确定之后,y_2 最多只能够取一个值,故

$$q(0) \leqslant (2X+1)^2 (2Y+1) \leqslant (3X)^2 (3Y) = 27 X^2 Y.$$

同法可得

$$q(0) \leqslant 27 XY^2.$$

故

$$q(0) \leqslant \min(27 X^2 Y, 27 XY^2) \leqslant \sqrt{27 X^2 Y \cdot 27 XY^2} = 27 X^{3/2} Y^{3/2}.$$

2) $n \neq 0$;不失一般性,可以假定 $X \leqslant Y$. 设 $q_1(n)$ 是方程

$$x_1 y_1 + x_2 y_2 = n \quad ((x_1, x_2) = 1, |x_2| \leqslant |x_1| \leqslant X, |y_m| \leqslant Y, m = 1, 2) \tag{3}$$

的整数解数. 易知 $x_1 \neq 0$,否则 $x_2 = 0$,则 $n = 0$ 矣. 此与假定相矛盾. 又命 $q_2(n; x_1, x_2)$ 表示对于一组固定的 x_1, x_2,而 $(x_1, x_2) = 1, |x_2| \leqslant |x_1| \leqslant X$,方程(3)对 y_1, y_2 的整数解数.由定理1.8.2知此时(3)式可解.且若 y_1', y_2' 是其一组解,则其他的解 y_1, y_2 可以表成

$$y_1 = y_1' + t x_2, \quad y_2 = y_2' - t x_1, \quad t \text{ 为整数}.$$

故

$$|t| = \left| \frac{y_2' - y_2}{x_1} \right| \leqslant \frac{Y + Y}{|x_1|} = \frac{2Y}{|x_1|}.$$

故 t 可取之值不超过 $2 \cdot \dfrac{2Y}{|x_1|} + 1 \leqslant \dfrac{4Y + X}{|x_1|} \leqslant \dfrac{5Y}{|x_1|}$,即

$$q_2(n; x_1, x_2) \leqslant \frac{5Y}{|x_1|}.$$

第十九章 Шнирельман 密率

故

$$q(n) \leqslant \sum_{1 \leqslant |x_1| \leqslant X} \sum_{|x_2| \leqslant |x_1|} \frac{5Y}{|x_1|} \leqslant 5Y \sum_{1 \leqslant |x_1| \leqslant X} \frac{2|x_1|+1}{|x_1|}$$
$$\leqslant 5Y \cdot 3 \cdot 2X = 30XY.$$

因此满足条件 $(x_1, x_2) = 1$ 之方程式(1)之解数不超过 $2 \cdot 30XY = 60XY$.

其次,若 $(x_1, x_2) = d \neq 1, d \mid n$,则命 $\frac{x_1}{d} = x_1', \frac{x_2}{d} = x_2'$,此时即要求方程

$$x_1' y_1 + x_2' y_1 = \frac{n}{d} \left[|x_m'| \leqslant \frac{X}{d}, |y_m| \leqslant Y, \quad m = 1,2, \quad (x_1', x_2') = 1 \right]$$

的整数解数,由上述知其解数不超过 $60 \frac{X}{d} \cdot Y$.

故当 $n \neq 0$ 时得

$$q(n) \leqslant 60XY \sum_{d \mid n} \frac{1}{d}.$$

定理证毕.

定理 6.5 显然是下面定理的推论.

定理 2 若 $k \geqslant 2, f(x)$ 为一个 k 次整系数多项式

$$f(x) = a_k x^k + a_{k-1} x^{k-1} + \cdots + a_1 x + a_0,$$
$$a_k = O(1), a_{k-1} = O(P), \cdots, a_1 = O(P^{k-1}), a_0 = O(P^k),$$

则

$$\int_0^1 \left| \sum_{x=0}^P e^{2\pi i f(x)\alpha} \right|^{8^{k-1}} d\alpha = O(P^{8^{k-1}-k}). \tag{4}$$

证: $k = 2$ 时,(4)之左端乃方程

$$f(x_1) + f(x_2) - f(y_1) - f(y_2) = f(x_3) + f(x_4) - f(y_3) - f(y_4)$$
$$(f(x) = a_2 x^2 + a_1 x + a_0, \quad a_2 = O(1), \quad a_1 = O(P), \quad a_0 = O(P^2)), \tag{5}$$
$$0 \leqslant x_m, y_m \leqslant P, \quad 1 \leqslant m \leqslant 4$$

的整数解数. 命 $x_i - y_i = z_i, a_2(x_i + y_i) + a_1 = w_i (1 \leqslant i \leqslant 4)$. 可知(5)的解数不超过方程

$$z_1 w_1 + z_2 w_2 = z_3 w_3 + z_4 w_4 (z_i = O(P), w_i = O(P), 1 \leqslant i \leqslant 4) \tag{6}$$

的整数解数. 若以 $q(n)$ 表示方程

$$z_1 w_1 + z_2 w_2 = n$$

$(z_i = O(P), w_i = O(P), m = 1,2,$ 此处与 O 有关之常数与(6)式相同) 的整数解数,则立得(6)的解数为 $\sum_{|n| \leqslant c_6 P^2} q(n)^2$. 由定理 1 可知

$$\sum_{|n| \leqslant c_6 P^2} q(n)^2 = O(P^6) + O\left[\sum_{1 \leqslant n \leqslant c_6 P^2} \left[P^2 \sum_{d \mid n} \frac{1}{d} \right]^2 \right]$$

$$= O(P^6) + O\left[P^4 \sum_{1 \leq d_1, d_2 \leq c_6 P^2} \frac{1}{d_1 d_2} \sum_{\substack{d_1 d_2 \\ (d_1, d_2) \\ 1 \leq n \leq c_6 P^2}} 1\right]$$

$$= O(P^6) + O\left[P^4 \sum_{d_1=1}^{\infty} \sum_{d_2=1}^{\infty} \frac{P^2}{(d_1 d_2)^{3/2}}\right]$$

$$= O(P^6).$$

定理成立.

现在假定 $k \geq 3$. 由归纳法, 假定 $k-1$ 时定理已真. 由于

$$\left|\sum_{x=0}^{P} e^{2\pi i f(x)\alpha}\right|^2 = \sum_{x=0}^{P} e^{-2\pi i f(x)\alpha} \sum_{-x \leq h \leq P-x} e^{2\pi i f(x+h)\alpha}$$

$$= \sum_{0 < |h| \leq P}{}' \sum_{x=0}^{P}{}' e^{2\pi i h \varphi(x, h)\alpha} + P, \tag{7}$$

此处 $\sum{}'$ 表示过所示区间内整数的某一部分集合, 而 $\varphi(x, h) = \frac{1}{h}(f(x+h) - f(x))$, $(h \neq 0)$, 把 $\varphi(x, h)$ 看成变数 x 的多项式时, 可知 $\varphi(x, h)$ 乃是适合定理要求的 $k-1$ 次多项式. 记 $a_h = \sum_{x=0}^{P}{}' e^{2\pi i h \varphi(x, h)\alpha}$, 则

$$\left|\sum_{x=0}^{P} e^{2\pi i f(x)\alpha}\right|^{2 \cdot 8^{k-2}} \leq 2^{8^{k-2}} \max\left[\left|\sum_{0<|h| \leq P}{}' a_h\right|^{8^{k-2}}, P^{8^{k-2}}\right].$$

若 $\left|\sum_{0<|h| \leq P}{}' a_h\right| \leq P$, 则定理显然成立. 否则, 连续运用 Буняковский-Schwarz 不等式, 得

$$2^{-8^{k-2}}\left|\sum_{x=0}^{P} e^{2\pi i f(x)\alpha}\right|^{2 \cdot 8^{k-2}} \leq \left|\sum_{0<|h| \leq P}{}' a_h\right|^{8^{k-2}} \leq \left\{\sum_{0<|h| \leq P}{}' 1 \cdot \sum_{0<|h| \leq P}{}' |a_h|^2\right\}^{2^{3(k-2)-1}}$$

$$\leq \left\{\left[\sum_{0<|h| \leq P}{}' 1\right]^{2^2-1} \sum_{0<|h| \leq P}{}' |a_h|^{2^2}\right\}^{2^{3(k-2)-2}} \leq \cdots$$

$$\leq \left\{\left[\sum_{0<|h| \leq P}{}' 1\right]^{2^{3(k-2)-1}-1} \sum_{0<|h| \leq P}{}' |a_h|^{2^{3(k-2)-1}}\right\}^2$$

$$\leq (3P)^{8^{k-2}-1} \sum_{0<|h| \leq P}{}' |a_h|^{8^{k-2}}$$

$$= O\left[P^{8^{k-2}-1} \sum_{0<|h| \leq P}{}' \left|\sum_{x=0}^{P}{}' e^{2\pi i h \varphi(x, h)\alpha}\right|^{8^{k-2}}\right]. \tag{8}$$

命

$$\left|\sum_{x=0}^{P}{}' e^{2\pi i h \varphi(x, h)\alpha}\right|^{8^{k-2}} = \sum_n A(n) e^{2\pi i h n \alpha}. \tag{9}$$

由于 $0 \leq x \leq P$, 可知 $n = O(\max_{0 \leq x \leq P} |\varphi(x, h)|) = O(P^{k-1})$. 由 (9) 及归纳法假定

第十九章 Шнирельман 密率

$$|A(n)| = \left| \int_0^1 \left| \sum_{x=0}^{P}{}' e^{2\pi i \varphi(x,h)\beta} \right|^{8^{k-2}} e^{-2\pi i n\beta} d\beta \right|$$

$$\leqslant \int_0^1 \left| \sum_{x=0}^{P}{}' e^{2\pi i \varphi(x,h)\beta} \right|^{8^{k-2}} d\beta = O(P^{8^{k-2}-(k-1)}).$$

将(8)式 4 方后积分可知

$$\int_0^1 \left| \sum_{x=0}^{P} e^{2\pi i f(x)\alpha} \right|^{8^{k-1}} d\alpha = O\left(P^{4 \cdot 8^{k-2}-4} \int_0^1 \Big[\sum_{0<|h|\leqslant P}{}' \left| \sum_{x=0}^{P}{}' e^{2\pi i h\varphi(x,h)\alpha} \right|^{8^{k-2}} \Big]^4 d\alpha \right)$$

$$= O\Big(P^{4 \cdot 8^{k-2}-4} \sum_{\substack{n_1 h_1 + n_2 h_2 = n_3 h_3 + n_4 h_4 \\ 0<|h_i|\leqslant P \\ n_i = O(P^{k-1}) \\ i=1,2,3,4}} A(n_1)A(n_2)A(n_3)A(n_4) \Big)$$

$$= O(P^{4 \cdot 8^{k-2}-4} \cdot P^{3k} \cdot P^{4 \cdot 8^{k-2}-4(k-1)}) = O(P^{8^{k-1}-k}).$$

定理证毕.

第二十章 数的几何

§1. 二维空间之情况

本节中将以二维空间为例,概括地说明本章之基本内容.

定义1 命 c 表平面上之一简单封闭曲线,此曲线范围平面上之一部分 R,称之为域.若域 R 中任意二点连线之中点恒在 R 中[①],则此域称为凸域.

例如:圆、椭圆、平行四边形、正 n 边形皆为凸域.

凸域之面积是存在的.(且可以定义为:在平面上打方格子,格子眼全在 R 中之小方块面积之和之极限.)

本章将用及与凸域有关之若干概念及若干性质,若欲与以严格说明,则必须有积分论及拓扑学之知识.如读者凭借直观,则了解本章之基本内容亦无困难.特别是在应用时,所取的例子并不需要特殊的积分论或拓扑学之知识.

定理1(Minkowski 基本定理) 平面上一个以原点为对称中心之凸域 R,其面积若大于 4,则其中必包有异于原点之一整点.(整点者二坐标皆为整数之点也.)

证(Hajös):以各偶整点 $(2r, 2s)$ 为中心做边长为 2 之正方形 $S_{2r,2s}$.若 $S_{2r,2s}$ 中有 R 之一部分,利用变形 $x - 2r = x'$, $y - 2s = y'$,将此部分搬到正方形 $S_{0,0}$ 之中如此将 R 之所有部分皆集中到 $S_{0,0}$ 之中.由于面积 >4,故至少有二点重复.假定此二点是由两个不同的方块 $S_{2r,2s}$, $S_{2r',2s'}$ 中搬来者.原来此二点之坐标一定是

$$(x_0 + 2r, y_0 + 2s), (x_0 + 2r', y_0 + 2s').$$

由于 R 以原点为对称中心,故

$$(-(x_0 + 2r'), -(y_0 + 2s'))$$

也在 R 之中.因为 R 是凸域,二点 $(x_0 + 2r, y_0 + 2s)$ 及 $(-x_0 - 2r', -y_0 - 2s')$ 之中点

$$\left[\frac{x_0 + 2r - (x_0 + 2r')}{2}, \frac{y_0 + 2s - (y_0 + 2s')}{2}\right] = (r - r', s - s')$$

仍在 R 之中,故得定理.

不难得出以下之结论:

[①] 由此不难得出,连任二点之线段必全部在 R 中.

第二十章 数的几何

定理 2 若将定理 1 中的假定改为面积 $\geqslant 4$,则结论变为:"所存在的异于原点之整点在 R 内或其边上".

应用之一. 取 R 为平行四边形
$$|\xi| \leqslant b, \quad |\eta| \leqslant c, \tag{1}$$
此处
$$\xi = \alpha x + \beta y, \quad \eta = \gamma x + \delta y, \quad \alpha\delta - \beta\gamma = \Delta(\neq 0),$$
$\alpha, \beta, \gamma, \delta$ 是实数.(1) 定义一以原点为对称中心的平行四边形,故为凸域.其面积等于
$$A = \iint_{\substack{|\xi| \leqslant b \\ |\eta| \leqslant c}} dx\, dy = \iint_{\substack{|\xi| \leqslant b \\ |\eta| \leqslant c}} \left|\frac{\partial(x, y)}{\partial(\xi, \eta)}\right| d\xi d\eta = \frac{1}{|\Delta|} \iint_{\substack{|\xi| \leqslant b \\ |\eta| \leqslant c}} d\xi d\eta = \frac{4bc}{|\Delta|}.$$

故若 $\dfrac{4bc}{|\Delta|} \geqslant 4$,则有一非原点之整点适合于(1).即得:

定理 3 若 $b > 0, c > 0, bc \geqslant |\Delta|$,则必有一对整数 $(x, y)(\neq (0, 0))$ 适合于(1).

特别取 $\alpha = \delta = 1, \gamma = 0$,则得一整数对 $(x, y)(\neq (0, 0))$ 使
$$|x + \beta y| \leqslant b, \quad |y| \leqslant \frac{1}{b},$$
即
$$\left|\beta + \frac{x}{y}\right| \leqslant \frac{b}{|y|} \leqslant \frac{1}{y^2}.$$

此即定理 6.10.6.

应用之二. 取 R 为椭圆内部
$$\xi^2 + \eta^2 \leqslant r^2. \tag{2}$$
此显然亦适合定理 1 之假定.(2) 之面积为
$$\iint_{\xi^2+\eta^2 \leqslant r^2} dx\, dy = \iint_{\xi^2+\eta^2 \leqslant r^2} \left|\frac{\partial(x, y)}{\partial(\xi, \eta)}\right| d\xi\, d\eta = \frac{1}{|\Delta|} \iint_{\xi^2+\eta^2 \leqslant r^2} d\xi d\eta = \frac{\pi r^2}{|\Delta|}.$$

若 $\pi r^2 \geqslant 4|\Delta|$,则有一非原点之整点 (x, y) 适合于(2).由于任一以原点为中心的椭圆可以写为
$$ax^2 + bxy + cy^2 = r^2, \tag{3}$$

命 $\xi = \sqrt{a}\, x + \dfrac{b}{2\sqrt{a}} y$ 及 $\eta = \sqrt{c - \dfrac{b^2}{4a}}\, y$,则(3)可以写为(2)之形式,而
$$\Delta = \sqrt{ac - \left(\frac{b}{2}\right)^2}.$$

故得:

定理 4 若 $a>0, ac-\left[\dfrac{b}{2}\right]^2>0, \Delta=\sqrt{ac-\left[\dfrac{b}{2}\right]^2}$,则必有一整数对 $(x,y)\ne(0,0)$ 使

$$ax^2+bxy+cy^2\leqslant \dfrac{4}{\pi}\Delta.$$

此结果并非最好,实则此 $\dfrac{4}{\pi}$ 可以 $\dfrac{2}{\sqrt{3}}$ 代之.

应用之三. 取 R 为双曲线所范围之域.

$$|\xi\eta|\leqslant r^2. \tag{4}$$

此域不是凸域.因此不能直接应用定理 1.2. 今之方法为在此域内做一凸域,使其面积 $\geqslant 4$. 今有

$$|\xi\eta|\leqslant \left[\dfrac{|\xi|+|\eta|}{2}\right]^2. \tag{5}$$

且

$$|\xi|+|\eta|\leqslant 2r \tag{6}$$

是一凸域. 今先求凸域 (6) 之面积

$$\iint_{|\xi|+|\eta|\leqslant 2r}dxdy=\iint_{|\xi|+|\eta|\leqslant 2r}\left|\dfrac{\partial(x,y)}{\partial(\xi,\eta)}\right|d\xi d\eta=\dfrac{1}{|\Delta|}\iint_{|\xi|+|\eta|\leqslant 2r}d\xi d\eta=\dfrac{8r^2}{|\Delta|}.$$

即得:

定理 5 必有一异于原点之整点使

$$|\xi|+|\eta|\leqslant (2|\Delta|)^{\frac{1}{2}}.$$

由 (5) 立得:

定理 6 必有一异于原点之整点使

$$|\xi\eta|\leqslant \dfrac{1}{2}|\Delta|.$$

此定理也非最好之定理,已有人证明 $\dfrac{1}{2}$ 可代以 $\dfrac{1}{\sqrt{5}}$.

§2. Minkowski 之基本定理

R 为 n 维空间中之有限域,如 R 内任意二点联线的中点恒在 R 内,则 R 称为凸域.

定理 1 在 n 维空间中任一以原点为对称中心且体积大于 2^n 之凸域 R(或称凸体),必包有一异于原点之整点.

定理 1.1 之证明不难推广到 n 维空间,今用另一方法证明本节之定理 1.

证(Mordell)：命 t 为一固定之正整数，q_r 跑过所有的整数，则诸平面

$$x_r = \frac{2q_r}{t}, \quad r = 1, 2, \cdots, n$$

分空间为立方体，每一立方体之体积等于 $\left[\dfrac{2}{t}\right]^n$，其角点为 $\left[\dfrac{2q_1}{t}, \cdots, \dfrac{2q_n}{t}\right]$. 命 $N(t)$ 表示角点在 R 中之个数，A 表示 R 之体积，则由积分之定义可知

$$\lim_{t\to\infty}\left[\frac{2}{t}\right]^n N(t) = A.$$

若 $A > 2^n$，则当 t 充分大时，即有 $N(t) > t^n$.

另一方面，$(q_1, \cdots, q_n)$ 中最多只有 t^n 组互不同余，mod t，即 R 中必有二点

$$\left[\frac{2q_1}{t}, \cdots, \frac{2q_n}{t}\right], \left[\frac{2q_1'}{t}, \cdots, \frac{2q_n'}{t}\right]$$

适合 $q_i - q_i' \equiv 0 \pmod{t}$. 由于 R 以原点为对称中心，故 R 包有

$$\left[-\frac{2q_1'}{t}, \cdots, -\frac{2q_n'}{t}\right].$$

又由于 R 为凸域，故 R 中亦包有

$$\left[\frac{2q_1}{t}, \cdots, \frac{2q_n}{t}\right] \text{ 及 } \left[-\frac{2q_1'}{t}, \cdots, -\frac{2q_n'}{t}\right]$$

之中点

$$\left[\frac{q_1 - q_1'}{t}, \cdots, \frac{q_n - q_n'}{t}\right].$$

此乃一整点. 故得定理.

同理亦得：

定理 2 若在定理 1 中，将条件"$> 2^n$"改为"$\geqslant 2^n$"；而将结果"在 R 中"改为"在 R 中或边界上"，则定理 1 依然成立.

更精密些有次之

定理 3 由原点 O 作一射线交凸体 R 于 P. 取 OP 之中点 Q，当 P 过凸体上之所有点，则 Q 描绘出一凸体，命之为 $R_{\frac{1}{2}}$，在定理 2 之条件下，可假定得出之整点在 $R_{\frac{1}{2}}$ 之外.

证：命 ρ 为由原点 O 到 R 边上之最大距离. 取一整数 N 使 $2^{N-1} \leqslant \rho < 2^N$，则 $R_{2^{-N}}$ 之边界点与原点之距离必小于 1. 故 $R_{2^{-N}}$ 中除原点外无其他整点，故定理 2 中所得之整点必在 $R_{2^{-N}}$ 之外. 故有一整数 m，在 $R_{2^{-m}}$ 中或其边界上及 $R_{2^{-m-1}}$ 外有一整点 $(x_1, \cdots, x_n)$. 因而整点

$$(2^m x_1, \cdots, 2^m x_n)$$

在 R 中或其边界上及 $R_{\frac{1}{2}}$ 之外.

§3. 一次线性式

命 α_{rs} 为实数,及
$$\xi_r = \alpha_{r1} x_1 + \cdots + \alpha_{rn} x_n, \quad r = 1, 2, \cdots, n. \tag{1}$$

行列式
$$\Delta = \begin{vmatrix} \alpha_{11} & \cdots & \alpha_{1n} \\ \hdashline \alpha_{n1} & \cdots & \alpha_{nn} \end{vmatrix} \neq 0.$$

取 R 为
$$|\xi_1| \leqslant \lambda_1, |\xi_2| \leqslant \lambda_2, \cdots, |\xi_n| \leqslant \lambda_n.$$

此为一以原点为对称中心之凸体,其体积为
$$\int \cdots \int_{|\xi_1| \leqslant \lambda_1, \cdots, |\xi_n| \leqslant \lambda_n} dx_1 \cdot dx_2 \cdots dx_n = \int \cdots \int_{|\xi_1| \leqslant \lambda_1, \cdots, |\xi_n| \leqslant \lambda_n} \left| \frac{\partial(x_1, x_2, \cdots, x_n)}{\partial(\xi_1, \xi_2, \cdots, \xi_n)} \right| d\xi_1 \cdot d\xi_2 \cdots d\xi_n$$
$$= \frac{1}{|\Delta|} \int \cdots \int_{|\xi_1| \leqslant \lambda_1, \cdots, |\xi_n| \leqslant \lambda_n} d\xi_1 \cdot d\xi_2 \cdots d\xi_n = \frac{2^n \lambda_1 \lambda_2 \cdots \lambda_n}{|\Delta|}.$$

故若 $\lambda_1 \lambda_2 \cdots \lambda_n > |\Delta|$,则 R 中有一异于原点之整点. 若 $\lambda_1 \lambda_2 \cdots \lambda_n \geqslant |\Delta|$,则有一异于原点之整点在 R 内或在其边界上. 故得:

定理 1 若 $\xi_1, \cdots, \xi_n$ 是具实系数的 n 个变数 $x_1, \cdots, x_n$ 的线性式,其系数行列式是 Δ; $\lambda_1, \cdots, \lambda_n$ 是 n 个正数,且
$$\lambda_1 \lambda_2 \cdots \lambda_n \geqslant |\Delta|,$$
则有整数 $x_1, x_2, \cdots, x_n$ 非皆为零,使
$$|\xi_1| \leqslant \lambda_1, |\xi_2| \leqslant \lambda_2, \cdots, |\xi_n| \leqslant \lambda_n.$$

定理 2 定理 1 之结论可以加强,即有整数 $x_1, x_2, \cdots, x_n$ 非皆为 0,使
$$|\xi_1| \leqslant \lambda_1, |\xi_2| < \lambda_2, \cdots, |\xi_n| < \lambda_n.$$

证:命 ε 为一正数. 由定理 1 已知有非皆为零之 $x_1, \cdots, x_n$,使
$$|\xi_1| \leqslant (1+\varepsilon)^{n-1} \lambda_1, \ |\xi_2| \leqslant \frac{\lambda_2}{1+\varepsilon} < \lambda_2, \cdots, |\xi_n| \leqslant \frac{\lambda_n}{1+\varepsilon} < \lambda_n.$$

当 $\varepsilon \to 0$ 时,由于整点的不连续性,故得定理.

取 $n+1$ 代替 n,取
$$\xi_v = x_v (1 \leqslant v \leqslant n), \xi_{n+1} = \alpha_1 x_1 + \alpha_2 x_2 + \cdots + \alpha_n x_n + x_{n+1},$$
$$\lambda_v = t^{1/n} (1 \leqslant v \leqslant n), \lambda_{n+1} = \frac{1}{t},$$

则由定理 2 可得:

定理 3 必有一组整数 $x_1, \cdots, x_n$ 及 y,不全为 0,使

$$|\alpha_1 x_1 + \cdots + \alpha_n x_n + y| < \frac{1}{t},$$

而
$$|x_v| \leqslant t^{1/n} \quad (\text{此处 } t \text{ 为任一实数} > 0).$$

又取
$$\xi_1 = x_{n+1}, \quad \xi_{v+1} = x_v - \alpha_v x_{n+1} \quad (1 \leqslant v \leqslant n),$$
$$\lambda_1 = t^n, \quad \lambda_{v+1} = \frac{1}{t} \quad (1 \leqslant v \leqslant n),$$

则得：

定理 4 命 $\alpha_1, \cdots, \alpha_n$ 为一组实数及 $t \geqslant 1$. 必有一异于原点之整点 $(x, y_1, y_2, \cdots, y_n)$ 使

$$|\alpha_v x - y_v| < \frac{1}{t}, \quad 1 \leqslant x \leqslant t^n.$$

换言之，必有一组以 x 为公分母之 n 个数 $\left[\dfrac{y_1}{x}, \cdots, \dfrac{y_n}{x}\right]$ 使

$$\left|\alpha_v - \frac{y_v}{x}\right| < \frac{1}{x^{1+1/n}}, \quad 1 \leqslant v \leqslant n.$$

命 c_n 为有以下性质之最大正实数：若 $0 < c < c_n$，则

$$\left|\alpha_v - \frac{y_v}{x}\right| < \frac{1}{cx^{1+1/n}}, \quad 1 \leqslant v \leqslant n$$

有无穷组解. 由定理 10.4.4，已知 $c_1 = \sqrt{5}$. 但当 $n \geqslant 2$ 时，这问题还未解决.

定理 2 建议，是否连 $|\xi| \leqslant \lambda$ 也可改为 $|\xi| < \lambda$，此不可能. 例如：

$$\xi_1 = x_1, \xi_2 = \alpha_{21} x_1 + x_2, \xi_3 = \alpha_{31} x_1 + \alpha_{32} x_2 + x_3, \cdots,$$
$$\xi_n = \alpha_{n1} x_1 + \alpha_{n2} x_2 + \cdots + \alpha_{n,n-1} x_{n-1} + x_n. \tag{2}$$

则由 $|\xi_1| < 1$，可得 $x_1 = 0$；再由 $|\xi_2| < 1$，可得 $x_2 = 0$；等等. 故仅有原点使

$$|\xi_1| < 1, |\xi_2| < 1, \cdots, |\xi_n| < 1.$$

再命

$$x_v = \sum_{\mu=1}^{n} a_{v\mu} y_\mu \quad (1 \leqslant v \leqslant n)$$

表一模变换. 将此代入 (2) 所得之齐次式也有与 (2) 同样之性质. 问题：除去所列举之情况外，能否一起改为"$<$"号. 此乃有名的 Minkowski 问题. 数十年来仅能证明 $n \leqslant 7$ 时之情况，1942 年匈牙利数学家 Hajös 才一般地予以解决.

§4. 二次定正型

今往研究椭球 R：

$$\xi_1^2 + \cdots + \xi_n^2 \leqslant r^2. \tag{1}$$

为了证明(1)是凸体,只须证明

$$\left[\frac{\xi_1 + \xi_1'}{2}\right]^2 + \cdots + \left[\frac{\xi_n + \xi_n'}{2}\right]^2 \leqslant \frac{1}{2}\{(\xi_1^2 + \cdots + \xi_n^2) + (\xi_1'^2 + \cdots + \xi_n'^2)\}. \tag{2}$$

由于

$$\left[\frac{\xi_i + \xi_i'}{2}\right]^2 \leqslant \frac{\xi_i^2 + \xi_i'^2}{2}, \quad i = 1, 2, \cdots, n,$$

(2)式显然真实.

因 n 维空间内半径为 r 的球体体积为 $r^n \dfrac{\pi^{\frac{1}{2}n}}{\Gamma\left[\frac{1}{2}n+1\right]}$,故 R 之体积为

$$\int\cdots\int_{\xi_1^2+\cdots+\xi_n^2\leqslant r^2} dx_1\cdots dx_n = \int\cdots\int_{\xi_1^2+\cdots+\xi_n^2\leqslant r^2} \left|\frac{\partial(x_1,\cdots,x_n)}{\partial(\xi_1,\cdots,\xi_n)}\right| d\xi_1\cdots d\xi_n$$

$$= \frac{1}{|\Delta|}\int\cdots\int_{\xi_1^2+\cdots+\xi_n^2\leqslant r^2} d\xi_1\cdots d\xi_n = \frac{1}{|\Delta|} r^n \frac{\pi^{\frac{1}{2}n}}{\Gamma\left[\frac{1}{2}n+1\right]}.$$

于是得出:

定理 1 有一组整数 $x_1,\cdots,x_n$ 不全为 0,使

$$\xi_1^2 + \cdots + \xi_n^2 \leqslant 4\left[\frac{|\Delta|}{J_n}\right]^{2/n},$$

此处

$$J_n = \frac{\pi^{\frac{1}{2}n}}{\Gamma\left[\frac{1}{2}n+1\right]}.$$

定理1可以换一种形式表示之.二次定正型

$$Q(x_1,\cdots,x_n) = \sum_{r=1}^{n}\sum_{s=1}^{n} a_{rs} x_r x_s, \quad a_{rs} = a_{sr}$$

可以表为

$$Q = \xi_1^2 + \cdots + \xi_n^2.$$

$\xi_1,\cdots,\xi_n$ 之行列式 Δ 之值为 $D = |a_{rs}|$ 之值之平方根.盖因 $A = (a_{rs})$ 为定正矩阵,故有矩阵 B 存在使 $A = BB'$, $\Delta = |B| = D^{\frac{1}{2}}$.故定理1可以改述为:

定理 2 若 $Q(x_1,\cdots,x_n)$ 是一定正型,其行列式为 D,则有一异于原点之整点 $x_1,\cdots,x_n$ 使

$$Q(x_1,\cdots,x_n) \leqslant 4 J_n^{-2/n} D^{1/n}. \tag{3}$$

命 γ_n 是最小的常数有次之性质者:有一异于原点之整点使

$$Q(x_1,\cdots,x_n) \leqslant \gamma_n D^{1/n}.$$

第二十章　数的几何

由 §1 已知 $\gamma_2 = \frac{2}{\sqrt{3}}$. 迄今数学家仅知 $\gamma_n (2 \leqslant n \leqslant 10)$ 之数值：

$$\gamma_3 = \sqrt[3]{2}, \gamma_4 = \sqrt{2}, \gamma_5 = \sqrt[5]{8}, \gamma_6 = \sqrt[6]{\frac{64}{3}}, \gamma_7 = \sqrt[7]{64}, \gamma_8 = 2, \gamma_9 = 2, \gamma_{10} = 2\sqrt[10]{\frac{4}{3}}.$$

一般言之，所知之结果为

$$\gamma_n < \frac{2}{\pi}\left[\Gamma\left(2 + \frac{n}{2}\right)\right]^{2/n} \quad \left[\sim \frac{n}{\pi e} \text{当 } n \to \infty \text{ 时}\right].$$

§5. 线性型之乘积

先讨论域 R：

$$|\xi_1| + \cdots + |\xi_n| \leqslant r. \tag{1}$$

此域显然以原点为对称中心，且由

$$\left|\frac{\xi + \xi'}{2}\right| \leqslant \frac{1}{2}(|\xi| + |\xi'|)$$

可知 R 是凸体，其体积等于

$$\int\cdots\int_{|\xi_1|+\cdots+|\xi_n|\leqslant r} dx_1 \cdots dx_n = \int\cdots\int_{|\xi_1|+\cdots+|\xi_n|\leqslant r} \left|\frac{\partial(x_1,\cdots,x_n)}{\partial(\xi_1,\cdots,\xi_n)}\right| d\xi_1 \cdots d\xi_n$$

$$= \frac{1}{|\Delta|}\int\cdots\int_{|\xi_1|+\cdots+|\xi_n|\leqslant r} d\xi_1 \cdots d\xi_n = \frac{2^n}{|\Delta|}\int\cdots\int_{\substack{\xi_1+\cdots+\xi_n\leqslant r\\ \xi_i \geqslant 0}} d\xi_1 \cdots d\xi_n$$

$$= \frac{2^n r^n}{n!|\Delta|}.$$

故得：

定理 1　有一异于原点之整点 $(x_1,\cdots,x_n)$ 使

$$|\xi_1| + \cdots + |\xi_n| \leqslant (n!|\Delta|)^{1/n}. \tag{2}$$

当 $n = 2$ 时，此乃最佳之结果. 盖若取 $\xi_1 = x + y, \xi_2 = x - y$，则 $|\Delta| = 2$，而 (2) 变为 $|\xi_1| + |\xi_2| \leqslant 2$. 但由于

$$|\xi_1| + |\xi_2| = \max(|\xi_1 + \xi_2|, |\xi_1 - \xi_2|) = 2\max(|x|, |y|),$$

故若此小于 2，则 $x = y = 0$. 当 $n = 3$ 时，Minkowski 曾证明有一异于原点之整点 (x_1, x_2, x_3) 使

$$|\xi_1| + |\xi_2| + |\xi_3| \leqslant \left[\frac{108}{19}|\Delta|\right]^{1/3},$$

且此处 $\frac{108}{19}$ 是最佳者. 当 $n > 3$ 时，此乃一未解决之问题.

在今后讨论线性型之乘积时，将用及下之

定理 2　若 $a_1 \geqslant 0,\cdots,a_n \geqslant 0$,则
$$(a_1\cdots a_n)^{1/n} \leqslant \frac{a_1+\cdots+a_n}{n}.$$

证：1) $n=2^k$ 时,用归纳法.已知当 $k=1$ 时有
$$(a_1 a_2)^{1/2} \leqslant \frac{a_1+a_2}{2}.$$

今假定当 $n=2^{k-1}$ 时,定理为真.则当 $n=2^k$ 时有
$$(a_1\cdots a_{2^k})^{\frac{1}{2^k}} = \{(a_1\cdots a_{2^{k-1}})^{\frac{1}{2^{k-1}}}(a_{2^{k-1}+1}\cdots a_{2^k})^{\frac{1}{2^{k-1}}}\}^{1/2}$$
$$\leqslant \left\{\left[\frac{a_1+\cdots+a_{2^{k-1}}}{2^{k-1}}\right]\left[\frac{a_{2^{k-1}+1}+\cdots+a_{2^k}}{2^{k-1}}\right]\right\}^{1/2}$$
$$\leqslant \frac{a_1+\cdots+a_{2^k}}{2^k}.$$

2) (反向归纳法) 今往证明若定理对 $n+1$ 为真,则对 n 为真.取
$$a_{n+1} = \frac{1}{n}(a_1+\cdots+a_n).$$

由假定可知
$$\left[\frac{1}{n}a_1\cdots a_n(a_1+\cdots+a_n)\right]^{\frac{1}{n+1}} = (a_1\cdots a_{n+1})^{\frac{1}{n+1}} \leqslant \frac{a_1+\cdots+a_{n+1}}{n+1}$$
$$= \frac{1}{n+1}\left\{a_1+\cdots+a_n+\frac{1}{n}(a_1+\cdots+a_n)\right\}$$
$$= \frac{a_1+\cdots+a_n}{n},$$

故得
$$(a_1\cdots a_n)^{\frac{1}{n+1}} \leqslant \left[\frac{a_1+\cdots+a_n}{n}\right]^{1-\frac{1}{n+1}} = \left[\frac{a_1+\cdots+a_n}{n}\right]^{\frac{n}{n+1}},$$

即得定理.

由定理 1 及定理 2 立得：

定理 3　有一异于原点之整点使
$$|\xi_1\cdots\xi_n| \leqslant \frac{n!}{n^n}|\Delta|.$$

注意：由 §3 之定理 1 亦可得出,必有一异于原点之整点使
$$|\xi_1\cdots\xi_n| \leqslant |\Delta|.$$

由于当 $n>1$ 时 $n!<n^n$,故本节之定理 3 较佳.命 γ_n 代表最小的正实数,使凡 $\gamma \geqslant \gamma_n$,则必有一异于原点之整点使
$$|\xi_1\cdots\xi_n| \leqslant \gamma|\Delta|.$$

今仅知 $\gamma_2 = \frac{1}{\sqrt{5}}, \gamma_3 = \frac{1}{7}$ (Davenport).定出 $\gamma_n (n \geqslant 4)$ 为一尚未解决之问题.

§6. 联立渐近法

定理 1 若 $\alpha_1,\cdots,\alpha_n$ 是 n 个实数,则有一异于原点之整点 $(x_1,\cdots,x_n)$ 及整数 $y(\geqslant 1)$ 使

$$\left|\alpha_i-\frac{x_i}{y}\right|\leqslant\frac{n}{(n+1)y^{1+\frac{1}{n}}},\quad i=1,2,\cdots,n.$$

证:先研究

$$|x_i-\alpha_i y|+\left|\frac{y}{t}\right|\leqslant r,\quad 1\leqslant i\leqslant n,\quad t\neq 0.$$

此乃一以原点为对称中心之凸体,其体积等于

$$\int\cdots\int_{\substack{|\xi_i|+|\xi_{n+1}|\leqslant r\\i=1,\cdots,n}}dx_1\cdots dx_n dy \left[\begin{array}{l}\text{此处 }\xi_i=x_i-\alpha_i y,1\leqslant i\leqslant n,\\ \xi_{n+1}=\dfrac{y}{t}.\end{array}\right]$$

$$=\int\cdots\int_{\substack{|\xi_i|+|\xi_{n+1}|\leqslant r\\i=1,\cdots,n}}\left|\frac{\partial(x_1,\cdots,x_n,y)}{\partial(\xi_1,\cdots,\xi_n,\xi_{n+1})}\right|d\xi_1\cdots d\xi_n d\xi_{n+1}$$

$$=|t|\int\cdots\int_{\substack{|\xi_i|+|\xi_{n+1}|\leqslant r\\i=1,\cdots,n}}d\xi_1\cdots d\xi_n d\xi_{n+1}=2^{n+1}|t|\int\cdots\int_{\substack{\xi_i+\xi_{n+1}\leqslant r\\i=1,\cdots,n\\\xi_i\geqslant 0,\xi_{n+1}\geqslant 0}}d\xi_1\cdots d\xi_n d\xi_{n+1}$$

$$=\frac{2^{n+1}|t|}{n+1}r^{n+1}.$$

于是即有一异于原点之整点 $(x_1,\cdots,x_n,y)$ 使

$$|x_i-\alpha_i y|+\left|\frac{y}{t}\right|\leqslant\left[\frac{n+1}{|t|}\right]^{\frac{1}{n+1}}.$$

由定理 5.2 可知

$$\left|(x_i-\alpha_i y)^n\left[\frac{ny}{t}\right]\right|^{\frac{1}{n+1}}\leqslant\frac{n|x_i-\alpha_i y|+n\left|\dfrac{y}{t}\right|}{n+1}\leqslant\frac{n}{n+1}\left[\frac{n+1}{|t|}\right]^{\frac{1}{n+1}},i=1,\cdots,n.$$

即得

$$\left|\alpha_i-\frac{x_i}{y}\right|\leqslant\frac{n}{(n+1)y^{1+\frac{1}{n}}},\quad i=1,2,\cdots,n.$$

此定理略佳于定理 3.4.迄今最佳之结果为

$$c_n\geqslant\gamma_n,\quad \gamma_n=\frac{n+1}{n}\left\{1+\left[\frac{n-1}{n+1}\right]^{n+3}\right\}^{1/n}$$

(Blichfeldt). $\left[c_2\geqslant\sqrt{\dfrac{19}{8}},\text{Minkowski.}\right]$

习题. 若 $\alpha_v = \beta_v + i\gamma_v (v=1,\cdots,n)$ 是 n 个复数,则有复整数 $z_1,\cdots,z_n, w$ 存在,使

$$\left|\alpha_v - \frac{z_v}{w}\right| \leqslant \frac{n}{n+1} \cdot \frac{2}{\sqrt{\pi}} \left[\frac{2n+1}{n+1} \cdot \frac{4}{\pi}\right]^{\frac{1}{2n}} \frac{1}{|w|^{1+\frac{1}{n}}}.$$

§7. Minkowski 不等式

当 $a_i \geqslant 0 (i=1,\cdots,n), r > 0$ 时,定义

$$M_r(a) = \left\{\frac{1}{n}(a_1^r + \cdots + a_n^r)\right\}^{1/r}. \tag{1}$$

当 $r < 0$ 且某一 $a_i = 0$ 时,(1) 式无意义. 此时定义 $(a_1^r + \cdots + a_n^r)^{\frac{1}{r}} = 0$. 于是当 $a_i \geqslant 0, r \neq 0$ 时,均可定义

$$M_r(a) = \left\{\frac{1}{n}(a_1^r + \cdots + a_n^r)\right\}^{1/r}.$$

但 $r < 0$ 且某一 $a_i = 0$ 时, $M_r(a) = 0$. 今后将 $a_i \geqslant 0 (i=1,\cdots,n)$ 记为 (a). $(a) > 0$ 表示 $a_i > 0 (i=1,\cdots,n)$. $(a) \neq 0$ 表示 a_i 不全为零. $a_i \geqslant 0 (i=1,\cdots,n)$ 中之最大者记为 $\max a$, 最小者记为 $\min a$.

如有不全为 0 之实数 λ, μ, 使 $\lambda a_i = \mu b_i (i=1,\cdots,n)$, 则称 (a) 与 (b) 成比例.

定理 1 $\lim\limits_{r \to +\infty} M_r(a) = \max a$.

证:因 $r \to +\infty$, 可设 $r > 0$. 于是有

$$\left\{\frac{1}{n}(\max a)^r\right\}^{1/r} \leqslant M_r(a) \leqslant \{(\max a)^r\}^{1/r},$$

即

$$\left[\frac{1}{n}\right]^{1/r} \max a \leqslant M_r(a) \leqslant \max a.$$

因 $\lim\limits_{r \to +\infty} \left[\frac{1}{n}\right]^{1/r} = \left[\frac{1}{n}\right]^0 = 1$, 故得 $\lim\limits_{r \to +\infty} M_r(a) = \max a$.

定理 2 $\lim\limits_{r \to -\infty} M_r(a) = \min a$.

证:因 $r \to -\infty$, 可设 $r < 0$. $(a) > 0$ 时,

$$M_r(a) = \left\{\frac{1}{n}(a_1^r + \cdots + a_n^r)\right\}^{1/r} = \frac{1}{\left\{\frac{1}{n}\left[\left[\frac{1}{a_1}\right]^{-r} + \cdots + \left[\frac{1}{a_n}\right]^{-r}\right]\right\}^{1/-r}}$$

$$= \frac{1}{M_{-r}\left[\frac{1}{a}\right]}.$$

于是由定理 1,

第二十章 数的几何

$$\lim_{r \to -\infty} M_r(a) = \frac{1}{\lim_{r \to +\infty} M_{-r}\left(\frac{1}{a}\right)} = \frac{1}{\max \frac{1}{a}} = \min a.$$

当 $r<0$ 且某一 $a_i=0$ 时，$M_r(a)$ 及 $\min a$ 均为 0。仍有

$$\lim_{r \to -\infty} M_r(a) = \min a.$$

定理证完。

定理 3 $\lim_{r \to 0} M_r(a) = (a_1 \cdots a_n)^{\frac{1}{n}}$，$(a_1 \cdots a_n)^{\frac{1}{n}}$ 即普通 n 个实数($\geqslant 0$)之几何平均值，记为 $G(a)$。

证：1) $r<0$，且某一 $a_i=0$，则定理显然成立。

2) $r \neq 0$，$(a)>0$ 时，由(1) 有

$$M_r(a) = \left\{\frac{1}{n}(a_1^r + \cdots + a_n^r)\right\}^{1/r} = e^{\frac{1}{r}\log\left\{\frac{1}{n}(a_1^r + \cdots + a_n^r)\right\}}.$$

当 $r \to 0$ 时，利用求极限的 L'Hospital 法则，可知

$$\lim_{r \to 0} \frac{1}{r}\log\left\{\frac{1}{n}(a_1^r + \cdots + a_n^r)\right\} = \lim_{r \to 0} \frac{\frac{1}{n}\sum_{i=1}^{n} a_i^r \log a_i}{\frac{1}{n}(a_1^r + \cdots + a_n^r)} = \frac{1}{n}\sum_{i=1}^{n} \log a_i.$$

于是

$$\lim_{r \to 0} M_r(a) = \lim_{r \to 0} e^{\frac{1}{r}\log\left\{\frac{1}{n}(a_1^r + \cdots + a_n^r)\right\}}$$

$$= e^{\frac{1}{n}\sum_{i=1}^{n}\log a_i} = e^{\log(a_1 \cdots a_n)^{1/n}} = (a_1 \cdots a_n)^{1/n} = G(a).$$

3) $r>0$，且 a_i 中有某些个为 0，则不妨假定 $a_1>0, \cdots, a_s>0, a_{s+1}=a_{s+2}=\cdots=a_n=0, s<n$。于是有

$$M_r(a) = \left\{\frac{1}{n}(a_1^r + \cdots + a_s^r)\right\}^{1/r} = \left\{\frac{s}{n} \cdot \frac{1}{s}(a_1^r + \cdots + a_s^r)\right\}^{1/r}$$

$$= \left[\frac{s}{n}\right]^{1/r}\left\{\frac{1}{s}(a_1^r + \cdots + a_s^r)\right\}^{1/r}.$$

由前之结果，有 $\lim_{r \to 0}\left\{\frac{1}{s}(a_1^r + \cdots + a_s^r)\right\}^{1/r} = (a_1 \cdots a_s)^{1/s}$。又 $\frac{s}{n}<1$，当 $r \to 0$ 时，

$$\lim_{r \to 0}\left[\frac{s}{n}\right]^{1/r} = 0.$$

所以当 $r>0$，某些 $a_i=0$ 时，仍有

$$\lim_{r \to 0} M_r(a) = \lim_{r \to 0}\left\{\left[\frac{s}{n}\right]^{1/r}\left\{\frac{1}{s}(a_1^r + \cdots + a_s^r)\right\}^{1/r}\right\} = 0 \cdot (a_1 \cdots a_s)^{1/s} = 0$$

$$= (a_1 \cdots a_n)^{1/n}.$$

定理证完。

引 1 若 $\alpha+\beta=1, \alpha>0, \beta>0$，则对 $s \geqslant 0, t \geqslant 0$，恒有

$$s^\alpha t^\beta \leq s\alpha + t\beta,$$

且等号只当 $s = t$ 时成立.

证:当 $s = t$ 或 s, t 中之一为 0 时,引 1 之前半部分显然成立.今往证明 s, t 均 > 0 且 $s \neq t$ 时之情形.

设 $s > t$,则 $\dfrac{s}{t} > 1$.又 $0 < \alpha < 1, 1 - \alpha = \beta$,故有

$$\left[\frac{s}{t}\right]^\alpha - 1 = \alpha \int_1^{s/t} y^{\alpha-1} \, dy \leq \alpha \int_1^{s/t} dy = \alpha \left[\frac{s}{t} - 1\right].$$

由

$$\left[\frac{s}{t}\right]^\alpha - 1 \leq \alpha\left[\frac{s}{t} - 1\right],$$

立得

$$s^\alpha t^\beta \leq s\alpha + t\beta.$$

若 $s^\alpha t^\beta = s\alpha + t\beta$,而 $s \neq t$,因为 s, t 对称的关系,不妨假定 $s > t$.于是有

$$\alpha \int_1^{s/t} y^{\alpha-1} \, dy = \alpha \int_1^{s/t} dy,$$

亦即

$$\int_1^{s/t} (y^{\alpha-1} - 1) \, dy = 0.$$

此为不可能之事,所以必须 $s = t$.

引 2(Hölder 不等式) 若 $\alpha + \beta = 1, \alpha > 0, \beta > 0$.则当 (a) 与 (b) 不成比例时,恒有

$$\sum_{i=1}^n a_i^\alpha b_i^\beta < \left[\sum_{i=1}^n a_i\right]^\alpha \left[\sum_{i=1}^n b_i\right]^\beta.$$

证:因 (a) 与 (b) 不成比例,故必有 i 存在 $(1 \leq i \leq n)$ 使

$$\frac{a_i}{\sum\limits_{j=1}^n a_j} \neq \frac{b_i}{\sum\limits_{j=1}^n b_j}.$$

于是由引 1,

$$\frac{\sum\limits_{i=1}^n a_i^\alpha b_i^\beta}{\left[\sum\limits_{j=1}^n a_j\right]^\alpha \left[\sum\limits_{j=1}^n b_j\right]^\beta} = \sum_{i=1}^n \left[\frac{a_i}{\sum\limits_{j=1}^n a_j}\right]^\alpha \left[\frac{b_i}{\sum\limits_{j=1}^n b_j}\right]^\beta$$

$$< \sum_{i=1}^n \left\{\left[\frac{a_i}{\sum\limits_{j=1}^n a_j}\right]\alpha + \left[\frac{b_i}{\sum\limits_{j=1}^n b_j}\right]\beta\right\} = \alpha + \beta = 1.$$

故得

第二十章 数的几何

$$\sum_{i=1}^n a_i^\alpha b_i^\beta < \Big[\sum_{i=1}^n a_i\Big]^\alpha \Big[\sum_{i=1}^n b_i\Big]^\beta.$$

引 3(Hölder 不等式) 若 $k>0, k\neq 1, \dfrac{1}{k}+\dfrac{1}{k'}=1$，则当 $(a^k),(b^{k'})$ 不成比例且 $(ab)\neq 0$ 时，恒有

$$\sum_{i=1}^n a_i b_i < \Big[\sum_{i=1}^n a_i^k\Big]^{1/k} \Big[\sum_{i=1}^n b_i^{k'}\Big]^{1/k'} \quad (k>1), \tag{2}$$

$$\sum_{i=1}^n a_i b_i > \Big[\sum_{i=1}^n a_i^k\Big]^{1/k} \Big[\sum_{i=1}^n b_i^{k'}\Big]^{1/k'} \quad (k<1). \tag{3}$$

证：1) $k>1$ 的情形. 此时 $k'=\dfrac{k}{k-1}>1, 0<\dfrac{1}{k}<1, 0<\dfrac{1}{k'}<1, \dfrac{1}{k}+\dfrac{1}{k'}=1$. 由引 2，有

$$\sum_{i=1}^n a_i b_i = \sum_{i=1}^n (a_i^k)^{1/k} (b_i^{k'})^{1/k'} < \Big[\sum_{i=1}^n a_i^k\Big]^{1/k} \Big[\sum_{i=1}^n b_i^{k'}\Big]^{1/k'}.$$

2) $0<k<1$ 的情形. 此时 $k'=\dfrac{k}{k-1}<0$. 若某些 $b_i=0$，则由本节开始时之定义可知 $\Big[\sum_{i=1}^n b_i^{k'}\Big]^{1/k'}=0$. 于是

$$\sum_{i=1}^n a_i b_i > 0 = \Big[\sum_{i=1}^n a_i^k\Big]^{1/k} \Big[\sum_{i=1}^n b_i^{k'}\Big]^{1/k'}.$$

当 $(b)>0$ 时，由 $0<k<1$，可知

$$0 < \dfrac{1}{\left[\dfrac{1}{k}\right]} < 1,\ 0 < \dfrac{1}{\left[-\dfrac{k'}{k}\right]} = 1-k < 1,\ \dfrac{1}{\left[\dfrac{1}{k}\right]} + \dfrac{1}{\left[-\dfrac{k'}{k}\right]} = 1.$$

由引 2 可得

$$\sum_{i=1}^n a_i^k = \sum_{i=1}^n (a_i b_i)^k b_i^{-k} = \sum_{i=1}^n (a_i b_i)^{\left[\tfrac{1}{k}\right]} (b_i^{k'})^{\left[-\tfrac{k}{k}\right]}$$

$$< \Big[\sum_{i=1}^n a_i b_i\Big]^{\left[\tfrac{1}{k}\right]} \Big[\sum_{i=1}^n b_i^{k'}\Big]^{\left[-\tfrac{k}{k}\right]}$$

$$= \Big[\sum_{i=1}^n a_i b_i\Big]^k \Big[\sum_{i=1}^n b_i^{k'}\Big]^{-\tfrac{k}{k}}.$$

由

$$\sum_{i=1}^n a_i^k < \Big[\sum_{i=1}^n a_i b_i\Big]^k \Big[\sum_{i=1}^n b_i^{k'}\Big]^{-\tfrac{k}{k}},$$

立得

$$\sum_{i=1}^n a_i b_i > \Big[\sum_{i=1}^n a_i^k\Big]^{\tfrac{1}{k}} \Big[\sum_{i=1}^n b_i^{k'}\Big]^{\tfrac{1}{k}} \quad (k<1).$$

定理 4 $0 < r < s$,除去 $a_1 = a_2 = \cdots = a_n$ 的情形外,恒有
$$M_r(a) < M_s(a).$$

证:令 $r = s\alpha, 0 < \alpha < 1$. 则有
$$M_r(a) = \left\{\frac{1}{n}(a_1^r + \cdots + a_n^r)\right\}^{1/r} = \left\{\frac{1}{n}(a_1^{s\alpha} + \cdots + a_n^{s\alpha})\right\}^{1/s\alpha}$$
$$= \left[\frac{1}{n}\left\{\sum_{i=1}^{n}(a_i^s)^\alpha \cdot 1\right\}\right]^{1/s\alpha}.$$

由引 2,得
$$M_r(a) = \left[\frac{1}{n}\left\{\sum_{i=1}^{n}(a_i^s)^\alpha \cdot 1^{1-\alpha}\right\}\right]^{1/s\alpha} < \left\{\frac{1}{n}\left[\sum_{i=1}^{n}a_i^s\right]^\alpha\left[\sum_{i=1}^{n}1\right]^{1-\alpha}\right\}^{1/s\alpha}$$
$$= \left\{\frac{1}{n}\left[\sum_{i=1}^{n}a_i^s\right]^\alpha n^{1-\alpha}\right\}^{1/s\alpha}$$
$$= \left[\frac{(a_1^s + \cdots + a_n^s)^\alpha}{n^\alpha}\right]^{1/s\alpha}$$
$$= \left[\frac{a_1^s + \cdots + a_n^s}{n}\right]^{1/s} =$$
$$= M_s(a).$$

定理证完.

定理 5 若 (a) 与 (b) 不成比例,$r > 0, r \neq 1$,则有
$$\left\{\sum_{i=1}^{n}(a_i + b_i)^r\right\}^{1/r} < \left[\sum_{i=1}^{n}a_i^r\right]^{1/r} + \left[\sum_{i=1}^{n}b_i^r\right]^{1/r} \quad (r > 1)$$

及
$$\left\{\sum_{i=1}^{n}(a_i + b_i)^r\right\}^{1/r} > \left[\sum_{i=1}^{n}a_i^r\right]^{1/r} + \left[\sum_{i=1}^{n}b_i^r\right]^{1/r} \quad (r < 1).$$

证:1) $r > 1$ 的情形.

令 $r' = \frac{r}{r-1}$,则 $r' > 1, \frac{1}{r} + \frac{1}{r'} = 1$. 由引 3 之(2)式,有
$$\sum_{i=1}^{n}(a_i + b_i)^r = \sum_{i=1}^{n}a_i(a_i + b_i)^{r-1} + \sum_{i=1}^{n}b_i(a_i + b_i)^{r-1}$$
$$< \left[\sum_{i=1}^{n}a_i^r\right]^{1/r}\left\{\sum_{i=1}^{n}((a_i + b_i)^{r-1})^{r'}\right\}^{1/r'}$$
$$+ \left[\sum_{i=1}^{n}b_i^r\right]^{1/r}\left\{\sum_{i=1}^{n}((a_i + b_i)^{r-1})^{r'}\right\}^{1/r'}$$
$$= \left[\sum_{i=1}^{n}a_i^r\right]^{1/r}\left\{\sum_{i=1}^{n}(a_i + b_i)^r\right\}^{\frac{r-1}{r}} + \left[\sum_{i=1}^{n}b_i^r\right]^{1/r}\left\{\sum_{i=1}^{n}(a_i + b_i)^r\right\}^{\frac{r-1}{r}}$$
$$= \left\{\left[\sum_{i=1}^{n}a_i^r\right]^{1/r} + \left[\sum_{i=1}^{n}b_i^r\right]^{1/r}\right\}\left\{\sum_{i=1}^{n}(a_i + b_i)^r\right\}^{\frac{r-1}{r}}.$$

两端乘以 $\left\{\sum_{i=1}^{n}(a_i+b_i)^r\right\}^{-\frac{r-1}{r}}$,则得

$$\left\{\sum_{i=1}^{n}(a_i+b_i)^r\right\}^{1/r} < \left[\sum_{i=1}^{n}a_i^r\right]^{1/r} + \left[\sum_{i=1}^{n}b_i^r\right]^{1/r}.$$

2) $0 < r < 1$ 的情形.

此时,恒有 i 存在,$1 \leqslant i \leqslant n$,使 $a_i+b_i > 0$. 否则,若
$$a_i+b_i = 0 \quad (i=1,\cdots,n),$$
则由 $a_i \geqslant 0, b_i \geqslant 0$,可知
$$a_i = b_i = 0 \quad (i=1,\cdots,n),$$
即 $(a)=(b)=0$. 此时 (a) 与 (b) 成比例,不在考虑之内.

不失一般性,可以假定 $a_i+b_i > 0 (i=1,\cdots,n)$.

此时,$0 < r < 1$,令 $r' = \dfrac{r}{r-1}$,则由引 3 之(3)式,有

$$\sum_{i=1}^{n}(a_i+b_i)^r = \sum_{i=1}^{n}a_i(a_i+b_i)^{r-1} + \sum_{i=1}^{n}b_i(a_i+b_i)^{r-1}$$

$$> \left[\sum_{i=1}^{n}a_i^r\right]^{1/r} \left\{\sum_{i=1}^{n}((a_i+b_i)^{r-1})^{r'}\right\}^{1/r'}$$

$$+ \left[\sum_{i=1}^{n}b_i^r\right]^{1/r} \left\{\sum_{i=1}^{n}((a_i+b_i)^{r-1})^{r'}\right\}^{1/r'}$$

$$= \left[\sum_{i=1}^{n}a_i^r\right]^{1/r} \left\{\sum_{i=1}^{n}(a_i+b_i)^r\right\}^{\frac{r-1}{r}} + \left[\sum_{i=1}^{n}b_i^r\right]^{1/r} \left\{\sum_{i=1}^{n}(a_i+b_i)^r\right\}^{\frac{r-1}{r}}$$

$$= \left\{\left[\sum_{i=1}^{n}a_i^r\right]^{1/r} + \left[\sum_{i=1}^{n}b_i^r\right]^{1/r}\right\} \left\{\sum_{i=1}^{n}(a_i+b_i)^r\right\}^{\frac{r-1}{r}}.$$

两端乘以 $\left\{\sum_{i=1}^{n}(a_i+b_i)^r\right\}^{-\frac{r-1}{r}}$,则得

$$\left\{\sum_{i=1}^{n}(a_i+b_i)^r\right\}^{1/r} > \left[\sum_{i=1}^{n}a_i^r\right]^{1/r} + \left[\sum_{i=1}^{n}b_i^r\right]^{1/r}.$$

定理证完. 此定理即通常所谓之 Minkowski 不等式.

§8. 线性型之乘方平均值

定理 1 命 $n \geqslant 2$. $\xi_1,\cdots,\xi_n$ 是 $x_1,\cdots,x_n$ 的 n 个线性型,其行列式 $\Delta \neq 0$. 其中有 s 对型是有共轭复数系数的,有 r 个型是实系数的,$r+2s=n$. 若 $\sigma \geqslant 1$,则有一异于原点之整点使

$$\left[\frac{|\xi_1|^\sigma + \cdots + |\xi_n|^\sigma}{n}\right]^{1/\sigma} \leqslant \left\{\frac{\left[\dfrac{2}{\pi}\right]^s n^{-\frac{n}{\sigma}} \Gamma\left(1+\dfrac{n}{\sigma}\right) |\Delta|}{2^{-\frac{2s}{\sigma}} \Gamma^r\left(1+\dfrac{1}{\sigma}\right) \Gamma^s\left(1+\dfrac{2}{\sigma}\right)}\right\}^{1/n}.$$

证：由定理 7.5 已知
$$\left[\frac{|\xi_1|^\sigma+\cdots+|\xi_n|^\sigma}{n}\right]^{1/\sigma} \leqslant T \tag{1}$$
是一以原点为对称中心的凸体．今往算出积分
$$A = \int\cdots\int_{|\xi_1|^\sigma+\cdots+|\xi_n|^\sigma \leqslant nT^\sigma} dx_1\cdots dx_n$$
之值．

命 $\xi_{r+j} = \eta_{r+j}+i\eta_{r+s+j}, \xi_{r+s+j} = \bar{\xi}_{r+j} (j=1,2,\cdots,s)$ 是有共轭复数系数的 s 对线性型．如此则

$$A = \int\cdots\int_{|\xi_1|^\sigma+\cdots+|\xi_r|^\sigma+2\sum_{j=r+1}^{r+s}(\eta_j^2+\eta_{s+j}^2)^{\sigma/2} \leqslant nT^\sigma} \left|\frac{\partial(x_1,\cdots,x_n)}{\partial(\xi_1,\cdots,\xi_r,\eta_{r+1},\cdots,\eta_{r+2s})}\right| d\xi_1\cdots d\xi_r d\eta_{r+1}\cdots d\eta_{r+2s}$$

$$= \frac{2^s}{|\Delta|} \int\cdots\int_{|\xi_1|^\sigma+\cdots+|\xi_r|^\sigma+2\sum_{j=r+1}^{r+s}(\eta_j^2+\eta_{s+j}^2)^{\sigma/2} \leqslant nT^\sigma} d\xi_1\cdots d\xi_r d\eta_{r+1}\cdots d\eta_{r+2s}.$$

换变数，令
$$\xi_1 = \rho_1, \cdots, \xi_r = \rho_r,$$
$$\eta_{r+j} = \left[\frac{1}{2}\right]^{1/\sigma}\rho_{r+j}\cos\theta_{r+j}, \quad \eta_{r+s+j} = \left[\frac{1}{2}\right]^{1/\sigma}\rho_{r+j}\sin\theta_{r+j}, \quad 1\leqslant j\leqslant s.$$

如此，得

$$A = \frac{2^s \cdot 2^r\left[\frac{1}{2}\right]^{2s/\sigma}}{|\Delta|} \int\cdots\int_{\substack{\rho_1^\sigma+\cdots+\rho_{r+s}^\sigma \leqslant nT^\sigma \\ \rho_v \geqslant 0}} \left[\prod_{v=r+1}^{r+s}\rho_v\right] d\rho_1\cdots d\rho_{r+s} \int_0^{2\pi}\cdots\int_0^{2\pi} d\theta_{r+1}\cdots d\theta_{r+s}$$

$$= \frac{2^{n-\frac{2s}{\sigma}}\pi^s}{|\Delta|} \int\cdots\int_{\substack{\rho_1^\sigma+\cdots+\rho_{r+s}^\sigma \leqslant nT^\sigma \\ \rho_v \geqslant 0}} \left[\prod_{v=r+1}^{r+s}\rho_v\right] d\rho_1\cdots d\rho_{r+s}.$$

令 $\rho_v^\sigma = nT^\sigma\tau_v, v=1,2,\cdots,r+s$，则得

$$A = \frac{2^{n-\frac{2s}{\sigma}}\pi^s}{|\Delta|}(n^{1/\sigma}T)^n\left[\frac{1}{\sigma}\right]^{r+s} \int\cdots\int_{\substack{\tau_1+\cdots+\tau_{r+s}\leqslant 1 \\ \tau_v\geqslant 0}} \tau_1^{\frac{1}{\sigma}-1}\cdots\tau_r^{\frac{1}{\sigma}-1}\tau_{r+1}^{\frac{2}{\sigma}-1}\cdots\tau_{r+s}^{\frac{2}{\sigma}-1} d\tau_1\cdots d\tau_{r+s}$$

$$= \frac{1}{|\Delta|}2^{n-\frac{2s}{\sigma}}\pi^s(n^{1/\sigma}T)^n\left[\frac{1}{\sigma}\right]^{r+s}\frac{\Gamma^r\left[\frac{1}{\sigma}\right]\Gamma^s\left[\frac{2}{\sigma}\right]}{\Gamma\left[1+\frac{n}{\sigma}\right]}$$

$$= (n^{1/\sigma}T)^n 2^{n-\frac{2s}{\sigma}}\left[\frac{\pi}{2}\right]^s \frac{\Gamma^r\left[1+\frac{1}{\sigma}\right]\Gamma^s\left[1+\frac{2}{\sigma}\right]}{|\Delta|\Gamma\left[1+\frac{n}{\sigma}\right]}.$$

当
$$A \geqslant 2^n$$
时,即
$$T \geqslant \left[\frac{\left(\frac{2}{\pi}\right)^s n^{-\frac{n}{\sigma}} \Gamma\left(1+\frac{n}{\sigma}\right) |\Delta|}{2^{-\frac{2s}{\sigma}} \Gamma^r\left(1+\frac{1}{\sigma}\right) \Gamma^s\left(1+\frac{2}{\sigma}\right)} \right]^{1/n}$$
时,有一异于原点之整点适合(1)式.故得定理.

定理 2 与定理 1 之假定同.若 $\lambda_1,\cdots,\lambda_n$ 是 n 个正数,$\lambda_{r+t} = \lambda_{r+s+t}$ $(t=1,\cdots,s)$ 及 $\lambda_1 \cdots \lambda_{r+2s} \geqslant \left(\frac{2}{\pi}\right)^s |\Delta|$,则必有一异于原点之整点,使

$$|\xi_1| \leqslant \lambda_1, \cdots, |\xi_n| \leqslant \lambda_n.$$

读者自证之.

定理 3 与定理 1 之假定同.命

$\xi_v = \eta_v$ $(1 \leqslant v \leqslant r), \xi_{r+v} = \eta_{r+v} + i\eta_{r+s+v}, \xi_{r+s+v} = \bar{\xi}_{r+v}(1 \leqslant v \leqslant s)$. 若 $\lambda_1 \cdots \lambda_n \geqslant \frac{|\Delta|}{2^s}$,则有一异于原点之整点,使

$$|\eta_v| \leqslant \lambda_v, \quad 1 \leqslant v \leqslant n.$$

证:$\eta_1,\cdots,\eta_n$ 之行列式之绝对值等于 $\frac{|\Delta|}{2^s}$,故可由定理 3.1 直接得之.

§9. Чеботарев 定理

令
$$\xi_i = \sum_{j=1}^n \alpha_{ij} x_j \quad (i=1,\cdots,n),$$
α_{ij} 为实数,且系数行列式
$$\Delta = \begin{vmatrix} \alpha_{11} & \cdots & \alpha_{1n} \\ \cdots & \cdots & \cdots \\ \alpha_{n1} & \cdots & \alpha_{nn} \end{vmatrix} \neq 0.$$

著名之 Minkowski 猜测为:对于任意一组实数 $\rho_1,\cdots,\rho_n$,恒有一组整数 $x_1,\cdots,x_n$(可均为 0)使

$$|(\xi_1 - \rho_1) \cdots (\xi_n - \rho_n)| \leqslant \frac{1}{2^n} |\Delta|.$$

$n=2$ 之情形已由 Minkowski 自己证明;$n=3,4$ 之情形亦已有人证明;至于一般之情形,则有下列之定理.

定理 1(Чеботарев) 当 $x_1,\cdots,x_n$ 取整值时,令 m 为 $|(\xi_1-\rho_1)\cdots(\xi_n-\rho_n)|$ 之

下界,则
$$m \leqslant 2^{-\frac{n}{2}} |\Delta|.$$

证:不失其普遍性,可设 $\Delta = 1, m > 0$. 于是对任一 $\varepsilon > 0$,必有一组整数 $x_1^*, \cdots, x_n^*$ 使
$$\prod_{i=1}^{n} |\xi_i^* - \rho_i| = |(\xi_1^* - \rho_1) \cdots (\xi_n^* - \rho_n)| = \frac{m}{1-\theta}, \quad 0 \leqslant \theta < \varepsilon.$$

令
$$\xi_i' = \frac{\xi_i - \xi_i^*}{\xi_i^* - \rho_i} \quad (i = 1, \cdots, n),$$

则
$$\xi_i' = \sum_{j=1}^{n} \beta_{ij} (x_j - x_j^*) \quad (i = 1, \cdots, n),$$

且其系数行列式 D 之绝对值
$$|D| = \left[\prod_{i=1}^{n} |\xi_i^* - \rho_i| \right]^{-1} = \frac{1-\theta}{m}.$$

因 $\prod_{i=1}^{n} |\xi_i - \rho_i| \geqslant m$, 故
$$\prod_{i=1}^{n} |\xi_i' + 1| = \prod_{i=1}^{n} \left| \frac{\xi_i - \rho_i}{\xi_i^* - \rho_i} \right| \geqslant 1 - \theta.$$

同理
$$\prod_{i=1}^{n} |\xi_i' - 1| \geqslant 1 - \theta.$$

于是
$$\prod_{i=1}^{n} |\xi_i'^2 - 1| \geqslant (1-\theta)^2.$$

定义凸域 C':
$$|\xi_i'| < \sqrt{1 + (1-\theta)^2} \quad (i = 1, \cdots, n).$$

今往证明,C' 中除原点外,无整点.

若 C' 中有不同于原点的整点,则与之对应的 $\xi_1', \cdots, \xi_n'$ 必适合于
$$-1 \leqslant \xi_i'^2 - 1 < (1-\theta)^2 \leqslant 1, \ |\xi_i'^2 - 1| \leqslant 1 \quad (i = 1, \cdots, n);$$
若有 i 使 $\xi_i'^2 - 1 > -(1-\theta)^2$, 则对此 i 有 $|\xi_i'^2 - 1| < (1-\theta)^2$, 因之
$$\prod_{i=1}^{n} |\xi_i'^2 - 1| < (1-\theta)^2.$$

此不可能. 故
$$-1 \leqslant \xi_i'^2 - 1 \leqslant -(1-\theta)^2 \quad (i = 1, \cdots, n).$$

因此
$$|\xi'_i| \leqslant \sqrt{1-(1-\theta)^2} \leqslant \sqrt{2\theta} \quad (i=1,\cdots,n).$$

故知当 θ 很小时,若 C' 中有整点,则此整点必与原点十分接近;由此立可得出矛盾.盖由定理 2.3,若 C' 中有异于原点之整点,则必有整点在 $C'_{\frac{1}{2}}$ 之外,此显然与 $|\xi'_i| \leqslant \sqrt{2\theta}(i=1,\cdots,n)$ 矛盾.

于是可知 C' 中除原点外无整点.由定理 2.1,有
$$\frac{2^n\{1+(1-\theta)^2\}^{n/2}}{|D|} \leqslant 2^n,$$
即
$$\{1+(1-\theta)^2\}^{n/2} \leqslant \frac{1-\theta}{m}.$$

当 $\varepsilon \to 0$ 时,$\theta \to 0$,即得
$$m \leqslant 2^{-\frac{n}{2}}.$$

§10. 在代数数论上的应用

命 $\omega_1,\cdots,\omega_n$ 为 n 次代数数域 $R(\vartheta)$ 的一组整底,若于 $\vartheta^{(1)},\cdots,\vartheta^{(n)}$ 中有 r_1 个实数,r_2 对共轭复数,$r_1+2r_2=n$,则易见下面 n 个线性型
$$\alpha^{(i)} = \omega_1^{(i)} x_1 + \cdots + \omega_n^{(i)} x_n \quad (i=1,2,\cdots,n)$$
内有 r_1 个具有实系数,有 r_2 对具有共轭复数作为系数.又易见此组线性方程的系数行列式的绝对值为 $\sqrt{|\Delta|}$,Δ 为域 $R(\vartheta)$ 的基数.命 $\alpha=\alpha^{(1)}$,在定理 8.1 中,取 $\sigma=1$,可知有一组不全等于零的有理整数 $x_1,\cdots,x_n$ 使
$$|N(\alpha)|^{1/n} \leqslant \frac{1}{n}\sum_{i=1}^n |\alpha^{(i)}| \leqslant \left[\left(\frac{4}{\pi}\right)^{r_2} \frac{n!}{n^n} \sqrt{|\Delta|}\right]^{1/n},$$
亦即在 $R(\vartheta)$ 中有一不为零的代数整数 α 适合
$$|N(\alpha)| \leqslant \left(\frac{4}{\pi}\right)^{r_2} \frac{n!}{n^n} \sqrt{|\Delta|}. \tag{1}$$

但 $|N(\alpha)|$ 为一自然数,又因 $2r_2 \leqslant n$,所以
$$\sqrt{|\Delta|} \geqslant \left(\frac{\pi}{4}\right)^{r_2} \frac{n^n}{n!} \geqslant \left(\frac{\pi}{4}\right)^{n/2} \frac{n^n}{n!}. \tag{2}$$

命 $v_n = \left(\frac{\pi}{4}\right)^{\frac{n}{2}} \frac{n^n}{n!}$,则
$$\frac{v_{n+1}}{v_n} = \frac{\sqrt{\pi}}{2}\left(1+\frac{1}{n}\right)^n \geqslant \pi^{1/2} > 1.$$

所以 $\{v_n\}$ 为一递增而趋向无穷的数列. 又当 $n = 2$ 时,

$$\sqrt{|\Delta|} \geqslant v_2 = \frac{\pi}{2} > 1.$$

故得:

定理 1　仅在有理数域内, 基数等于 1.

及

定理 2　若 Δ 为一有理整数, 则必有一有限数 $n(\Delta)$, 使凡基数为 Δ 的代数数域的次数均不大于 $n(\Delta)$.

不但如此, 更可进一步, 证明:

定理 3　对于固定的有理整数 Δ, 至多仅有有限个代数数域以 Δ 为基数.

证: 由定理 2, 只须证明, 对任何自然数 n, n 次域之有基数为 Δ 者, 其个数有限.

若 $R(\vartheta)$ 为一个基数为 Δ 的 n 次域, $\omega_1, \cdots, \omega_n$ 为它的一组整底. 命

$$\alpha^{(i)} = \omega_1^{(i)} x_1 + \cdots + \omega_n^{(i)} x_n \quad (i = 1, \cdots, n),$$

并定义 n, r_2 如前. 不失普遍性地可以假定 $\alpha^{(1)} = \alpha, \alpha^{(2)}, \cdots, \alpha^{(r_1)}$ 具有实系数, $\alpha^{(r_1+1)}, \cdots, \alpha^{(n)}$ 具有复系数, 且 $\overline{\alpha^{(r_1+v)}} = \alpha^{(r_1+r_2+v)}$, 其中 $1 \leqslant v \leqslant r_2$. 命

$$\alpha^{(v)} = \eta_v \quad (1 \leqslant v \leqslant r_1),$$

$$\alpha^{(r_1+v)} = \eta_{r_1+v} + i\eta_{r_1+r_2+v} \quad (1 \leqslant v \leqslant r_2),$$

则由定理 8.3, 可知有一组不全等于 0 的有理整数 $x_1^*, \cdots, x_n^*$ 使

$$|\eta_1^*| \leqslant \frac{1}{2}, \cdots, |\eta_{n-1}^*| \leqslant \frac{1}{2}, |\eta_n^*| \leqslant 2^{n-1} \sqrt{|\Delta|}. \tag{3}$$

于是有常数 c, c 仅与 n 有关, 使

$$|\alpha^{*(i)}| < c \sqrt{|\Delta|} \quad (i = 1, 2, \cdots, n). \tag{4}$$

若能证明

$$\alpha^{*(n)} \neq \alpha^{*(i)} \quad (i = 1, \cdots, n-1),$$

则由定理 16.3.1 可知 α^* 为一 n 次代数数, 且易证 $R(\vartheta) = R(\alpha^*)$. 命 α^* 所适合的不可化方程为

$$f(x) = x^n + a_1 x^{n-1} + \cdots + a_n = 0, \tag{5}$$

则诸 a_k 必须适合

$$|a_k| \leqslant \binom{n}{k} (c \sqrt{|\Delta|})^k \quad (k = 1, \cdots, n). \tag{6}$$

因此任何具有基数为 Δ 的 n 次域 $R(\vartheta)$ 必与某一 $R(\alpha^*)$ 同, 而 α^* 为某一适合条件 (6) 的不可化方程 (5) 的根. 因为这种不可化方程的个数有限, 于是就得到定理. 因此最后只需证明

$$\alpha^{*(n)} \neq \alpha^{*(i)} \quad (i = 1, \cdots, n-1) \tag{7}$$

的成立.

若 $r_2 = 0$,则 $\alpha^{*(v)} = \eta_v^*$ $(v = 1, \cdots, n)$. 由(3)式可知
$$1 \leqslant |N(\alpha^*)| \leqslant \frac{1}{2^{n-1}} |\alpha^{*(n)}|.$$

但
$$|\alpha^{*(i)}| \leqslant \frac{1}{2} < 2^{n-1} \leqslant |\alpha^{*(n)}| \quad (i = 1, \cdots, n-1),$$

所以(7)式成立.

若 $r_2 > 0$,则当 $1 \leqslant v \leqslant r_2 - 1$ 时,
$$|\alpha^{*(r_1+v)}| = |\eta_{r_1+v}^* + i\eta_{r_1+r_2+v}^*| \leqslant \frac{1}{\sqrt{2}},$$
$$|\alpha^{*(r_1+r_2+v)}| = |\eta_{r_1+v}^* - i\eta_{r_1+r_2+v}^*| \leqslant \frac{1}{\sqrt{2}}.$$

于是
$$1 \leqslant |N(\alpha^*)| \leqslant \frac{1}{(\sqrt{2})^{n-2}} |\alpha^{*(n)}|^2.$$

但
$$|\alpha^{*(i)}| \leqslant \frac{1}{\sqrt{2}} < 2^{\frac{1}{4}(n-2)} \leqslant |\alpha^{*(n)}|, \quad i \neq n, i \neq n + r_2,$$

而 $\alpha^{*(r_1+r_2)} \neq \alpha^{*(n)}$,盖否则将有 $\eta_r^* = 0$,于是 $|\alpha^{*(n)}| \leqslant \frac{1}{2}$,而得
$$1 \leqslant |N(\alpha^*)| \leqslant \frac{1}{(\sqrt{2})^{n+2}}.$$

但此为不可能之事.故当 $r_2 > 0$ 时,(7)式也成立.定理得证.

习题 1. 证明在一理想数 a 中可以选得一整数 α,使
$$|N(\alpha)| \leqslant \sqrt{|\Delta|} N(a).$$

习题 2. 证明任一理想数类中有一理想数 a 适合于
$$N(a) \leqslant \sqrt{|\Delta|}.$$

§11. $|\Delta|$ 的极小值

在上一节内我们看到 n 次代数数域的基数 Δ,适合
$$|\Delta| \geqslant \left[\frac{\pi}{4}\right]^{2r_2} \left[\frac{n^n}{n!}\right]^2.$$

再由 $\Delta \equiv 0$ 或 $1 \pmod 4$,及 $(-1)^{r_2}\Delta > 0$ 的性质,可以作出下表:

	$r_2 = 0$	$r_2 = 1$	$r_2 = 2$
$n=2$	$\Delta \geq 4$	$\Delta \leq -3$	—
$n=3$	$\Delta \geq 21$	$\Delta \leq -15$	—
$n=4$	$\Delta \geq 116$	$\Delta \leq -71$	$\Delta \geq 44$
$n=5$	$\Delta \geq 680$	$\Delta \leq -419$	$\Delta \geq 260$

(Ⅰ)

但经实际计算得出 $|\Delta|$ 之极小值为

	$r_2 = 0$	$r_2 = 1$	$r_2 = 2$
$n=2$	$\Delta = 5$	$\Delta = -3$	—
$n=3$	$\Delta = 49$	$\Delta = -23$	—
$n=4$	$\Delta = 725$	$\Delta = -275$	$\Delta = 117$

(Ⅱ)

由二次域 $R(\sqrt{5})$, $R(\sqrt{-3})$ 即得表（Ⅱ）中 $n=2$ 的情形.

对于 $n=3$ 的情形, 若 ϑ 适合 $x^3 + x^2 - 2x - 1 = 0$, 则 $R(\vartheta)$ 的基数即为 49, 而若 ϑ 适合 $x^3 - x - 1 = 0$, 则 $R(\vartheta)$ 的基数为 -23.

至于 $n=4$ 的情形, 命 ϑ 为 $x^4 - 2ax^2 + (-1)^{\frac{1}{2}(p-1)} p = 0$ 的根. 可以证明:

1) 当 $a = 7, p = 29$ 时, 可得 $r_2 = 0, \Delta = 725$;

2) 当 $a = 3, p = 11$ 时, 可得 $r_2 = 1, \Delta = -275$;

3) 当 $a = -1, p = 13$ 时, 可得 $r_2 = 2, \Delta = 117$.

如何作出表（Ⅱ）是一个问题. 表中 $n = 2$ 的情形可以很容易地得到. 但当 $n \geq 3$ 时, 虽然定理 10.3 的证明供给了一个方法, 可以经过"有限次"的计算, 求出表（Ⅱ）中所列的结果, 但在实际计算时, 用此方法必须求出数以千计的多项式之根, 以及由它们所决定的代数数域的基数. 因此可见在解决具体问题时, 尚须有赖于具体的方法. 今举 $n = 3$ 的情形而考察之.

假定我们所讨论之三次域 $R(\vartheta)$ 的基数 Δ 适合于 $0 < \Delta \leq 49 (r_2 = 0)$, 或 $-23 \leq \Delta < 0 (r_2 = 1)$. 由 §10 可知在此域中有一非 0 的整数 α 使

$$|\alpha^{(1)}| + |\alpha^{(2)}| + |\alpha^{(3)}| \leq \tau, \tag{1}$$

而

$$3 < \tau = \begin{cases} 42^{1/3}, \\ 2\left[\dfrac{3}{\pi}\right]^{1/3} 23^{1/6}. \end{cases}$$

α 的次数为 3 或 1. 假如能够确定 α 的次数为 3, 亦即 α 决不为有理整数, 那么 $R(\vartheta) = R(\alpha)$, 而由不等式(1)可以确定 α 所适合的方程式系数的范围, 从而经过有限次的计算或能得到结果. 但很不幸的是我们没有办法确定 α 不可能是有理整数. 相反的, 由于 $\tau > 3$, 所以 $\alpha = \pm 1$ 适合(1)式, 而 ± 1 在 $R(\vartheta)$ 中; 所以此法不能适用.

第二十章 数的几何

令 ρ 为一大于 3 的正数,而考虑凸体 B:

$$\begin{cases} |\xi_1|+|\xi_2|+|\xi_3| \leqslant \rho, \\ |\xi_1+\xi_2+\xi_3| < 3(<\rho), \end{cases}$$

其中

$$\xi_i = \omega_1^{(i)} x_1 + \omega_2^{(i)} x_2 + \omega_3^{(i)} x_3,$$

而 $\omega_1, \omega_2, \omega_3$ 为 $R(\vartheta)$ 的一组整底. 易见 B 为一个以原点为对称中心的凸体.

命凸体 A:

$$|\xi_1|+|\xi_2|+|\xi_3| \leqslant \rho$$

被平面 $\xi_1+\xi_2+\xi_3 = t$ 截后所得截面的面积为 $F(t)$. 则 $F(t) = F(-t)$, 且当 $t \geqslant 0$ 时, $F(t)$ 为递减的. 于是

$$B\text{ 的体积} = 2\int_0^3 F(t)\,dt = 2\frac{3}{\rho}\int_0^\rho F\left[\frac{3}{\rho}u\right]du$$

$$\geqslant 2\frac{3}{\rho}\int_0^\rho F(u)\,du = \frac{3}{\rho} \times A\text{ 的体积}.$$

但

$$A\text{ 的体积} = \begin{cases} 2^3 \dfrac{\rho^3}{3!\sqrt{49}}, & \text{当 } r_2 = 0; \\ 2^3 \left[\dfrac{\pi}{4}\right]\dfrac{\rho^3}{3!}\dfrac{1}{\sqrt{23}}, & \text{当 } r_2 = 1. \end{cases}$$

故由 Minkowski 定理,在 $R(\vartheta)$ 内有一不等于 0 的整数 α 适合

$$|\alpha^{(1)}|+|\alpha^{(2)}|+|\alpha^{(3)}| \leqslant \tau' = \begin{cases} \sqrt{14}, & \text{当 } r_2 = 0; \\ \sqrt{\dfrac{8}{\pi}}\sqrt{23}, & \text{当 } r_2 = 1 \end{cases} \tag{2}$$

及

$$|\alpha^{(1)}+\alpha^{(2)}+\alpha^{(3)}| < 3. \tag{3}$$

并由(3)式可知 α 决不是有理整数. 所以 α 的次数为 3, 于是 $R(\vartheta) = R(\alpha)$. 命 α 所适合的不可化方程为

$$f(x) = x^3 - g_1 x^2 + g_2 x - g_3 = 0. \tag{4}$$

则 $g_3 \neq 0$, 且可假定 $g_3 > 0$. 盖若不然, 则因 $-\alpha$ 适合

$$g(x) = x^3 - (-g_1)x^2 + g_2 x - (-g_3) = 0,$$

而 $R(\vartheta) = R(\alpha) = R(-\alpha)$, 且 $-\alpha$ 适合(2)式及(3)式,所以不妨假定 $g_3 > 0$.

由根与系数的关系

$$|g_1| = |\alpha^{(1)}+\alpha^{(2)}+\alpha^{(3)}| < 3,$$

$$g_3 = \alpha^{(1)}\alpha^{(2)}\alpha^{(3)} \leqslant \left[\frac{|\alpha^{(1)}|+|\alpha^{(2)}|+|\alpha^{(3)}|}{3}\right]^3 < 2,$$

所以 $|g_1|\leqslant 2, g_3=1$. 最后只须求出 g_2 所在之范围,

$$|g_2|=|\alpha^{(1)}\alpha^{(2)}+\alpha^{(1)}\alpha^{(3)}+\alpha^{(2)}\alpha^{(3)}|$$
$$\leqslant|\alpha^{(1)}\alpha^{(2)}|+|\alpha^{(1)}\alpha^{(3)}|+|\alpha^{(2)}\alpha^{(3)}|$$
$$\leqslant\frac{(|\alpha^{(1)}|+|\alpha^{(2)}|+|\alpha^{(3)}|)^2}{3}\leqslant\frac{\tau'^2}{3}<5,$$

所以 $|g_2|\leqslant 4$. 但当 $r_2=0$ 时,我们可以计算得 $|g_2|\leqslant 3$. 盖因此时 $\alpha^{(i)}$ ($i=1,2,3$) 全为实数,故或则三者同号,或则其中有二者同号,而与另一异号. 对于第一种情形,

$$|g_2|\leqslant|\alpha^{(1)}\alpha^{(2)}|+|\alpha^{(1)}\alpha^{(3)}|+|\alpha^{(2)}\alpha^{(3)}|$$
$$\leqslant\frac{(|\alpha^{(1)}|+|\alpha^{(2)}|+|\alpha^{(3)}|)^2}{3}=\frac{(\alpha^{(1)}+\alpha^{(2)}+\alpha^{(3)})^2}{3}<3,$$

而对第二种情形,不妨假定 $\alpha^{(1)}\alpha^{(2)}>0, \alpha^{(1)}\alpha^{(3)}<0$,于是

$$|g_2|\leqslant|\alpha^{(1)}\alpha^{(2)}+\alpha^{(1)}\alpha^{(3)}+\alpha^{(2)}\alpha^{(3)}|$$
$$\leqslant\max(\alpha^{(1)}\alpha^{(2)},-\alpha^{(3)}(\alpha^{(1)}+\alpha^{(2)}))$$
$$\leqslant\left[\frac{\alpha^{(1)}+\alpha^{(2)}-\alpha^{(3)}}{2}\right]^2\leqslant\frac{14}{4}<4,$$

亦即 $|g_2|\leqslant 3$.

总结以上所述,可知,在任一基数 Δ 适合 $0<\Delta\leqslant 49$ ($r_2=0$) 或 $-23\leqslant\Delta<0$ ($r_2=1$) 的三次域 $R(\vartheta)$ 中可找到一整数 α,使 $R(\vartheta)=R(\alpha)$,而 α 满足形如

$$x^3-g_1x^2+g_2x-1=0$$

的不可化方程,其中 $|g_1|\leqslant 2, |g_2|\leqslant 4$ (当 $r_2=0$ 时, $|g_2|\leqslant 3$). 所以若要求出所有基数 Δ 适合 $0<\Delta\leqslant 49$ ($r_2=0$) 或 $-23\leqslant\Delta<0$ 的三次域 $R(\vartheta)$,只须考虑所有这种方程即可. 但这种方程的个数至多不超过 45 个 ($r_2=0$ 时,不超过 35 个), 并且当 $g_1=g_2$ 时,方程有根 1,当 $g_1+g_2+2=0$ 时,方程有根 -1. 对于这种情形,方程为可化,故不必考虑. 又因 $x^3-g_2x^2+g_1x-1=0$ 的根为 $x^3-g_1x^2+g_2x-1=0$ 的根的倒数,而 $R(\vartheta)=R\left[\dfrac{1}{\vartheta}\right]$,所以 (4) 的倒数方程也就不必考虑. 因此最后只须考虑 27 个 ($r_2=0$ 时为 18 个) 方程. 求出此 27 个 (或 18 个) 方程的根 ϑ,再定出 $R(\vartheta)$ 的基数,即得表(Ⅱ)上 $n=3$ 的结果.

参 考 文 献

[1] 李俨,中算史论丛(五卷,科学出版社,1954—1955).

[2] 吴在渊,数论初步(商务印书馆,1931).

[3] 胡濬济,数论(商务印书馆,1928).

[4] 华罗庚,堆垒素数论(中国科学院,1953).

[5] 高木贞治,初等整数论讲义(东京,1931).

[6] 高木贞治,代数的整数论(东京,1948).

[7] Виноградов,И.М.,Основы теории чисел(Гостехиздат,1949)(有中译本"数论基础",裘光明译,高等教育出版社).

[8] Виноградов,И.М.,Метод тригонометрических сумм в теории чисел(Труды Матем.института им.В.А.Стеклова,т.23,стр.1—109,重印入 И.М.Виноградов 的 Избранные труды 中)(有中译本"数论中的三角和法",越民义译,见数学进展第1卷(1955)3—106页).

[9] Гельфонд,А.О.,Трансцендентные и алгебраические числа(Гостехиздат,Москва,1952).

[10] Чудаков,Н.Г.,Введение в теорию L-функций Дирихле(Гостехиздат,1947,Москва-Ленингред).

[11] Хинчин,А.Я.,Три жемчужины теории чисел(Гостехиздат.Москва).

[12] Bachmann,P.,Niedere Zahlentheorie (Leipzig,Teubner,Teil 1,1902;Teil 2,1910).

[13] Chamichael,R.D.,Theory of number (Mathematical Monographs,no.13,New York,Wiley,1914).

[14] Chamichael,R.D.,Diophantine analysis (Mathematical Monographs,no.16,New York,1915).

[15] Dickson,L.E.,Introduction to the theory of numbers (Chicago Univ.Press,1929;Introduction).

[16] Dickson,L.E.,History of the theory of numbers (Carnegie Institution,vol.i,1919;vol.ii,1920;vol.iii,1923;History).

[17] Lejeune Dirichlet,P.G.,Vorlesungen über Zahlentheorie,heraugeben von R.Dedekind(4.Auflage,Braunschweig,Vieweg,1894).

[18] Estermann,T.,Introduction to modern prime number theory (Cambridge Tracus in Mathematics,no.41,1952).

[19] Gauss,C.F.,Disquisitiones arithmeticae(Leipzig,Fleishcer,1801,重印入 Gauss 的 Werke 的卷1中).

[20] Hardy,G.H.and Wright,E.M.,An introduction to the theory of numbers (3rd edition,Oxford,1954).

[21] Hasse,H.,Zahlentheorie(Berlin Akademie-Verlag,1949).

[22] Hasse,H.,Vorlesungen über Zahlentheorie(Berlin,Springer,1950).

[23] Hecke,H.,Vorlesungen über die Theorie der algebraischen Zahlen (Leipzig Akademische Verlagsgesellschaft,1923).

[24] Hilbert,D.,Bericht über die Theorie der algebraischen Zahlkörper (Jahresbericht der Deutschen Mathematiker-Vereinigung,iv,1897,重印入 Hilbert 的 Gesammelte Abhandlungen 的卷1中).

[25] Ingham,A.E.,The distribution of prime numbers (Cambridge Tracts in Mathematics,no.30,Cambridge Uuiv.Press,1932).

[26] Koksma,I.F.,Diophantische Approximationen (Ergebnisse der Mathematik,Band iv,Heft 4,Berlin,

Springer,1937).

[27] Kraitchik,M.,Introduction à la théorie des nombres(Paris,1952).
[28] Landau,E.,Handbuch der Lehre von der Verteilung der Primzahlen(2 Bände,Leipzig,Teubner,1909;Handbuch).
[29] Landau,E.,Vorlesungen über Zahlentheorie (3 Bände,Leipzig,Hirzel,1927;Vorlesungen).
[30] Landau,E.,Über einige neuere Fortschritte der additiven Zahlentheorie (Cambridge Tracts in Mathematics,no.35,Cambridge Univ.Press,1937).
[31] Landau,E.,Einführung in die elementare und analytische Theorie der algebraischen Zahlen und der Ideale (2.Auflage,Leipzig,Teubner,1927;Algebraische Zahlen).
[32] Mathews,G.B.,Theory of numbers (Cambridge,Deighton Bell,1892).
[33] Minkowski,H.,Geometrie der Zahlen (Leipzig,Teubner,1910).
[34] Minkowski,H.,Diophantische Approximationen (Leipzig,Teubner,1927).
[35] Nagell,T.,Introduction to number theory (New York,1951).
[36] Ostmann,H.H.,Additive Zahlentheorie (2 Bände,Springer-Verlag,Berlin,1956).
[37] Perron,O.,Irrationalzahlen (Berlin,de Gruyter,1910).
[38] Perron,O.,Die Lehre von den Kettenbrüchen (Leipzig,Teubner,1929).
[39] Polya,G.und Szego,G.,Aufgaben und Lehrsätze aus der Analysis (2 Bände,Berlin,Springer,1925).
[40] Rademacher,H.und Toeplitz,O.,Von Zahlen und Figuren (2.Auflage,Berlin,Springer,1933).
[41] Siegel,C.L.,Transcendental numbers (Princeton Univ.Press,1949).
[42] Sierpinski,W.,Teoria Liezb (Warszawa-Wroclaw,1950).
[43] Skolem,T.,Diophantische Gleichungen(Ergebnisse,Springer,1937).
[44] Sommer,J.,Vorlesungen über Zahlentheorie (Leipzig,Teubner,1907).
[45] Titchmarsh,E.C.,The theory of the Riemann zeta-function (Oxford,1951).
[46] Turan,P.,Eine neue Methode in der Analysis und deren Anwendungen (Akademiai Kiado,Budapest,1953),(有中译本,"数学分析中的一个新方法及其应用",郭焕庭译,见数学进展第 2 卷,(1956)312—365 页).

名 词 索 引

一　画

一致分布	uniform distribution	однообразный распределение	§10.12

四　画

公式	formula	формула	§6.3
Möbius 反转～	Möbius inversion ～		
Euler ～	Euler ～		§8.3
Selberg ～	Selberg ～		§9.6
分拆	partition	разделение	§8.1
共轭～	conjugate ～	сопряженное ～	§8.5
自共轭～	self-conjugate ～	самосопряженное ～	§8.5
奇～	odd ～	нечётное ～	§8.5
偶～	even ～	чётное ～	§8.5
～之图解	graph of ～	чертёж ～	§8.5
分解式	factorization, decomposition	представление	
自然数之标准～	standard ～ of a natural number	каноническое ～ целых	§1.2
特征的标准～	standard ～ of a character	каноническое ～ характера	§7.2
方法	method	метод	
Euler-Binet ～	Euler-Binet ～		§11.9
Selberg ～	Selberg ～		§19.1
方阵	square matrix	квадратная матрица	§14.1
对角线～	diagonal matrix	диагональная матрица	§14.2
伴随～	adjoint ～	присоединенная ～	§14.2
伴随模～	adjoint unimodular ～	присоединенная модулярная ～	§14.7
初等变换～	elementary ～	элементарная ～	§14.2
(非)奇异～	(non)singular ～	(не)особенная ～	§14.1
逆～	inverse ～	обратная ～	§14.1
素～,不可分解～	prime ～	простая ～	§14.7
标准素～	standard prime ～	нормальная простая ～	§14.7
单位～	unit ～	одиничная ～	§14.1
零～	null ～	нулевая ～	§14.1
复合～	composite ～	составная ～	§14.7
模～	modular ～	модулярная ～	§14.1

～的左结合标准形式	normal form (of Hermite)	нормальная форма	§14.1
～的相似标准形式	normal form (of Smith)	нормальная форма	§14.1
方程	equation	уравнение	
一次不定～	linear diophantine ～	линейное неопределенное ～	§1.8
二次不定～	quadratic diophantine ～	～ второй степени с двумя неизвестными	§11.3
Diophantus ～			§11.1
Марков ～			§11.8
Pell ～			§10.9
不等式	inequality	неравенство	
Буняковский-Schwarz ～			§18.7
Hölder ～			§20.7
Minkowski ～			§20.7
Selberg ～			§19.4
引	lemma	лемма	
Gauss ～			§3.2
比	ratio	отношение	
交～	cross ～	сложное ～	§13.3

五　画

对合	involution	инволуция	§13.2
未定量	indeterminante	неопределённый	§14.9
矢量	vector	вестор	§13.1
平面	plane	плоскость	
复虚数～	complex ～	комплексная ～	§13.1

六　画

交	intersection	пересечение	§14.9
因子	factor, divisor	множитель, делитель	
不变～	invariant factor	инвариантный множитель	§14.5
初等～	elementary divisor	элементарный делитель	§14.5
重～	multiple factor	многократный множитель	§4.6
多项式	polynomial	многочлен	
(不)可化～	(ir)reducible ～	(не)приводимый ～	§1.13
对模 p 不可化～ (对模 p 素～)	irreducible ～ respect to modulus p	неприводимый ～ по модулем p	§4.5
整值～	integral valued	целочисленный	§1.12
次数	degree	степень	
代数数的～	～ of an algebric number	～ алгебраического числа	§16.1

曲面	surface	поверхность	
三次 ~	cubic ~	кубическая ~	§ 11.10
φ-收敛	φ-convergence	φ-сходимость	§ 15.6
同余式	congruence	сравнение	
一次 ~	linear ~	~ первой степени	§ 2.6
高次 ~	~ of higher degree	~ высшей степени	§ 2.8
多项式的 ~	~ of polynomials		§ 4.3
重模 ~	~ respect to double modulus	~ по двойным модулям	§ 4.7
理想数的 ~	~ with respect to modulus ideal	~ по модулям идеала	§ 16.9
同余类	residue class	класс вычета	§ 2.2
同幂	equivalent	эквивалент	§ 17.1

七　画

判别式	discriminant	дискриминант	§ 12.1
基本 ~	fundamental ~	фундментальный ~	§ 12.11
判别条件	criterion	критерий	
一致分布之 ~	~ for uniform distribution	~ для однообразное распределение	§ 10.12
Euler ~			§ 3.1
Legendre ~			§ 10.7
Lucas' ~	, Lucas' test		§ 16.15
余子式	cofactor	дополнение	§ 14.2
代数 ~	algebraic ~	алгебраическое ~	§ 14.2
系(系统)	system	система	
完全剩余 ~	complete residue ~	~ полных вычетов	§ 2.2
特征 ~	~ of characters	~ характеров	§ 12.6
缩(剩余) ~	reduced residue ~	~ приведённых вычетов	§ 2.3
p-adic 数 ~	p-adic number ~	~ p-адических чисел	§ 15.5

八　画

长度	length	длина	
非欧 ~	non-euclidean ~	Неевклидовая ~	§ 13.4
表示论	theory of representation	теория представления	§ 7.1
函数	function	функция	
对数 ~	logarithmic ~	логарифмическая ~	§ 5.2
递减 ~	decreasing ~	убывающая ~	§ 5.8
递增 ~	increasing ~	возрастающая ~	§ 5.8
Euler ~			§ 2.3
特征 ~	characteristic ~	характерная ~	§ 7.2
对称 ~	symmetric ~	симметрическая ~	§ 7.10
数论 ~	arithmetical ~	арифметическая ~	§ 6.1
积性 ~	multiplicative ~	мультипликативная ~	§ 6.1

	完全积性 ~	complete multiplicative ~	полная мультипликативная ~	§6.1
	Möbius ~			§6.1
	Von Mangoldt ~			§6.1
	除数 ~	divisor ~	~ делителей	§6.1
	演成 ~	generating ~	полождающая ~	§6.14
	Riemann Zeta ~			§6.14
	Чебышев ~			§9.1
	慢递减 ~	slowly decreasing ~	медленно убывающая ~	§9.4
	椭圆模 ~	elliptic modular ~	эллиптическая модулярная ~	§8.1
表示法		representation	представление	
	分式 ~	decomposition into partial fractions	разложение в частных дроби	§8.4
	p-adic ~	p-adic representation	p-адическое представление	§15.1
和		sum	сумма	
	三角 ~	trigonometric ~	тригонометрическая ~	§7.5
	(不)完整 ~	(in)complete ~	(не) полная ~	§7.7
	等幂 ~	~ of equal powers		§18.6
	Gauss ~			§7.5
	和(集的 ~)	union	единение	§14.9
底(基底)		base	базис	
	标准 ~	canonical ~	~ в каноническом форме	§14.9; §16.8
	域的 ~	~ of field	~ поля	§16.3
	整 ~	integral ~	целочисленный ~	§16.4
定理		theorem	теорема	
	唯一分解 ~	unique factorization ~	~ единственности разложения	§1.5
	素数 ~	prime number ~	асимптотический закон распределения простых чисел	§9.1
	商高 ~			§11.1
	孙子 ~	Chinese remainder ~		§2.7
	Cauchy ~			§18.3
	Dirichlet ~			§5.12; §9.8
	Eisenstein ~			§1.13
	Euler ~			§2.3
	Fermat ~			§1.12
	Gauss ~			§1.13
	Gauss 互逆 ~	~ law of reciprocity	закон взаимности	§3.3
	Hensel ~			§15.9
	Hermite ~			§17.6
	Hurwitz ~			§10.4
	Hilbert ~			§4.4
	Ikehara(池原止戈夫) ~			§9.4
	Lagrange ~			§8.7
	Landau-Ostrowski-Thue ~			§17.5
	Lindemann ~			§17.7
	Liouville ~			§17.2
	Littlewood ~			§5.3
	Mann ~			§19.2

名 词 索 引　　· 565 ·

Mayer ~			§ 11.6
Pólya ~			§ 7.7
Roth ~			§ 17.4
Siegel ~			§ 17.3
Sierpinski ~			§ 6.12
Tauber 型 ~	Tauberian ~		§ 9.4
Thue ~			§ 17.4
Waring-Hilbert ~			§ 19.1; § 19.6
Wilson ~			§ 2.9
Wolstenholme ~			§ 2.10
Виноградов ~			§ 6.11; § 7.7
Вороной ~			§ 6.12
Гельфонд ~			§ 17.8
Гольдбах — Шнирельман ~			§ 19.1; § 19.3
Горшков ~			§ 7.8
Чебышев ~			§ 5.3; § 5.6; § 5.9; § 10.10
Хинчин ~			§ 10.10

九　　画

恒等式	identity	тождество	
Euler ~			§ 5.4
Jacobi ~			§ 8.7
指数	index	индекс	§ 3.8
点	point	точка	
定 ~	fixed ~	неподвижная ~	§ 13.2
既约 ~	reduced ~	приведённая ~	§ 13.6
无穷远 ~	~ at infinity	бесконечно удалённая ~	§ 13.1
整 ~	lattice ~	целая ~	§ 3.3
型	form	форма	
二元二次 ~	binary quadratic ~	бинарная квадратичная ~	§ 12.1
已化 ~	reduced ~	приведённая ~	§ 12.2
不定 ~	indefinite ~	неопределённые ~	§ 12.1
定正 ~	positive (definite) ~	положительные (определённые) ~	§ 12.1
定负 ~	negative (definite) ~	отрицательные (определённые) ~	§ 12.1
非原 ~	imprimitive ~	непервообразная ~	§ 12.4
原 ~	primitive ~	первообразное ~	§ 12.4
相似二次 ~	equivalent ~	эквивалентное ~	§ 12.1

十　　画

除尽	divisibility	делимость	
左(右) ~	left (right) ~	левая (правая) ~	§ 14.7

逐步淘汰原则	Eratosthenes' sieve method		§1.7
原根	primitive root	первообразный корень	§3.8;§4.10
～之分布问题	distribution of ～	распределение ～	§7.9
矩	norm	норма	§14.9
矩阵	matrix	матрица	§14.2
特征	character	характер	§7.2
主～	principal ～	главный ～	§7.2
原～	primitive ～	первообразный ～	§7.3
非原～	improper ～	производный ～	§7.3
实～	real ～	действительный ～	§7.3
～和	～ sum	сумма ～	§7.4
问题	problem	проблем	
平方和～	～ on sum of squares	～ от суммы квадратов	§8.7
Гольдбах ～			§5.3
Hilbert 第七 ～	the seventh ～ of Hilbert		§17.6
Prouhet ～			§18.1
Waring ～			§18.1
圆内整点～	circle ～		§6.9
Dirichlet 除数～	Dirichlet divisor ～		§6.12
级数	series, progression	ряд, прогрессия	
等差～	arithmetic ～	арифметическая ～	§5.12
循环幂～	recurring power ～	периодический степенный ～	§15.8
Dirichlet ～			§6.14
Lambert ～			§6.15
Farey 贯	Farey ～		§6.10

十 一 画

族	genus	род	§12.6
球	sphere	шар	
Neumann ～			
商	quotient	частное	§13.1
完全～	complete ～	полное ～	§10.2
域	field	поле	§4.11
二次～	quadratic ～	квадратичное ～	§16.2
n 次代表数～	algebraic ～ of degree n	алгебраическое ～ порядка n	§16.2
单～	simple ～	простое ～	§16.14
欧基里得～	euclidean ～		§16.14
基～	fundamental region	фундаментальная область	§13.6
连分数	continued fraction	цепная дробь	§10.1
循环～	periodic ～	периодический ～	§10.6
密率	density	плотность	
p ～			§8.8
正～	positive ～	положительная ～	§19.1

实 ~	real ~	действительная ~	§8.8
理想集合	ideal	идеал	§4.1
假设,猜测	postulate, conjecture	постулат	
Bertrand ~			§5.3; §5.7
Fermat ~			§11.7
常数	constant	постоянное	
Euler's ~			§5.8; §17.6
理想数	ideal	идеал	
主 ~	principal ~	главный ~	§16.6
素 ~	prime ~	простой ~	§16.7
符号	symbol	символ	
Jacobi ~			§3.6
Kronecker ~			§12.3
Legendre ~			§3.1

十 二 画

周期	period	период	§7.7
变换之 ~	~ of transformation	~ преобразования	§13.2
集	set	множество	
和 ~	Union of ~	сумма ~	§19.2
距	norm	норм	§16.3
理想数的 ~	~ of ideals	~ идеала	§16.9
插入公式	interpolation formula	интерполяционная формула	§4.3
最大公因数	greatest common divisor	общий наибольший делитель	§1.4
最小公倍数	least common multiple	общее наименьшее кратное	§1.6
测地线	geodesic	геодезическая линия	§13.4
结合	association	ассоциация	§4.1
左 ~	left ~	левая ~	§14.1
右 ~	right ~	правая ~	§14.1
贯	series, sequence	последовательность	
Fibonacci ~			§10.1
基 ~	fundamental ~	фундаментальная ~	§15.6
φ-收敛 ~	φ-convergent ~	φ-сходящаяся ~	§15.6
零 ~	null ~	нулевая ~	§15.6
最大公约式(多项式之 ~)	greatest common factor (of polynomials)	общий наибольший делитель (полиномов)	§4.1
最小公倍式(多项式之 ~)	least common multiple (of polynomials)	общее наименьшее делитель (полиномов)	§4.2
阶	order	порядок	
无穷大之 ~	order of infinity	~ бесконечности	§5.1
剩余	residue	вычет	
二次(非) ~	quadratic (non-) ~	квадратичный (не-) ~	§3.1
k次(非) ~	(non-) ~ of k-th degree	(не-) ~ степени k	§3.8

项	term	член	
邻 ~	successive ~		§6.10
中 ~	mediant		§6.10

十 三 画

迹	trace	след	§16.3
解	solution	решение	
Fermat ~			§2.4
p-adic ~		p-адическое ~	§15.1
既约 ~	proper ~	приведённое ~	§11.4
原 ~	primary ~	первоначальное ~	§11.4
群	group	группа	§13.2
Abelian ~			§4.11
伴随 ~	adjoint ~	присоединенная ~	§14.7
φ- 极限	φ-limit	φ-предел	§15.6

十 四 画

图解法	graphical method	графический метод	§8.5
图形	graph	чертёж	
自共轭 ~	self-conjugate ~	самоспряжёный ~	§8.5
渐近分数	convergent	подходящая дробь	§10.1
相似	equivalence	эквивалентность	
实数之 ~	~ of real numbers	~ действительной чисел	§10.5
点之 ~	~ of points	~ точек	§13.6
理想数之狭义 ~	~ of ideals in narrower sense	~ идеала в узном смысле	§16.13
模 q ~	~ with respect to modulus q	~ по модулем q	§12.5
递降法	method of descent	метод понижения	§11.7

十 五 画

模	modul	модуль	§1.4
线性 ~	linear form ~	~ линейных форм	§14.9
模方阵之演出元素	generator of modula matrices	производитель модулярных матриц	§14.3
数	number	число	
Fermat ~			§1.10
Марков ~			§10.5
Mersenne ~			§1.10
p-adic ~		p-адическое ~	§15.1
分 ~	fraction	дробь	§6.10

既约分～	irreducible fraction	неприводимая дробь	§6.10
无理～	irrational ～	иррациональное ～	§6.10
三角～	triangular ～	триугольное ～	§8.3
代数～	algebraic ～	алгебраическое ～	§16.1
代数整～	algebraic integer	целое алгебраическое ～	§16.1
自然～	natural ～	натуральное ～	§1.1
共轭～	conjugate ～	сопряженное ～	§16.3
完全～	perfect ～	совершенное ～	§1.9
因～	divisor	делитель	§1.1
奇～	odd	нечётное ～	§1.2
实～	real ～	вещественное ～	§5.11
素～	prime ～	простое ～	§1.2
倍～	multiple	кратное	§1.1
基本单位～	fundamental unit	фундаментальная единица	§16.11
域的基～	discriminant of a field	дискри минант поля	§16.4
无平方因子～	square free ～	～ не делящееся на квадраты	§6.6
偶～	even ～	чётное ～	§1.2
单位～	unit	единица	§16.1
超越～	transcendental ～	трансцендентное ～	§17.1
复～	complex ～	комплексное ～	§7.1
复合～	composite ～	составное ～	§1.2
整～	integer ～	целое ～	§1.1
数学归纳法	mathematical induction	математическая индукция	§5.7
数论三珠	three pearls in the theory of numbers	три жемчужины теории чесел	§18.1
赋值	valuation	оценка	§15.2
恒等～	identical ～	одинаковая	§15.2
p-adic ～		p-адическое ～	§15.2
亚基米得～	Archimede's ～		§15.3
非亚基米得～	non-Archimede's ～		§15.3
～的等价	equivalence of ～	эквивалентность ～	§15.3

十 六 画

辐角	argument	аргумент	§13.1
导数	derivative	производная	§4.6
积	product	произведение	
方阵之～	～ of matrices	～ матриц	§13.2
变换之～	～ of transformations	～ преобразований	§13.2
筛法	sieve method		
Brun's ～			§19.1
Eratosthenes ～			§1.3

十 七 画

辗转相除法	euclidean algorithm	алгоритм эвклида	§1.4
扩张	extention	расширение	
代数 ~	algebraic ~	алгебраическое ~	§4.11
有理数之 φ ~	φ ~ of rational number system	φ ~ системы рационального чнсла	§15.6
单 ~	simple ~	простое ~	§16.2
环	ring	кольцо	§4.11

十 八 画

类	class	класс	
理想数 ~	ideal ~	~ идеала	§16.12

二 十 二 画

孪生素数	twin primes	пара близнецов	§19.5
变换	transformation	преобразование	
有限次 ~	~ of finite order	~ конечного порядка	§13.2
单位 ~	identical ~	тождественное ~	§13.2
初等 ~	elementary ~	элементатное ~	§14.1
逆 ~	inverse ~	обратное ~	§13.1
双曲 ~	hyperbolic ~	гиперболическое ~	§13.2
椭圆 ~	elliptic ~	Эллиптическое ~	§13.2
抛物 ~	parabolic ~	параболическое ~	§13.2
等纬角 ~	loxodromic ~	локсодромические ~	§13.2
~ 之行列式	determinant of ~	определителъ ~	§13.2
Möbius ~	Möbius' transform		§6.4
Möbius 逆 ~	Möbius' inverse transform		§6.4

《华罗庚文集》已出版书目

1. 华罗庚文集数论卷Ⅰ   2010.05   王　元　审校
2. 华罗庚文集数论卷Ⅱ   2010.05   贾朝华　审校
3. 华罗庚文集数论卷Ⅲ   2010.06   王　元　潘承彪　贾朝华　审校
4. 华罗庚文集代数卷Ⅰ   2010.05   万哲先　审校
5. 华罗庚文集多复变函数论卷Ⅰ   2010.05   陆启铿　审校
6. 华罗庚文集应用数学卷Ⅰ   2010.05   杨德庄　主编
7. 华罗庚文集应用数学卷Ⅱ   2010.05   杨德庄　主编
8. 华罗庚文集代数卷Ⅱ   待定
9. 华罗庚文集多复变函数论卷Ⅱ   待定